Matthias Hauk
Postjugoslawische Reisen in der deutschsprachigen Literatur

Gegenwartsliteratur –
Autoren und Debatten

Matthias Hauk

Postjugoslawische Reisen in der deutschsprachigen Literatur

—

Studien zu Erzähltexten von Peter Handke, Saša Stanišić, Jagoda Marinić und Marko Dinić

DE GRUYTER

Die Arbeit wurde an der Albert-Ludwigs-Universität Freiburg als Dissertation angenommen.

ISBN 978-3-11-156552-1
e-ISBN (PDF) 978-3-11-156580-4
e-ISBN (EPUB) 978-3-11-156648-1
ISSN 2567-1219

Library of Congress Control Number: 2024941483

Bibliografische Information der Deutschen Nationalbibliothek
Die Deutsche Nationalbibliothek verzeichnet diese Publikation in der Deutschen Nationalbibliografie; detaillierte bibliografische Daten sind im Internet über http://dnb.dnb.de abrufbar.

© 2025 Walter de Gruyter GmbH, Berlin/Boston
Einbandabbildung: Fotocollage aus Familienfotos, Sara Berger (private Sammlung)
Satz: Integra Software Services Pvt. Ltd.

www.degruyter.com

Danksagung

Mein inniger Dank gilt allen, die mich im Laufe der Jahre in den Konzeptions- und Schreibprozessen dieser Arbeit unterstützt haben: Prof. Dr. Werner Frick, PD Dr. Christopher Meid, Dr. Gesa von Essen, Jonas Kahl, Stefan Angstmann, Dr. Sara Landa, der Kolloquiumsrunde von Prof. Frick, Prof. Dr. Zvonko Kovač, Jutta Hauk, Clemens Hauk, Ljiljana Čulić und ganz besonders Sara Berger.

Siglenverzeichnis

AT, WR, SN	Peter Handke: *Abschied des Träumers vom Neunten Land – Eine winterliche Reise zu den Flüssen Donau, Save, Morawa und Drina – Sommerlicher Nachtrag zu einer winterlichen Reise*. 7. Auflage. Frankfurt a. M. 2020 (1998).
S	Saša Stanišić: *Wie der Soldat das Grammofon repariert*. München 2006.
HK	Saša Stanišić: *Herkunft*. München 2019.
EeH	Jagoda Marinić: *Eigentlich ein Heiratsantrag*. Frankfurt a. M. 2001.
RB	Jagoda Marinić: *Russische Bücher*. Frankfurt a. M. 2005.
RD	Jagoda Marinić: *Restaurant Dalmatia*. Hamburg 2013.
DGT	Marko Dinić: *Die guten Tage*. Wien 2019.

Inhaltsverzeichnis

Danksagung —— V

Siglenverzeichnis —— VII

1	**Einleitung** —— **1**	
1.1	Heranführung an das Thema —— 1	
1.2	Methodische Grundlagen —— 4	
1.3	Postjugoslawische Reisen – Literarisches Feld und Stand der Forschung —— 10	
1.4	Gang der Untersuchung —— 28	

2	**„Mich erschüttert, dass so etwas prämiert wird" – Beiträge zur Rezeptionsgeschichte von Peter Handkes *Winterlicher Reise* (1996) und dem *Sommerlichen Nachtrag* (1996) nach der Nobelpreisverleihung 2019 —— 31**
2.1	Die Entscheidung des Nobelpreiskomitees: Verteidigung und Kritik —— 33
2.2	Geschichtsrevisionismus oder Medienkritik? Saša Stanišićs Buchpreisrede und Eugen Ruges Gastbeitrag in der FAZ —— 44
2.3	Authentizitätsstrategien in Handkes Reisetexten —— 58
2.3.1	Blick hinter den Spiegel? – Zur Medienkritik —— 63
2.3.2	Figurenrede als ‚Volksstimme' —— 67
2.4	Peter Handke im Kontext postjugoslawischer Erinnerungskulturen: Beiträge von Jagoda Marinić und Marko Dinić —— 77

3	**Postjugoslawische Reisen als Bestandsaufnahme – Saša Stanišićs Romane *Wie der Soldat das Grammofon repariert* (2006) und *Herkunft* (2019) —— 97**
3.1	Aleksandars Rückkehr nach Višegrad in *Wie der Soldat das Grammofon repariert* (2006) —— 100
3.1.1	„Ich habe Listen gemacht, und jetzt muss ich alles sehen." – Zum Reisemotiv —— 106
3.1.2	„Rückkehrer, eh" – Die Reise in den Herkunftsraum —— 117
3.1.2.1	„Wären wir heute ein Land, wären wir unbesiegbar" – ‚Jugonostalgie' als Mittel der Selbstverortung in Sarajevo —— 121

4.1.2	Gattungspoetologische Elemente des Familien- und Tagebuchromans in *Restaurant Dalmatia* —— **255**	
4.2	„Du hast deine Menschen verloren, das ist es!" – Mias Reisemotiv —— **262**	
4.3	Mias Reise nach Berlin —— **272**	
4.3.1	Flugzeuglektüre: *Liebe heute* (Maxim Biller) —— **274**	
4.3.2	Reiseführer *Lonely Planet* – Der touristische Blick als erinnerungskulturelles Zeichensystem —— **278**	
4.3.3	Interkulturelles Gedächtnis – Mia als fiktive Zeitzeugin der Mauergeschichte —— **287**	
4.4	Mias postjugoslawische Erinnerungsreise —— **297**	
4.4.1	Mittlerfiguren im Herkunftsraum – Jesus und Zora —— **298**	
4.4.2	Diaristische Aufarbeitungsprozesse im Familiengedächtnis —— **308**	
4.4.2.1	Divergierende Identitätsmodelle der ersten und zweiten Einwanderergeneration – Darstellung familiärer Entfremdung —— **310**	
4.4.2.2	Identitätsstiftendes Familiengedächtnis – Ähnlichkeitsbeziehung zu Baba Ana —— **316**	

5	**Mit dem „Gastarbeiterexpress" nach Belgrad – Marko Dinićs Roman *Die guten Tage* (2019)** —— **329**	
5.1	Romanstruktur und autobiographische Dimension —— **329**	
5.1.1	Innere Vielstimmigkeit – Zur Romanstruktur —— **330**	
5.1.2	„Autobiographische[s] in entfremdeter Form" – Zum Spannungsverhältnis zwischen Fiktionalisierung und Authentizitätsstrategien —— **334**	
5.2	Der Sitznachbar als imaginärer Reisegefährte —— **341**	
5.2.1	„Ich erhoffte mir von der Reise tatsächlich so etwas Banales wie eine Antwort." – Innere Zerrissenheit als Reisemotiv —— **343**	
5.2.2	Indizien erzählerischer Unzuverlässigkeit —— **349**	
5.2.2.1	Interaktion mit anderen Figuren —— **352**	
5.2.2.2	Vermischung von Traum- und Wirklichkeitsebene —— **356**	
5.2.3	„Auch er ein Meister der Camouflage" – Zum Doppelgängermotiv —— **360**	
5.2.3.1	Entstehung der imaginären Figur —— **366**	
5.2.3.2	Funktion: Aufarbeitung der familiären Vergangenheit —— **369**	
5.2.3.3	Ursachenforschung: Wahrnehmungsstörungen auf der Vergangenheitsebene —— **372**	
5.3	„This is not what you expected to see" – Rückkehr nach Belgrad —— **379**	

5.3.1	Ich-Bezogenheit als dominanter Wahrnehmungsmodus —— **383**
5.3.2	Das Wiedersehen mit dem Sitznachbarn in Belgrad – Verlust der kritischen Aufarbeitungsinstanz —— **387**
5.3.3	Ein gemeinschaftsstiftender Opfermythos als versöhnliches Ende? —— **391**

6 **Resümee** —— **397**

7 **Literaturverzeichnis** —— **413**

8 **Anhang** —— **435**

Register —— **447**

1 Einleitung

1.1 Heranführung an das Thema

> 1996, bei meinem ersten Besuch in Višegrad nach Kriegsende, war die Stadt voll und verzweifelt, aggressiv und arbeitslos. Ich kam nicht zurück, ich kam an einem neuen Ort zum ersten Mal an.
>
> Saša Stanišić, *Herkunft* (2019)

In Erzähltexten, die sich des Themas Migration annehmen, bildet das Motiv der Rückkehr in den Herkunftsraum[1] ein konstitutives Merkmal.[2] Postjugoslawische Reisen zielen auf die Inaugenscheinnahme eines kulturellen Raumes, der sich aufgrund von Kriegen und deren Folgen in seiner gesellschaftspolitischen Ordnung fundamental veränderte. Die vorliegende Studie untersucht diese Reisen vorrangig aus einer *in-group*-Perspektive[3]: Den Untersuchungsgegenstand bilden Erzähltexte, die auf eigenen oder familiären Erfahrungen von Flucht und Migration der Autor:innen aufbauen. Ihre literarischen Werke werden von Erzählfiguren vermittelt, die

---

[1] Der Begriff *Herkunftsraum* impliziert in meiner Studie sowohl die zeitliche Bedeutungsebene (Abstammung) als auch die räumliche Denotation (in Abgrenzung zu anderen Räumen) des Nomens *Herkunft*. Vgl. Maximilian Benz/Katrin Dennerlein (Hrsg.): *Literarische Räume der Herkunft*. Berlin 2016.

[2] Das Motiv der Rückkehr in einen transgenerationalen Herkunftsraum ist in diesen Erzähltexten mit einer Reise verbunden, die entweder bereits im Vorhinein als zeitlich begrenzt markiert wird oder den Abreisezeitpunkt offenlässt. Zu einschlägigen Beispielen aus der deutsch-türkischen Literatur und literarischen Werken russischstämmiger Autor:innen vgl. Anıl Kaputanoğlu: *Hinfahren und Zurückdenken: zur Konstruktion kultureller Zwischenräume in der türkisch-deutschen Gegenwartsliteratur*. Würzburg 2010; Hilal Keskin: *Bewegte Räume: Reisen in der deutsch-türkischen Literatur*. Würzburg 2022. Nora Isterheld: *„In der Zugluft Europas": zur deutschsprachigen Literatur russischstämmiger AutorInnen*. Bamberg 2017. Zu unterscheiden sind diese Reisedarstellungen von einer dauerhaften Rückkehr. In der deutschsprachigen Literaturwissenschaft wurde das Motiv der Rückkehr bisher vor allem als ‚Rückkehrmigration' nach dem Zweiten Weltkrieg behandelt. Vgl. Irmela von der Lühe/Claus-Dieter Krohn: *Fremdes Heimatland. Remigration und literarisches Leben nach 1945*. Göttingen 2005; Bettina Bannasch/Michael Rupp (Hrsg.): *Rückkehrerzählungen. Über die (Un-)Möglichkeit nach 1945 als Jude in Deutschland zu leben*. Göttingen 2018.

[3] Mit dem Begriff *in-group* (Eigengruppe) greife ich auf eine soziologische Terminologie zurück, die eine identitätsstiftende Gruppenzugehörigkeit markiert. Im Hinblick auf die Ordnung des literarischen Feldes zum Erzählgegenstand Jugoslawien ist die (post-)jugoslawische Migrationsgeschichte der Autor:innen das Unterscheidungskriterium dieser „Wir-Gruppe". Der gegensätzliche Begriff *out-group* (Fremdgruppe) zeigt an, dass Autor:innen dieser Gruppe nicht zugehören und aufgrund dessen eine andere Perspektive vorliegen kann. Vgl. Waldemar Lilli/Rolf Klima: Eigengruppe. In: *Soziologie-Lexikon*. Hrsg. v. Daniela Klimke et al. Wiesbaden 2020. S. 170; Waldemar Lilli: Fremdgruppe: In: *Soziologie-Lexikon*. Hrsg. v. Daniela Klimke et al. Wiesbaden 2020. S. 240.

entweder selbst aufgrund von soziopolitischen oder wirtschaftlichen Faktoren ihren Herkunftsraum verlassen haben oder als Teil einer zweiten Einwanderungsgeneration in deutschsprachigen Ländern leben. Gemein sind den Romanen von Saša Stanišić (*Wie der Soldat das Grammofon repariert*, 2006 und *Herkunft*, 2019), Jagoda Marinić (*Restaurant Dalmatia*, 2013) und Marko Dinić (*Die guten Tage*, 2019) fiktionale Reisedarstellungen, die als maßgebliche narrative Verfahren strukturbildend sind. Zentrales Anliegen ist es, die Vielfalt an postjugoslawischen Reisedarstellungen einer *in-group* sowohl in ihren Themen und Motiven als auch in ihren formalästhetischen Merkmalen herauszuarbeiten und auszudifferenzieren. Durch den topographischen Unterschied zwischen der aktuellen Lebenswelt in deutschsprachigen Ländern und der transgenerationalen Familiengeschichte im postjugoslawischen Herkunftsraum ist die Reise als Darstellungsverfahren für interkulturelle Verstehensprozesse prädestiniert. Die jeweiligen Reiseziele und der gegenwärtige Lebensmittelpunkt der Erzählfiguren generieren spezifische, räumlich codierte Untersuchungsbereiche, denen sich meine Studie in textnahen Analysen widmet: Saša Stanišićs Erzähler unternehmen Reisen von Deutschland (Essen/Hamburg) nach Bosnien und Herzegowina (Sarajevo, Višegrad und die Bergdörfer Veletovo/Oskoruša). Jagoda Marinićs Protagonistin reist von ihrem Lebensmittelpunkt in Kanada (Toronto) in ihre Geburtsstadt Berlin. Von dort aus unternimmt sie eine imaginierte Erinnerungsreise in den Herkunftsraum ihrer Familie im Hinterland Dalmatiens. Marko Dinićs namenloser Ich-Erzähler fährt mit dem „Gastarbeiterexpress" von Wien nach Belgrad. Meine Studie konzentriert sich damit auf Reiseziele in Bosnien und Herzegowina, Kroatien und Serbien.[4] Das Hauptaugenmerk liegt dabei auf den reisenden Erzählfiguren, deren sich wandelnde Selbstwahrnehmung von der Herausbildung eines Reisemotivs am Abreiseort bis zur Rückreise an den Ausgangsort als Entwicklungsgeschichte in die vorliegenden Reiseerzählungen einfließt.

Die ausgewählten Reisedarstellungen charakterisiert ein Unterwegssein der jeweiligen Erzählfiguren in der „eigenen Fremde"[5], das in der jüngeren Reiseliteraturforschung in Bezug auf Deutschlandreisen als produktiver Untersuchungsgegenstand

---

[4] Deutschsprachige Autor:innen, deren Migrationsgeschichte mit diesen drei Nachfolgestaaten verbunden ist, machen den größten Anteil im literarischen Feld zum Erzählgegenstand Jugoslawien aus. Es soll durch diese dominante Stellung, die sich auch in meiner Studie widerspiegelt, nicht vernachlässigt werden, dass auch deutschsprachige literarische Werke vorhanden sind, die sich mit interkulturellen Beziehungen zu den weiteren vier Nachfolgestaaten auseinandersetzen. Für Kosovo beispielsweise sei an dieser Stelle auf den Roman *Elefanten im Garten* (2015) von Meral Kureyshi hingewiesen.

[5] Stefanie Schaefers: *Unterwegs in der eigenen Fremde. Deutschlandreisen in der deutschsprachigen Gegenwartsliteratur*. Münster 2010.

identifiziert wurde.[6] Eine Zunahme dieser erzählerischen Deutschlandreisen steht in Verbindung mit weitreichenden gesellschaftspolitischen Veränderungen nach 1989: Viele Schriftsteller:innen nahmen die Wiedervereinigung zum Anlass für eine kulturelle Bestandsaufnahme ihres Herkunftsraums, in der sich die Reisenden einerseits mit der Aushandlung einer gegenwärtigen kulturellen Identität beschäftigen und andererseits Erinnerungsperspektiven auf nationale Zeitgeschichte, wie beispielsweise die DDR-Vergangenheit oder die Zeit des Nationalsozialismus, thematisieren.[7] Die in meiner Studie behandelten postjugoslawischen Reisen sind ebenfalls Reisen in einst vertraute Herkunftsräume, die sich jedoch im Gegensatz zur friedlichen deutsch-deutschen Wiedervereinigung durch Kriege transformierten. Der Zerfall Jugoslawiens in sieben Nachfolgestaaten bedingt, dass die jeweiligen Reiseziele der Rückkehrer:innen eigene Gesellschaftsstrukturen und insbesondere spezifische Erinnerungsperspektiven auf die militärischen Auseinandersetzungen und die gemeinsame jugoslawische Geschichte aufweisen. Hinzu kommt ein weiteres Kriterium, das postjugoslawische Reisen in der deutschsprachigen Literatur kennzeichnet und in ihrem Bewegungsprofil von Deutschlandreisen unterscheidet: Es handelt sich nicht um ein Reisen *im* Herkunftsraum, sondern *in den* Herkunftsraum – die Erzählfiguren nähern sich ihrem Reiseziel aus einer „postmigrantischen Perspektive"[8]. Einerseits geht es um die Inaugenscheinnahme von Erinnerungsräumen, andererseits macht sich in der Wahrnehmung und den Verhaltensweisen der Erzählfiguren vor Ort die aktuelle Lebenswelt außerhalb des Herkunftsraums bemerkbar, wodurch Fragen der Zugehörigkeit entstehen. In diesem interkulturellen Wahrnehmungsmodus spielt während der Reise die Vergangenheitsrekonstruktion im individuellen Gedächtnis und insbesondere im Familiengedächtnis einer ersten und zweiten Einwanderungsgeneration eine zentrale Rolle: Wie die Figuren den Zerfall Jugoslawiens erinnern und wie sich die Lebenswirklichkeit in deutschsprachigen Ländern nach der Migration für Einwanderinnen und Einwanderer gestaltete, sind Themenschwerpunkte postjugoslawischer Reisen. Diese betreffen damit nicht nur ein monokulturelles Gedächtnis, sondern auch und vor allem ein interkulturelles Gedächtnis, das nationale Grenzen überschreitet.[9]

---

6 Vgl. Leslie Brückner/Christopher Meid/Christine Rühling (Hrsg.): *Literarische Deutschlandreisen nach 1989*. Berlin/Boston 2014.
7 Vgl. Leslie Brückner/Christopher Meid/Christine Rühling: Einleitung der Herausgeber. In: *Literarische Deutschlandreisen nach 1989*. Berlin/Boston 2014. S. 1.
8 Erol Yildiz/Marc Hill (Hrsg.): *Nach der Migration. Postmigrantische Perspektiven jenseits der Parallelgesellschaft*. Bielefeld 2014.
9 Zum Begriff „interkulturelles Gedächtnis" vgl. den definitorischen Neuansatz von Dominik Zink: *Interkulturelles Gedächtnis: ost-westliche Transfers bei Saša Stanišić, Nino Haratischwili, Julya Rabinowich, Richard Wagner, Aglaja Veteranyi und Herta Müller*. Würzburg 2017.

1.2 Methodische Grundlagen

Diese Studie verortet sich in Forschungsfeldern einer interkulturellen Literaturwissenschaft, die sich mit der narrativen Vermittlung von Begegnungswissen und Reflexionsräumen im Austausch zwischen mindestens zwei Kulturen beschäftigt.[10] Mein methodischer Ansatz orientiert sich an gattungspoetologischen Überlegungen der Reiseliteraturforschung, die aufgrund der inhaltlichen Ausrichtung meines Untersuchungsgegenstands durch narratologische Konzepte der Gedächtnisforschung erweitert werden.

Ein Gemeinplatz innerhalb des literatur- und kulturwissenschaftlichen Forschungsbereichs der Reiseliteratur ist die Unterscheidung zwischen faktual oder fiktional markierten Reisetexten. Je nach Forschungsinteresse wird der Begriff *Reiseliteratur* einerseits in einer weiten Definition als Oberbegriff verwendet, der beide Textformen umfasst,[11] oder andererseits in einer engen Definition nur auf faktual markierte Reisetexte bezogen, die von erfundenen Reisedarstellungen eindeutig abzugrenzen sind.[12] Meine Untersuchung ist an einem weiten Begriffsverständnis ausgerichtet und folgt der grundlegenden Annahme, dass es sich bei beiden Textformen um Erzähltexte handelt, die eine narratologische Analyse einfordern: „Jede ‚faktische' Reisebeschreibung stellt für den Literaturwissenschaftler prinzipiell ein voll integriertes fiktionales Gebilde dar, genau wie jede sogenannte fiktive Reisedarstellung."[13] Damit sollen die gattungspoetologischen Differenzkriterien, die einen faktual markierten Reisetext von fiktiven Reisen unterscheiden, nicht ausgeblendet werden.[14] Im Hinblick auf den methodischen Ansatz dieser Studie liegt der Fokus allerdings auf den Gemeinsamkeiten der beiden Unterkatego-

---

10 Vgl. Michaela Holdenried: *Einführung in die interkulturelle Literaturwissenschaft: eine Einführung*. Unter redaktioneller Mitarbeit von Anna-Maria Post. Berlin 2022. S. 20.
11 Vgl. exemplarisch Hans-Joachim Possin: *Reisen und Literatur*. Tübingen 1972; Brückner et al., *Literarische Deutschlandreisen nach 1989*; Michaela Holdenried/Alexander Honold/Stefan Hermes (Hrsg.): *Reiseliteratur der Moderne und Postmoderne*. Berlin 2017.
12 Vgl. z. B. Peter J. Brenner: *Der Reisebericht. Entwicklung einer Gattung in der deutschen Literatur*. Frankfurt a. M. 1989; ders.: *Der Reisebericht in der deutschen Literatur: ein Forschungsüberblick als Vorstudie einer Gattungsgeschichte*. Tübingen 1990; Andreas Keller/Winfried Siebers: *Einführung in die Reiseliteratur*. Darmstadt 2017.
13 Possin, *Reisen und Literatur*, S. 13. Auch Korte betont die Narrativität von Reisetexten: „Ein formales Merkmal ist bei aller Zwitterhaftigkeit und Wandelbarkeit der Gattung jedoch tonangebend: Ein Reisetext ist nach gängigem Gattungsverständnis kein Bericht, wenn er die Reise nicht *erzählt*. Reiseberichte sind also zumindest in ihren Grundzügen *narrative* Texte, die die Reise als Handlung präsentieren." (Barbara Korte: *Der englische Reisebericht. Von der Pilgerfahrt bis zur Moderne*. Darmstadt 1996, S. 13.).
14 Vgl. die gattungspoetologische Annäherung an den Reisebericht bei Korte: *Der englische Reisebericht*, S. 9–22.

rien von Reiseliteratur: Auch für fiktive Reisen gilt, dass sie „Prozesse des Verstehens oder auch des Nichtverstehens von Kultur(en)" darstellen und dadurch „Einblicke in die kulturspezifischen und persönlichen Denk- und Wahrnehmungsweisen [gewähren], die jeder Reisende an die bereisten Gegenden heranträgt."[15] In den Reisedarstellungen meines Textkorpus sind die Kriege im ehemaligen Jugoslawien ein zentrales Thema, sodass neben der Erinnerungssuche auf individueller und kollektiver Ebene auch Aufarbeitungsversuche innerhalb der dargestellten Familien zu beleuchten sind. In postjugoslawischen Reisen einer *in-group* wird deutlich, wie wenig zielführend es sein kann, faktisch und fiktional markierte Reisedarstellungen *per se* über die Kriterien eines „Authentizitätsanspruch[s]" und einer „*autobiographischen* Erzählweise"[16] trennscharf zu differenzieren. Gerade die Wechselbeziehung dieser beiden Textformen generiert in einem weiten Verständnis von Reiseliteratur neue Forschungsperspektiven.[17] Auch postjugoslawische Reisen in Romanen haben im Modus der Aufarbeitung einen Authentizitätsanspruch und eine paratextuell markierte autobiographische Dimension: Saša Stanišić erzählt in seinem Debütroman *Wie der Soldaten das Grammofon repariert* neben seinen eigenen Katastrophenerfahrungen auch die Geschichten von Ortsansässigen in Višegrad, die auf Recherchereisen und dabei geführten Interviews basieren; Jagoda Marinić liefert in *Restaurant Dalmatia* die Außenperspektive einer typenhaft dargestellten jugoslawischen „Gastarbeiterfamilie" auf den Krieg im Herkunftsraum und gibt gleichzeitig den Migrationsgeschichten der ersten und zweiten Einwanderungsgeneration, der die Autorin selbst angehört, eine Stimme; Marko Dinić stellt in seriellen Analepsen eine beispielhafte Jugend im „Ausnahmestand" (DGT 34) in Belgrad Anfang der 2000er Jahre dar, in der auch ein „Dinić" (DGT 104) im Klassenzimmer sitzt. In den Hauptkapiteln zu den Romanen von Stanišić, Marinić und Dinić soll es neben textnahen Analysen der jeweiligen Reisedarstellung auch darum gehen, durch eine Untersuchung von paratextuellen Elementen die autobiographische Dimension der Erzählwerke freizulegen. Fiktive Reisedarstellungen werden in Überblickswerken oftmals als wirklichkeitsfern abgetan.[18]

---

15 Korte, *Der englische Reisebericht*, S. 9.
16 Korte, *Der englische Reisebericht*, S. 17.
17 Vgl. Holdenried et al., *Reiseliteratur der Moderne und Postmoderne*, S. 10: „Zwar sind in den letzten Jahren zahlreiche Arbeiten zur Reiseliteratur publiziert worden, doch steht eine systematische Gesamtschau nach wie vor aus. So muss weiterhin auf Brenners Standardwerke zurückgegriffen werden (vgl. Brenner 1989a, Brenner 1990), die durch ein stark faktographisches Verständnis von Reiseliteratur geprägt sind: Gerade die vielgestaltigen und höchst bedeutsamen Wechselbeziehungen zwischen faktualer und fiktionaler Reiseliteratur werden darin folglich nicht aufgearbeitet."
18 Vgl. Kellner/Siebers, *Einführung in die Reiseliteratur*, S. 53: „Völlig im Gegensatz zu den Präsentationsformen des wissenschaftlichen Reiseberichts stehen die fiktionalen Reisebücher,

Im Hinblick auf postjugoslawische Reisen stellen sie jedoch ein Mittel der literarischen Aufarbeitung von Zeitgeschichte dar, dessen vielfältige Formen und Funktionen in den einzelnen Kapiteln erschlossen werden sollen.

In der Reiseliteraturforschung wurden faktual markierte Reiseberichte lange Zeit nur aus biographischer und historiographischer Perspektive analysiert.[19] Werden dagegen poetische Verfahren der Reisedarstellung zum Ausgangspunkt genommen, zeigen sich erzähltechnische Überschneidungspunkte zwischen faktual und fiktional markierten Reisedarstellungen. Der Anglist Hans-Joachim Possin entwickelte einen methodischen Ansatz, mit dem Reisedarstellungen im Sinne eines strukturbildenden literarischen Verfahrens in ihrer ästhetischen Dimension analysiert werden. Beabsichtigt war zur Zeit der Veröffentlichung in den 1970er Jahren, die Gattung Reisebericht nicht ausschließlich unter einem kulturwissenschaftlichen Zugriff zu betrachten und den Blick auf poetische Verfahren, das Kerngeschäft der Literaturwissenschaft, zu lenken.[20] Fiktive Reisen stehen in Possins systematischer und literaturgeschichtlicher Untersuchung nicht im Mittelpunkt. Sie werden in ihrer ästhetischen Dimension wahrgenommen und dienen Possin als Hilfsmittel, um die Poetizität von faktual markierten Reiseberichten aufzuzeigen. Er nimmt diesbezüglich eine signifikante Eingrenzung im Hinblick auf das gemeinsame literarische Verfahren der Reise vor. Die Erzählverfahren von faktual und fiktional markierten Reisedarstellungen können nur verglichen werden, wenn die Reise in fiktional markierten Texten nicht nur als Stoff oder untergeordnetes Motiv fungiert, sondern als strukturbildendes Prinzip den Geschehensverlauf organisiert und damit das Thema des Erzähltextes darstellt. Als Ergebnis seiner Studie präsentiert Possin ein Grundmuster des Handlungsverlaufs von literarischen Reisen, das sein Konzept eines strukturbildenden, narrativen Verfahrens konkretisiert. Reisedarstellungen lassen sich in kleinere thematische Bedeutungseinheiten einteilen, konkret in drei zentrale Motive: Aufbruch, Unterwegssein und retrospektive Reflexion.[21] Die textnahen Analysen in den Hauptkapiteln meiner Studie orientieren

---

Werke also, in denen die thematisierte Reise kein faktisches Korrelat besitzt oder aus künstlerischen Gründen zu großen Teilen reine Erfindung ist. Die hier in Frage kommenden Genres wie Abenteuerliteratur, Robinsonade, Schelmenroman, utopischer Roman, imaginäre Reise (in den Weltraum, ins Innere der Erde) oder Science Fiction gehören einem anderen Diskurssystem an, sie unterliegen anderen literatursystematischen Produktionsbedingungen und Lesererwartungen, werden von anderen Autoren verfasst und zumeist von anderen Lesegruppen rezipiert.".
19 Vgl. Possin, *Reisen und Literatur*, S. 9.
20 Zur Geschichte der Reiseliteraturforschung, vgl. Brenner, *Der Reisebericht in der deutschen Literatur: ein Forschungsüberblick als Vorstudie einer Gattungsgeschichte*, S. 19–40.
21 Vgl. Possin, *Reisen und Literatur*, S. 236.

sich an Possins inhaltlich ausgerichteter Dreiteilung.[22] Insbesondere das Reisemotiv ist für den Verlauf der Reise essentiell, da sich das Reiseverhalten nach den vorher dargestellten Intentionen ausrichtet. Der Modus der Identitätssuche, der die Reise als „Medium der Selbstverständigung"[23] auszeichnet, geht in postjugoslawischen Reisen der *in-group* mit einem Reisen auf individuellen und familiären „Erinnerungsspuren"[24] einher. Neben einer Bestandsaufnahme im Rahmen der Rückkehr in den Herkunftsraum kommen in diesen Reiseerzählungen auch Fragen der Zugehörigkeit auf, die sich die Reisenden nach ihrer Migration in ein deutschsprachiges Land stellen. In den Hauptkapiteln meiner Studie stehen die Auseinandersetzung mit Gruppenzugehörigkeiten (z. B. Familie, Freunde oder Gemeinschaft der Ortsansässigen) und damit verbundene Erinnerungsprozesse im Vordergrund. Die leitende, dezidiert literaturwissenschaftliche Fragestellung zielt dabei darauf ab, zu erschließen, mit welchen Darstellungsmitteln Identitätskonflikte, die Zugehörigkeitsfragen hervorbringen, und damit verknüpfte Erinnerungsprozesse inszeniert werden. In Bezug auf meinen Untersuchungsgegenstand lassen sich dahingehend Bezüge zu narratologischen Ansätze der Gedächtnisforschung herstellen, wie sie beispielsweise von Birgit Neumann vertreten werden.[25] Neumann bietet in ihrer Studie zum Zusammenspiel von Erinnerung und Identität in kanadischen Romanen produktive methodische Anknüpfungspunkte. Literarische Werke werden als *fictions of memory* behandelt[26] – ein doppeldeutiger Begriff, der neben dem fiktionalen Gattungsrahmen auch auf die Konstruktivität von individuellen und kollektiven Erinnerungsbeständen verweist: Erinnerungsprozesse sind maßgeblich von „gegenwärtige[n] Bedingungen und subjektive[n] Sinnbedürfnisse[n]"[27] beeinflusst. Für die Analyse von ‚mobiler Erinnerungsarbeit' ist deshalb die Situation des Erinnerungsabrufs entscheidend: Wo und wodurch werden Erinnerungsprozesse ausgelöst und sind womöglich auch anderen Figuren an einer gemeinsamen Erinnerungsar-

---

22 Dieser methodische Ansatz hat sich auch in Stephanie Schaefers Dissertation *Unterwegs in der eigenen Fremde. Deutschlandreisen in der deutschsprachigen Gegenwartsliteratur* (2010) bewährt.
23 Brenner, *Der Reisebericht in der deutschen Literatur: ein Forschungsüberblick als Vorstudie einer Gattungsgeschichte*, S. 664.
24 Manfred Pfister: Autopsie und intertextuelle Spurensuche. Der Reisebericht und seine Vor-Schriften. In: *In Spuren Reisen. Vor-Bilder und Vor-Schriften in der Reiseliteratur*. Hrsg. v. Gisela Ecker und Susanne Röhl. Berlin 2006. S. 17.
25 Birgit Neumann: *Erinnerung – Identität – Narration: Gattungstypologie und Funktionen kanadischer „Fictions of Memory"*. Berlin 2005; Birgit Neumann: Literatur, Erinnerung, Identität. In: *Gedächtniskonzepte der Literaturwissenschaft: Theoretische Grundlagen und Anwendungsbeispiele*. Hrsg. v. Astrid Erll und Ansgar Nünning. Berlin 2005. S. 149–178.
26 Zum Begriff *fiction of memory*: Neumann, Literatur, Erinnerung, Identität, S. 164.
27 Neumann, *Erinnerung – Identität – Narration*, S. 2.

beit beteiligt?[28] Wirken sich Erinnerungsprozesse identitätsstiftend auf die reisenden Figuren aus oder destabilisieren sie die Bindung zum bereisten Herkunftsraum? Neben einer Analyse der Erinnerungssituation kann auch die Untersuchung des (Spannungs-)Verhältnisses zwischen erinnerndem und erinnertem Ich Erkenntnisse über kontinuitätsstiftende Entwicklungsprozesse oder biographische Brüche der Erzählfiguren freilegen.[29] Nicht zuletzt sind insbesondere emotionalisierte Erfahrungen in Erinnerungsfiktionen für eine Reinterpretation des Geschehenen verantwortlich. Eine daraus entstehende erzählerische Unzuverlässigkeit gilt es in ihrer Funktion innerhalb der Reiseerzählungen, die dieses Darstellungsmittel einsetzen, herauszuarbeiten.[30]

Erinnerungsprozesse während der Reise können einerseits aus einer individuellen Gedächtnisleistung resultieren, die Vergangenheitsbilder aus dem episodischen Gedächtnis aktiviert.[31] Andererseits legen die Reisen auch Schichten von

---

[28] Für gemeinsame Vergangenheitsauslegungen ist das Werk des Gedächtnisforschers Maurice Halbwachs bahnbrechend und für alle nachfolgenden Studien grundlegend. Halbwachs beschäftigte sich mit der Tatsache, dass Erinnerungsprozesse von einem „sozialen Bezugsrahmen" abhängig sind, den es in der Untersuchung von Erinnerungsinhalten zu berücksichtigen gilt. Vgl. Maurice Halbwachs: *Das Gedächtnis und seine sozialen Bedingungen*. Aus dem Französischen von Lutz Geldsetzer. Frankfurt a. M. 1985.
[29] Vgl. Neumann, Literatur, Erinnerung, Identität, S. 166.
[30] Vgl. Neumann, Literatur, Erinnerung, Identität, S. 167. Zum Phänomen der erzählerischen Unzuverlässigkeit als narratologischer Untersuchungsbereich vgl. Ansgar Nünning: *Unreliable narration* zur Einführung. Grundzüge einer kognitiv-narratologischen Theorie und Analyse unglaubwürdigen Erzählens. In: *Unreliable narration. Studien zur Theorie und Praxis unglaubwürdigen Erzählens in der englischsprachigen Erzählliteratur*. Hrsg. v. Ansgar Nünning. Trier 1998. S. 3–40; Dagmar Busch: *Unreliable narration* aus narratologischer Sicht. Bausteine für eine erzähltheoretisches Analyseraster. In: *Unreliable narration. Studien zur Theorie und Praxis unglaubwürdigen Erzählens in der englischsprachigen Erzählliteratur*. Hrsg. v. Ansgar Nünning. Trier 1998. S. 41–58; Monika Fludernik: *Unreliability vs. Discordance*. Kritische Betrachtungen zum literaturwissenschaftlichen Konzept der erzählerischen Unzuverlässigkeit. In: *Was stimmt denn jetzt? Unzuverlässiges Erzählen in Literatur und Film*. Hrsg. v. Fabienne Liptay und Yvonne Wolf. München 2005. S. 39–59; Matías Martínez/Michael Scheffel: *Einführung in die Erzähltheorie*. 9. erweiterte und aktualisierte Auflage. München 1999 (2012); Janina Jacke: *Systematik unzuverlässigen Erzählens*. Berlin [u. a.] 2020.
[31] Zur Unterscheidung zwischen episodischem und semantischem Gedächtnis, vgl. Neumann, Literatur, Erinnerung, Identität, S. 153: „Die im Kontext der autobiographischen Gedächtnispsychologie zirkulierende Leitfrage nach der individuellen Identität impliziert zugleich die Frage, welche Erinnerungen von einem Individuum angeeignet, also als Teil der eigenen Lebensgeschichte ausgezeichnet werden. Tulvings Differenzierung zwischen unterschiedlichen Gedächtnissystemen hat maßgeblich dazu beigetragen, die identitätsbezogenen Funktionen des Erinnerns in den Blick zu bekommen. Während das semantische Gedächtnis (*to know*) symbolisch repräsentiertes, kategorisches Weltwissen speichert, das raumzeitlich unspezifizierbar ist, beinhaltet das episodi-

kulturellen Gedächtniselementen frei,[32] die einen Einblick in postjugoslawische Erinnerungskulturen geben[33] und darüber hinaus eine migrantische Perspektive auf Erinnerungskulturen in deutschsprachigen Ländern gewährleisten.[34] Der in der Forschung bereits etablierte Begriff *postjugoslawisch* umfasst eine doppelte Perspektive,[35] die sich in Bezug auf meinen Untersuchungsgegenstand präzisieren lässt: Einerseits verweist das Präfix „post-" auf die Zäsur des Zerfalls und die Auswirkungen des Systemwechsels, die in den Erzähltexten meiner Studie Flucht und Migration überhaupt erst begründen oder Einwanderungsfamilien in deutschsprachigen Ländern in ihrer interkulturellen Lebenswelt beeinflussen. Andererseits deutet der Begriff auf eine anhaltende Kontinuität jugoslawischer (Kultur-)Geschichte, die auf individueller und kollektiver Ebene sowie zwischen den Nachfolgestaaten verschiedenartig integriert wird. Die Erzähltexte meiner Studie eröffnen Reflexionsräume, die divergierende Erinnerungsperspektiven versammeln und damit die Wirkkraft von literarischen Werken als Medien kollektiver Gedächtnisse demonstrieren.

---

sche Gedächtnis (*to remember*) räumlich und zeitlich datierbare Ereignisse, die einen ausgeprägten Selbstbezug aufweisen."

32 Zu Begriffsentwicklung des kulturellen Gedächtnisses: Jan Assmann: Kollektives Gedächtnis und kulturelle Identität. In: *Kultur und Gedächtnis*. Hrsg. v. Jan Assmann. Frankfurt 1988; Jan Assmann: *Das kulturelle Gedächtnis. Schrift, Erinnerung und politische Identität in frühen Hochkulturen*. München 1992; einen begriffsgeschichtlichen Überblick im Kontext weiterer Gedächtniskonzepte bietet: Astrid Erll: *Kollektives Gedächtnis und Erinnerungskulturen. Eine Einführung*. Stuttgart 2017.

33 Vgl. Wolfgang Höpken: Post-sozialistische Erinnerungskulturen im ehemaligen Jugoslawien. In: *Südosteuropa. Traditionen als Macht*. Hrsg. v. Emil Brix et al. Wien 2007. S. 13–50; Wolfgang Höpken: Erinnerungskulturen: Im Zeitalter der Nationalstaatlichkeit bis zum Post-Sozialismus. In: *Handbuch Balkan*. Hrsg. v. Uwe Hinrichs et al. Wiesbaden 2014. S. 177–240.

34 Vgl. in Bezug auf ein „Erinnern in der Migrationsgesellschaft" in Deutschland: Aleida Assmann: *Das neue Unbehagen an der Erinnerungskultur: Eine Intervention*. München 2013. Eine kritische Einordnung von Assmanns Überlegungen unternimmt: Zink, *Interkulturelles Gedächtnis*, S. 25 f.

35 Vgl. Vlad Beronja/Stijn Vervaet: Introduction. In: *Post-Yugoslav constellations: archive, memory, and trauma in contemporary Bosnian, Croatian and Serbian literature and culture*. Hrsg. v. Vlad Beronja und Stijin Vervaet. Berlin 2016. S. 5: „Our usage of the ‚post-' in post-Yugoslav should be understood to mirror both the (violent) break between socialist Yugoslavia and what came after it, as well as a certain continuity of its cultural, political, and social legacy."

1.3 Postjugoslawische Reisen – Literarisches Feld und Stand der Forschung

Im literarischen Feld zum Erzählgegenstand Jugoslawien sind in den letzten zwei Jahrzehnten signifikante Entwicklungen zu verzeichnen, die sich nicht zuletzt in der Debatte um die Nobelpreisverleihung an Peter Handke manifestieren: Ein bereits Ende der Nullerjahre literaturwissenschaftlich heraufbeschworener *Balkan Turn*, der begrifflich zugespitzt eine markante Zunahme an autobiographisch grundierten Texten zum Erzählgegenstand Jugoslawien prognostizierte, ist an der diskursiven Positionierung zahlreicher Schriftsteller:innen ersichtlich, deren Herkunftsgeschichte im ehemaligen Jugoslawien verortet werden kann.[36] Die wieder entfachte Handke-Kontroverse im Jahr 2019 offenbart eine Neuformierung der kritischen Stimmen, die in Bezug auf die poetisch-politische Positionierung die Parteinahme des österreichischen Schriftstellers erklären bzw. eine deutschsprachige Leserschaft aus einer *in-group*-Perspektive darüber informieren. 1996, nach Erscheinen von Handkes *Winterlicher Reise*, lieferten Schriftsteller:innen, die ihren Herkunftsraum Jugoslawien aufgrund der Kriege verlassen mussten, in übersetzten Diskursbeiträgen diese *in-group*-Perspektive, die Handkes Reiseberichte als wirklichkeitsfern disqualifizierte.[37] Über zwanzig Jahre später sind es deutschsprachige Schriftsteller:innen, die diese Funktion übernehmen.[38] Im Januar 2020, kurz nach der über Monate geführten Nobelpreisdebatte, blickt Saša Stanišić während einer Lesung in Heidelberg zusammen mit Jagoda Marinić, der Moderatorin dieser Groß-

---

[36] Vgl. Boris Previšić: Poetik der Marginalität: *Balkan Turn* gefällig? In: *Von der nationalen zur internationalen Literatur. Transkulturelle deutschsprachige Literatur und Kultur im Zeitalter globaler Migration.* Hrsg. v. Helmut Schmitz. Amsterdam [u. a.] 2009. S. 189–203. Der Vorstoß von Previšić wird im Forschungsüberblick dieser Einleitung genauer beleuchtet.

[37] Hervorzuheben sind hier die Schriftsteller Dževad Karahasan und Bora Ćosić, die nach der Veröffentlichung der *Winterlichen Reise* einflussreiche Diskursbeiträge lieferten. Vgl. Dževad Karahasan: „Bürger Handke, Serbenvolk" und Bora Ćosić: „Nachbar, Euer Fläschchen. Gespräch über den abwesenden Herrn Handke" – beide Beiträge wurden in Tilman Zülchs kritischen Essayband *Die Angst des Dichters vor der Wirklichkeit* (Göttingen 1996) aufgenommen.

[38] Neben der Buchpreisrede von Saša Stanišić werden die Beiträge von Jagoda Marinić, Marko Dinić und Alida Bremer im zweiten Kapitel dieser Studie ausführlich behandelt. Vgl. darüber hinaus auch die Beiträge von Barbi Marković und Tijan Sila: Barbi Marković: „Handke und Serbien. Bei aller Respektlosigkeit. Vom unrühmlichen Kult um einen (un)heiligen Autor". In: *Der Standard* (18.10.2019). URL: https://www.derstandard.at/story/2000110060901/handke-und-serbien-bei-aller-respektlosigkeit (zuletzt aufgerufen: 08.07.2019); Tijan Sila: „Kunst dient den Nackten". In: *taz* (19.10.2019). URL: https://taz.de/Kritik-an-Nobelpreis-fuer-Peter-Handke/!5631663/ (zuletzt aufgerufen: 08.07.2019).

veranstaltung,[39] auf die Debatte zurück und verweist auf die erinnerungskulturelle Verantwortung, mit der er seine Positionierung begründet:

> Mein Anspruch war und ist es immer noch, dass wir Handke und seine Jugoslawientexte aufgeklärt lesen. Dass wir, wenn wir dort auf Kontext nicht hingewiesen werden durch den Text, diesen Kontext kennen und dann als Leser […] autark genug sind, aus Kontext plus Text unsere eigenen Schlüsse zu ziehen.[40]

Fast dreißig Jahre nach Kriegsbeginn steht die engagierte Aufklärungsarbeit, die Literat:innen im Zuge der Handke-Debatte beabsichtigten, mit der Aufrechterhaltung von historischer Faktizität in kollektiven Gedächtnisbeständen in Verbindung: Es geht darum, wie das Geschehene in literarischen Texten erinnert wird. Stanišić ist nicht erst seit seinem Buchpreisgewinn der prominenteste Erzähler einer Autor:innengruppe, die in ihren Erzähltexten (post-)jugoslawische Geschichte aus einer Perspektive der Betroffenheit verhandelt. Er gilt in der literaturwissenschaftlichen Forschung als Pionier des *Balkan Turns*. Dieser Begriff wurde zur Abgrenzung von Schriftsteller:innen wie Peter Handke, Juli Zeh und Norbert Gstrein verwendet, die sich mit dem Erzählgegenstand Jugoslawien aus einer *out-group*-Perspektive beschäftigten und den deutschsprachigen Forschungsdiskurs immer noch dominieren. In der Nobelpreisdebatte wurde eine diskursive Verschiebung von einer Autor:innengruppe, die sich die Nachkriegswirklichkeit in postjugoslawischen Ländern aus einer *out-group*-Perspektive aneignet, hin zu einer Autor:innengruppe, die auf Grundlagen von eigenen oder familiären Erinnerungsbeständen den Erzählgegenstand Jugoslawien in der Literatursprache Deutsch verhandelt, öffentlichkeitswirksam sichtbar. Die postjugoslawische Reise ist für beide Gruppen ein narratives Mittel, um einerseits figurale Identitätsfragen zu verhandeln und andererseits einen Einblick in die Nachkriegswirklichkeit vor Ort zu geben. Nichtsdestotrotz müssen gewichtige Unterschiede geltend gemacht werden, die eine trennscharfe Betrachtung beider Reisedarstellungen erfordern: Während Erzählfiguren der *out-group* das Reiseziel überwiegend zum ersten Mal in Augenschein nehmen, ist die Reise in Texten der *in-group* zumeist eine Rückkehr in den Herkunftsraum. Geht es im Fall der *out-group* schwerpunktmäßig um eine authentische Darstellung aus einer Außenperspektive und eine Einfühlung

---

39 Die Lesung ist auf dem Youtube-Kanal der Stadt Heidelberg einsehbar: Stadt Heidelberg: Saša Stanišić: Lesung „Herkunft". URL: https://www.youtube.com/watch?v=Nhzo3Lvmyi0 (zuletzt aufgerufen: 08.07.2022). Jan Wiele berichtete in der *FAZ* über die von 700 Personen besuchte Lesung, in der Stanišić „wie ein Popstar" empfangen wurde (Jan Wiele: Heimkunft. In: *FAZ* 13.01.2020. URL: https://www.faz.net/aktuell/feuilleton/buecher/themen/sa-a-stani-i-wird-in-heidelberg-als-popstar-empfangen-16577654.html – zuletzt aufgerufen: 08.07.2022).
40 Stadt Heidelberg, Saša Stanišić: Lesung „Herkunft", 1:39:29–1:39:51.

in fremdes Leid, verhandeln die Erzähltexte der *in-group* konkrete Kriegserfahrungen und Fragen nach Zugehörigkeit, die sich den Reisenden nach der Migration in ein deutschsprachiges Land stellen.

In literaturgeschichtlichen Ansätzen, die eine Bestandsaufnahme deutschsprachiger Gegenwartsliteratur vornehmen, gelten die politischen Veränderungen in den Jahren 1989/1990 als Epochenschwelle, die „neue Themen und Gegenstände, neue Schreibweisen, poetologische Überzeugungen und Selbstbestimmungen literarischen Schreibens"[41] hervorbrachte. Abgesehen vom Fall des Eisernen Vorhangs und dessen Auswirkungen auf eine deutsch-deutsche Literatur[42] fungieren in diesen Überblickswerken auch weitere historisch-kulturelle Großereignisse als Orientierungspunkte, deren ästhetische Verarbeitung neue Themen aufwerfen.[43] Eines dieser historischen Ereignisse, die Einfluss auf Entwicklungsprozesse innerhalb der deutschsprachige Gegenwartsliteratur haben, ist der Zerfall Jugoslawiens, der in der Gegenwartsliteraturforschung häufig als spezifischer Erzählgegenstand dargestellt wird.[44] Die Kriege in Jugoslawien und deren Folgen werden hierbei unterschiedlich präsentiert. Ein wesentliches Kriterium, das literaturgeschichtliche Überblickswerke in Bezug auf die Jugoslawienthematik unterscheidet, ist die Berücksichtigung von divergierenden Perspektiven auf diesen Erzählgegenstand. Dabei sind als Konstante innerhalb dieser Überblickswerke drei Kategorien auszumachen: Erzähltexte, die auf Deutsch aus einer *out-group*-Perspektive verfasst wurden (z. B. Peter Handke, Juli

---

[41] Leonard Hermann/Silke Horstkotte: *Gegenwartsliteratur: eine Einführung*. Stuttgart 2016. S. 2.
[42] Vgl. das Kapitel „Wendezeit" in: Wolfgang Emmerich: *Kleine Geschichte der DDR-Literatur*. Erweiterte Neuausgabe. Leipzig 2009. S. 435–525; vgl. Heribert Tommek (Hrsg.): *Wendejahr 1995: Transformationen der deutschsprachigen Literatur*. Berlin 2015.
[43] Die Neuformierung eines gemeinsamen kulturellen Gedächtnisses nach der Wiedervereinigung und ein Generationenwechsel im gesamtgesellschaftlichen Erinnerungsprofil brachten um die Jahrtausendwende eine Reihe von Familien-/Generationenromanen hervor, die sich zumeist aus der Perspektive der Enkel:innen entlang einer Generationenfolge mit der Erinnerung an den Zweiten Weltkrieg beschäftigen. Vgl. Friederike Eigler: *Gedächtnis und Geschichte in Generationenromanen seit der Wende*. Berlin 2005; Simone Costalgi/Matteo Galli (Hrsg.): *Deutsche Familienromane: literarische Genealogie und internationaler Kontext*. München 2010; Jan Süselbeck (Hrsg.): *Familiengefühle. Generationengeschichte und NS-Erinnerung in den Medien*. Berlin 2014. Die Anschläge in New York am 11. September 2001 werden auch in der deutschsprachigen Literatur als Thema aufgegriffen: vgl. Sandra Poppe/Thorsten Schüller/Sascha Seiler (Hrsg.): *9/11 als kulturelle Zäsur: Repräsentationen des 11. September 2001 in kulturellen Diskursen, Literatur und visuellen Medien*. Bielefeld 2009; Heide Reinhäckel: *Traumatische Texturen: der 11. September in der deutschen Gegenwartsliteratur*. Gießen 2011.
[44] In diesem Unterkapitel stehen folgende literaturgeschichtlichen Überblickswerke im Zentrum: Evi Zemanek/Susanne Krones (Hrsg.): *Literatur der Jahrtausendwende. Themen, Schreibverfahren und Buchmarkt um 2000*. Bielefeld 2008; Leonard Hermann/Silke Horstkotte: *Gegenwartsliteratur: eine Einführung*. Stuttgart 2016.

Zeh, Norbert Gstrein); Werke, die sich dem Thema aus einer *in-group*-Perspektive in deutscher Sprache annehmen (z. B. Saša Stanišić, Jagoda Marinić, Marko Dinić); und schließlich als dritte Kategorie: aus dem BKMS-Sprachraum[45] übersetzte Texte, die im deutschsprachigen Rezeptionsraum bekannt sind und eine *in-group*-Perspektive bieten (z. B. Dževad Karahasan, Slavenka Drakulić, Dubravka Ugrešić). Wie die einzelnen Kategorien in literaturgeschichtlichen Werken verhandelt werden und welche Bezüge sie zueinander aufweisen, gilt es im Folgenden zu konkretisieren.

Einen der aktuellsten literaturgeschichtlichen Ansätze bieten Hermann/Horstkotte in ihrer *Einführung in die Gegenwartsliteratur* (2016). In diesem Überblickswerk wurde der Zerfall des Vielvölkerstaats als literarischer Stoff in die Rubrik „Krieg und Terror" eingeordnet. Die jeweils in ihrer Eigendynamik zwischen den einzelnen Staaten zu differenzierenden Jugoslawienkriege[46] dienen gebündelt als erstes Beispiel für ein Phänomen, das in politikwissenschaftlichen Diskursen unter dem Topos „Neue Kriege" firmiert.[47] Hermann/Horstkotte weisen 2016 darauf hin, dass diese Kriege im Kontext der deutschsprachigen Gegenwartsliteratur überwiegend als „fremde Erfahrungen"[48] in literarische Texte implementiert werden. Die „Gestaltung einer fremden Erzählperspektive" sei geprägt von einer „Einfühlung in fremde Erfahrungen", in der „Fragen des Engagements, der Kritik und der Anerkennung"[49] verhandelt würden. Diese übergeordnete These wird anhand eines als repräsentativ ausgewiesenen Textkorpus fundiert. Neben einer kritischen Beobachtung der Kriegsberichterstattung oder der Einfühlung in konkrete Opfergeschichten werden die Kriege auch als Erzählstoff für Kriminalromane, Polit-Thriller oder

---

45 Die Abkürzung *BKMS* ist eine gängige Bezeichnung, die sich nach dem Zerfall Jugoslawiens anstelle der Bezeichnung *Serbokroatisch* etabliert hat. Sie umfasst die vier Sprachen, die offiziell als Amtssprachen in den einzelnen Ländern im Einsatz sind: Bosnisch, Kroatisch, Montenegrinisch und Serbisch. Vgl. Peter Rehder (Hrsg.): *Einführung in die slavischen Sprachen. Mit einer Einführung in die Balkanphilologie*. Darmstadt 2012.
46 Grob zu unterscheiden sind der 10-Tage-Krieg in Slowenien, der Kroatienkrieg (1991–1995), der Bosnienkrieg (1992–1995) und der Kosovokrieg (1998/1999). Vgl. grundlegend: Dunja Melčić (Hrsg.): *Jugoslawien-Krieg. Handbuch zu Vorgeschichte, Verlauf und Konsequenzen*. Wiesbaden 1999; Marie-Janine Calic: *Geschichte Jugoslawiens im 20. Jahrhundert*. München 2010; Holm Sundhaussen: *Jugoslawien und seine Nachfolgestaaten 1943–2011: eine ungewöhnliche Geschichte des Gewöhnlichen*. Wien [u. a.] 2012; Ulf Brunnbauer/Klaus Buchenau: *Geschichte Südosteuropas. Mit 7 Karten*. Stuttgart 2018.
47 Vgl. Mary Kaldor: *Neue und alte Kriege: organisierte Gewalt im Zeitalter der Globalisierung*. Aus dem Engl. übersetzt von Michael Adrian. Frankfurt a. M. 2000; Herfried Münkler: *Die neuen Kriege*. Reinbek bei Hamburg 2002.
48 Hermann/Horstkotte, *Gegenwartsliteratur*, S. 90.
49 Hermann/Horstkotte, *Gegenwartsliteratur*, S. 90.

parabolische Erzähltexte genutzt.[50] Insgesamt dominiert in der Textauswahl gemäß den programmatischen Richtlinien des Unterkapitels eine *out-group*-Perspektive. Der einzige Erzähltext, der nicht in die Gesamtkonzeption dieses Kapitels passt, ist Saša Stanišićs Roman *Wie der Soldat das Grammofon repariert*. Hermann/Horstkotte weisen auf die autobiographische Grundierung des Romans hin, die Erfahrungen des Autors seien durch erzählerische Mittel verfremdet und fungierten dadurch beispielhaft für die ästhetische Verarbeitung von „traumatisierenden Erfahrungen"[51] während der Belagerung von Višegrad, Herkunftsort sowohl des Autors als auch des Protagonisten Aleksandar Krsmanović. Stanišićs Roman wird im Rahmen der programmatischen Richtlinien des Kapitels, die den „fremden Perspektiven" besondere Aufmerksamkeit widmet, als Ausnahme dargestellt. Dadurch werden weitere autobiographische Jugoslawientexte, die vor den jüngsten Texten dieser *Einführung* erschienen sind und den Krieg als einschneidendes Erlebnis verhandeln,[52] nicht berücksichtigt sowie zentrale Unterschiede, die zwischen einer *out-group*-Perspektive und einer *in-group*-Perspektive bestehen, durch die listenartige Reihung von Einzeltexten nicht markiert.

Einen alternativen Zugriff auf die literarische Verarbeitung der Kriege im ehemaligen Jugoslawien wählen die Herausgeberinnen Zemanek/Krones in ihrem 2008 erschienenen Sammelband *Literatur der Jahrtausendwende*. Auch hier figuriert der „jugoslawische Bürgerkrieg"[53] als historisches Großereignis nach 1989, das in zahl-

---

50 Folgende Werke werden vorgestellt: Peter Handkes Reiseerzählung *Eine winterliche Reise zu den Flüssen Donau, Save, Morawa und Drina oder Gerechtigkeit für Serbien* (1996), Durs Grünbeins Gedichtzyklus „Nach dem letzten der hiesigen Kriege" (2002), Gerhard Roths Kriminalroman *Der Berg* (2000), Juli Zehs Polit-Thriller *Adler und Engel* (2001) sowie die Reiseerzählung *Die Stille ist ein Geräusch* (2003), Norbert Gstreins Roman *Das Handwerk des Tötens* (2003), Terezia Moras Roman *Alle Tage* (2004), Anna Kims Roman *Die gefrorene Zeit* (2008), Saša Stanišićs Roman *Wie der Soldat das Grammofon repariert* (2006), Martin Kordićs Roman *Wie ich mir das Glück vorstelle* (2014), Martin Mosebachs Roman *Das Blutbuchenfest* (2014).
51 Hermann/Horstkotte, *Gegenwartsliteratur*, S. 94.
52 Der jüngste Erzähltext ist Martin Kordićs Roman *Wie ich mir das Glück vorstelle* (2014), der Hermann/Horstkotte zufolge „kein autobiographisches Substrat" aufweise. Davor sind zum Erzählgegenstand Jugoslawien aus einer *in-group*-Perspektive u. a. bereits erschienen: Marica Bodrožićs Erzählband *Tito ist tot* (2002) und autobiographischer Essay *Sterne erben, Sterne färben* (2007), Melinda Nadj Abonjis Roman *Tauben fliegen auf* (2010), für den die Autorin den Deutschen und den Schweizer Buchpreis erhielt; Alida Bremers Roman *Olivas Garten* (2011); Adriana Altaras' Familienbiografie *Titos Brille: Die Geschichte meiner strapaziösen Familie* (2011); Jagoda Marinićs Roman *Restaurant Dalmatia* (2013), der in meiner Studie ausführlich untersucht wird.
53 Evi Zemanek/Susanne Krones: Eine Topographie der Literatur um 2000. Einleitung. In: *Literatur der Jahrtausendwende*. Hrsg. v. Evi Zemanek und Susanne Krones. Bielefeld 2008. S. 14. Wiederum werden die Eigendynamiken der jeweiligen Jugoslawienkriege im Kollektivsingular nicht differenziert. Es ist vor allem zu hinterfragen, ob es sich im Falle des Bosnienkriegs um einen

1.3 Postjugoslawische Reisen – Literarisches Feld und Stand der Forschung — **15**

reichen Erzählwerken thematisiert wird. Der Sammelband verfolgt eine komparatistische Stoßrichtung und präsentiert den Erzählgegenstand Jugoslawien dementsprechend aus den Blickwinkeln verschiedener Literatursprachen: „aus der Sicht einer der mittlerweile zahlreichen kroatischen Schriftstellerinnen, die über das kollektive Kriegstrauma schreiben, sowie seitens deutscher Autoren mit besonderer Affinität zu jenem Kulturraum oder starkem politischen Interesse."[54] Der erste Artikel aus der Kategorie „Vom Balkankrieg", die Zemanek/Krones in ihrem Sammelband einführen, bietet einen konzisen Überblick zum „Balkankrieg in der deutschen Literatur". Verfasser ist Boris Previšić, der sich ab diesem Zeitpunkt durch zahlreiche Publikationen auf diesem spezifischen Forschungsgebiet profilierte.[55] Um den Zeitraum der Veröffentlichung des Sammelbands *Literatur der Jahrtausendwende* erschienen weitere Artikel von Previšić, die bei ähnlicher Thesenführung zum Teil umfassendere theoretische Überlegungen oder divergierende Textkorpora implementieren.[56] Eine Zusammenschau dieser Artikel gewährt einen Einblick in Previšićs kulturwissenschaftlich orientierten Forschungsansatz,[57] der im Hinblick

---

„Bürgerkrieg" handelt. Aufgrund der gezielten „ethnischen Säuberungen" durch die bosnisch-serbischen Armee und ihr nahestehenden paramilitärischen Einheiten sowie bosnisch-kroatische Streitkräfte zwischen 1991 und 1995 können die kriegerischen Auseinandersetzungen als Angriffskriege eingeordnet werden. Vgl. Erich Rathfelder: Der Krieg an seinen Schauplätzen. In: *Der Jugoslawien-Krieg. Handbuch zu Vorgeschichte, Verlauf und Konsequenzen.* Hrsg. v. Dunja Melčić. Wiesbaden 1999. S. 345–363. Die begriffliche Einordnung ist vor allem im Hinblick auf divigierenden Erinnerungsperspektiven zwischen ethnischen Gruppen in Bosnien eine signifikante Frage: vgl. die journalistische Arbeit von Melina Borčak, z. B.: „Die Vergangenheit ist nie vergangen". In: *taz* 20.04.2021. URL: https://taz.de/Gedenken-an-Genozide-in-Bosnien/!5762165/. Zuletzt aufgerufen: 04.08.2021.
54 Zemanek/Krones, *Literatur der Jahrtausendwende*, S. 14.
55 Previšićs zentrales Werk zu dieser Thematik ist die als Habilitationsschrift eingereichte Monographie *Literatur topografiert: Der Balkan und die postjugoslawischen Kriege im Fadenkreuz des Erzählens.* Berlin 2014.
56 Neben dem Artikel in Zemanek/Krones („Eine Frage der Perspektive: Der Balkan in der jüngsten deutschen Literatur", S. 95–106) erschienen: Previšić, Poetik der Marginalität: *Balkan Turn gefällig?*, 2009; Boris Previšić: Zwischen Diskursivität und Faktualität. Interkulturalität und literarische Imagination auf dem balkanischen Prüfstand des jugoslawischen Zerfalls. In: *Zwischen Provokation und Usurpation. Interkulturalität als (un-)vollendetes Projekt der Literatur- und Sprachwissenschaften.* Hrsg. v. Dieter Heimböckel. München 2010. S. 191–203.
57 Previšićs Studien beschäftigen sich mit Forschungsfragen, die sich literarischen Stereotypisierungen widmen und damit im Bereich einer kulturwissenschaftlich orientierten Literaturwissenschaft angesiedelt werden können. Vgl. z. B. Previšić, Zwischen Diskursivität und Faktualität, S. 201: „Die Frage, die den allgemeinen Balkan-Diskurs und den Zerfall Jugoslawiens eng führt, könnte lauten: Welche literarischen Verfahren schaffen es, die Perpetuierung von balkanischen Stereotypen im Zusammenhang mit den jüngsten Jugoslawienkriegen zu unterlaufen?" Ein Standardwerk für die Beschäftigung mit „balkanischen Stereotypen", das auch Previšić als theoreti-

auf die spezifischen Voraussetzungen, die Jugoslawien als literarischen Stoff kennzeichnen, in seinen Überblicksartikeln differenzierter vorgeht als Hermann/Horstkotte in ihrem Einführungsband. Zugespitzt findet sich Previšićs zentrale These in seinem Artikel „Poetik der Marginalität – *Balkan Turn* gefällig?". Er untersucht darin ein namhaftes Korpus an „'deutschmuttersprachigen' Autoren" (Sebald, Handke, Zeh, Gstrein), die sich mit dem Zerfall Jugoslawiens in ihren Texten beschäftigt haben und stellt dar, inwiefern der ‚Balkan' in diesen Texten lediglich als Projektionsfläche diene und nicht als hybrider Reflexionsraum fungiere. Ihnen gegenüber stellt er den Debütroman des Autors Saša Stanišić, der einerseits als Musterbeispiel für authentisches Erzählen über Jugoslawien in deutscher Sprache[58] und andererseits als Pionier für weitere Erzählprojekte mit ähnlicher Programmatik präsentiert wird.[59] Als zentrale Analysekategorie fungiert die Erzählperspektive, die nach Previšić Indikator für Darstellungsverfahren ist, denen das Attribut authentisch zugeschrieben oder abgesprochen werden kann. Previšićs Einteilung in zwei verschiedene Autor:innen-Gruppen betrifft zunächst die textexterne Kategorie einer Autor-Authentizität[60] und geht von einer weniger stereotypen Darstellung des Balkanraums aufgrund eines biographischen Wissens- und Erfahrungshori-

---

sches Referenzwerk in seine Analysen einbindet, ist: Maria Todorova: *Die Erfindung des Balkans. Europas bequemes Vorurteil*. Aus dem Engl. von Uli Twelker. Darmstadt 1999.

58 Antonius Weixler unterscheidet in seiner Bestandsaufnahme zur Analysekategorie der Authentizität innerhalb der literaturwissenschaftlichen Forschung zwischen einem *referenziellen* und einem *relationalen* Authentizitätsbegriff. Ein referenzieller Authentizitätsbegriff umfasst die „Wahrheit der Darstellung". Hier geht es um die Frage, *ob* einem Text das Prädikat *authentisch* zugeschrieben werden kann. Ein *relationaler* Authentizitätsbegriff beschäftigt sich mit der „Wahrhaftigkeit der Darstellung". Im Fokus steht hier vielmehr die Frage, mit welchen (para-)textuellen Strategien ein Text operiert, damit ihm Authentizität zugeschrieben wird. Vgl. Antonius Weixler: Authentisches Erzählen – authentisches Erzählen. Über Authentizität als Zuschreibungsphänomen und Pakt. In: *Authentisches Erzählen: Produktion, Narration, Rezeption*. Hrsg. v. Antonius Weixler. Berlin 2012. S. 2. Previšićs Argumentation stützt sich auf die referenzielle Bedeutungsebene von Authentizität und hat deshalb auch eine evaluative Dimension.

59 Vgl. Previšić, Poetik der Marginalität: *Balkan Turn* gefällig?, S. 203: „Wichtige interkulturelle Inputs, welche das politisch prekäre Verhältnis nicht nur zwischen den Staaten des ehemaligen Jugoslawiens, sondern auch zur EU entschärfen helfen könnten, sind aber erst von einer transnationalen Literatur zu erwarten, welche sich genuin hybrid versteht (und nicht nur so gibt). Ein schlagendes Beispiel ist Saša Stanišićs Erstlingsroman, weitere werden sicherlich folgen.".

60 Vgl. Weixler, Authentisches Erzählen – authentisches Erzählen, S. 15: „Autor-Authentizität wiederum liegt vor, wenn die Zuschreibung des Prädikats ‚authentisch' weniger im Hinblick auf das Objekt oder das eigentliche Subjekt der Sprachäußerung erfolgt, sondern die Relation bzw. Zuschreibung in der Rezeption durch die Autorität der außertextlichen Entität des Autors angeregt wird." Weixlers Begriffsentwicklung insbesondere zur Kategorie der Autor-Authentizität baut u. a. auf Überlegungen von Matías Martínez auf: Zur Einführung. Authentizität und Medialität in künstlerischen Darstellungen des Holocaust. In: *Der Holocaust und die Künste. Medialität*

zonts aus. Die Autorisierung erfolgt nach dieser Kategorie über den Paratext des literarischen Werks. Die Kriege im ehemaligen Jugoslawien können demnach als Erzählgegenstand gelten, der „existentielle Extremsituationen"[61] thematisiert und gerade deshalb ethische Anforderungen an ein authentisches Erzählen stellt. Previšićs Artikel greift implizit die Vorstellung auf, dass persönlich Betroffene, für die Jugoslawien einen Herkunftsraum darstellt, besonders qualifiziert für die literarische Auseinandersetzung mit der (Nach-)Kriegswirklichkeit sind. Dies kommt deutlich zum Vorschein, wenn man das sprachliche Unterscheidungskriterium, das Previšić zur Kategorisierung verwendet, umkehrt: Zur Ergründung der Ursachen und Folgen der kriegerischen Auseinandersetzungen steht in Previšićs Textauswahl eine Gruppe an Nicht-Muttersprachler:innen, die teilweise ohne Sprachkenntnisse die Balkanregion bereisen (Handke,[62] Zeh[63]), ein serbokroatischmuttersprachiger Autor (Stanišić[64]) gegenüber. Ein gesteigerter Authentizitätsgrad wird durch „die Autorität der außertextlichen Entität des Autors"[65] hergestellt. Dieser Schritt ist nachvollziehbar, hat sich die Autor-Autorität in der Darstellung von kriegsbedingten „existentiellen Extremsituationen" doch als „hinreichende Voraussetzung für

---

und Authentizität von Holocaust-Darstellungen in Literatur, Film, Video, Malerei, Denkmälern, Comic und Musik. Hrsg. v. Matías Martínez. Bielefeld 2004. S. 7–21.

61 Weixler, Authentisches Erzählen – authentisches Erzählen, S. 28.

62 Die Erzählfigur in Peter Handkes *Winterlicher Reise* und dem *Sommerlichen Nachtrag* reist mit zwei Reisegefährten (Žarko Radaković und Zlatko B.), die vor Ort übersetzen: „Es schwebte mir vor, mich als irgendein Passant, nicht einmal als Ausländer oder Reisender kenntlich, zu bewegen, und das nicht allein in den Metropolen Belgrad oder Titograd (inzwischen Podgorica), sondern, vor allem, in den kleinen Städten und den Dörfern, und womöglich zeitweise auch fern von jeder Ansiedlung. Aber selbstredend brauchte ich zugleich so jemanden wie einen Ortskundigen Lotsen, Gefährten und vielleicht Dolmetsch; denn mit meinem löcherigen Slowenisch und den paar serbokroatischen Gedächtnisspuren von einem Sommer auf der Adria-Insel Krk, vor weit über dreißig Jahren, durfte ich mich, sollte es keine übliche Reise werden, nicht begnügen." (WR 40).

63 Die Erzählfigur in Juli Zehs *Die Stille ist ein Geräusch* versucht, sich in einem Gemisch aus Englisch, Deutsch und Polnisch zu verständigen: „Schnell beschließe ich die Entstehung einer *neuen Sprache*: Das Endepol. Es besteht aus zehn englischen, hundert deutschen und einer Menge polnischer Wörter und kommt fast ohne Grammatik aus. Es gibt nur eine Zeit, die Gegenwart, und keine Personen. Dafür zeigende Bewegungen auf mich selbst, den Hund und den Autobus." (Juli Zeh: *Die Stille ist ein Geräusch: Eine Fahrt durch Bosnien.* München 2002. S. 19.).

64 Zum Aspekt der Mehrsprachigkeit in Stanišićs Romanen *Wie der Soldat das Grammofon repariert* und *Herkunft* vgl. Núria Codina Sola: Schreiben als „Auseinandersetzung mit der (...) immer neuen Sprache": literarische Sprachen im Werk von Saša Stanišić. In: *Literarische (Mehr)Sprachreflexionen.* Hrsg. v. Barbara Siller und Sandra Vlasta. Wien 2020. S. 349–372.

65 Weixler, Authentisches Erzählen – authentisches Erzählen, S. 15.

eine erfolgreiche Authentizitäts-Zuschreibung"[66] erwiesen. Aus narratologischer Perspektive ist die Autor-Authentizität jedoch nur eine Komponente einer „diskursiven Authentizität"[67], die sich insbesondere auf Erzählverfahren konzentriert, die eine Authentizitätszuschreibung anregen. Auch Previšić setzt sich zum Ziel, die Erzählverfahren der Texte im Hinblick auf eine authentische Darstellung der Nachkriegswirklichkeit zu analysieren, er beschränkt sich jedoch auf eine Analyse der Erzählfigur und vernachlässigt somit weitere Perspektiven der Texte, die beispielsweise durch die Darstellung ortsansässiger Figuren vermittelt werden. Während Previšić in der Vorstrukturierung noch zwischen den beiden Autor:innen-Gruppen unterscheidet, wird in der Textanalyse der gleiche Anspruch an beide Gruppen herangetragen, nämlich die Etablierung eines Reflexionsraums durch die Erzählfigur, die idealerweise als Wahrnehmungsinstanz einer Stereotypisierung der Region entgegenwirkt. Es gilt jedoch zu berücksichtigen, dass die unterschiedlichen Voraussetzungen im Hinblick auf die Autor-Authentizität auch unterschiedliche Analysefragen erfordern. Von einem Autor, der aus seinem Herkunftsland aufgrund der kriegerischen Auseinandersetzungen fliehen musste (Stanišić), ist eine tiefgreifendere interkulturelle Wissensvermittlung zu erwarten, als von einer Autorin, die sich das erste Mal in diesem Land aufhält (Zeh). Es liegt nahe, dass kulturelle Stereotype die Wahrnehmungsperspektive einer Erzählfigur, die bis dato vorgeblich keine Berührungspunkte mit dem Reiseziel hatte, prägen.[68] Zielführender ist die Frage, ob mit bestimmten Erzählverfahren nichtsdestotrotz ein glaubwürdiges Gesellschaftsbild aus einer Außenperspektive ge-

---

[66] Weixler, Authentisches Erzählen – authentisches Erzählen, S. 15 f. Hier ist vor allem an literarische Werke, die die Shoah thematisieren zu denken: vgl. Martínez, Zur Einführung, S. 9: „Während in der zeitgenössischen Literatur, Kunst und Ästhetik im Namen der Postmoderne Konzepte der Simulation, Ambiguität, Entreferentialisierung und der Tod des Autors propagiert werden, bestimmten und bestimmen Postulate wie Authentizität, Wahrhaftigkeit, moralische Integrität und Beglaubigung durch Autorschaft die Produktion, die Gestaltung, die Rezeption und die Bewertung von Kunst über den Holocaust." Weixler weist nichtsdestotrotz darauf hin, dass die Autor-Authentizität „keine notwendige Bedingung mehr dar[stellt]" und „moralische und ästhetische Urteile" im Text auch stärker gewichtet werden können „als die empirische Garantie einer Autor- und Zeugenschaft" (S. 16).
[67] Weixler, Authentisches Erzählen – authentisches Erzählen, S. 14: „Im relationalen Authentizitätsbegriff der Zuschreibung steckt schließlich die Einsicht, dass Authentizität nicht zuweis- oder erschreibbar ist, sondern lediglich durch bestimmte narrative Verfahren die Bereitschaft des Rezipienten angeregt werden kann, einem medialen Produkt das Prädikat ‚authentisch' zu verleihen. Da in diesem letzten Authentizitätsbegriff sämtliche am Diskurs beteiligte Elemente des Kommunikationsmodells in eine Relation zueinander treten müssen, wird das Konzept der Zuschreibung synonym als *diskursive Authentizität* bezeichnet.".
[68] Auf den Einsatz von Stereotypen als „künstlerisches Mittel" oder „literarisches Spiel", das auf die Offenlegung von stereotypen Wahrnehmungsweisen zielt, verweist bspw. Christopher Meid:

schaffen wird. Statt eines normativ evaluierenden Analysemodus, in dem Autor:innen aufgrund von biographischen Voraussetzungen heruntergestuft werden, sind Analysefragen, die darauf abzielen, ob die Texte ihrem eigenen Anspruch auf Authentizität gerecht werden und welche spezifischen Authentizitätsstrategien Anwendung finden, erkenntnisfördernder. Ein solcher Ansatz findet sich beispielsweise bei Jürgen Brokoff, der Juli Zehs Reiseerzählungen *Die Stille ist ein Geräusch* in den Blick nimmt. Brokoff veranschaulicht in seinem Artikel,[69] dass das erzählte Ich durch eine paralysierende Dissoziationserfahrung als Beobachterin in den Hintergrund tritt und dadurch die Figurenrede der Gesprächspartner:innen vor Ort an Relevanz gewinnt:

> Alles, was es zur Nachkriegssituation in Bosnien zu sagen gibt – die Forcierung ethnischer Differenzen nach dem Krieg, die Sehnsüchte nach einem Leben ohne ein Festgelegtsein auf ethnische Zugehörigkeit, die Rolle der internationalen Organisationen beim Wiederaufbau des in zwei ‚Entitäten' geteilten Landes, die auftrumpfende Selbstsicherheit international tätiger Journalisten – alles dies wird in erster Linie von den Gesprächspartnern der Reisenden artikuliert. *Sie* sind es, die die bosnische Gegenwart nach dem Krieg zur Sprache bringen.[70]

Für die Integration fremder Rede ist letztlich ein sich nicht selbst profilierendes erzählendes Ich verantwortlich, das Brokoff von der verunsichert umherirrenden Reisenden trennt und dadurch dem Text eine ethische Dimension abgewinnt: „Die eigene Rede setzt aus, pausiert, um den Anderen, der mehr zu erzählen weiß, zu Wort kommen zu lassen."[71] Anders als Previšić weist Brokoff zu Beginn seines Artikels darauf hin, dass im Hinblick auf die Darstellung einer bosnischen Nachkriegswirklichkeit für die Autorin Juli Zeh spezifische Voraussetzungen zu berücksichtigen sind, die wiederum spezifische Erzählverfahren einfordern: „Die im Fall von Zeh dreifach vorhandene Distanz zum erzählten Gegenstand – das Schreiben nach dem Krieg von einer *außerhalb* des Kriegsgebiets geborenen Autorin, die ihren Text auf Deutsch verfasst – stellt eigene Anforderungen an das Erzählen."[72] Indem Brokoff die Autor:innen, die sich des Erzählgegenstands Jugoslawien annehmen, in drei unterschiedliche Gruppen einteilt, impliziert er, dass die jeweiligen Voraussetzungen in der Analyse nicht nivelliert werden dürfen, wie es bei Previšić zumindest im analytischen Teil des Artikels „Poetik der Margi-

---

Griechenland-Imaginationen. Reiseberichte im 20. Jahrhundert von Gerhart Hauptmann bis Wolfang Koeppen. Berlin/Boston 2012. S. 14.
69 Jürgen Brokoff: Narrative Identität und ästhetisches Darstellungsverfahren in Juli Zehs Bosnientext *Die Stille ist ein Geräusch*. In: Zagreber germanistische Beiträge 23 (2014). S. 19–33.
70 Brokoff, Narrative Identität, S. 31.
71 Brokoff, Narrative Identität, S. 31.
72 Brokoff, Narrative Identität, S. 21.

nalität" der Fall ist.⁷³ Die Reiseerzählungen von Handke und Zeh, auf deren intertextuelle Bezugspunkte in einigen Forschungsartikeln hingewiesen wird,⁷⁴ bilden dabei eine erste Gruppe, da sie beide „auf die literarische Darstellung eines Gesehenen und Erfahrenen ab[zielen], das als ein Fremdes und Anderes die Reisetätigkeit voraussetzt."⁷⁵ Von einem derartigen Erzählmotiv sind die Darstellungen bosnischer Schriftsteller:innen zu unterscheiden, die über den Krieg in ihrem Herkunftsland schreiben und übersetzt auch im deutschsprachigen Raum rezipiert werden.⁷⁶ Als dritte Gruppe von Werken rubriziert Brokoff die Texte von Schriftsteller:innen, „die im Kriegsgebiet geboren bzw. aufgewachsen sind und sich später in deutscher Sprache mit dem Krieg beschäftigt haben."⁷⁷ Die Dreiteilung in eine *out-group*-Perspektive und zwei *in-group*-Perspektiven, die sich in unterschiedlichen Literatursprachen dem Erzählgegenstand Jugoslawien annehmen, ist im Forschungsdiskurs nicht erst seit Brokoffs Artikel etabliert. Auch der Sammelband von Zemanek/Krones integriert bereits durch die Artikel von Previšić (*out-group*-Perspektive und *in-group*-Perspektive auf Deutsch) und Katja Kobolt (*in-group*-Perspektive auf Serbokroatisch) alle drei Autor:innengruppen. Methodologische Unterschiede zeigen sich – wie am Beispiel Previšić/Brokoff zu erkennen ist – in der Frage, inwiefern die Gruppenzugehörigkeit in den jeweiligen Textanalysen berücksichtigt wird.

Im Hinblick auf die erste Autor:innengruppe hat neben Boris Previšić auch Elena Messner einen Überblicksartikel zu „literarischen Interventionen" in der deutschsprachigen Gegenwartsliteratur anlässlich der Jugoslawienkriege veröf-

---

73 Ein ähnlicher Ansatz, der die Herkunft der Autor:innen in Bezug auf ihr Reiseziel berücksichtigt, findet sich bei Goran Lovrić: Literarische Reisen im Nachkriegsbosnien. Reisebericht oder Selbsterkennungstrip? In: *Mobilität und Kontakt. Deutsche Sprache, Literatur und Kultur in ihrer Beziehung zum südosteuropäischen Raum.* Hrsg. v. Slavija Kabić. Zadar 2009. S. 370: „Obwohl die Herkunft eines Autors nicht immer und unbedingt für die Deutung seiner Werke von Bedeutung ist, muss sie im Kontext der teils authentischen Reiseliteratur und dem damit verbundenen Grad einer etwaigen Nähe oder Distanziertheit zum Reiseziel in Erwägung gezogen werden.".
74 Insbesondere in seinem Beitrag für den Sammelband von Zemanek/Krones analysiert Previšić Juli Zehs Reiseerzählung auch als Referenz auf Handkes Reisetexte nach Kriegsende in Bosnien: Previšić, Eine Frage der Perspektive, S. 102 f.
75 Brokoff, Narrative Identität, S. 21.
76 Es werden in Brokoffs Text Miljenko Jergović (*1966) und Dževad Karahasan (*1953) genannt. Einen Überblick zu Autor:innen dieser Gruppe liefert: Elena Messner: Übersetzungen als Beitrag zu einem transnationalen literarischen Feld? Bosnische, kroatische und serbische Gegenwartsprosa am deutschen Buchmarkt (1991 bis 2012). In: *Slavische Literatur der Gegenwart als Weltliteratur – hybride Konstellationen.* Innsbruck 2018. S. 63–91.
77 Brokoff, Narrative Identität, S. 21.

fentlicht.[78] Im Gegensatz zu Previšićs Untersuchung der Werke auf interkulturelle Tauglichkeit, erörtert Messner inhaltliche Gemeinsamkeiten, die ein vergleichbares literarisches Programm erkennen lassen und somit eine Kategorisierung dieser Texte in Abgrenzung zu Autor:innen der dritten Gruppe legitimieren. Messner deutet als erstes Kriterium auf ein spezifisches Nähe-Distanz-Verhältnis hin, das diese Textgruppe kennzeichnet: Auf der einen Seite sei eine graduell unterschiedliche emotionale Einfühlung in das kriegsbedingte Leid der Menschen vorherrschend. Dies gehe auf der anderen Seite mit einer schwer zu überwindenden räumlichen und zeitlichen Distanz einher, die die Wahrnehmungsperspektive vor Ort präge. Die räumliche Distanz manifestiere sich auf einer inhaltlichen Ebene im Motiv der Reise und vor allem durch das Reiseverhalten der Erzählfiguren: Selbst wenn sie die geographische Distanz in einer persönlichen Inaugenscheinnahme bewältigen, sind sie vor Ort auf „den Einsatz von Mittlerfiguren"[79] angewiesen, die ihnen die Stationen der Reise zugänglich machen. Mit der zeitlichen Distanz macht Messner deutlich, dass sich die Erzählfiguren in historische Kontexte gänzlich einarbeiten müssen. Sie haben selbst keine oder wenig Erfahrungen mit dem Reiseziel und sind deshalb auf Recherchemedien wie beispielsweise Kriegsberichte angewiesen. Eben dieses Angewiesensein auf eine mediale Vermittlung geht mit einer „exzessiv thematisierten Medienkritik"[80] einher, die Messner als zweites gemeinsames Kriterium anführt. Als zentrales Erzählmotiv dieser Textgruppe sieht sie die Abgrenzung zur journalistischen Kriegsberichterstattung, der mit literarischen Darstellungsverfahren ein Korrektiv entgegengehalten werden soll:

> Das Anschreiben gegen eine pragmatische und tendenziöse Berichterstattung, welche einerseits nicht imstande ist, individuelle oder ambivalente Erfahrungen zu reflektieren, ist ebenso als Kern dieser Texte festzumachen als auch die Kritik an Formen der literarischen Kriegsrepräsentation, an Romantisierung und Exotisierung, in diesem Fall Balkanisierung.[81]

Auch Messner merkt kritisch an, dass es nicht allen Texten gelinge, eine „fruchtbare Gegenposition"[82] zum journalistischen Blick einzunehmen. Zurückzuführen sei dieses Scheitern vor allem auf ein problematisches Nähe-/Distanz-Verhältnis: Die Autor:innengruppe bewege sich in einem Spannungsfeld zwischen verzerrten

---

78 Vgl. Elena Messner: „Literarische Interventionen" deutschsprachiger Autoren und Autorinnen im Kontext der Jugoslawienkriege der 1990er. In: *Kriegsdiskurse in Literatur und Medien nach 1989*. Hrsg. v. Carsten Gansel. Göttingen 2011. S. 107–118.
79 Messner, „Literarische Interventionen", S. 111.
80 Messner, „Literarische Interventionen", S. 111.
81 Messner, „Literarische Interventionen", S. 112.
82 Messner, „Literarische Interventionen", S. 112.

Nahaufnahmen (Handkes Augenzeugenschaft) und den Gefahren von zu distanzierten Totalaufnahmen (Gstrein) – beide Perspektivenstrukturen generierten keinen Reflexionsraum und ermöglichten damit auch keine neuen Erkenntnisse über den Krieg. Ähnlich wie Previšić verweist Messner auf die „Situiertheit der AutorInnen"[83], der sie jeweils nicht entkommen können – um den Erzählgegenstand Jugoslawien aus einer *out-group*-Perspektive zu bearbeiten, bedürfe es so spezieller Erzählverfahren, für die eine kritische Reflexion der eigenen Außenperspektive eine entscheidende Rolle spielt. Monographien innerhalb der germanistischen Forschung haben sich bisher vor allem mit dieser in den Überblicksartikeln dominierenden *out-group*-Perspektive beschäftigt und dabei neben der außerliterarischen, diskursiven Positionierung von Autor:innen zu den Kriegen[84] insbesondere die literarische Darstellung der (Nach-)Kriegswirklichkeit in den Blick genommen.[85] Dies kann schlichtweg mit der Tatsache in Verbindung gebracht werden, dass die Autor:innen der dritten Gruppe erst ab Mitte der 2000er Jahre zunehmend an Relevanz gewinnen und dadurch die literaturwissenschaftliche Auseinandersetzung mit diesem Perspektivenwechsel von einer *out-group*- zu einer *in-group*-Perspektive auf Deutsch im Kontext des Erzählgegenstands Jugoslawien noch am Anfang steht.

In Zemaneks/Krones' Überblickswerk zur *Literatur der Jahrtausendwende* wird durch den komparatistischen Schwerpunkt des Sammelbands auch die *in-group*-Perspektive von Exilautor:innen berücksichtigt, die in serbokroatischer Sprache schreiben und im DACH-Rezeptionsraum durch Übersetzungen Beachtung finden. Im zweiten Artikel der Rubrik „Vom Balkankrieg" erläutert Katja Kobolt das intertextuelle Erzählverfahren, das die kroatische Autorin Slavenka Drakulić anwendet, um das Thema sexuelle Gewalt als gezieltes Kriegsinstrument auch als Nicht-Betroffene durch das Medium Literatur in den Fokus zu rücken.[86] Das literarische und essayistische Werk von Drakulić partizipiert an der Aufarbeitung von Kriegsverbrechen, für die der intensive Austausch mit Betroffenen oder die Auseinander-

---

83 Messner, „Literarische Interventionen", S. 118.
84 Vgl. Steffen Hendel: *Den Krieg erzählen. Positionen und Poetiken der Darstellung des Jugoslawienkrieges in der deutschen Literatur*. Göttingen 2018.
85 Vgl. Daniela Finzi: *Unterwegs zum Anderen? Literarische Er-Fahrungen der kriegerischen Auflösung Jugoslawiens aus deutschsprachiger Perspektive*. Tübingen 2013; Previšić, *Literatur topographiert*, 2014. Anja Zeltner: *Wem gehört die Geschichte des Krieges? Die Darstellung der postjugoslawischen Kriege in deutsch- und schwedischsprachiger Literatur*. Erlangen 2017.
86 Vgl. Katja Kobolt: Wie schreiben, wenn sich die Geschichte wiederholt? Das europäische literarische Erbe als Erinnerungsmodell für die postjugoslawischen Kriege. In: *Literatur der Jahrtausendwende. Themen, Schreibverfahren und Buchmarkt um 2000*. Hrsg. v. Evi Zemanek und Susanne Krones. Bielefeld 2008. S. 107–122.

setzung mit faktischen Kriegsverbrecher:innen eine wesentliche Rolle spielt.[87] Elena Messner hat sich wiederum als Komparatistin in einer Gesamtschau auch mit der zweiten Autor:innengruppe beschäftigt[88] und insbesondere den Einfluss von BKMS-Autor:innen im deutschsprachigen Rezeptionsraum untersucht. Im Hinblick auf literarische Übersetzungen ins Deutsche bezeichnet Messner mit Rückgriff auf weitere österreichische Übersetzungsforscher:innen das Jahr 1991 als „einen einschlagenden Wendepunkt"[89]: Der Literaturtransfer zwischen deutschsprachigen Ländern und den Ländern des ehemaligen Jugoslawien habe ab diesem Zeitpunkt signifikant zugenommen. Während Anfang der 1990er Jahre der historisch-politische Kontext neue Aufmerksamkeit generiert, wird der Austausch zwischen deutschsprachigen Ländern und dem südosteuropäischen Raum ab Mitte der 2000er Jahre durch das Übersetzungsnetzwerk *Traduki* institutionell gezielt gefördert. In den 1990er Jahren haben österreichische Verlage einen entscheidenden Einfluss auf den Bekanntheitsgrad von Autor:innen aus postjugoslawischen Ländern. Ab Mitte der 2000er Jahre entwickelt sich die Leipziger Buchmesse zur „aktivsten und attraktivsten Bühne für die Literatur aus dem ehemaligen Jugoslawien"[90]. In ihrem Artikel identifiziert Messner fünf verschiedene Gruppen von Buchübersetzungen, aus denen sich im Zeitraum von 1991 bis 2012 die sogenannte Exilliteratur, der auch Slavenka Drakulić angehört, als einflussreichste Autor:innengruppe herauskristallisiert.[91] Neben Drakulić finden beispielsweise auch Dževad Karahasan und Dubravka Ugrešić in der kom-

---

[87] Kobolt beschäftigt sich in ihrem Artikel mit dem Roman *Als gäbe es mich nicht* (übers. v. Astrid Philippsen, Berlin 2002). Darüber hinaus ist vor allem Drakulićs Essayband *Keiner war dabei. Kriegsverbrechen auf dem Balkan vor Gericht* (übers. v. Rujana Jeger, Wien 2004) im deutschsprachigen Rezeptionsraum bekannt. Die Autorin erhielt für diese Textsammlung den Leipziger Buchpreis zur Europäischen Verständigung (2005).
[88] Vgl. Elena Messner: *Postjugoslawische Antikriegsprosa: Eine Einführung*. Wien 2014.
[89] Messner, Übersetzungen als Beitrag zu einem transnationalen literarischen Feld?, S. 65.
[90] Messner, Übersetzungen als Beitrag zu einem transnationalen literarischen Feld?, S. 69.
[91] Zu den fünf Gruppen gehören (1) Klassiker der jugoslawischen Literatur wie beispielsweise Werke des Nobelpreisträgers Ivo Andrić oder von Aleksandar Tišma und Danilo Kiš; (2) biographische Prosa, die faktual markiert ist – Übersetzungen von Erlebnisberichten, Tagebücher, Briefen oder journalistischen Texten von Betroffenen; Messner weist auf das spezifische Genre des Kriegstagebuchs (*ratni dnevnik*) hin und nennt als Beispiel: Zlata Filipović: *Ich bin ein Mädchen aus Sarajevo* (1994); (3) Werke von sogenannten Exilautor:innen wie Ugrešić, Drakulić, Ćosić und Karahasan; (4) (Anti-)Kriegsprosa – fiktionale Kriegstexte, beispielsweise von Ivana Sajko oder Igor Štiks; (5) Postjugoslawische Gegenwartsprosa, die sich nicht dezidiert mit der Kriegsthematik auseinandersetzen, bspw. die Werke von Edo Popović. Vgl. Messner, Übersetzungen als Beitrag zu einem transnationalen literarischen Feld?, S. 70–78.

paratistisch orientierten deutschsprachigen Literaturwissenschaft Beachtung.[92] Als Bezugstexte sind diese in deutscher Sprache erschienenen Werke für die dritte, interkulturelle Autor:innengruppe dadurch relevant, dass zwischen diesen beiden Autor:innengruppen eine größere thematische Nähe vorhanden ist als zwischen den ersten beiden Autor:innengruppen.[93] Die von Messner angeführten programmatischen Linien der sogenannten Exilliteratur könnten auch für deutschsprachige Autor:innen wie beispielsweise Saša Stanišić geltend gemacht werden: „Das vordergründig Autobiografische der Texte wird in ihren Texten jedoch dazu benutzt, die politische, gesellschaftliche und kulturelle Situation ihrer einstigen und neuen Heimatländer zu analysieren. So wird die persönliche Biografie mit der kollektiven Geschichte abgemessen."[94] Darüber hinaus können paratex-

---

92 Vgl. Slavija Kabić: ‚Namenlos, gesichtslos, austauschbar'. Menschlichkeit und Bestialität im Roman *Als gäbe es mich nicht* von Slavenka Drakulić. In: *Opfer – Beute – Boten der Humanisierung? Zur künstlerischen Rezeption der Überlebensstrategien von Frauen im Bosnienkrieg und im Zweiten Weltkrieg.* Hrsg. v. Marijana Erstić et al. Bielefeld 2012. S. 87–114; Jürgen Brokoff: „Nichts als Schmerz" oder mediale „Leidenspose"? Visuelle und textuelle Darstellung von Kriegsopfern im Bosnienkrieg (Handke, Suljagić, Drakulić). In: *Repräsentationen des Krieges. Emotionalisierungsstrategien in der Literatur und in den audiovisuellen Medien vom 18. bis zum 20. Jahrhundert.* Hrsg. v. Jan Süselbeck et al. Göttingen 2012. S. 163–180; Jochen Kelter: Bosnische Stimmen aus dem Krieg im ehemaligen Jugoslawien: ein Essay über Izet Sarajlić, Abdullah Sidran, Dževad Karahasan, Nenad Veličković und andere. In: *Krieg sichten. Zur medialen Darstellung der Kriege in Jugoslawien.* Hrsg. v. Davor Beganović. Paderborn 2007. S. 21–31; Miranda Jakiša: *Bosnientexte: Ivo Andrić, Meša Selimović, Dževad Karahasan.* Wien 2009; Monika Straňáková: *Literarische Grenzüberschreitungen: Fremdheits- und Europa-Diskurs in den Werken von Barbara Frischmuth, Dževad Karahasan und Zafer Şenocak.* Tübingen 2009; Slavija Kabić: Das Ministerium der Schmerzen in der Endmoränenlandschaft: vom Verlust der Heimat in der Prosa von Dubravka Ugrešić und Monika Maron. In: *Gedächtnis – Identität – Differenz. Zur kulturellen Konstruktion des südosteuropäischen Raumes und ihrem deutschsprachigen Kontext.* Tübingen 2008. S. 267–278; Andrea Schütte: Imaginäres Interview mit der kroatischen Autorin Dubravka Ugrešić. In: *Tribunale: literarische Darstellung und juridische Aufarbeitung von Kriegsverbrechen im globalen Kontext.* Hrsg. v. Werner Gephart. Frankfurt a. M. 2014. S. 215–222; Svjetlan Lacko Vidulić: ‚Out of nation'. Konstruktionen des (post)jugoslawischen literarischen Feldes bei Dubrava Ugrešić. In: *Slavische Literatur der Gegenwart als Weltliteratur – hybride Konstellationen.* Innsbruck 2018. S. 147–166.
93 Vgl. den Ansatz des Sammelbands *Slavische Literaturen als Weltliteratur*, der auf diese Besonderheit interkultureller Schreibpraxis hinweist: Diana Hitzke: Einleitung. Slavische Literaturen als Weltliteratur – hybride Konstellationen. In: *Slavische Literatur der Gegenwart als Weltliteratur – hybride Konstellationen.* Innsbruck 2018. S. 9: „Viele Texte der slavischen Literaturen der Gegenwart beziehen sich nicht (mehr) auf nationale, monokulturelle und einsprachige Literaturtraditionen. Die Texte erregen sowohl textimmanent als auch in dem literarischen und kulturellen Feld, in dem sie sich bewegen und verorten, Irritationen und legen dadurch innovatives Potenzial frei. Sie stellen die Wissenschaften, die solche Texte untersuchen, vor eine Herausforderung."
94 Messner, Übersetzungen als Beitrag zu einem transnationalen literarischen Feld?, S. 73.

tuelle Indizien die These einer sprachenübergreifenden Nähe der beiden Autor:innengruppen stützen: Vereinzelte Autor:innen der dritten Gruppe verdeutlichen in Paratexten oder ihren Erzählwerken den Einfluss von Autor:innen der zweiten Gruppe und haben in Bezug auf den Literaturtransfer zwischen deutschsprachigen und postjugoslawischen Ländern eine wichtige Vermittlungsfunktion.[95] Zudem werden Autor:innen beider Gruppen gemeinsam institutionell vom einflussreichen Literaturnetzwerk *Traduki* gefördert, wodurch die Autor:innen beispielsweise in Projekten wie *Common ground* (Literatur aus Südosteuropa als Schwerpunktregion der Leipziger Buchmesse 2020–2022) untereinander in Austausch treten und als sprachenübergreifendes Kollektiv präsentiert werden.[96]

Für eine noch ausstehende Zusammenschau der dritten Autor:innengruppe (*in-group*-Perspektive, Literatursprache Deutsch) liefern Previšić und Messner einen zentraler Anknüpfungspunkt: Beide weisen auf eine neue Wendung im postjugoslawischen Diskurs innerhalb der deutschsprachigen Gegenwartsliteratur durch den Debütroman von Saša Stanišić hin.[97] Dieser unterscheide sich aufgrund eines divergierenden Erzählverfahrens von den bisherigen Erzähltexten, die die kriegerischen Auseinandersetzungen in Jugoslawien als Erzählstoff aufgreifen. Während sich die Reiseerzählungen mit der Frage auseinandersetzen, wie die Geschehnisse vor Ort aus einer *out-group*-Perspektive ‚authentisch' dargestellt

---

95 Einige Beispiele: Als Autorfiguren werden in den Erzählwerken meines Textkorpus Ivo Andrić (Stanišić: H 261) und Bora Ćosić (Dinić: DGT 77) explizit verhandelt. Saša Stanišić hat im Feuilleton der *ZEIT* Rezensionen zu Werken von Miljenko Jergović (*Rod*, 2013 – dt. Übersetzung: *Die unerhörte Geschichte meiner Familie*, 2017) und Lana Bastašić (*Uhvati zeca*, 2018 – dt. Übersetzung: *Fang den Hasen*, 2021) verfasst: Saša Stanišić: Gegen die Verrohung. In: *DIE ZEIT*, 27.07.2017. URL: https://www.zeit.de/2017/31/unerhoehrte-geschichte-meiner-familie-miljenko-Jergovićs (zuletzt abgerufen: 15.08.2022); Saša Stanišić: Wunderlosland. In: *DIE ZEIT*, 14.03.2021. URL: https://www.zeit.de/kultur/literatur/2021-03/lana-bastasic-fang-den-hasen-Saša-Stanišić-rezension/komplettansicht (zuletzt abgerufen: 15.08.2022). Die Schriftstellerin Alida Bremer arbeitet auch als Übersetzerin und hat beispielsweise Werke von Ivana Sajko und Edo Popović in die deutsche Sprache übersetzt (vgl. http://www.alida-bremer.de/veroeffentlichungen/uebersetzungen, zuletzt aufgerufen: 15.08.2022).
96 Zum Selbstverständnis des Netzwerks: „TRADUKI verbindet durch Bücher, Übersetzungen und zahlreiche andere Literaturprojekte den Südosten Europas mit dem deutschsprachigen Raum und auch die südosteuropäischen Nachbarn untereinander. In den vergangenen Jahren hat sich ein intensiver und vielfältiger Austausch entwickelt: zwischen den Sprachen und Literaturen, den Leser:innen und Verleger:innen, zwischen den Literaturszenen in vierzehn europäischen Ländern.". (https://traduki.eu/ueber-traduki/, zuletzt abgerufen: 15.08.2022). Im dreijährigen Projekt *Common Ground* als Schwerpunktregion auf der Leipziger Buchmesse wurden einerseits Neuerscheinungen, die in einer der regionalen Sprachen verfasst wurden, vorgestellt, aber auch neue Bücher präsentiert, die auf Deutsch geschrieben wurden, z. B.: Sandra Gugić: *Zorn und Stille* (2020), Iris Wolff: *Die Unschärfe der Welt* (2020), Tijan Sila: *Krach* (2021), Barbi Marković: *Die verschissene Zeit* (2021).
97 Bereits vorher erschienen ist der Erzählband *Tito ist tot* von Marica Bodrožić (Frankfurt a. M. 2002).

werden können und letztlich laut Previšić/Messner größtenteils daran scheitern, zielt Stanišić mit seinem Roman aus einer interkulturellen *in-group*-Perspektive auf die Aufarbeitung von kollektiven Katastrophenerfahrungen. Stanišić entwickelt mit Aleksandar Krsmanović eine Erzählfigur, die den Kriegsausbruch vor Ort miterlebt hat und zehn Jahre nach der Flucht in den Herkunftsraum Višegrad zurückkehrt. Die Erzähltexte zuvor verharrten entweder in einer einseitigen solipsistischen Perspektive (Handke) oder mussten die Grenzen des eigenen Wahrnehmungsmodus offenlegen (Zeh). Dem autobiographisch grundierten Roman von Saša Stanišić wird dagegen aufgrund multiperspektivischer Erzählverfahren und eines aufarbeitenden Reflexionsmodus Authentizität zugeschrieben.[98] Das Debüt des u. a. am Literaturinstitut Leipzig ausgebildeten Schriftstellers galt Ende der 2000er Jahre als wegweisend für die künftige Beschäftigung mit dem Erzählgegenstand Jugoslawien. Zugespitzt steht Stanišić repräsentativ für den von Previšić prophezeiten *Balkan Turn*, womit sich der Schweizer Literaturwissenschaftler begrifflich im Bereich der kulturwissenschaftlich orientierten, interkulturellen Literaturwissenschaften verortet. In Kombination mit dem englischen Begriff *turn* werden neue Entwicklungslinien insbesondere innerhalb einer transdisziplinären Kulturwissenschaft bezeichnet.[99] In der interkulturellen Literaturwissenschaft wurde dieser Begriff von Leslie Adelson verwendet, um neue Tendenzen in der deutschsprachigen Gegenwartsliteratur zu markieren: Am Beispiel von deutsch-türkischen Autor:innen, aus demographischer Perspektive die größte interkulturelle Bevölkerungsgruppe in Deutschland, zeigt Adelson, inwiefern das Thema Migration im literarischen Diskurs der 1990er Jahre an Relevanz gewinnt.[100] In Anlehnung an Adelsons *Turkish Turn* verzeichnet Birgid Haines einen *Eastern European Turn* in den 2000er Jahren, womit sie sich auf die Überlegungen von Irmgard Ackermann zu einer „Osterweiterung der deutschsprachigen Literatur"[101] stützt. Haines identifiziert eine signifikante Zahl an Autor:innen, die nach 1989 aus einem

---

[98] Zu den Erzählverfahren in *Wie der Soldat das Grammofon repariert* vgl. Kapitel 3 dieser Studie.
[99] Vgl. Doris Bachmann-Medick: *Cultural Turns: Neuorientierung in den Kulturwissenschaften*. Reinbek bei Hamburg 2006.
[100] Vgl. Leslie A. Adelson: *The Turkish Turn in contemporary German literature. Toward a new critical grammar of migration*. New York 2005.
[101] Irmgard Ackermann: Die Osterweiterung in der deutschsprachigen ‚Migrantenliteratur' vor und nach der Wende. In: *Eine Sprache – viele Horizonte. Die Osterweiterung der deutschsprachigen Literatur: Porträts einer neuen europäischen Generation*. Hrsg. v. Michaela Bürger-Koftis. Wien 2008. S. 13–22; Brigid Haines: The Eastern Turn in Contemporary German, Swiss and Austrian Literature. In: *Debatte: Journal of Contemporary Central and Eastern Europe* 16:2 (2008). S. 135–149; Brigid Haines: Introduction: The Eastern European Turn in Contemporary German-Language Literature. In: *German Life and Letters* 68:2 (April 2015). S. 145–153.

kommunistischen politischen System in ein deutschsprachiges Land migriert sind und die deutsche Sprache als Literatursprache gewählt haben. Neben der Auflösung der Sowjetunion bedinge auch der Zerfall Jugoslawiens den *Eastern European Turn*: Saša Stanišić, mit dessen Debütroman sich die Verfasserin auch in weiteren Forschungsartikeln auseinandersetzt,[102] wird bei Haines stellvertretend für eine zunehmende Zahl an einflussreichen Autor:innen aufgeführt, die aus dem ehemaligen Jugoslawien in ein deutschsprachiges Land migrierten. Ackermann will die Autor:innen ihrer „Osterweiterung"[103] nicht auf ein bestimmtes Themenfeld reduziert wissen, formuliert aber dennoch mit den jeweils unterschiedlich geprägten Migrationserfahrungen einen übergeordneten Themenkreis:

> In all diesen Texten geht es um die individuelle Auseinandersetzung im Kontext des turbulenten Zeitgeschehens, um die Auswirkungen der politischen und gesellschaftlichen Ereignisse, denen niemand ohne tiefgreifende persönliche Umbrüche entgehen kann, auf das Leben des Einzelnen und die Suche nach Neuorientierung.[104]

Für die deutschsprachige Gegenwartsliteratur eröffnet sich dadurch eine *in-group*-Perspektive auf kulturelle Kontexte, denn die literarischen Werke der von Ackermann in einer Bio-Bibliographie aufgelisteten Auswahl an Autor:innen liefern einen „Blick der von den Ereignissen in Ost- und Südosteuropa direkt Betroffenen"[105]. Während bei Haines und Ackermann die zunehmende Anzahl an Autor:innen, die aus ost-, ostmittel- und südosteuropäischen Ländern migrierten und als Literatursprache Deutsch wählten, in einem Begriff zusammengefasst werden, untersucht Previšić mit seinem Begriff *Balkan Turn*, inwiefern diese Entwicklungen speziell das Schreiben über die Kriege im ehemaligen Jugoslawien verändert. In der germanistischen Forschung sind monographische Studien, die sich ausschließlich mit Autor:innen beschäftigen, deren Herkunftsgeschichte mit dem ehemaligen

---

[102] Brigid Haines: Sport, identity and war in Saša Stanišić's „Wie der Soldat das Grammofon repariert". In: *Aesthetics and politics in modern German culture*. Hrsg. v. Brigid Haines. Oxford [u. a.] 2010. S. 153–164; Brigid Haines: Saša Stanišić, Wie der Soldat das Grammofon repariert: reinscribing Bosnia, or: sad thing, positively. In *Emerging German-language novelists of the twenty-first century*. Hrsg. v. Lyn Marven. New York 2011. S. 105–118.

[103] Auf die irritierend wirkende, „robust politisch-militärisch klingende" Begriffswahl von Ackermann verweist die Dissertation von Milica Grujičić: *Autoren südosteuropäischer Herkunft im transkulturellen Kontext*. Berlin [u. a.] 2019. S. 52.

[104] Ackermann, Osterweiterung, S. 20.

[105] Ackermann, Osterweiterung, S. 21. Die angehängte Bio-Bibliographie führt folgende Autor:innen mit jugoslawischer Migrationsgeschichte auf: Marica Bodrožić, Milo Dor, Zoran Drvenkar, Alma Hadžibeganović, Ivan Ivanji, Mihajlo Kažić, Srđan Keko, Viktorija Kocman, Nicol Ljubić, Jagoda Marinić, Denis Mikan, Marian Nakitsch, Zvonko Plepelić, Dragica Rajčić, Saša Stanišić und Amalija Zoričić.

Jugoslawien verbunden ist, noch selten.¹⁰⁶ Meine Studie will sich dieses Forschungsdesiderats annehmen und gleichzeitig einen Beitrag zur Aufnahme neuer Autor:innen in den literaturwissenschaftlichen Diskurs leisten. Zumeist wurden Autor:innen, die eine interkulturelle *in-group*-Perspektive verhandeln, in einem breiteren Kontext mit anderen Autor:innen aus dem südosteuropäischen Raum untersucht.¹⁰⁷ Ein engerer Forschungsfokus auf Autor:innen mit biographischem Bezug zu postjugoslawischen Ländern bietet die Möglichkeit, die spezifischen kulturellen Kontexte genauer zu berücksichtigen und schafft aufgrund der gemeinsamen jugoslawischen Geschichte insbesondere in Bezug auf die in den Werken verhandelten postjugoslawischen Erinnerungskulturen adäquatere Vergleichsparameter.

1.4 Gang der Untersuchung

Die vorliegende Studie widmet sich erstmalig aus literaturwissenschaftlicher Perspektive den signifikanten Veränderungen innerhalb des literarischen Feldes zum Erzählgegenstand Jugoslawien. In diesem Rahmen soll zunächst die anlässlich der Nobelpreisdebatte geäußerte Kritik an den poetischen Verfahren, die Peter Handke in seinen Reiseberichten verwendet, um sich Wirklichkeit anzueignen, aus der Perspektive der *in-group* im Kontext der kritischen Handkeforschung nachvollzogen werden. Die diskursiven Positionierungen der Autor:innen meines Textkorpus – Saša Stanišić, Jagoda Marinić und Marko Dinić – bilden neben Handkes Reiseberichten *Eine winterliche Reise zu den Flüssen Donau, Save, Morawa und Drina oder Gerechtigkeit für Serbien* und *Sommerlicher Nachtrag zu einer winterlichen Reise* den Untersuchungsgegenstand des zweiten Kapitels. Zentrales Anliegen des Forschungsprojekts ist es, anschließend zu untersuchen, wie sich die Autor:innen einer *in-group* in ihren eigenen literarischen Werken Wirklichkeit aneignen. Dazu soll der Frage nachgegangen werden, vermittels welcher Darstellungsverfahren und mit welchen inhaltlichen Themenschwerpunkten/Motiven sie sich in ihren

---

106 Die bisher einzige Studie ist die Dissertation von Raffaela Mare: „*Ich bin Jugoslawe – ich zerfalle also*". *Chronotopoi der Angst – Kriegstraumata in der deutschsprachigen Gegenwartsliteratur*. Marburg 2015.
107 Răduluca Radulescu: *Die Fremde als Ort der Begegnung: Untersuchungen zu deutschsprachigen südost-europäischen Autoren mit Migrationshintergrund. Eine narratologische und kulturwissenschaftliche Untersuchung*. Konstanz 2013; Andrea Meixner: *Von neuen Ufern – Mobile Selbst- und Weltbilder in ausgewählten Texten der neueren deutschen Migrationsliteratur*. Göttingen 2016; Milica Grujičić: *Autoren südosteuropäischer Herkunft im transkulturellen Kontext*. Berlin [u. a.] 2019.

Texten mit dem Erzählgegenstand Jugoslawien auseinandersetzen. In drei Hauptkapiteln zu den Romanen von Stanišić (Kapitel 3), Marinić (Kapitel 4) und Dinić (Kapitel 5) sollen die spezifischen Ausprägungen der in den Erzähltexten dargestellten postjugoslawischen Reisen im Hinblick auf Erinnerungsprozesse und Fragen der Zugehörigkeit in textnahen Analysen untersucht werden. Damit können neue Erkenntnisse über das literarische Feld zum Erzählgegenstand Jugoslawien mit dem Fokus auf Reisedarstellungen gewonnen werden.

2 „Mich erschüttert, dass so etwas prämiert wird"

Beiträge zur Rezeptionsgeschichte von Peter Handkes *Winterlicher Reise* (1996) und dem *Sommerlichen Nachtrag* (1996) nach der Nobelpreisverleihung 2019

Ausgehend von der kontrovers geführten Debatte nach der Nobelpreisverkündung im Oktober 2019 zielt dieses Kapitel darauf, prominente Debattenbeiträge in Auseinandersetzung mit der literaturwissenschaftlichen Handkeforschung zu den Jugoslawientexten[1] zu untersuchen. Indem die einzelnen Debattenbeiträge analytisch an die Primärquellen – vor allem *Eine winterliche Reise zu den Flüssen Donau, Save, Morawa und Drina oder Gerechtigkeit für Serbien* und *Sommerlicher Nachtrag zu einer winterlichen Reise*[2] – rückgebunden werden, sollen verschiedene Lesarten sichtbar werden, die in ihrer Ambivalenz nicht aufzulösen sind, sondern vielmehr verdeutlichen, inwiefern einzelne Lesarten je nach Referenzrahmen voneinander abweichen können. Meine Untersuchung wird von der Beobachtung geleitet, dass diese Phase der Auseinandersetzung durch einen signifikanten Wechsel der Hauptakteur:innen im Gegensatz zu den vormaligen Handke-Debatten[3] gekennzeichnet

---

[1] Mittlerweile werden insgesamt mindestens dreizehn Werke zu diesem „Jugoslawien-Komplex" gezählt. Für ihren geplanten Sammelband *Nach dem Nobelpreis: Der Jugoslawien-Komplex in Peter Handkes Werk* führen Vahidin Preljević und Clemens Ruthner im März 2020 folgendes Korpus als Untersuchungsgegenstand auf: *Die Wiederholung* (1986), *Noch einmal für Thukydides* (1990), *Abschied des Träumers vom Neunten Land* (1991), *Winterliche Reise* (1996), *Sommerlicher Nachtrag* (1996), *Die Fahrt im Einbaum* (1999), *Unter Tränen fragend* (2000), *Rund um das Große Tribunal* (2002), *Die Tablas von Daimiel* (2005), *Die morawische Nacht* (2008), *Die Kuckucke von Velika Hoča* (2009), *Immer noch Sturm* (2010), *Die Geschichte des Dragoljub Milanović* (2011) – vgl. den CfP bei H-Germanistik: https://networks.h-net.org/node/79435/discussions/5883196/cfp-sammelband-nach-dem-nobelpreis-der-jugoslawien-komplex-peter (zuletzt aufgerufen: 05.10.2021).

[2] Ich zitiere nach der Buchausgabe von 1998, die neben den Reiseberichten *Eine winterliche Reise* und *Sommerlicher Nachtrag* auch den 1991 publizierten Essay *Abschied des Träumers vom Neunten Land. Eine Wirklichkeit, die vergangen ist: Erinnerung an Slowenien* enthält: Peter Handke: *Abschied des Träumers vom Neunten Land – Eine winterliche Reise zu den Flüssen Donau, Save, Morawa und Drina – Sommerlicher Nachtrag zu einer winterlichen Reise*. Frankfurt a. M. 1998. Die Zitate werden in meiner Studie unter Angaben der Siglen AT, WR und SN sowie der jeweiligen Seitenzahl nachgewiesen.

[3] Eine konzise Übersicht und Einordnung der Handke-Debatten nach dem Nobelpreis bietet: Svjetlan Lacko Vidulić: Jugoslawien von oben. 25 Jahre Handke-Kontroverse – Versuch einer Bilanz. In: *Austriaca* 90 (2020). Online erschienen am 1. Juni 2020: http://journals.openedition.org/austriaca/1503 (zuletzt abgerufen: 19.10.2021).

ist. Es sind nun vor allem deutschsprachige Schriftsteller:innen, deren Herkunftsgeschichten mit den Ländern des ehemaligen Jugoslawien verbunden sind, die sich in der Debatte positionieren bzw. als Expert:innen befragt werden. Der ab Mitte der 2000er Jahre stattfindende Wechsel von fremden zu autobiographischen Perspektiven im literarischen Feld rund um den Erzählgegenstand Jugoslawien ist somit an der Nobelpreis-Debatte besonders gut zu erkennen. Es geht dieser Gruppe vor allem darum, Handkes dominante Rolle in Bezug auf den Erzählgegenstand Jugoslawien zu durchbrechen, worauf Jagoda Marinić in einem Interview anlässlich der feierlichen Nobelpreiszeremonie am 10. Dezember 2019 hinweist:

> Gerade Handke hat den Blick auf die Jugoslawien-Kriege in Deutschland geprägt, vor allem im Kulturbetrieb. Und in diesem Kulturbetrieb gab es wenige Stimmen von Menschen, die tatsächlich aus der Region kamen und aus eigener Erfahrung wussten, wovon die Rede war. Das hat sich heute verändert.[4]

In den Beiträgen von Saša Stanišić, Jagoda Marinić und Marko Dinić zur Nobelpreisverleihung wird – dies ist kein Novum – zur Diskussion gestellt, wie sich Handkes Erzähler kriegsgezeichnete Regionen aneignet. Es wird aber vor allem auch die Auswirkung der Preisvergabe auf die fortlaufende Erinnerungskonkurrenz in postjugoslawischen Staaten thematisiert.

Es ist einerseits erkenntnisfördernd, die Debatte innerhalb der Rezeptionsgeschichte von Handkes Reiseberichten *Eine winterliche Reise* und *Sommerlicher Nachtrag*, die 1996 erschienen sind und bereits Hauptgegenstand früherer medialer Eskalationen bildeten, zu verorten und zu verdeutlichen, an welche Forschungspositionen die in meiner Studie fokussierten Akteur:innen Saša Stanišić, Jagoda Marinić und Marko Dinić anknüpfen. Andererseits ist davon auszugehen, dass die Debattenbeiträge, die auch grundlegend die Funktion von Literatur verhandeln, Aspekte der jeweils spezifischen literarischen Auseinandersetzung mit dem Erzählgegenstand Jugoslawien zum Vorschein bringen. Das Kapitel hat damit gewissermaßen eine Scharnierfunktion im Übergang zur Untersuchung der literarischen Reisedarstellungen in den Werken der in der Debatte einflussreichen Autor:innen, die das Kernstück dieser Studie bilden.

---

4 Kristian Teetz/Jagoda Marinić: Nobelpreis für Peter Handke: „Eine verstörende Entscheidung". RedaktionsNetzwerk Deutschland (10.12.2019): https://www.rnd.de/kultur/heute-nobelpreis-fur-peter-handke-eine-verstorende-entscheidung-CKBO7QJ45FHODLORZL66RGQ7UU.html (zuletzt aufgerufen: 08.10.2021).

2.1 Die Entscheidung des Nobelpreiskomitees: Verteidigung und Kritik

Die Auszeichnung des österreichischen Schriftstellers Peter Handke mit dem international wohl bedeutendsten Literaturpreis im Jahr 2019 war mindestens im Zeitraum von der Verkündung (10. Oktober 2019) bis zur Preisverleihung (10. Dezember 2019) Gegenstand polarisierender Literaturdebatten in verschiedenen deutschsprachigen Medien.[5] Ausgewiesene Handke-Experten wie Rolf Günter Renner[6] sehen in den scharfen verbalen Auseinandersetzungen die Wiederholung einer „fast strukturgleichen Debatte", deren „Grundpositionen" sich über die einzelnen Phasen der polemisch geführten öffentlichen Streitgesprächen in den Jahren 1996 (nach Veröffentlichung der *Winterlichen Reise*), 1999 (anlässlich des NATO-Luftangriffs auf Serbien und Handkes Text *Unter Tränen fragend*) und 2006 (die Heine-Preisverleihung und die Beerdigung von Slobodan Milošević) hinweg nicht verändert hätten und Renner zufolge „immer wieder die gleichen Argumente" bedient würden, um die „öffentliche Meinung über den Autor" zu beeinflussen.[7] Auch Renner selbst beteiligt sich durch einen Kommentar in der *Badischen Zeitung*[8] an der Nobelpreisdebatte und bestätigt in diesem Fall die gängige Argumentationsstrategie der Handke-Verteidiger.[9]

---

5 Eine überblicksartige Chronik der Debatte bietet das Theaterportal *nachtkritik.de*: https://nachtkritik.de/index.php?option=com_content&view=article&id=17464:eine-chronik-der-debatte-um-den-nobelpreis-fuer-peter-handke&catid=101&Itemid=84 (zuletzt aufgerufen: 24.08.2021).

6 Die gewichtigsten Publikationen von Renner sind die beiden Werkbiographien: (1) *Peter Handke*. Stuttgart 1985; und – nach dem Nobelpreis erschienen – (2) *Peter Handke: Erzählwelten – Bilderordnungen*. Berlin 2020.

7 Alle direkten Zitate: Renner, *Erzählwelten*, S. 487.

8 Rolf Günter Renner: Wie der Freiburger Germanist Renner die Handke-Debatte einordnet [Gastbeitrag]. *Badische Zeitung* (20.11.2019), Onlineversion: https://www.badische-zeitung.de/wie-der-freiburger-germanist-renner-die-handke-debatte-einordnet–179670098.html (zuletzt aufgerufen: 04.10.2021).

9 Ich verwende in diesem Kapitel die binäre Hilfskonstruktion „Handke-Kritiker" und „Handke-Verteidiger", die sich angesichts grundlegend divergierender Lesarten für eine Vorstrukturierung sowohl der Debattenbeiträge als auch vieler Forschungsartikel eignet. Auch Previšić stellt in seiner Einordnung der Handke-Polemiken Strategien der „Handke-Verteidiger" und „Handke-Gegner" gegenüber (*Literatur topographiert*, S. 252 f.). Zuletzt hat noch einmal Vidulić in seinem „Versuch einer Bilanz" nach 25 Jahren Handke-Kontroverse auf die etablierte Zweiteilung verwiesen: „Die Polarisierung ergibt sich aus der Frage nach dem angemessenen Umgang mit der Relation von ‚Poetologie' und ‚Politik' in Handkes Jugoslawien-Komplex. Da die Einstellung zu dieser Frage moralische und axiologische Urteile zumindest impliziert, kann m. E. von einer tendenziell Handke-affinen, ‚werkimmanenten' Perspektive der Forschung auf der einen und einer tendenziell Handke-kritischen, referenz- und kontextbezogenen Perspektive auf der anderen Seite gesprochen werden." (Vidulić, Jugoslawien von oben, S. 8).

Im Zentrum stehen die Jugoslawientexte des österreichischen Schriftstellers und vor allem der bekannteste Text *Eine winterliche Reise zu den Flüssen Donau, Save, Morawa und Drina oder Gerechtigkeit für Serbien*, der kurz nach dem Dayton-Abkommen 1995[10] veröffentlicht wurde. Wie schon in den vorangegangenen Debatten betonen die Handke-Verteidiger und hier Renner stellvertretend für diese Gruppe, dass es Handke in der *Winterlichen Reise* primär um eine Kritik an der Kriegsberichterstattung westlicher Medien gehe, die durch eine tendenziöse Stereotypisierung (die Serben als „so genannte[] ‚Aggressoren'", WR 39) politischen Einfluss auf einen unübersichtlichen Krieg in Jugoslawien genommen habe bzw. immer noch nehme: „Der Autor [Handke] kritisiert die Form der Berichterstattung westlicher Medien, welche die komplexen ethnischen Konflikte im sich auflösenden Jugoslawien darauf reduzierten, dass sie Serbien als Alleinschuldige vorführten."[11] Die Handke-Verteidiger konzentrieren sich auf den Aspekt der Medienkritik in der *Winterlichen Reise*, der als eines der Reisemotive tatsächlich eine zentrale Stellung einnimmt. Um die Argumentationslinie der Verteidiger nachvollziehen zu können, ist es wichtig, verschiedene Diskursräume zu identifizieren und als Differenzkriterium zwischen Handke-Verteidigern und Handke-Kritikern zu markieren.[12] Während die Verteidiger die *Winterliche Reise* auf eine Medienkritik beschränken

---

[10] Das Abkommen von Dayton ist ein Friedensabkommen, das am 21. November 1995 zwischen dem kroatischen Präsidenten Franjo Tuđman, dem serbischen Präsidenten Slobodan Milošević und dem bosnisch-herzegowinischen Präsidenten Alija Izetbegović auf dem Luftwaffenstützpunkt Wright Patterson in Dayton, Ohio geschlossen wurde. Ein wesentlicher Punkt des Friedensabkommens ist die Separierung und Demilitarisierung von zwei Entitäten im Nachkriegsbosnien: der Bosniakisch-Kroatischen Föderation (*Federacija Bosne i Hercegovine*) und der Serbischen Republik (*Republika Srpska*). Das Territorium wurde mit einem Schlüssel von 49 (*Republika Srpska*) zu 51 (*Federacija Bosne i Hercegovine*) aufgeteilt. Die vorläufige Separierung von ethnischen Bevölkerungsgruppen wurde als einziger Ausweg aus dem Bürgerkrieg angesehen. Vgl. Mark Almond: Dayton und die Neugestaltung Bosnien-Herzegowinas. In: *Der Jugoslawien-Krieg. Handbuch zu Vorgeschichte, Verlauf und Konsequenzen*. Hrsg. v. Dunja Melčić. Götting 1999. S. 446–454.
[11] Renner, Wie der Freiburger Germanist Renner die Handke-Debatte einordnet.
[12] Exemplarisch für die gespaltenen Reaktionen auf Handkes Texte stehen zwei Veröffentlichungen, die einerseits kritische und andererseits Handke verteidigende Debattenbeiträge bündeln: (1) Tilman Zülch (Hrsg.): *Die Angst des Dichters vor der Wirklichkeit: 16 Antworten auf Peter Handkes Winterreise nach Serbien*. Göttingen 1996. Dieser Band steht exemplarisch für das Lager der Handke-Kritiker, die eine irreführende Verdrehung der Faktenlage beklagen. (2) Thomas Deichmann (Hrsg.): *Noch einmal für Jugoslawien: Peter Handke*. Frankfurt a. M. 1999. In diesem Band sind Stimmen versammelt, die den Umgang mit Handke im medialen Diskurs kritisieren (mehrere Beiträge sind in Anlehnung an die *Winterliche Reise* mit „Gerechtigkeit für Peter Handke" betitelt) und tendenziell eine werkimmanente Lesart der Texte einfordern. Deichmann, der selbst mit Handke auf Reisen ging (Thomas Deichmann: Literatur und Reisen mit Peter Handke. Handke*online* (18.4.2012): http://handkeonline.onb.ac.at/forschung/pdf/deichmann-2009.pdf), ließ in seinem Sammelband 1999 auch den Schriftsteller selbst zu Wort kommen.

und den Text ausschließlich auf eine im deutschsprachigen Raum geführte Auseinandersetzung um die Kriegsbeteiligung und politische Einflussnahme des ‚Westens' beziehen, geht es den Handke-Kritikern in erster Linie um eine Aufarbeitung der Faktenlage, zu der Handkes Reisetexte keineswegs beitragen würden – vielmehr wird diesen vorgeworfen, die Faktenlage im Gegenteil zu verfälschen. Handkes Texte werden hier nicht (lediglich) auf den begrenzten Diskursraum einer deutschsprachigen Medienlandschaft bezogen, sondern als schriftstellerischer Beitrag gelesen, der eine Aufarbeitung der Kriegsgeschichte im Sinn hat. Auch für diese Lesart finden sich in der *Winterlichen Reise* explizite Anknüpfungspunkte, beispielsweise, wenn der Erzähler den Text als Friedenstext bezeichnet, der zu einem gemeinsamen Erinnern an Jugoslawien aufruft (Vgl. WR 159). Die Debatte mag sich, wie Renner anführt, in ihren grundlegenden Argumentationslinien (Medienkritik vs. Aufarbeitung der Fakten) wiederholen. Eine wesentliche Veränderung stellt jedoch deren personelle Zusammensetzung dar. Unter Berücksichtigung von grundlegenden *Termini* der Skandalforschung,[13] für die die Nobelpreisverleihung an Peter Handke aufgrund einer kollektiven Empörung zweifellos einen Untersuchungsgegenstand darstellt, ließen sich diese Modifikationen zu der folgenden Beobachtung konzentrieren: Während der Skandalisierte seit seinem Auftritt bei einer Tagung der *Gruppe 47* in Princeton im Jahr 1966[14] und vor allem durch seine diskursive Positionierung im Rahmen der jugoslawischen Sezessionskriege und deren Nachwirkung[15] eine Konstante in Literaturskandalen im deutschsprachigen Raum bildet, divergieren im Vergleich zu vorangehenden Auseinandersetzungen die Skandalierer. Die heftigen

---

13 Einen Überblick über die literaturwissenschaftliche Skandalforschung mit zahlreichen Fallbeispielen bieten: Stefan Neuhaus/Johann Holzner (Hrsg.): *Literatur als Skandal. Fälle – Funktionen – Folgen.* Göttingen 2007; Andrea Bartl/Martin Kraus: *Skandalautoren. Zu repräsentativen Mustern literarischer Provokation und Aufsehen erregender Autorinszenierung.* 2 Bde. Würzburg 2014. Die basale Rollenverteilung in einem Skandal besteht in einer Hilfskonstruktion aus Skandalierer:innen, dem/der Skandalierten und einer auch selbst Stellung beziehenden medialen Öffentlichkeit (vgl. Martin Kraus: Zur Untersuchung von Skandalautoren. Eine Einführung. In: *Skandalautoren. Zu repräsentativen Mustern literarischer Provokation und Aufsehen erregender Autorinszenierung.* Hrsg. v. Andrea Bartl und Martin Kraus. Würzburg 2014. S. 19; und Johannes Franzen: Indiskrete Fiktionen. Schlüsselroman-Skandale und die Rolle des Autors. In: *Skandalautoren. Zu repräsentativen Mustern literarischer Provokation und Aufsehen erregender Autorinszenierung.* Band 1. Hrsg. v. Andrea Bartl und Martin Kraus. Würzburg 2014. S. 69).
14 Vgl. Andrea Bandeili: Rolf Dieter Brinkmann und Peter Handke um '68. Der Skandal als Akt der Revolte? In: *Skandalautoren. Zu repräsentativen Mustern literarischer Provokation und Aufsehen erregender Autorinszenierung.* Band 2. Hrsg. v. Andrea Bartl und Martin Kraus. Würzburg 2014. S. 53–68.
15 Vgl. Susanne Düwell: Der Skandal um Peter Handkes ästhetische Inszenierung von Serbien. In: *Literatur als Skandal. Fälle – Funktionen – Folgen.* Hrsg. v. Stefan Neuhaus und Johann Holzner. Göttingen 2007. S. 577–587.

Reaktionen zur Preisverleihung sind nicht als eine wiederkehrende, festgefahrene Fehde zwischen Journalismus und Literatur einzuordnen,[16] sondern werden von deutschsprachigen Schriftsteller:innen angeführt, deren Herkunftsgeschichten mit den Ländern des ehemaligen Jugoslawien verbunden ist und die, wie z. B. Saša Stanišić, direkt von den Kriegen betroffen waren. Es liegt nahe, dass deren Rezeption der Texte sich weniger auf eine Medienkritik beschränkt, sondern unter dem Einfluss der eigenen Familiengeschichte und/oder eigenen schriftstellerischen Auseinandersetzung mit der Aufarbeitung der Kriegsgeschichte Handkes Texte im Kontext postjugoslawischer Erinnerungskulturen wahrnehmen.[17]

Über das Verfahren der Literaturnobelpreisvergabe ist bekannt, dass Kandidat:innen zunächst von berechtigten Personengruppen nominiert werden und danach einen Auswahlprozess durchlaufen, an dessen Ende eine Shortlist von maximal fünf Kandidat:innen steht, die dem Nobelpreiskomitee samt Gutachten von Sachverständigen vorgelegt wird.[18] Es gilt entgegen der Auffassung einer rein „literarischen Geschmacksfrage"[19] des Nobelpreiskomitees zu berücksichtigen, dass dieser Nominierungsprozess mit hoher Wahrscheinlichkeit Auswirkungen auf die Entscheidung des Nobelpreiskomitees hat. Eine Analyse von deutschsprachigen Nobelpreisträger:innen der Jahre 1901 bis 1966 (Nominierungen werden mindestens 50 Jahre geheim gehalten) zeigt, dass eine vormalige Nominierung zwar nicht zwingend zu einer Preisvergabe führen muss, aber gewissermaßen als

---

16 Vgl. dazu Karl Wagner: Handkes Endspiel: Literatur gegen Journalismus. In: *Mediale Erregungen? Autonomie und Aufmerksamkeit im Literatur- und Kulturbetrieb der Gegenwart*. Hrsg. v. Markus Joch et al. Tübingen 2009. S. 65–76.
17 Zu einigen Gemeinsamkeiten, aber vor allem signifikanten Unterschieden der postjugoslawischen Republiken im „erinnerungskulturellen Neuordnungsversuch" (Fokus: Kroatien, Bosnien, Serbien) vgl. die Studien von Wolfgang Höpken, dessen pointierte Forschungsergebnisse in diesem Kapitel besondere Berücksichtigung finden: Wolfgang Höpken: Post-sozialistische Erinnerungskulturen im ehemaligen Jugoslawien. In: *Südosteuropa. Traditionen als Macht*. Hrsg. v. Emil Brix et al. Wien 2007. S. 13–50; Wolfgang Höpken: Erinnerungskulturen: Im Zeitalter der Nationalstaatlichkeit bis zum Post-Sozialismus. In: *Handbuch Balkan*. Hrsg. v. Uwe Hinrichs et al. Wiesbaden 2014. S. 177–240.
18 Zu den nominierungsberechtigten Gruppen zählen: Mitglieder von Akademien, Professor:innen, ehemalige Preisträger:innen und Vorsitzende von nationalen Schriftstellervereinigungen (z. B. PEN-Zentren). Vgl. zu den Regularien der Literaturnobelpreisvergabe: Kerstin Bohne/Ralf Grüttemeier: Die Nominierungen deutschsprachiger Autoren für den Literaturnobelpreis 1901–1966. In: *Literaturpreise. Geschichte und Kontexte*. Hrsg. v. Christoph Jürgensen und Antonius Weixler. S. 121 f. Das Auswahlverfahren wird auch auf der Homepage zum Literaturnobelpreis genau beschrieben: https://www.nobelprize.org/nomination/literature/ (zuletzt aufgerufen: 15.11.2021).
19 Bohne/Grüttemeier, Die Nominierungen deutschsprachiger Autoren für den Literaturnobelpreis, S. 136.

Grundvoraussetzung die Chancen einzelner Kandidat:innen steigert.[20] Peter Handke gehörte schon lange zu dem auserlesenen Kreis der Nobelpreiskandidat:innen.[21] Die Jury begründete ihre Entscheidung durch einen Verweis auf dessen Sprachgewalt („linguistic ingenuity"), mithilfe derer er die Randbereiche und besonderen Ausprägungen menschlicher Erfahrung („the periphery and the specificity of human experience"[22]) ergründet. Erste literaturwissenschaftliche Einordungsversuche verweisen darauf, dass es sich um eine maximal abstrakte Begründung handelt, die „Literatur als Verhandlung der *conditio humana* betrachtet und kein Interesse für die allzumenschlichen oder konkreten Kontaminationen dieses Idealistischen zeigt."[23] Eine Tendenz zu Pathos und Abstraktion ist den Jurybegründungen des Nobelpreiskomitees allgemein inhärent,[24] mit Blick auf die knappe Beschreibung von Handkes frischprämiertem Werk auf der Homepage des Nobelpreiskomitees wird allerdings offenkundig, dass der österreichische Schriftsteller als unpolitischer oder besser: über dem Politischen agierender Autor präsentiert wird.[25] Die Werkzu-

---

20 Vgl. die Ergebnisse der Studie von Bohne/Grüttemeier: „Die Analyse des Nominierungsverhaltens bei den deutschsprachigen Kandidaten hat eine Reihe von Mustern gezeigt, die Einblicke in die Handlungslogik der Schwedischen Akademie im Auswahlverfahren bietet. Offenkundig setzte sich im Laufe des ersten Jahrzehnts der Preisvergabe die oben skizzierte Blaupause für die Gewichtung von Nominierungen durch, die sich vor allem bei den schwedischen Preisträgern zeigte. Diese beinhaltet unter anderem, dass eine Nominierung in mehreren Jahren (in der Regel mindestens drei) von Vorteil für eine erfolgreiche Kandidatur ist. Aus Sicht der Akademie dienen mehrjährige Nominierungen als nachhaltige Legitimation der eigenen Entscheidung, wobei das Insistieren auf wiederholten Nominierungen zugleich die Wahrscheinlichkeit von im Nachhinein oft kritisierten ad-hoc-Entscheidungen für Überraschungskandidaten (z. B. in Patt-Situationen) reduziert." (S. 134).
21 Vgl. Christoph Jürgensen/Antonius Weixler: Literaturpreise: Geschichten – Geschichte – Funktionen. In: *Literaturpreise. Geschichte und Kontexte.* Hrsg. v. Christoph Jürgensen und Antonius Weixler. Berlin 2021. S. 5.
22 Beide Zitate aus der Jurybegründung siehe Handkes Eintrag auf der Homepage zum Literaturnobelpreis: https://www.nobelprize.org/prizes/literature/2019/handke/facts/ (zuletzt aufgerufen: 15.11.2021).
23 Jürgensen/Weixler, Literaturpreise: Geschichten – Geschichte – Funktionen, S. 5.
24 Vgl. beispielsweise die Jurybegründung zu Olga Tokarczuk, die 2019 nachträglich für das Jahr 2018 prämiert wurde: „for a narrative imagination that with encyclopedic passion represents the crossing of boundaries as a form of life" (https://www.nobelprize.org/prizes/literature/2018/tokarczuk/facts/, zuletzt aufgerufen: 15.11.2021); oder im Fall der US-amerikanischen Lyrikerin Louise Glück (2020): „for her unmistakable poetic voice that with austere beauty makes individual existence universal" (https://www.nobelprize.org/prizes/literature/2020/gluck/facts/, zuletzt aufgerufen: 15.11.2021).
25 Die vollständige Werkbeschreibung lautet: „Peter Handke is one of the most influential writers in Europe after the Second World War. His bibliography contains novels, essays, note books, dramatic works and screenplays. Already in the 1960s Handke set his mark on the literary scene.

sammenfassung in sechs Sätzen verweist offensichtlich auf das Frühwerk des Schriftstellers, aus dem die Erzählung *Wunschloses Unglück* explizit genannt wird und betont in Schlaglichtern auf das prämierte Werk, dass der Autor sich nicht von vorherrschenden Forderungen nach einer engagierten Literatur vereinnahmen ließ: „He distanced himself from prevailing demands on community-oriented and political positions."[26] Was für das Frühwerk von Peter Handke noch zutreffen mag, muss vor dem Hintergrund der Veränderungen, die Handkes literarisches Programm in den 1980er Jahren durchlief, neu bewertet werden.[27] Spätestens seit Handkes auch in literarische Werke hineinreichender politischer Positionierung nach dem Zerfall Jugoslawiens ist eine Abgrenzung von politischem Schreiben zwar noch Teil der Autorinszenierung, mit Bezug auf die Texte des Schriftstellers aber nicht mehr gültig.

Konfrontiert mit der politischen Dimension von Handkes Werk unternahmen einige Mitglieder des Nobelpreiskomitees einen ungewöhnlichen Schritt: Sie sahen sich durch den medialen Druck genötigt, ihre Entscheidung für Peter Handke zu rechtfertigen. Aus literaturwissenschaftlicher Perspektive eröffnet sich dadurch ein Einblick in die Art und Weise, wie einzelne Mitglieder des Komitees mit der politischen Dimension von Handkes Gesamtwerk umgegangen sind. Dies geschah auch

---

He distanced himself from prevailing demands on community-oriented and political positions. His works are filled with a strong desire to discover and to bring his discoveries to life by finding new literary expressions for them. One of his books is "A Sorrow Beyond Dreams", written after his mother's suicide." (https://www.nobelprize.org/prizes/literature/2019/handke/facts/, zuletzt aufgerufen: 15.11.2021).

26 Eintrag Peter Handke, https://www.nobelprize.org/prizes/literature/2019/handke/facts/.

27 Gottwald/Freinschlag kommen in einem konzisen Werküberblick zu folgendem Ergebnis: „Handkes literarisches Schaffen ist zunächst in zwei Hauptphasen einzuteilen: eine sprachkritisch-experimentelle frühe und eine davon abgehobene, traditionelle Erzählweise wiederaufwertende sowie klassischen Formen verpflichtete spätere ab den Siebzigerjahren. [...] Nach dem deutlich abzuhebenden Frühwerk der Sechzigerjahre kann eine Zwischenphase erzählerischer Neuorientierung angesetzt werden, die von *Die Angst des Tormanns beim Elfmeter* (1970) bis zu *Die linkshändige Frau* (1976) reicht. Die eigentliche ‚Wende' Handkes muss mit der Tetralogie *Langsame Heimkehr* (1979–1981) angesetzt werden, die auch sprachlich markante Neuansätze zeigt. Die Werke des folgenden Jahrzehnts sind von dieser Wendung zum ‚Klassischen', von der Orientierung an der Bibel, an Homer, Vergil, Goethe und Stifter geprägt. Handkes neue Literatursprache ist durch einen oft antikisierenden, sakralisierenden, auratischen, pathetischen Ton, durch das Bekenntnis zum ‚Schönen', zum Mythos, zur post-religiösen Bedeutsamkeit gekennzeichnet. Die jüngsten Texte könnte man in eine weitere Phase einordnen, die einerseits durch eine spezifische Arbeit am ‚Epos', durch die drei großen Romane bzw. epischen Erzählungen *Mein Jahr in der Niemandsbucht* (1994), *Der Bildverlust* (2002) und *Die moravische Nacht* (2008), andererseits durch die essayistische und poetische Auseinandersetzung mit den Balkankriegen und ihren Folgen geprägt ist." (Herwig Gottwald/Andreas Freinschlag: *Peter Handke*. Wien [u. a.]. 2009. S. 17.)

unter Rückgriff auf wissenschaftliche Quellen, die der öffentlichen Empörung als eine Art Gegenbeweis zur Rechtfertigung der eigenen Lesart von Handkes Jugoslawientexten entgegengehalten wurden. Der schwedische Übersetzer Henrik Petersen erwähnt in seiner Stellungnahme im Nachrichtenmagazin *Der Spiegel*[28] beispielsweise zwei für ihn ausschlaggebende Quellen: einen Forschungsartikel von Karoline von Oppen („Justice for Peter Handke?") und das 2012 veröffentlichte Lesebuch des Redakteurs Lothar Struck *Der mit seinem Jugoslawien – Peter Handke im Spannungsfeld zwischen Literatur, Medien und Politik.* Bei Lothar Struck handelt es sich nicht wie in der Stellungnahme kolportiert um einen „Literaturwissenschaftler", sondern vor allem um einen begeisterten Handkeleser,[29] der einen Literaturblog betreibt und in signifikanten wissenschaftlichen Studien der Handkeforschung nicht vertreten ist. Struck als wissenschaftliche Quelle auszuweisen, erscheint problematisch, irreführend mag diesbezüglich vor allem seine Überpräsenz in den Forschungsbeiträgen auf der Plattform *Handkeonline* sein,[30] von deren sieben Beiträge zur *Winterlichen Reise* drei von Struck stammen. In Strucks Artikel ist eine mangelnde Distanz zum Untersuchungsgegenstand Handke auffällig, die die Sachlichkeit seiner Texte mindert: Für eine produktive Analyse der medialen Debatten wirkt es einerseits hinderlich, dass Struck Handkes Aversion gegen journalistische Ausdrucksformen uneingeschränkt teilt und verstärkt.[31] Einer kritischen Lesart der Jugoslawientexte steht andererseits im Wege, dass er sich zum Ziel setzt, „primär Handkes

---

[28] Henrik Petersen: Stellungnahme von Henrik Petersen, Mitglied des Nobelpreiskomitees. *Spiegel online* (17.10.2019): https://www.spiegel.de/kultur/literatur/peter-handke-stellungnahme-akademie-mitglied-petersen-a-1292062.html (zuletzt aufgerufen: 04.10.2021).

[29] Vgl. dazu einen Artikel der Zeitung *Die Welt* über Lothar Struck – Marc Reichwein: Der Mann, der alles über Handke weiß. *Die Welt* (02.09.2010): https://www.welt.de/kultur/article9345792/Der-Mann-der-alles-ueber-Handke-weiss.html (zuletzt aufgerufen: 04.10.2021).

[30] Bei der Plattform „Handkeonline" handelt es sich um ein „virtuelles Archiv" der Österreichischen Nationalbibliothek, das vor allem Werkmaterialien, aber auch Forschungsartikel zur Publikationsgeschichte und zu werkimmanenten Perspektiven auf Handkes Oeuvre bereitstellt. „Handkeonline" ist das Ergebnis des Forschungsprojekts „Forschungsplattform Peter Handke" (02.05.2011–30.04.2015), das vom Grazer Literaturprofessor Klaus Kastberger geleitet wurde. Vgl. https://handkeonline.onb.ac.at/node/11 (zuletzt abgerufen: 04.10.2021).

[31] Ein Beispiel dafür aus Strucks Monographie zu Handkes Jugoslawien-Komplex: „Das deutsche Feuilleton und mit ihm große Teile der Publizistik dieses Landes ist schon lange zu einer kruden Erregungszone von Gesinnungskulturen mutiert, deren pluralistische Firnis immer dann den totalitären Boden aufblitzen lässt, wenn es nicht so läuft, wie es gewünscht wird. Diese Flucht in das virtuell rhetorische Jakobinertum selbstzufriedener Deutungswächter lässt vor allem eines erkennen: eine einerseits erschreckende – andererseits dann wieder auch beruhigende – Furcht vor dem abweichenden Wort und dessen Wirkung." (Lothar Struck: *„Der mit seinem Jugoslawien" Peter Handke im Spannungsfeld zwischen Literatur, Medien und Politik.* Leipzig 2013. S. 12).

Motivationen [zu] untersuchen"[32] und jegliche Lesart einer vermeintlichen Autorintention unterordnet.[33] Wissenschaftlich fundierter sind die Beiträge von Karoline von Oppen zu Jugoslawienreisen deutschsprachiger Schriftsteller:innen und der explizit von Petersen zur Verteidigung Handkes angeführte Forschungsartikel „Justice for Peter Handke?".[34] Petersen folgt von Oppen in ihrer Argumentation, dass die *Winterliche Reise* und der *Sommerliche Nachtrag* ausschließlich im Kontext einer Mitte der neunziger Jahre in Deutschland geführten Debatte um die außenpolitische Rolle der wiedervereinigten Bundesrepublik zu lesen sei. Eine Lesart, die – ähnlich wie die der Handke-Verteidiger – das Wirkungspotential der Reisetexte auf einen deutschsprachigen Diskursraum zu beschränken beabsichtigt, ist auch hier erkennbar. Nur hebt von Oppen nicht wie üblich auf die Sprach- und Medienkritik des Autors ab, sondern entwickelt mit Fokus auf der Textgattung Reisebericht die These, dass es sich um eine antifaschistische Erinnerungsreise handle, deren Dimension der Leserschaft durch die alles überlagernde polemische Debatte nicht deutlich wurde („has been consistently misread"[35]). Von Oppen, die in ihrem Artikel ähnlich wie Struck nach der ‚eigentlichen' Intention des Autors fahndet, hebt die Erinnerungsarbeit des Reisenden mit Fokus auf dem Zweiten Weltkrieg hervor:

---

32 Struck, *Der mit seinem Jugoslawien*, S. 9.

33 Dies hat zur Folge, dass Struck so weit geht, dem Autor Fehler anzumahnen und ihn tadelt, wie z. B. in Bezug auf die Višegrad-Episode im *Sommerlichen Nachtrag*, die besonders durch das Statement von Saša Stanišić in den Fokus rückte (SN 196–199). Das Zitat sei an dieser Stelle lediglich zur Veranschaulichung von Strucks psychologisierendem Analysestil angeführt: „In dieser Passage verirrt sich Handke. [...] Er greift in seinen Reiseerzählungen immer wieder auf zwei fundamentale Elemente zurück: seine Anschauung – und seine Sprachkritik. Diese Auseinandersetzungen sind fast immer fruchtbar und hier ist er weitestgehend dem Tagesjournalismus überlegen. Wenn er jedoch ins Spekulieren, ins Mutmaßen kommt, begibt er sich gelegentlich auf dünnes Eis, zumal die Ereignisse damals nicht annäherungsweise aufgearbeitet waren. Insofern machte Handke hier das, was er anderen Medien vorwarf." (Struck, *Der mit seinem Jugoslawien*, S. 252).

34 Die britische Germanistin Karoline von Oppen ist für eine internationale Handkeforschung aufgrund der Publikationssprache Englisch besonders zugänglich. Sie hat insgesamt vier Beiträge zu Jugoslawienreisen deutschsprachiger Schriftsteller:innen veröffentlicht: (1) Nostalgia for Orient(ation): travelling through the former Yugoslavia with Juli Zeh, Peter Schneider, and Peter Handke. In: *Seminar. A journal for Germanic studies* (41) 2005. S. 246–260, (2) Imagining the Balkans, imagining Germany: intellectual journeys to former Yugoslavia in the 1990s. In: *The German quarterly. A journal oft he American Association of Teachers of German* (79) 2006. S. 192–210. (3) „(Un)sägliche Vergleich". What Germans remembered (and forgot) in the former Yugoslavia in the 1990s. In: *German culture, politics, and literature into the thwenty-first century. Beyond normalisation*. Hrsg. v. Stuart Taberner. Rochester 2006. S. 167–180. (4) Justice for Peter Handke? In: *German text crimes. Writers accused, from the 1950s to the 2000s*. Hrsg. v. Tom Cheesman. Amsterdam 2013. S. 175–192.

35 Von Oppen, Justice for Peter Handke?, S. 175.

Indem der Erzähler immerfort auf die in Serbien verübten Kriegsverbrechen während des Zweiten Weltkriegs referiert, sollen gegenwärtige Kriegsverbrechen nicht relativiert, sondern der deutschsprachigen Leserschaft die eigenen Kriegsverbrechen ins Gedächtnis gerufen werden, die im bezeichneten topographischen Raum in der Vergangenheit von Nazideutschland verübt wurden. Vor dem Hintergrund einer Debatte um eine „normalisation"[36] der deutschen Außenpolitik, d. h. eine Verabschiedung von einer besonderen Nachkriegsaußenpolitik und die Angleichung an die Außenpolitik vergleichbarer Staaten, sei Handkes Text folglich als mahnende Erinnerungsreise zu verstehen. Zur Bekräftigung dieser These verweist von Oppen zunächst auf die erzählerische Unzuverlässigkeit des Reise-Ichs, die dieses schon allein *qua* Textgattung („travel writers make for poor witnesses"[37]) als Augenzeuge einer gegenwärtigen (Nach-)Kriegswirklichkeit disqualifiziere. Hauptbeleg für die vorgestellten Lesart ist jedoch die antifaschistische Reiseroute des Erzählers („antifascist itinerary"[38]). Dieser bereiste vordergründig Erinnerungsorte der deutschen Kriegsgeschichte in Serbien: Belgrad (Bombenangriff der Nazis 1941), Zemun (hier befand sich das Konzentrationslager Sajmište), Kragujevac und Kraljevo (hier tötete die Wehrmacht im Oktober 1941 mehr als 4000 Zivilisten). Es besteht kein Zweifel daran, dass Handkes Jugoslawien-Texte auch in einem diskursiven Feld zur außenpolitischen Rolle Deutschlands zu verorten sind. Von Oppen deutet einleuchtend darauf hin, dass Handke Erinnerungsorte deutscher Kriegsverbrechen bereist, worauf auch im Text selbst explizit hingewiesen wird: „Und wie stand es dagegen mit dem Bewußtsein des deutschen (und österreichischen) Volkes von dem, was es im Zweiten Weltkrieg auf dem Balkan noch und noch angerichtet hat und anrichten hat lassen." (WR 154) Unverständlich bleibt aber, warum Handkes *Winterliche Reise* ausschließlich darauf bezogen wird, andere Lesarten gar disqualifiziert werden und dabei Handkes intendierte „Augenzeugenschaft" (WR 39) im postjugoslawischen Kriegsgebiet als Reisemotiv mit dem apodiktischen Argument, dass Reisende keine authentischen Berichte über ihre Reiseziele vorlegen könnten, ausgeklammert wird. Zudem befinden sich die im Artikel der britischen Germanistin aufgeführten Erinnerungsorte deutscher Kriegsverbrechen allesamt in einem bestimmten Abschnitt des Reisetextes („Der Reise erster Teil"). Es darf bezweifelt werden, dass sich die Reiseziele des zweiten Teils (Višegrad und Srebrenica) und des nachfolgenden *Sommerlichen Nachtrags* in diese Lesart integrieren lassen. Derartige Interpretationsansätze behandeln die komplexen Konstellationen der jugoslawischen Sezessionskriege lediglich marginal, sodass der Text – wie bei

---

36 Von Oppen, Justice for Peter Handke?, S. 180.
37 Von Oppen, Justice for Peter Handke?, S. 182.
38 Von Oppen, Justice for Peter Handke?, S. 182.

von Oppen – vorrangig in einem deutschsprachigen Debattenkontext bzw. im Rahmen einer deutschen Erinnerungskultur rezipiert wird. Dass diese Lesart dem Text nur sehr bedingt gerecht wird, kann eine signifikante Textstelle der *Winterlichen Reise* illustrieren, die bei von Oppen als weiterer Beleg für die vom Reisesubjekt intendierte Erinnerung an die Kriegsverbrechen der Deutschen auf dem Gebiet des ehemaligen Jugoslawien fungiert: der von Handke in der „gemeinsamen Übersetzung von Žarko Radaković und Zlatko Bocokić" (WR 161) zitierte Abschiedsbrief des ehemaligen Partisanen Slobodan Nikolić am Ende der *Winterlichen Reise*. Darin schreibt Nikolić:

> Der Verrat, der Zerfall und das Chaos unseres Landes, die schwere Situation, in die unser Volk geworfen ist, der Krieg (serbokroatisch ‚rat') in Bosnien-Herzegowina, das Ausrotten des serbischen Volkes und meine eigene Krankheit haben mein weiteres Leben sinnlos gemacht, und deswegen habe ich beschlossen, mich zu befreien von der Krankheit, und insbesondere von den Leiden wegen des Untergangs des Landes, um meinen erschöpften Organismus, der das alles nicht mehr aushielt, sich erholen zu lassen. (WR 161)

Für von Oppen ist die Tatsache, dass die Erzählung mit dem Abschiedsbrief eines ehemaligen Partisanen endet, ein weiteres Indiz für die intendierte Erinnerungsarbeit des Erzählers, der darauf zielt, einer deutschsprachigen Leserschaft die historische Verantwortung und die Unmöglichkeit einer Parteinahme in Anbetracht der auch von Handke ins Feld geführten „Vorgeschichte"[39] des Zweiten Weltkriegs vor Augen zu führen. Die inhaltliche Dimension des Abschiedsbriefes bleibt in von Oppens Interpretationsansatz unberücksichtigt. Jürgen Brokoff, der in den 2010er Jahren wesentlich zu einer Erweiterung der kritischen Handkeforschung beitrug,[40] weist darauf hin, dass es sich bei der Formulierung „Ausrotten des serbischen Volks", mit dem Nikolić unter anderem seinen Suizid begründet, um ein Narrativ

---

[39] Bei Handke beschränkt sich der Begriff „Vorgeschichte" nicht nur auf den Zweiten Weltkrieg. Er bleibt als zentrales Argument zur Relativierung der in den Medien angeführten Fakten und zur rhetorischen Stabilisierung der zutiefst bedenklichen These, dass es sich bei den serbischen Kriegsverbrechen vor allem um einen Racheakt handelte, nebulös. Vgl. SN 240–243.

[40] Für den Untersuchungsgegenstand dieses Kapitels – Handkes *Winterliche Reise* und der *Sommerliche Nachtrag* – sind drei Artikel von Brokoff besonders relevant: (1) „Srebrenica – was für ein klangvolles Wort". Zur Problematik der poetischen Sprache in Peter Handkes Texten zum Jugoslawien-Krieg. In: *Störungen. Kriegsdiskurse in Literatur und Medien von 1989 bis zum Beginn des 21. Jahrhunderts*. Hrsg. v. Carsten Gansel und Heinrich Kaulen. Göttingen 2011. S. 61–88. (2) „Nichts als Schmerz" oder mediale „Leidenspose"? Visuelle und textuelle Darstellung von Kriegsopfern im Bosnienkrieg (Handke, Suljagic, Drakulic). In: *Krieg – Medien – Emotion*. Hrsg. v. Sören Fauth, Kasper Green Krejberg und Jan Süselbeck. Göttingen 2012, S. 163–180. (3) „Ich wäre gern noch viel skandalöser". Peter Handkes Texte zum Jugoslawienkrieg im Spannungsfeld von Medien, Politik und Poesie. In: *Peter Handke: Stationen, Positionen, Orte*. Hrsg. v. Anna Kinder. Berlin 2014. S. 17–37.

des 1986 veröffentlichten *Memorandum* der Serbischen Akademie handelt, das als ein Gründungsmanifest des serbischen Nationalismus gilt.[41] Die Heraufbeschwörung einer Bedrohung von außen, die eine Gemeinschaft in ihrer Daseinsberechtigung anzugreifen scheint und deshalb wenn nötig auch mit Gewalt bekämpft werden müsse, ist ein gängiges nationalistisches Narrativ, das in den Jugoslawienkriegen zur Legitimierung des Kriegsausbruchs nicht nur von serbischer Seite bedient wurde. Der Partisane Nikolić wird in Handkes Text einerseits als Repräsentant der jugoslawischen Idee und von deren Zugrundegehen angeführt und dementsprechend in von Oppens Artikel als Widerstandskämpfer gegen den Faschismus zur Bekräftigung der eigenen These eingesetzt. Dass seine inhaltlichen Positionen sich andererseits mit einem von serbischen Regierungsvertret:innen und Intellektuellen propagierten „Leidensnationalismus"[42] engführen lassen, verweist wiederum auf eine weitere Bedeutungsebene des Reisetextes: dessen konkrete Verortung innerhalb konkurrierender postjugoslawischer Erinnerungskulturen – diese sind dabei vor allem durch „die Neigung Geschichte als eigene Opfergeschichte zu erinnern"[43] gekennzeichnet. Handkes Beiträge zu einer deutschen und gleichzeitig serbischen, postjugoslawischen Erinnerungskultur[44] müssen für eine differenzierte Analyse des Textes zusammengedacht werden und dürfen nicht, wie das Nobelpreiskomitee-Mitglied Henrik Petersen im Anschluss an von Oppen in seiner Stellungnahme argumentiert, auf einen nationalen Diskursraum begrenzt werden. Nur indem eine doppelte Perspektive auf die Debatten in deutschsprachigen Medien einerseits und einer politischen Einordnung der Ereignisse in Jugoslawienandererseits aufrecht erhalten wird, kann eine einseitig verkürzende Lesart überwunden werden.

---

41 Vgl. Brokoff, „Srebrenica – was für ein klangvolles Wort", S. 74.
42 Höpken, Post-sozialistische Erinnerungskulturen im ehemaligen Jugoslawien, S. 30.
43 Höpken, Post-sozialistische Erinnerungskulturen im ehemaligen Jugoslawien, S. 49.
44 Vgl. Höpken, Post-sozialistische Erinnerungskulturen im ehemaligen Jugoslawien, S. 30–40. Es soll nicht der Anschein erweckt werden, dass sich Handkes Texte reibungslos in eine klar umrissene serbische Erinnerungskultur einordnen lassen. Höpken arbeitet eingänglich heraus, dass zwischen nationalistischen Identitätsangeboten der politischen Eliten und einem „Erinnerungschaos" (S. 34) innerhalb einer verunsicherten Gesellschaft unterschieden werden muss. Was den von Handke in der WR, aber auch in anderen, nachfolgenden Texten betriebenen ‚Partisanenkult' (vgl. z. B. *Immer noch Sturm*) betrifft, so ist dieser beispielsweise mit den Grundzügen einer serbischen Erinnerungskultur, die vielmehr auf „vor-sozialistische Erinnerungssymbole" aufbaut (vgl. S. 35) und die Rehabilitierung der antikommunistischen Četnici förderte (vgl. S. 37), eher nicht kompatibel. Dass es nichtsdestotrotz besonders in Bezug auf die Rolle der internationalen Gemeinschaft in den Kriegen der 1990er Jahre identitätsstiftende Überschneidungspunkte gibt, wird sich im Verlauf dieses Kapitels noch herausstellen.

2.2 Geschichtsrevisionismus oder Medienkritik? Saša Stanišićs Buchpreisrede und Eugen Ruges Gastbeitrag in der FAZ

Mit der Nobelpreisverkündung und den anschließenden medialen Debatten beginnt in der Rezeptionsgeschichte von Peter Handkes Reiseberichten *Winterliche Reise* und *Sommerlicher Nachtrag* ein neues Kapitel. Rolf Renners These einer 2019 nach dem Nobelpreis ausgetragenen „fast strukturgleichen Debatte"[45], in der ein gewisses Desinteresse angesichts nicht enden wollender Kontroversen um den österreichischen Schriftsteller anklingt, ist nicht nur durch im Hinblick auf eine grundlegende Veränderung in der Zusammensetzung der diskursprägenden Akteur:innen zu widersprechen, auch angesichts der Textgrundlage der Diskussion sind Differenzen zu vergangenen Streitgesprächen zu beobachten. Diese entkräften Renners These eindeutig: Während in vorangehenden Debatten Handkes *Sommerlicher Nachtrag* eher als untergeordnetes Anhängsel zur Aufsehen erregenden *Winterlichen Reise* wahrgenommen wurde,[46] rückt der ein halbes Jahr nach der ersten Reise verfasste Text nun zeitweilig ins Zentrum der Nobelpreisdebatte. Einen maßgeblichen Anteil daran, dass Diskussionen über die Interpretation konkreter Textstellen aus Handkes *Sommerlichem Nachtrag* ausgetragen wurden, hatte eine andere Preisverleihung, die unmittelbar nach der Nobelpreisvergabe stattfand: die Verleihung des Deutschen Buchpreises an Saša Stanišić am 14. Oktober 2019 im Frankfurter Römer, vier Tage nach der Verkündigung des Nobelpreisträgers Peter Handke. Die Nobelpreisverleihung und die Vergabe des Deutschen Buchpreises machen nicht zum ersten Mal deutlich, wie wirkmächtig und aus literatursoziologischer Perspektive erkenntnisreich das Ritual einer Literaturpreisvergabe sein kann, die besonders in skandalträchtigen Entscheidungen, wie der „Fall Handke" vorführt, „alle wesentlichen Instanzen des literarischen Feldes"[47] konzentriert.[48] Die „resonanzträchtigste Stellungnahme"[49] im deutschsprachigen Diskurs um den Nobelpreisgewinner Handke ist die Preisrede des Buchpreisgewinners Saša Stanišić, der 2006 für seinen Debütroman *Wie der Soldat das Grammophon repariert*

---

45 Renner, *Erzählwelten*, S. 487.
46 Bezeichnend dafür ist, dass Kurt Gritsch im Titel seiner „Rezeptionsgeschichte" nur auf die *Winterliche Reise* anspielt und den *Sommerlichen Nachtrag* lediglich als ein Unterkapitel (3.6) der Reaktionen auf die *Winterlichen Reise* verhandelt. Vgl. Kurt Gritsch: *Peter Handke und ‚Gerechtigkeit für Serbien'. Eine Rezeptionsgeschichte*. Innsbruck [u.a] 2009.
47 Christoph Jürgensen/Antonius Weixler: Literaturpreise: Geschichten – Geschichte – Funktionen. In: *Literaturpreise. Geschichte und Kontexte*. Hrsg. v. Christoph Jürgensen und Antonius Weixler. Berlin 2021. S. 3.
48 Zu einer „kurze[n] Skizze der langen Literaturpreisgeschichte" vgl. Jürgensen/Weixler, Literaturpreise, S. 9–21.
49 Jürgensen/Weixler, Literaturpreise, S. 7.

(Shortlist) und 2014 mit *Vor dem Fest* (Longlist) bereits zweimal in der Kategorie ‚Buch des Jahres' nominiert war und dem 2019 für seinen Roman *Herkunft* schließlich der Deutsche Buchpreis verliehen wurde. Die Preisrede wurde in zahlreichen Debattenbeiträgen im Anschluss an die Buchpreisverleihung zum größten Teil affirmativ anknüpfend miteinbezogen,[50] aber auch in Gegenpositionen kritisch aufgegriffen.[51] Unter diesen Gegenpositionen nimmt der Schriftsteller Eugen Ruge eine exponierte Stellung ein, da seiner Stellungnahme als ehemaliger Buchpreisgewinner einerseits besondere Aufmerksamkeit zukommt und Ruge sich andererseits interpretatorisch sowohl auf die *Winterliche Reise* als auch auf eine von Stanišić erwähnte Textstelle aus dem *Sommerlichen Nachtrag* bezieht und folglich für eine Aktualisierung der Rezeptionsgeschichte ein textbezogenes Rezeptionszeugnis liefert, was im Kontext von Handke-Debatten nicht selbstverständlich ist.[52]

Ausgangspunkt für eine Analyse kann zunächst die jeweilige Textgattung der beiden Statements sein. Da sich der Beitrag von Eugen Ruge auf Aussagen von Saša Stanišić bezieht, liegt es nahe mit letzterem zu beginnen. Es handelt sich bei diesem Text um eine in etwa sechsminütige Preisrede, die Stanišić nach dem Gewinn des

---

[50] Vgl. exemplarisch für den medialen Diskurs in Deutschland: Margarete Stokowski: Perfide Mülltrennung. *SPON* (15.10.2019): https://www.spiegel.de/kultur/gesellschaft/peter-handke-und-der-nobelpreis-perfide-muelltrennung-a-1291617.html (zuletzt aufgerufen: 19.11.2021); Mely Kiyak: Die Wahrheit, die wir kennen. *ZEIT ONLINE* (16.10.2019): https://www.zeit.de/kultur/2019-10/deutscher-buchpreis-Saša-Stanišić-peter-handke-literatur-debatte (zuletzt aufgerufen: 19.11.2021); Tijan Sila: Kunst dient den Nackten. *Taz* (19.10.2019): https://taz.de/Kritik-an-Nobelpreis-fuer-Peter-Handke/!5631663/ (zuletzt aufgerufen: 19.11.2021).

[51] Vgl. exemplarisch für den medialen Diskurs in Deutschland: Thomas Melle: Clowns auf Hetzjagd. *FAZ* (20.10.2019): https://www.faz.net/aktuell/feuilleton/debatten/clowns-auf-hetzjagd-twitter-schauprozess-gegen-peter-handke-16441099.html (zuletzt aufgerufen: 05.10.2021); Eugen Ruge: Lest ihn doch einfach mal. *FAZ* (22.10.2019): https://www.faz.net/aktuell/feuilleton/debatten/autor-peter-handke-schwierige-texte-eines-zweifelnden-16445901.html (zuletzt aufgerufen: 05.10.2021); Mladen Gladic: Handke reiste mit Luhmann im Gepäck. *Der Freitag* (Ausgabe 44, überarbeitete Version: 01.11.2019): https://www.freitag.de/autoren/mladen-gladic/im-offenen (zuletzt aufgerufen: 05.10.2021).

[52] Susanne Düwell erwähnt in ihrem Artikel zur Skandalgeschichte von Handkes Texten und öffentlichen Auftritten, dass besonders in der Kontroverse um den Heinrich-Heine-Preis 2006 Kritiker „in diesem Konflikt vielfach ohne Kenntnis von Handkes Texten und Positionen unqualifiziert und polemisch argumentierten" (Susanne Düwell: Der Skandal um Peter Handkes ästhetische Inszenierung von Serbien. In: *Literatur als Skandal. Fälle – Funktionen – Folgen*. Hrsg. v. Stefan Neuhaus und Johann Holzner. Göttingen 2007. S. 578). Infolge von Handkes Teilnahme an der Beerdigung von Slobodan Milošević wurde die Vergabe des Heinrich-Heine-Preises an den österreichischen Schriftsteller teilweise auch von Politiker:innen massiv kritisiert. Handke kam damals den Überlegungen zu einer Aberkennung des Preises zuvor, indem er dem Oberbürgermeister der Stadt Düsseldorf mitteilte, auf den Preis zu verzichten.

Deutschen Buchpreises 2019 gehalten hat.⁵³ Preisreden von Schriftsteller:innen, die für ihren exzeptionellen Umgang mit Sprache prämiert werden, weisen oft formalästhetische und/oder inhaltliche Besonderheiten auf und sind von Gelegenheitsreden in Form kurzer Dankesreden zu unterscheiden.⁵⁴ Nicht nur können sie poetologische Kriterien des eigenen literarischen Programms offenlegen, je nach Profil des Preises werden in der Rede oftmals auch Bezüge zu den Namensgeber:innen (z. B. im Fall des Georg-Büchner-Preises, der seit 1951 verliehen wird) oder vormaligen Preisträger:innen hergestellt. Nun wurde in der Entwicklung des Deutschen Buchpreises keine literaturgeschichtlich prägende Autorfigur als Namensgeber:in ausgewählt. Es handelt sich um einen Preis, der vom Börsenverein des deutschen Buchhandels verliehen wird und durch sein zweistufiges Auswahlverfahren (*Longlist/Shortlist*) auch Auswirkungen auf den Buchmarkt bzw. den Absatz der Verlage hat.⁵⁵ Im Gegensatz zu den Preisreden anlässlich der Verleihung des Georg-Büchner-Preises, in denen sich die Preisträger:innen als „Kenner […] des Namensgebers"⁵⁶ zeigen und das eigene Schaffen in Bezug zu Büchners literarischem Vermächtnis setzen,⁵⁷ ist im Hinblick auf die Preisrede des Deutschen Buchpreises, der seit 2005 verliehen wird, eine Nähe zu weniger bis gar nicht ästhetisierten Dankesreden zu konstatieren. Dies mag mitunter daran liegen, dass die Gewinnerin oder der Gewinner erst im Rahmen der jährlichen Zeremonie verkündet wird und

---

53 Vgl. den Text zur Rede: Saša Stanišić: Rede zur Verleihung des Deutschen Buchpreises 2019: „Erschüttert, dass sowas prämiert wird". *ORF* (14.10.2019): https://orf.at/stories/3140837 (zuletzt aufgerufen: 05.10.2021), sowie einen Ausschnitt aus der Zeremonie (Laudatio und Dankesrede) auf dem Youtube-Kanal des *Deutschen Buchpreises*: https://www.youtube.com/watch?v=m86N9AHF4hY (zuletzt aufgerufen: 02.11.2021).
54 Vgl. Matthias Bickenbach: Dichter reden. Über Marcel Beyers Preisreden. In: *Text + Kritik: Marcel Beyer* (218/219). München 2018. S. 71.
55 Der kompetitive Modus der Buchpreisvergabe wurde von vielen Autor:innen kritisiert. Große Aufmerksamkeit erlangt beispielsweise der Kommentar von Daniel Kehlmann im Jahr 2008, in dem der Schriftsteller u. a. das konzeptionelle Wettbewerbsprinzip kritisiert: „Die Kunst ist vieles, aber sie ist, man kann es nicht oft genug sagen, eben kein Sport." (Daniel Kehlmann: Schön wär's. Den Buchpreis abschaffen. In. FAS 38 [21.09.2008]. S. 23) Das Konzept des Buchpreises orientiert sich am französischen Modell des *Prix Goncourt* und dem britischen *Booker Prize* (vgl. Heribert Tommek: Die internationale Ökonomie der ‚besten Romane des Jahres': Der Deutsche Buchpreis im Beziehungsgeflecht mit dem Prix Goncourt und dem Booker Prize. In: *Literaturpreise. Geschichte und Kontexte*. Hrsg. v. Christoph Jürgensen und Antonius Weixler. Berlin 2021. S. 157–182). Einen Überblick kritischer Stimmen zum Konzept des Buchpreises bietet: Corinna Haug: Bitte nicht füttern! Zur Kritik am Deutschen Buchpreis. In: *Spiel, Satz und Sieg. 10 Jahre Deutscher Buchpreis*. Hrsg. v. Ingo Irsigler und Gerrit Lembke. Berlin 2014. S. 83–96.
56 Bickenbach, Dichter reden, S. 71.
57 Bickenbach bietet mit den Preisreden des Schriftstellers Marcel Beyer ein anschauliches Beispiel: Bickenbach, Dichter reden, S. 71–81.

nicht wie im Fall des Büchner-Preises (und beispielsweise auch des Literaturnobelpreises) schon vor der Verleihung feststeht. Während die Büchner-Preisreden als „längere durchkomponierte Dankesrede[n]"[58] einen signifikanten poetologischen Paratext bieten,[59] sind die Buchpreisreden eher von spontaner Emotionalität in Form von „Überraschung und Überforderung, von Rührung und Liebe zur Literatur"[60] geprägt. Ein Beispiel dafür ist die zweiminütige Buchpreisrede von Eugen Ruge anlässlich der Prämierung seines Romans *In Zeiten des abnehmenden Lichts* (2011), die aus dem Stegreif improvisiert wurde, da der Autor aus Aberglauben keine Rede vorbereitet hatte.[61] Dagegen nutzten Schriftsteller:innen wie zum Beispiel die Buchpreisgewinnerin des Jahres 2021 Antje Rávik Strubel die Preisrede für gesellschaftspolitische Statements.[62] Saša Stanišićs Preisrede hat durch ihren expliziten Kommentar zur Nobelpreisvergabe an Peter Handke eine literaturpolitische Dimension, liefert aber auch ein zeitgenössisches Rezeptionszeugnis vor allem von Handkes *Sommerlichem Nachtrag zu einer winterlichen Reise*, in der der österrei-

---

58 Thomas Wegemann: Epitexte als ritualisiertes Ereignis: Überlegungen zu Dankesreden im Rahmen von Literaturpreisverleihungen. In: *Literaturpreise. Geschichte und Kontexte.* Hrsg. v. Christoph Jürgensen und Antonius Weixler. Berlin 2021. S. 107.
59 Der Reclam-Verlag hat den Büchner-Preis-Reden zwei Anthologien gewidmet: (1) Ernst Johann (Hrsg.): *Büchner-Preis-Reden 1951–1971.* Stuttgart 1972; (2) Herbert Heckmann (Hrsg.): *Büchner-Preis-Reden 1984–1994.* Stuttgart 1994. Mittlerweile sind alle Preisreden auf der Homepage der *Deutschen Akademie für Sprache und Dichtung* samt Laudatio dokumentiert: https://www.deutscheakademie.de/de/auszeichnungen/georg-buechner-preis (letzter Aufruf: 02.11.2021).
60 Wegemann: Überlegungen zu Dankesreden im Rahmen von Literaturpreisverleihungen, S. 107.
61 Vgl. den Videoausschnitt auf dem Youtube-Kanal des *Deutschen Buchpreises*: Deutscher Buchpreis 2011 | Dankesrede des Preisträgers Eugen Ruge. Link: https://www.youtube.com/watch?v=NgsJ69-MOoU (zuletzt aufgerufen: 19.11.2021). Darauf, dass eine Rede improvisiert werden muss, haben außer Ruge zahlreiche weitere Preisträger:innen explizit hingewiesen: Kathrin Schmidt (2009 – Schmidt erwähnt in ihrer Rede, dass die Freude über die Vergabe des Literaturnobelpreises an Hertha Müller gegenüber der eigenen Freude über den Buchpreisgewinn überwiegt. Auch hier ist eine Engführung zweier Preisverleihungen festzustellen, wenn auch mit umgekehrten Vorzeichen als bei Stanišić), Terezia Mora (2013), Frank Witzel (2015), Robert Menasse (2017), Inger-Maria Mahlke (2018) und Anne Weber (2020).
62 Rávik Strubel trennt ihre Worte des Dankes von der eigentlichen Preisrede, was sie folgendermaßen kenntlich macht: „Ich kann aber natürlich nicht sprachlos hier stehen, deswegen habe ich mir ein paar Notizen gemacht vorher." Sie nutzt ihre Dankesrede für ein sprach- und gesellschaftspolitisches Statement, das Sprache in Bezug auf männliche Machtausübung als Mittel einer „strukturelle[n] Demütigung, Gewalt und Ignoranz" beleuchtet und für einen anhaltenden Kampf um die Repräsentation von Identität in Sprache eintritt. Vgl. den Videoausschnitt auf dem Youtube-Kanal des *Deutschen Buchpreises*: Deutscher Buchpreis 2021 | Antje Rávik Strubel erhält die Auszeichnung für ihren Roman „Blaue Frau". Link: https://www.youtube.com/watch?v=BSpCSVG9IDg (zuletzt aufgerufen: 19.11.2021).

chische Schriftsteller u. a. Saša Stanišićs Herkunftsort Višegrad bereist. Stanišićs Preisrede kommt für eine neue Phase der Rezeptionsgeschichte von Handkes Jugoslawienschriften (insbesondere der beiden Reisetexte *Winterliche Reise* und *Sommerlicher Nachtrag*) eine entscheidende Stellung zu, was allein anhand des Ausmaßes an Aufmerksamkeit, das der in Hamburg lebende Schriftsteller nach der Preisgewinn erhielt, den unzähligen Diskursbeiträge, die sich anschließend auf die Preisrede bezogen, und vor allem im Hinblick auf seine Perspektive als Überlebender der Kriegsverbrechen in Višegrad offenkundig wird.

Die Verleihung des Deutschen Buchpreises stand im Jahr 2019 in unmittelbarer zeitlicher Nähe zum vier Tage zuvor vergebenen Nobelpreis an Peter Handke.[63] Zwei signifikante Teile der Buchpreis-Zeremonie eignen sich für die Analyse als strukturelle Gliederungspunkte, deren ineinandergreifendes Verhältnis zunächst beleuchtet werden soll: die Verkündung des Buchpreisgewinners samt Begründung der Jury (etwa 3 Minuten) und die Dankesrede des Gewinners (etwa 6 Minuten). Nach der Bekanntgabe des Preisträgers und lange anhaltendem Applaus verlas der Vorsitzende des Börsenvereins des Deutschen Buchhandels Heinrich Riethmüller das Statement der Jury zu Stanišićs Roman *Herkunft*. In der knappen Begründung erscheint ein Satz im Kontext der Nobelpreisverleihung besonders signifikant: „Mit viel Witz setzt er [Stanišić, Anm. M.H.] den Narrativen der Geschichtsklitterer seine eigenen Geschichten entgegen."[64] Nicht nur journalistische Kommentare zu der Jury-Begründung werten diese Aussage als implizite Positionierung der Buchpreisjury gegen die Entscheidung der Schwedischen Akademie, Peter Handke den Nobel-

---

[63] Einen Einblick in das Innenleben des Autors in dieser Zwischenzeit, die in der Rede erwähnte Erschütterung, die Stanišić durch die Nobelpreisverleihung empfand, bieten die zahlreichen Tweets des Autors unmittelbar nach der Verkündung. Der erste Tweet zur Nobelpreisverleihung ist ein Bild von Peter Handke auf der Beisetzung von Slobodan Milošević (https://twitter.com/Saša_s/status/1182254675615211521, zuletzt aufgerufen: 15.04.2022, Link gelöscht – siehe Abbildung 1 im Anhang dieser Studie). In den folgenden Tagen kommentiert Stanišić die Reaktion des Feuilletons auf den Nobelpreisgewinner und leistet kontextuelle Aufklärungsarbeit im Hinblick auf dessen Jugoslawienschriften.

[64] Begründung der Jury auf der Homepage des Deutscher Buchpreises: https://www.deutscher-buchpreis.de/archiv/autor/134-Stanišić (zuletzt aufgerufen: 02.11.2021): „Saša Stanišić ist ein so guter Erzähler, dass er sogar dem Erzählen misstraut. Unter jedem Satz dieses Romans wartet die unverfügbare Herkunft, die gleichzeitig der Antrieb des Erzählens ist. Verfügbar wird sie nur als Fragment, als Fiktion und als Spiel mit den Möglichkeiten der Geschichte. Der Autor adelt die Leser mit seiner großen Phantasie und entlässt sie aus den Konventionen der Chronologie, des Realismus und der formalen Eindeutigkeit. ‚Das Zögern hat noch nie eine gute Geschichte erzählt', lässt er seine Ich-Figur sagen. Mit viel Witz setzt er den Narrativen der Geschichtsklitterer seine eigenen Geschichten entgegen. ‚Herkunft' zeichnet das Bild einer Gegenwart, die sich immer wieder neu erzählt. Ein ‚Selbstporträt mit Ahnen' wird so zum Roman eines Europas der Lebenswege.".

preis zu verleihen.⁶⁵ Auch erste literaturwissenschaftliche Aufarbeitungsversuche der „resonanztaktischen und literaturprogrammatischen Kämpfe"⁶⁶ sehen in der Laudatio die Absicht, als Korrektiv zur Nobelpreisverkündung zu fungieren. Zusätzlich zur Würdigung von Stanišićs literarischem Programm in seinem Roman *Herkunft* (insbesondere des metafiktionalen Spiels mit dem Erzählen) bezieht die Jury damit implizit in der Nobelpreisdebatte Stellung. Mit Stanišićs anschließend vorgetragener Preisrede ist dieses Statement kompatibel, da der Schriftsteller in seiner Rede zu einer expliziten Kritik an der Ehrung des österreichischen Autors übergeht und seinen Preisgewinn bzw. die damit einhergehende Rede als Plattform für eine Verurteilung der Entscheidung des Nobelpreiskomitees gebraucht:

> Es gab aber einen anderen Preis, der diese Konzentration gestört hat, und der etwas, eine kleine Spur wichtiger ist. In Schweden, in Stockholm. Und den hat nun einer bekommen, der mir diese Freude an meinem eigenen ein bisschen vermiest hat, und deswegen bitte ich Sie um Nachsicht, wenn ich diese kurze Öffentlichkeit dafür nutze, mich kurz zu echauffieren.⁶⁷

Stanišić führt die beiden Preisverleihungen eng und deutet auf das internationale symbolische Kapital sowie die damit verbundene globale gesellschaftspolitische Funktion, die dem Literaturnobelpreis neben einer werkästhetischen Dimension inhärent ist. Im vorangehenden Sinnabschnitt, dem Beginn der Preisrede, wies der Autor auf seinen eigenen leidvollen Krankheitszustand hin, der zwar nicht als unmittelbare Folge der Handke-Verkündung markiert wird, sich in der Rede aber dennoch mit dem psychosomatischen Schock, den die Prämierung des Autors Peter Handke auslöste, verbindet und so durch die dargelegte geschwächte gesundheitliche Verfassung des Redners die emotionale Wirkung der Rede verstärkt. Vor einer konkreten inhaltlichen Kritik an Handkes Jugoslawientexten markiert der Schriftsteller seine Perspektive als Betroffener:

> Ich tu's auch deswegen, weil ich das Glück hatte, dem zu entkommen, was Peter Handke in seinen Texten nicht beschreibt. Dass ich hier heute vor ihnen stehen darf, habe ich einer Wirklichkeit zu verdanken, die sich dieser Mensch nicht angeeignet hat, und die in seine Texte der 90er Jahre hineinreicht.⁶⁸

Die von starker Emotionalität gekennzeichnete Vortragsweise – langsamer, pausenreicher Sprechmodus, zitternde Stimme – zeigt hier exemplarisch, welche Wirkung

---

65 Vgl. exemplarisch Johannes Schneider: Dieser Preis war nie politischer. *ZEIT ONLINE* (15.10.2019): https://www.zeit.de/kultur/literatur/2019-10/Saša-Stanišić-deutscher-buchpreis-rede-kritik-peter-handke (zuletzt aufgerufen: 02.11.2021).
66 Jürgensen/Weixler, Literaturpreise, S. 7 f.
67 Stanišić, Rede zur Verleihung des Deutschen Buchpreises 2019.
68 Stanišić, Rede zur Verleihung des Deutschen Buchpreises 2019.

der Autor Peter Handke und seine argumentatorische Nähe zu einer Erinnerungskultur, die den Opferstatus von ethnischen Gruppen untergräbt, auf Menschen haben kann, die von der Kriegsgeschichte unmittelbar betroffen sind. Als konkreten Anhaltspunkt für die These einer manipulativen Leserlenkung in Handkes Texten („die Wirklichkeit [...] so zurechtlegt, dass dort nur noch Lüge besteht"[69]), die in den Vorwurf eines literarisierten Geschichtsrevisionismus mündet („diese Zeit ist so, wie Handke sie im Falle von Bosnien beschreibt, nie gewesen"[70]), erwähnt Stanišić eine Textstelle aus Handkes *Sommerlichem Nachtrag*, in der der Erzähler den Herkunftsort des Buchpreisgewinners – Višegrad – besucht:

> In seinem Text, der über meine Heimatstadt Višegrad verfasst worden ist, beschreibt Handke unter anderem Milizen, die barfuß nicht die Verbrechen begangen haben können, die sie begangen haben. Diese Milizen und ihren Milizenanführer, der Milan Lukic heißt und lebenslang hinter Gittern sitzt, wegen Verbrechen gegen die Menschlichkeit, erwähnt er nicht. Er erwähnt die Opfer nicht. Er sagt, dass es unmöglich ist, dass diese Verbrechen geschehen konnten. Sie sind aber geschehen. Mich erschüttert so was, dass so was prämiert wird.[71]

Stanišićs Vorwurf besteht einerseits darin, dass Handkes Erzähler Tatsachenberichte über die Massaker in Višegrad grundlegend in Frage stellt („Er sagt, dass es unmöglich ist, dass diese Verbrechen geschehen konnten.") und andererseits, dass es sich hierbei um eine einseitige Perspektive auf die Folgen des Bosnienkrieges in Višegrad handelt, die den Opferstatus der vertriebenen bosniakischen Bevölkerung verkennt („Er erwähnt die Opfer nicht."). An diesem konkreten Textbeispiel stellt Stanišić die prinzipielle Gefahr dar, die von Handkes literarischem Jugoslawien-Komplex ausgeht: Die Texte präsentierten ein einseitiges Geschichtsbild, das der noch ausstehenden, interethnischen Aufarbeitung von Kriegsverbrechen entgegenwirke. Der Autor macht in seiner Rede deutlich, dass er die Idee einer engagierten Literatur („politischer Kampf mittels Sprache"[72]) befürworte, solange sie zur Aufarbeitung der Geschehnisse beitrage. Grundvoraussetzung dafür sei, dass sie sich auf faktuale Elemente einer historischen Wirklichkeit stützt („Literatur, die die Zeit beschreibt"[73]). Handkes Texte hingegen würden dazu beitragen, dass historische Faktizität umgedeutet wird. Mit einer Anspielung auf die in der *Winterlichen Reise* anklingende Friedenspoetik, mit der sich der Erzähler von einer journalistischen

---

69 Stanišić, Rede zur Verleihung des Deutschen Buchpreises 2019.
70 Stanišić, Rede zur Verleihung des Deutschen Buchpreises 2019.
71 Stanišić, Rede zur Verleihung des Deutschen Buchpreises 2019.
72 Stanišić, Rede zur Verleihung des Deutschen Buchpreises 2019.
73 Stanišić, Rede zur Verleihung des Deutschen Buchpreises 2019.

Sprache abzugrenzen sucht und die gemeinschaftsstiftende Funktion von Literatur betont,[74] attackiert Stanišić ganz grundsätzlich Handkes Verständnis von Literatur, das in Stanišićs Lesart „das Poetische in Lügen kleidet"[75]. Mit etwas Abstand zur Nobelpreisdebatte äußert sich der Buchpreisgewinner später zur emphatischen Dimension seiner Preisrede. Gerade der improvisierte und deshalb tendenziell unpräzise Modus seiner Dankesrede bietet auch Raum für Missverständnisse: „Ich habe die Rede wirklich im Zug dahin geschrieben. Ich hätte vorsichtiger noch ein paar mehr Sachen sagen sollen. Ich wurde später auch wieder falsch zitiert. Um das zu vermeiden, hätte ich eine sprachlich etwas bessere Rede vorbereiten müssen."[76] Einen ausführlichen Text zu seinem eigenen Literaturverständnis stellt wiederum der Essay „In der Recherche"[77] dar. Darin geht Stanišić auf die akribische Recherchearbeit ein, die der Erzählgegenstand Jugoslawien als literarischer Stoff aus seiner Sicht einfordere. Ohne den Autor explizit zu nennen, verwendet Stanišić seine Kritik am poetologischen Programm von Handkes Jugoslawienschriften als Kontrastfolie zur eigenen Produktionsästhetik.[78]

Als eine vielbeachtete Erwiderung auf Stanišićs Preisrede ist Eugen Ruges Gastbeitrag in der *Frankfurter Allgemeine Zeitung* zu betrachten, der am 23. Oktober erschienen ist.[79] Als Schriftsteller hat Ruge den Buchpreis im Jahr 2011 selbst erhalten,

---

74 Vgl. WR 159: „Meine Arbeit ist eine andere. Die bösen Fakten festhalten, schon recht. Für einen Frieden jedoch braucht es noch anderes, was nicht weniger wert ist als die Fakten. Kommst Du jetzt mit dem Poetischen? Ja, wenn dieses als das gerade gegenteil verstanden wird vom Nebulösen." Zum „poetischen Anspruch von Handkes Jugoslawien-Texten" vgl. Brokoff, „Srebrenica – was für ein klangvolles Wort", S. 61–67.
75 Stanišić, Rede zur Verleihung des Deutschen Buchpreises 2019.
76 Stadt Heidelberg: Saša Stanišić: Lesung ‚Herkunft'. URL: https://www.youtube.com/watch?v=Nhzo3Lvmyi0. 1:39:05–1:39:17.
77 Saša Stanišić: In der Recherche. In: *Peter Handkes Jugoslawienkomplex. Eine kritische Bestandsaufnahme nach dem Nobelpreis*. Hrsg. v. Vahidin Preljević und Clemens Ruthner. Würzburg 2022. S. 291–304. Es handelt sich um eine überarbeitete und gekürzte Fassung von Stanišićs Vorlesung im Rahmen der Wiesbadener Poetikdozentur 2020.
78 Vgl. zu den Handke-Anspielungen im Text bspw. Stanišić, In der Recherche, S. 301: „Bei historischen Krisen sollte es sehr, sehr gute Gründe geben, sich über historische Tatsachen zu stellen, oder eigene Überzeugungen als Gegenrede der Realität entgegenzustellen. Dabei ist es noch harmlos, einfach befangen zu sein – sind wird das nicht alle? Privatideologen? Befangen zu sein, seine Unbefangenheit aber vorzutäuschen, das ist leichtfertig, das ist unnötig, das ist jenes unlautere Spiel, in dem Fiktion zur Sprache der vorgeblichen Faktizität wird. Krisenliteratur ist kein Spielplatz für das ideologische Geschaukel mit eigenen Ansichten.".
79 Ruges Beitrag folgt chronologisch auf den kritischen Beitrag von Thomas Melle („Clowns auf Hetzjagd", 20.10.2021). Eine mutmaßliche Entstellung von Handke-Aussagen ist bereits in diesem Artikel Thema. Melle wirft Stanišić vor, statt Passagen aus Handkes Texten lediglich „journalistische Sekundärfetzen", die Handke falsch zitierten, zur Diffamierung des Nobelpreisträgers Handke zu verwenden.

was seine Kritik an der Rede zusätzlich gewichtet. Auch die vielen Reaktionen auf diesen Beitrag zeigen, dass er innerhalb der Nobelpreisdebatte diskursiv Beachtung gefunden hat.[80] Schon das titelgebende Zitat aus dem Artikel – „Lest ihn doch einfach mal!" – verrät, dass es sich um einen polemischen Kommentar handelt. Ruge greift damit einen auch aus vorigen Handke-Debatten bereits bekannten und in der Rezeptionsgeschichte fest etablierten Argumentationstyp – die Polemik[81] – auf, der in der debattenauslösenden Textgrundlage – Handkes *Winterliche Reise* – seinen Ausgangspunkt hat: Vor allem in den rahmengebenden Kapiteln „Vor der Reise" und „Epilog" gestaltet Handkes Erzähler personalisierte Spitzen gegen journalistische Beiträge zum Jugoslawienkrieg und entwickelt daraus eine allgemeine Kritik an der medialen Darstellung, die als Reisemotiv geltend gemacht wird, um Teile der Region persönlich in Augenschein zu nehmen.[82] Als wesentliches Merkmal polemischer Äußerungen kann die Konstruktion eines oder mehrerer Opponent:innen ausgemacht werden, auf deren „Bloßstellung und moralische oder intellektuelle Vernichtung"[83] dieser als aggressiv attribuierte Argumentationstyp zielt. In imperativischer, direkter Anrede richtet sich Ruge in seinem Gastbeitrag einerseits mehrmals provokativ an eine nicht-personalisierte Gruppe („Leute"), der das gemeinsame Merkmal zugeschrieben wird, keine Texte von Peter Handke gelesen zu haben und sich dennoch in der Debatte zu positionieren. Ruge insinuiert, dass diese von ihm adressierte anonyme Masse den Schriftsteller Handke aus moralischen Gründen („Undemokrat[]", „Genozid-Leugner", Verschwörungstheoretiker", „Nazi"[84]) verurteile, ohne sich anhand von dessen Texten ein eigenes Bild gemacht zu haben. Die „Ächtung"[85] des Schriftstellers

---

[80] Kritisch auf Ruge beziehen sich z. B. die Schriftstellerin und Literaturwissenschaftlerin Alida Bremer: Die Spur eines Irrläufers. *Perlentaucher. Das Kulturmagazin* (25.10.2019) sowie Jagoda Marinić: Nationalistische Lügen sind keine Literatur. *Süddeutsche Zeitung* (31.10.2021): https://www.sueddeutsche.de/kultur/handke-1.4661842 (zuletzt aufgerufen: 05.10.2021).
[81] Vgl. Sigurd Paul Schleichl: Polemik. In: *Reallexikon der deutschen Literaturwissenschaft*. Hrsg. v. Harald Fricke et al. Band 3: P–Z. Hrsg. v. Jan-Dirk Müller. Berlin 2007. S. 117–120.
[82] Vgl. Düwell, Der Skandal um Peter Handkes ästhetische Inszenierung von Serbien, S. 579. Düwell weist im Hinblick auf die Rezeption von Handkes Jugoslawienschriften (bis zur Veröffentlichung des Artikels der Literaturwissenschaftlerin im Jahr 2007) darauf hin, dass bis auf eine Ausnahme alle Texte „in Zeitungen und zeitnah zu den entsprechenden politischen Ereignissen" (S. 578) veröffentlicht wurden. Um die polarisierende Wirkung der Texte nachvollziehen zu können, sollte die Publikationsgeschichte berücksichtigt werden: „Unter anderem dieser Kontext gibt den literarischen Texten zugleich den Charakter der politischen Stellungnahme." (S. 578).
[83] Schleichl, Polemik, S. 117.
[84] Bis auf „Verschwörungstheoretiker" handelt es sich um gängige Beschimpfungen, die beispielsweise auch schon in der Debatte um die Vergabe des Heinrich-Heine-Preises verwendet wurden: vgl. Düwell, Der Skandal um Peter Handkes ästhetische Inszenierung von Serbien, S. 578; Jürgensen/Weixler, Literaturpreis, S. 4.
[85] Ruge, Lest ihn doch einfach mal.

verortet er vor allem in sozialen Medien („Shitstorm 2.0"[86]), was wiederum auch die Adressierung des Textes erklärt: Ruge geht davon aus, dass sich in diesen niedrigschwelligen Publikationsmedien rasant eine durch virtuelle Profile nicht eindeutig identifizierbare Masse formiere. Dennoch rekurriert er mit seiner Thematisierung des Tweets von Jagoda Marinić im Kontext des „Shitstorm 2.0" auf ein konkretes Beispiel: Innerhalb der anonymen Masse attackiert Ruge also auch eine personalisierte Gegnerin. Ruges polemischer Angriff auf Marinić verliert allerdings an argumentatorischer Schärfe, insofern die Vorwürfe, die er an die Handke-Kritiker allgemein und unter ihnen speziell an Marinić richtet („Erinnerung an die eigene Empörung, aus dem Kontext Zitiertes, Aufgeschnapptes, oder Erlogenes"[87]), gewissermaßen auf ihn selbst zurückfallen. Der Buchpreisgewinner aus dem Jahr 2011 führt eine Äußerung von Marinić in den sozialen Medien (Twitter) als Beispiel für den Grad der Absurdität an, die der „Shitstorm 2.0" im Jahr 2019 erreicht habe. Er zitiert einen Tweet der Schriftstellerin, in dem diese einen Vergleich zwischen dem rechtsextremen AfD-Politiker Björn Höcke und Peter Handke ziehe:

> Und unsere Fortschrittlichsten, die immerhin wissen, wie man Handke schreibt, ergehen sich in zierlichen Metaphern: ‚Der Bernd Höcke des Literaturbetriebs bricht Interviews ab', twittert Jagoda Marinić in genau dieser Schreibweise. Dabei war Handke doch eigentlich schon Hitler, wieso jetzt der Schritt zurück? Soviel zum Thema Hasskultur.[88]

Marinićs Tweet vom 16. Oktober zielt primär auf das Phänomen des Abbrechens von Interviews – dies ist insofern offenkundig und formal belegbar, als es sich bei ihrer Textnachricht um einen ‚twitterinternen' Verweis (sog. Drüberkommentar[89]) auf einen Beitrag der österreichischen Journalistin Tanja Malle (Handkes Gesprächsabbruch bei einem Medientermin in seinem Herkunftsort Griffen) handelt.[90] Der bewusst verwendete falsche Vorname des Politikers bezieht sich ferner auf einen satirischen Beitrag der ZDF-Fernsehsendung *heute-show*, den Marinić in ihrem Tweet aufgreift.[91] Obwohl eine kritische, differenzierte Einordnung des wiederum von Marinić in polemischer Absicht gezogenen Höcke-Handke-Vergleichs

---

86 Ruge, Lest ihn doch einfach mal.
87 Ruge, Lest ihn doch einfach mal.
88 Ruge, Lest ihn doch einfach mal.
89 Bei einem Drüberkommentar (DrüKo) handelt es sich um einen eigenen Text, der als Kommentar über der Weiterleitung eines nicht selbst verfassten Tweets (Text von bis zu 280 Zeichen, Foto oder Video) erscheint.
90 Vgl. den vollständigen Tweet von Jagoda Marinić am 16.10.2019: https://twitter.com/jagodamarinic/status/1184364962992545792 (zuletzt aufgerufen: 12.01.2023).
91 Vgl. exemplarisch den satirischen Beitrag der *heute-show* „Bernd Höcke auf der Suche nach sich selbst" vom 08.12.2017: https://www.youtube.com/watch?v=UwNMZCIbwMM (zuletzt aufgerufen: 05.10.2021) Marinić hatte diesen *Running Gag* der *heute-show* bereits in einem zuvor am Tag der

durchaus angebracht wäre,[92] bleibt Ruges Spitze an der argumentativen Oberfläche und offenbart stattdessen eigene Defizite in der medialen Analyse der 23 Jahre nach der Veröffentlichung der *Winterlichen Reise* wiederaufgelegten Debatte, die nun nicht mehr nur im Feuilleton der Printmedien stattfindet.[93]

Als Ruges zentraler Opponent ist jedoch Saša Stanišić auszumachen. Dessen Sonderstatus als in der Sache Betroffener versucht Ruge zu Beginn des Textes durch eine Kontextverschiebung außer Kraft zu setzen:

> Kurz gesagt, er unterstellt Handke, diese Verbrechen zu leugnen: Handke – ein Genozid-Leugner. Und er, der Buchpreisträger, muss es wissen, er war schließlich dabei. Aber wo war er dabei? Als Handke Verbrechen leugnete? Ich war dabei, als sich 1996 ein Shitstorm ungekannten Ausmaßes über Handke ergoss, nachdem er seinen ersten Text über Jugoslawien veröffentlicht hatte.[94]

In einem von Ruge selbst heraufbeschworenen Streit um die Deutungshoheit über Handkes-Reisetexte verortet der 2011 mit dem Buchpreis ausgezeichnete Schriftsteller diese in einem spezifischen zeitlichen (1996) und räumlichen (deutschsprachige Medien) Kontext und wertet seine eigene Position als die eines einer älteren Generation angehörenden Zeitzeugen der ersten Handke-Kontroverse auf. Es erscheint einerseits prinzipiell wenig wirkungsvoll, Stanišić in seiner Interpretation der Texte ein altersbedingtes Defizit anzukreiden, darüber hinaus sind andererseits auch bereits nach der Veröffentlichung von Handkes *Winterlicher Reise* Kommentare aus der Betroffenenperspektive erschienen, die den Text aus interkultureller

---

Deutschen Einheit publizierten Artikel verwendet: Migrant:innen an die Macht. *Taz* (03.10.2019): https://taz.de/Tag-der-Deutschen-Einheit/!5630824/ (zuletzt aufgerufen: 05.10.2021).

[92] Es gilt grundsätzlich zwischen einer persönlichen, durch Paratexte plausibilisierbaren Haltung des Skandalierten und seiner Instrumentalisierung zu unterscheiden, wobei Autor:innen vor allem auch durch außerliterarische Äußerungen bewusst Einfluss auf ihr eigenes Autorbild ausüben können und sich ggf. deutlich von einer Instrumentalisierung abgrenzen könnten. Durch das ganz allgemein aversive Verhältnis von Handke zur medialen Öffentlichkeit und seine Selbstinszenierung als weltabgewandter Schriftsteller erscheint diese Vorgehensweise allerdings von vornherein ausgeschlossen. Der Handke-Höcke-Vergleich lässt sich auf einer inhaltlichen Ebene mit der Instrumentalisierung des Autors von rechten Ideologen wie Götz Kubitschek („Gerechtigkeit für Peter Handke", 10.12.2019, Link: https://sezession.de/61889/gerechtigkeit-fuer-peter-handke#kommentare, zuletzt aufgerufen: 16.11.2021) in Verbindung bringen. Vgl. zur Anschlussfähigkeit von Handkes geschichtsrevisionistischen Texten und der störrischen Selbstinszenierung des Autors: Peter Hintz: Flaneur am rechten Rand. In: *54books* (29.10.2019). Link: https://www.54books.de/flaneur-am-rechten-rand/ (zuletzt aufgerufen: 16.11.2021).
[93] Zu einem unsachlichen Umgang mit dem Medium Twitter in der Handke-Debatte vgl. Johannes Franzen: Die Fiktion der gesichtslosen Meute. *ÜberMedien* (10.11.2020): https://uebermedien.de/54754/die-fiktion-der-gesichtslosen-meute/ (zuletzt aufgerufen: 05.10.2021).
[94] Ruge, Lest ihn doch einfach mal.

Perspektive rezipieren und eine vergleichbare Position wie Stanišić vertreten.[95] Ruge attestiert seinem Schriftstellerkollegen ähnlich wie Marinić und der anonymen Masse eine „mutwillige"[96] Fehlinterpretation, die aus einem emotional entstellten Textverständnis resultiere: „Ich glaube Saša Stanišić aufs Wort, dass es ihm wehtut. Aber gibt ihm der Schmerz schon Recht?"[97] Er greift zu Beginn seines Artikels die Textstelle, die Saša Stanišić in seiner Preisrede angeführt hat, auf und liefert eine knappe, eigene Interpretation des ‚Fensterblicks' in Višegrad:

> Die Barfüßler-Stelle, auf die Sasa Stanišić sich in seiner bekannten Buchpreisrede bezieht, steht auf Seite 40 des ‚Sommerlichen Nachtrags' von Peter Handke. Die Füße kommen ins Spiel, weil ein amerikanischer Journalist, der auf der Seite davor zitiert wird, über den Führer einer paramilitärischen serbischen Truppe schreibt, dass er „oft barfuß ging". Auf diese seltsame Äußerung bezieht sich Handke, als er fragt, wie es eigentlich möglich sei, dass eine Horde von Barfüßlern sich in Visegrad [sic!] ungehindert austoben konnte, und jetzt kommt es, „gegenüber einer mehrheitlich muslimischen, für den Krieg schon gut gerüsteten, überdies noch die Obrigkeit stellenden Bevölkerung?" Hier geht es offensichtlich nicht um Schuhe. Hier stellt jemand eine Frage, die ich auch stellen könnte: Wie war das möglich? Wie kann das sein?[98]

Ruge inszeniert zu Beginn seines Artikels eine gemeinsame Textlektüre, die sich nach dem titelgebenden Zitat „Lest ihn doch einfach mal!" vor allem an die damit apostrophierten „Leute" zu richten scheint, die nach seinem Ermessen Handkes Texte nicht gelesen haben und den Schriftsteller *per se* verurteilen. Er stellt in einem belehrenden Gestus („[...] und jetzt kommt es, [...]", „Hier geht es offensichtlich [...]") Textzusammenhänge klar und sucht damit seine Lesart des Textes zu objektivieren. Was in Stanišićs Preisrede als ein *Zweifel säen* ohne Kenntnis der Informationslage und schlussendlich als Lüge des Handkeschen Erzählers dargestellt wurde, überführt Ruge in seiner Lesart in ein *Zweifel haben* aufgrund einer unübersichtlichen Informationslage. Stanišić wirft er im Anschluss eine die ‚eigentliche' Bedeutung entstellende Paraphrasierung vor, um die These einer Leugnung der Kriegsverbrechen zu stützen, die von Ruge als widersinnig verworfen wird. Er selbst mildert die Aussagekraft der im Laufe des Kapitels noch näher zu analysierenden Fensterblick-Textpassage zu einem allgemeinen Nicht-Wahrhaben-Wollen ab, das von Fragen wie „Wie war das möglich? Wie kann das sein?" geleitet sei. Ruges im Fortgang des Artikels konkretisierte globale Lesart der *Winterlichen Reise* und des *Sommerlichen Nachtrags* lässt sich inhaltlich mit gängigen Argumentati-

---

95 Vgl. vor allem den Essay des exilierten bosnischen Schriftstellers Dzevad Karahasan: Bürger Handke, Serbenvolk. In: *Die Angst des Dichters vor der Wirklichkeit*. Hrsg. v. Tilman Zülch. S. 41–54.
96 Ruge, Lest ihn doch einfach mal.
97 Ruge, Lest ihn doch einfach mal.
98 Ruge, Lest ihn doch einfach mal.

onsmustern von Handke-Verteidigern aus den vorangehenden Debatten, aber auch von Forschungspositionen wie beispielsweise der von Karoline von Oppen engführen: Die Texte seien auf einen deutschsprachigen Diskurs um die außenpolitische Rolle von Deutschland und Österreich während der Sezessionskriege in Jugoslawien zu beziehen und verlören als Beitrag zur Aufarbeitung der Jugoslawienkriege ihre ‚eigentliche' gesellschaftspolitische Strahlkraft. Als zentrales Reisemotiv identifiziert Ruge dabei in Handkes Text die Medienkritik („Handkes eigentlicher Furor jedoch richtet sich gegen die Medien."[99]), der Referenzrahmen des Erzählers ist demnach ein deutschsprachiger Diskurs um die geopolitische Rolle der internationalen Gemeinschaft während der Jugoslawienkriege Anfang der 1990er Jahre. Ruge versucht darüber hinaus, in seinem Beitrag – sichtlich zustimmend – Handkes Kritik an einem „neuen westlichen Kolonialismus" zu skizzieren, der dem Zerfall des „Vielvölkerstaats" Jugoslawien zum Ausbau eigener Machtansprüche „eilig und eifrig" Vorschub geleistet habe.[100] Er bedient damit ein populäres anti-imperialistisches Narrativ, das insbesondere in der Anerkennung von Slowenien und Kroatien durch Deutschland und Österreich eine Teilschuld für das Ende der Sozialistischen Föderativen Republik Jugoslawien sieht.[101] Ruges Fokussierung dieses Aspekts der *Winterlichen Reise* lässt sich mit seiner grundlegend kritischen Haltung gegenüber geopolitischen Strategien der internationalen Gemeinschaft[102] in Verbindung bringen, die vor allem im Zuge der Krim-Krise 2014 zum Vorschein gekommen ist.[103] Auch hier gilt der Zerfall Jugoslawiens für Ruge schon als Produkt westlicher Geopolitik, was eine diesbezügliche argumentative Nähe zu Handkes *Winterlicher Reise* offenkundig macht. Im Hinblick auf den *FAZ*-Artikel ist allerdings kritisch anzumerken, dass Ruges eingangs gegen Stanišićs Position eingebrachtes Argument,

---

99 Ruge, Lest ihn doch einfach mal.
100 Alle Direktzitate: Ruge, Lest ihn doch einfach mal.
101 Auch in deutschsprachigen sozialwissenschaftlichen Publikationen, die sich mit der Rolle der Bundesrepublik in den Jugoslawienkriegen beschäftigten, wurde Anfang der 2000er Jahre in diesem Sinne argumentiert. Vgl. exemplarisch Gert Sommer: Menschenrechtsverletzungen als Legitimationsgrundlage des Jugoslawien-Kosovo-Krieges? In: *Der Jugoslawienkrieg – Eine Zwischenbilanz. Analysen über eine Republik im raschen Wandel*. Hrsg. v. Johannes M. Becker und Gertrud Brücher. Münster 2001. S. 86. Eine kritische Einordnung dieser „Legende" dreißig Jahre nach dem Zerfall des jugoslawischen Vielvölkerstaats unternimmt der Balkankorrespondent der *FAZ* Michael Martens: Eine Legende und ihre Varianten. In: *FAZ.NET* 27.02.2022. URL: https://www.faz.net/aktuell/politik/die-gegenwart/jugoslawiens-zerfall-eine-legende-und-ihre-varianten-17838303.html (zuletzt aufgerufen: 25.10.2022).
102 Zur Vielschichtigkeit des Begriffs „internationale Gemeinschaft" vgl. Matthias Lindhof: *Internationale Gemeinschaft. Zur politischen Bedeutung eines wirkmächtigen Begriffs*. Baden Baden 2019.
103 Vgl. Eugen Ruge: Die Hybris des Westens. In: *DER SPIEGEL* 50/2014. S. 138–139.

Handkes Reisetexte ausschließlich im Kontext einer deutschsprachigen Mediendebatte zu sehen, sich in Widersprüche verstrickt, wenn er zur Verteidigung Handkes betont, dass zahlreiche Kommentator:innen im Zuge der Debatte in den 1990er Jahren (Peter Turrini, Elfriede Jelinek und Thomas Assheuer werden namentlich genannt[104]) Handkes *Winterliche Reise* – wie es im Epilog auch vorgeschlagen wird – als „Friedenstext" wahrgenommen hätten:

> Was ich hier aufgeschrieben habe, war neben dem und jenem deutschsprachigen Leser genauso dem und jenem in Slowenien, Kroatien, Serbien zugedacht, aus der Erfahrung, daß gerade auf dem Umweg über das Festhalten bestimmter Nebensachen, jedenfalls weit nachhaltiger als über ein Einhämmern der Hauptfakten, jenes gemeinsame Sich-Erinnern, jene zweite, gemeinsame Kindheit wach wird. (WR 159 f.)

Gerade an dieser Textstelle wird deutlich, dass eine Beschränkung der *Winterlichen Reise* auf einen deutschsprachigen Diskurs problematisch ist. Der Erzähler erweckt den Anspruch, mit seinem Reisetext an die gemeinsame, ethnoplurale Erzählung Jugoslawien zu erinnern.[105]

Anhand der Statements von Stanišić und Ruge haben sich divergierende Lesarten gezeigt, die Argumentationsmuster vormaliger Handke-Debatten ähneln und aus unterschiedlichen Rezeptionskontexten resultieren. Es steht auf der einen Seite

---

[104] Deren Kommentare befinden sich im Sammelband von Deichmann (*Noch einmal für Jugoslawien*, 1999).

[105] In der kritischen Handke-Forschung wurde demgegenüber darauf hingewiesen, dass der Text in seinem realhistorischen Rezeptionsraum keine gemeinschaftsstiftende, sondern vielmehr eine „konflikteskalierende" Wirkung gehabt habe; vgl. Svjetlan Lacko Vidulić: Imaginierte Gemeinschaft. Peter Handkes jugoslawische ‚Befriedungsschriften' und ihre Rezeption in Kroatien. In: *Germanistentreffen Deutschland – Süd-Ost-Europa 02.–06.10.2006. Dokumentation der Tagungsbeiträge*. Bonn 2007. S. 127–151. Online abrufbar: http://www.kakanien-revisited.at/beitr/fallstudie/SVidulić2.pdf (zuletzt aufgerufen: 05.10.2021). Zur glorifizierenden Rezeption der *Winterlichen Reise* in den serbischen Medien, vgl. Paul Gruber: Verräter in den eigenen Reihen: Die Darstellung der serbischen Gesellschaft in Beiträgen zur Handke-Kontroverse 1996 in serbischen Printmedien. In: *Folia Lunguistica et Litteraria* 18/1 (2017). S. 193–211. Vidulić weist darauf hin, dass das Reisesubjekt in der Winterlichen Reise nicht mit den potenziellen, zu befriedenden Leser:innen vor Ort in Interaktion tritt, sondern es sich vielmehr um imaginierte Gemeinschaften handelt, die dem Erzähler bei der eigenen Identitätsarbeit helfen, die auf eine Verarbeitung des jugoslawischen Zerfalls und die Bewahrung einer poetischen Heimat abzielt. Vidulić spricht von einem „utopischen, ‚privatmythologischen' Entwurf []", der in den Texten eine imaginierte Gemeinschaft konstruiert und sich an eine imaginierte Leserschaft (Handkes „Volk der Leser") richtet, vgl. Vidulić, Imaginierte Gemeinschaft, S. 2 f. Zum Übergangsprozess von Handkes poetischer Heimat von Slowenien nach Serbien vgl. auch Ulrich Dronske: Das Jugoslawienbild in den Texten Peter Handkes. Politische und ästhetische Dimensionen einer Mystifikation. In: *Zagreber Germanistische Beiträge* 6 (1997). S. 69–81.

ein Diskursbeitrag, der Handkes Reisetexte durch ein geschichtsrevisionistisches Fundament, einen unethischen Umgang mit Kriegsopfern und vor allem einer manipulativen Leserlenkung als moralisch verwerflich disqualifiziert sieht. Auf der anderen Seite findet sich eine Argumentationshaltung, die die Loslösung von spezifischen historischen Textkontexten in der Bewertung der Reisetexte anprangert und den Geltungsanspruch der Texte durch eine Schwerpunktverschiebung auf eine Imperialismus- bzw. Medienkritik im Kontext deutschsprachiger Debatten um die Jugoslawienkriege betont, indem sie der Autorintention folgt. Ein wesentlicher Unterschied der Nobelpreisdebatte zu vormaligen Debatten besteht nun darin, dass nicht mehr die *Winterliche Reise*, sondern vor allem der *Sommerliche Nachtrag* im Zentrum steht, was insbesondere auf Saša Stanišićs Buchpreisrede zurückzuführen ist. Dem soll nun in Form einer textnahen Analyse Rechnung getragen werden, indem die beiden Statements durch eine Rückbindung der Aussagen an konkrete Textstellen genauer beleuchtet werden. Es gilt dabei, den Text in seiner Eigengesetzlichkeit als literarischer Reisebericht zu behandeln, um die jeweiligen Anknüpfungspunkte von Stanišić und Ruge freizulegen. Darüber hinaus sollen die beiden Kommentare, die Teil eines neuen Kapitels der Rezeptionsgeschichte von Handkes *Winterlicher Reise* und dem *Sommerlichen Nachtrag* sind, in den Kontext der (kritischen) Handke-Forschung eingeordnet werden.

2.3 Authentizitätsstrategien in Handkes Reisetexten

Aufgrund der hervorgehobenen Stellung in Stanišićs Preisrede und Ruges Replik richte ich den Fokus in diesem Kapitel vor allem auf den *Sommerlichen Nachtrag*, was sich auch in Anbetracht einer gewissen Vernachlässigung dieser zweiten Reise in Forschungsbeiträgen als sinnvoll erweist.[106] Nachdem sich der Erzähler in der *Winterlichen Reise* auf Serbien als Reiseziel konzentrierte, überquert er im *Sommerlichen Nachtrag* die serbisch-bosnische Grenze und nimmt das Grenzgebiet, das nach dem Abkommen von Dayton im Jahr 1995 der Entität *Republika Srpska* zuge-

---

[106] Jean Bertrand Migoué weist in seiner 2012 publizierten Monographie *Peter Handke und das zerfallende Jugoslawien* (leicht überarbeitete Fassung der 2009 eingereichten Dissertation) auf die eher sporadische Behandlung des *Sommerlichen Nachtrags* als unergiebiges Beiwerk im Forschungsdiskurs hin: „Wie stark die Lektüre des Nachtrags durch die Rezeption des winterlichen Texts markiert ist, lässt sich dadurch belegen, dass dieser Nachtrag kaum Gegenstand einer ernsten wissenschaftlichen Auseinandersetzung gewesen ist. Und wenn dieser Text überhaupt erörtert wird, dann nur nebenbei im Rahmen einer Analyse von Winterliche Reise oder der Jugoslawien-Texte Handkes im Allgemeinen." (Jean Bertrand Migoué: Peter Handke und das zerfallende Jugoslawien. Ästhetische und diskursive Dimensionen einer Literarisierung der Wirklichkeit. Innsbruck 2012. S. 161.)

teilt wurde, in Augenschein. Die beiden zentralen neuen Reisestationen des *Sommerlichen Nachtrags* sind Višegrad und Srebrenica, in denen grausame Kriegsverbrechen an der Bevölkerungsgruppe der muslimischen Bosniak:innen verübt wurden, die im Falle von Srebrenica auch juristisch durch den Internationalen Gerichtshof in Den Haag als Genozid kategorisiert sind. Wie in der Preisrede zu erkennen ist, schreibt Handke im *Sommerlichen Nachtrag* über den Herkunftsort von Saša Stanišić, aus dem dieser zusammen mit seiner Mutter, die aus ethnischer Perspektive der Gruppe der muslimischen Bosniak:innen angehört, im Jahr 1992, kurz vor den Massenmorden an der ortsansässigen muslimischen Bevölkerung, nach Deutschland floh.[107] Das Reise-Subjekt des *Sommerlichen Nachtrags* nimmt vier Jahre nach der Ermordung und Vertreibung der in Višegrad demographisch Anfang der 1990er Jahre die Mehrheit stellenden Bosniak:innen die Stadt aus der vorgeblich unbedarften Perspektive eines Fremden in Augenschein. Wie schon im Rahmen der *Winterlichen Reise* bezeichnet sich der Erzähler im *Sommerlichen Nachtrag* „vordringlich als ein Tourist" (SN 167), was nicht nur bei Handke die Funktion hat, sich von journalistischen Reisenden ins Kriegsgebiet abzugrenzen, denen sowohl in der *Winterlichen Reise* als auch im *Sommerlichen Nachtrag* Sensationsgier und eine einseitige, vorgefertigte Wahrnehmung vorgeworfen wird.[108] Mit dem Anspruch eines touristischen Blicks[109] versuchen die Reisenden demnach, die Wahrnehmungsperspektive von kulturellen Außenseiter:innen anzunehmen, um von einem individuellen, aber möglichst unvoreingenommenen Standpunkt aus über das Reiseziel zu berichten.

Was die grundlegende Textstruktur des *Sommerlichen Nachtrags* betrifft, wiederholt der Erzähler mit seinen Reisegefährten Žarko R. und Zlatko B. zunächst die Reiseroute der *Winterlichen Reise* (Belgrad – Bajina Bašta) und besucht aus dem Vorgängertext bereits bekannte Personen (den Bibliothekar, Žarkos Ex-

---

[107] Eine erzählerische Retrospektive auf die Flucht von Višegrad über die bosnisch-serbische Grenze ist im Kapitel „Oskorusa 2018" in Saša Stanišićs Roman *Herkunft* implementiert (vgl. H 259–261).
[108] Vgl. dazu Von Oppen, Nostalgia for Orient(ation), S. 248.
[109] Der touristische Blick als Analysebegriff ist angelehnt an die Studien des Soziologen John Urry und dessen prominentes Werk: *The tourist gaze. Leisure and Travel in Contemporary Societies*. London 1990. Urry orientiert sich in der Begriffsbildung an Foucaults *medical gaze* und verweist auf die Konstruktivität des touristischen Blicks, der gesellschaftliche Strukturen des Reiseziels offenlegt: „By considering the typical objects of the tourist gaze one can use these to make sense of elements of the wider society with which they are contrasted. In other words, to consider how social groups construct their tourist gaze is a good way of getting at just what is happening in the ‚normal society'. We can use the fact of difference to interrogate the normal through investigating the typical forms of tourism. Thus rather being a trivial subject tourism is significant in its ability to reveal aspects of normal practises which might otherwise remain opaque." (John Urry, *The tourist gaze*, S. 2).

Freundin Olga und die Partisanin). Die drei Reisenden passieren anschließend im Gegensatz zur *Winterlichen Reise* die serbisch-bosnische Grenze, was insofern eine vom Erzähler markierte Zäsur darstellt, als es sich um neue Reiseziele handelt, die er sich erzählerisch zu erschließen beabsichtigt:

> Und spätestens hier hörten wir drei Männer im Auto auf, unsere serbische Wintergeschichte frühsommerlich zu wiederholen; hörten überhaupt auf, die Personen einer bereits geschehenen und aufgeschriebenen Geschichte zu sein (was doch Erholung, Lust und vor allem Schutz sein konnte); und spätestens nach dem folgenden Abend, der Nacht und dem folgenden Tag in Višegrad schien es dann nötig, oder nützlich, zu unserer Wintergeschichte diesen Nachtrag oder Zusatz zu machen. (SN 188)

Nicht erst seit Stanišićs Preisrede steht in der Kritik, wie sich Handkes Erzähler dem kriegsversehrten Raum Višegrad sprachlich bemächtigt.[110] Es geht dabei vor allem darum, wie die zeitlich nahe Kriegsgeschichte erzählt wird bzw. wie der Erzähler mit den vor Ort begangenen Kriegsverbrechen umgeht. Da es sich bei der *Winterlichen Reise* und dem *Sommerlichen Nachtrag* um Reiseberichte handelt, lässt sich die Auseinandersetzung um eine geschichtsrevisionistische Darstellung von Wirklichkeit mit dem Begriff der Authentizität in Verbindung bringen. Berücksichtigt man in einem ersten Schritt das semantische Umfeld von authentisch – synonym eingesetzte Adjektive wie *wirklich, wahr* oder *wahrhaftig* – liefert Stanišić mit seiner Preisrede ein Rezeptionszeugnis, das Handkes Darstellung nicht nur Authentizität abspricht, sondern diese der Lüge bezichtigt. Er bezieht sich damit auf eine unzutreffende historische Faktizität, die schon in den vorangegangenen Debatten um die Jugoslawien-Texte des österreichischen Schriftstellers ein Hauptargument der Handke-Kritiker darstellte: „Dieser Mensch" habe sich die Wirklichkeit „nicht angeeignet", sondern sich die Wirklichkeit „so zurechtgelegt, dass dort nur noch Lüge besteht."[111] Betrachtet man Handkes Reisemotiv, das in der *Winterlichen Reise* anklingt, zeigt sich zunächst ein Spannungsverhältnis zu den Aussagen Stanišićs, das auch Ruge in seinem Artikel als Argumentationsgrundlage aufnimmt. Die grundlegende Struktur der *Winterlichen Reise* gliedert sich in vier Teile: Vor der Reise, Der Reise erster Teil, Der Reise zweiter Teil und Epilog. Als zentralen Impuls für eine Reise nach Serbien nennt der Erzähler im Abschnitt „Vor der Reise" eine einseitige Berichterstattung bedeutender westeuropäischer Zeitungen (*FAZ, Der Spiegel, Le Monde, El País*) über den Krieg in Jugoslawien. Diese kreierten ein Feindbild der „Serben" als aggressives Kriegsvolk („Land der allgemein so genannten ‚Aggressoren'", WR 38 f.), das der Erzähler durch persönliche Inaugenscheinnahme zu überprüfen und letztendlich auch zu korrigieren gedenkt:

---

110 Vgl. exemplarisch Brokoff, „Srebrenica – was für ein klangvolles Wort", S. 83–86.
111 Saša Stanišić: Rede zur Verleihung des Deutschen Buchpreises 2019.

> Beinah alle Bilder und Berichte der letzten vier Jahre kamen ja von der einen Seite der Fronten oder Grenzen, und wenn sie zwischendurch auch einmal von der anderen kamen, erschienen sie mir, mit der Zeit mehr und mehr, als bloße Spiegelungen der üblichen, eingespielten Blickseiten – als Verspiegelungen in unseren Sehzellen selber, und jedenfalls nicht als Augenzeugenschaft. Es drängte mich hinter diesen Spiegel; es drängte mich zur Reise in das mit jedem Artikel, jedem Kommentar, jeder Analyse unbekanntere und erforschungs- oder auch bloß anblickswürdige Land Serbien. (WR 39)

Die Reisemotivation des Erzählers entwickelt sich in der Tat, was nicht nur von der Gruppe der Handke-Verteidiger immer wieder betont, sondern in der gesamten Handkeforschung einen Gemeinplatz bildet, aus einer Kritik an der Darstellung der Kriege in der journalistischen Berichterstattung.[112] Der Textausschnitt zeigt, dass der Ich-Erzähler der journalistischen Berichterstattung Authentizität abspricht. Er beabsichtigt, mit seiner Serbienreise im Gegensatz zu „bloßen Spiegelungen der üblichen, eingespielten Blickseiten", die in stereotypisierten Bevölkerungskategorien die „Serben" pauschal als „Aggressoren" darstellen, durch „Augenzeugenschaft" einen Blick „hinter den Spiegel" zu ermöglichen. Stanišićs Statement, in dem er Handke eine Verfälschung der Wirklichkeit vorwirft, steht dieser Aussage diametral entgegen. Dieses Spannungsverhältnis wirft die Frage auf, mit welchen Erzählstrategien Handke einen Blick „hinter den Spiegel" ermöglichen will, mit welchen narrativen Verfahren er selbst im Gegensatz zu journalistischen Artikeln Effekte des Authentischen zu erzeugen beabsichtigt. Es gilt gerade in Bezug auf die jüngste Rezeptionsgeschichte zu untersuchen, warum diese Strategien aus der Perspektive von Saša Stanišić problematisch erscheinen und in ihr genaues Gegenteil umschlagen: eine Verfälschung der Wirklichkeit, wie sie Opfer von Kriegsverbrechen erlebt haben.

Ich will einige Überlegungen zum Begriff Authentizität in der Reiseliteraturforschung vorausschicken. Es gilt zu berücksichtigen, dass dieser gegenwärtig in verschiedenen gesellschaftlichen Bereichen als eine Art Leitkonzept wahrgenommen wird – beispielsweise in politischen Diskursen, in der Werbebranche, der Unterhaltungsindustrie oder in sozialen Netzwerken. Dies bringt die Gefahr mit sich, dass

---

112 Susanne Düwell, die Handkes Jugoslawientexte weniger aus einer rein werkimmanenten und vielmehr aus einer historisch-diskursiven Perspektive betrachtet, markiert beispielsweise die Kritik an der Kriegsberichterstattung westlicher Printmedien klar als „Ausgangspunkt" der Reise. Vgl. Susanne Düwell: Peter Handkes Kriegs-Reise-Berichte aus Jugoslawien. In: *Imaginäre Welten im Widerstreit. Krieg und Geschichte in der deutschsprachigen Literatur seit 1900*. Hrsg. v. Lars Koch und Marianne Vogel. Würzburg 2007. S. 235–248. Wie Brokoff in seinem Artikel „Zur Problematik der poetischen Sprache in Peter Handkes Texten zum Jugoslawien-Krieg" herausgestellt hat, steht nicht zur Debatte, dass Handke in seinen Texten Kritik an der medialen Berichterstattung übt, sondern inwiefern seine Überlegungen über eine reine Sprach- und Medienkritik hinausführen (vgl. Brokoff, „Srebrenica – was für ein klangvolles Wort", S. 63).

sich der Begriff gerade durch seine Popularität im wissenschaftlichen Kontext zu einer Art *catch-all term* entwickelt, weshalb eine präzise Begriffsbestimmung als Grundlage meiner Überlegungen essentiell ist. Dass Authentizität als Analysekategorie gerade für die Beschäftigung mit Reiseliteratur eine tragende Rolle spielt, manifestiert sich in zahlreichen gattungstypologischen Studien. Barbara Korte beispielsweise, verweist in ihrer Annäherung an die Gattung Reisebericht auf deren Authentizitätsanspruch.[113] In einem Reisebericht erfahre der Leser zum einen etwas über die bereiste Welt (bei Korte der Objekt-Bezug). Zum anderen gewinne die Instanz des Lesers einen Einblick in kulturspezifische und persönliche Denk- und Wahrnehmungsweisen (Subjekt-Bezug genannt). Der Objekt-Bezug habe die Funktion, wissenswerte Informationen über ein fremdes Land zusammenzustellen. Der Subjekt-Bezug wiederum zeige, wie ein Ich sich mit der bereisten Welt auseinandersetzt und sich durch den Umgang mit ihr verändert. Den Authentizitätsanspruch von Reiseberichten bringt Korte vor allem mit der Rezeption der Reisetexte in Verbindung. Da die Erzählinstanz über eine tatsächlich erfolgte Reise berichtet, werde in Bezug auf die Rezeption der Texte eine Art „Faktualitäts-Pakt" mit dem Leser aufgerufen: „Der Glaube an die Authentizität der berichteten Reise mag für viele Leser (ähnlich wie bei der Lektüre von Autobiographie und Geschichtsschreibung oder dem Konsumieren von Reality-TV) einen besonderen Reiz auszumachen."[114] Neben dem Authentizitätsanspruch verweist Korte auf den Konstruktionscharakter von Authentizität, der wiederum den Bereich der Narration betrifft: „Der Wahrheitsgehalt des Reiseberichts beruht für den Leser letztlich nur auf der Annahme, daß er einen Text über eine authentische Reise liest, [...]. In seinen Erzählverfahren unterscheidet sich der Reisebericht nicht von rein erfundener Erzählliteratur."[115] Es zeigt sich hier, dass im Hinblick auf eine Textanalyse besonders narrative Verfahren relevant sind, die bei den Rezipienten den Effekt hervorrufen, den Text mit dem Prädikat ‚authentisch' zu versehen. Betrachtet man Authentizität als „Zuschreibungsphänomen"[116], rücken narrative Verfahren einer Wirkungsästhetik in den Vordergrund, die Authentizität zu einem Gegenstand der Erzähltheorie machen. Gerade für postjugoslawische Reisen, in denen, wie im Beispiel Handkes von 1996 kurz nach dem Friedensabkommen von Dayton die Aufklärungsarbeit bzw. die Rekonstruktion von Wirklichkeit im Vordergrund steht, liegt der Fokus auf

---

113 Vgl. Barbara Korte: *Der englische Reisebericht*. Darmstadt 1996. S. 14.
114 Korte, *Der englische Reisebericht*, S. 14.
115 Korte, *Der englische Reisebericht*, S. 16.
116 Antonius Weixler: Authentisches erzählen – authentisches Erzählen. Über Authentizität als Zuschreibungsphänomen und Pakt. In: *Authentisches Erzählen. Produktion, Narration, Rezeption*. Hrsg. v. Antonius Weixler. Berlin/Boston 2012. S. 1–32.

einer Objekt-Authentizität und der Frage, was literarische Texte neben journalistischen Texten zu einer Rekonstruktion der Wirklichkeit beitragen können. Was ich als Authentizitätsstrategien bezeichnen will, sind nun wirkungsästhetisch motivierte, narrative Verfahren, die in diesem Prozess zum Einsatz kommen. Solche Authentizitätsstrategien werde ich im Folgenden in Peter Handkes Jugoslawien-Reisen an zwei Beispiele, der geäußerten ‚Medienkritik' zum einen sowie der Darstellung der „Ortsansässigen" (SN 211) und der Gestaltung von direkter Figurenrede zum anderen, untersuchen, auch um Stanišićs Vorwurf einer manipulierenden selektiven Informationsvergabe am Text zu ergründen.

2.3.1 Blick hinter den Spiegel? – Zur Medienkritik

Postjugoslawische Reisen ins ehemalige Kriegsgebiet, die in zeitlicher Nähe zu den Ereignissen in den 1990er Jahren situiert sind, setzen sich abgesehen von ganz individuell angelegten Reisemotiven und Reisevoraussetzungen grundlegend mit Fragen auseinander wie ‚Was ist damals passiert?' oder ‚Wie konnte es nur dazu kommen?'. So sind auch Handkes literarische Reisen eine Suche nach dem „Zusammenhang" (SN 199) und der Versuch, vor Ort eine Antwort auf die Frage ‚Was ist damals in Višegrad passiert?' zu finden. Handke wählt dazu die Vorgehensweise, diese Suche durch eine Kritik an der journalistischen Kriegsberichtserstattung zu rahmen, um zunächst die als Reisemotiv erwähnte einseitige Sprach- und Bildpolitik aufzubrechen. Während des Aufenthalts in Višegrad manifestiert sich diese Strategie wie folgt: Der Ich-Erzähler steht am Hotelfenster mit Blick auf die durch Ivo Andrić berühmt gewordene „Brücke über die Drina" und ist am „Bedenken" (SN 196) der journalistischen Berichterstattung über das Massaker in Višegrad. Er bezieht sich dabei konkret auf einen Artikel aus der New York Times, der die Verbrechen von Milan Lukić, der später – wie Stanišić in seiner Preisrede erwähnt – lebenslänglich verurteilt wurde,[117] zum Thema hat.[118] Was den Erzähler an diesem Artikel stört, ist dessen seiner Ansicht nach einseitige Berichterstattung: *wieder* werden nur bosniakische Zeuginnen und Zeugen befragt, *wieder* besteht nicht die Chance, die serbische Perspektive kennenzulernen, da serbische Zeugen ohne einleuchtende Gründe verschwinden, was nach Auffassung des Erzählers in der journalistischen Berichterstattung unbeachtet bleibe. Was diese Kritik an einseitigen

---

[117] Zu den Kriegsverbrechen von Milan (und Sretoje) Lukić in Višegrad vgl. das Kapitel zu Saša Stanišićs *Wie der Soldat das Grammofon repariert* in dieser Studie.
[118] Vgl. Chris Hudges: From One Serbian Militia Chief. A Trail of Plunder and Slaughter. *New York Times* (25.03.1996): https://www.nytimes.com/1996/03/25/world/from-one-serbian-militia-chief-a-trail-of-plunder-and-slaughter.html (zuletzt aufgerufen: 06.10.2021).

Darstellungsverfahren problematisch erscheinen lässt, ist, dass sie über eine reine Formkritik hinaus Zweifel am Inhalt der journalistischen Beiträge und damit auch an faktisch nachgewiesenen Kriegsgeschehnissen äußert:

> Und ich konnte nun nicht umhin, mich zu fragen, wieso in diesem Krieg immer wieder gerade die möglichen Hauptzeugen der Greuel, wie es schien, ohne weiteres zum Austausch freigegeben worden waren, ein Faktum, das in fast jedem solcher Berichte vorkam, und ein jedesmal ganz unbezweifelt weitergegeben: Wenn dieser und dieser Zeuge so Schlimmes, so Bloßstellendes wußte – warum ihn dann austauschen und gehen lassen? Und warum tat der erwähnte Artikel, als habe jene serbisch-bosnische Wolfsbande hier im Višegrad von 1992 völlig freie Hand zu ihrem monatelangen Wüten gehabt? Die ganze Stadt ein grausiger Spielraum für nichts als die paar Barfüßler im Katz-und-Maus mit ihren Hunderten von Opfern? (Die serbisch-serbische Armee, wie wiederum reportsüblich, schaute von jenseits der Grenze untätig zu, wenn sie nicht, wie noch reportsnotorischer, überhaupt mittat.) War damals nicht der Bürgerkrieg ausgebrochen gewesen, mit gegenseitigen Kämpfen fast überall in Bosnien. Wie konnte solch freihändiger Terror sich austoben gegenüber einer mehrheitlich muslimischen, für den Krieg längst schon gut ausgerüsteten, überdies noch die Obrigkeit stellenden Bevölkerung? Das Ivo-Andrić-Denkmal dort an dem Brückenzugang, war es nicht schon im Jahr vor dem Kriegsausbruch weggesprengt worden als Signal dafür, und von wem? (SN 198)

Es ist davon auszugehen, dass Saša Stanišić mit den Forschungsergebnissen von Jürgen Brokoff vertraut ist,[119] der in seinen Artikeln zu Handkes Jugoslawientexten auf diese Stelle rekurriert und die daran anknüpfende medienkritische Argumentation ausführlich diskutiert.[120] Sowohl in Stanišićs als auch in Brokoffs Lesart stellt Handke mit einer bereits in der *Winterlichen Reise* verwendeten,[121] hier noch verklausulierteren Fragetechnik an dieser Stelle den Wahrheitsgehalt von Augen-

---

[119] In den auf Twitter geführten Streitgesprächen argumentiert Stanišić mit Textausschnitten aus Brokoffs *FAZ*-Artikel „Ich sehe was, was ihr nicht fasst" (*FAZ*, 15.07.2010: https://www.faz.net/aktuell/feuilleton/buecher/autoren/peter-handke-als-serbischer-nationalist-ich-sehe-was-was-ihr-nicht-fasst-1597025.html), der eine Vorarbeit insbesondere zu Brokoffs 2011 erschienenem Artikel „Srebrenica, was für ein klangvolles Wort" darstellt (vgl. exemplarisch Stanišićs Tweet vom 12.10.2019: https://twitter.com/Saša_s/status/1183028701128253441/photo/1, letzter Zugriff: 15.04.2022, Link gelöscht – siehe Abbildungen 2–7 im Anhang dieser Studie). Eine hervorgehobene Stellung in Stanišićs Tweets zur Nobelpreisverleihung erhalten auch der 1996 erschienene Artikel „Bürger Handke, Serbenvolk" von Dževad Karahasan (Tweet vom 12.10.2019: https://twitter.com/Saša_s/status/1182964997095383041?s=20, letzter Zugriff: 15.04.2022, Link gelöscht – siehe Abbildung 8 im Anhang dieser Studie) und Bora Ćosićs Stellungnahmen, z. B. nach dem Nobelpreis in der *NZZ* (Tweet vom 13.10.2019: https://twitter.com/Saša_s/status/1183340029818654720, letzter Zugriff: 15.04.2022, Link gelöscht – siehe Abbildung 9 im Anhang dieser Studie).
[120] Vgl. Brokoff, „Srebrenica, was für ein klangvolles Wort", S. 83–86.
[121] Es handelt sich um die „Fragen zur Sache selbst" (WR 73–76), die den Abschluss des ersten Abschnitts „Vor der Reise" bilden.

zeugenberichten in Frage. Immer wieder geht es darum, die in den Medien vorgefundene einseitige serbische Täterschaft unter Hinweis auf einen Bürgerkrieg mit Gewaltverbrechen auch von Seiten der Bosniak:innen abzuschwächen. Eugen Ruge präsentiert in seinem *FAZ*-Artikel wiederum eine andere Lesart, die nicht davon ausgeht, dass der Erzähler in dieser Passage Zweifel an der historischen Faktizität sät, sondern sich unvoreingenommen und ergebnisoffen Zusammenhänge („Wie war das möglich? Wie kann das sein?"[122]) erschließen möchte. Angesichts der damals in Bezug auf die historischen Ereignisse in Višegrad bereits eindeutigen Faktenlage, die auch für Peter Handke 1996 im Rahmen der Niederschrift des *Sommerlichen Nachtrags* einsehbar gewesen wäre, erscheint dieses Verteidigungsmanöver von Ruge irritierend, vor allem da auch im wissenschaftlichen Diskurs selbst bei Handke-Verteidigern Konsens herrscht, dass die Vorgehensweise des Erzählers hier die Grenze der Medienkritik überschreitet und nicht zu rechtfertigen ist.[123] Indem der Erzähler die faktuale Grundlage der Aussage des Artikels von Hudges, dass die Kriegsverbrechen in Višegrad von einer paramilitärischen Einheit verübt wurden, in Zweifel zieht, wird auch hier versucht, eine einseitige mediale Perspektive, die der serbischen Seite die alleinige Kriegsschuld zuschreibe, aufzubrechen. Mit dem Bezug auf den von muslimischer (bosniakischer) Seite verübten Angriff auf das Denkmal des von Handke verehrten Schriftstellers Ivo Andrić erweckt der Erzähler den Anschein, als wolle er nachträglich Taten der muslimischen Bevölkerung ins Feld führen, um die serbischen Kriegsverbrechen als Racheakt zu relativieren, eine Strategie, die sich auch an anderen Textstellen findet.[124] Brokoff bringt das „Grundproblem von Handkes Ansatz"[125] folgendermaßen auf den Punkt:

> Es stehen sich – Handkes Wahrnehmung der journalistischen Einheitsfront einmal vorausgesetzt – zwei komplementäre Einseitigkeiten gegenüber, die wechselseitig ineinander passen. Statt der kritisierten Einseitigkeit die eigene Einseitigkeit als vermeintliches Korrektiv und Komplement entgegenzuhalten, wäre es notwendig gewesen, die Einseitigkeit i n n e r h a l b [Sperrsatz von Brokoff, M.H.] der eigenen Darstellung aufzubrechen.[126]

Betrachtet man Handkes medienkritische Argumentationsstruktur im *Sommerlichen Nachtrag* fällt vor allem auf, dass formalästhetische Kriterien als Ausgangspunkt dienen, um am Inhalt der Aussagen zu zweifeln und dadurch den journalistischen Tex-

---

122 Ruge, Lest ihn doch einfach mal.
123 Vgl. Struck, *Der mit seinem* Jugoslawien, S. 152 und Renner, *Erzählwelten*, S. 341.
124 Vgl. SN 240–243, insbesondere: „Doch wieder Achtung: Wie solch ein Klarstellen der Vorgeschichten nichts mit Aufrechnung zu schaffen hat, so selbstredend auch gar nichts mit einer Relativierung oder Abschwächung. Für die Rache gilt kein Milderungsgrund." (SN 242).
125 Brokoff, „Srebrenica, was für ein klangvolles Wort", S. 80.
126 Brokoff, „Srebrenica, was für ein klangvolles Wort", S. 80.

ten Authentizität abzusprechen. In der Višegrad-Passage spricht der Erzähler von Textteilen, die poetische Mittel geißeln würden, um Leseraffekte zu manipulieren. Die Texte würden nur von formelhaften „Echtheitsstempel" wie „witness said" oder „survivors said" Gebrauch machen, aber sich „kaum je um einen Zusammenhang, eine weiterführende, auf ein Problem einlassende Erklärungs- und Aufklärungsarbeit" (SN 199) bemühen. Den „eingeflogenen Aussagensammlern" würde es nur um „ihre Story, ihren Scoop, ihr Beutemachen, ihr Verkaufbares" gehen. Diese Erzählverfahren fänden im Schlusssatz des genannten Artikels ihren Höhepunkt. Der Journalist Chris Hedges beendet seinen Bericht, der von Handke als Beispiel genannt wird, mit direkter Rede, einem Zitat von Hasena Muharemović, die erzählt, dass ihre Mutter und ihre Schwester auf der Brücke getötet wurden und sie deshalb von Albträumen geplagt ist:

> Mrs. Muharemovic, who lives in a tiny Sarajevo apartment with her daughters, is gaunt and nervous.
> „I do not sleep much," she said. „I am plagued by the same dream. My room is filled with water. I am fighting to get to the surface. I see the bodies of my mother and my sister swirling past me in the current. I burst to the surface."
> Her voice went low and hoarse.
> „I can always see it above me," she said. „The bridge. The bridge. The bridge."[127]

Handkes Erzähler echauffiert sich regelrecht über den „miesliterarischen", „Tennessee-Williams-haften" (SN 199) Schlusssatz. Er scheint hier, wie Brokoff treffend konstatiert, „alle sprachlichen Äußerungen ausschließlich in literarischen Kategorien"[128] wahrzunehmen. Es bleibt völlig unbeachtet, dass der Text des New Yorker Journalisten auf Zeugenaussagen von überlebenden Opfern und Angehörigen der Opfer basiert, die nicht nur pauschal mit den Inquit-Formeln ‚witness said' oder ‚survivors said' zitiert werden, sondern deren Namen – wie im Falle von Hasena Muharemović – im Artikel eindeutig kenntlich gemacht werden. Was an dieser Stelle in Bezug auf formalästhetische Erzähltechniken festgehalten werden kann, ist, dass Handkes Erzähler darstellt, inwiefern journalistische Texte Figurenrede wiedergeben, um den Eindruck historischer Authentizität zu vermitteln. Durch die wörtliche Rede einer Zeugin wird dem Leser das Erlebte unmittelbar präsentiert.

---

127 Hudges, From One Serbian Militia Chief. A Trail of Plunder and Slaughter.
128 Brokoff, „Srebrenica, was für ein klangvolles Wort", S. 85.

2.3.2 Figurenrede als ‚Volksstimme'

Sowohl für eine journalistische Recherche zur Rekonstruktion der Ereignisse als auch für die Suche nach Zusammenhängen in Reiseberichten ist die direkte Figurenrede als narratives Verfahren, das Authentizität erzeugen kann, ein wichtiger Bestandteil. Mit wem spricht die oder der Reisende und wie werden diese Gespräche dargestellt? Gilt die direkte Rede gemeinhin als „authentische Wiedergabe von Figurentext"[129], können gerade in Reiseberichten auch in dieser Wiedergabe Denk- und Wahrnehmungsweisen der Erzählinstanz zu Tage treten, die Interferenzen zwischen Erzähler- und Figurenrede generieren. Die zeigt sich gerade auch dann, wenn die Reisenden die Sprache des Ziellandes nicht beherrschen und beispielsweise auf Übersetzer angewiesen sind – wie in Handkes Jugoslawienreisen. Da der Erzähler das ‚Künstliche' in der Darstellung von Zeugenaussagen in journalistischen Texten moniert und diesen damit aus der Perspektive eines Lesers Authentizität abspricht, ist es wiederum von Interesse, wie Handke selbst in der erzählerischen Gestaltung seiner Reise mit der Darstellung von Figurenrede umgeht. Dabei geht es mir weniger darum, die Aussagen von Figuren oder die Positionen des Erzählers im Hinblick auf historische Fakten zu kontextualisieren, vielmehr soll die jeweilige Funktion der direkten Rede herausgearbeitet werden. Mit der Frage nach Interferenzen zwischen Erzähler- und Figurenrede will ich hervorheben, dass sich ähnlich wie in Handkes *Winterlicher Reise* auch in der ein halbes Jahr später stattfindenden Reise nach Bosnien eine identitätsstiftende Harmonisierung zwischen der Innenwelt des Erzählers und der Außenwelt des Reiseziels vollzieht. Mit Bezug auf Stanišićs Preisrede, in der Handke vorgeworfen wird, sich die „Wirklichkeit" vor Ort nicht „angeeignet" zu haben, ist das Verhältnis zwischen dem von Korte erwähnten Objekt-Bezug (Informationen, die über das Reiseziel bereitgestellt werden) und dem Subjekt-Bezug (innere Auseinandersetzungen der reisenden Figur), das in Reisetexten stark variieren kann, von Relevanz. Interferenzen zwischen Erzähler- und Figurenrede können erst identifiziert werden, wenn grundlegende Merkmale des Reiseverhaltens der Erzählinstanz herausgestellt sind. Dafür kehre ich zunächst zur *Winterlichen Reise* zurück, deren „erster Teil" den Ausgangspunkt für die Harmonisierungsstrategien des Reisenden zwischen Innen- und Außenwelt darstellt.

Was das reisende Ich in der *Winterlichen Reise* schon ab der Ankunft in Belgrad kennzeichnet, ist ein „ästhetisch-ästhetisierender Blick"[130], der mehr nach innen gerichtet ist, als dass er verlässliche Informationen über das Reiseziel bereitstellt. Eindrücke der Außenwelt werden aufgenommen und bekommen in der

---

[129] Schmid, Elemente der Narratologie, S. 176.
[130] Dronske, Das Jugoslawienbild in den Texten Peter Handkes, S. 76.

Wahrnehmung des Reisenden eine neue, ästhetische Dimension. Obwohl der Erzähler seine eigenen Impressionen nicht als „Gegenbilder" zu einer von ihm angeführten medialen Dämonisierung Serbiens verstanden wissen will (vgl. WR 77), lässt sich bereits an der Ankunft in Belgrad erkennen, dass der Erzähler vor allem einen literarischen Gegenentwurf zu der in journalistischen Texten vorgefundenen stereotypisierten Wahrnehmung des Landes und der Bevölkerung, die im Kapitel „Vor der Reise" orchestriert wird, präsentieren möchte. Wie dieser Substitutionsprozess im Text gestaltet wird, lässt sich beispielhaft an der Auseinandersetzung des Ich-Erzählers mit der Reisegefährtin S. demonstrieren, die neben Žarko R. und Zlatko S. den Erzähler im ersten Teil der *Winterlichen Reise* begleitet.[131] Miguoué betont in seiner Studie den Einfluss der Reisegruppe auf die Reiseroute und das Reiseverhalten des Erzählers und argumentiert für eine „Pluralität der Stimmen", in der der Erzähler vor allem „die vielfältigen und vielschichtigen Erfahrungen der verschiedenen Mitreisenden kanalisiert und sprachlich zugänglich macht"[132]. Auch die Figur S. besitze „eine gewisse Autonomie"[133], die die Wirklichkeitswahrnehmung des Erzählers modifiziere und so zu einer Erfahrungsvielfalt beitrage. Es ist zwar nicht von der Hand zu weisen, dass die Mitreisenden entscheidende Rahmenbedingungen wie die einzelnen Reisestationen wesentlich prägen und vor allem als sprachliche Vermittler fungieren, auch den Reisemotiven seiner Gefährten Žarko R. und Zlatko S. widmet sich der Erzähler ausführlich. Während der Reise wird den eigenen Erfahrungen der Figuren jedoch wenig Aufmerksamkeit geschenkt, sie werden in der Innenschau des Erzählers in erster Linie kontrastiv oder integrativ zu dessen eigener Haltung eingesetzt,[134] was sich am Beispiel der Figur S. zeigen lässt. Eine der ersten Beobachtungen von S., die von der Erzählinstanz angeführt wird, ist nach der Ankunft am Flughafen in Belgrad „eine Gruppe von Leuten oder Silhouetten nah am Rollfeld, welche dort an einem Ackerrand ein Ferkel brieten" (WR 79). Für den Erzähler stellen diese Bilder einer vermeintlich unkultivierten Zusammenkunft ebenso wie die anschließend auf der Fahrt in die Innenstadt wiederum von S. bemerkten „Grüppchen von wilden Benzinverkäufern" (WR 80) lediglich „vorausgewußte[] Realitätsembleme" (WR 81) dar, die eine stereotype

---

[131] Die Abkürzung lässt sich mit Handkes damaliger Ehefrau Sophie Semin in Verbindung bringen. Vgl. die Publikationsgeschichte der *Winterlichen Reise* auf Handke*online*: https://handkeonline.onb.ac.at/node/954 (zuletzt aufgerufen: 06.10.2021).
[132] Miguoué, *Peter Handke und das zerfallende Jugoslawien*, S. 133.
[133] Miguoué, *Peter Handke und das zerfallende Jugoslawien*, S. 132.
[134] Karahasan hat die Innerlichkeit des Textes bereits 1996 treffend auf den Punkt gebracht: „Das ist Prosa, in welcher eine einzige Stimme existiert und eine einzige Sicht: die Stimme und Sicht des sprechenden Subjekts (welches ich der Einfachheit halber auch weiterhin Handke nennen werde, obschon von diesem Moment an der Erzähler und Handke als Bürger nicht identisch sind)." (Karahasan, Bürger Handke, 50 f.)

Darstellung von Land und Leuten reproduzierten, derer er sich zu entziehen beabsichtigt. Der erste Eindruck bzw. das erste Bild nach der Landung, das S. äußert, bleibt unkommentiert, stattdessen schildert der Erzähler eine Szene aus seiner Reiselektüre, die inhaltlich ein Gegenbild zur Beobachtung von S. schafft:

> Ich hatte zuvor in einem Buch des heutigen serbischen Romanciers Milorad Pavić gelesen, wo eine Frau, ihren Geliebten küssend, ihm mit der Zunge dabei einzeln die Zähne abzählte; und wo es hieß, das Fleisch der Fische aus Flüssen, die, wie die Morawa, von Süden nach Norden strömten, tauge nichts; und daß es barbarisch sei, beim Mischen des Weins das *Wasser* zuzugießen, statt vielmehr umgekehrt. (WR 79)

Im Gegensatz zu einer als kurios-befremdlich inszenierten Unzivilisiertheit, die eine Gruppe von Menschen evozieren mag, die nah am Flughafengelände ein Ferkel brät, führt der Erzähler ein literarisch geformtes Bild von distinguierter Kultiviertheit an: der klischeebeladenen Beobachtung aus der Außenperspektive von S. folgt ein ästhetisches, inneres Gegenbild des Erzählers. Das Reise-Subjekt widersetzt sich einer seines Erachtens präformierten Wahrnehmung, die aus einer vermeintlich einseitigen Berichterstattung über Serbien resultiere und in diesem Beispiel S. zugeschrieben wird, nicht vermittels einer differenzierten Annäherung an stereotype Darstellungen, sondern es ersetzt diese Bilder durch ein literarisches Gegenbild. Wird dieses innere Bild zu Beginn noch intertextuell aus der Reiselektüre generiert, kommt es im Laufe des Belgrad-Aufenthalts zu einer Harmonisierung der Außen- und Innenwelt, indem sich das reisende Ich mithilfe eines „ästhetisch-ästhetisierenden Blick[s]" die Umgebung aneignet. Die Absicht, „[...] da hineinzufinden" (WR 80), also der Aufbau einer identifikatorischen Verbindung zum Reiseziel, kann neben dem im Abschnitt „Vor der Reise" umfangreich geschilderten Berichtigungsdrang gegenüber der medialen Darstellung durch Inaugenscheinnahme als weiteres Reisemotiv konstatiert werden. Dieser Aneignungsprozess besteht so nicht nur daraus, Gegenbilder zur medialen Darstellung zu schaffen, sondern rückt die individuelle Auseinandersetzung des reisenden Ichs mit dem Reiseziel in den Vordergrund. Es geht darum, einen eigenen, subjektiven Zugang zu diesem „fremden Land" zu finden, was die Gewichtung innerhalb des von Korte hervorgehobenen Verhältnisses von Subjekt- und Objekt-Bezug eines Reiseberichts vorwiegend zu einer inneren Auseinandersetzung des Reise-Subjekts tendieren lässt, die nicht in erster Linie Informationen über das bereiste Land vermitteln will. Nichtsdestotrotz bleibt der im Reisebericht formulierte Anspruch des Reisenden durch die beiden zwischen einem subjekt- und objektbezogenen Ansatz oszillierenden Reisemotive ambivalent: Einerseits schafft der Erzähler Gegenbilder zu einer seiner Auffassung nach einseitigen medialen Darstellung des Reiseziels und versteht seinen Reisebericht dementsprechend als Korrektiv zu einer objektbezogenen Berichterstattung, deren Anspruch es ist, Informationen über den (Nach-)Kriegszustand der Länder des ehemaligen Jugoslawien zu liefern. Andererseits handelt es sich hier ausdrücklich um eine subjektive Aneignung des Reiseziels, die von Anfang an auf eine Harmonisierung zwischen Innen- und Außenwelt abzielt.

Wie die Harmonisierung zwischen Außen- und Innenwelt sich initial vollzieht, schildert der Erzähler wiederum in Abgrenzung zu S., die holzschnittartig als Distanz wahrende und in ihrer ‚westlichen' (= klischeebeladenen) Perspektive auf den Balkan als beschränkte Touristin dargestellt wird. Ihrem Einfluss auf die eigene Wahrnehmung der Stadt kann sich der Erzähler zunächst nicht entziehen: „Aus S.'s Ausblick, von der hohen Balkontür hinab auf den blätterüberwehten, so gar nicht pariserischen Boulevard […] spürte ich ihr französisches ‚dépaysement' auf mich übergehen, ihr Befremden, ihr hier Fremdsein […]" (WR 81). Eine identifikatorische Annäherung an das Reiseziel findet dann während des ersten kleinen Rundgangs alleine über eben jenen zuvor fremd erscheinenden *Bulevar* statt, der erste Anzeichen dafür offenbart, inwiefern der Erzähler eigene Idealbilder mit der Wirklichkeit vor Ort in Einklang bringt:

> Was mich angeht, so ereignete sich das ‚*re*-paysement', das ‚Zurück-ins-Land-Geraten', gleich danach eben auf dem fremden Bulevar, beim Besorgen einer Sache in einem Laden, und zwar schon im Niederdrücken der uralten Eisenklinke dort und dem fast mühsamen Aufstoßenmüssen der Ladentür, und wurde dann endgültig, galt für alle die folgenden Tage, mit dem Aussprechen des zuvor auf der Straße eingelernten und jetzt von der Verkäuferin auf der Stelle verstandenen Warenworts. (WR 82)

Was in dieser Textstelle mit der „uralten Eisenklinke" oder der haptischen Freude an der Ladentür bereits angedeutet wird, ist eine „als Ursprünglichkeit imaginierte Rückständigkeit"[135], die der Erzähler im weiteren Verlauf mit einer romantisierenden Darstellung des Belgrader Marktgeschehens in seiner „volkstümliche[n] Handelslust" (WR 98) verknüpft, das gerade durch das damals bestehende, kriegsbedingte Handelsembargo in seiner internationalen Isolation auf den Reisenden anziehend wirkt und letztlich als Gegenbild zu einer „westlichen oder sonstwelchen Waren- und Monopolwelt" (WR 98) fungiert. Dronske weist darauf hin, dass nicht nur in der *Winterlichen Reise* eine Reihe an „politischen Motiven" vorhanden ist, „die allesamt das einstige Jugoslawien und das jetzige Serbien als Gegenbild zu einer hochtechnisierten, hochabstrakten, von medial inszenierten und kapitalistischen Wirtschaftsinteressen dominierten Welt inszenieren"[136]. Wenn Eugen Ruge sich in seinem *FAZ*-Artikel auf die „Anmaßung des Westens" und die Kritik an „eine[m] neuen westlichen Kolonialismus"[137] als Hauptgegenstand der Reisetexte bezieht, dann geschieht dies im Anschluss an Handkes idealisierten Gegenentwurf eines eigen- und widerständigen

---

135 Dronske, Das Jugoslawienbild in den Texten Peter Handkes, S. 88.
136 Dronske, Das Jugoslawienbild in den Texten Peter Handkes, S. 89.
137 Ruge, Lest ihn doch einfach mal.

Gesellschaftslebens, wie er es vorgeblich etwa auf dem Markt in Belgrad in Augenschein genommen haben will. Neben der Romantisierung und Idealisierung eines der westlichen Welt trotzenden, florierenden Handelsgeschehens liefert auch die erzählerische Darstellung der Menschen vor Ort „utopische Bilder"[138], was einem von Düwell attestierten „Stil der poetisierenden Verklärung"[139] Vorschub leistet. Auch hier grenzt sich der Erzähler wiederum von der Wahrnehmungsperspektive seiner Reisegefährtin S. ab, nach deren Empfinden die Menschen vor Ort „ernst und bedrückt" (WR 84) wirkten. Er selbst nimmt die Passant:innen – ohne mit ihnen in Kontakt zu treten – als „eigentümlich belebt [...], und zugleich, ja, gesittet" (WR 84) wahr, spürt gar „eine große[] Nachdenklichkeit" (WR 84). Als gemeinschaftsstiftendes Attribut in einer „würdevollen kollektiven Vereinzelung" (WR 85) schreibt der Erzähler den Menschen „den gleichen Verlust" (WR 87) zu, den er im Anschluss wieder hinterfragt und dahingehend umdeutet, dass die Menschen „um etwas betrogen worden" (WR 87) seien. Ohne jegliche Interaktion ist es naheliegend, die Belgrader Bevölkerung, die nach Aussagen des Erzählers durch die Stadt „flaniert[]" (WR 87), als imaginiertes Kollektiv aufzufassen, das vielmehr die Innenwelt des flanierenden Erzählers spiegelt, anstatt verlässliche Informationen über die Belgrader Stadtbewohner:innen bereitzustellen. Der über den Menschen und der Stadt schwebende „Verlust" kann mit einem Thema in Verbindung gebracht werden, das in der *Winterlichen Reise* erwartungsgemäß allgegenwärtig ist: dem Zerfall des Vielvölkerstaats Jugoslawien. Der Erzähler entwirft eine ihn in Belgrad umgebende poetisierte Wirklichkeit. Diese erinnert in ihrer idealisierenden Dimension an Handkes emotionale Bindung zu Slowenien, die er in seinem Essay *Abschied des Träumers vom Neunten Land* darlegt. Es kann als ein Gemeinplatz der Handke-Forschung gelten, dass sich in der *Winterlichen Reise* eine Verschiebung von Slowenien als einstige „Geh-Heimat" (AT 18) des Autors zu Serbien als „einsamer Platzhalter für Handkes Vorstellung vom widerständigen Jugoslawien"[140] vollzieht. In Handkes 1991 publiziertem Essay *Abschied des Träumers vom Neunten Land* finden sich einige signifikante Parallelen zwischen Slowenien und Serbien, die diese These untermauern – der Gegenentwurf zu einer abstrakten, hoch technologisierten „Westwelt" (AT 10), das Heimisch-Fühlen in der Fremde (vgl. AT 9) und auch eine idealisierende Identifikation mit der als Kollektiv wahrgenommenen Bevölkerung:

> Über die Einzelheiten hinaus ist eine lange Zeit das ganze Land als solch ein Ding wirksam gewesen, als ein Land der Wirklichkeit, und wie mir schien, nicht allein für den Besucher, auch für die Ansässigen; wie sonst wären sie einem so ungleich wirklicher begegnet, in

---

138 Dronske, Das Jugoslawienbild in den Texten Peter Handkes, S. 77.
139 Düwell, Peter Handkes Kriegs-Reise-Berichte aus Jugoslawien, S. 236.
140 Düwell, Peter Handkes Kriegs-Reise-Berichte aus Jugoslawien, S. 239.

ihrer Art zu gehen, zu reden, zu schauen und vor allem zu übersehen, als die Völker jenseits seiner Grenzen, der italienischen ebenso wie der österreichischen? (AT 11)

Ähnlich wie die Bewohner Belgrads werden die in Slowenien „Ansässigen" zu eigenwilligen Verbündeten, mit denen sich der Verfasser des Essays identifiziert. Mit der Unabhängigkeitserklärung Sloweniens, die Handke zufolge aus einem Übergang vom „urslowenischen Märchen vom Neunten Land" zur „Gespensterrede von einem Mitteleuropa" (AT 18) resultiert, sieht er seine poetische Heimat, die gerade auf einem Gegenentwurf zur westlichen Welt beruht, zerstört, was zu einer Solidarisierung mit Serbien als eine Art ‚Ersatz-Heimat' führt. Dadurch, dass der Erzähler während der *Winterlichen Reise* vor Ort Anknüpfungspunkte für die Aufrechterhaltung einer jugoslawischen Utopie vorfindet, vollzieht sich eine Harmonisierung von Innen- und Außenwelt: Die Wirklichkeit vor Ort wird – angelehnt an ein zuvor verlorenes Idealbild – poetisch aufgeladen. Brisanz gewinnt dieses Erzählverfahren vor allem dadurch, dass sowohl in der *Winterlichen Reise* als auch im *Sommerlichen Nachtrag* gleichzeitig der Anspruch auf eine (literarische) Aufarbeitung der Kriegsgeschehnisse erhoben wird, was sich beispielsweise an der Inszenierung von Zeugenaussagen zeigt, die unter anderem zur Vertreibung der muslimischen Bevölkerung in Ostbosnien und dem in Srebrenica verübten Genozid befragt werden (vgl. WR 121). Während in der *Winterlichen Reise* nur einzelne Stimmen, wie beispielsweise die von Žarko R.s Ex-Freundin Olga (und diese in Bajina Basta, also im serbischen Teil der Grenzregion), miteinfließen, scheint der Erzähler im *Sommerlichen Nachtrag* den Ortsansässigen in Višegrad, einer nach der Vertreibung der muslimischen Bevölkerung ethnisch homogenen Gruppe, als Kollektiv gerade in Abgrenzung zu der journalistischen Berichterstattung eine Stimme geben zu wollen. Während die Zeugenaussagen von Opfern der in Višegrad begangenen Kriegsverbrechen in journalistischen Texten als „Echtheitsstempel" für eine nach Handkes Erzähler bereits im Voraus feststehende Täter-Opfer-Relation fungierten, wird die direkte Figurenrede von Ortsansässigen, wie noch zu zeigen ist, zu einer authentischen ‚Volksstimme' stilisiert, die eine eindeutige Täter-Opfer-Konstellation relativiert. Wenn Saša Stanišić Peter Handke vorwirft, die Opfer nicht zu erwähnen, dann bezieht sich dies im Hinblick auf den *Sommerlichen Nachtrag* darauf, dass sich der Erzähler in Višegrad in erster Linie mit der Trauer der serbischen Bevölkerung (in Bezug auf Višegrad also mit der Täterseite) solidarisiert. Inwiefern diese dergestalt einseitige Anteilnahme aus einem Zusammenspiel der eigenen Trauer des Erzählers über den Zerfall Jugoslawiens mit der Trauer von ortsansässigen Angehörigen über die persönlichen Verluste während des Krieges resultiert, will ich durch ein Textbeispiel, die Schilderung eines Besuchs des christlich-orthodoxen Friedhofs in Višegrad, verdeutlichen.

Am Tag nach dem nächtlichen Fensterblick („dem Bedenken der Berichte über die Tötung der hiesigen Muslimgemeinde", SN 196) besucht der Erzähler mit seinen Reisegefährten einen orthodoxen Gottesdienst und kommt nach diesem mit einer Gruppe von in Višegrad wohnenden ethnischen Serb:innen ins Gespräch. Der Reisende beschäftigt sich vor Ort primär mit der Trauer der Ortsansässigen, deren homogene Bevölkerungsstruktur nach dem Krieg auch kommentiert wird: Es handelt sich um einen „inzwischen rein serbischen Ort" (SN 208), dessen Gemeinschaftsleben sich vor allem in der Kirche und auf dem Friedhof abspielt. Nachdem der Erzähler eindringlich „den Verlustschmerz" (SN 206) einer Ortsansässigen am Grab ihres Sohnes schildert, den er bei der Ankunft am Kirchengelände beobachtet, geht er beiläufig auch auf die Trauer „woanders" (SN 207) ein: „Und muß hier dazugesagt werden, daß jenes Totenklagen dort auf dem serbisch-orthodoxen Friedhof das sicher ganz gleiche, nur verschieden sich äußernde Weh woanders natürlich miteinschloß?" (SN 206 f.) Es ist evident, dass dieser Nachsatz in seiner semantischen Offenheit nicht als ein ernstzunehmendes Eingehen auf die Trauer von vor Ort nicht mehr sichtbaren Opfergruppen zu verstehen ist.[141] Das ‚Miteinschließen' ist hier keineswegs multiperspektivisch oder gar gemeinschaftsstiftend dimensioniert, sondern bewirkt vielmehr, dass signifikante Differenzen in Bezug auf die Täter-Opfer-Relation in Višegrad durch die Referenz auf eine über die ethnische Gruppenzugehörigkeit hinausgehende allgemein-menschliche Form der Trauer kaschiert werden. *Worüber* getrauert wird, verliert dadurch an Bedeutung. Stattdessen werden der Erzähler und seine Mitreisenden auf dem Friedhof sogleich Teil einer lokalen Erinnerungsgemeinschaft, die sich nach der Messe an den Gräbern mit „Eigenbrandschnaps" (SN 209) und Zwischenmahlzeiten stärkt: „[...], und schon bin ich dazugewinkt, und schon mache ich beim Zutrinken und dann auch bei den Fragereien mit." (SN 210) Die Erinnerungsgemeinschaft wird als „Višegrader Eingeborene[]" (SN 210) bezeichnet, deren Misstrauen gegenüber den Ortsfremden sich in der Interaktion sofort auflöst. Der Erzähler kontrastiert hier die eigene, als respektvoll und bedacht inszenierte Kontaktaufnahme mit dem „böse[n] Willen" von Journalist:innen, deren „vorgefaßte, vorausgewußte Hinter-Gedanken" (SN 210) keine verlässlichen Zeugenaussagen der serbischen Bosnier zuließen und dadurch die Perspektive der ‚Gegenseite' manipulativ entstellten. Er selbst versteht sich als „stiller Zeuge" (SN 211), der lediglich unvoreingenommen zuhören will und statt einer Beschuldigung der Ortsansässigen auf ein „Verstehen" (SN 211) des Schmerzes abzielt. Mit dieser Haltung werden die Reisenden schließlich in die Erinnerungsgemeinschaft aufgenommen:

---

141 Vgl. Brokoff, „Srebrenica, was für ein klangvolles Wort", S. 76 f.

> Schwellen-Moment, des Zweifels und des Mißtrauens der Ortsansässigen, rund um jene eine, gar nicht alte Gefallenenmutter, als diese sich von ihrem Grabstein-Haushalt mit ihrem Klagen an die Ortsfremden wendet und ihre Angehörigen ihr da gleichsam in den Arm fallen mit einem „Laß – die verstehen doch nicht von uns hier!", und wie die Frau, Auge in Auge mit den Ausländern, sie unwillkürlich prüfend, im nächsten Moment schon ausruft: „Nein, sie verstehen, sie verstehen!" (SN 211 f.)

Was danach in direkter Figurenrede als Zeugenaussage präsentiert wird, sind nicht-personalisierte, teilweise unzusammenhängende Klagen, die kumulativ als eine Art kollektive ‚Volksstimme' fungieren. Investigative, wenn nicht gar aufklärerische Elemente sieht der Erzähler darin, dass die Ortsansässigen mit „zwischendurch ganz anderen Informationen als den uns anderwärts eingebläuten" (SN 212) aufwarten. Es handelt sich hierbei prinzipiell um die Konstruktion eines eigenen Opferstatus, der die „ethnischen Säuberungen" in Višegrad unterschlägt und stattdessen den Einfluss internationaler Institutionen als Ursache für das eigene Leid anführt:

> Immer sind mir die Deutschen hier willkommen gewesen, zwischen den Weltkriegen, und sogar dann danach, und jetzt sind sie unsere bösesten Feinde, ein so kleines Volk sind wir, und die ganze Welt [Fingerzeig zum Himmel, die ‚Welt' dort als NATO-Bombengeschwader] gegen uns – sagt Deutschland, daß es sich schämen soll! Keine Freude wird es je mehr für uns geben, kein Feiern, kein Fest. Der einzige Ort, an dem wir überhaupt noch miteinander zusammenkommen, ist der Friedhof, und es gibt noch mehr solche Friedhöfe um Višegrad. Die Kirche, der Kirchgang, ja, aber nur formhalber, die Religion ist tot, das einzige Leben, das einzige Gemeinschaftsleben findet statt auf unseren Friedhöfen. [...] Die Machthaber drüben in Belgrad haben uns verraten, aber was sollten sie anders tun, kleine Völker wie das unsrige können sich längst nicht mehr selbstbestimmen. Und wer bestimmt sie? Bestimmt? Wer hat sie in der Hand? In der Faust? Unter dem Daumen? Und nach solch einer Macht und Willkür, und nicht nach dem Recht geht es jetzt auch bei der von den Übermächtigen eingesetzten Justiz. Prozesse, ja!, aber dann gegen Leute aus allen drei Kriegsvölkern gleichzeitig, und nicht zuerst gegen einen Serben – die Aufmerksamkeit der Welt ist ganz anders stark für so einen Angeklagten, der dazu noch der erste ist, und das wird das Bild prägen und die Geschichte weiter verbiegen! (SN 212 f.)

Es muss betont werden, dass die direkte Figurenrede der ‚Volksstimme' im Kontext des Višegrad-Aufenthalts als Gegenentwurf zur journalistischen Berichterstattung präsentiert wird, der der Erzähler manipulative Emotionalisierungsstrategien vorwirft, um einen Opfer-Täter-Dualismus zu festigen (die ethnischen Serb:innen als Tätergruppe und die muslimischen Bosniak:innen als Opfergruppe). Inhaltlich ist an dieser Textpassage zu erkennen, inwiefern der Erzähler dadurch, dass er die Figurenrede einer als authentisch dargestellten ‚Volksstimme' priorisiert, nicht die gewalttätigen Auseinandersetzungen zwischen den einzelnen „Kriegsvölkern" in den Blick nimmt, sondern die am Beispiel des Artikels von Chris Hudges festgemachten Einteilung in eine Täter- und eine Opfergruppe (mit Bezug auf Višegrad) auflöst und in einen neuen Opfer-Täter-Dualismus überführt: Die ortsansässige Bevölkerung und auch „die Machthaber drüben in Belgrad" werden so als Opfer einer Herrschaft der „Übermächtigen" dargestellt und damit der Einfluss internationaler Politik auf die Jugoslawienkriege, insbesondere die namentlich genannte deutsche Außenpolitik und die Rolle der NATO, und deren spezifische Aufarbeitung (durch den Internationalen Gerichtshof in Den Haag) angeklagt. Damit rückt das für eine Aufarbeitung der Kriegsgeschichte in Višegrad als zentral anzusehende Leid der muslimischen Bevölkerung, deren Spuren vor Ort unsichtbar gemacht wurden und deshalb auch in der Wahrnehmung des Reisenden nur als optische Täuschung erscheinen (vgl. SN 217), zugunsten eines serbischen Opfernarrativs[142] in den Hintergrund: „Er sieht die Opfer nicht.", wie Saša Stanišić in seiner Preiserede mit Nachdruck betont. Ebenso wie in der *Winterlichen Reise* ist auch hier festzustellen, dass der Erzähler die vor Ort wahrgenommene Wirklichkeit mit seinen eigenen Positionen in Bezug auf den Verlust der poetischen Heimat Jugoslawien harmonisiert. War es in Belgrad noch der „gleiche Verlust" der Belgrader Bürger, in dem sich der Flaneur – ohne in Interaktion zu treten – spiegelt und ausmacht, dass diese und damit auch er selbst „um etwas betrogen wurden", werden die Klagen der „Višegrader Eingeborenen" auf dem christlich-orthodoxen Friedhof konkreter und weisen wiederum Ähnlichkeiten zu Handkes Argumentationslogik im Essay *Abschied des Träumers vom Neunten Land* auf, die sich auch in den Zuweisungen an „fremde, ganz andere Mächte" (WR 112), am Zerfall Jugoslawiens schuld zu sein, aus der *Winterlichen Reise* widerspiegeln. Ein zentraler Gedanke des Essays ist, dass sich die nördlichen jugoslawischen Teilrepubliken, vor allem Slowenien, das sich 1991 als erstes Land für unabhängig erklärte, „das Streben nach Unabhängigkeit und Eigenstaatlichkeit" haben „einreden lassen" (AT 20) und folglich der Zerfall Jugoslawiens „von außen" (AT 20) herbeigeführt wurde. Handkes Zorn richtet sich in diesem Essay ebenso wie der „Volkszorn" (SN 214) der serbischen Gemeinschaft am Friedhof in Višegrad „gegen die westliche Welt" (SN 214). Auch in der Replik von Ruge wird dieses Narrativ, dass Länder der westlichen Welt, wie zum Beispiel Deutschland und Österreich sowie internationale Institutionen den Zerfall Jugoslawiens zu verantworten hätten, ohne Bezug auf die politischen Entwicklungen in den 1980er Jahren in Jugoslawien unhinterfragt übernommen. Wiederum die Kernbotschaft von Handkes Text in einem Absatz zusammenraffend, merkt Ruge an, dass es dem auch hier unkonkret als der ‚Westen' bezeichneten Feindbild „um die Gier nach Erweiterung des ökonomischen, politischen Einflussbereichs [geht], die so brennt, dass man bereit ist dafür kriegerische Konflikte in

---

[142] Vgl. Wolfgang Höpken: Post-sozialistische Erinnerungskulturen im ehemaligen Jugoslawien. S. 30–40.

Kauf zu nehmen, ja sogar zu schüren."[143] Was in diesem Narrativ keine Berücksichtigung findet, ist ein rasanter innerjugoslawischer Nationalisierungsschub, der von Historiker:innen für die Zeit nach dem Tod Titos im Jahr 1980 konstatiert wird.[144] Durch den werkimmanten Bezug auf den Slowenien-Essay erhärtet sich der Verdacht, dass in der direkten Rede der Ortsansässigen in Višegrad nicht nur deren Leiden fokussiert wird, sondern der Erzähler die inszenierte ‚Volksstimme' mit seiner eigenen Trauer über den Verlust der inspiratorischen „Geh-Heimat" Jugoslawien in Einklang bringt. Es ist hier von signifikanten Interferenzen zwischen Erzähler- und Figurenrede auszugehen, die den Impuls der Korrektur einer einseitigen medialen Berichterstattung als alleiniges Reisemotiv in Frage stellen und stattdessen die Aneignung einer neuen poetischen Heimat in den Vordergrund rücken. Es ist nicht nur an der Friedhof-Szene in Višegrad festzustellen, dass der von Handke an die Medien gerichtete Vorwurf einer ‚Entwirklichung' durch einen „ästhetisch-ästhetisierenden Blick", der die Ortsansässigen als priorisierte Opfergruppe stilisiert, auf ihn selbst zurückfällt. Durch die Harmonisierung seiner Trauer mit den Klagen der nach dem Massaker in Višegrad verbliebenen Gruppe ethnischer Serb:innen wendet sich Handke – und das in hoher Selbstreflexivität – von den bosniakischen Opfern der Kriegsverbrechen ab, um auf serbischem Gebiet seinen literarischen Sehnsuchtsort Jugoslawien zu bewahren. Es liegt auf der Hand, warum diese Authentizitätsstrategie aus Saša Stanišićs Perspektive nicht nur fehlschlägt, sondern durch die Gestaltung selektiver Wahrnehmungsmuster eine Relativierung der Täterschuld darstellt. Es ist keine intersubjektive Wirklichkeit, die hier rekonstruiert werden soll, sondern lediglich die literarisch geformte Wirklichkeit des Ich-Erzählers, in der allein dessen Bewusstseinsinhalte existieren können.[145] Für eine Steigerung der Subjekt-Authentizität – im Hinblick auf die Frage ‚Was bedeutet der Zerfall Jugoslawiens für mich als Erzähler und mein eigenes literarisches Programm?' – nimmt Handke damit eine Vernachlässigung der Objekt-Authentizität – einer differenzierten Betrachtung aller am Krieg beteiligten Akteure – in Kauf.

---

143 Ruge, Lest ihn doch einfach mal.
144 Vgl. Brunnbauer/Buchenau, *Geschichte Südosteuropas*, S. 394.
145 Vgl. dazu auch den Artikel von Frauke Meyer-Gosau, die die Wirklichkeitswahrnehmung des Erzählers ähnlich wie schon Dzevad Karahasan in seinem Essay „Bürger Handke, Serbenvolk" (S. 50 f.) treffend auf den Punkt bringt: „Das System Handke kennt nur einen Bezugspunkt: Das eigene Ich ist das Zentrum alles Geschehens. Von diesem her ist alle Wahrnehmung organisiert, und dorthin richten sich entsprechend auch alle Anmutungen von außen." (Frauke Meyer-Gosau: Kinderland ist abgebrannt. Vom Krieg der Bilder in Peter Handkes Schriften zum jugoslawischen Krieg. In: *Text + Kritik: Peter Handke* 24 [1999]. S. 15.)

2.4 Peter Handke im Kontext postjugoslawischer Erinnerungskulturen: Beiträge von Jagoda Marinić und Marko Dinić

Das leitende Ziel einer Analyse signifikanter Debattenbeiträge will ich in diesem Unterkapitel im Hinblick auf Beiträge von Jagoda Marinić[146] und Marko Dinić[147] fortführen und dabei verstärkt auf außertextuelle Dimensionen eingehen, die sowohl den postjugoslawischen als auch den deutschsprachigen Rezeptionsraum betreffen. Indem die Beiträge von Dinić und Marinić gegenübergestellt werden, lassen sich auf der einen Seite divergierende Herangehensweisen und Bewertungsmaßstäbe in der diskursiven Selbstpositionierung herausarbeiten. Auf der anderen Seite kann die besondere Rolle des Autors Peter Handke in postjugoslawischen Erinnerungskulturen als verbindendes Element der beiden Beiträge beleuchtet werden. Dabei müssen auch inszenatorische Strategien des Nobelpreisgewinners berücksichtigt werden, die wesentlich zu einem Handkebild beitragen, das auch jenseits spezifischer Kenntnisse des literarischen Werks allgemein verbreitet ist.

Schriftsteller:innen, aber auch Literaturwissenschaftler:innen,[148] die sich in der Debatte zu Wort melden und sich in ihrem eigenen literarischen Werk bzw.

---

[146] In diesem Kapitel berücksichtige ich die drei gewichtigsten Veröffentlichungen Marinićs nach der Nobelpreisverleihung: (1) Jagoda Marinić: Eine unzivilisierte Wahl. *Taz* (13.10.2019): https://taz.de/Literaturnobelpreis-fuer-Peter-Handke/!5629204/ (zuletzt aufgerufen: 08.10.2019), (2) Jagoda Marinić: Nationalistische Lügen sind keine Literatur. *Süddeutsche Zeitung* (31.10.2019): https://www.sueddeutsche.de/kultur/handke-1.4661842 (zuletzt aufgerufen: 08.10.2021) und (3) Kristian Teetz/Jagoda Marinić: Nobelpreis für Peter Handke: „Eine verstörende Entscheidung". *RedaktionsNetzwerk Deutschland* (10.12.2019): https://www.rnd.de/kultur/heute-nobelpreis-fur-peter-handke-eine-verstorende-entscheidung-CKBO7QJ45FHODLORZL66RGQ7UU.html (zuletzt aufgerufen: 08.10.2021).
[147] Folgende Statements von Marko Dinić werden in diesem Kapitel untersucht: (1) Marko Dinić: Handkes erzählerische Kreuzzüge. *Der Standard* (12.10.2019): https://www.derstandard.de/story/2000109788324/handkes-erzaehlerische-kreuzzuege (zuletzt aufgerufen: 08.10.2021), (2) Wolfgang Huber/Marko Dinić: Marko Dinić über Handke: „Mit dieser Ambivalenz müssen wir jetzt alle leben". *Kleine Zeitung* (18.10.2019): https://www.kleinezeitung.at/kultur/5708153/Literaturnobelpreis_Marko-Dinić-ueber-Handke_Mit-dieser (zuletzt aufgerufen: 08.10.2021), (3) Marko Dinić im Literaturpodcast Blaubart & Ginster, Folge 27.11.2019: https://www.youtube.com/watch?v=p1N_O0fbuy0 (zuletzt aufgerufen: 08.10.2021) und (4) Tobias Hartmann/Marko Dinić: Jugoslawien-Kriege, Migration & „Die guten Tage": Marko Dinić im Gespräch. *Ostraum* (10.02.2021): https://ostraum.com/2021/02/10/jugoslawien-kriege-migration-die-guten-tage-marko-Dinić-im-gesprach/ (zuletzt aufgerufen: 08.10.2021).
[148] Vgl. vor allem die Artikel der Literaturwissenschaftler:innen Alida Bremer und Vahidin Preljević im Online-Kulturmagazin *perlentaucher*: (1) Alida Bermer: Die Spur des Irrläufers. *Perlentaucher* (25.10.2019): https://www.perlentaucher.de/essay/peter-handke-und-seine-relativierung-von-srebrenica-in-einer-extremistischen-postille.html (zuletzt aufgerufen: 08.10.2021) und (2) Vahidin

ihrer Forschung auch mit den historischen Kontexten dieser Region und der Dokumentation von Kriegsgeschichte auseinandersetzen, verfolgen die Absicht, den öffentlichen kontextuellen Wissensstand über postjugoslawische Erinnerungskulturen in deutschsprachigen Ländern zu erweitern. Die Länder des ehemaligen Jugoslawiens stehen weiterhin vor der Aufgabe, die Auswirkungen der Kriege aufzuarbeiten,[149] wobei besonders Berichte über den drohenden Zerfall eines fragilen politischen Systems in Bosnien regelmäßig wiederkehren. Vor dem Hintergrund der Nobelpreisvergabe eröffnet sich nicht nur eine interkulturelle Perspektive auf Handkes Texte, sondern auch auf Handke als Autorfigur, die in offiziellen postjugoslawischen Erinnerungskulturen entweder im Sinne einer Heroisierung instrumentalisiert oder vehement verurteilt wird. Illustriert werden kann dies an den Reaktionen von Regierungsvertretern der einzelnen postjugoslawischen Staaten auf die Nobelpreisvergabe. Während der serbische Präsident Alexander Vučić Handke als „wahren Freund" und zweiten jugoslawischen Nobelpreisträger in der Nachfolge von Ivo Andrić glorifiziert[150] und auch der Vertreter der serbischen Entität in Bosnien, Milorad Dodik, Handke als „große[n] Humanist[en] und [...] Kämpfer für Wahrheit und Gerechtigkeit" bezeichnet und damit explizit die politischen Jugoslawientexte prämiert sieht,[151] erklärt sowohl der Stadtrat von Sarajevo als auch die damalige Regierung Kosovos den Schriftsteller zur *persona non grata*.[152]

Preljević: Handkes Serbien. *Perlentaucher* (07.11.2019): https://www.perlentaucher.de/essay/handkes-serbien.html (zuletzt aufgerufen: 08.10.2021).

149 Vgl. dazu die Essays von 15 Autor:innen aus Südeuropa, die im Rahmen des Projekts „Archipel Jugoslawien" anlässlich der Leipziger Buchmesse dreißig Jahre nach Kriegsbeginn eine persönliche Bilanz ziehen. Link: https://traduki.eu/archipel-jugoslawien/ (zuletzt aufgerufen: 25.10.2022). Bezeichnend für eine anhaltende Aufarbeitungsarbeit ist sicherlich die Preisrede von Saša Stanišić, aber auch allgemeingültige Aussagen wie etwa die von Jagoda Marinić: „Bis heute kämpfen die Opfer um die Anerkennung von Fakten. Vor Ort wird die Geschichte der Kriege noch geschrieben." (Marinić, Nationalistische Lügen sind keine Literatur).

150 Vgl. das Statement des serbischen Präsidenten Alexander Vučić nach der Verleihung des Nobelpreises am 10.12.2019: „„Serbien betrachtet Sie als wahren Freund und, ich wage es zu sagen, erlebt Ihren Nobelpreis, als ob ihn einer von uns erhalten hätte. Neben Ivo Andrić (Literaturnobelpreisträger 1961, Anm.) ehren wir nun einen weiteren unserer Nobelpreisträger" schrieb Vučić unter dem Hinweis, dass er einen baldigen Besuch Handkes in Serbien erwarte." (*Der Standard*, 11.12.2019: https://www.derstandard.de/story/2000112142877/serbischer-praesident-vucic-ueber-handke-einer-unserer-nobelpreistraeger, zuletzt aufgerufen: 08.10.2021).

151 Vgl. Adelheid Wölfl: Handke-Nobelpreis: Aufwind für Nationalisten. *Der Standard* (13.12.2019): https://www.derstandard.de/story/2000112212853/aufwind-fuer-nationalisten (zuletzt aufgerufen: 08.10.2021).

152 Vgl. die Meldung der AFP am 11.12.2021 in der *Süddeutschen Zeitung*: Kosovo erklärt Peter Handke zur Persona non grata (https://www.sueddeutsche.de/politik/handke-kosovo-sarajevo-persona-non-grata-1.4720142, zuletzt aufgerufen: 08.10.2021).

2.4 Peter Handke im Kontext postjugoslawischer Erinnerungskulturen

Marko Dinićs erster Kommentar zur Nobelpreisdebatte erscheint am Tag nach der Nobelpreisverkündung im Wiener *Standard* („Handkes erzählerische Kreuzzüge", 11. Oktober 2019) und soll aufgrund seiner unmittelbaren zeitlichen Nähe zur Bekanntgabe als erstes untersucht werden. Während Jagoda Marinić schon auf erste Kommentare zur Preisverleihung Bezug nehmen kann („Ein unzivilisierte Wahl", 13. Oktober 2019), handelt es sich bei Dinićs Text um einen Beitrag, der ausschließlich auf die Entscheidung der Akademie eingeht und seine persönliche Auseinandersetzung mit dem österreichischen Schriftsteller Peter Handke schildert. Dinić zog für ein Studium der Germanistik und der Jüdischen Kulturgeschichte nach Salzburg (2008). Davor – während seiner Schulzeit und des Studienbeginns in Belgrad – waren ihm Handkes Texte nicht bekannt. In einem Seminar zu Leben und Werk von Peter Handke an der Universität in Salzburg lernte er die Texte des Schriftstellers kennen.[153] Dinić hielt ein Referat über die *Winterliche Reise* und erschloss sich den Reisetext gemäß den programmatischen Richtlinien des Seminars aus werkimmanenter Perspektive: „Ausgerüstet mit für Handkes Poetik wichtigen Begriffen wie der Schwelle, dem Bildverlust oder dem neunten Land, lag vor mir ein Text, der keine Seiten einnahm oder gar nationalistische Stellungen bezog. Es war ein Text, der augenfällig nach Perspektive suchte."[154] In Dinićs hier formulierter erster Rezeptionserfahrung klingt eine Lesart der *Winterlichen Reise* an, die diskursive Kontexte wie die mediale Berichterstattung über die Jugoslawienkriege oder die literarische Aufarbeitung von Kriegsgeschichte vernachlässigt. Die Suche nach einer Perspektive wird weniger im Sinne einer diskursiven Verortung behandelt, sondern auf den Identitätsverlust des Erzählers bezogen. Diese Lesart ordnet die *Winterliche Reise* zuvorderst in den Erzählkosmos des Schriftstellers ein und nähert sich den Texten im Hinblick auf poetologische Kriterien hermeneutisch an. Aus der Gesamtperspektive des Seminars ergab sich für Dinić ein Spannungsverhältnis zwischen einem grundsätzlich imposanten Erzählwerk auf der einen Seite und einer seines Erachtens „wohlfeilen Poetik"[155] der *Winterlichen Reise* auf der anderen Seite, die mit einer Annäherung des österreichischen Schriftstellers an Vertreter eines serbischen Nationalismus korreliert. Eine Schnittstelle zwischen den Jugoslawien-Schriften und vorangehenden Werkphasen sieht der in Wien geborene und in Belgrad aufgewachsene Schriftsteller in der „politischen Kurzsichtigkeit"[156] der Erzähler und Figuren, die mutmaßlich aus einem grundsätzlichen Unvermö-

---

[153] Dinić hat bei Hans Höller, einem der renommiertesten Handke-Forschern, studiert. Vgl. Marko Dinić im Literaturpodcast *Blaubart & Ginster*, 43:30–43:50.
[154] Dinić, Handkes erzählerische Kreuzzüge.
[155] Dinić, Handkes erzählerische Kreuzzüge.
[156] Dinić, Handkes erzählerische Kreuzzüge.

gen, politische Zusammenhänge zu durchdringen, resultiere.[157] Was Dinić in seinem Kommentar betont, ist die Überzeugung, sich auch mit *enfant terribles* wie Peter Handke auseinanderzusetzen und aufgrund von politischen Positionen nicht das gesamte Werk *per se* zu disqualifizieren. Es gelte, Handkes politische Haltung sowie dessen Instrumentalisierung entschieden zurückzuweisen, sich aber dennoch auch mit seinem literarischen Gesamtwerk zu beschäftigen, das ihm auf eine paradoxe Art preiswürdig erscheint: „Ich begrüße daher die Entscheidung der Schwedischen Akademie, Peter Handke den Literaturnobelpreis zuzuerkennen. Verzeihen werde ich ihr das aber nicht."[158] Es ergebe sich eine Ambivalenz zwischen einer formalästhetisch beeindruckenden Erzählkompetenz, die auch Dinić als jungen deutschsprachigen Schriftsteller prägte, und einer untragbaren „Serbientümelei"[159], durch die sich Handke auf die Seite einer von Dinić als tyrannisch dargestellten Vätergeneration in Serbien schlage.[160] Dinić kritisiert in seinen Debattenbeiträgen weniger Handkes Texte, sondern er verweist vielmehr auf Handkes problematisches Umfeld in Serbien.[161] Er sieht den österreichischen Schriftsteller als „Schlüsselfigur" in Bezug auf den serbischen Nationalismus, insbesondere „in der Ausformung seines Narrativs des ewigen Opfers".[162] Handkes Jugoslawientexte, die – wie im vorangegangenen Kapitel gezeigt wurde – die jugoslawischen Staaten als Opfer einer westlichen Machtpolitik darstellen, sind besonders mit einer offiziellen serbischen Erinnerungspolitik kompatibel, da sie die Aufmerksamkeit von einer als pauschal dargestellten Täterschuld weglenken.[163] Dinić weist darauf hin, dass sich Handke „von serbischen Nationalisten hofieren ließ"[164], was Vahidin Prelje-

---

157 Im Artikel werden als Beispiele *Der Chinese des Schmerzes*, *Die Stunde der wahren Empfindung* und *Die Angst des Tormanns beim Elfmeter* genannt, Dinić bezieht sich vor allem auf die Romanfigur Gregor Keuschnig.
158 Dinić, Handkes erzählerische Kreuzzüge.
159 Dinić, Handkes erzählerische Kreuzzüge.
160 Der Generationenkonflikt zwischen einer nationalistisch-kriegstreibenden Vätergeneration und den Auswirkungen dieser Ideologie auf die nachfolgende Generation, die während des Krieges aufwächst, ist zentrales Thema von Marko Dinićs Roman *Die guten Tage* (2019).
161 Vahidin Preljević gibt in folgendem Artikel einen erkenntnisfördernden Überblick zu Handkes serbischem Netzwerk: Von der ästhetischen Obsession zum politischen Mythos. Zu Peter Handkes Balkankomplex. In: *Peter Handkes Jugoslawienkomplex. Eine kritische Bestandsaufnahme nach dem Nobelpreis*. Hrsg. v. Vahidin Preljević und Clemens Ruthner. Würzburg 2022. S. 19–42.
162 Dinić, „Mit dieser Ambivalenz müssen wir jetzt alle leben".
163 Vgl. zur Rezeption der *Winterlichen Reise* in Serbien: Gruber, Verräter in den eigenen Reihen, S. 201 und Höpkens Ausführungen zur serbischen postjugoslawischen Erinnerungskultur: Höpken, Post-sozialistische Erinnerungskulturen im ehemaligen Jugoslawien, S. 30–40.
164 Dinić, Handkes erzählerische Kreuzzüge.

vić in seinem Kommentar zur Nobelpreisdebatte[165] ausführlicher darlegt und sich allein in den zahlreichen Ehrungen, die Handke von regierungsnahen serbischen Kulturinstitutionen erhalten hat, manifestiert.[166] Vidulić fasst in seinem Versuch, nach 25 Jahren Handke-Kontroverse eine Bilanz zu ziehen, die Entwicklungslinien von Handkes politischer Annäherung an eine offizielle serbische Erinnerungspolitik folgendermaßen zusammen:

> Handke hat genügend Belege für ein zwar spezifisch motiviertes, aber dennoch kritikloses Einvernehmen mit dem nationalistischen Geschichtsnarrativ der ‚serbischen Wahrheit' und mit der Instrumentalisierung seiner Person durch Anwälte dieses Narrativs geliefert. Was zunächst als horrendes *Miss*verständnis aussehen musste – die Deutung seines literarischen und medienkritischen Anliegens als Bestätigung eines ultranationalistischen Programms –, dies hat der Urheber des Missverständnisses inzwischen längst in ein stillschweigendes *Ein*verständnis überführt.[167]

Dass dieses „stillschweigende *Ein*verständnis" mit der eigenen Glorifizierung auch nach der Nobelpreisvergabe immer noch Gültigkeit besitzt, zeigt eine weitere Reise, die Peter Handke Mitte Mai 2021 antritt. Sie liefert zusätzliches Anschauungsmaterial für den von Marko Dinić angezeigten „Schulterschluss" zwischen Peter Handke und „serbischen Nationalisten"[168]. In Banja Luka, der inoffiziellen Hauptstadt der bosnischen Entität *Republika Srpska*, weiht Handke sein eigenes Bronzedenkmal ein und nimmt den höchsten Orden dieses bosnischen Teilgebiets entgegen. Diesen haben vor ihm u. a. bereits der ehemalige General Ratko Mladić und Ex-Präsident Radovan Karadžić, die beide aufgrund von Kriegsverbrechen verurteilten wurden, erhalten.[169] In Višegrad wird ihm anschließend der „Große Ivo-Andrić-Preis" in dem von Emir Kusturica[170] errichteten Stadtteil Andrićgrad verliehen. Auch in der nächsten Reise-

---

165 Vahidin Preljević: Handkes Serbien.
166 Eine Aufzählung der Ehrungen findet sich bei Vidulić, Jugoslawien von oben, S. 8 (Fußnote 5).
167 Vidulić, Jugoslawien von oben, S. 3.
168 Dinić, „Mit dieser Ambivalenz müssen wir jetzt alle leben".
169 Vgl. Michael Martens: Peter Handke, überlebensgroß. *FAZ* (11.05.2021): https://www.faz.net/aktuell/feuilleton/buecher/autoren/peter-handke-nobelpreistraeger-laesst-sich-in-serbien-feiern-17335363.html (zuletzt aufgerufen: 08.10.2021).
170 Der bosnische Filmregisseur Emir Kusturica (*1954), der sich 2005 als Bekenntnis zu seinen serbischen Wurzeln in einem serbisch-orthodoxen Kloster auf den Namen Nemanja Kusturica taufen ließ, ist ein enger Vertrauter von Handke. Zusammen mit Wim Wenders begleitete Kusturica den österreichischen Schriftsteller zur Nobelpreiszeremonie am 10.12.2019 (vgl. Thomas Steinfeld: Der schweigende Geheimrat. *Süddeutsche Zeitung* (10.12.2019): https://www.sueddeutsche.de/kultur/literaturnobelpreis-handke-1.4718772, zuletzt aufgerufen: 07.12.2021). Kusturica wurde weltweit durch Filme wie *Dom za vešanje* (1989, dt. „Zeit der Zigeuner"), *Arizona Dream* (1993), *Underground* (1995), *Crna mačka, beli mačor* (1998, dt. „Schwarze Katze, weißer Kater") oder den Dokumentarfilme *Maradona by Kusturica* (2008) bekannt. Aufgrund von „Sympathiebe-

station Belgrad wird der Nobelpreisträger wie ein Nationalheld empfangen, was sich an der Verleihung des Karađorđe-Stern-Ordens der ersten Stufe zeigt.[171] Handkes literarisches Spätwerk, und hier insbesondere die Jugoslawienschriften, fungiert als interkulturelles Gedächtnismedium einer offiziellen serbischen Erinnerungspolitik, die sich durch die Verleihung des Nobelpreises in ihrem Geschichtsnarrativ bestätigt sieht und dieses gegenüber divergierenden Erinnerungskulturen (vor allem in Bosnien und Herzegowina) durch eine Instrumentalisierung des weltweit bekannten Schriftstellers Peter Handke aufwertet. Handke selbst reagiert auf die Berichterstattung des Balkankorrespondenten Michael Martens mit einer „Erwiderung", in der er versichert, nur von dem Ivo-Andrić-Preis gewusst zu haben und von den anderen Ehrungen samt Denkmal überrumpelt worden zu sein.[172] Darüber hinaus weist Handke die nationalistische Vereinnahmung seiner Person zurück, indem er in der Replik auf Martens an seine fortwährende Mission einer Wiederbelebung der multi-

---

kundungen" zu den nationalistischen Positionen des Milošević-Regimes kam es 1995 im Rahmen der Veröffentlichung seines Films *Underground* zu Kontroversen, da Kritiker:innen den Film als politische Propaganda wahrnahmen. (vgl. Eintrag „Kusturica, Emir" in Munzinger Online/Personen – Internationales Biographisches Archiv, URL: http://www.munzinger.de/document/00000020704, zuletzt abgerufen: 7.12.2021) Peter Handke empört sich über diese Vorwürfe im Prolog der *Winterlichen Reise* und liefert eine eigene Filmkritik. Ähnlich wie bei Handke sind auch Kusturicas kulturpolitische Auftritte skandalträchtig, so z. B. während des Filmfestivals in Antalya (2010), auf dem Kusturica für seine ideologische Nähe zu Verantwortlichen von serbischen Kriegsverbrechen kritisiert wurde, worauf er das Filmfestival verließ (vgl. Rüdiger Rossig/Boris Zuljko: Singen für en Kriegsverbrecher. *DIE ZEIT* 21.10.2010: https://www.zeit.de/2010/43/Kusturica, zuletzt abgerufen: 28.12.2022). Handke wurde 2021 in Kusturicas Bauprojekt Andrićgrad geehrt. Es handelt sich um einen neuen Stadtteil von Višegrad, in dem Kusturica einen fiktiven historischen Stadtteil nachbauen ließ, der als Kulisse für seine Verfilmung von Ivo Andrićs Werk *Die Brücke über die Drina* dienen soll. (vgl. Lina Muzur: Serbisches Disneyland auf blutigem Boden. *FAZ.NET* 22.08.2014: https://blogs.faz.net/10vor8/2014/08/22/xx-4-2385/, zuletzt aufgerufen: 07.12.2019).

171 Handke folgt damit auf den serbischen Tennisspieler Novak Đoković, der 2012 diese Ehrung erhielt.

172 Peter Handke: Seelenheimat Sprache. Für welche Hoffnung meine serbische Reise steht – eine Erwiderung. *FAZ* (18.05.2021): https://www.faz.net/aktuell/feuilleton/buecher/autoren/peter-handke-fuer-welche-hoffnung-meine-reise-nach-serbien-steht-17350439.html (zuletzt aufgerufen: 08.10.2021). Zu den Preisverleihungen äußert sich Handke darin wie folgt: „Erst einmal ersuche ich, mir zu glauben, daß ich auf die beiden offiziellen Auszeichnungen während dieser Reise mitnichten gefaßt war, weder auf den ‚höchsten Orden der bosnischen Serbenrepublik' noch, jenseits, der Grenze dann in Belgrad, auf den ‚Orden des Karadjorcesterns der ersten Stufe'. Der einzige große Reisegrund – außer vielleicht endlich mal wieder, eben in den aktuellen Umständen, auf eine Reise zu gehen – war der Weg nach Višegrad, Ivo Andrics Kindheits- und Jugendstadt in Ostbosnien, wo ich für meine Erzählung ‚Das zweite Schwert' (Drugi Mac) den nach dem exemplarischen jugoslawischen Schriftsteller benannten Preis entgegen nehmen sollte."

nationalen jugoslawischen Idee erinnert. An die Friedenspoetik der *Winterlichen Reise* anknüpfend inszeniert sich der Autor selbst als Mittlerfigur zwischen auseinanderdividierten Nationen:

> In Višegrad improvisierte ich am Abend desselben Tages einige Sätze zu meiner inzwischen jahrzehntelangen Andrić-Lektüre: einziger Moment des Artikels Ihrer Zeitung, da der Autor mich authentisch zu Wort kommen läßt – und verschweigt zugleich den Ausklang der Rede, wo ich von meiner, ja, Gewißheit erzählte, eines nicht zu fernen Tages mit dem und jenem einzelnen Mit-Schriftsteller, ob aus Sarajevo/Bosnien, ob aus Prishtina/Kosov, ob aus Tirana/Albanien, oder sonstwo(-her), im Guten zusammensitzen; einer dem anderen wieder, wie in den altneuen Zeiten, ein fruchtbares Gegenüber: Gewißheit! – wenn auch unbefleckt von gleichwelchem ‚Optimismus' (noch so ein nicht zu meinem Wortschatz zählender, von Ihrem Balkanexperten mir unterstellter Begriff).[173]

Demgegenüber stehen die Handlungen des Schriftstellers, der den höchsten Orden der bosnischen Entität der *Republika Srpska* entgegennimmt – diese schließt dabei, in ihrer übergeordneten Zielsetzung, sich an Serbien anzuschließen, etwa auch nicht aus, sich von der Republik Bosnien und Herzegowina zu separieren.[174] Martens entkräftet zudem Handkes vorgebliches Unwissen über die anstehenden Preisverleihungen mit dem Hinweis darauf, dass der Orden des Karađorđe-Sterns Handke schon ein Jahr zuvor verliehen und die Zeremonie pandemiebedingt nachgeholt wurde. Dass Handke von dieser Prämierung nichts gewusst habe, erscheint Martens aufgrund der medialen Berichterstattung und vor allem einer zu erwartenden Kontaktierung des Preisträgers unwahrscheinlich.[175] Was Dinić in seinen Interviews betont und was sich weiterhin auch an Handkes „Jubeltournee"[176] zeigt, ist schlussendlich, dass die Nobelpreisverleihung den Aufarbeitungsprozess, an dem viele Menschen aus Dinićs Generation sowohl in Serbien, als auch und vor allem in Bosnien arbeiten und den er auch selbst durch sein literarisches Schreiben vorantreiben möchte, zurückwirft, da die indirekte Würdigung einer einseitig

---

[173] Peter Handke: Seelenheimat Sprache.
[174] Vgl. Florian Hassel: „Ein weiterer, eskalierender Schritt". In: *Süddeutsche Zeitung* 12.12.2021. Link: https://www.sueddeutsche.de/politik/bosnien-balkan-russland-krieg-1.5486229 (zuletzt aufgerufen: 25.10.2022).
[175] Vgl. Michael Martens: Die Geschichte einer Überrumpelung. *FAZ* (22.05.2021): https://www.faz.net/aktuell/feuilleton/debatten/debatte-um-handke-reise-die-geschichte-einer-ueberrumpelung-17353240.html (zuletzt aufgerufen: 22.11.2021). Martens weist auch darauf hin, dass serbische Medien in Bosnien bereits im Dezember 2020 eine Ehrung des Nobelpreisträgers bei nächster Gelegenheit in Banja Luka ankündigten.
[176] Martens, Peter Handke, überlebensgroß.

perspektivierten Nachkriegswirklichkeit – wie schon seinerzeit die Publikation von Handkes *Winterlicher Reise* – eine konflikteskalierende Wirkung habe.[177]

Es ist ein wesentlicher Bestandteil der Diskussionsbeiträge von Schriftsteller:innen wie Saša Stanišić, Jagoda Marinić und Marko Dinić auf die fortwährende Nachwirkung der Handke-Texte bzw. die Glorifizierung einer symbolträchtigen Autorfigur in postjugoslawischen Erinnerungskulturen aufmerksam zu machen. In ihren Beiträgen rekurrieren die Autor:innen zur Erweiterung eines interkulturellen Kontextwissens nicht nur auf biographische Erlebnisse, sondern sie knüpfen oftmals auch an Positionen von Literaturwissenschaftler:innen an. Im vorangehenden Unterkapitel wurde bereits deutlich, inwiefern sich Saša Stanišić auf die kritische Handkeforschung von Jürgen Brokoff bezieht. Marko Dinić nennt mit Hans Höller[178] und Klaus Kastberger[179] zunächst zwei etablierte Handkeforscher, die in im Kontext der von Vidulić erwähnten Lagerbildung einer „tendenziell Handkeaffine[n], ,werkimmanenten' Perspektive der Forschung"[180] zuzuordnen sind. Diese würden Dinić zufolge in ihren Interpretationsansätzen, die eine Kontextualisierung in Bezug auf die erinnerungspolitische Positionierung des Schriftstellers vernachlässigen, Handkes politisches Engagement für Serbien als Makel im Werk bagatellisieren, was zu einer verkürzten Lektüre der Jugoslawientexte führe.[181] Dinić selbst schließt sich mit etwas zeitlichem Abstand zur Bekanntgabe des Preisträgers dem Kommentar der Slawistin Miranda Jakiša an, in einem *ORF*-Gespräch zum Thema zwar Handkes Literarizität als grundsätzlich nobelpreiswürdig anerkennt, jedoch

---

[177] Marko Dinić im Literaturpodcast *Blaubart & Ginster*: „Für mich und für Leute aus meiner Generation, die sich wirklich aktiv damit auseinandersetzen, weil sie Aufarbeitung betreiben, für Leute aus meiner Generation aus Bosnien, war das eine Katastrophe. Die konnten nicht glauben, was sie da gehört haben, [...], weil es sie in ihrer Aufarbeitung zurückwirft. Und das hörst du in den Kommentaren nicht, weil diese Leute auch nicht zu Wort kommen. Und das finde ich ein Versäumnis." (51:33–52:07).
[178] Dinić hat war in Salzburg Höllers Student. Vgl. von Höller vor allem dessen Werkbiographie: *Peter Handke*. Reinbek bei Hamburg 2007.
[179] Klaus Kastberger ist Projektleiter des virtuellen Handke-Archivs „Handkeonline": https://handkeonline.onb.ac.at/. Dinić bezieht sich in seiner Kritik auf Kastbergers Statement für die 3sat-Sendung *Kulturzeit* (16.10.2019): https://www.3sat.de/kultur/kulturzeit/gespraech-klaus-kastberger-100.html (zuletzt aufgerufen: 08.10.2019). Eine gewisse Ignoranz gegenüber den Forschungsergebnissen der Handke-Kritiker lässt sich daran erkennen, dass Kastberger den Namen eines der bedeutendsten Literaturwissenschaftler der kritischen Handkeforschung – Jürgen Brokoff – nicht korrekt nennen kann („Jürgen Boskopp") und kritische Texte zur *Winterlichen Reise* und dem *Sommerlichen Nachtrag* scheinbar nicht gelesen hat („Da müsste man sich die Texte noch einmal ganz genau anschauen, also für mich stellt sich auch dieser Vorwurf [Handke würde die Opfer verhöhnen, M.H.] eigentlich anders dar.").
[180] Vidulić, Jugoslawien von oben, S. 8.
[181] Vgl. Marko Dinić im Literaturpodcast *Blaubart & Ginster*, 49:26–50:57.

als im Hinblick auf eine literaturpolitische Preisverleihung wesentlich wichtiger hervorhebt, dass die politischen Positionen des Autors in der Erinnerung an die Kriege der 1990er Jahre instrumentalisiert würden, da es auf dem Gebiet des ehemaligen Jugoslawien nach wie vor „kein konsolidiertes Geschichtsnarrativ" gebe.[182] Im deutschsprachigen Rezeptionsraum (und wohl auch seitens der Schwedischen Akademie) würde zudem ein mangelndes Kontextwissen dazu beitragen, dass Handkes Rolle in den Auseinandersetzungen um die Erinnerung an die Kriege der 1990er Jahre kaum greifbar sei und deshalb heruntergespielt werde. In einem Artikel für den *Tagesspiegel* geht Jakiša ausführlicher auf die „Verständnis- und Auslegungsprobleme" der Jugoslawientexte ein, die durch die Nobelpreiskontroverse abermals hervortreten würden.[183] Die Slawistin plädiert für eine „faktenbasierte, wissenschaftlich fundierte Kommentierung der Jugoslawientexte":

> Ein Begleitapparat, der tatsachenorientiert und möglichst deutungsfrei kulturelles und historisches Zusatzwissen in lesbarer, dennoch wissenschaftlich überprüfbarer Form liefert, wird die kritische und kompetente Lektüre für jene, die eine solche suchen, massiv erleichtern. Und er beschwichtigt die Empörung derer, die Verschleierung, Verklärung und sogar Lügen in den Jugoslawientexten ausmachen. Erwähnte Orte, Personen und historische Ereignisse müssen für ein Verständnis der Texte mit Kontextinformation versehen, sowie aufgerufene mythologische Figuren aus der südslawischen Kulturgeschichte als auch Anspielungen auf kulturspezifische Narrative und zeitgenössische politische Diskurse aus Serbien und Bosnien knapp, aber verständlich erläutert werden.[184]

Auch Jagoda Marinić führt diesen Vorschlag in einer ihrer mit etwas zeitlichem Abstand zur Nobelpreisvergabe verfassten Kolumnen für die Süddeutsche Zeitung ins Feld.[185] Sie bezieht sich auf konkrete Textpassagen, die ohne eine kommentierte Kontextualisierung als bloße „Naivität" des Autors abgetan werden könnten. Es geht dabei vor allem um die Fragetechnik des Erzählers, die in der *Winterlichen Reise* die offizielle Darstellung von Kriegsverbrechen bezweifelt. Im Mittelpunkt stehen das Massaker am Marktplatz Markale in Sarajevo und die Luftangriffe auf Dubrovnik, mit denen Handkes Erzähler in seinen „Fragen zur Sache selbst" (WR 73) die Täterschuld der bosnischen Serben in Frage stellt:

> Ist es erwiesen, daß die beiden Anschläge auf Markale, den Markt von Sarajevo, wirklich die Untat bosnischer Serben waren, wie etwa Bernard Henri-Lévy, […], gleich nach dem An-

---

182 Miranda Jakiša über Peter Handkes Nobelpreis in *ORF 3 KulturHeute* (18.10.2019): https://www.youtube.com/watch?v=oF3ex1KPC6w (zuletzt aufgerufen: 08.10.2021).
183 Miranda Jakiša: Es braucht eine Kommentierung seiner Jugoslawientexte. *Der Tagesspiegel* (27.12.2019): https://www.tagesspiegel.de/kultur/wie-laesst-sich-handke-in-zukunft-lesen-es-braucht-eine-kommentierung-seiner-jugoslawientexte/25370432.html (zuletzt aufgerufen: 08.10.2021).
184 Jakiša, Es braucht eine Kommentierung seiner Jugoslawientexte.
185 Marinić, Nationalistische Lügen sind keine Literatur.

schlag posaunenstark in einer absurden Grammatik wußte: „Es wird sich zweifelsfrei herausstellen, daß die Serben die Schuldigen sind!"? (WR 73 f.)

Boris Previsić hat sich in seiner Monographie mit auf historische Fakten rekurrierende Einordnung dieser Textstelle vor dem Hintergrund des Wissensstands zur Publikationszeit von Handkes Reisetext beschäftigt.[186] Anders als im Fall der Bombardierung Dubrovniks, die Handkes Erzähler in der darauffolgenden Textpassage in Zweifel zieht, was „rein sachlich nicht nachvollziehbar"[187] sei, da diese Ereignisse in einem Bericht aus dem Jahr 1992 bereits hinreichend belegt sind, waren die Anschläge auf den Markale-Markt in Sarajevo zur Zeit der Niederschrift der *Winterlichen Reise* (Ende 1995) noch nicht ausreichend aufgearbeitet. Es stellte sich heraus, dass das Gerücht, dass die bosniakische Seite den Anschlag selbst verübt habe, als taktisches Argument seitens der UN-Truppe (UNPROFOR) verwendet wurde, um einen Waffenstillstand zu herbeizuführen.[188] Auch Marinić geht es wie Jakiša vor allem um das unkommentierte Fortwirken der Texte und der darin kolportierten Zweifel, die einerseits mit historischem Kontextwissen nicht Vertraute Leser:innen durch ihre Suggestivkraft ‚mitzweifeln' lassen und andererseits Anknüpfungspunkte für eine serbische Erinnerungskultur der Kriegsgeschichte in Bosnien bieten, die die Täterschuld relativiert, was sich beispielsweise an den Aussagen von Ratko Mladić im Rahmen der Gerichtsprozesse in Den Haag manifestiere, der sich zu seiner Verteidigung eben jener Version einer bosniakischen Inszenierung des Markale-Massakers bedient.[189] Eine Relativierung der Täterschuld gehe immer mit der Infragestellung der Opfergeschichten einher, die Marinić in all ihren Kommentare fokussiert. Explizit genannt werden in Marinićs Artikeln die „Mütter von Srebrenica"[190], die als Opfergruppe gegen die Ehrung des österreichi-

---

[186] Vgl. Previšić, *Literatur topographiert*, S. 249 (Fußnote 499).
[187] Previšić, *Literatur topographiert*, S. 249 (Fußnote 499).
[188] Vgl. *Literatur topographiert*, S. 249 (Fußnote 499).
[189] Marinić, Nationalistische Lügen sind keine Literatur.
[190] Die Nichtregierungsorganisation „Movement of Mothers of Srebrenica and Žepa Enclaves" (bosnisch: *Majke enklava Srebrenice i Žepe*) wurde 1996 gegründet. Die NGO beschreibt ihre Ziele wie folgt: „The main reason for the establishment of the Association was due to the desire and needs of the mothers to directly participate in finding out about the fate of those that have disappeared in July of 1995; as well as those that have disappeared in the period between 1992 and 1995 in the regions of Srebrenica, Žepa, Han Pijesak, Rogatica, Vlasenica, Bratunac, Zvornik, Sokolac, Višegrad and Foča. Over the time, the Association's mission has evolved to include a number of other activities, ranging from their participation in the process of postmortem exhumation, the identification process and burial of victims; to dealing with economic, social, and health issues, as well as education of children of its members." (vgl. offizielle Webseite: http://enklavesrebrenica-zepa.org/english.onama.php, zuletzt aufgerufen: 25.10.2022).

2.4 Peter Handke im Kontext postjugoslawischer Erinnerungskulturen

schen Schriftstellers protestierten.[191] Handke figuriert auch in der Perspektive dieser signifikanten Opfergruppe als Unterstützer einer Täter-Opfer-Umkehrung. Als konkretes Textbeispiel dafür kann die Anteilnahme des Erzählers an der Trauer der serbischen Ortsansässigen auf dem Friedhof in Višegrad im *Sommerlichen Nachtrag* gelten.[192] Marinić selbst fungiert im deutschsprachigen Diskurs um Handkes Nobelpreis dagegen als gesellschaftspolitisch engagierte Autorin, die sich mit den von Handke vernachlässigten Opfergruppen solidarisiert und die Ehrung des österreichischen Schriftstellers zum Anlass nimmt, um die Kriegsverbrechen an der muslimischen Bevölkerung in Bosnien und Herzegowina einer breiten Öffentlichkeit ins Bewusstsein zu rufen. Ein signifikantes Beispiel dafür ist die vierte Folge („NEVER FORGET SREBRENICA", 3. Juni 2021) ihres Podcasts *Freiheit Deluxe*,[193] in der sie mit Selma Jahić als einer Überlebenden des Genozids über die Trauer und den Verarbeitungsprozess spricht. Ein Anlass dafür ist Reise von Peter Handke in die Entität *Republika Srspka* und nach Serbien kurz zuvor. Statt sich journalistisch zu dieser Reise zu äußern, lässt Marinić die unter der Instrumentalisierung von Handkes Texten leidenden Betroffenen selbst zu Wort kommen.

Zusätzlich dazu, dass sie die Opferperspektive hervorhebt, diskutiert die deutsch-kroatische Schriftstellerin in ihren Artikeln das unmittelbar nach dem Nobelpreis präsentierte Autorbild in feuilletonistischen Artikeln deutscher Tageszeitungen, das mit dem poetologischen Selbstverständnis des Schriftstellers und dessen Selbststilisierung korreliert. Marinićs erster Diskursbeitrag erscheint am 13. Oktober in der *taz* („Eine unzivilisierte Wahl") und ist als Reaktion auf Stimmen von Literaturkritikern zu lesen, die Handkes Prämierung kurz nach Bekanntgabe teilweise überschwänglich begrüßen und vor allem die Entscheidung des Nobelpreiskomitees äußerst positiv bewerten.[194] Dass die Schwedische Akademie sich nicht

---

[191] Vgl. Srdjan Govedarica: Die „Mütter von Srebrenica" gegen Handke. *Tagesschau.de* 10.12.2019. Link: https://www.tagesschau.de/ausland/peter-handke-srebrenica-101.html (zuletzt aufgerufen 25.10.2022).
[192] Vgl. das vorangehende Unterkapitel dieser Studie.
[193] Der Podcast *Freiheit Deluxe* mit Jagoda Marinić wird vom Hessischen Rundfunk und dem Börsenverein des deutschen Buchhandels produziert. Zu Gast sind vor allem auch Schriftsteller: innen, wie z. B. Siri Hustvedt, Sibylle Berg, Yoko Tawada oder Mithu Sanyal. Alle Folgen lassen sich u. a. in der ARD-Audiothek abrufen: https://www.ardaudiothek.de/sendung/freiheit-deluxe-mit-jagoda-Marinić/88868694 [zuletzt aufgerufen: 18.10.2021].
[194] Berücksichtigt wurden Artikel in überregionalen Tageszeitungen wie der *FAZ*, *Süddeutschen Zeitung*, dem *Tagesspiegel* oder der *Welt*: Andreas Platthaus: Neues Vertrauen in die Urteilskraft. *FAZ. NET* (10.10.2019): https://www.faz.net/aktuell/feuilleton/buecher/literaturnobelpreise-an-olga-tokarczuk-und-peter-handke-16426469.html (zuletzt aufgerufen: 30.11.2021); Andreas Platthaus: Doppelt gutgemacht. In: *FAZ* 236 (11.10.2019). S. 1; Hubert Spiegel: Popstar, Prophet, Provokateur. In: *FAZ* 236 (11.10.2019). S. 9; Thomas Steinfeld: Der Einzelgänger. *Süddeutsche Zeitung* (10.10.2019): https://www.

von gesellschaftspolitischen Richtlinien habe leiten lassen, wurde als „mutig[]"[195] angesehen: Überwiegend Konsens bestand darüber, dass die Akademie nach dem *MeToo*-Skandal, der zu einer Aussetzung der Preisvergabe im Jahr 2018 führte, durch die Doppelvergabe im Jahr 2019 auf dem besten Weg sei, ihre „Souveränität"[196] wieder zurückzuerlangen. Zu einem Schlüsselbegriff wurde dabei die sogenannte *politische Korrektheit*, deren Missachtung gerade den Mut der Akademie zeige. Im Kontext der Nobelpreisvergabe ist das in gesellschaftlichen Debatten zunehmend als Kampfbegriff verwendete Konzept der *politischen Korrektheit*[197] als ein Kriterium für die Entscheidungsfindung zu verstehen, das abgesehen von der literarischen Güte des Gesamtwerks auch die gesellschaftspolitische Vorbildfunktion der in Frage kommenden Kandidat:innen berücksichtigt. Dass die Akademie sich für einen „politisch umstrittenen Schriftsteller"[198] entschieden habe, zeige nach Ansicht erster Kommentatoren, dass nun wieder der Hauptgegenstand eines Literaturpreises, das literarische Gesamtwerk eines Autors oder einer Autorin, in den Vordergrund rücke. Gerrit Bartels sieht in seinem für den Berliner Tagesspiegel verfassten Kommentar „Wider die politische Korrektheit" (10. Oktober 2021) die Integrität des Literaturnobelpreises nach umstrittenen Entscheidungen für Bob Dylan und Svetlana Alexijewitsch wiederhergestellt, indem vor allem bei der Vergabe an Peter Handke die Güte des literarischen Programms wertgeschätzt worden sei: „Man muss konstatieren, dass das Nobelpreiskomitee tatsächlich höchst autark entschieden, sich um politische Korrektheit nicht geschert, sondern ausschließlich für die Literatur argumentiert hat."[199] Handkes politisches Engagement wird in

---

sueddeutsche.de/kultur/peter-handke-literaturnobelpreis-2019-1.4635396?reduced=true (zuletzt aufgerufen: 30.11.2021); Thomas Steinfeld: Im Schatten der Krise. *Süddeutsche Zeitung* (10.10.2019): https://www.sueddeutsche.de/kultur/kommentar-zum-nobelpreis-im-schatten-der-krise-1.4635398 (zuletzt aufgerufen: 30.11.2021); Gerrit Bartels: Wider die politische Korrektheit. *Tagesspiegel* (10.10.2019): https://www.tagesspiegel.de/kultur/literaturnobelpreis-wider-die-politische-korrektheit/25103812.html (zuletzt aufgerufen: 30.11.2021); Rüdiger Schaper: Der sture Naturbursche Peter Handke. *Tagesspiegel* (10.10.2019): https://www.tagesspiegel.de/kultur/literaturnobelpreis-2019-der-sture-naturbursche-peter-handke/25103786.html (zuletzt aufgerufen: 30.11.2021); Philipp Haibach: Wenn man Handkes Rede auf Miloševićs Beerdigung ignoriert, ist es wunderbar. *Die Welt* (10.10.2019): https://www.welt.de/kultur/literarischewelt/article201716700/Peter-Handke-der-Literaturnobelpreistraeger-im-Wandel-der-Zeit.html (zuletzt aufgerufen: 30.11.2021).
195 Bartels, Wider die politische Korrektheit.
196 Platthaus, Doppelt gutgemacht.
197 Einen diskursanalytischen Einordnungsversuch des Begriffs unternimmt Till Raether: Eine Liebeserklärung an die „Politische Korrektheit". In: *SZ-Magazin* 24.05.2019. Link: https://sz-magazin.sueddeutsche.de/leben-und-gesellschaft/politische-korrektheit-87318 (zuletzt aufgerufen: 25.10.2022).
198 Platthaus, Doppelt gutgemacht.
199 Bartels, Wider die politische Korrektheit.

Bartels Argumentation ähnlich wie bei Handkeforschern wie Höller, Renner und Kastberger zur Nebensache. Sowohl die Jugoslawien-Texte als auch Handkes außerliterarische Aktivitäten werden von einem opulenten Gesamtwerk verdeckt. Eine ähnliche argumentative Stoßrichtung wie Bartels verfolgt der Literaturkritiker Denis Scheck, wenn er von einer „krachenden Ohrfeige für die politische Korrektheit"[200] spricht. Scheck rühmt Handke als „Sprachmagier" und „Virtuose[n] der deutschen Sprache" und findet auch für die Schwedische Akademie lobende Worte: Diese habe sich „selber gerettet", da sie sich nicht von gesellschaftspolitischen Kriterien habe leiten lassen. Es sei ein Schriftsteller prämiert worden, dessen literarisches Werk herausragend sei und der gleichzeitig durch eine kontroverse politische Positionierung provoziere.[201] Handkes Engagement wird hier als allgemein-menschliches Fehlverhalten verharmlost und die Autonomie der Kunst betont: „Das ist das Tolle an dieser Auszeichnung. Man kann ein großer Künstler sein und politisch in die Irre gehen, sich vergaloppieren, wie wir alle. Das schadet aber der Kunst nicht und das muss man einsehen."[202] In den ersten feuilletonistischen Beiträgen und Kommentaren etablierter Literaturkritiker besteht so eine allgemeine Tendenz, Handkes politisches Engagement für Serbien als ‚Idiotie' abseits seines literarischen Werks einzuordnen, was beispielsweise Hubert Spiegel auf den Punkt bringt: „Dieser Nobelpreisträger ist, wenn er sich politisch äußert, nur sehr bedingt ernst zu nehmen."[203] Was sein literarisches Schreiben betrifft, wird Handke als „filigran"[204] dargestellt, in Bezug auf sein politisches Engagement neigen die Kommentare dazu, ihn als „ungezogenes Kind"[205] bzw. „Kärtner Naturbursche, der mit der Zivilisation ringt"[206], zu verniedlichen oder als zornigen Waldgeist („Schrat"[207]) zu karikieren. Viele Stimmen plädieren grundsätzlich dafür, das literarische Gesamtwerk von der politischen Positionierung des Autors zu trennen, in überspitzter Form: „Ja, man konnte das Werk vom Autor trennen, indem man seine Jugoslawien-Bücher, seine Interviews zu dem Thema einfach

---

200 Denis Schecks Reaktion wird in der Österreichischen Tageszeitung *Die Presse* zitiert: „Reaktion auf den Nobelpreis: ‚Politische Korrektheit hat eine Ohrfeige erhalten'". *Die Presse* (10.10.2019): https://www.diepresse.com/5704113/reaktionen-auf-den-nobelpreis-politische-korrektheit-hat-eine-ohrfeige-erhalten (zuletzt aufgerufen: 30.11.2021).
201 Alle wörtlichen Zitate wurden aus einem Videobeitrag des ZDF entnommen: „Literaturpreis für ‚Sprachmagier' Handke". *ZDF.DE* (10.10.2019): https://www.zdf.de/nachrichten/heute-sendungen/videos/literaturnobelpreis-fuer-sprachmagier-handke-102.html (zuletzt aufgerufen: 30.11.2021).
202 Scheck, „Literaturpreis für ‚Sprachmagier' Handke".
203 Hubert Spiegel: Popstar, Prophet, Provkateur.
204 Hubert Spiegel: Popstar, Prophet, Provkateur.
205 Hubert Spiegel: Popstar, Prophet, Provkateur.
206 Rüdiger Schaper: Der sture Naturbursche Peter Handke.
207 Rüdiger Schaper: Der sture Naturbursche Peter Handke.

ignorierte."[208] Dass die Entscheidung für Handke in den Ländern des ehemaligen Jugoslawien eine konflikteskalierende Wirkung habe, wurde, im Kontext der unmittelbaren Reaktionen in den Zeitungsfeuilletons, lediglich im Beitrag des *FAZ*-Balkankorrespondenten Michael Martens erwähnt.[209]

Der Beitrag von Marinić ist in erster Linie als eine Reaktion auf die Kommentare zur Nobelpreisdebatte im Feuilleton deutscher Tageszeitungen zu verstehen. Mit der „politischen Korrektheit" ruft Marinić den Begriff explizit auf, der von diesen zum Lob der Jury-Entscheidung verwendet wurde. Sie nimmt damit die Gegenposition zu jener eines postulierten „Sieg[es] gegen die ‚politische Korrektheit'" ein. An Marinićs Beitrag wird exemplarisch deutlich, dass sich in den Reaktionen auf die Vergabe des Literaturnobelpreises grundlegend zwei Pole identifizieren lassen,[210] die sich unvereinbar gegenüberstehen: eine ästhetisch-normative und eine politisch-moralische Positionierung. Bohne und Grüttemeier rekurrieren als Beispiel für eine politisch-moralische Positionierung in der Nobelpreisdebatte auf das Statement von *P.E.N. America*, das bereits am Tag der Bekanntgabe veröffentlicht wurde:

> PEN America does not generally comment on other institutions' literary awards. We recognize that these decisions are subjective and that the criteria are not uniform. However, today's announcement of the 2019 Nobel Prize in Literature to Peter Handke must be an exception. We are dumbfounded by the selection of a writer who has used his public voice to undercut historical truth and offer public succor to perpetrators of genocide, like former Serbian President Slobodan Milošević and Bosnian Serb leader Radovan Karadzic. [...] We reject the decision that a writer who has persistently called into question thoroughly documented war crimes deserves to be celebrated for his 'linguistic ingenuity.' At a moment of rising nationalism, autocratic leadership, and widespread disinformation around the world, the literary community deserves better than this. We deeply regret the Nobel Committee on Literature's choice.[211]

In ähnlichem Wortlaut positioniert sich der weltweite Autorenverband *P.E.N. International*, auf den sich Marinić in ihrem Beitrag bezieht.[212] Während die von

---

208 Philipp Haibach: Wenn man Handkes Rede auf Miloševićs Beerdigung ignoriert, ist es wunderbar.
209 Vgl. Michael Martens: Immerhin kein Friedensnobelpreis. *FAZ.NET* (11.10.2019): https://www.faz.net/aktuell/feuilleton/buecher/themen/kritik-an-peter-handke-der-den-genozid-in-bosnien-leugnet-16428762.html (zuletzt aufgerufen: 30.11.2021).
210 Vgl. Bohne/Grüttemeier, Nobelpreis.
211 https://pen.org/press-release/statement-nobel-prize-for-literature-2019/ (zuletzt aufgerufen: 29.11.2021).
212 Das Statement von P.E.N. International: „The Nobel prize for literature does not only recognise the literary works and prowess of a writer, but also legitimises the entire body of a writer's work, including any works which comment on current affairs. As PEN members we are dedica-

Marinić attackierten Feuilleton-Beiträge die Entscheidung des Nobelpreiskomitees, trotz fehlender gesellschaftspolitischer Vorbildfunktion die Güte des Gesamtwerks zu prämieren, begrüßen, betont die deutsch-kroatische Schriftstellerin in Anlehnung an die Schriftstellervereinigung P.E.N. die moralische Verwerflichkeit dieser Entscheidung: „Der Nobelpreis für Peter Handke ist ein Schlag ins Gesicht, nicht nur für die Betroffenen der Massaker in Bosnien. Es ist ein Schlag ins Gesicht all jener, die an Menschenrechte und Fakten glauben."[213] Die im Statement der Schriftstellervereinigungen erwähnte Opfer-Täter-Konstellation wird auch in Marinićs Artikel konkretisiert: Die serbische Erinnerungspolitik, mit der sich die Aussagen Handkes als kompatibel erweisen, meidet bis heute eine Anerkennung des Genozids an der muslimischen Bevölkerung in Srebrenica, als dessen repräsentative Opfergruppe Marinić die „Mütter von Srebrenica" von Marinić erwähnt. Auch der im Statement von *P.E.N. International* anklingende Vorwurf, eine Entscheidung für Handke sei gerade in Zeiten, in denen populistische Regierungsvertreter durch einen ignoranten Umgang mit Fakten Machtpolitik betreiben, fragwürdig, wird von Marinić aufgegriffen und polemisch weitergeführt. Sie stellt Handke als Vorläufer von Politikern wie Donald Trump dar, die die Rolle von unabhängigen Medien als vierte Gewalt grundsätzlich diskreditierten: „Lange vor Donald Trump attackierte Handke in seinen Texten die Medien als Verbreiter von Fake News." Nicht nur an dieser Stelle ist Marinićs Artikel durch starke Vereinfachungen gekennzeichnet, die sich im Kern an kritische Positionen anschließen lassen,[214] aber einige Ungereimtheiten aufweisen.[215] Worum es Marinić neben einer Hervorhebung

---

ted to embodying the principles of our Charter. We work to ‚dispel all hatreds and to champion the ideal of one humanity living in peace and equality in one world.' The Academy's choice to recognise an author who has repeatedly questioned the legitimacy of well-documented war crimes is highly regrettable, particularly as it will, no doubt, be distressing to the many victims. At a time when leaders and public figures sow division and intolerance, and court populism, we must celebrate the works and voices of those among us who seek to do the opposite." (https://pen-international.org/news/choice-to-award-peter-handke-nobel-prize-is-regrettable-and-distressing-to-victims, zuletzt aufgerufen: 29.11.2021).

213 Marinić, Eine unzivilisierte Wahl.

214 Handke zum Wegbereiter für Politiker wie Donald Trump zu stilisieren, verkennt die Komplexität von Handkes Medienkritik in der *Winterlichen Reise* und im *Sommerlichen Nachtrag*. Dass Handkes Texte jedoch im Hinblick auf eine einseitige Erinnerungspolitik ein Einfallstor für alternative Fakten bieten, betont auch Vidulić (Jugoslawien von oben, S. 7).

215 Marinićs Aussage, Handke sei bereit gewesen, als Entlastungszeuge für Milošević vor dem Internationalen Gerichtshof in Den Haag auszusagen, spart die Tatsache aus, dass Handke sich letztlich dagegen entschied (vgl. *Die Tablas von Daimiel. Ein Umweltzeugenbericht zum Prozess gegen Slobodan Milošević*). Dass Handke nicht nach Bosnien gereist sei, wie Marinić in ihrem Artikel schreibt, trifft faktisch nicht zu. Nichtsdestotrotz bereiste der Schriftsteller nur die serbische Entität *Republika Srpska* und nahm andere Gebiete in Bosnien, beispielsweise die Hauptstadt Sa-

der Opferperspektive in ihrem Artikel geht, ist ein Anschreiben gegen das von Vertretern des Feuilletons kolportierte Bild eines naturbewussten Dichters, der in seinem Einsiedlertum genialische Sprachkunstwerke schaffe. Dem stellt sie die Metapher des Elfenbeinturms entgegen, die das Bild des weltabgewandten Dichters wiederum pejorativ als intellektuell abgehoben inszeniert: „Nein, die meisten Menschen sind keine Bewohner des Elfenbeinturms. Peter Handke mag da wohnen und schreiben. So manche Vertreter des Kulturbetriebs auch, doch die meisten wohnen da nicht. Und wollen das auch gar nicht."[216] Auch hier ist die Polarisierung zwischen ästhetisch-normativen und politisch-moralischen Positionen zu erkennen: In der pejorativ konnotierten Elfenbeinturm-Metapher bündelt Marinić die Plädoyers für eine Autonomie der Kunst und hält einer als preiswürdig erachteten ästhetischen Güte die gesellschaftspolitische Funktion des Literaturnobelpreises entgegen. Dieses Spannungsverhältnis lässt sich auch mit dem Ursprung der Elfenbeinturm-Metaphorik in der Selbststilisierung des jungen Handke in Verbindung bringen, die Marinić in ihrem Artikel aufgreift. Der Autor verwendet diese polemische Selbstbezeichnung, um sich seinerseits von dem Konzept eines literarischen Engagements[217] abzugrenzen:

> Eine normative Literaturauffassung freilich bezeichnet mit einem schönen Ausdruck jene, die sich weigern, noch Geschichten zu erzählen, die nach neuen Methoden der Weltdarstellung suchen und diese an der Welt ausprobieren, als ‚Bewohner des Elfenbeinturms', als ‚Formalisten', als ‚Ästheten'. So will ich mich gern als Bewohner des Elfenbeinturmes bezeichnen lassen, weil ich meine, daß ich nach Methoden, nach Modellen für eine Literatur suche, die schon morgen (oder übermorgen) als realistisch bezeichnet werden wird, und zwar dann, wenn auch diese Methoden schon nicht mehr anwendbar sein werden, weil sie

---

rajevo, nicht in Augenschein. Marinićs Aussage, Handke und seine ihn verteidigende Leserschaft „repräsentieren die Gleichgültigkeit des Westens gegenüber dem Genozid in Bosnien", ist widersprüchlich, da Institutionen, die Handke selbst als „westlich" markiert (der Internationale Strafgerichtshof in Den Haag), dafür gesorgt haben, dass Srebrenica juristisch als Genozid anerkannt wird.

216 Marinić, Ein unzivilisierte Wahl.

217 Dem vieldeutigen Begriff des *Engagements* widmet sich der Sammelband *Engagement. Konzepte von Gegenwart und Gegenwartsliteratur* (Hrsg. v. Jürgen Brokoff, Ursula Geitner und Kerstin Stüssel, Göttingen 2016). Ursula Geitner stellt in ihrem einführenden Artikel mit Jean Paul Sartres Konzept einer *literatur engagée* (*Qu'est-ce que la littérature*, 1948) einen der wichtigsten begriffsgeschichtlichen Ausgangspunkte vor. Handkes Texte „Die Literatur ist romantisch" und „Ich bin ein Bewohner des Elfenbeinturms" werden in diesem Artikel exemplarisch als Verteidigung einer Autonomie-Ästhetik im Kontext einer auch im deutschsprachigen Raum geführten ‚Sartre-Debatte' um literarisches Engagement vorgestellt. Vgl. Ursula Geitner: Stand der Dinge: Engagement-Semantik und Gegenwartsliteratur-Forschung. In: *Engagement. Konzepte von Gegenwart und Gegenwartsliteratur*. Hrsg. v. Jürgen Brokoff/Ursula Geitner/Kerstin Stüssel. Göttingen 2016. S. 19–58.

dann eine Manier sind, die nur scheinbar natürlich ist, wie jetzt die Fiktion als Mittel der Wirklichkeitsdarstellung in der Literatur noch immer scheinbar natürlich ist.[218]

In seinem Essay „Ich bin ein Bewohner des Elfenbeinturms" (1966) schildert Handke in Abgrenzung zu einem engagierten Literaturverständnis sein formbewusstes Literaturprogramm einer neuen Innerlichkeit.[219] Renner ordnet die beiden Aufsätze „Ich bin ein Bewohner des Elfenbeinturms" und „Die Literatur ist romantisch" (1966) als „polemische[] Absetzbewegungen"[220] ein, die sich einerseits in einer Debatte um Autonomieästhetik gegen die in den 1960er Jahren kursierenden Forderungen nach Engagement positionieren und andererseits neben zeitgenössischen, dem Realismus zugeordneten Literaturprogrammen[221] auch den Sprachgebrauch in literaturkritischen, aber auch politischen Diskussionen attackieren. Die Elfenbeinturm-Metapher wird, der Intention des Autors folgend, in diesem Kontext von vielen Handkeforschern als innovative Methode der Kunst-, Sprach- und Selbstreflexion positiv ausgelegt.[222] Indem Marinić an das Selbstverständnis des jungen Handke als Elfenbeinturmbewohner erinnert, deutet sie auf das immer noch zirkulierende Autorbild eines ‚eigentlich' unpolitischen Literaten, das in den ersten feuilletonistischen Reaktionen auf die Nobelpreisvergabe wieder aufkommt und auch vom Autor selbst weiterhin inszenatorisch genutzt wird. Die Entwicklungslinien in Handke Œuvre deuten jedoch darauf hin, dass dieses Autorbild nicht aufrechterhalten werden kann, da durch eine stetige Öffnung zur politischen Wirklichkeit hin die Grenzen zwischen fiktionaler Erzählung und faktualer politischer Positionierung verschwimmen, wofür Handkes Reisetexte *Winterliche Reise* und *Sommerlicher Nachtrag* einschlägige Beispiele

---

218 Handke, Ich bin ein Bewohner des Elfenbeinturms, S. 26.
219 Vgl. Handke, Ich bin ein Bewohner des Elfenbeinturms, S. 43: „Es interessiert mich als Autor übrigens gar nicht, die Wirklichkeit zu zeigen oder zu bewältigen, sondern es geht mir darum, meine Wirklichkeit zu zeigen (wenn auch nicht zu bewältigen)."
220 Rolf Renner: *Peter Handke*. Stuttgart 1985. S. 24.
221 Als aufmerksamkeitsgenerierendes Beispiel für Handkes Realismus-Kritik kann dessen Schmährede auf einer Tagung der Gruppe 47 in Princeton (1966) gelten, in der er dem grundlegenden literarischen Programm dieser literarischen Gruppe und ihrer Repräsentant:innen „Beschreibungsimpotenz" attestiert. Vgl. Peter Handke: Zur Tagung der Gruppe 47 in den USA. In: *Ich bin ein Bewohner des Elfenbeinturms*. Frankfurt a. M. 1972. S. 29–34; Helmut Böttiger: *Die Gruppe 47. Als die deutsche Literatur Geschichte schrieb*. München 2012. Insb. das Kapitel „Beschreibungsimpotenz. Die Geburt der Popliteratur aus dem Geist der Gruppe 47: Princeton 1966 (S. 378–395).
222 Vgl. u. a. Renner, *Peter Handke*, S. 27 f. und Peter Pütz: Peter Handkes Elfenbeinturm. In: *Peter Handke (Text + Kritik)*. Hrsg. v. Heinz Ludwig Arnold. München 1989. S. 21–29.

darstellen.[223] Wesentliche Veränderungen in Handkes poetologischem Programm seit dem Elfenbeinturm-Essay lassen darauf schließen, dass sich das Bild des rebellischen Ästheten vor allem seit dem Zerfall Jugoslawiens Anfang der 1990er Jahre um die Teilidentität eines politischen Schriftstellers, die vor allem auch die Poetik des Gesamtwerks mitbestimmt, erweiterte.[224]

Diese Ambivalenz zwischen einer politischen Positionierung in seinen Texten sowie außerliterarischen Handlungen (z. B. die Teilnahme an der Beisetzung von Slobodan Milošević) einerseits und dem Selbstverständnis eines gewissermaßen über politischen Diskursen stehenden Schriftstellers andererseits, zeigt sich auch an Handkes Selbststilisierung nach der Nobelpreisverkündung. Signifikantestes Beispiel dafür ist Handkes Auftritt im Rahmen eines Pressetermins in seiner Heimatstadt Griffen, der fünf Tage nach der Verkündung der Nobelpreisträger:innen und einen Tag nach der Verleihung des Deutschen Buchpreises stattfindet. Konfrontiert mit der Preisrede von Sasa Stanišić kommt es zu einem „Eklat"[225], der zum Abbruch des Interviews führt, da Handke mit den journalistischen Fragen nicht einverstanden ist:

> Ich steh vor meinem Gartentor, und da sind 50 Journalisten – und alle fragen nur wie Sie, und von keinem Menschen, der zu mir kommt, höre ich, dass er sagt, dass er irgendetwas von mir gelesen hat, dass er weiß, was ich geschrieben hab. Es sind nur die Fragen: Wie

---

[223] Bemerkenswert ist die methodologische Nähe des im Elfenbeinturm-Aufsatz formulierten Affront gegen eine realistische „Trivialkunst" (Handke, Ich bin ein Bewohner des Elfenbeinturms, S. 21) zur Ideologie-, Sprach- und Medienkritik in den Jugoslawienschriften, in denen Handke Christoph Deupmann zufolge die methodische Überlegungen aus dem Elfenbeinturm-Aufsatz aufgreift und „seit der Winterlichen Reise auf die Sprache des politischen Journalismus hin konkretisiert" (Christoph Deupmann: *Ereignisgeschichten. Zeitgeschichte in literarischen Texten von 1968 bis zum 11. September 2001*. Göttingen 2013. S. 369 f.). Während Handke in „Ich bin ein Bewohner des Elfenbeinturms" jedoch ausschließlich auf automatisierte sprachliche Formen abhebt und diese in seinen Werken neu arrangiert und transformiert, bleibt der Erzähler der *Winterlichen Reise* nicht bei einer reinen Sprach- oder Medienkritik, sondern versucht selbst, eine alternative (poetische) Wirklichkeit zu konstruieren. Auch in der *Winterlichen Reise* nimmt der Erzähler zwar, wie im Elfenbeinturm-Aufsatz formuliert, gezielt Worte und Sätze der Wirklichkeit auf, indem er einen aus seiner Sicht von einer emotionalisierenden Erzähltechnik geprägten medialen Mythos von serbischen „‚Aggressoren'" (WR 39) heraufbeschwört. Diesem setzt er allerdings seine poetische Wirklichkeit entgegen, die über den Verlust einer jugoslawischen Erzählheimat trauert und im ‚Rest-Jugoslawien' Inspiration für eine neue Erzählheimat sucht. Die realhistorische Wirklichkeit einer multiethnischen, postjugoslawischen Nachkriegsgeneration hat in diesem Erzählmodell keinen Platz.
[224] Vgl. Gottwald/Freinschlag: *Peter Handke*. S. 17–37.
[225] Vgl. den Artikel „Medientermin mit Handke nach Eklat abgesagt" (16.10.2019) von *ORF Kärnten*, in dem auch Videomaterial von Handkes Aussagen zur Verfügung gestellt wird: https://kaernten.orf.at/stories/3017432/ (zuletzt aufgerufen: 09.11.2021).

reagiert die Welt? Reaktion auf Reaktion auf Reaktion. Ich bin ein Schriftsteller, komme von Tolstoi, von Homer, von Cervantes, und lasst mich in Frieden und stellt mir nicht solche Fragen![226]

Handkes grundsätzlich aversives Verhältnis gegenüber journalistischer Berichterstattung ist hinlänglich bekannt[227] und wirkt in diesem Fall als Katalysator einer polarisierenden Debatte (Handke vs. Stanišić), der in Anbetracht eines wiederaufgelegten „Literaturskandals" verhältnismäßig große öffentliche Aufmerksamkeit zukam.[228] Handkes Empörung zielt – wie bereits in der *Winterlichen Reise* und im *Sommerlichen Nachtrag* – auf einen journalistischen Sensationalismus, der sich nicht mehr inhaltlich mit Themen, in diesem Fall der Prämierung seines literarischen Gesamtwerks, auseinandersetzen würde, sondern ausschließlich von einer Ökonomie der Aufmerksamkeit geleitet sei. Dessen ungeachtet hat besonders der letzte Satz dieses Interviews das Autorbild eines intellektuell ‚abgehobenen', weltabgewandten Schriftstellers in der medialen öffentlichen Wahrnehmung bestärkt, insbesondere in sozialen Medien, die aus dem Textmaterial des Interviews *Memes* produzieren, die eine genieästhetischen Stilisierung des Schriftstellers ironisieren.[229]

Die Beiträge von Jagoda Marinić und Marko Dinić zur Nobelpreisdebatte haben gemein, dass sie Aufklärungsarbeit im Hinblick auf die Rolle des österreichischen Schriftstellers Peter Handke für Erinnerungskulturen vor allem in Bosnien und Serbien leisten. Sie gehen auf eine offensichtlich einvernehmliche Instrumentalisierung des Schriftstellers durch Vertreter einer serbischen Erinnerungspolitik ein, die Kriegsverbrechen, wie beispielsweise den Genozid an der muslimischen Bevölkerung in Srebrenica, nicht vollumfänglich anerkennen und mit Handkes Erzäh-

---

226 *ORF Kärnten*, Medientermin mit Handke nach Eklat abgesagt.
227 Nichtsdestotrotz scheint das Band nicht völlig zerrissen. Es werden weiterhin Interviews mit Peter Handke in Zeitungen veröffentlicht. Durch die besondere Auswahl der Interviewer wird allerdings deutlich, dass der Schriftsteller hauptsächlich mit ihm vertrauten Interviewpartnern, wie beispielsweise seinem Biographen Malte Herwig, Gespräche führt. Vgl. etwa: Malte Herwig/Sven Michaelsen: „Ich bin geächtet". Ein Gespräch mit dem Schriftsteller Peter Handke. In: *Süddeutsche Zeitung Magazin* 38/2021. S. 18–26.
228 Vgl. Kraus, Zur Untersuchung von Skandalautoren, S. 17: „Erfahrungsgemäß schaffen es Literaturskandale freilich nur in ganz speziellen Ausnahmefällen auf die Titelseiten der Zeitungen oder in die Hauptnachrichten. Gegenüber Fällen die etwa hochrangige Politiker, Wirtschaftsfunktionäre oder schillernde TV-Celebrities betreffen, vermögen sie sich kaum durchzusetzen." In der *ZEIT* war der Fall Handke mit der Überschrift „Nobelpreisträger Peter Handke: Verehrt und verdammt" in der Ausgabe 43/2019 auf der Titelseite.
229 Vgl. Berit Glanz: Memes als Wertungen von Literatur in den sozialen Medien. In: *Unterstellte Leserschaften* (Kulturwissenschaftliches Institut Essen, 9/2020). Online abrufbar: https://duepublico2.uni-due.de/receive/duepublico_mods_00074183 (zuletzt aufgerufen: 09.11.2021).

ler in seinen Reiseberichten einen Kronzeugen für die ‚serbische Wahrheit' in den eigenen Reihen wähnen. Marinić und Dinić setzen in der Bewertung der Nobelpreisvergabe jedoch jeweils unterschiedliche Akzente. Dinić verhandelt hauptsächlich Handkes Nähe zur politischen Elite in Serbien, die ihn selbst zu einem ambivalenten Umgang mit dem Schriftsteller führt. Er schätzt Teile von Handkes Gesamtwerk, verurteilt jedoch gleichzeitig entschieden Handkes politisches Engagement. Beides sei ihm zufolge nicht voneinander zu trennen, weshalb er dafür plädiert, sich mit dem Autor in seiner Ambivalenz auseinanderzusetzen. Marinić rückt demgegenüber die Opferseite in den Vordergrund und engagiert sich dafür, dass deren Stimmen in der Debatte um Peter Handke gehört werden. Sie fordert eine kommentierte Ausgabe, damit die zukünftige Leserschaft kontextuelle Bezüge, die bereits einen Aufarbeitungsprozess durchlaufen haben, nachvollziehen kann. Anders als Dinićs Artikel steht Marinićs erster Beitrag nicht am Anfang der Debatte und kann deshalb schon auf eine erste feuilletonistische Einordnung rekurrieren. Die deutsch-kroatische Schriftstellerin bezieht gegen die anfängliche Glorifizierung des Dichters Stellung, die mit einer Vernachlässigung des Jugoslawien-Komplexes einhergehe. Dem Autorbild eines genialischen, politisch unbeholfenen Sprachvirtuosen hält sie die gesellschaftspolitische Ignoranz eines weltabgewandten Schriftstellers entgegen. Handke selbst geriert sich in seiner Reaktion auf die Kritik an der Preisverleihung und seiner als Nobelpreisträger getätigten Reise nach Bosnien und Serbien als ein politisch unabhängiger Schriftsteller, der sich weiterhin der jugoslawischen Idee verpflichtet sieht und dem sich die Reaktionen sowohl auf die Nobelpreisverleihung als auch die anschließende „Jubeltournee"[230] vorgeblich nicht erschließen bzw. völlig unangebracht erscheinen. Dieses Selbstbild steht im Widerspruch zu seinen Jugoslawienschriften und außerliterarischen Handlungen, die nicht auf einen integrativen, multiperspektivischen Blick auf postjugoslawische Erinnerungskulturen schließen lassen. Für die in dieser Studie im Fokus stehenden Autor:innen Saša Stanišić, Jagoda Marinić und Marko Dinić eröffnet der Skandal um die Nobelpreisverleihung wiederum die Möglichkeit, sich im literarischen Feld zu positionieren, wofür auch das eigene literarische Programm von Relevanz ist. Die Kommentare von Stanišić, Marinić und Dinić bieten so auch einen ersten kursorischen Einblick in die eigene Auseinandersetzung mit dem interkulturellen Erzählgegenstand Jugoslawien, der in den nachfolgenden drei Kapiteln vertieft werden soll. Im Zentrum steht dabei die jeweilige Gestaltung des narrativen Strukturelements der Reise.

---

230 Martens, Peter Handke, überlebensgroß.

3 Postjugoslawische Reisen als Bestandsaufnahme
Saša Stanišićs Romane *Wie der Soldat das Grammofon repariert* (2006) und *Herkunft* (2019)

Unter dem Titel „Das Biografische, das Unwahrscheinliche, das Grausame und der Witz: Meine Heimaten" hielt Saša Stanišić im Zeitraum zwischen dem 9. und 23. November 2017 drei Vorlesungen zu den „Grundfragen seiner Poetik"[1]. Am Ende der Poetik-Dozentur erschien in der *NZZ* ein Text des Schriftstellers, der einen konzisen Einblick in zentrale Aspekte der Vorlesungen bietet.[2] Die poetologischen Reflexionen werden in den Vorlesungen in Geschichten eingebettet und haben einen besonders hervorgehobenen Schauplatz, an dem Stanišić „eine Art Urszene [s]eines Schreibens"[3] lokalisiert: die Konfrontation mit seiner generationenübergreifenden Familiengeschichte auf dem Friedhof in Oskoruša, Herkunftsdorf von Stanišićs Vorfahren väterlicherseits in den bosnischen Bergen. In Stanišićs autobiographischem Erzählwerk *Herkunft* (2019) werden diese Geschichten im Herkunftsraum der Ahnen aufgegriffen, erweitert und in ein größeres Textgefüge integriert, das weitere biographische Stationen des Autor-Erzählers enthält.[4] Nicht erst seit *Herkunft* (2019) fungiert Stanišićs Familiengeschichte als Erzählstoff seiner literarischen Werke. Den Ausgangspunkt für eine Analyse von ästhetischen Eigenarten seines autobiographischen Schreibens bildet der Debütroman *Wie der Soldat das Grammofon repariert* (2006), in dem mit dem Bergdorf Veletovo wiederum ein Schauplatz eingebunden ist, der in seiner Raumsemantik und Figurenkonstellation Oskoruša ähnelt. Die leitende These dieses Kapitels ist, dass *Wie der Soldat das Grammofon repariert* und *Herkunft* als komplementäre Werke zu betrachten sind, die autobiographischen Erzählstoff mit unterschiedlichen Darstellungsmitteln ver-

---

1 Homepage des Deutschen Seminars der Universität Zürich: https://www.ds.uzh.ch/de/neuere/poetikvorlesung/2017.html (letzter Zugriff: 07.12.2020).
2 Saša Stanišić: Dort, während ich erzähle. In: *NZZ* 23.11.2017. URL: https://www.nzz.ch/feuilleton/dort-waehrend-ich-erzaehle-ld.1330554 (letzter Zugriff: 09.12.2022).
3 Saša Stanišić: Dort, während ich erzähle.
4 Auf der Impressumsseite von *Herkunft* verweist der Autor auf die Zürcher Poetikvorlesungen: „Einige Bestandteile des Textes waren enthalten in den vom Autor gehaltenen ‚Zürcher Poetikvorlesungen' 2017." Die Zürcher Poetikvorlesungen werden seit 2015 vom Deutschen Seminar der Universität Zürich und dem dort angesiedelten Literaturhaus ausgerichtet. Das alljährliche Programm sieht vor, dass Schriftsteller:innen deutscher Sprache „einen Einblick in ihr [...] Verständnis von Literatur" geben (Homepage der Universität Zürich: https://www.media.uzh.ch/de/medienmitteilungen/2017/Poetikvorlesung.html (letzter Zugriff: 07.12.2020).

handeln und sich durch ihren zeitlichen Abstand von dreizehn Jahren einem Fortsetzungsgedanken verschreiben, sodass *Herkunft* den autobiographischen Erzählstoff aktualisiert und ergänzt.

In den Poetikvorlesungen in Zürich beschreibt Stanišić die autobiographische Dimension seiner literarischen Werke mit einem Vergleich: „Mein biografisches Schreiben ist wie der Name eines längst verstorbenen Mannes am Klingelschild – ein unheimlicher, absurder Versuch, zu erhalten, was einmal wichtig war. Zu erhalten, aber auch weiterzudenken, es zu hinterfragen."[5] Die Figur des „längst verstorbenen Mannes" bezieht sich auf Stanišićs Großvater, dessen Name auch nach dem Tod noch das Klingelschild der Großmutter ziert. Im *NZZ*-Text zu den Poetikvorlesungen weist Stanišić darauf hin, dass sein Großvater 1990 gestorben und dennoch bis in die Gegenwart des Vortrags auf dem Klingelschild mit seinem Namen und damit auch mit seinen „Geschichten, die zu den Namen gehören"[6], präsent ist. Mit dem Vergleich deutet der Schriftsteller auf eines der zentralen Themen in seinem Werk hin: die Auseinandersetzung mit Erinnerungsbeständen und deren individuellen und gesamtgesellschaftlichen Bedeutungsdimensionen.[7] Mit einem genauen Blick auf die biographischen Details, die Stanišić in seinem Klingelschild-Vergleich erwähnt, lässt sich dieses übergeordnete Thema konkretisieren. Dass Stanišićs Großvater tatsächlich im Jahr 1990 starb, ist vor dem Hintergrund weiterer Interviews des Autors kein verlässliches Faktum.[8] Handelt es sich um ein erfundenes biographisches Detail, rückt die Jahreszahl 1990 als To-

---

5 Diese These stützt sich u. a. auch auf Aussagen von Stanišić selbst in einem Interview mit Karin Janker für die *Süddeutschen Zeitung* (15./16.06.2019): „Als ich den ‚Soldaten' schrieb, war ich noch nicht reif für ein echtes Buch über mich selbst. In dem Roman gibt es viele Schutzschilde, die mich von meinem Protagonisten trennen, sodass ich beinahe meine Geschichte erzählte, aber eben nicht ganz: Es ist nicht Heidelberg, sondern Essen. Aleksandar ist im Umgang mit Erinnerung erfinderischer und autonomer. […] Statt zu erzählen, wie mir Menschen halfen, hier anzukommen, lasse ich Aleksandar Briefe nach Višegrad schreiben. Alles Übersprungshandlungen, um nicht wirklich von mir selbst erzählen zu müssen. In ‚Herkunft' konnte ich das: ‚Ich' sagen und – größtenteils – mich meinen. Damit schließt sich ein Kreis, es fühlt sich an, als hätte ich etwas erledigt." (Saša Stanišić/Karin Janker: Saša Stanišić über Erinnerung. In: *Süddeutsche Zeitung*, 137, 15./16.06.2019, S. 56).
6 Saša Stanišić: Dort, während ich erzähle.
7 Vgl. auch den Lexikonartikel von Thomas Möbius im *Kritischen Lexikon zur deutschsprachigen Gegenwartsliteratur*: „Thematisch geht es in seinen Texten um die Frage, wie Erinnerung ‚konstruiert' wird und welche Bedeutung Geschichte bzw. Herkunft für die individuelle Identität haben." (Thomas Möbius: Saša Stanišić. In: *Kritisches Lexikon der Gegenwartsliteratur*. URL: https://online.munzinger.de/document/16000000823; abgerufen am 9.12.2022).
8 Vgl. Saša Stanišić/Martina Scherf: Großvaters Stimme. Saša Stanišić präsentiert seinen Debütroman „Wie der Soldat das Grammofon repariert". In: *Süddeutsche Zeitung*, 267, 20.11.2006. S. 63: „[SZ:] Sehr schön ist die Figur von Opa Slavko – haben Sie von ihm die Inspiration zur Literatur?

desjahr in den Vordergrund. Im Hinblick auf die Geschichte Jugoslawiens im 20. Jahrhundert hat das Jahr 1990 in Bezug auf das Auseinanderbrechen des kommunistischen Vielvölkerstaats auf staatspolitischer Ebene eine signifikante Bedeutung.[9] Ähnlich wie in Stanišićs Debütroman *Wie der Soldat das Grammofon repariert* erscheint es plausibel, den Tod des Großvaters mit dem Zerfall Jugoslawiens engzuführen.[10] Im Hinblick auf die Klingelschild-Anekdote ermöglicht das Todesjahr, die Figur des Großvaters im Kontext des Vergleichs als Personifikation Jugoslawiens zu dechiffrieren. Steht nun der tote Großvater auf dem Klingelschild der Großmutter als Sinnbild für den Zerfall des Vielvölkerstaates erhält die Aussage des Autors über das eigene biografische Schreiben einen konkreten inhaltlichen Bezugspunkt: Stanišićs autobiographische Werke sind postjugoslawische Erinnerungsliteratur, die sich mit der Bewahrung von Erinnerungen an die Vorkriegszeit, aber auch und vor allem mit der Aufarbeitung des Bosnienkriegs in der Nachkriegszeit auseinandersetzt.

Ein zentrales Erzählverfahren, um aus einer interkulturellen Perspektive Erinnerungen „zu erhalten, weiterzudenken, […] zu hinterfragen", ist die Reise. Stanišić ist 1992 mit seiner Mutter aus Višegrad nach Heidelberg geflohen und hat damit einen Großteil der sekundären Sozialisation in Deutschland verbracht. In den Romanen *Wie der Soldat das Grammofon repariert* und *Herkunft* kehren die Erzähler seiner Werke für den begrenzten Zeitraum einer Reise nach Višegrad zurück. Die Rückkehr als eine narrative Inventarisierung des Herkunftsraums in den beiden aufeinander aufbauenden Werken zu untersuchen, ist der zentrale Gegenstand dieses Kapitels. In einem ersten Schritt steht die Rückkehr von Aleksandar Krsmanović, Erzählfigur des Romans *Wie der Soldat das Grammofon repariert*, im Zentrum der Analyse, die zunächst auf das Reisemotiv des Protagonisten und anschließend auf die Aushandlung von Zugehörigkeit sowie verschiedene Erinnerungsprozesse an den drei Stationen der Reise – Sarajevo, Višegrad und Veletovo – eingeht (3.1). In den beiden folgenden Unterkapitel soll die These plausibilisiert werden, dass *Wie der Soldat das Grammofon repariert* und *Herkunft* als komplementäre Werke im Oeuvre des Schriftstellers zu betrachten sind. Diese

---

[Stanišić:] Das ist schon die erste Falle des Biografischen. Ich hatte nicht das Glück eines solchen Großvaters. Mein Opa starb, als ich vier war."
9 Im Jahr 1990 fanden in allen Republiken (ausgenommen Serbien und Montenegro) Wahlen statt, die die ersten Unabhängigkeitserklärungen im darauffolgenden Jahr (Slowenien und Kroatien) einleiteten. Vgl. Holm Sundhaussen: Der Zerfall Jugoslawiens und dessen Folgen. In: *Aus Politik und Zeitgeschichte* 24.07.2008. URL: https://www.bpb.de/shop/zeitschriften/apuz/31042/der-zerfall-jugoslawiens-und-dessen-folgen/ (zuletzt abgerufen am 09.12.2022).
10 Vgl. das Kapitel „Wie lange ein Herzstillstand für hundert Meter braucht […]" in *Wie der Soldat das Grammofon repariert* (S 11–31).

These wird bekräftigt, indem einerseits paratextuelle Bedeutungsaspekte aufgezeigt (3.2) und andererseits strukturelle Ähnlichkeit und intertextuelle Referenzen innerhalb des Textes herausgearbeitet werden (3.3). In einer Analyse der Oskoruša-Reisen im Buchprojekt *Herkunft* werden schließlich wiederum Zugehörigkeitsfragen und Erinnerungsarbeiten in den Blick genommen, die die Bestandsaufnahme aus dem Debütroman aktualisieren und ergänzen (3.4).

3.1 Aleksandars Rückkehr nach Višegrad in *Wie der Soldat das Grammofon repariert* (2006)

Die Struktur von Stanišićs 2006 erschienenem Debütroman *Wie der Soldat das Grammofon repariert* ist komplex und entzieht sich durch eine anachronische narrative Ordnung, zahlreiche situative Binnengeschichten mit wechselnden Erzählinstanzen und eine Heterogenität der Textformen (neben ‚gewöhnlichen' Romankapiteln u. a. auch Briefe, Telefonate, in sich geschlossene Kurzgeschichten, Gedichte, ein Buch im Buch, Lieder, Listen) einem klaren, linearem Erzählschema. Es handelt sich um ein Montageprinzip, das sich nicht zu einem „harmonischen Ganzen"[11] zusammenfügt, sondern durch digressive Erzählverfahren einen stringenten Erzählfluss bewusst unterläuft. In Stanišićs *Soldaten* kehrt der Protagonist Aleksandar Krsmanović im letzten Teil des Romans in seinen Herkunftsraum zurück. Für die Analyse dieses Abschnitts ist es zunächst einmal nützlich, den Roman in einige strukturelle Sinnabschnitte zu gliedern, um die Reise im Hinblick auf heterogene Erzählverfahren in die Gesamtstruktur einzuordnen. Der Roman lässt sich in vier Segmente unterteilen,[12] die jeweils spezifische formalästhetische Merkmale aufweisen:

(1) Der erste Sinnabschnitte lässt sich vom Kapitel „Wie lange ein Herzstillstand für hunderte Meter braucht, wie schwer ein Spinnenleben wiegt, warum mein Trauriger an den grausamen Fluss schreibt und was der Chefgenosse des Unfertigen als Zauberer draufhat" bis zum Kapitel „Emina auf den Armen durch ihr Dorf getragen" markieren und erzählt in einem Zeitraum von einem Jahr die Vor-

---

11 Esther Delp: „Ich habe ein Portrait von Višegrad in dreißig Listen geschrieben." Enumerative Erinnerungsstrategien in Saša Stanišićs *Wie der Soldat das Grammofon repariert*. In: *Exil interdisziplinär 2*. Hrsg. v. Julia Maria Mönig und Anna Orlikowski. Würzburg 2018. S. 135.
12 Zu einer ausführlichen Strukturanalyse vgl. auch Matteo Galli: „Wirklichkeit abbilden heißt vor ihr kapitulieren": Saša Stanišić. In: *Eine Sprache – viele Horizonte ... Ein Beitrag zur Literaturgeographie*. Hrsg. v. Michaela Bürger-Koftis. Wien 2008. S. 53–63.

kriegszeit in Bosnien.¹³ Die zentralen Schauplätze sind die Stadt Višegrad und das Dorf Veletovo. Unter Berücksichtigung der für die Homodiegese charakteristische Unterscheidung zwischen einem erzählenden und einem erzählten Ich tritt das erzählende Ich in der Schilderung der Vorkriegszeit nicht in Erscheinung: Es dominiert die Perspektive des kindlichen Erzählers Aleksandar Krsmanović, der gesellschaftliche Kuriositäten und die zunehmende Gewaltbereitschaft mit erzählerischer Naivität verfolgt.[14] Figurenreden werden in diesem Abschnitt zu Binnengeschichten ausgeweitet, was die von vielen Interpret:innen betonte Vielstimmigkeit eröffnet.[15] Die Kapitelüberschrift kennzeichnet ein hyperbolisch wirkender Detailreichtum, der in einem barockartigen Stil an das Genre des Schelmenromans erinnert.[16]

(2) Der zweite Abschnitt umfasst die folgenden neun Kapitel und ist zunächst dadurch als Struktureinheit zu legitimieren, dass sich das erzählte Ich nach der Flucht aus Višegrad nun in Deutschland befindet. Neben der räumlichen Perspektive verändert sich auch die Ausdrucksform: Der Ich-Erzähler kommuniziert hauptsächlich in Briefen, die an ein Mädchen namens Asija, die Aleksandar im Kellerversteck während der Belagerung Višegrads kennengelernt hat, adressiert sind. Weitere Text-

---

13 Die Binnengeschichte von Milenko Pavlović („Walross") beginnt Ende April 1991, der erste Brief nach der Flucht aus Višegrad ist auf den 26. April 1992 datiert.
14 Zum Verhältnis zwischen erzählendem und erzähltem Ich im ersten Abschnitt vgl. Daniela Finzi: Wie der Krieg erzählt wird, wie der Krieg gelesen wird. *Wie der Soldat das Grammofon repariert von Saša Stanišić*. In: *Gedächtnis – Identität – Differenz. Zur kulturellen Konstruktion des südosteuropäischen Raumes und ihrem deutschsprachigen Kontext.* Hrsg. v. Marijan Bobinac und Wolfgang Müller-Funk. Tübingen 2008. S. 245–254, hier S. 249: „Passagen des vollständigen Ineinanderübergehens von Erzähler-Ich und Figuren-Ich, die die Illusion eines gleichzeitigen Erlebens und Erzählens erzeugen, charakterisieren den ersten, in Bosnien angesiedelten Teil." Auch Previšić fügt an, dass das erzählende und das erzählte Ich im ersten Teil noch nicht zu unterscheiden sind, im Laufe des Romans werde allerdings deutlich, „dass hinter dem erzählenden Ich des ersten Teils des Romans nicht einfach ein Kind steht als vielmehr eine weitere Vermittlungsinstanz, die sich bisher nur versteckt hielt: der im Jahre 2002, also zehn Jahre nach der Flucht aus Višegrad, zurückkehrende Aleksandar." (Previšić, *Literatur topographiert*, S. 374).
15 Vgl. u. a. Bernsdorff, Reisen ins jugoslawische Kriegsgebiet, S. 215; Svetlana Arnaudova: Versprachlichung von Flucht und Ausgrenzung im Roman *Wie der Soldat das Grammofon repariert* von Saša Stanišić. In: *Niemandsbuchten und Schutzbefohlene. Flucht-Räume und Flüchtlingsfiguren in der deutschsprachigen Gegenwartsliteratur.* Hrsg. v. Thomas Hardtke et al. Göttingen 2017. S. 165 f.; Finzi, Wie der Krieg erzählt wird, wie der Krieg gelesen wird, S. 251; zur „Mehrsprachigkeit in der Erzählerrede" vgl. Núria Codina Solà: Schreiben als ‚Auseinandersetzung mit der [...] immer neuen Sprache": Literarische Sprachen im Werk von Saša Stanišić. In: *Literarische (Mehr)Sprachreflexionen.* Hrsg. v. Barbara Siller und Sandra Vlasta. Wien 2020. S. 349–370, insbes. S. 360–365.
16 Vgl. Previšić, *Literatur* topographiert, S. 371, und Finzi, Wie der Krieg erzählt wird, wie der Krieg gelesen wird, S. 249. Finzi verweist auf „Cervantes oder Grimmelshausen" als bekannte intertextuelle Bezugswerke.

formen, die keine Erzählinstanz aufweisen, wie ein Monolog von Zoran, einem Freund, der in Višegrad geblieben ist, und ein Gedicht der Großmutter Nena Fatima, werden in den Briefen erwähnt und anschließend beigefügt. Insgesamt wird in diesem Abschnitt deutlich geraffter erzählt: In einem Zeitraum vom 26. April 1992 bis zum 1. Mai 1999 schreibt Aleksandar sechs Brief an Asija. Die beeinträchtigte erzählerische Produktivität lässt sich durch einen Identitätszerfall begründen. Aleksandar berichtet von den Schwierigkeiten, sein Vergangenheits-Ich in einen signifikanten Bezug zur Gegenwart zu setzen, wodurch zwei inkompatible Teilidentitäten entstehen: „Es kommt mir vor, als wäre ein Aleksandar in Višegrad und in Veletovo und an der Drina geblieben, und ein anderer Aleksandar lebt in Essen." (S 140) Als Kapitelüberschriften werden in diesem Segment überwiegend Datumsangaben[17] oder Figurenzitate verwendet.

---

17 Die Datumsangaben geben in erster Linie den Briefen eine tagebuchartige zeitliche Rahmung. Sie referieren aber auch im Stil einer Chronik auf bedeutende Ereignisse oder Phasen der Jugoslawienkriege: Der 26. April 1992 ist das offizielle Datum der Auflösung der Sozialistischen Föderativen Republik Jugoslawien. Ab dem zweiten Brief befindet sich der Erzähler in Deutschland. Im Brief vom 8. Januar 1994 wird deutlich, dass Aleksandars Familie in Deutschland „die Nachrichten" (S 142) verfolgt. Mit den Meldungen der *Tagesschau* an den aufgeführten Datumsangaben kann die Perspektive auf die Jugoslawienkriege aus Deutschland rekonstruiert werden. Daraus ergibt sich ein Überblick über die chronikartigen zeitlichen Referenzen: Am 9. Januar 1993 wurde der stellvertretende Premierminister der Republik Bosnien und Herzegowina – Hakija Turajlić – trotz Schutz der *UNPROFOR* von einem serbischen Soldaten ermordet. Vgl. https://www.tagesschau.de/multimedia/video/video1240512.html, zuletzt abgerufen: 01.02.2022. Am 17. Juli 1993 trafen Tuđman und Milošević in Genf zusammen und bekräftigten ihre Vorstellungen, Bosnien und Herzegowina in drei ethnisch separierte Gebiete zu teilen. Vgl. https://www.tagesschau.de/multimedia/video/video1317700.html, zuletzt abgerufen: 01.02.2022. In der expliziten Referenz im Brief vom 8. Januar 1994 steht ein Treffen zwischen den Präsidenten Tuđman und Izetbegović kurz bevor, um einen Waffenstillstand in Zentralbosnien zu verhandeln, wo die kroatische Bevölkerung durch bosnische Regierungstruppen vertrieben werden. Die Ausreise von Izetbegović verzögerte sich durch die militärischen Angriffe der serbischen Truppen auf Sarajevo. Auch die mehrheitlich von Bosniak:innen bewohnten Städte wie beispielsweise Tuzla stehen unter Beschuss von serbischen Militärtruppen. Vgl. https://www.tagesschau.de/multimedia/video/video1362608.html, zuletzt abgerufen: 01.02.2022. Nachdem am 14. Dezember 1995 das Abkommen von Dayton als Friedensvertrag unterzeichnet wurde, berichtet die *Tagesschau* am 16. Dezember 1995 über den beginnenden Einsatz der internationalen Friedenstruppe (IFOR) in Bosnien. Gleichzeitig wird gemeldet, dass Radovan Karadžić eine eigene Hauptstadt für das Gebiet der Republika Srpska plant. Vgl. https://www.tagesschau.de/multimedia/video/video-140203.html, zuletzt abgerufen: 01.02.2022. Der 1. Mai 1999 fällt in den Kosovokrieg, die *Tagesschau* berichtet über die NATO-Luftangriffe auf das Kommunikationsnetz der jugoslawischen Armee u. a. in Kosovo, wobei zahlreiche Zivilist:innen getötet wurden. Vgl. https://www.tagesschau.de/multimedia/video/video-531873.html, zuletzt abgerufen: 01.02.2022. Der 11. Februar 2002, Datumsangabe des letzten Briefes, ist der Vorabend vor Beginn des Prozesses gegen Slobodan Milošević am internationalen Strafgerichtshof in Den Haag.

(3) Der dritte Abschnitt ist ein Buch im Buch, das im narrativen Verfahren eines *mise en abyme* die paratextuellen Elemente des Romans *Wie der Soldat das Grammofon repariert* spiegelt. Der Autor ist hier der Protagonist Aleksandar Krsmanović, der Titel des Buches *Als alles gut war*. Es ist der in Višegrad verbliebenen Großmutter Katerina gewidmet und enthält, wie die übergeordnete paratextuelle Ebene, auch ein Inhaltsverzeichnis. Wesentliche Unterschiede liegen darin, dass dem Buch *Als alles gut war* nicht die Gattungsbezeichnung Roman zugeschrieben wird. Das autobiographische Werk enthält außerdem ein Vorwort von Großmutter Katarina, die Aleksandar zum Erzählen brachte: Die Idee für das Buch *Als alles gut war* ist auf ein Geschenk der Großmutter zurückzuführen, die Aleksandar vor ihrer Rückkehr aus dem temporären Zufluchtsort Belgrad nach Višegrad und Aleksandars Aufbruch nach Deutschland (1992) ein leeres Buch überreichte, in dem er seine Erinnerungen an Višegrad aufschreiben könne. Die Erinnerungen von Aleksandar Krsmanović können in einer zeitlichen Einordnung als Vorgeschichte des ersten Abschnitts gelesen werden. Die Verbindung zwischen diesen beiden Teilen schafft das letzte Kapitel von *Als alles gut war*, das den gleichen Titel trägt wie das erste Kapitel des Romans *Wie der Soldat das Grammofon repariert* („Wie lange ein Herzstillstand für hundert Meter braucht, [...]"). Im Gegensatz zum umfangreichen ersten Kapitel des Romans auf der übergeordneten Erzählebene ist das Kapitel in *Als alles gut war* nur eine leere Seite: Die Autobiographie scheint kurz vor dem Tod des Großvaters und dem Ausbruch des Kriegs einfach abzubrechen.[18] Der Verweis auf das erste Kapitel des Romans *Wie der Soldat das Grammofon* lässt sich aber auch als Metalepse verstehen, die zwei paratextuell getrennte Erzählwelten miteinander verknüpft: Das erste Kapitel des Romans *Wie der Soldat das Grammofon* kann als Fortsetzung von *Als alles gut war* gelesen werden, wodurch gerade das am Grab von Opa Slavko abgelegte Versprechen, „niemals auf[zu]hören zu erzählen" (S 32) erfüllt wird. Die Kapitelüberschriften im Inhaltsverzeichnis von *Als alles gut war* deuten zudem auf eine Entwicklung hin zu dem aus dem ersten Abschnitt schon vertrauten barocken Titelstil, was für die These sprechen würde, dass in *Als alles gut war* die Erzählstimme des ersten Abschnitts entwickelt wird.

---

[18] So argumentiert beispielsweise Previšić: „Das Inhaltsverzeichnis des Buches verspricht ein Kapitel, das dem Anfangskapitel des Romans entspricht. So endet der Rückverweis auf der angegebenen Paginierung auf einer leeren Seite. Der ‚Chefgenosse des Unfertigen', wie es in der Kapitelüberschrift heißt, performiert so die Leerstelle der leeren Seite gleich doppelt: einerseits als ‚Unfertiges' – d. h. als nicht zu Ende geschriebenes Buch im Buch –, andererseits als definitiver Abbruch des Erzählens – ganz gegen das Versprechen am Sarg des verehrten Opas, ‚niemals aufzuhören zu erzählen' (SG, S. 32)." (Previšić, *Literatur topographiert*, S. 403 f.)

(4) Nach dem Buch im Buch, das Aleksandars Kindheit in Višegrad erzählt, wechselt der Standort des Erzählers im vierten Abschnitt wieder nach Deutschland: Der auf den 11. Februar datierte, letzte Brief an Asija stellt die Sinnhaftigkeit dieser Briefe in Frage und zweifelt an der Existenz der Adressatin. Von der Briefform geht der Erzähler wieder zu einer narrativen Kapitelstruktur über. Die Erzählperspektive zeigt im Vergleich zum ersten und dritten Abschnitt eine deutliche Veränderung. In diesen Abschnitten trat das erzählende Ich nicht in Erscheinung, es dominierte die Perspektive des erzählten Ichs. Auf der Gegenwartsebene gibt sich das erzählende Ich nun zu erkennen und gewährt einen Einblick in die erzählerische Konstruktion eines Erinnerungsfragments. Gleichzeitig wird so die Genese des Ich-Erzählers freigelegt: der kindlich-naive Alexander Krsmanović hat sich zu einer selbstreflexiven Erzählstimme entwickelt, was sich im Fortlauf des über sieben Jahre während Briefeschreibens im zweiten Abschnitt schon abzeichnete. Der letzte Abschnitt beinhaltet nun die Rückkehr des „erwachsenen" Protagonisten an seinen Herkunftsort Višegrad nach zehn Jahren. Dieses Segment ist für meine Analyse zentral, da es dem narrativen Strukturprinzip einer Reise folgt: der Erzähler entwickelt ein Reisemotiv, trifft Vorbereitungen, erzählt von seiner Wahrnehmung vor Ort, inkludiert Geschichten von unterwegs[19] und reflektiert über die Erkenntnisse seiner Reise.

Alternativ zu dieser viergliedrigen Strukturierung wurde der Roman in einem vereinfachten Schema oft auch nur in zwei große Segmente aufgeteilt,[20] die sich am Wandel der Erzählstimme von einem kindlich-naiven Aleksandar Krsmanović zu einem selbstreflexiven, mitunter als „verzweifelt[]"[21] attribuierten Erzähler orientiert und dementsprechend die ersten drei Sinnabschnitte von der Rückkehr im Jahr 2002 separiert. Tatsächlich lässt sich die konzeptionelle Vakatseite am Ende von *Als alles gut war* als Wendepunkt markieren, der zwei Leserichtungen offeriert: Es eröffnet sich einerseits durch das letzte Kapitel des Buches *Als alles gut war* eine kreisförmige Struktur, die wieder zurückführt an den Anfang des

---

[19] Als in sich geschlossene Kurzgeschichte enthält dieser Teil ein fiktives Fußballspiel zwischen Bosniaken („Territorialverteidiger") und Serben. Die Figuren dieser metonymisch gestalteten Partie, die sich auf die Kriegshandlungen übertragen lässt, sind von den Begegnungen während des Sarajevo-Aufenthalts inspiriert. Vgl. ausführlich dazu: Andrea Schütte: Ballistik. Grenzverhältnisse in Saša Stanišićs *Wie der Soldat das Grammofon repariert*. In: *Grenzen im Raum – Grenzen in der Literatur*. Hrsg. v. Eva Geulen. Berlin 2010. S. 221–235.
[20] Vgl. u. a. Previšić, *Literatur topographiert*, S. 373 und Codina Solà, Literarische Sprachen im Werk von Saša Stanišić, S. 364.
[21] Lene Rock: Überflüssige Anführungsstriche. Grenzen der Sprache in Terézia Moras *Alle Tage* und Saša Stanišićs *Wie der Soldat das Grammofon repariert*. In: *La littérature interculturelle de langue allemande*. Hrsg. v. Bernard Bach. Univ. Charles-de-Gaulle – Lille 3 2012. S. 52.

Romans *Wie der Soldat das Grammofon repariert* und damit einen Umkehrpunkt markiert, sodass der Text durch den Übergang vom dritten Abschnitt zurück zum ersten Abschnitt in der erzählten Welt in Višegrad bleibt und erneut die Vorkriegszeit bzw. die Fluchtgeschichte von Aleksandar thematisiert. Aleksandars Erzählmotiv, das darin bestand, seine Erinnerungen an Višegrad vor dem Vergessen zu schützen, wäre damit eingelöst: Durch das Erzählen hat Aleksandar seine Erinnerungen fixiert und kann immer wieder darauf zurückgreifen. In einer linearen Lektüre liegt andererseits ein Wendepunkt als Zäsur in der Erinnerungsarbeit vor: Der Erzähler hinterfragt in dem der Vakatseite nachfolgenden Brief, der auf den 11. Februar 2002 datiert ist, die Faktizität seiner erzählten Welt und plant, nach Višegrad zu reisen, um seine poetisierten Erinnerungen mit der Wirklichkeit vor Ort abzugleichen. Im Modus einer Bestandsaufnahme verlässt der Erzähler seine erzählte Erinnerungswelt und stellt sich durch die Reise der Außenwelt. Durch die Rückkehr in den Herkunftsraum wird eine aufarbeitende Auseinandersetzung mit den eigenen Erinnerungsbeständen ermöglicht. Das Thema der Aufarbeitung ist durch eine Temporalangabe schon in den Briefen an Asija angelegt. Auffällig häufig wird im ersten Brief vom 26. April 1992 eine Schweigefrist von zehn Jahren aufgestellt, die mit der Jahreszahl des letzten Briefs kurz vor dem Ablaufdatum steht.[22] Vereinzelte Andeutung in den Briefen lassen vermuten, dass die Kriegsereignisse innerhalb der Familie weitestgehend tabuisiert wurden. Wenn über die Vergangenheit gesprochen wurde, dann lediglich auf Initiative von Großmutter Katarina, die vor allem die Familiengeschichte vor dem Krieg thematisiert.[23] Die Kriegserfahrung der Eltern ist vielmehr durch traumatisierte

---

[22] Insgesamt drei Mal bezieht sich der Erzähler im ersten Brief an Asija auf diese Zeitspanne: „An der Grenze nach Serbien haben sie uns angehalten. Ein Soldat mit schiefer Nase fragte, ob wir Waffen im Auto hätten. Vater sagte: ja, Benzin und Streichhölzer. Die beiden lachten, und wir durften weiterfahren. Ich verstand nicht, was daran komisch war, und meine Mutter sagte: ich bin die Waffe, die sie suchen. Ich fragte: warum fahren wir dem Feind in die Arme?, und musste versprechen, in den nächsten zehn Jahren keine Fragen mehr zu stellen. Der Regen nahm kein Ende, die Straße war verstopft, immer wieder blieben wir stehen. Einmal liefen maskierte Bewaffnete mit weißen Handschuhen hinter den zwei Männern an der Wagenkolonne entlang. Die Männer waren geknebelt, ihre Augen mit einem Tuch verbunden und ich wollte versprechen, das Erinnern in den nächsten Jahren einzustellen, aber Oma Katerina war gegen das Vergessen." (S 131) sowie „Ich will eine Geschichte aus einer anderen Welt oder aus einer anderen Zeit hören, aber alle reden nur vom Jetzt und von der Frage: und was jetzt? Wenn ich von dieser Zeit und dieser Welt erzählen würde, müsste ich danach versprechen, es in den nächsten zehn Jahren nie wieder zu tun." (S 132).
[23] Aleksandars Großmutter Katarina ist nicht mit nach Deutschland geflüchtet, sondern von der Zwischenstation Belgrad wieder nach Višegrad zurückgekehrt. Sie fungiert als Zentrum des transgenerationalen Familiengedächtnisses: „Über Oma Katerina und die Telefonate mit ihr schüttelt niemand mehr den Kopf. Vater sagte einmal in den Hörer: ich weiß nicht, ich weiß ein-

Symptome präsent und wird vor Aleksandar verheimlicht.[24] Dieser findet in den Briefen an Asija eine tagebuchartige Ausdrucksform, in der sich der gegenwärtige Zustand der geflüchteten Familie spiegelt und ihm zudem die Möglichkeit bietet, eine Verbindung zu seiner individuellen Kriegserfahrung zu halten. Das Buch *Als alles gut war* und dessen Fortsetzung im ersten Segment des Romans ermöglicht ihm darüber hinaus, seine Erinnerungen an den Herkunftsraum zu bewahren und sich in seinen Geschichten mit der Vorkriegszeit auseinanderzusetzen. Im Jahr 2002 zweifelt der Erzähler an diesen Erinnerungen und entwickelt ein Motiv, den Spuren seiner Geschichten im Herkunftsraum nachzugehen. Mit dem übergeordneten Erkenntnisinteresse, die formalästhetischen und inhaltlichen Charakteristika dieser postjugoslawischen Reise zu inspirieren, werde ich mich in einem ersten Analyseschritt mit dem Reisemotiv beschäftigen, das im Kapitel „Ich bin Asija" entwickelt wird.

3.1.1 „Ich habe Listen gemacht, und jetzt muss ich alles sehen." – Zum Reisemotiv

Ausgangspunkt für die Rückkehr von Aleksandar nach Višegrad ist ein Hinterfragen der eigenen Erinnerungsbestände. Der Autor von *Als alles gut war* ist sich zehn Jahre nach der Flucht nicht mehr sicher, ob Asija, mit der er sich im Keller der Großmutter während der Belagerung versteckte, tatsächlich existierte oder eine fiktive Figur in der von ihm konstruierten erzählten Welt darstellt: „Liebe Asija, habe ich dich erfunden? [...], Asija, hat es dich jemals gegeben?" (S 211) Dazu einige Vorüberlegungen: In der Gedächtnisforschung gilt es als Konsens, dass individuelle Erinnerungen nicht aus einem statischen Gedächtnisspeicher

---

fach nicht. Er presste seine Lippen zusammen und griff sich mit Daumen und Zeigefinger an die Nasenwurzel. Oma kennt keine Gegenwart mehr und hat für jeden von uns eine eigene Vergangenheit. Ich zahle den Kredit zurück, erklärt sie, den mir die Zeit gewährt hat. Jeden ereilt seine Vergangenheit in der Omaversion." (S 147).

24 Im Brief vom 9. Januar 1993 geht Aleksandar auf subtile Weise insbesondere auf den traumatisierten Gesundheitszustand seiner Mutter ein: „Meine Mutter war letzte Woche krank, konnte dem Arzt aber das Aussehen ihrer Schmerzen nicht erklären und kam noch kränker zurück." (S 135) Auch die psychischen Auswirkungen des Krieges in Form von Albträumen findet Erwähnung: „Asija, wir schlafen alle in diesem kleinen Zimmer und sind alle eine Spur wütender als zu Hause, auch in den Träumen." (S 136) Wenn über den Krieg gesprochen wird, darf Aleksandar nicht dabei sein: „Wenn meine Eltern über Dinge reden, die wir nicht haben, wie Gesundheit und Geld und unser Haus in Višegrad, muss ich immer aus dem Zimmer, und Nena Fatima steht stramm an der Tür und hält Wache, damit ich nicht lausche. Die Dinge, die ich nicht hören darf, sind die grausamsten." (S 139).

entnommen und eins-zu-eins wiedererlebt werden, sondern die gegenwärtige Erinnerungssituation einen dynamischen Erinnerungsprozess maßgeblich beeinflusst.[25] Vergangenheitsversion werden – insbesondere bei Ereignissen, die mit einer hohen Emotionalität verbunden sind – in Erinnerungsprozessen an gegenwärtige Bedürfnisse angepasst und können so nachträglichen Modifizierungen unterliegen. Dabei wurde in der Forschung der narrative Aufbau des autobiographischen Gedächtnisses hervorgehoben: die Erzählung gilt als zentrale Repräsentationsform des Erinnerten, sie strukturiert lebensgeschichtliche Ereignisse und kann Kohärenz stiften.[26] Der Akt der Narration ist ein Mittel, um Erlebnisse aus der Vergangenheit in eine gegenwärtige Identitätskonstitution zu integrieren und biographische Kontinuität herzustellen. Dieser Grundgedanke findet sich auch in *Wie der Soldat das Grammofon repariert* wieder: Aleksandar betreibt Erinnerungsarbeit in Form einer Selbsterzählung, um seine vergangenen Erfahrungen in einen sinnstiftenden Bezug zur Gegenwart zu setzen und damit seine beiden Teilidentitäten – den Aleksandar aus Višegrad und den Aleksander aus Essen – zu synthetisieren. Seine Großmutter hat ihm ein leeres Buch geschenkt, in dem er in Deutschland seine Erinnerungen an Višegrad aufschreibt. Daraus entsteht das autobiographische Werk *Als alles gut war*, dessen Grundidee das Bewahren von Erinnerungen darstellt: „Ich schreibe in Omas Buch Geschichten von der Zeit, als alles gut war, damit ich später nicht über das Vergessen klagen kann." (S 141) Im Jahr 2002 zweifelt der Erzähler nun an der Faktizität seiner autobiografischen Geschichten: „Liebe Asija, habe ich dich erfunden? [...], Asija, hat es dich jemals gegeben?" (S 211) Aleksandar problematisiert im Hinblick auf die eigenen Gedächtnisbestände die Inhaltsebene und damit den Unterschied zwischen Erinnertem und Erfundenem: Basiert die Figur Asija auf Gedächtnisspuren vergangener Erfahrungen oder hat sie keine Grundlage in der Vergangenheit und ist damit ein fiktives Element in seiner Erinnerungswelt? Aleksandar kann diese Frage nicht endgültig beantworten, da er Asija während seiner Reise nicht wiederfindet. Im Roman hat diese Selbstreflexion im letzten Brief an Asija die Funktion, einen aktualisierenden narrativen Erinnerungsprozess anzustoßen, der vor Augen führt, dass sich die gegenwärtigen Bedürfnisse im Hinblick auf die eigene Vergangenheitserzählung verändert haben: Der sinnstiftende Rahmen hat sich von einem Bewahren der Erinnerung zu einer Aufarbeitung der individuellen Vergangenheit auf Grundlage der eigenen Erinnerungen erweitert. Diese These will ich durch eine Analyse des Kapitels „Ich bin Asija. Sie haben Mama und Papa mitgenommen. Mein Name hat eine Bedeutung. Deine

---

25 Vgl. Neumann, Literatur, Erinnerung, Identität, S. 150.
26 Vgl. Neumann, Literatur, Erinnerung, Identität, S. 154.

Bilder sind gemein" festigen. Der Perspektivwechsel zur Auseinandersetzung mit Erinnerungsbeständen in Form einer Aufarbeitung stellt einen ausschlaggebenden Faktor für die Rückkehr in den Herkunftsraum dar und ist deshalb für eine Untersuchung des Reisemotivs wesentlich.

Aleksandar versucht zunächst, die Erinnerung an die Begegnung mit Asija („An welchem Tag war unser Lichtschalter?", S 211) wieder aufzurufen und wechselt dafür von der Briefform wieder in das narrative Kapitelformat. Im Gegensatz zum ersten oder dritten Segment des Romans, in denen dieses Kapitelformat dominiert, lässt sich allerdings im Hinblick auf die Erzählperspektive eine bedeutende Veränderung feststellen: Während das erzählende Ich bisher die Perspektive und Sprache des erzählten Ichs einnahm und sich nicht selbst profilierte, kann im Kapitel „Ich bin Asija. Sie haben Mama und Papa mitgenommen. Mein Name hat eine Bedeutung. Deine Bilder sind gemein" zwischen einem erzählenden Ich und einem erzählten Ich unterschieden werden. Treffen diese Perspektiven in Erzähltexten mit homodiegetischer Erzählinstanz aufeinander, ergibt sich ein Spannungsverhältnis, durch das die Anbindung der Vergangenheit an die gegenwärtige Situation des Erinnerungsabrufs verhandelt wird. In Stanišićs *Soldaten* handelt es sich um den üblichen Fall einer gesteigerten Reflexionsfähigkeit, die das ältere erzählende Ich vom jüngeren erzählten Ich unterscheidet.[27] Die erzählerische Rückschau wird im Gegensatz zu den vorangehenden Vergangenheitsepisoden im ersten und dritten Teil dadurch transparent gestaltet, dass neben den Erinnerungsinhalten auch die Erinnerungssituation des Erzählers dargestellt wird. Das Kapitel oszilliert zwischen einer Gegenwartsebene, auf der der Erzähler die Rahmenbedingungen des Erinnerungsprozesses darlegt, und einer Vergangenheitsebene, auf der die Erinnerungsinhalte als *work-in-progress* szenisch erzählt werden. Die Lesenden erhalten einen selbstreflexiven Einblick, wie die autobiografischen Geschichten des Erzählers entstehen. Aufgrund einer eindeutigen Profilierung des Erinnerungsabrufs lässt sich in Bezug auf mein Erkenntnisinteresse der Perspektivwechsel des Erzählers auf seine Erinnerungswelt aufzeigen und das Motiv seiner Rückkehr in den Herkunftsraum herausarbeiten. Dafür gliedere ich das Kapitel in drei Sinnabschnitte: die Entwicklung einer erzählten Erinnerungswelt (1), der Identitätskonflikt auf der Gegenwartsebene (2) und dessen Auswirkungen auf die Erinnerungswelt (3), die eine Rückkehr in den Herkunftsraum bedingen.

---

[27] Vgl. Silke Lahn und Jan Christoph Meister: Einführung in die Erzähltextanalyse. Stuttgart 2016. S. 82.

(1)
Der Erinnerungsprozess beginnt auf der Gegenwartsebene, indem der Student Aleksandar Krsmanović in der Nacht vom 11. Februar 2002 als Gedächtnishilfe die Zeitangabe seines Notebooks um zehn Jahre auf den 6. April 1992 zurückversetzt: der Beginn der Belagerung seines Herkunftsraums Višegrad, Ausgangspunkt der eigenen Fluchtgeschichte. Mit der Formel „gleich blitzt es" (S 212) werden in Flashbacks Erinnerungen aus dem episodischen Gedächtnis aktiviert, die sich zu einer ersten Szene entwickeln. Dabei tritt zunächst die emotionale Dimension des Erinnerungsprozesses hervor. Am Anfang der mentalen Rückschau dominiert ein Gefühl der Angst:

> Ich erwarte zurückversetzt zu werden an einen Tag – der Computer zeigt an: an einen Montag –, an dem ich vor meinem Vater Angst haben werde. Angst vor seiner Liste der Dinge, die ich packen soll, vor seiner Mahnung: nur das, was du brauchst. Angst, weil er nicht sagt, wofür. (S 212)

Die vorausschauende Zeitgestaltung zeigt an, dass der Erzähler diese Erinnerung als mentales Ereignis schon häufig wiedererlebt hat, in der erzählten Welt des Romans wird diese Szene allerdings zum ersten Mal geschildert. Die Erinnerungen an die Belagerung Višegrads setzen im ersten Abschnitt des Romans erst im Kellerversteck der Großmutter ein.[28] Im Anschluss an einen weiteren ‚Erinnerungsblitz', in dem sich ein „fast vergessenes Gefühl" (S 212) in eine Momentaufnahme aus dem erzählerisch bereits eingeführten Kellerversteck verwandelt („Blick auf

---

[28] Die Belagerung Višegrads setzt im ersten Abschnitt des Romans mit dem Kapitel „Was wir im Keller spielen, wie die Erbsen schmecken, warum die Stille ihre Zähne fletscht, wer richtig heißt, was eine Brücke aushält, warum Asija weint, wie Asija strahlt" (S 103) ein. Einen ersten Entwurf dieses Kapitels präsentierte Saša Stanišić 2005 im Rahmen des Ingeborg-Bachmann-Preises. Er gewann mit seinem Text den Publikumspreis. Auszüge aus den Jurystatements zeigen ganz unterschiedliche Rezeptionshaltungen: http://archiv.bachmannpreis.orf.at/bachmannpreisv2/bachmannpreis/autoren/stories/42685/index.html (zuletzt abgerufen: 04.02.2022). In der Forschung fand vor allem die negative Kritik von Iris Radisch Beachtung: Sie bemängelte in ihrem Statement die Ausarbeitung der kindlich-naiven Erzählperspektive und greift diese Ansicht in ihrer Rezension des Romans für *DIE ZEIT* auf eine letztlich abschätzige Art und Weise wieder auf: „Nichts für ungut. Die Poesie des Kindlichen gehört zum Schwersten und Anspruchsvollsten in der Literatur. Kein Wunder und keine Schande, wenn das auf Anhieb nicht gelingt." (Iris Radisch: Der Krieg trägt Kittelschürze. Saša Stanišić schreibt seinen ersten Roman über den Bosnienkrieg und stolpert über die Poesie des Kindlichen. In: *DIE ZEIT*, 05.10.2006: https://www.zeit.de/2006/41/L-Stanišić, zuletzt abgerufen: 04.02.2022). Radischs Rezension wurde aus literaturwissenschaftlicher Perspektive im Hinblick auf das komplexe und heterogene Erzählverfahren des Romans problematisiert: vgl. Finzi, Wie der Krieg erzählt wird, wie der Krieg gelesen wird, S. 245 und Previšić, *Literatur topographiert*, S. 369.

staubverklebte Spinnweben an den Kellerwänden in Erwartung des nächsten Einschlags", S 212) setzt der Erzähler nach der Zeitumstellung des Notebooks die zweite Gedächtnishilfe ein: eine Liste, die Gegenstände aus dem Kellerversteck der Großmutter enthält und damit die Szenerie der erzählten Erinnerungswelt aufbaut. Die Zeitebene wechselt im nächsten Absatz wieder in das Jahr 1992 und erhält nun auch eine genaue Zeitangabe, die zwar einem dokumentarischen Protokollstil gleicht, aber in ihrem bis auf die Minute genauen Zeitpunkt ein Fiktionssignal darstellt: „7:23 Montag, 6. April 1992. Heute fällt die Schule aus. Im Wohnzimmer sitzt meine Mutter und näht sich Geldscheine in ihren Rock." (S 213) Der Erzähler schreibt an der Anfangsszene weiter, nun durch einen Absatz von der Gegenwartsebene eindeutig getrennt. Das erzählende Ich tritt in dieser Passage nicht in Erscheinung, wie im ersten und dritten Segment des Romans nimmt es die Perspektive des erzählten Ichs ein. Die Szene wird jedoch nach zwei Sätzen nicht weiter elaboriert, sondern durch einen Absatz und den Wechsel auf die Gegenwartsebene unterbrochen, auf der wiederum das erzählende Ich über die Innenwelt des erzählten Ichs reflektiert. Durch eine weitere Liste („Liste von Dingen, für die ich nie bestraft wurde") aktiviert der Erzähler die Konzeption des erzählten Ichs, die bereits aus *Als alles gut war* vertraut erscheint: der aufgeweckt-naive, scharfsinnige Picaro Aleksandar aus Višegrad. Zurück auf der Vergangenheitsebene wird erneut die Anfangsszene aufgegriffen und durch einen Dialog zwischen Aleksandar und seinem Vater ergänzt, ein weiteres Kennzeichen für das szenische Erzählen in der erzählten Erinnerungswelt. Das erzählende Ich nimmt auch hier wieder die Perspektive des erzählten Ichs ein und profiliert sich nicht. Im nächsten Absatz (7:43 Uhr) bleibt der Erzähler zum ersten Mal auf der Vergangenheitsebene, durch einen Tempuswechsel wird die Geschehensillusion der erzählten Erinnerungswelt jedoch im Moment, als Aleksandar den Beschuss der Stadt wahrnimmt, unterbrochen und das erzählende Ich tritt in der Narration hervor: „Wir fahren zu Oma, das Hochhaus hat einen großen Keller. Die erste Granate dröhnt im großen Keller eng und poliert. Ich werde denken: eng und poliert. Nicht wie im Film, nicht ernsthaft, explodierend, nicht berstend, nicht rieselnd." (S 214) Durch die selbstreflexiven Kommentare des erzählenden Ichs und eine hohe Frequenz der Zeitebenenwechsel kommt im ersten Abschnitt des Kapitels die Schwierigkeit zum Vorschein, eine erzählte Erinnerungswelt zu konstituieren bzw. mithilfe der bisher angewandten Erzähl-/Erinnerungstechnik in ihr zu bleiben. Im zweiten Sinnabschnitt, der sich durch eine Veränderung des Datums begründen lässt, erhält nun die Erinnerungssituation eine größere Bedeutung und bringt die gegenwärtigen Identitätskonflikte des erzählenden Ichs zum Ausdruck, die den stockenden Erinnerungsprozess bedingen.

(2)
Auf der Gegenwartsebene ist mittlerweile nach Mitternacht und das Datum wechselt auf den 12. Februar 2002. Es handelt sich um eine zeitliche Referenz, die für die kollektive Vergangenheitsaufarbeitung der Jugoslawienkriege signifikant ist: Am 12. Februar 2002 begann am Internationalen Gerichtshof in Den Haag der Prozess gegen Slobodan Milošević.[29] Es lässt sich anhand der Erinnerungssituation plausibilisieren, dass dieser Prozessbeginn Auswirkungen auf Aleksandar hat bzw. Erinnerungen weckt: Er sitzt in der Nacht vor Prozessbeginn allein vor seinem Notebook und denkt über die Wahrhaftigkeit seiner eigenen Erinnerungen nach. Kurz nach Mitternacht erstellt Aleksandar zunächst eine weitere Liste, die nun die Personen versammelt, die mit ihm zusammen während der Belagerung Višegrads im Schutzkeller saßen und auch die Nachbar:innen des Elternhauses, an die er sich noch erinnert, inkludiert. Eine nächste Liste zählt unter der Rubrik „Kneipen, Restaurants, Hotels" wie in einem Touristenführer Orte auf, die während des Bosnienkriegs als Internierungslager verwendet wurden.[30] Der Fokus

---

29 Am 22. Mai 1999 wurde der damalige Präsident Jugoslawiens Slobodan Milošević vom Internationalen Strafgerichtshof für das ehemalige Jugoslawien (ICYT) aufgrund von „CRIMES AGAINST HUMANITY and VIOLATIONS OF THE LAWS OR CUSTOMS OF WAR" erstmals angeklagt (vgl. https://www.icty.org/x/cases/slobodan_milosevic/ind/en/mil-ii990524e.htm, zuletzt aufgerufen: 04.02.2022). Nachdem er im September 2000 die Präsidentschaftswahl verloren hatte, wurde Milošević am 28. Juni 2001 an den ICYT ausgeliefert. Der Prozess gegen den Ex-Präsidenten Jugoslawiens begann am 12. Februar 2002, es kam jedoch zu keinem finalen Urteilsspruch, da der Angeklagte während des laufenden Prozesses am 11. März 2006 tot in seiner Zelle aufgefunden wurde. Die Beisetzung fand am 18. März 2006 in Miloševićs Herkunftsort Požarevac statt. Die kroatische Schriftstellerin Slavenka Drakulić schreibt in ihrem Buch *Keiner war dabei. Kriegsverbrechen auf dem Balkan vor Gericht* (2004, org. *They would never hurt a fly. War criminals on Trail in Den Hague*, 2003) über ihre Aufenthalte am Internationalen Strafgerichtshof in Den Haag. Sie stellt einzelne Fälle, die am ICTY verhandelt wurden, vor und beobachtet die Auftritte der Angeklagten. Das Kapitel „Die Bestie im Käfig" fokussiert den Prozess von Milošević und beschreibt dessen Rolle als „Symbol alles Bösen" (vgl. Slavenka Drakulić: *Keiner war dabei. Kriegsverbrechen auf dem Balkan vor Gericht*. Deutsch von Barbara Antkowiak. Wien 2004. S. 115–131, hier: S. 116). Einen literatur- und kulturwissenschaftlichen Zugang zur Institution des Internationalen Strafgerichtshofs für das ehemalige Jugoslawien bietet folgender Sammelband, der auch juristische Perspektiven, wie einen „Einblick in unsere dortige Arbeitspraxis" des zeitweiligen Richters am ICTY Christoph Flügge enthält: Werner Gephart et al.: *Tribunale. Literarische Darstellung und juridische Aufarbeitung von Kriegsverbrechen im globalen Kontext*. Frankfurt a. M. 2014.
30 In der Anklageschrift an Milan Lukić (25.01.2000) wird auf das Hotel Vilina Vlas als Internierungslager in Višegrad verwiesen: „The Vilina Vlas Hotel, a former resort, and the nearby Višegradska Banja, a smaller hotel, served as detention facilities where prisoners were beaten, tortured and sexually assaulted." (https://www.icty.org/x/cases/milan_lukic_sredoje_lukic/ind/en/vas-ii000125e.htm, zuletzt aufgerufen: 04.02.2022). Nach dem Bosnienkrieg wurde Vilina Vas, ohne in irgendeiner Form den Opfern zu gedenken, als Kurhotel wiedereröffnet. Die Journalistin Nidžara

der Listen wechselt damit von Erinnerungen, die auf den Protagonisten selbst bezogen sind (die er aus seinem episodischen Gedächtnis bezieht und fiktional aufbereitet), zu Erinnerungen an Personen und Orte, deren Geschichte der Erzähler nicht aus eigener Erfahrung erzählen kann. Er greift deshalb auf ein Hilfsmittel zurück, das wie er selbst programmatisch-listenartig vorgeht und zur Recherche von Informationsbeständen dient: die virtuelle Suchmaschine. Die Suchbegriffe, die Aleksandar eingibt, benennen Kriegsschauplätze und Akteure, die vor dem Hintergrund des gewählten Datums exemplarisch die kollektive Vergangenheitsaufarbeitung auf einer Makroebene betreffen: die Belagerung von Sarajevo, die Kriegsverbrechen in Višegrad, der Genozid in Srebrenica, der Luftangriff auf Belgrad, das Kriegstribunal in Den Haag und als Akteure Slobodan Milošević und die Europäischen Union.[31] In unermüdlichem Eifer nimmt Aleksandar die Fülle an Informationen auf, die seine Suchanfragen ausgeben:

Ahmetašević beschäftigt sich mit der ausbleibenden Aufarbeitung von Kriegsverbrechen in Višegrad und deutet auf die Ignoranz gegenüber diesem traumatischen Ort hin: „If you search the term ‚Vilina Vlas' on Google, you will get schizophrenic results. In addition to official links for the rehabilitation centre Vilina Vlas in Višegrad, there is an alternating list of links promoting this tourism location and of links containing texts about the war crimes committed in this place in 1992. The page Trip Advisor recommends Vilina Vlas, and you can also find an advertisement on the website promoting tourism in Bosnia and Herzegovina – Visit My Country. I do my best to go to Vilina Vlas at least once per year. I have never stayed at that building for more than a couple of minutes and I never would. I go there in order to remember at least for a moment all those women and girls – around 200 of them – that were tortured and raped in there in the spring and summer of 1992." (Nidžara Ahmetašević: Right to remember: Fighting manipulations. https://www.dwp-balkan.org/en/blog_one.php?cat_id=8&text_id=22, zuletzt aufgerufen: 04.02.2022).

31 Unter den Suchanfragen taucht in folgender Reihung auch Peter Handke auf: „Višegrad genozid handke scham verantwortung" (S 215). Einerseits referiert diese Suchanfrage auf Handkes Reisebericht *Sommerlicher Nachtrag zu einer winterlichen Reise*, in dem der Autor u. a. die Stadt Višegrad besucht und in Form einer ‚Medienkritik' auch die inhaltliche Darstellung der Kriegsverbrechen in Višegrad seitens der journalistischen Kriegsberichterstattung in Frage stellt (siehe Kapitel 2.3 dieser Studie). Andererseits spielt Peter Handke auch im Milošević-Prozess eine signifikante Rolle: Er wurde von Slobodan Milošević als Zeuge der Verteidigung benannt. Handke verzichtete darauf, vor Gericht auszusagen und verfasst stattdessen den Essay *Die Tablas von Daimiel: Ein Umwegzeugenbericht zum Prozeß von Slobodan Milošević* (Frankfurt a. M. 2006). Eine analytische Einordnung dieses Essays und dem zuvor bereits erschienenen Text *Rund um das große Tribunal* (Frankfurt a. M. 2003) unternimmt Jürgen Brokoff: Übergänge. Literarisch-juridische Interferenzen bei Peter Handke und die Medialität von Rechtsprechung und Tribunal. In: *Tribunale. Literarische Darstellung und juridische Aufarbeitung von Kriegsverbrechen im globalen Kontext.* Hrsg. v. Werner Gephart et al. Frankfurt a. M. 2014. S. 157–171. Vgl. dazu auch aus einer weitreichenderen Werkperspektive den Artikel von Andrea Schütte („Peter Handkes Literatur der Fürsprache") im selben Band.

> Ich scrolle durch Foren, lese mir Beleidigungen und nostalgische Schwelgereien durch, klicke und klicke und notiere mir fremde Erinnerungen, Montenegriner-Witze, Kochrezepte, Namen der Helden und der Feinde, Augenzeugenberichte, Frontberichte, lateinische Namen der Drina-Fische, lade mir neue bosnische Musik herunter, sie ist schlecht, klicke auf den ersten Link zu: ‚den haag eigentor europäische union srebrenica', und lese, der Kriegsverbrecher Radovan Karadžić halte sich in Belgrad auf, worauf mein Computer abstürzt. (S 215)

Im virtuellen Speichermedium des Internets eignet sich Aleksandar Fakten und Erfahrungsberichte an. Hier kann er seine eigenen Erinnerungen mit Kontextwissen und multiperspektivischen Erinnerungsbeständen erweitern. Zudem ist eine Beschäftigung mit kulturellem Wissen erkennbar, das der Suchanfrage in humoristischen Parenthesen einerseits die Schwere nimmt und andererseits durch spezifische Interessensgebiete („Montenegriner-Witze", „lateinische Namen der Drina-Fische") die Zugehörigkeit des Protagonisten zu einer kulturellen *in-group* anzeigt. Die überfordernd wirkende Informationsbeschaffung kulminiert in einem Zusammenbruch des Betriebssystems, was sich naheliegend als Gedächtnismetapher für die Erinnerungsprozesse des Protagonisten interpretieren ließe. Signifikant ist der entscheidende Auslöser des Absturzes: die Meldung, dass einer der Hauptverantwortlichen für die Kriegsverbrechen in Bosnien – Radovan Karadžić – immer noch nicht festgenommen wurde.[32] Die kollektive Vergangenheitsaufarbeitung hat nach zehn Jahren die für Aleksandars Fluchtgeschichte Verantwortlichen noch nicht zur Rechenschaft gezogen, was eine Störung der individuellen Erinnerungsarbeit auslöst. Aleksandar drückt „die Reset-Taste" (S 215) und sieht sein Spiegelbild auf dem leeren Bildschirm. Mit dem Spiegelbild als zentrales Motiv der Selbstreflexion und Identitätssuche stellt er die Suchmaschinenrecherche als produktiven Zugang zur

---

[32] Der damalige Präsident der *Srspska Demokratska Stranka* Radovan Karadžić wurde zusammen mit dem General der Armee der bosnischen Serben Ratko Mladić 1995 erstmals aufgrund von „GENOCIDE, CRIMES AGAINST HUMANITY and VIOLATIONS OF THE LAWS OR CUSTOMS OF WAR" vom Internationalen Strafgerichtshof angeklagt (vgl. https://www.icty.org/x/cases/karadzic/ind/en/kar-ii950724e.pdf und https://www.icty.org/x/cases/karadzic/ind/en/kar-ii951116e.pdf, zuletzt aufgerufen: 04.02.2022). 1996 trat Karadžić als Präsident der bosnischen Serben zurück und tauchte jahrelang mit falscher Identität unter. Unter dem Namen Dragan Dabić praktizierte er als Alternativmediziner in Belgrad (eine Bilderstrecke zu Karadžićs Verwandlung bietet die SÜDDEUTSCHE ZEITUNG: „Das Gesicht des Bösen", 01.12.2008, https://www.sueddeutsche.de/politik/Karadžić-verhaftung-im-rueckblick-das-gesicht-des-boesen-1.373943, zuletzt aufgerufen; 04.02.2022). Am 21. Juli 2008 wurde Karadžić in Belgrad festgenommen und dem Internationalen Strafgerichtshof ausgeliefert. Das ICYT verurteilte Karadžić am 24. März 2016 zu 40 Jahren Haft (https://www.icty.org/x/cases/karadzic/tjug/en/160324_judgement_summary.pdf, zuletzt aufgerufen: 04.02.2022. Am 20. März 2019 wurde das Urteil zu einer lebenslänglichen Haftstrafe ausgeweitet.

eigenen Vergangenheit in Frage: „[...] ich weiß mit einem Mal nicht mehr, wonach ich hier, in meiner Wohnung mit Blick auf die Ruhr, Tausende Kilometer von meiner Drina entfernt, suche." (S 215) Das Hintergrundbild auf seinem Notebook, ein Foto von der Mehmed-Paša-Sokolović-Brücke in Višegrad, erscheint dabei symbolisch für den Drang nach einer sinnlich-konkreten und nicht nur imaginativen Auseinandersetzung mit dem Herkunftsraum: die Brücke in Višegrad hat ihren Platz in der erzählten Welt seiner autobiographischen Geschichten, von dem gegenwärtigen Zustand der Drinabrücke in einer primären Wirklichkeit vor Ort hat er sich seit langer Zeit kein eigenes Bild mehr gemacht: „Das Hintergrund-Foto von der Brücke in Višegrad erscheint, aber nicht einmal das Foto habe ich selbst geschossen." (S 215) Für die Integration der eigenen Vergangenheit in gegenwärtige Identitätsfragen reichen die eigenen lückenhaften, als unzuverlässig markierten Erinnerungsbestände oder eine letztlich frustrierende Internetrecherche nicht mehr aus, stattdessen entwickelt Aleksandar Beweggründe, in den Herkunftsraum zurückzukehren.

Als Schlüsselfigur für eine individuelle Vergangenheitsaufarbeitung erweist sich wiederum Großmutter Katarina, die Aleksandar aus Verzweiflung anruft und versucht, mit ihrer Hilfe Veränderungen der letzten zehn Jahre zu rekapitulieren: „Oma, es ist wichtig. Ich habe von dem Haus in der Pionirska-Straße in der Zeitung gelesen. Ist es vollständig niedergebrannt? Was ist mit Čika Aziz? Haben die Soldaten ihn jemals gefunden? Leben Čika Hasan und Čika Sead noch? Ich habe Listen gemacht." (S 216)[33] Aleksandar kann auf seinen Listen die Personen und Orte sammeln, die ihm in Erinnerung geblieben sind. Es ist damit möglich, Eindrücke und

---

[33] Der *Pionirska Street Incident* wurde am Internationalen Strafgerichtshof verhandelt. In der Anklageschrift an Milan und Sredoje Lukić vom 27. Februar 2006 wird der Fall wie folgt beschrieben: „On or about 14 June 1992, approximately 70 Bosnian Muslim women, children and elderly men were instructed to spend the night in vacated houses in the Mahala neighbourhood of the town of Višegrad. The group moved to the house of Jusuf Memic on Pionirska street in Nova Mahala in Višegrad town. A group of armed men, including Milan Lukić, Sredoje Lukić and Milan Susnjar (also known as „Laco") arrived at the Memic house, ordered the people in the group to hand over their money and valuables, subjected them to a strip search and then left the house, instructing the group to remain in the Memic house overnight. Later on the same day, Milan Lukić, Sredoje Lukić, Milan Susnjar and other unknown individuals arrived at the house and forcibly moved the group to the nearby house of Adem Omeragic, also on Pionirska street. Milan Lukić, Sredoje Lukić and others, acting in concert, then barricaded the people in one room of the house of Adem Omeragic and placed an incendiary device in the room, engulfing both them and the house in flames. Further, Milan Lukić and Sredoje Lukić fired upon people who tried to escape through the windows of the house of Adem Omeragic with automatic weapons causing the death of some and the injury of others. By these actions Milan Lukić and Sredoje Lukić caused the death of 70 people, named in Annex A to this indictment, and serious injury to several people who survived the fire." (https://www.icty.org/x/cases/milan_Lukić_sredoje_Lukić/ind/en/luk-

Erfahrungen zu bewahren. Genauso wie seine selbstgemalten Bilder sind diese Erinnerungen durch den plötzlichen Aufbruch aus Višegrad allerdings „unfertig": es ist unklar, was mit den Personen im weiteren Kriegsverlauf geschehen ist und wie sich die Stadt durch den Krieg verändert hat. Die einzige Möglichkeit, sich selbst ein Bild zu machen, die Veränderungen in der Stadt in Augenschein zu nehmen, ist eine Reise nach Višegrad, zu der Großmutter Katarina Aleksandar ermutigt: „Deine Beine sind länger geworden, sagt Oma, komm her und lauf die Wege wieder." (S 216) Nach dem Gespräch mit seiner Großmutter startet Aleksandar eine weitere Online-Recherche. Die ersten beiden Reihen an Suchbegriffen folgen der vormaligen Suchanfrage: Es werden wiederum Kriegsschauplätze (Sniper Alley in Sarajevo) und Kriegsakteure (Ante Gotovina, Rasim Delić und erneut Slododan Milošević[34]) aufgerufen. Die folgenden beiden Suchanfragen weichen jedoch vom vormaligen Muster ab und sind Teil der Selbstreflexion des Protagonisten: „es gibt kein absolutes böses und kein absolutes erinnern" und „ALEKSANDAR KRSMANOVIĆ WO WARST DU" (S 217). Die Überlegung, dass es „kein absolutes erinnern" gebe, deutet einerseits auf eine Selbsterkenntnis des Protagonisten hin, die die Dynamik von individuellen Erinnerungsbeständen betrifft: Erinnerungen sind nicht festgesetzt, der Zugang zu ihnen verändert sich und ist von der Erinnerungssituation abhängig. Besonders eine signifikante zeitliche Diskrepanz zwischen erinnerndem und erinnertem Ich kann zu veränderten Sichtweisen auf eigene Gedächtnisbestände führen, die neue Erzählprozesse motiviert.[35] Andererseits wird die Pluralität von Erinnerungen deutlich – Aleksandar erfährt die Grenzen seiner eigenen Perspektive auf die Vergangenheit, was zu einem Drang nach Interaktion im Herkunftsraum führt. Dabei deutet die im Anschluss gestellte Frage in Majuskeln bereits auf die Herausforderung hin, als Teil einer ortsansässigen Erinnerungsgemeinschaft wahrgenommen zu werden. Die Online-Recherche endet mit den Reiseplänen („billigflüge sarajevo", S 217), die eine persönliche Inaugenscheinnahme als Mittel zur individuellen Vergangenheitsaufarbeitung markieren: „Ich habe Listen gemacht, und jetzt muss ich alles sehen." (S 216) Ein erneuter Wechsel auf die Vergangenheits-

---

2ai060227.htm, zuletzt aufgerufen: 04.02.2022). Als literarischer Stoff wurde dieser Fall auch von Nicol Ljubić in seinem Roman *Meeresstille* (Hamburg 2010) aufgegriffen.

34 Der kroatische General Ante Gotovina wurde am 21. Mai 2001 erstmals aufgrund von „CRIMES AGAINST HUMANITY and VIOLATIONS OF THE LAWS OR CUSTOMS OF WAR" angeklagt (https://www.icty.org/x/cases/gotovina/ind/en/got-ii010608e.htm, zuletzt aufgerufen: 04.02.2022). Der bosnische General Rasim Delić wurde am 17. März 2005 aufgrund von „VIOLATIONS OF THE LAWS OR CUSTOMS OF WAR" am ICTY angeklagt (https://www.icty.org/x/cases/delic/ind/en/delic_050317_indictment_en.pdf, zuletzt aufgerufen: 04.02.2022).

35 Vgl. Neumann, Literatur, Erinnerung, Identität, S. 166.

ebene führt zum dritten Sinnabschnitt, der die Rückwirkung der Reflexionsprozesse auf der Gegenwartsebene auf die erzählte Welt verhandelt.

(3)

Auf die im Brief an Asija gestellt Frage „An welchem Tag war unser Lichtschalter?" (S 211) findet der Erzähler im narrativen Erinnerungsprozess keine Antwort, er gelangt in der letzten Passage auf der Vergangenheitsebene nur bis zur ersten Begegnung mit Asija, die als kleines Mädchen mit ihrem Onkel aus einem kleinen Dorf in der Nähe von Višegrad fliehen musste. Die auch hier ohne Profilierung des erzählenden Ichs geschilderte Szene eines ersten Gesprächs zwischen Aleksandar und Asija wird nach dem Figurentext von Asija, der gleichzeitig als Kapitelüberschrift verwendet wird, wiederum durch einen Erzählerkommentar unterbrochen. Die Erinnerungen haben nicht die beruhigende Wirkung, dass Asija zumindest in der erzählten Welt weiter existiert, sondern führen vielmehr zu verzweifelten Fragen des erzählenden Ichs: „Wo sind Asijas Eltern? Kenne ich einen der Soldaten da draußen? Ist Miki vielleicht bei ihnen?" (S 219) Die Leerstellen, warum Asijas Eltern nicht mehr bei ihrer Tochter sind und welche Rolle Aleksandars Onkel Miki während der Belagerung spielte, sind für Aleksandar mit fiktionalen Mitteln nicht darstellbar, sie sind Gegenstand der Vergangenheitsaufarbeitung, die der Erzähler weder durch das Abrufen von mentalen Ereignissen aus dem episodischen Gedächtnis noch durch seine Suchanfragen im Internet angehen kann, sondern nur durch eine Rückkehr in den Herkunftsraum. Einerseits geht es Aleksandar also darum, anhand der Listen eine Bestandsaufnahme des Herkunftsraums durchzuführen und seine eigenen Erinnerungen vor Ort zu schärfen („Vergangenheitsschablonen nachzeichnen", S 219). Auf der anderen Seite ist die Reise vor allem dadurch motiviert, dass der Erzähler seine „unfertige" Lebensgeschichte in Višegrad weiterschreiben möchte. Dafür ist eine aufarbeitende Auseinandersetzung mit der Vergangenheit, den Ursachen und Folgen des Kriegs in Višegrad, essentiell. Die Rückkehr des Erzählers kann so als individueller Aufarbeitungsversuch auf einer Mikroebene verstanden werden, der vor dem Hintergrund des am 12. Februar begonnenen Milošević-Prozesses, ein kollektiver Aufarbeitungsversuch der internationalen Gemeinschaft auf der Makroebene, stattfindet.

3.1.2 „Rückkehrer, eh" – Die Reise in den Herkunftsraum

Als Oberbegriff für ein weit verbreitetes Motiv von reisenden Erzählfiguren wird oft das Schlagwort ‚Identitätssuche' verwendet.[36] In dieser breiten Analysekategorie lässt sich sicher auch Aleksandar Krsmanovićs Reiseverhalten einordnen. Identitätsbildungsprozesse stehen in der bosnisch-herzegowinischen Nachkriegszeit vor spezifischen Herausforderungen, die mit der polyethnischen Bevölkerungsstruktur zusammenhängen.[37] Grundsätzlich ist von drei ethnischen Großgruppen auszugehen, die sich entlang konfessioneller Grenzen herausgebildet haben: katholische Kroat:innen, muslimische Bosniak:innen und christlich-orthodoxe Serb:innen. Die Differenzen dieser ethnischen Gruppen wurden im Kontext des Bosnienkrieges von einem politisch befeuerten Nationalismus mobilisiert: Mijić akzentuiert, dass Identitätsbildung in der Vorkriegszeit und während des Krieges auf die ethnische Zugehörigkeit reduziert wurde.[38] Es entstand eine „*hierarchisierende* ethnische *ingroup-outgroup*-Differenzierung"[39], die ethnische Fremdgruppen gegenüber der Eigengruppe abwertete. Diese wertgeladene Grenzziehung, die eine Ungleichwertigkeit der ethnischen Gruppen zur Folge hat, wirkt als Deutungsangebot in der bosnisch-herzegowinischen Nachkriegszeit fort und koexistiert neben einer wertneutralen ethnischen Grenzziehung, die auf dem Konzept der Unterschiedlichkeit beruht.[40] Eine Besonderheit stellte im Zusammenhang der ethnischen Mobilisierung im Vorfeld und während des Krieges die Bevölkerungsgruppe der „Jugoslawen" dar, zu der sich Aleksandar und seine Eltern zählen. Als Jugoslawen bezeichneten sich vor allem ‚gemischte' Ehen und deren Kinder, aber auch Mitglieder der kommunistischen Partei. Beide Merkmale finden sich in Aleksandars Familienstruktur: Sein Großvater Slavko war stolzes Mitglied der Kommunistischen Partei, seine Eltern gehören nicht der gleichen ethnischen Gruppe an – die Krsmanović-Familie väterlicherseits kann der ethnischen Gruppe der Serb:innen zugeordnet werden, Aleksandars Großeltern mütterlicherseits (Nena Fatima und Opa Rafik) sind in ethnischen Kategorien muslimische Bosniak:innen. Von einem Identitätsverlust der Jugoslawen erzählt Stanišić in seinem Roman aus der

---

36 Vgl. bspw. Brückner et al., Literarische Deutschlandreisen nach 1989: Einleitung, S. 3: „In den Reisetexten der Nachwendezeit ist Deutschland den Autorinnen und Autoren dabei als Problem aufgegeben. Die Reisen finden im Modus der Suche, der Frage nach Kultur und Identität statt."
37 Vgl. Ana Mijić: Das ‚Wir' im ‚Ich'. Zum Problem der Identitätskonstruktion im Bosnien-Herzegowina der Gegenwart. In: *Bosnien-Herzegowina und Österreich-Ungarn, 1878–1918.* Hrsg. v. Clemens Ruthner und Tamara Scheer. Tübingen 2018. S. 475–493.
38 Vgl. Mijić, Das ‚Wir' im ‚Ich', S. 478.
39 Mijić, Das ‚Wir' im ‚Ich', S. 478.
40 Vgl. Mijić, Das ‚Wir' im ‚Ich', S. 480 f.

kindlichen Perspektive Aleksandar Krsmanovićs. Auf dem Schulhof wird der Protagonist mit den ethnischen Grenzziehungen konfrontiert: „Es gibt ein Dazugehören und ein Nichtdazugehören, plötzlich ist die Veranda dem Schulhof gleich, auf dem mich Vukoje Wurm gefragt hat: was bist du eigentlich?" (S 52) Indem sich die Identitätskonstruktion einzig auf die ethnische Zugehörigkeit reduziert, wird Aleksandars polyethnische, jugoslawische Identität von seinen Mitschüler:innen nicht mehr anerkannt: „Ich bin ein Gemisch. Ich bin ein Halbhalb. Ich bin Jugoslawe – ich zerfalle also." (S 53) Die Bevölkerungsgruppe der Jugoslawen verlor durch den Zerfall des Vielvölkerstaats jegliche Identifikationsangebote: „Sie waren plötzlich ein Nichts."[41] Die Belagerung Višegrads durch die serbisch dominierte Jugoslawische Volksarmee,[42] die gewaltsam durchgeführte „ethnische Säuberungen"[43] zur Folge hatte, drängten Aleksandar, seine Eltern und Nena Fatima zur Flucht nach Deutschland. Dort erfährt der Identitätsbildungsprozess des jugendlichen Aleksandars eine weitere Destabilisierung. Aus den Briefen geht hervor, dass die unfreiwillige Emigration in Bezug auf sein Selbstbild zwei schwer zu vereinbarende Teilidentitäten hervorbringt: „Es kommt mir vor, als wäre ein Aleksandar in Višegrad und in Veletovo und an der Drina geblieben, und ein anderer Aleksandar lebt in Essen und überlegt sich, doch mal an der Ruhr angeln zu gehen." (S 140) Die Fluchtgeschichte des Protagonisten erweitert dessen Mehrfachzugehörigkeit um eine weitere Komponente: Essen als zusätzlicher Sozialisationsraum steigert den Komplexitätsgrad einer sozialen Verortung. Im Jahr 1998 wurden Aleksandars Eltern und Großmutter Nena aus Deutschland abgeschoben und haben in den

---

41 Holm Sundhaussen: *Sarajevo. Die Geschichte einer Stadt.* Wien [u.a] 2014. S. 331.
42 Die Jugoslawische Volksarmee kooperierte mit den Truppen der bosnischen Serben: „Die bosnischen Serben überrannten, unterstützt von der Jugoslawischen Volksarmee, weite Teile Nord- und Ostbosniens sowie die östliche Herzegowina. Als Erben der jugoslawischen militärischen Infrastruktur waren sie weit überlegen und kontrollierten im Juli 1992 mehr als zwei Drittel des bosnischen Territoriums." (Ulf Brunnbauer/Klaus Buchenau: *Geschichte Südosteuropas.* Stuttgart 2018. S. 405 f.)
43 Unter dem Begriff der „ethnischen Säuberungen" wird eine systematische Entfernung einer ethnischen Gruppe aus einem bestimmten Gebiet verstanden. Calic geht im Kontext des Bosnienkriegs auf die Methoden der Aggressoren ein, die strategisch auf eine Vertreibung gewisser Bevölkerungsgruppen zielten: „Durch Angriffe auf Hab und Gut, durch Deportation, Internierungen, Vergewaltigungen, Folter, Verstümmelungen, Mord und andere Gewalttaten sollen die unerwünschten Bevölkerungsgruppen in den beanspruchten Regionen demoralisiert und zur Abwanderung bewegt werden." (Marie-Janine Calic: *Krieg und Frieden in Bosnien Herzegowina.* Frankfurt a. M. 1995. S. 130). Calic weist auch darauf hin, dass es sich lediglich um einen neuen Begriff für einen geschichtlich keineswegs neuen Tatbestand handelt: vgl. Calic, *Krieg und Frieden in Bosnien Herzegowina*, S. 123 f.. Eine definitorische Annäherung an den Begriff *ethnic cleansing* findet sich auch auf der Homepage der Vereinten Nationen: https://www.un.org/en/genocideprevention/ethnic-cleansing.shtml (letzter Zugriff: 05.04.2022).

USA Asyl gefunden.⁴⁴ Er selbst ist in Deutschland geblieben und setzt sich zehn Jahre nach seiner Flucht erzählerisch mit der Bewahrung seiner postjugoslawischen Identität auseinander, was ihn schließlich zu einer Rückkehr in den Herkunftsraum bewegt. Die Frage des „Dazugehören[s] und Nichtdazugehören[s]" spielt auch in den Identitätsbildungsprozessen des Protagonisten während der Rückkehr eine zentrale Rolle, sodass sich das Schlagwort ‚Identitätssuche' durch den Analysebegriff der Zugehörigkeit erweitern lässt.⁴⁵ Es gilt zu erörtern, ob und wie Aleksandar nach seiner zehnjährigen Abwesenheit an der familiären und gesellschaftlichen Ordnung vor Ort teilhaben kann. Dafür ist die Frage nach „Zuschreibung, Aushandlung und Infragestellung von Zugehörigkeiten"⁴⁶ während der Reise wesentlich. Für eine Analyse der Rückkehr müssen Wir-Gruppen identifiziert und die Relation bzw. Interaktion des Erzählers mit diesen Gruppen inspiziert werden: Inwiefern erzeugen gemeinsame Erfahrungen, Erinnerungen oder Gesinnungen Zugehörigkeit? Was erschwert oder verhindert die Teilhabe an einer Erinnerungsgemeinschaft und problematisiert damit Zugehörigkeit? Wie wird der

---

44 Vgl. den Brief vom 1. Mai 1999: „Meine Eltern leben seit einem Jahr in den USA. In Florida. Für immer, erst mal. [...] Wenn meine Eltern nicht ausgewandert wären, hätte man sie nach Bosnien zurückgeschickt. Freiwillige Rückkehr nennt sich das." (S 151).
45 Als Gemeinplatz der Identitätsforschung kann gelten, dass Identität als soziales Konstrukt einer wechselseitigen Anerkennung zwischen einem subjektiven ‚Innen' und einem gesellschaftlichen ‚Außen' bedarf. (vgl. grundlegend Heiner Keupp et al.: *Identitätskonstruktionen. Das Patchwork der Identitäten in der Spätmoderne*. Hamburg 1999. Insb. S. 27f. und S. 99) Der Begriff Zugehörigkeit präzisiert diese wechselseitigen Anerkennungs- oder Abgrenzungsprozesse im Hinblick auf konkrete „Wir-Gruppen". Exemplarische literaturwissenschaftliche Textanalysen, in denen Zugehörigkeit als Analysebegriff operationalisiert wird, bietet Andrea Leskovec: Grenzziehung und Grenzüberschreitung: Zugehörigkeit als Thema literarischer Texte. In: *Acta Germanica* 46 (2018). S. 136–150. In aktuellen Begriffsdefinitionen findet besonders die emotionale Dimension des Begriffs in Form von Zugehörigkeitsgefühlen, die validiert oder zurückgewiesen werden, Beachtung. (vgl. Johanna Pfaff-Czarnecka: *Zugehörigkeit in der mobilen Welt*. Göttingen 2012) In Bezug auf die emotionale Selbstverortung von Individuen weist der Begriff eine gewisse Nähe zum Begriff der Heimat auf, wobei als Abgrenzungsmerkmal der Fokus auf einer konkreten Anerkennung durch die jeweilige „Wir-Gruppe" geltend gemacht werden kann, der den Begriff Zugehörigkeit kennzeichnet. Eine Ausdifferenzierung des Begriffs in vier verschiedenen Bedeutungsdimensionen (Staatsbürgerschaft, adoleszente Identitätsentwicklung, Herkunft und Migrationspädagogik) unternimmt mit Bezug auf sozialwissenschaftliche Diskurse Claus Altmayer: ‚Zugehörigkeiten': Perspektiven eines internationalen germanistischen Forschungsnetzwerks. In: *Zugehörigkeiten. Ansätze und Perspektiven in Germanistik und Deutsch als Fremd- und Zweitsprache*. Hrsg. v. Claus Altmayer et al. Tübingen 2020. S. 13–33.
46 Claus Altmayer, Carlotta von Maltzan und Rebecca Zabel: Vorwort. In: *Zugehörigkeiten. Ansätze und Perspektiven in Germanistik und Deutsch als Fremd- und Zweitsprache*. Hrsg. v. Claus Altmayer et al. Tübingen 2020. S. 7.

Modus der Suche und damit einhergehende Vorgänge einer Identifikation bzw. Abgrenzung narrativ dargestellt?

Aleksandars Reise lässt sich in drei Reisestationen untergliedern, die alle in Bosnien und Herzegowina liegen, jedoch in verschiedenen Teilgebieten[47] lokalisiert werden können: die Hauptstadt Sarajevo (*Föderation Bosnien und Herzegowina*), Aleksanders Geburtsort Višegrad (*Republika Srpska*) und Opa Slavkos Grab im Bergdorf Veletovo (*Republika Srspka*). In Bezug auf die Bevölkerungszusammensetzung und die damit dominierende Erinnerungskultur der erzählten Räume spielt die Lokalisierung der Reiseziele in den verschiedenen Entitäten eine wichtige Rolle.[48] Übergeordnetes Ziel meiner Analyse ist es, die im Text dargestellte Reiseform einer Rückkehr in den Herkunftsraum nach zehnjähriger Abwesenheit in ihren spezifischen inhaltlichen und formalästhetischen Merkmalen herauszuarbeiten. Dazu gehört in erster Linie eine Untersuchung des Reiseverhaltens und der Interaktion mit anderen Figuren, die Fragen nach Zugehörigkeit aufwirft sowie identitätsstiftende und -zersetzende Erinnerungsprozesse verhandelt. Darüber hinaus sind weiterhin die Reisemotive des Protagonisten zu berücksichtigen: Es gilt zu prüfen, inwiefern die Ansprüche einer Bestandsaufnahme eingelöst werden können und wie die Aufarbeitung individueller Erfahrungen sowie der Stadt- und Familiengeschichte im Roman gestaltet wird. Die drei Reisestationen strukturieren dieses Unterkapitel, ich beginne mit dem dreitägigen Aufenthalt in Sarajevo.

---

[47] Der Friedensvertrag von Dayton im Jahr 1995 enthielt eine Verfassung, die das staatliche Territorium zweiteilte. Der Frontverlauf von Oktober 1995 wurde in Bezug auf die territorialen Ansprüche der Kriegsparteien weitestgehend vertraglich übernommen. Die im Krieg gewaltsam geschaffene ethnische Grenzziehung wurden durch die neue Verfassung juristisch gefestigt. Dabei wurde den auf Separation drängenden Serben kein eigener Staat zugestanden, sondern mit der politischen Einheit der „Entität" eine Sonderform geschaffen, in die die Kriegsparteien letztlich einwilligten. Es entstanden zwei Entitäten: die *Republika Srpska* und die *Föderation Bosnien-Herzegowina*. Letztere wurde in ethnische Kantone gegliedert, die eine Abgrenzung zwischen Kroat:innen und Bosniak:innen ermöglichte. Die Entitäten verfügen über eine weitreichende Autonomie, zwei Beispiele: Bis 1998 verfügten die Entitäten über eine eigene Währung und bis 2006 über eigene Armeen und Sicherheitsbehörden. Vgl. Brunnbauer/Buchenau, *Geschichte Südosteuropas*, S. 411 f.

[48] In der Entität *Föderation Bosnien und Herzegowina* lebten laut einer Volkszählung im Jahr 2013 70,4 % Bosniak:innen (1991: 52,3 %), 22,4 % Kroat:innen (1991: 21,9 %) und 2,5 % Serb:innen (1991: 17,6 %). Im Kanton Sarajevo lebten 83,8 % Bosniak:innen (1991: 50,8 %), 4,2 % Kroat:innen (1991: 7 %) und 3,2 % Serb:innen (1991: 27,1 %). In der Entität *Republika Srspka* wurde 2013 81,5 % serbischer (1991: 55,4 %), 14 % bosniakischer (1991: 28,1 %) und 2,4 % kroatischer Zugehörigkeit (1991: 9,2 %) gezählt. In Višegrad lebten 87,5 % Serb:innen (1991: 31,8 %), 9,8 % Bosniak:innen (1991: 63,5 %) und 0,3 % Kroat:innen (1991: 0,2 %). (vgl. http://www.statistika.ba/, letzter Aufruf: 05.04.2022).

3.1.2.1 „Wären wir heute ein Land, wären wir unbesiegbar" – ‚Jugonostalgie' als Mittel der Selbstverortung in Sarajevo

Das Kapitel „Von dreihundertdreißig zufällig gewählten Nummern in Sarajevo ist bei ungefähr jeder fünfzehnten ein Anrufbeantworter dran" folgt im Roman auf den Entschluss am 12. Februar 2002, in den Herkunftsraum zurückzukehren. Es gibt einen Einblick in die psychische Verfassung des Protagonisten unmittelbar vor der Reise. Gegenstand dieses Kapitels ist die Suche nach Asija in Sarajevo, die das Reiseverhalten des Protagonisten präformiert und dadurch in der Analyse des Sarajevo-Aufenthalts berücksichtigt werden muss. Das Kapitel ist fragmentarisch zusammengesetzt und besteht aus Telefonanfragen, die der Erzähler auf Anrufbeantwortern hinterlässt. In einem Teil der Anfragen richtet sich Aleksandar an verschiedene Adressat:innen und fragt bei ihnen nach seiner „Kindheitsfreundin" (S 220), in den anderen Mailboxnachrichten spricht er Asija, wie in den Briefen, direkt an.[49] Aleksandars Telefonanfragen kennzeichnet ein Aktionismus, der die Nervosität vor der Rückkehr in den Herkunftsraum verdeutlicht. Formalästhetisch wird die verzweifelte Suche durch die Wiederholung ganzer Fragmente, einzelner Textbausteine (z. B. die Bitte um Rückruf) und vor allem der überreichlichen Verwendung des Namens Asija dargestellt. In Bezug auf sein erstes Reiseziel Sarajevo ist sie die einzige ihm bekannte Person, deren Lebensmittelpunkt er dort vermutet.[50] Asija wird dadurch zur potenziellen Vermittlerin, die Aleksandar einen ersten Zugang zu seinem Herkunftsraum schaffen kann. Zur Einordnung der obsessiven Suche nach Asija in den telefonischen Selbstgesprächen können mehrere Bedeutungsebenen dieser Figur identifiziert werden: Asija ist für Aleksandar eine Erinnerungsträgerin, mit der er die Grenzerfahrungen im Schutzkel-

---

[49] Eine Besonderheit in den Nachrichten an Asija stellt das in die deutsche Sprache übersetzte Gedicht *Zapis o zemlji* (1966) von Mak Dizdars dar. Pajić und Zobenica sehen dieses Gedicht als intertextuellen Verweis, durch den sich der Erzähler kurz vor der Rückkehr in den Herkunftsraum die Diskrepanz zwischen seinen Erinnerungen und der Nachkriegswirklichkeit vergegenwärtigt: „Dabei reflektiert der versteckte Dialog mit Dizdars Gedicht, in dem nach der Vergangenheit, Verortung und der gegenwärtigen Situation in Bosnien gefragt wird, indirekt Aleksandars gegenwärtigen Bezug zum Geburtsland und seine Zweifel, ob das Nachkriegsbild des Landes, seinen schönen und magischen Kindheitserinnerungen an das Land standhalten kann." (Ivana Pajić und Nikolina Zobenica: Versteckter Dialog und Dialog-Replik in Saša Stanišićs Roman *Wie der Soldat das Grammofon repariert* (2006). In: *Neophilologus* 105 (2021). S. 91–107, hier: S. 102.

[50] Einziger Anhaltspunkt, dass Asija sich in Sarajevo befinden könnte, sind Informationen, die Aleksandar 1993 im Kindesalter von seiner Großmutter Katarina erhalten hat: „Liebe Asija, von Oma Katarina weiß ich, dass du schon letzten Winter nach Sarajevo geflohen bist. Von ihr habe ich auch diese Adresse. Sie konnte mir nicht sagen, ob du meine ersten beiden Briefe erhalten hast, es käme kaum Post an, Pakete sowieso nicht, aber auch Briefe verschwinden." (S 138).

ler während der Belagerung Višegrad teilt. Er selbst stellt nach zehn Jahren den Wahrheitsgehalt seiner eigenen Erinnerungsbestände in Frage – wenn es Asija tatsächlich gibt und er sie findet, könnte sie seine Erinnerungen beglaubigen, das vor Ort Geschehene bezeugen. Da Aleksandar mit seiner Familie nicht über die Kriegserfahrungen spricht, spiegelt sich in der Suche nach Asija gleichzeitig das Motiv wider, die Kriegserfahrungen nicht mehr nur in sich zu verschließen, sondern mit Betroffenen gemeinsam zu verarbeiten: „Asija? Hier spricht Aleksandar. [...] Lass uns in Sarajevo oder in Višegrad an das zusammen Erlebte erinnern." (S 221) Der dialogische Erinnerungsprozess hat eine gemeinschaftsstiftende Funktion: Der kommunikative Akt kann einerseits eine emotionale Bindung an den Herkunftsraum und damit Zugehörigkeitsgefühle hervorbringen, andererseits können durch *memory talks* auch individuelle Erinnerungsbestände verifiziert und zusätzliche Erinnerungsbilder hervorgerufen werden.[51] Asija fungiert jedoch nicht nur als figurale Erinnerungsträgerin, durch ihre illusionäre Konzeption wird sie zu einer vielschichtigen Projektionsfigur, die auf einer abstrakteren Ebene auch Wünsche und Sehnsüchte des Erzählers umfasst. Mit Bezug auf die etymologische Bedeutung des Vornamens („Friedenstifterin") bemerkt Aleksandar in einer Telefonanfrage, dass er erst in der Begegnung mit Asija „[s]einen Frieden" (S 221) finden könne. In der imaginären Auseinandersetzung mit Asija äußert sich wiederum Aleksandars Bedürfnis nach einer Auf- und Verarbeitung der Kriegserfahrungen in Višegrad, das bereits in der Analyse des Reisemotivs zum Vorschein kam: Was ist mit Asijas Eltern geschehen und ist Asija noch am Leben? Als muslimische Bosniakin gehört sie zur zentralen Opfergruppe der „ethnischen Säuberungen" in Višegrad, als Figur hat sie damit auch die Funktion, diese in Višegrad marginalisierte Opferperspektive sichtbar zu machen.[52] Auf einer weiteren Bedeutungsebene projiziert Aleksandar ein idealisiertes Frauenbild in Asija hinein: In seiner Vorstellung ist sie eine hingebungsvolle Geigerin, die als sportlich („Du läufst jeden Tag fünf Kilometer", S 222), mehrsprachig („sprichst

---

[51] Gemeinsame Erinnerungsprozesse sind ganz grundlegend ein Mittel, um Zugehörigkeit herzustellen, vgl. Altmayer et al, Vorwort, S. 8. Zur „gemeinschaftsstiftenden und -zerstörenden" Funktion von *memory talks* vgl. Neumann: *Erinnerung*, S. 176.
[52] Vgl. zu dieser Bedeutungsebene besonders den Artikel von Diana Hitzke und Charlton Payne: Verbalizing Silence and Sorting Garbage: Archiving Experiences of Displacement in Recent Post-Yugoslav Fictions of Migration by Saša Stanišić and Adriana Altaras. In: *Archive and memory in German literature and visual culture*. Hrsg. v. Dora Osborne. New York 2015. S. 195–212, insbesondere S. 200: „Under conditions of political displacement, the story about Asija represents an attempt to give account of a refugee who cannot give account of herself. Aleksandar cannot avoid the fact that such an account will only ever take the form of an unaccountable narrative fiction: in her absence, Asija is not in a place to give an account of herself, and as an unaccounted for displaced person, her physical whereabouts are unknown. Aleksandar's account of her, as an act of bearing witness, thus hast o rely on acts of his fictive imagination."

Französisch", S 222) und selbstbewusst imaginiert wird. Immer wieder erwähnt Aleksandar den Namen „Schön", den er ihr in Bewunderung ihrer Haare im Schutzkeller gab. Die Suche nach Asija umfasst damit auch den Wunsch nach einer Liebesbeziehung, die in der Darstellungsform ein romantisiertes Sehnsuchtsbild erkennen lässt. Die drei angeführten Bedeutungsebenen einer Erinnerungsträgerin, einer Repräsentantin der bosniakischen Opfergruppe und der Verkörperung eines weiblichen Idealbildes tragen zur Vielschichtigkeit der Figur Asija bei, die – ohne selbst aufzutreten – vor allem einen Einblick in die Innenwelt des Erzählers bietet. Als Adressatin der Briefe wird sie zur engen Vertrauten und hat zudem eine Vermittlungsfunktion zwischen dem Wohnort des Erzählers und seinem Herkunftsraum, d. h. zwischen seinen beiden Teilidentitäten.

Bereits im Titel des auf die Voicemails folgenden Sarajevo-Kapitels – „Was die Wise Guys weise macht, wie hoch der Einsatz auf die Erinnerung sein darf, wer gefunden wird und wer erfunden bleibt" – wird die Akzentverschiebung deutlich, die sich während der drei Tagen in der bosnischen Hauptstadt vollzieht: Asija ist unauffindbar und weiterhin nur in der Imagination des Erzählers existent („wer erfunden bleibt"). Stattdessen verschafft die Erinnerung an den Fußballspieler Kiko, den Aleksandar aus Višegrad kennt, ein Zugehörigkeitsgefühl, das eine Selbstverortung des Protagonisten im Herkunftsraum zur Folge hat. Es ist nicht nur Kiko, der in Sarajevo „gefunden wird", sondern auch die Teilidentität des Aleksandar aus Višegrad. Das Kapitel beginnt *in medias res* mit einem gemeinsamen Erinnerungsprozess des Erzählers und den selbsternannten „Wise Guys" Mesud und Kemo in einem Wettcafé in der Altstadt. In einer aufbauenden Rückwendung wird ab dem zweiten Absatz in diesem Kapitel erzählt, wie es zu diesem Erinnerungsprozess kam. Nach der Ankunft vermisst der Protagonist die Stadt am ersten Tag zunächst in ihren horizontalen und vertikalen Linien: Er fährt die Endhaltestellen der Straßenbahnen bis in die äußerste Peripherie ab und klettert auf ein Dach, um die Stadt aus der Höhe zu begutachten.[53] Wie ein Feldforscher erfasst er die Koordinaten des Raums und nähert sich anschließend mit Zurückhaltung auch den Stadtbewohner:innen: „Ich wollte wissen, worüber man in dieser Stadt spricht, traute mich aber nicht nachzufragen. Ich hörte zu." (S 225) Aleksandars Wahrnehmung ist zu Beginn distanziert-analytisch: Er übernimmt die Rolle eines teilnehmenden Beobachters, der seine Umgebung genau

---

[53] Vor dem Hintergrund der insgesamt 1.425 Tage andauernden Belagerung Sarajevos erhalten diese Extrempunkte eine zusätzliche Bedeutungsebene als Grenz- und Tatorte: Die Peripherien und die Vororte der Stadt waren unter der Kontrolle der serbischen Angreifer und für die eingekesselten Stadtbewohner:innen nicht zugänglich (vgl. Sundhaussen, Sarajevo, S. 326). Aus einer erhöhten Position – von Hochhäusern oder der umliegenden Berge aus – schossen Heckenschützen während der Belagerung gezielt auf Passant:innen (vgl. Sundhaussen, Sarajevo, S. 327).

studiert. Ein besonderer Fokus liegt dabei auf Räumen, in denen sich Personen aufhalten, die in Bezug auf das Alter und die Lebensphase ihm selbst gleichen. In einer Bibliothek sieht er Studierenden beim Lernen zu, auch das Feierverhalten will Aleksandar nur observieren: „Ich wollte nicht tanzen, ich wollte sehen, wie man hier tanzte." (S 226) Auf der einen Seite zeigt sich im Reiseverhalten des Protagonisten eine analytische Distanz zur lokalen Bevölkerung, auf der anderen Seite findet sich aber auch eine explizite Abgrenzung zum Reiseverhalten von Tourist:innen. Wie ein ortsansässiger Bewohner spazierte Aleksandar durch die Altstadt: „mit Händen hinter dem Rücken verschränkt, Blick gegen den Boden gerichtet, als sei ich in Gedanken und gehöre somit hierher, es gibt keine nachdenklichen Touristen." (S 225) Das genaue Studium von lokalen Verhaltensweisen, das große Interesse an stadtspezifischen Gesprächsthemen, die Inaugenscheinnahme von peripheren Stadtbezirken und die explizite Abgrenzung von der Rolle des Touristen deuten auf das Thema der Zugehörigkeit, das den Protagonisten nach seiner Ankunft in Sarajevo umtreibt. Am zurückhaltenden und gleichzeitig diffusen Auftreten der Figur lässt sich eine prinzipielle Ungewissheit darüber erkennen, wie sich ein Rückkehrer angemessen verhält bzw. in das Stadtleben integrieren kann. Während seines Streifzugs durch Sarajevo wird Aleksandar eine nicht greifbare Verlusterfahrung bewusst, die diesen anfänglichen Zustand der Orientierungslosigkeit bedingt: „Ich hatte das Gefühl etwas aufgegeben zu haben, sah auf die Stadt und wusste nicht, was es war." (S 226) Als Reaktion nimmt er am ersten Tag die distanzierte Außenperspektive seiner Teilidentität des „Aleksandars aus Essen" ein, der sich darüber freut, dass in Sarajevo die Theatervorstellungen ausverkauft sind, nicht alles „nach Ruine" (S 226) aussah und sich die „Süddeutsche von gestern" am Kiosk kauft.

Am zweiten Tag verändert sich das Reiseverhalten des Erzählers: Die distanziert-analytische Position eines teilnehmenden Beobachters löst sich auf und Aleksandar nimmt die Suche nach Asija wieder auf. Statt den Gesprächen der Ortsansässigen nur zuzuhören, spricht er die Menschen gezielt auf Asija an, hält in öffentlichen Verkehrsmitteln nach ihr Ausschau, sucht in Altstadt-Cafés, recherchiert in „Opferlisten" (S 226). Die Suche ähnelt den Telefonanfragen vor der Reise: Die Reihung der unzähligen Tätigkeiten des Protagonisten verdeutlichen auch hier einen verzweifelten Aktionismus. Die Handlungsschritte stellen weniger einen programmatischen Aufarbeitungsprozess dar, wie er sich z. B. in den Višegrader Erinnerungslisten zeigt, sondern spiegeln die fieberhafte Suche nach einem emotionalen Bezugspunkt wider, der dem Protagonisten das Gefühl von Zugehörigkeit gibt. Deutlich wird dies an Aleksandars Handlungsabsichten, nachdem er die Suche nach Asija erfolglos abgebrochen hat: „Ich wollte so lange durch die Stadt streunen, bis mir ein streunender Hund beggnete oder bis mich jemand erkannte, der aus Višegrad hierher geflohen ist." (S 227) Aleksandar wird von dem Impuls geleitet, jemand Bekanntes vor Ort zu finden (Asija) oder schließlich selbst erkannt zu werden. Er strebt nach der Anerkennung seiner Zugehörigkeit, die für den Rückkehrer nicht mehr selbstverständlich ist und einer Bestätigung von außen bedarf. Diese erfährt er im zentralen Schauplatz des Kapitels: einem Wettcafé in der Altstadt. Das szenische Erzählen im Wettcafé wird dadurch als ein neuer Sinnesabschnitt im Kapitel hervorgehoben, dass wie zu Beginn des Kapitels mit einer chronologischen Zeitdarstellung gebrochen wird. Vor den Geschehnissen im Wettcafé findet sich wiederum eine Prolepse, der mit dem szenischen Erzählen der Wettcafé-Episode dann eine aufbauende Rückwendung folgt: „Mesud, der mit seinem Schnurrbart spielt, mich eindringlich mustert und sagt: Kiko. Kiko von der weichen Drina. Wie du." (S 227) Durch den proleptischen Absatz wird der Erinnerungsprozess an den Fußballspieler Kiko erneut als zentrales Moment des Sarajevo-Aufenthalts hervorgehoben, im Gegensatz zum einleitenden Absatz zu Beginn des Kapitels aber auch die Herkunft des Erzählers thematisiert, die von Mesud in einer Analogie zu Kiko anerkannt wird.

Für ein Untersuchung von Zugehörigkeitsrelationen ist nicht nur die Interaktion mit anderen Figuren relevant, sondern auch die Gestaltung des erzählten Raums, in dem dieser Kontakt stattfindet. Mit dem Eintritt in das Wettlokal wird der Erzählerbericht durch szenisches Erzählen ergänzt, wodurch sich das Erzähltempo verlangsamt und der Fokus auf die Interaktion mit Mesud und Kemo gerichtet wird. Das Wettlokal als erzählter Raum steht im Hinblick auf die potenzielle Bedeutungsebene eines Erinnerungsraums im Kontrast zu Aufenthaltsorten, die der Erzähler an seinem ersten Tag in Sarajevo aufsuchte, wie beispielsweise die Bibliothek, in der Aleksandar Studierende beim Lernen beobachtete. Der Besuch einer großen Bibliothek, in der ein Zuteilungssystem den Besucher:innen die Plätze zuweist (vgl. S 225 f.), rekurriert auch ohne klare Referenz implizit auf die Nationalbibliothek in Sarajevo (*Vijećnica*), die während der Belagerung zerstört wurde.[54] Das Wettlokal hat in seinen räumlichen Dimensionen dagegen keinen besonderen Stellenwert in

---

[54] Zur Zerstörung der National- und Universitätsbibliothek als gezielter Angriff auf kulturelle Archive vgl. Holm Sundhaussen: *Sarajevo. Die Geschichte einer Stadt*. Wien [u. a.] 2014. S. 328: „Mit der Zerstörung von sakralen Gebäuden, Denkmälern, Archiven, Museen und Bibliotheken sollte die bisherige kulturelle Präsenz der Feinde, sollte das islamisch-orientalische ebenso wie das katholisch-okzidentale Erbe und alles, was daran erinnern konnte, ausgelöscht werden. [...], am 25. August 1992, vernichtete ein Angriff auf die National- und Universitätsbibliothek (das ehemalige Rathaus, Vijećnica) rund 1,5 Millionen Bücher. Die Feuerwehrleute wurden von den Pyromanen durch Dauerbeschuss daran gehindert, den Brand zu löschen. András Riedlmayer spricht in diesem Zusammenhang vom größten Einzelfall einer absichtlichen Bücherverbrennung der modernen Geschichte." Ein literarisches Zeugnis des verheerenden Großbrands am 25. August 1992 findet sich im Erzählband *Sarajevo Marlboro* (kroat. *Sarajevski Marlboro*, 1994) von Mil-

der lokalen Erinnerungskultur, es wird in der Altstadt nicht eindeutig verortet und auch die Inneneinrichtung entspricht einer stereotypen Vorstellung dieser Vergnügungsstätte: „Vier Fernseher an der Wand, in allen lief Teletext, ein Billiardtisch in der Mitte des Raumes, Aschenbecher auf den Plastiktischen." (S 227) Aleksandars Wettcafé ist auf Sportwetten spezialisiert und in diesem Bereich vor allem auf europäische Fußballigen. Die heimische bosnische Liga wird als unberechenbar und wenig reizvoll dargestellt, der Fokus liegt auf Ländern, die außerhalb der ‚Jugosphäre' liegen: die italienische Serie A, die spanische Primera División, die belgische Division 1A, aber auch die deutsche Regionalliga Nord. Die Wetten auf Spiele von Fußballteams aus Mailand, La Coruña, Anderlecht und Düsseldorf erzeugen eine internationale Atmosphäre, die zu einer zeitweiligen Ortlosigkeit beiträgt, in der sich der gegenwärtige Reisemodus des Erzählers auflöst: „Die Reise fühlte sich gerade nicht wie eine Reise an." (S 231) Vor allem aber gerät der Reisemodus durch ein Gefühl der Zugehörigkeit in den Hintergrund, das Aleksander in der Begegnung mit Mesud und Kemo entwickelt. Unter den „Männer[n] in Lederjacken und Trainingsanzügen" (S 227) erblickt er einen älteren Mann, der einen Trainingsanzug mit der Aufschrift „Rot-Weiß-Essen" trägt. Der Name seines Wohnorts in Deutschland auf dem Kleidungsstück eines Ortsansässigen schafft eine erste Verbindung zwischen Aleksandar und den beiden älteren Männern. Er tritt in Interaktion und eröffnet das Gespräch mit einer persönlichen Angabe, die ihn als ‚Fremden' entlarvt: „So ein Zufall, sagte ich, ich wohne in Essen." (S 227) Obwohl die mürrisch dargestellten alten Herren wenig Gesprächsbereitschaft zeigen, ergreift Aleksandar die Initiative: „'Ich bin Aleksandar, ist da noch frei?', hörte ich mich sagen, [...]." (S 228) Nach dem Wohnort gibt der Erzähler mit seinem Namen ein weiteres Identitätsmerkmal preis. Dargestellt wird diese Öffnung als eine Art dissoziativer Moment („hörte ich mich sagen"), der auf einen unkontrollierten emotionalen Impuls schließen lässt. Das erzählte Ich und dessen Figurenrede wird von der Erzählerposition aus einer distanzierten Außensicht betrachtet, wodurch sich das selbstreflexive erzählende Ich von den Handlungen eines intuitiv agierenden erzählten Ich („mich") zeitweilig löst. War am Vortrag noch eine kognitiv-analytische Distanz zwischen dem Rückkehrer-Ich und der Außenwelt vorhanden, wird an dieser Textstelle deutlich, wie das er-

---

jenko Jergović: „Man wird keine Liste aller in Sarajevo verbrannten Privatbibliotheken anlegen und sich nicht an alle erinnern. Für wen auch. Aber der Flamme aller Flammen, des Feuers aller Feuer, der mythischen Asche der Universitätsbibliothek von Sarajevo, der berühmten Vijećnica, wird man gedenken. Ein Pfeifen, eine Explosion, und dann brannten ihre Bestände einen ganzen Tag und eine ganze Nacht lang. Genau ein Jahr ist das her. Vielleicht liest du das Buch zufällig, wenn sich dieser Tag wieder jährt. Dann lege die Hand zärtlich auf deine Bücher, Fremder, und denk dran: Sie sind Staub." (Miljenko Jergović: *Sarajevo Marlboro*. Erzählungen. Aus dem Kroatischen von Brigitte Döbert. Mit einem Nachwort von Daniela Strigl. Frankfurt a. M. 2009. S. 179.)

zählte Ich diese Distanz ohne nachzudenken mit einer grundlegenden Offenheit und Preisgabe von persönlichen Informationen zur Kontaktaufnahme überwindet.

Die beiden Männer gelten als Wettexperten („Wise Guys") und fachsimpeln über aktuelle Fußballwetten. Die Trainingsjacke war ein Geschenk von Mesuds Schwiegersohn, der sie „vor Jahren aus Deutschland mitgebracht hatte" (S 228). Über das Gesprächsthema Fußball und die familiären Beziehungen von Mesud nach Deutschland baut Aleksandar eine freundschaftliche Beziehung zu den „Wise Guys" auf, in der er den Wunsch nach Zugehörigkeit äußert: „Der Regen hatte aufgehört, aber mir war nicht nach Gehen, ich wollte, dass man mich für einen Bekannten von Kemo und Mesud hielt." (S 229) Der Fußball als zentraler Gesprächsgegenstand lädt nicht nur zu einer interessierten Fachsimpelei ein, sondern offenbart auch die politische Einstellung der alten Männer: „Wir sprachen über Roter Stern, wir sprachen über die Nationalmannschaft damals und die Nationalmannschaften heute. Mesud sagte: wären wir heute ein Land, wären wir unbesiegbar." (S 229) Die konjunktivisch aufgeworfene „Wir-Identität" deutet auf eine prinzipielle Offenheit für eine integrative jugoslawische Idee.[55] Die jugoslawische Nationalmannschaft (*plavi*, dt. die Blauen) stand für die ethnische Pluralität des Vielvölkerstaats und wurde in der SFRJ unter Tito zeitweilig zu einem Integrationssymbol, das zu einer gesamtjugoslawischen Identifikation beitrug.[56] Aus postjugoslawischer Perspektive hat die *plavi* in Bosnien und Herzegowina durch die ethnische Diversität in diesem oft als „Klein-Jugoslawien" bezeichneten Land „einen höheren Stellenwert in der Erinnerungskultur als in Kroatien und Serbien"[57]. Unter Berücksichtigung der ethnischen Zugehörigkeit des alten Mesud – der Vorname deutet auf eine bosniakische Identität – werden über das Gesprächsthema Fußball indirekt auch gesellschaftliche Entwicklungen verhandelt.[58] Die „Wise Guys" markieren den Sport als gesellschaftspolitischen Seismographen, der auch ein Gradmesser für den gegenwärtigen Nachkriegszustand

---

[55] Einen konzisen geschichtlichen Überblick über „Jugoslawien als Idee" bietet Marie-Janine Calic: Kleine Geschichte Jugoslawiens. In: *Aus Politik und Zeitgeschichte* 40–41 (2017). S. 16–23.
[56] Vgl. Hardy Grüne: Kleine Geschichte des jugoslawischen Fußballs. In: *Fußball, Nation und Identität im postjugoslawischen Raum*. Hrsg. v. Anne Hahn und Frank Willmann in Zusammenarbeit mit der Bundeszentrale für politische Bildung. S. 12–17, hier: S. 14; Anne Hahn und Frank Willmann: Interview mit Alexandar Mennicke. In: *Fussball, Nation und Identität im postjugoslawischen Raum*. Hrsg. v. Anne Hahn und Frank Willmann in Zusammenarbeit mit der Bundeszentrale für politische Bildung. Bonn 2021. S. 32–45, hier: S. 36 f.
[57] Hahn/Willmann, Interview mit Alexandar Mennicke, S. 37.
[58] Einer gesellschaftspolitischen Bedeutungsebene des Fußballs widmet sich aus kulturwissenschaftlicher Perspektive folgender Sammelband: *Warum Fußball? Kulturwissenschaftliche Beschreibungen eines Sports*. Hrsg. v. Matías Martínez. Bielefeld 2002. Clemens Pornschlegel hebt in seinem Artikel die Gesellschaftsfunktion des beliebten Ballsports hervor: „Und Fußball ist ein

darstellt: „[...] wenn es dem Land gut geht, geht es auch dem Sport nicht schlecht. Heute ist es so: scheiße hier – scheiße dort." (S 230) Statt sich zur bosnischen Nationalmannschaft zu bekennen, die überwiegend aus bosniakischen Spielern besteht, erinnert sich Mesud nostalgisch an die glorreichen Zeiten der *plavi*. Die Idee einer bosniakisch-nationalen „Wir-Identität" wird zugunsten einer integrativen jugoslawischen Identifikation zurückgewiesen. Was Haines als negativ konnotierte Jugonostalgie abwertet und in Abgrenzung zu Aleksandar eingeordnet,[59] ist als Verbindungselement anzusehen, das die jugoslawische Identität des Erzählers aufruft und aktiviert. Im Brief an Asija vom 1. Mai 1999 deutet Aleksandar an, dass er nach dem Zerfall nicht nur hinter einer Nationalmannschaft stehe, sondern weiterhin an das gesamte Spektrum an postjugoslawischen Auswahlmannschaften emotional gebunden sei: „Ich freue mich über fünf Nationalmannschaften." (S 154) Es ist davon auszugehen, dass sich Aleksandar mit den Aussagen von Mesud identifizieren kann und auch das nostalgische Schwelgen der Männer in der jugoslawischen Vergangenheit („Die Siebziger an der Adria, mein lieber Hase!", S 230) nicht verurteilt.[60] In der Begegnung mit Mesud und Kemo trägt das Gespräch über Fußball und insbesondere die Nationalmannschaften dazu bei, dass Aleksandar eine emotionale Verbindung zu seinem Herkunftsraum aufbaut und durch ein geteiltes Bekenntnis zur jugoslawischen Idee Zugehörigkeitsgefühle entstehen. Daraus folgt eine identitätsstiftende Selbstverortung, die Aleksandar vornimmt, als Mesud die Herkunft des Protagonisten zum Thema macht: „Woher kommst du eigentlich?" (S 231) In Kontrast zur Orientierungslosigkeit, die das Reiseverhalten des Erzählers vor dem Eintritt in das Wettcafé kennzeichnete, weist sich Aleksandar in seiner Antwort selbst seinen Platz im Herkunftsraum zu und kehrt zum Anlass seiner Reise zurück: „Aus Višegrad, sagte ich und dachte zum ersten Mal seit Stunden wieder an Asija, an Oma

---

immer wieder neu justierter ‚Spiegel', ein Ort des (Selbst-)'Bildes' der Gesellschaft, ein ‚Spiegel' im exakten mythologischen Sinn." (Clemens Pornschlegel: Wie kommt die Nation an den Ball? Bemerkungen zur identifikatorischen Funktion des Fußballs, S. 103–111, hier: S. 106.)
59 Vgl. Brigid Haines: Sport, identity and war in Saša Stanišić's „Wie der Soldat das Grammofon repariert". In: *Aesthetics and politics in modern German culture*. Hrsg. v. Brigid Haines. Oxford [u. a.] 2010. S. 153–164, hier: S. 163.
60 Konträr argumentiert Brigid Haines: „While the old men remembering 1962 see only negative, ‚Zweiundsechzig in Chile [...] dem Land ging es gut, und wenn es dem Land gut geht, geht es auch dem Sport nicht schlecht. Heute ist es so: Scheiße hier – Scheiße dort', (232) Aleksandar is not stuck in the past." (Haines, Sport, identity and war, S. 163) Diese Argumentation vernachlässigt die Produktivität des Vergangenheitsbezugs für Aleksandars Identitätskonstruktion. Gerade durch die jugonostalgische Dimension der Aussagen und den Verdruss über die gegenwärtige Gesellschaftsentwicklung nähert sich Aleksandar den „Wise Guys" an.

Katerina, an meine Listen. Die Reise fühlte sich gerade nicht wie eine Reise an." (S 231) Im Gespräch mit den „Wise Guys" führt die Selbstverortung des Protagonisten letztlich dazu, dass sich der Reisemodus in einer lokalen Zugehörigkeit auflöst. Im Wettbüro baut Aleksandar eine Verbindung zu seinem Herkunftsraum auf, was ihn von einem teilnehmenden Beobachter zu einem Dazugehörigen übergehen lässt. Gemeinschaftsstiftend wirkt dabei vor allem eine jugoslawische „Wir-Identität", die die beiden älteren Männer verkörpern. Der Fußball ist nicht nur ein Smalltalk-Thema, in den Gesprächen manifestiert sich sein identitätsstiftendes Potential in Bezug auf eine integrative jugoslawische Idee.[61] Darüber hinaus entsteht aus dem Gespräch über Fußball ein gemeinsamer Erinnerungsprozess, der neben einer geteilten emotionalen Bindung an eine Gruppenidentität (*plavi*) eine gemeinschaftsstiftende Wirkung hat. Mesud erinnert sich beim Stichwort „Višegrad" an den „Kiko von der weichen Drina", der auch auf Aleksandars Erinnerungsliste steht: „Damir Kičić – Kiko." (S 231) Dabei erfährt Aleksandar von den „Wise Guys" eine Bestätigung seiner Zugehörigkeit, die in diesem Kapitel durch eine Wiederholung hervorgehoben wird und so eine besondere Wirkung auf den Erzähler entfaltet: „Kiko. Kiko von der weichen Drina. Wie du." (S 227, 231) Die gemeinsamen Erinnerungsprozesse und die Anerkennung seiner Herkunft verändert die innere Haltung des Protagonisten: Sie führen ihn von einer analytischen Inaugenscheinnahme der Außenwelt und der obsessiven Suche nach Asija zurück zu seinen eigenen Erinnerungsbeständen. Nachdem Aleksandar das Wettcafé zur späten Stunde verlässt, kommt es auf dem Weg zu seiner Unterkunft zu einer Wiederentdeckung des eigenen Ichs:

> Das sind meine Hände in den Taschen. Das sind meine Schritte. Das ist mein Schlüssel. Hier schließe ich die Tür auf. Hier gehe ich auf Zehenspitzen die trotzig knarrende Treppe hinauf. Das ist mein Leisesein. Das ist mein temporäres Zuhause. Hier liegt mein Koffer. Hier stapeln sich die Listen. Hier stapeln sich die Straßen. Hier stapeln sich die Namen. Hier knie ich vor dem Koffer. Hier lese ich ‚Damir Kičić'. Hier steht ‚Damir Kičić – Kiko.' (S 231)

Die inneren Ordnungsprozesse werden durch listenartige, anaphorische Satzkonstruktionen angezeigt, die eine grundlegendes Merkmal des Erzählverfahrens darstellen und aus vorangehenden Textstellen bereits bekannt sind.[62] War zu Be-

---

61 Die „identitätskonstruierende Macht des Fußballs" (S. 24) sieht Matias Martinez in seiner kulturwissenschaftlichen Bestandsaufnahme als einen der zentralen Bedeutungsaspekte. Fußballmannschaften bieten Gruppenidentitäten an, zu denen Fans eine intensive emotionale Bindung entwickeln. Vgl. Matias Martinez: Warum Fußball? Eine Einführung. In: *Warum Fußball? Kulturwissenschaftliche Beschreibungen eines Sports.* Hrsg. v. Matias Martinez. Bielefeld 2002. S. 7–36.
62 Esther Delp hat dieses enumerative Erzählverfahren anhand zahlreicher Textbeispiel herausgearbeitet: vgl. Esther Delp: „Ich habe ein Portrait von Višegrad in dreißig Listen geschrieben":

ginn des Gesprächs im Wettcafé noch eine distanzierte Außensicht auf das Ich auffällig („hörte ich mich sagen"), kehrt sich die Nähe-Distanz-Relation des Erzählers zu sich selbst an dieser Stelle um: Das Ich entdeckt sich selbst wieder bzw. nähert sich in der veränderten Umgebung des Reiseziels seinen individuellen Erinnerungsbeständen wieder an. Aleksandar weist sich selbst seinen Platz in Sarajevo zu: „Das ist mein temporäres Zuhause." Im Stil eines inneren Monologs schildert der Erzähler Wahrnehmungsspuren, die einer Selbstverortung im Raum gleichen und zurück in die eigene Erinnerungswelt führen.

3.1.2.2 „Du bist ein Fremder, Aleksandar!" – Divergierende Erinnerungsperspektiven zwischen Ortsansässigen und Rückkehrer: innen in Višegrad

Nach drei Tagen in Sarajevo fährt Aleksandar mit dem Bus nach Višegrad. Als Reiseziel unterscheidet sich Višegrad von Sarajevo dadurch, dass es sich nun nicht mehr ganz allgemein um die Rückkehr in das Herkunftsgebiet des ehemaligen Jugoslawiens, Bosnien und Herzegowina als einer der Nachfolgestaaten, handelt, sondern um eine Rückkehr in den Herkunftsraum, in dem Aleksandar aufgewachsen ist. Im Brief an Asija vom 1. Mai 1999 reflektiert der Erzähler vor dem Hintergrund der sich im Jahr zuvor abzeichnenden Abschiebung seiner Eltern in Deutschland über das Prinzip der Rückkehr:

> Wenn meine Eltern nicht ausgewandert wären, hätte man sie nach Bosnien zurückgeschickt. Freiwillige Rückkehr nennt sich das. Ich finde, etwas Verordnetes kann nicht freiwillig sein und eine Rückkehr keine Rückkehr, wenn es sich um einen Ort handelt, dem die Hälfte der ehemaligen Bewohner fehlt. Das ist ein neuer Ort, dahin kehrt man nicht zurück, da fährt man zum ersten Mal hin. (S 151)

Seine eigene Rückkehr, die im Gegensatz zu derjenigen der Eltern tatsächlich freiwillig ist und einen zeitlich begrenzten Reisemodus darstellt, bewegt sich in einem Spannungsfeld zwischen der Inaugenscheinnahme eines „neue[n] Orts" und der Aktualisierung und Verifizierung von eigenen Erinnerungsbeständen im Herkunftsraum. Aleksandar ist vor der Reise bewusst, dass eine „Rückkehr im Sinne einer Heimkehr"[63] unmöglich ist. Untersuchungsgegenstand meiner Analyse sind die Aushandlungsprozesse von Zugehörigkeit zwischen den Ortsansässigen und dem Rückkehrer Aleksandar. Dabei vertrete ich die These, dass neben

---

enummerative Erinnerungsstrategien in Saša Stanišićs „Wie der Soldat das Grammofon repariert". In: *Exil interdisziplinär; 2.* Hrsg. v. Julia Maria Mönig und Anna Orlikowski. Würzburg 2018. 135–151.
63 Delp, „Ich habe ein Portrait von Višegrad in dreißig Listen geschrieben", S. 148.

der ‚gescheiterten' Heimkehr, in der dem Protagonisten die Zugehörigkeit zur „Wir-Gruppe" der Ortsansässigen abgesprochen wird, auch identitätsstabilisierende Begegnungen stattfinden. Für die Interaktionen im Herkunftsraum Višegrad ist das Wechselspiel zwischen individuellen Erinnerungsprozessen und Merkmalen einer vor Ort dominanten Erinnerungskultur relevant. Dieses lässt sich durch eine Analyse der Begegnungen des Protagonisten in Višegrad und der Inszenierung von erzählten Räumen herausarbeiten. Schwerpunkte dieses Abschnitts bilden dabei die Ankunft in Višegrad und der Austausch mit dem Busfahrer Boris (1), Aleksandars Wiedersehen mit seinem Kindheitsfreund Zoran (2) und der gemeinsame Abend mit Marija (3), der Erinnerungsprozesse vor Ort auslöst, die es auch im Hinblick auf die Inszenierung von traumatischen Erinnerungsräume zu untersuchen gilt.

(1)
Die Busfahrt nach Višegrad verschläft der Erzähler weitestgehend und wacht dann mit Blick auf „[s]einen Fluss" (S 258) – die Drina – auf. Wie nach dem Besuch im Wettcafé in Sarajevo eignet sich der Erzähler seine Umgebung identifikatorisch in der Verwendung von Possessivpronomen an. Der Bus nähert sich Višegrad, kommt allerdings auf Verlangen eines weiteren Passagiers an einem Aussichtspunkt, der einen Blick auf die berühmte Višegrader Brücke über die Drina eröffnet, zum Stehen. Die Rückkehr in den Herkunftsraum beginnt mit einem fernen Blick auf das Wahrzeichen der Stadt. Der Blick auf die Brücke lässt sich intratextuell mit dem Hintergrundbild auf dem Notebook des Protagonisten engführen, das im Kapitel „Ich bin Asija" vor der Reise symbolisch sein Bedürfnis, in den Herkunftsraum zurückzukehren, vermittelte. Dieses Bedürfnis, die imaginative Zeichenebene zu beglaubigen und sich durch Autopsie mit dem Herkunftsraum auseinanderzusetzen, wird nun erfüllt, was durch die Parallelisierung der Brückenbilder hervorgehoben wird. Gleichzeitig werden durch die Reaktion des Protagonisten bereits die Veränderungen vorweggenommen, die ihn während seiner Rückkehr erwarten: „Als hinter einer engen Kurve der Blick auf die Brücke frei wird, bin ich überrascht, obwohl ich mir fest vorgenommen habe, alles so vorzufinden, wie es immer war." (S 258) Dem utopischen Plan, nach zehn Jahren Abwesenheit, in denen kriegerische Auseinandersetzungen den Herkunftsraum grundlegend veränderten, an die eigenen Erinnerungsbestände komplikationslos anknüpfen zu können, ist ein kontinuitätsstiftendes Wunschdenken inhärent. Dieses wird durch den fernen Blick auf die symbolträchtige Brücke, der nicht den Erwartungen entspricht, verunsichert. Auch die Musikauswahl im Bus (Madonna – *Like a virgin*) wurde in der Forschung als Vorankündigung einer scheiternden Heimkehr gedeutet, indem auf einer popkultu-

rellen Zeichenebene impliziert wird, dass der Protagonist statt in seinen vertrauten Herkunftsraum, in einen neucodierten, unbekannten Raum eintritt.[64]

Zu einer verunsichernden Ankunft in Višegrad trägt bei, dass die individuellen Erinnerungsbestände des Protagonisten, die sich in den vorab erstellten Listen äußern, im ersten Kontakt mit dem Herkunftsraum nicht konsolidiert werden. Den Stationsvorsteher Armin, den Aleksandar am Busbahnhof erwartet, kann er in dem sichtlich heruntergekommenen Bahnhofsgebäude nicht finden. In Gedankenrede richtet der Erzähler Fragen an sich selbst, die Armin als mögliches Opfer der „ethnischen Säuberungen" in Višegrad markieren: „Ist er überhaupt in der Stadt? War Armin Muslim?" (S 259) Die mnemonische Bestandsaufnahme des Erzählers erhält vor allem durch den Busfahrer Boris eine kategorische Zurückweisung: Er entgegnet Aleksandar, dass es in Višegrad keinen Stationsvorsteher namens Armin gegeben habe. Armin wird als Bestandteil von Aleksandars Erinnerungslisten dadurch in Frage gestellt. In einer ersten Auseinandersetzung mit einem Vertreter der lokalen Erinnerungsgemeinschaft sind Differenzen auszumachen, die eine gemeinsame Erinnerungen an die bosniakische Bevölkerungsgruppe in Višegrad betreffen. Der Verdacht, dass es sich bei Armin um einen Stadtbewohner bosniakischer Herkunft handeln könnte und die Behauptung des Busfahrers, dass dieser nicht existiere, lassen weniger auf eine Unzuverlässigkeit der Erinnerungsbestände des Erzählers schließen,[65] sondern rufen bereits bei der Ankunft am Busbahnhof die Ausgrenzung einer bosniakischen Opferperspektive in der lokalen Erinnerungskultur auf.[66] Während in Sarajevo öffentlich „Opferlisten" eingesehen werden können, werden bei Aleksandars Ankunft in Višegrad im Gespräch mit dem Busfahrer erste Anzeichen deutlich, dass in Višegrad eine Erinnerungsperspektive dominiert, die statt der Aufarbeitung von Kriegsverbrechen bestimmte Opfergruppen ausblendet, indem das Verschwinden eines großen Anteils der lokalen Bevölkerung ignoriert wird.

An der Begegnung mit dem Busfahrer Boris wird prinzipiell eine Verschlossenheit des erzählten Raumes deutlich, die einen Kontrast zur Offenheit bildet, die Aleksandar in Sarajevo erfuhr. Während sich der Protagonist in Sarajevo selbst in einer distanziert-analytischen Haltung dem ersten Reiseziel nähert, nimmt sich Aleksandar in Višegrad in der Interaktion mit Boris als ein fremder Eindringling wahr, der mit Misstrauen behandelt wird. Mehrmals fragt der Busfahrer Aleksandar, was er in Višegrad vorhabe – wohin er gehe und wen er

---

[64] Vgl. Delp, „Ich habe ein Portrait von Višegrad in dreißig Listen geschrieben", S. 148.
[65] Grujičić geht davon aus, dass der Busvorsteher Armin „nie existiert" habe und dadurch die Erinnerungsbestände des Erzählers als unzuverlässig markiert werden: vgl. Milica Grujičić: *Autoren südosteuropäischer Herkunft im transkulturellen Kontext*. Berlin [u. a.] 2019. S. 222.
[66] Vgl. Delp, „Ich habe ein Portrait von Višegrad in dreißig Listen geschrieben", S. 148.

suche. Boris wird als eine Art Torwächter dargestellt, der die Identität und die Pläne des Protagonisten prüft. Die wiederholten Fragen nach Aleksandars Absichten („Wohin, junger Mann? [...] Wen suchst du? [...] Wohin willst du?", S 259) und die körperliche Aufdringlichkeit, die sich soweit steigert, dass sich der Busfahrer Aleksandar in den Weg stellt, lassen ihn aus der Wahrnehmung des Protagonisten wie einen inoffiziellen Grenzposten wirken, der den Übergang in Aleksandars Herkunftsraum beaufsichtigt. Erst nachdem Aleksandar den Namen seiner Großmutter nennt, zeigt sich in der Verhaltensweise des Busfahrers eine Veränderung, die auf einen positiven Ausgang dieser ‚Grenzkontrolle' schließen lässt: „Sein Blick wechselt von aufdringlich zu neugierig." (S 260) Den serbischen Nachnamen Krsmanović verbindet der Busfahrer mit Aleksandars Onkel Miki und prüft das Verwandtschaftsverhältnis. Die Informationen, die Aleksandar von Boris über seinen Onkel erhält, bleiben bewusst uneindeutig. Der Busfahrer signalisiert, dass eine Bekanntschaft mit Miki nicht erwünscht sei („Gott sei Dank nicht", S 260) und die Preisgabe von Informationen über den Onkel Risiken berge. Boris begleitet den Neuankömmling bis zum Haus von Großmutter Kristina und begründet seine Verschwiegenheit: „Zum Abschied, vor dem Hochhaus, in dem Oma Katerina lebt, sagt er dann: nichts für ungut. Weißt du nichts, bist du ein Idiot. Weißt du viel und gibst es zu, bist du ein lebensmüder Idiot." (S 261) Ganz allgemein lässt sich im ersten Kontakt des Protagonisten in seinem Herkunftsraum erkennen, dass die Kommunikation über Vergangenes, insbesondere (Nach-)Kriegserfahrungen, von Tabuthemen begleitet ist. Boris' Erklärung weist auf ein Misstrauen der Menschen untereinander hin, das im Nachhinein auch seine anfängliche Aufdringlichkeit begründet. Inwiefern die Erinnerungsperspektive des Rückkehrers, wie Aleksandar auch von der lokalen Bevölkerung explizit benannt wird (vgl. S 271), mit derjenigen der Ortsansässigen konfligiert, lässt sich an der Begegnung mit Zoran Pavlović, Aleksandars Kindheitsfreund, darlegen.

(2)
Das Wiedersehen mit Zoran Pavlović, den Aleksandar als „mein Zoran" (S 274) bezeichnet, ist eine der zentralen Begegnungen während des Aufenthalts in Višegrad. Was durch den Possessivartikel als Zeichen einer immer noch engen Vertrautheit von Seiten der Erzählinstanz gegenüber seinem Kindheitsfreund erscheint, wird von Zoran selbst im Laufe des Abends zurückgewiesen (vgl. S 275). In der Interaktion mit Zoran manifestieren sich unterschiedliche Erinnerungsperspektiven, die eine dialogische Erinnerungsarbeit verhindern und Aleksandar aus der ortsansässigen Erinnerungsgemeinschaft ausschließen. Divergierende Kriegserfahrungen werden im Text als Entfremdungsursache markiert, die zu einer Distanzierung der Freunde führen. Diese Veränderungen werden besonders

deutlich, wenn man die Beziehung zwischen dem Erzähler und der Figur Zoran im Verlauf des Romans in ihren jeweiligen Darstellungsformen betrachtet. Dafür richte ich zunächst den Fokus auf zwei signifikante Textstelle aus Aleksandars erzählter Erinnerungswelt und den Briefen an Asija.

Zoran Pavlović wird im Kapitel „Wer gewinnt, wenn Walross pfeift", das sich im ersten Segment des Romans befindet, als drei Jahre älterer Freund eingeführt, zu dem der Erzähler aufschaut. Aleksandar erledigt untergeben Freundschaftsdienste für ihn, übermittelt beispielsweise Entschuldigungsgesten an Zorans Freundin Ankica. Aleksandars Kindheitsfreund wird als wortkarg eingeführt, mit ihm zu reden, gestaltet sich als schwierig. Nichtsdestotrotz wird Zoran im ersten Segment von Stanišićs Roman zum Binnenerzähler der Geschichte seines Vaters Milenko und deshalb in einigen Forschungsartikeln als eigene Erzählinstanz aufgeführt, die zur Multiperspektivität des Romans beiträgt.[67] Dabei ist zu berücksichtigen, wie Zoran als Ich-Erzähler in den Kontext der pikaresk gestalteten Geschichte um den gehörnten Milenko eingebunden wird. Das Kapitel „Wer gewinnt, wenn Walross pfeift" beginnt aus der Perspektive einer heterodiegetischen Erzählinstanz, die von der verfrühten Heimfahrt von „Walross", ehemaliger Basketballprofi und nun Basketballschiedsrichter, und dessen Sohn Zoran von Split über Sarajevo nach Višegrad berichtet. Vor Ort erwischen Vater und Sohn die Ehefrau und Mutter in flagranti mit dem Trafikanten Bogoljub Balvan. Die Geschichte bricht an dieser Stelle ab, in einem typografisch markierten neuen Absatz wechselt der Fokus des Kapitels auf ein Gespräch zwischen Zoran und dem Ich-Erzähler Aleksandar, in dem die beiden über Zorans Interesse für Österreich sprechen. In diese Unterhaltung ist als Binnengeschichte Zorans figurale Perspektive auf den Tag, an dem seine Mutter erwischt wurde, eingebunden. Der Übergang von der Unterhaltung zwischen Aleksandar und Zoran vor dem Frisörladen zurück zur Geschichte um Zorans Vater wird durch einen Doppelpunkt und einen Kapitelwechsel im Anschluss angezeigt. Der Doppelpunkt markiert in einem fließenden Kapitelübertritt eine direkte Rede, die im nächsten Kapitel weiterhin ohne Anführungszeichen auf Aussagen der Figur Zoran schließen lässt. Einer eigenständigen Figurenperspektive, die als Figurentext von der Erzählerrede abgegrenzt werden kann, wirkt jedoch entgegen, dass Zoran als homodiegetischer Erzähler den Erzählfaden der heterodiegetischen Erzählinstanz zu Beginn des vorangehenden Kapitels aufgreift, indem der letzte Satz der Geschichte deckungsgleich übernommen wird: „Die Tür stand offen, offen stand auch der Reißverschluss von Bogoljub Balvan, dem Trafikanten." (S 57, 61). Es handelt sich um eine Fortsetzung der Geschichte, in der in Bezug auf die Sprache eine

---

[67] Finzi sieht in Zorans Binnengeschichte beispielsweise einen Wechsel der Erzählperspektive: vgl. Finzi, Wie der Krieg erzählt wird, S. 251.

Interferenz zwischen Erzähler- und Figurentext vorliegt. Zoran erzählt im Anschluss von den Geschehnissen in der Wohnung, wie sein Vater als Rache den *Tetris*-Highscore von Bogoljub bricht, dessen Haus zerstört und die Stadt verlässt. Der Wechsel von einer heterodiegetischen Erzählperspektive zur figuralen Perspektive von Zoran hat einen Beglaubigungseffekt: Der Walross-Stoff wird aus der Perspektive eines Augenzeugen erzählt. Im letzten Abschnitt des Kapitels „Wann Blumen Blumen sind" wechselt der Fokus in einem neuen Absatz wieder auf das Gespräch zwischen Zoran und Aleksandar vor dem Frisörladen. Der Erzähler schildert in diesem Abschnitt, dass ihm die Walross-Geschichte schon oft von Zoran erzählt wurde, dieser sich jedoch als monothematischer Erzähler entpuppt und das Erzählen aufgrund einer emotionalen Betroffenheit „manchmal keine zwei Minuten" (S 67) dauert. Aleksandar stellt sich selbst dagegen als eifrigen Geschichtensammler dar: „Gibt es irgendwo Geschichten, bin ich sofort irgendwo." (S 68) In seinem Schulaufsatz zum Thema „Eine schöne Reise" greift er den Walross-Stoff wieder auf und erzählt eine weitere Fortsetzung der Flucht und Rückkehr von Zorans Vater nach Višegrad. Zoran ist letztlich keine eigenständige Erzählinstanz einer Binnengeschichte, seine figurale Ich-Perspektive ist in die Erzählerrede eingebunden, was sich am deutlichsten an der Übernahme der erwähnten Satzkonstruktion zeigt, die Zorans Geschichte als Fortsetzung der Erzählerrede markiert. Die Perspektive seines Freundes dient der Erzählinstanz dazu, die Geschehnisse durch einen Augenzeugen zu beglaubigen. Indem er sich in die Figur Zoran hineinversetzt, inszeniert sich Aleksandar als Geschichtenerzähler von besonderen Vorkommnissen aus der Stadt Višegrad: Zoran kann seine Erlebnisse Aleksandars Ansicht nach nur unzureichend vermitteln, deshalb übernimmt er selbst die Ausgestaltung. Gleichzeitig manifestiert sich in der Interferenz zwischen Erzähler- und Figurentext auf der Darstellungsebene dadurch eine Nähe zwischen Aleksandar und seinem Jugendfreund, dass sich Aleksandar Zorans Perspektive aneignet und im Erzählprozess versucht, dessen familiäre Leidensgeschichte nachzuvollziehen.

Im zweiten Segment des Romans wird die Figur Zoran Pavlović in Aleksandars Briefe aus Deutschland eingebunden. Zoran stellt wie Asija eine Kontaktperson im Herkunftsraum dar. Ein großer Unterschied zwischen den beiden Figuren liegt darin, dass Aleksandar mit Zoran interagiert, während die Briefe an Asija monologisch bleiben. Eine direkte Interaktion in Form eines Gesprächs mit Zoran fließt nicht szenisch in dieses Segment ein – Aleksandar berichtet indirekt im Brief an Asija vom 8. Januar 1994 davon, dass er mit Zoran Kontakt aufgenommen und dieser ihm von der Situation vor Ort berichtet habe:

> Erinnerst du dich an Zoran? Ein Freund aus Višegrad, ein schweigsamer Rebell! Er sagt, die Stadt ist voller serbischer Flüchtlinge. Sie wohnen in der Schule oder haben sich einfach die leeren Häuser und Wohnungen von den vertriebenen Bosniaken genommen. Und die sind

vielleicht jetzt in den serbischen Wohnungen. Am Ende wird niemand dort sein, wo er vorher war. Auch in unserem Haus lebt eine Familie. Oma sagt, das sei in Ordnung, weil sie kleine Kinder haben. Zoran sagt, die Višegrader können die Neuen nicht ausstehen, er selbst hasse sie, so viel gesprochen hat Zoran noch nie, Zorans Hass ist groß. (S 143)

Aleksandar fokussiert im Brief an Asija die Folgen der „ethnischen Säuberungen"[68], von denen ihm Zoran berichtet. Die ortsansässigen Bosniak:innen wurden vertrieben, Geflüchtete mit serbischer Zugehörigkeit lassen sich in Višegrad nieder.[69] Durch Zoran erfährt Aleksandar aus erster Hand von den gesellschaftlichen Veränderungen, die sich in seiner Herkunftsstadt zutragen. Als ortsansässiger Zeuge erhalten die Aussagen von Zoran Authentizität – im Hinblick auf das Schweigen der Eltern in Deutschland und den medialen Blick aus der Ferne gewährt Zoran Aleksandar einen unmittelbaren Einblick in die örtliche Kriegslage. Zoran wird für Aleksander zum Hauptzeugen der Kriegsverbrechen, was sich besonders darin zeigt, dass der Kindheitsfreund in einem inneren Monolog, der als Telefongespräch gerahmt ist, eine eigene Stimme erhält. Als Zusatz zum Brief vom 6. Januar 1994 wird die Brieffolge durch ein Statement des Zurückgebliebenen unterbrochen. In diesem Monolog werden nun aus der figuralen Perspektive die Konsequenzen der „ethnischen Säuberungen" beschrieben und die Unübersichtlichkeit der Lage hervorgehoben: „[...] sogar die Turnhalle ist voller Leute, ich weiß nicht mal, ob das Gefangene sind oder Flüchtlinge." (S 144 f.) Vor allem benennt Zoran aber die wesentlichen Schauplätze der Kriegsverbrechen in Višegrad und referiert damit auf konkrete Geschehnisse einer realhistorischen Wirklichkeit: die Zerstörung der Moscheen, Massenmorde an der Drina-Brücke, die systematischen Tötungen in den Hotels Vilina Vlas und Bikavac sowie der Feuerwehrstation, die ungestraft bleiben, während der Alltag vor Ort weitergeht.[70] Zoran deutet auch auf die Verantwortlichen für diese Verbrechen: „Ich hasse die Soldaten. Ich hasse die Volksarmee. Ich hasse die Weißen Adler. Ich hasse die Grünen Baretts. Ich hasse den Tod." (S 145) Neben der jugoslawischen Volksarmee, die Višegrad belagerte, werden mit den Weißen Adlern und der Grünen Baretts zwei paramilitärische Einheiten aufgerufen. Es handelt sich um Kampfgruppen, die von den jeweiligen Kriegsparteien unterstützt wurden, um

---

68 Zum Begriff der „ethnischen Säuberungen" siehe Fußnote 43 auf S. 118 in diesem Kapitel.
69 Zum historischen Kontext der „Flucht und Vertreibung" während des Bosnienkriegs vgl. Calic, Krieg und Frieden in Bosnien Herzegowina, S. 121–128.
70 Vgl. zu den Kriegsverbrechen in Višegrad die ausführliche Urteilsschrift des ICYT im Fall Milan und Sredoje Lukić: https://www.icty.org/x/cases/milan_lukic_sredoje_lukic/tjug/en/090720_j.pdf (letzter Aufruf: 05.04.2022).

der systematischen Vertreibung ethnischer Gruppen Vorschub zu leisten.[71] Unter Berücksichtigung der Briefchronik wird durch Zorans Zeugenaussagen hervorgehoben, dass bereits vor dem Genozid in Srebrenica in Višegrad Verbrechen gegen die Menschlichkeit verübt wurden. Zoran selbst drängt seinen Vater zur Flucht, sieht sich allerdings durch dessen Weigerung, den Herkunftsraum zu verlassen, traumatisierenden Kriegserfahrungen ausgesetzt: „Mein Hass ist endlos, Aleksandar. Auch wenn ich die Augen schließe, ist alles da." (S 146) Viele Interpret:innen haben auf das Leitmotiv des Hasses hingewiesen, das die überformte Darstellung des inneren Monologs kennzeichnet, und sehen hier eine Verbindung zur Figur Max Löwenfeld in Ivo Andrićs Erzählung *Brief aus dem Jahr 1920*.[72] Im titelgebenden Brief von Max Löwenfeld an den Ich-Erzähler erklärt Löwenfeld seine Abwendung von Bosnien unter anderem mit einem interethnischen Hass, dessen erschreckendes Ausmaß er in seiner Stationierung während des Ersten Weltkriegs in Sarajevo erfahren habe:

> Vielleicht sollte man jeden Bürger Bosniens auf Schritt und Tritt, bei jedem seiner Gedanken und bei jedem seiner Gefühle, selbst der erhabensten, vor dem Haß warnen, vor diesem eingeborenen, unbewußten, endemischen Haß. Denn dieses zurückgeblieben arme Land, in dem Menschen von vier verschiedenen Konfessionen zusammengedrängt leben, bedarf viel mehr gegenseitiger Liebe, gegenseitiger Toleranz als andere Länder. In Bosnien ist aber vielmehr das allgemeine Mißverständnis, das zeitweise in offenen Haß übergeht, beinahe das allgemeingültige Charakteristikum seiner Einwohner. Die Abgründe zwischen den verschiedenen Konfessionen sind so tief, daß es nur dem Haß manchmal gelingt, sie zu überspringen.[73]

Für interpretatorische Überlegungen ist es eine Grundvoraussetzung, diese Einschätzung von Max Löwenfeld an dessen Kriegserfahrung während des Ersten Weltkriegs rückzubinden und keinesfalls als pauschalisierenden Wesenszug der bosnischen bzw. jugoslawischen Bevölkerung auszulegen, wie es von verschiede-

---

71 Vgl. Calic, *Krieg und Frieden in Bosnien und Hercegowina*, S. 103 f. Die *Beli Orlovi* (dt. Weiße Adler), als deren Anführer Milan Lukić identifiziert wurde, standen der militärischen Einheit der bosnischen Serben nah (Oberbefehlshaber: Ratko Mladić). Die *Zelene Beretke* (dt. Grüne Barette) wurde auf Initiative des bosniakischen Präsidenten der Republik Bosnien und Herzegowina Alija Izetbegović gegründet und später in die Regierungsarmee eingegliedert (Oberkommandierender: Rasim Delić).
72 Vgl. Finzi, Wie der Krieg erzählt wird, S. 248; Previšić, *Literatur topographiert*, S. 373; Pajić und Zobenica gehen über einen einfachen Verweis auf Andrić hinaus und thematisieren in einem Figurenvergleich grundlegende Gemeinsamkeiten von Max Löwenfeld und Zoran Pavlović: vgl. Pajić/Zobenica, Versteckter Dialog und Dialog-Replik, S. 97 f. Auch sie sehen im Phänomen des Hasses einen „versteckten Dialog" mit Andrić: vgl. ebd., S. 98 f.
73 Ivo Andrić: *Die verschlossene Tür. Erzählungen*. Herausgegeben und mit einem Nachwort von Karl-Markus Gauß. Wien 2003. S. 174.

nen Seiten getan wurde.[74] Es ist davon auszugehen, dass ein kriegsbedingter Auswuchs an Affektentladung bei Löwenfeld zu einer Hoffnungslosigkeit auf ein friedliches Zusammenleben der verschiedenen ethnischen Gruppen und letztlich zur Flucht aus Bosnien führte. Zoran Pavlović und Max Löwenfeld teilen eine Desillusionierung während eines Krieges, die in tiefe Hoffnungslosigkeit mündet. Ein bedeutender Unterschied besteht darin, dass Max Löwenfeld sich für eine Abkehr von Bosnien selbstbestimmt entscheiden konnte: Nach dem Krieg ließ er sich in Wien nieder und emigrierte anschließend nach Paris, wo er als Arzt die jugoslawische Diaspora versorgt. Zorans Fluchtversuch nach Wien scheiterte, wie auf der Gegenwartsebene zum Vorschein kommt, er bleibt unfreiwillig in Višegrad zurück und verinnerlicht selbst den Hass, den Max Löwenfeld in der Erläuterung seiner Fluchtursache verallgemeinernd als unbewussten Wesenszug der bosnischen Bevölkerung kennzeichnet.[75] Zorans Hass richtet sich jedoch nicht gegen bestimmte ethnische Gruppen, sondern vor allem auf die Verantwortlichen für die Kriegsverbrechen in Višegrad und das gegenwärtige Gesellschaftsleben, in dem das Thema Aufklärung keine Rolle spielt und der Alltag so weiterläuft, als ob nichts passiert wäre. Zorans innerer Monolog betont damit die ausweglose Lage einer Figur, die jegliches Zugehörigkeitsgefühl verloren hat und ihr Umfeld verachtet.

---

74 In seiner Andrić-Biografie führt Michael Martens in Bezug auf die Erzählung *Brief aus dem Jahr 1920* einige Beispiele für die Instrumentalisierung des Nobelpreisträgers an: Der führende bosnisch-serbische Politiker Radovan Karadžić verteilte während der kriegerischen Auseinandersetzungen in der ersten Hälfte der 1990er Jahre Übersetzungen des Textes an ausländische Diplomaten, um den Hass als essentieller Teil der bosnischen Mentalität für die brutalen Kriegshandlungen verantwortlich zu machen: „Der Text beweist in Karadžićs Lesart [...] die Unvermeidbarkeit des bosnischen Blutvergießens und die Berechtigung des serbischen Kampfes" (Michael Martens: *Im Brand der* Welten. Wien 2019. S. 444). Dieses propagandistische Narrativ, dass das Blutvergießen aufgrund eines jahrhundertealten interethnischen Hasses unvermeidbar sei, setzte sich auch in internationalen Medien fest (vgl. ebd., S. 446 f.). Das prominenteste Beispiel einer undifferenzierten Verwendung des Andrić-Textes in Deutschland sind die Bundestagsreden des SPD-Politikers Rudolf Scharping zum Kosovo-Einsatz der NATO, von denen Scharping auch in seinem Buch *Wir dürfen nicht wegsehen. Der Kosovo-Krieg und Europa* (1999) retrospektiv berichtet. Auch hier wird ein Bild von Bosnien als „Land des Hasses" gezeichnet: Andrić-Zitate werden bemüht, um eine militärische Intervention der NATO zu legitimieren (vgl. ebd. S. 448).
75 Martens weist in seiner Andrić-Biografie darauf hin, dass der Mythos, der Hass sei ein spezifisches Phänomen der bosnischen Mentalität, am Ende der Erzählung dekonstruiert wird. Max Löwenfeld entflieht dem Hass in Bosnien, stirbt allerdings als „Opfer des Hasses" im Spanischen Bürgerkrieg. Der zuvor als „biologistische Spezialdisziplin Bosniens" markierte Hass wird damit zu einem allgemeinmenschlichen Kriegsphänomen. Vgl. Martens, *Im Brand der Welten*, S. 447.

Die lyrische Orchestrierung des Hasses[76] verweist letztlich auf ein intertextuelles Darstellungsverfahren, das dem Jugendfreund im Gegensatz zu den Interferenzen zwischen Erzähler- und Figurentext im ersten Segment eine eigene Stimme verleiht. Die in literarischer Überformung dargestellte Zeugenaussage hat außerdem im Kontrast zur Walross-Geschichte eine konkrete, außertextliche Referenz: Zoran berichtet als Ortsansässiger von den Kriegsverbrechen in Višegrad.

Ebenso wie in Andrićs Erzählung sehen sich die beiden Freunde Aleksandar und Zoran nach einem längeren Zeitraum im Rahmen von Aleksandars Rückkehr im Herkunftsraum wieder. Zwischen dem letzten Treffen liegt jeweils ein Krieg, der die Figuren verändert hat. Auf der Gegenwartsebene im Jahr 2002 trifft Aleksandar Zoran während seines Aufenthalts zunächst in Stankovskis Frisörladen, den Zoran mittlerweile übernommen hat. Ein Merkmal der Figurendarstellung innerhalb der erzählten Erinnerungswelt und in den Briefen wird auf der Gegenwartsebene der Reise erneut hervorgehoben: Der „schweigsame Rebell" (S 143) Zoran ist immer noch wortkarg, die Kommunikation der beiden Freunde ist pragmatisch, Zoran schlägt Erzählangebote („Wo hast du eigentlich gelernt?", S 274) aus. In einem kurzen Dialog eröffnet sich jedoch eine weitere Bedeutungsebene, die das Wiedersehen von Aleksandar und Zoran rahmt. Während des Haareschneidens hält der Frisör Zoran inne und lenkt die Aufmerksamkeit auf das gemeinsame Spiegelbild: „Sieh dir uns doch mal an! Guck mal in den Spiegel!" (S 275) Die Begegnung der beiden nach zehn Jahren eröffnet einen Vergleich: Was ist aus den Freunden geworden? Wie hat der Krieg die beiden verändert? Zoran wohnt weiterhin mit seinem Vater und dessen neuer Frau Milica zusammen, während des gemeinsamen Abendessens erfährt Aleksandar von Zorans Fluchtversuch nach Österreich. Nach drei Monaten in einem Grazer Gefängnis wurde er zurück nach Bosnien abgeschoben. Die unterschiedlichen Identitätskonstruktionen von Aleksandar und Zoran werden nach dem Abendessen im Café Galerie verhandelt. Das Café Galerie wird als erzählter Raum mit dem Wettcafé in Sarajevo enggeführt: „Auch hier Teletext-Tafeln mit Live-Ergebnissen. Essen gegen Düsseldorf: Eins-eins, ich habe gewonnen." (S 277) Ein bedeutender Unterschied der beiden Cafébesuche liegt darin, dass Aleksandar in Višegrad keine Zugehörigkeitsgefühle entwickelt wie in Sarajevo, sondern in der Interaktion mit Zoran signalisiert bekommt, dass er nicht mehr Teil der ortsansässigen Erinnerungsgemeinschaft ist. Zorans Wortkargheit löst sich in einem Moment auf und entlädt eine Wut, die an den Telefonmonolog erinnert:

---

[76] Es handelt sich durch die anaphorische Reihung der Formulierung „ich hasse" um ein weiteres Beispiel von Stanišićs enumerativem Darstellungsverfahren: vgl. Delp, „Ich habe ein Portrait von Višegrad in dreißig Listen geschrieben", S. 143.

> Zoran bestellt zwei Biere und winkt mir dann zu, als würde er mich aus einem anderen Raum zu sich rufen. Ganz nah kommt er an mein Ohr und schreit so laut, dass ich zusammenzucke: guck dich doch mal um, Aleks! Guck dich bitte mal um! Kennst du irgendjemanden? Du kennst ja noch nicht mal mich! Du bist ein Fremder, Aleksandar! Zoran starrt mich aus der Nähe an. Sei froh! (S 277)

Im „übervollen" Café Galerie, in dem die Cafébesucher „die Lieder auswendig" (S 277) kennen und damit eine Gruppenidentität der Ortsansässigen formieren, richtet Zoran vom Mittelpunkt dieses erzählten Raums – dem Ausschank – gemeinsam mit Aleksandar den Blick auf einen exemplarischen Teil der lokalen Bevölkerung. Während Aleksandar im Gespräch mit Mesud und Kemo in Sarajevo an einer ‚Wir-Identität' teilhaben kann, wird ihm von Zoran in seinem Herkunftsraum Višegrad angezeigt, dass er durch seine Abwesenheit und die gesellschaftlichen Entwicklungen, die sich in den letzten zehn Jahren zugetragen haben, zu einem „Fremden" geworden ist. Entscheidend ist, dass die von Zoran angeführte Nicht-Zugehörigkeit aus dessen Perspektive positiv konnotiert ist: Mit dem Ausruf „Sei froh!" unterläuft Zoran das affirmative Potenzial sozialer Verortung und sieht Aleksandars Nicht-Zugehörigkeit als geglückte Loslösung aus einer selbstzerstörerischen Gemeinschaft. Als unfreiwillig Zurückgebliebener ist die Teilhabe an der ortsansässigen Wir-Gruppe für Zoran mit negativen Emotionen verbunden. Auf die Nichtanerkennung seiner Zugehörigkeit durch seinen Kindheitsfreund wiederholt Aleksandar kleinlaut eines seiner Reisemotive, das ihn zu einer Rückkehr in den Herkunftsraum bewegte: „Ich will nur meine Erinnerung mit dem Jetzt vergleichen." (S 277) Es wird an Zorans weiteren Ausführungen deutlich, dass Aleksandar und Zoran keine gemeinsame, gemeinschaftsstiftende Erinnerungsarbeit betreiben können, da die Kriegserfahrungen des Geflüchteten und des Zurückgebliebenen auseinanderklaffen: „Aleksandar, ich weiß, wie Haut aussieht, wenn man ihren Mensch hinter einen Wagen bindet und stundenlang durch die Stadt zieht." (S 280) Das Gespräch zwischen Zoran und Aleksandar ist kein *memory talk*, sondern – wie in den Briefen – ein Zeugenbericht von Zoran, der ein weiteres Reisemotiv des Erzählers bedient: die individuelle Aufarbeitung der Kriegsverbrechen in Višegrad. Vor der Reise erkundigt sich Aleksandar im Telefonat mit seiner Großmutter nach Čika Sead und Čika Hasan. Während seine Großmutter dazu schweigt, erfährt Aleksandar vor Ort durch Zoran von den grausamen Toden, die beide während des Krieges starben:

> Erinnerst du dich an Čika Sead? Man sagt, sie haben ihn aufgespießt und wie ein Lamm gegrillt, irgendwo neben der Straße nach Sarajevo. […] Čika Hasan haben sie Tag für Tag auf die Brücke gebracht, damit er die Leichen der Hingerichteten in die Drina warf. […] Und als sie ihm den dreiundachzigsten befohlen haben, ist er auf das Geländer geklettert und hat selbst die Arme ausgebreitet. (S 280)

Während Zoran vor dem Krieg von Aleksandar als Erzähler abgewertet und ersetzt wird, behält er durch seine Kriegserfahrungen eine erzählerische Autorität. Stilisierte sich Aleksandar im ersten Segment noch selbst als ortsansässiger Geschichtensammler, ist es nun Zoran, der als (Kriegs-)Geschichtenerzähler aus Višegrad inszeniert wird.

In den drei untersuchten Textstellen, in denen Zoran Pavlović auftritt, zeigt sich in den unterschiedlichen Darstellungsverfahren eine Veränderung in der Beziehung der beiden Jugendfreunde. Zoran wird in den Textbeispielen prinzipiell als Zeuge inszeniert, der Geschichten beglaubigt. Während sich im ersten Segment Interferenzen zwischen Erzähler- und Figurentext finden, die auf eine Aneignung von Zorans Erfahrungen deuten, durch die sich Aleksandar zum Geschichtenerzähler lokaler Kuriositäten stilisiert, erhält Zoran während Aleksandars Aufenthalt in Višegrad eine Erzählautorität, die ihn als authentischen Zeugen realhistorischer Kriegsverbrechen inszeniert. Dem Erzähler bleibt es verwehrt – wie im ersten Segment – die figurale Perspektive seines vor Ort zurückgebliebenen Jugendfreunds einzunehmen, um sich in dessen Leidensgeschichte hineinversetzen zu können. Die Distanz zwischen Erzähler und Figur wird von Zoran selbst markiert und kann ebenso wie im Falle von Max Löwenfeld an divergierende Kriegserfahrungen rückgebunden werden. Während Aleksandar damit beschäftigt ist, sich die Geschehnisse vor Ort nach zehnjähriger Abwesenheit zu erschließen, lebt Zoran in einer homogenisierten Erinnerungsgemeinschaft, der er selbst nicht angehören will. Nach dem universellen Hass, der während des Bosnienkriegs aus dem Telefongespräch 1994 hervorging, hat sich im Jahr 2002 über die Wut eine stumme Resignation gelegt, aus der Zoran im Café Galerie zeitweilig ausbricht. Durch Zoran erhält der Erzähler letztlich einen Einblick in die Nachkriegswirklichkeit der Stadt, in dem die Zugehörigkeit des Protagonisten zur „Wir-Gruppe" der Ortsansässigen problematisiert wird.

(3)
Einen Kontrast zur Begegnung mit Zoran bildet das Wiedersehen mit Marija, die sich auf Aleksandars Erinnerungsliste „Mädchen" befindet und nicht mit ihrem Namen, sondern mit dem Satz „Nein, Marija, du darfst nicht mitmachen" (S 282) auf der Liste vermerkt wurde. Während Aleksandar seinen Freund Zoran auch in zwei erzählten Räumen, die öffentlich zugänglich sind, trifft (der Frisörladen und das Café Galerie), begegnet er Marija im privaten, geschlossenen Raum eines Kellers. Die Darstellung dieses erzählten Raums ist mit Aleksandars Katastrophenerfahrung im Schutzkeller der Großmutter während der Belagerung Višegrads verbunden, die eine psychische Erschütterung in den Erinnerungsbeständen des Erzählers hinterlassen hat. Welche Auswirkungen die Rückkehr in einen dem

Schutzkeller vergleichbaren erzählten Raum auf den Protagonisten hat, werden ich in diesem Abschnitt untersuchen. Gleichzeitig steht die Begegnung mit Marija im Zentrum, in der durch geteilte Erfahrungen und Erinnerungen im Gegensatz zum Treffen mit Zoran ein Zugehörigkeitsgefühl unter den geflüchteten Rückkehrer:innen als ‚Wir-Gruppe' entsteht.

Marija ist mit ihrer Mutter nach acht Jahren in Deutschland (in der Nähe von München) nach Višegrad zurückgekehrt, um Marijas Großmutter zu pflegen. Im Vergleich zum Besuch bei Zorans Familie sind einige Unterschiede zu erkennen, die in Bezug auf die Raumsemantik eine interkulturelle Umgebung schaffen. Marijas Mutter eröffnet das Gespräch mit Aleksandar auf Deutsch, was bei Aleksandar zur Erleichterung über die „Unkompliziertheit der Begegnung" (S 282) beiträgt. Während bei Zoran zum Abendessen ein lokales Gericht aufgetischt wird (Moussaka), verkündet Marijas Mutter gleich zur Begrüßung, dass die Schnitzel fast fertig seien. Das Tischgespräch besteht vor allem aus einem Erfahrungsaustausch über die jeweiligen Wohnorte in Deutschland – Marija berichtet vom Starnberger See und identifiziert sich mit dem FC Bayern München, Aleksandar verteidigt das Ruhrgebiet. Die Unterhaltungen haben eine gemeinschaftsstiftende Wirkung, sie etablieren eine gemeinsame interkulturelle Identität: „Wir reden über Dialekte und Mentalitäten, wir reden über Deutschland, nein, sage ich, also Sylt ist wirklich besser als sein Ruf." (S 284) Für Marija steht es außer Frage, dass sie wieder nach München zurückzieht. Auch sie ist in Višegrad vermutlich nur zu Besuch, da sie Kunst (Bildhauerei) in Belgrad studiert. Wie Aleksandar hält sie sich nur temporär in ihrem Herkunftsraum auf, was mit der Figurenkonzeption von Zoran als unfreiwilliger Ortsansässiger kontrastiert.

Über die Zugehörigkeit zu einer interkulturellen „Wir-Gruppe" der Rückkehrer:innen hinausgehend lässt sich in der Begegnung von Aleksandar und Marija aus der Wahrnehmung des Protagonisten eine Anziehungskraft erkennen, durch die dessen innere Ordnung durcheinandergerät. Der systematische Plan einer Bestandsaufnahme zum Abgleich der eigenen Erinnerungsbestände wird zunächst durch äußere Merkmale von Marija durchkreuzt: Ihre gelbgrünen Augen haben auf Aleksandar eine fesselnde Wirkung: „[...] denke: was für ein Grün!, denke: ich habe doch Listen gemacht." (S 283) Der erste Kontakt mit Marija weicht von Aleksandars in den Listen zusammengetragenen Erinnerungen und Vorstellungen ab. Aleksandars Begeisterung für die Schönheit von Marijas Augen lässt Parallelen zur ersten Begegnung mit Asija im Schutzkeller erkennen, wo ihn die Schönheit von Asijas Haaren sofort vereinnahmte. Nicht nur in der Hervorhebung von bestimmten Schönheitsmerkmalen (Augen/Haare) werden Marija und Asija zu Parallelfiguren: In der Darstellung der Figur Marija zeigt sich in einigen Aspekten eine Nähe zu den Wünschen, die Aleksandar vor der Reise in seiner obsessiven Suche nach Asija an diese Figur richtet. Er will sich mit Asija an das „zusammen Erlebte"

(S 221) erinnern und hat das Bedürfnis zu erfahren, wie es ihr in den letzten zehn Jahren ergangen ist. Mit Marija erinnert sich Aleksandar an die gemeinsame Kindheit und verifiziert seine eigenen Erinnerungsbestände: „Marija, du darfst nicht mitmachen, sagt sie später am Abend, klar weiß ich das noch, Jungs!" (S 284) Darüber hinaus führt Aleksandar mit ihr das einzige Gespräch, das im Rahmen der Rückkehr die Auswirkungen der Kriegserfahrungen und Flucht auf den Protagonisten selbst ansatzweise streift: „Geht es dir eigentlich gut, Aleksandar? Nicht immer, jetzt ja, sage ich und hebe das Glas." (S 285) Es wird deutlich, dass ein Gespräch über die gemeinsame Kriegserfahrung von inneren Widerständen geprägt ist. Sowohl Aleksandar als auch Marija können die Auswirkungen ihrer Katastrophenerfahrung schwer in Wort fassen, sie geben den Redeturn schnell ab, sobald es um eine Versprachlichung der Kriegsfolgen geht, und lenken das Gesprächsthema von sich weg.[77] Auch im Gespräch der beiden über Aleksandars besten Freund Edin zeigt sich, dass eine Kontaktaufnahme und eine Thematisierung des „zusammen Erlebte[n]" emotionale Hürden bereitstellt, die sich schwer oder möglicherweise gar nicht überwinden lassen. Aleksandars Erinnerungsenthusiasmus wird im Gespräch mit Marija gedämpft und geht in eine Aufwertung der Gegenwart, der gemeinsamen Stunden mit Marija, über: „Ich möchte mich heute Abend an nichts mehr erinnern, was älter als drei Stunden ist." (S 285) Dass es dennoch zu weiteren Erinnerungsprozessen kommt, hängt mit dem erzählten Raum zusammen, der in Bezug auf die Erinnerungsbestände des Protagonisten unkontrollierte Erinnerungsprozesse auslöst.

Während der Rückkehr nach Višegrad sind verschiedene Arten von Erinnerungsprozessen zu unterscheiden. An gemeinsame Erinnerungsprozesse wie mit Mesud und Kemo in Sarajevo oder Marija in Višegrad wird ein identitätsstiftendes Potenzial deutlich: In Sarajevo fühlt sich Aleksandar einer jugonostalgischen „Wir-Gruppe" zugehörig, bei Marija zu Hause ist eine interkulturelle Identitätskonstruktion der geflüchteten Rückkehrer:innen erkennbar. Scheiternde Erinnerungsprozesse wie mit Zoran haben eine identitätszersetzende Wirkung: Aleksandars Zugehörigkeit zur Gruppe der Ortsansässigen wird zurückgewiesen, durch divergierende Kriegserfahrungen und eine exklusive Erinnerungskultur vor Ort wird Aleksandars Teilhabe an der lokalen Erinnerungsgemeinschaft problematisiert. Von diesen beiden Formen, die jeweils die Interaktion mit anderen Figuren fokussieren, sind Erinnerungspro-

---

77 Vgl. S 285: „Ich habe dreihundertmal Sarajevo angerufen. Marija wartet, dass ich weiterrede. Du kommst gut zurecht?, frage ich. Es ist kälter geworden und ich möchte mich heute Abend an nichts mehr erinnern, was älter ist als drei Stunden. Ich ziehe Gipsmännchen Boxershorts an, sagt Marija und trinkt ihren Wein aus. Morgen zusammen frühstücken? Holst du mich ab?, fragt sie, schreibt sich meine Telefonnummer auf, streift das Kopftuch ab und nimmt zwei Stufen auf einmal."

zesse zu unterscheiden, die den Protagonisten allein und unfreiwillig heimsuchen. Es handelt sich um wiederkehrende Erinnerungen an den Aufenthalt im Schutzkeller während der Belagerung Višegrads, die als *Flashback* unkontrolliert hervortreten und für den Protagonisten eine emotionale Belastung darstellen. Sie können als Kennzeichen einer traumatischen Katastrophenerfahrung aufgefasst werden, deren Nachwirkung sich in Erinnerungsprozessen manifestiert, die unter bestimmten Umständen unfreiwillig ausgelöst werden. Als Aleksandar die Treppe hinunter zu Marija steigt, kommt es zu einem solchen *Flashback*. Auslöser ist der erzählte Raum, den Aleksandar betritt. Das Hinabsteigen in den Keller ruft in ihm Erinnerungen an den Aufenthalt im Schutzkeller bei seiner Großmutter hervor:

> Die Musik wird lauter, ich steige nicht die Stufen meiner Erinnerung zurück, ich steige in einen Keller, es ist nur ein Keller.
> Hier stritten meine Eltern.
> Hier war ich der Schnellste.
> Hier saß die verschreckte Asija.
> Hier zog ein Soldat den Gewehrlauf über die Stäbe am Geländer, klacka-klacka-klacka klacka-klacka.
> Es ist nur ein Keller, ich habe genug Kreise geschlossen in den letzten Tagen, habe Lust auf
> Tauben, die nur das tun, was Tauben immer tun. Auf dem Boden liegt ein kleiner CD-Player, ich kenne die verspielten Beats: ‚Swayzak.' (S 282 f.)

Es ist in der Innensicht des Protagonisten zu Beginn dieser Textpassage bereits die Erwartung zu erkennen, dass die Erinnerungen an den Schutzkeller im Betreten des erzählten Raumes wiederkehren könnten. Die Negation von Erinnerungsprozessen und der beschwichtigende Hinweis auf die denotative Bedeutung eines Kellers fungieren als Unterdrückungsstrategie, die durch die anaphorische *Hier*-Reihung durchbrochen wird. Die enumerative Darstellungsform ist charakteristisch für Erinnerungsprozesse des Erzählers. Im vorliegenden Fall ist die Auflistung jedoch nicht als Hilfsmittel der Erinnerungsrekonstruktion zu verstehen, sondern verstärkt den Kontrollverlust über blitzartig auftauchenden Erinnerungsbildern. In der Wiederholung des Satzes „Es ist nur ein Keller" und dem Hinweis auf die aktive aufarbeitende Auseinandersetzung mit den eigene Erinnerungsbeständen gelingt es Aleksandar letztlich, sich zu beruhigen. Die Tauben verdeutlichen als Friedenssymbol den Drang des Protagonisten, „[s]einen Frieden" zu finden, der vor der Reise in der Begegnung mit Asija als „Friedensstifterin" herbeigesehnt wird.

Nach dem Gespräch mit Marija, am Ende des gemeinsamen Abends, kommt es erneut zu der Situation, dass Aleksandar den Treppenaufgang alleine begeht, dieses Mal von unten nach oben. Während Marija die Treppen unbekümmert hinaufeilt („zwei Stufen auf einmal", S 285), bleibt Aleksandar gedankenversunken auf einer der Treppenstufen zurück:

> Ich schaltete die Musik aus, das Aggregat summt. Ich atme tief ein. Gips. Ich setze mich auf die Treppe.
>   Dort die Strandliegen.
>   Dort die Wandteppiche.
>   Dort die leeren Weinflaschen.
>   Dort brät der Pfarrer mit Tarzan-Schürze einen Fisch.
>   Dort schmiert ein Junge im Tanga-Slip ein Brot.
>   Dort schläft die graue Katze.
>   Hier, ich. Spielregel: Treppenaufgang – Waffenruhe. Hier auf der Treppe neben mir saß Asija und weinte. Hier, ich, der heute Abend die Erinnerung nicht mehr vorhatte. (S 285)

Durch eine weitere anaphorische Reihung, die nun die deiktische Angabe „dort" hervorhebt, erzeugt Aleksandar eine Distanz zur Außenwahrnehmung von Marijas Kunstgegenständen im Raum und wendet sich in der lokal entgegengesetzten deiktischen Angabe „hier" in einer Innenwahrnehmung den eigenen Erinnerungsbeständen zu. Der Erinnerungsprozess verläuft nicht wie im Treppenabstieg zu Beginn unfreiwillig und unkontrolliert, sondern wird in ein Spiel eingebunden, dass einer Regel unterliegt: „Waffenruhe". Die anaphorische *Hier*-Reihung formiert nun nicht mehr durch einen Absatz getrennte, blitzartige Erinnerungsbilder, sondern ist in den Fließtext eingebunden, der von der Gegenwartsebene der Reise in die erzählte Erinnerungswelt führt: „Hier, an einem der Sperrholzplattentische, rauchte Onkel Bora eine nach der anderen und erzählte, dass er tags zuvor mit dem Rauchen aufgehört hätte, Pionierenehrenwort!" (S 286) Es folgt eine weitere Schutzkeller-Episode der erzählten Erinnerungswelt, in der das erzählende Ich wie im ersten Segment des Romans die Perspektive des jungen Aleksandars einnimmt. Im Gegensatz zu den Rekonstruktionsversuchen vor der Reise greift das erzählende Ich nicht in den narrativen Erinnerungsprozess ein. Auffällig ist, dass im Vergleich zu den vormaligen Erinnerungen an die Zeit im Schutzkeller, das Figurenpersonal variiert und eindeutig von der Erinnerungssituation geprägt ist. Es tauchen zusätzlich Figuren im Schutzkeller auf, die Aleksandar im Rahmen seiner Rückkehr nach Višegrad getroffen hat. Dadurch nimmt der Text in seiner Darstellungsform erneut auf die dynamische Dimension von Erinnerungsinhalten Bezug und zeigt an, wie stark diese von der gegenwärtigen Erinnerungssituation abhängen.

Abgetrennt durch einen Absatz und der deiktischen Angabe „dort" verlässt der Erzähler die Ebene der erzählten Erinnerungswelt wieder und kehrt zur Außenwahrnehmung von Marijas konzeptioneller Kellerkunst zurück: „Dort liest ein Baby in Militärjacke Zeitung." (S 295) Es kommt in diesem Absatz zu einer Vermischung der Zeitebenen, die jeweils mit den Lokaladverbien *hier/dort* angezeigt werden. Während sich Aleksandar vor der Kellerepisode nur an Asija erinnerte („Hier neben mir saß Asija und weinte.", S 285), imaginiert er sie nach der Kellerepisode im gleichen Raum und auf der gleichen Zeitebene: „Hier, auf der Treppe zum Keller: ich. Hier, neben mir: Asija. Asijas lange Fingernägel." (S 295) Im Wechselspiel zwischen Außen- und Innenwahrnehmung erscheint dem Protagonisten Asija und greift den Figurentext auf, der in Aleksandars Rekonstruktionsversuche vor der Reise bereits eingesetzt wurde: „Ich bin Asija, sagt sie. Sie haben Mama und Papa mitgenommen. Mein Name hat eine Bedeutung." (S 296) Während der Figurentext von Asija vor der Reise aufgrund der ungeklärten Fragen, was mit ihren Eltern geschehen ist, abbricht, wird Asijas Geschichte an dieser Stelle fortgesetzt. Ihr Dorf wurde von serbischen Truppen zerstört, bis auf sie und ihren Onkel Ibrahim wurde das ganze Dorf erschossen. Die Geschichte der Auslöschung von Asijas Dorf ähnelt der Geschichte von Radovan Bundeva, der Aleksandar davon erzählte, dass alle Menschen mit serbischer Ethnizität in seinem Dorf getötet wurden. Radovan Bundeva lebt als Kriegsgewinnler in Višegrad. Die grausamen Tötungen können von ihm selbst im Herkunftsraum erzählt und erinnert werden. Die Tatsache, dass Asija nicht mehr in Višegrad verortet wird und grundsätzlich unauffindbar ist, problematisiert, dass sie als Vertreterin einer bosniakischen Opfergruppe nicht selbst über das ihr zugestoßene Leid berichten kann. Im Text wird ihre Erinnerungsperspektive indirekt durch den Erzähler vertreten, der in der Imagination seiner „Kindheitsfreundin", Opfergruppen in seinem Herkunftsraum, die nicht mehr für sich selbst sprechen können, eine Stimme gibt. Durch die Parallelisierung von Radovan Bundevas und Asijas Geschichte werden im Text Erinnerungsperspektiven verschiedener Opfergruppen verhandelt, was einen multiperspektivisch angelegten Aufarbeitungsprozess anzeigt.

Während die Existenz von Asija im gesamten Roman in der Schwebe bleibt und sie vielmehr eine innere Dialogpartnerin darstellt, erfährt Aleksandar in der Begegnung mit Marija, mit welchen emotionalen Hürden eine Erinnerung an das „zusammen Erlebte" während der Belagerung Višegrads tatsächlich verbunden ist. Gemeinsame Erinnerungsprozesse mit der imaginierten Asija und der ‚realen' Marija tragen zu einer aktualisierenden Bewahrung von Erinnerungen und individuellen Aufarbeitungsprozessen des Erzählers bei, durch die sich Aleksandar weitere Dimensionen der Kriegsverbrechen vergegenwärtigt. Eine Parallelisierung der Figuren Asija und Marija äußert sich in der Hervorhebung von Schönheitsmerkmalen und der gemeinsam geleisteten Erinnerungs- und Identitätsarbeit. Darüber hinaus wird eine Engführung dieser beiden Figuren auch explizit im Text evoziert. In der Nacht nach dem Wiedersehen mit Marija träumt Aleksandar von einer „Mischfrau aus Asija und Marija [...] mit hellen Locken" (S 303), was die Anziehungskraft die „Asijamarija" (S 303) auf Aleksandar auslöst, erneut hervorhebt. Der Besuch bei Marija offenbart schließlich im Hinblick auf die Darstellung der erzählten Räume einerseits im Erdgeschoss einen interkulturell aufgeladenen Raum, der im Erzähler Zugehörigkeitsgefühle zur „Wir-Gruppe" der Rückkehrer:innen auslöst. Andererseits werden durch den Abstieg in den Keller traumatische Erinnerungen an die eigene Kriegserfahrung verhandelt, die der Erzähler eingebettet in einen klar umrissenen, spielerischen Erinnerungsrahmen („Spielregel: Treppenaufgang – Erinnerung.", S 296) zu kontrollieren vermag.

3.1.2.3 „Mir fehlt alles, um meine Geschichte als einer von uns zu erzählen" – Infragestellung familiärer Erinnerungskonstellationen in Veletovo

Der dritte Schauplatz während Aleksandars Rückkehr in den Herkunftsraum ist Veletovo, ein kleines Bergdorf in der Nähe von Višegrad, das auch schon Ivo Andric in seinen Erzählungen literarisierte.[78] In Stanišićs Roman ist Veletovo ein räumlicher Bezugspunkt für Aleksandars transgenerationale Familienidentität. Nach der lokalen Erinnerungsgemeinschaft der Ortsansässigen und der interkulturellen „Wir-Gruppe" der Rückkehrer:innen verhandelt der Ausflug nach Veletovo den Gedächtnisrahmen der Familie. In Veletovo leben zum einen Aleksandars Urgroßeltern, zum anderen befindet sich dort das Grab seines Großvaters Slavko. Im Hinblick auf die Gesamtstruktur des Romans bildet das letzte Kapitel einen erzählerischen Rahmen: Das zentrale Ereignis des ersten Kapitels ist der Tod von Großvater Slavko und dessen Beerdigung in Veletovo. Das erste Kapitel endet mit Aleksandars Versprechen am Grab des Großvaters, dass er „niemals aufhör[t] zu erzählen" (S 31). Im letzten Kapitel fährt Aleksandar zusammen mit seiner Großmutter Kristina und seinem Onkel Miki zum Grab des Großvaters nach Veletovo, um in einer „Seelenmesse" seinem Tod zu gedenken. Dort markiert Aleksandar eine Grenze des Erzählens, die ihn dazu bewegt, das Versprechen gegenüber dem Großvater zu brechen (vgl. S 311). In meiner Analyse des letzten Kapitels werde ich auf einer inhaltlichen Ebene den Fragen nachgehen, welche Auswirkungen der Krieg auf die familiäre Ordnung der Krsmanovićs hat und inwiefern familiäre Zugehörigkeit im Ausflug nach Veletovo problematisiert wird. In Bezug auf das Darstellungsverfahren steht im Fokus, wie das Schweigen innerhalb der Familie über die Kriegsgeschichte erzählerisch gestaltet wird und inwiefern außerhalb der Figurenkommunikation Kriegsverbrechen dennoch verhandelt werden. Strukturiert wird dieser Abschnitt durch zwei Analyseteile, die verschiedene Erzählräume fokussieren. Im ersten Teil (1) untersuche ich die Ereignisse, die vor dem

---

[78] Ivo Andrić: *Die Männer von Veletovo. Ausgewählte Erzählungen.* Berlin und Weimar 1968. In der titelgebenden Erzählung „Die Männer von Veletovo" fungiert die Gegend in den bosnischen Bergen nahe Veletovo während des ersten serbischen Aufstands gegen das Osmanische Reich (1804–1813) als Zufluchtsort für den serbischen Protagonisten Stojan Veletovac.

Ausflug am frühen Morgen in Višegrad stattfinden. Vor der Fahrt in die bosnischen Berge nimmt Aleksandars Onkel Miki seinen Neffen mit auf eine „Runde" (S 303) durch die Stadt. Die einzelnen Stationen, die Miki und Aleksandar besuchen, sind zentrale Schauplätze von Kriegsverbrechen, die in Višegrad zwischen 1992 und 1995 begangen wurden. Es gilt in diesem Teil, Mikis Nähe zu diesen Kriegsverbrechen herauszuarbeiten, die als Ursache einer Destabilisierung der familiären Ordnung angesehen werden kann. Der zweite Teil dieses Abschnitts (2) beschäftigt sich dann mit dem Aufenthalt in Veletovo. Nach einer vergleichenden Perspektive auf den erzählten Raum vor und nach dem Krieg, die Handlungselemente aus dem ersten Segment des Romans miteinbeziehet, ist hier der familiäre Erinnerungsrahmen der „Seelenmesse" am Grab von Opa Slavko der zentrale Untersuchungsgegenstand. Abschließend widme ich mich dem Romanende, das eine Reflexionsebene über den Aufenthalt in Veletovo und die Rückkehr in den Herkunftsraum allgemein eröffnet.

(1)

Ein zentrales Ereignis des letzten Kapitels ist Aleksandars Wiedersehen mit Onkel Miki, der während des Bosnienkriegs als Soldat freiwillig der Jugoslawischen Volksarmee beitrat. Über ihn kursieren Gerüchte, dass er an Kriegsverbrechen in Višegrad beteiligt war (vgl. S 147). Indem zwischen der literarischen Figur und faktischen Kriegsverbrechen eine anfangs noch spekulative, sich jedoch während Aleksandars Rückkehr zunehmend verdichtende Verbindungslinie gezogen wird, erhält das Thema der Aufarbeitung von Kriegsgeschichte abgesehen von Zorans innerem Monolog auch durch die Figurenkonzeption von Aleksandars Onkel Miki Einzug in den Roman. Zusammen mit der Jugoslawischen Volksarmee (JNA) drangen im April 1992 auch paramilitärische Einheiten in die Stadt Višegrad ein, die nach dem Rückzug der militärischen Einheit der JNA massive Kriegsverbrechen begingen. Eine dieser paramilitärischen Einheiten wurde unter dem Namen „White Eagles" bekannt. Bei teilweise undurchsichtiger Beweislage in Bezug auf die Benennung und Zusammensetzung der Gruppe handelte es sich mutmaßlich um eine Vereinigung von mindestens einem Dutzend Männern, als deren Anführer Milan Lukić galt.[79] Milan Lukić wuchs in Višegrad auf, verließ die Stadt ungefähr fünf Jahre vor Ausbruch des Krieges und kehrte 1992 von seinem damaligen Wohnort in Serbien (Obreno-

---

[79] Vgl. International Tribunal for the Prosecution of Persons Responsible for Serious Violations if International Humanitarian Law Committed in the Territory of the Former Yugoslavia since 1991 (ICYT): Case No. IT-98–32/1-T. Prosecutor v. Milan Lukić/Sredoje Lukić. Judgement of 20.07.2009. URL: https://www.icty.org/x/cases/milan_lukic_sredoje_lukic/tjug/en/090720_j.pdf (zuletzt aufgerufen: 07.04.2022). S. 29 f.

vac) mit anderen dort ansässigen Männern nach Višegrad zurück.[80] Zusammen mit einer Gruppe von Ortsansässigen formten sie eine Freischar, zu der auch der Višegrader Polizist Sredoje Lukić gehörte, Milan Lukićs Cousin. Verschiedene Tarnungsstrategien erschwerten die Identifikation der Gruppe, unter den Višegrader Ortsansässigen war aber die Zusammenarbeit mit der örtlichen Polizei bekannt.[81] Als Hauptverantwortliche für die Kriegsverbrechen lag gegen Milan Lukić, Sredoje Lukić und Mitar Vasiljević seit dem Jahr 2000 ein internationaler Haftbefehl vor, der deren Auslieferung nach Den Haag forderte.[82] Mitar Vasiljević stellte sich im November 2001 in Kroatien und wurde ein Jahr später zu 20 Jahre Haft verurteilt.[83] Milan und Sredoje Lukić tauchten lange unter und wurden von den Sicherheitsbehörden der *Republika Srpska* nicht verfolgt. Erst im August 2005 wurde Milan Lukić letztlich in Argentinien festgenommen, Sredoje Lukić stellte sich einen Monat später freiwillig.[84] Die beiden wurden nach einem langen Prozess im Jahr 2009 in Den Haag verurteilt – Milan Lukić zu einer lebenslangen Haftstrafe und Sredoje Lukić zu 30 Jahren Haft.[85] In der Forschung wurde darauf aufmerksam gemacht, dass Miki und eine weitere Figur des Romans (der Polizist Pokor) als fiktive

---

80 Vgl. International Tribunal for the Prosecution of Persons Responsible for Serious Violations if International Humanitarian Law Committed in the Territory of the Former Yugoslavia since 1991 (ICYT): Case No. IT-98-32-T. Prosecutor v. Mitar Vasiljević. Judgement of 29.11.2002. URL: https://www.icty.org/x/cases/vasiljevic/tjug/en/vas021129.pdf (zuletzt aufgerufen: 07.04.2022). S. 27.
81 Vgl. ICYT, Prosecutor v. Mitar Vasiljević. Judgement of 29.11.2002, S. 28.
82 Vgl. ICYT: Case No. IT-98-32-I. The Prosecutor of the Tribunal against Milan Lukić/Sredoje Lukić/Mitar Vasiljević. Inicial Indictment: 25.01.2000. URL: https://www.icty.org/x/cases/milan_lukic_sredoje_lukic/ind/en/vas-ii000125e.htm (letzter Aufruf: 07.04.2022).
83 Vgl. ICYT: Judgement Summary (29.11.2022). URL: https://www.icty.org/x/cases/vasiljevic/tjug/en/021129_Vasiljevic_summary_en.pdf (zuletzt aufgerufen: 07.04.2022).
84 Vgl. Michael Martens: Lukić stellt sich dem Haager Tribunal. Frankfurter Allgemeine Zeitung, 15.09.2005, Nr. 215, S. 7. Im Jahr 2004 wurde von den Sicherheitsbehörden der bosnischen Entität *Republika Srpska* erste Versuche unternommen, Milan und Sredoje Lukić festzunehmen. Eine Razzia in Višegrad schlug fehl, sie galt als „bislang größte Aktion der bosnisch-serbischen Polizei zur Festnahme mutmaßlicher Kriegsverbrecher" (vgl. AP-Meldung in der *FAZ* am 19.04.2004, Nr. 91, S. 6). Bis dato wurde seitens der serbischen Entität noch kein Angeklagter an das Tribunal in Den Haag ausgeliefert. Ein Grund dafür ist der Heldenstatus der Kriegsverbrecher innerhalb der ethnischen Eigengruppe. Die Verehrung der Kriegshelden stand in einem Spannungsverhältnis zur Position der Internationalen Gemeinschaft (dem ICYT), die diese ‚Helden' als Schuldige zur Rechenschaft ziehen wollten (vgl. Mijić, Das ‚Wir' im ‚Ich', S. 481). Mijić verweist auf eine starke Identifikation mit den ‚Helden' in Den Haag innerhalb der ethnischen Eigengruppe, die zur Ansicht beitrug, dass dort „nicht über Individuen, sondern über die gesamte ethnische Gruppe" (Mijić, Das ‚Wir' im ‚Ich', S. 492) gerichtet wurde.
85 Vgl. ICYT: Judgement Summary (20.07.2009). URL: https://www.icty.org/x/cases/milan_lukic_sredoje_lukic/tjug/en/090720_judg_summary_en.pdf (zuletzt aufgerufen: 08.04.2022).

Textkonstrukte Merkmale tragen, die auf diese realen Personen verweisen.[86] Der Roman kann dadurch im Kontext der juristischen Aufarbeitung lokaler Kriegsverbrechen verortet werden, was durch seine Berücksichtigung im Gerichtsverfahren gegen Milan und Sredoje Lukić am Internationalen Strafgerichtshof in Den Haag eine zusätzliche Gewichtung erhält. Der Lukić & Lukić-Prozess in Den Haag begann kurz nach dem Erscheinen der englischen Übersetzung von Stanišićs Roman (engl. *How the Soldier Repairs the Gramophone*, 2008). Der Erzähltext wurde in der Gerichtsverhandlung in dieser englischen Übersetzung als literarisches Zeugnis zitiert, das die Verbrechen vor Ort zusätzlich beglaubigt und auf die noch ausstehende juristische Aufarbeitung aufmerksam macht.[87] Am Ende seiner Eröffnungsrede liest der Staatsanwalt Derman Groome eine Textpassage aus Stanišićs Roman vor, der Bewusstsein schaffe, dass längst nicht alle Opfer des Terrors der „White Eagles" identifiziert wurden und der Alltag vor Ort von kollektivem Schweigen begleitet sei. In seinem *Opening Statement* bezieht sich Groome auf Zorans und Aleksandars Bestandsaufnahme und sieht den Prozess am ICTY als ersten Schritt, der dazu ermuti-

---

[86] Vgl. Finzi, Wie der Krieg erzählt wird, wie der Krieg gelesen wird, S. 251 und S. 254; Prevšić, *Literatur topographiert*, S. 380; Delp, „Ich habe ein Portrait von Višegrad in dreißig Listen geschrieben.", S. 149 f.

[87] Vgl. ICYT: Case No. IT-98–32/1. Transkript vom 9. Juli 2008. URL: https://www.icty.org/x/cases/milan_lukic_sredoje_lukic/trans/en/080709IT2.htm (zuletzt aufgerufen: 08.04.2022). S. 267 f. Da der Ausschnitt aus dem *Opening Statement* des Staatsanwalts Derman Groome in der Forschung zu Stanišićs Debütroman bisher noch nicht berücksichtigt wurde, zitiere ich diesen in Gänze aus dem Transkript: „Last month the English translation of the first novel of Sasha [sic!] Stanisic was published in English Sasa was a 13-year-old boy living in Visegrad when the conflict broke out. His story is set in the context of the crimes which are the subject of this trial. I would like to read a short passage from the book entitled, ‚How the Soldier Repairs the Gramophone.' It demonstrates that not all of the White Eagles victims are so easily identified and suggests the importance of the work the Chamber begins this morning: ‚I hate the bridge. I hate the shots in the night and the bodies in the river, and I hate the way you don't hear the water when the body hits it. I hate being so far away from everything, from strength and from courage. I hate what they are doing to the girls in the hotels, the Vilina Vlas and Bikavac, I hate the fire station, I hate the police station, I hate trucks full of girls and women driving to Vilina Vlas and Bikavac. I hate burning buildings and burning windows with burning people jumping out of them to face the guns. And I hate the way the workers work, the teachers teach, pigeons fly up in the air and most of all I hate the snow, the filthy hypocritical snow because it doesn't cover up anything, anything, anything. But we are so good at covering our eyes, it's as if we learned nothing else in all those years of neighbourliness and fraternity and unity.' Today as the trial commences we begin the process of removing the filthy hypocritical snow, to look carefully at the crimes and the suffering underneath. Perhaps this trial will be a catalyst for some of the good Serbs of Visegrad, the workers that worked, teachers that taught, those that closed their eyes, remained silent as Milan and Sredoje Lukić carried out their murderous quest to rid Visegrad of Muslims, to begin speaking truthfully about what happened in Visegrad in June of 1992."

gen soll, über die grausamen Vorkommnisse vor Ort zu sprechen. Es handelt sich um ein eindrückliches Beispiel für die wechselseitige Wirkung zwischen Realität und Fiktion: Die fiktive Figur Aleksandar Krsmanović beschließt am Tag des Prozessauftakts gegen Slobodan Milošević in Den Haag die Rückkehr in seinen Herkunftsraum. Der kollektive öffentlichkeitswirksame Aufarbeitungsversuch am Internationalen Gerichtshof bewog den Protagonisten von der Bewahrung seiner Erinnerung zur Aufarbeitung seiner Erinnerungen überzugehen. Vor Ort nimmt Aleksandar mit seinem Onkel, über den Gerüchte kursieren, dass er zu ortsansässigen Kriegsverbrechern gehört, die Tatorte in Augenschein. Mikis Figurenkonzeption orientiert sich an der Lukić-Gruppe, deren Namensgeber und Anführer Milan Lukić im Entstehungszeitraum des Romans (2002–2005) bereits in Den Haag angeklagt war, allerdings wie sein Cousin Sredoje Lukić erst 2005 ausgeliefert wurde. Der Lukić & Lukić Prozess beginnt im Jahr 2008 mit den *Opening statements* des Staatsanwalts und des Verteidigers sowie ersten Zeugenaussagen. Der Staatsanwalt zitiert in seiner Eröffnungsrede aus der 2008 erschienenen englischen Übersetzung von *Wie der Soldat das Grammofon repariert*. Darin sieht er den Auftrag, die Kriegsverbrechen der Lukićs vollständig aufzuklären, um auch weitere Ortsansässige zur Aufklärung der Kriegsverbrechen zu bewegen. Die individuelle Aufklärungsarbeit, die Aleksandar als Reisemotiv markiert, verlässt den fiktionalen Rahmen des Romans und trägt zur außertextlichen kollektiven Aufarbeitung der Verbrechen in Den Haag bei.

Im ersten Kontakt mit Miki verhält sich Aleksandar in der familiären Rolle als Neffe dem Onkel gegenüber unvoreingenommen[88], obwohl schon vor der Reise Gerüchte zu Mikis Nähe zu Kriegsverbrechen existierten, die während Aleksandars Aufenthalts in Višegrad genährt werden. Im Brief vom 16. Dezember 1995 berichtet Aleksandar davon, dass sein Onkel Miki, der als Soldat für die serbische Armee kämpfte, den Krieg überlebt habe. In einem Brief an Oma Katarina schrieb Miki von einer baldigen Rückkehr nach Višegrad. Aleksandars Onkel gibt in diesem Brief weder seinen gegenwärtigen Aufenthaltsort noch den Einsatzort der letzten Jahre preis. Am Telefon berichtet Oma Katarina, dass Miki Gerüchten zufolge schon 1992 in Višegrad gesehen wurde, an einem Ort, der von Zoran im Roman als Tatort von Kriegsverbrechen markiert wurde: „Im Hotel Bikavac?, hob

---

[88] Als unvoreingenommen bezeichne ich Aleksandars Verhaltensweise, da er seinen Onkel ausschließlich in seiner familiären Rolle wahrnimmt und in der ersten Interaktion die Gerüchte ausblendet. Er erkennt in Miki eine Ähnlichkeit zu seinem Großvater Slavko und hebt dadurch in dessen äußerer Erscheinung ein familiäres Zugehörigkeitsmerkmal hervor: „Das Profil meines Opas, sein schöner Mund." (S 303) Im Auto will Aleksandar ein ungezwungenes Gespräch zwischen Familienmitgliedern eröffnen, um das Schweigen zu brechen: „Wie geht es dir, Onkel?" (S 304) Die familiäre Zugehörigkeit wird dadurch betont, dass Aleksandar Miki mehrmals in seiner familiären Rolle als Onkel anspricht.

Vater die Stimme, auf keinen Fall!" (S 147) Aleksandars Vater weist die Gerüchte in diesem Brief reflexartig zurück, da er sich nicht vorstellen kann, dass sein eigener Bruder an massiven Kriegsverbrechen beteiligt war. Miki ist vor Ort jedoch nicht nur allgemein bekannt, sondern wird mit einer ängstlich-distanzierten Ehrfurcht behandelt. Kurz nach Aleksandars Ankunft in Višegrad im Jahr 2002 ist Aleksandars Onkel sofort Gesprächsthema. Der Busfahrer Boris verbindet den Nachnamen Krsmanović direkt mit Miki Krsmanović, mit dem er „Gott sei Dank" (S 260) nicht näher bekannt sei. Auf weitere Nachfragen von Aleksandar geht Boris nicht mehr ein. Er erweckt den Eindruck, dass es gefährlich ist, weitere Informationen über Miki preiszugeben: „Weißt du nichts, bist du ein Idiot. Weißt du viel und gibst du es zu, bist du ein lebensmüder Idiot." (S 261) Es wird angedeutet, dass Informationen über Miki aus dem Erfahrungswissen der Ortsansässigen vorliegen, die Aleksandar vorenthalten werden und damit die unheimlich wirkende Rätselhaftigkeit der Figur stützen. Ein weiteres Mal ist Aleksandars Onkel vor dem Wiedersehen mit seinem Neffen in der unerwarteten Begegnung mit dem Polizisten Pokor Gesprächsthema. Aleksandar erinnert sich daran, dass Pokor schon vor dem Krieg als stadtbekannter Polizist arbeitete.[89] Während des Krieges gab es auch über ihn Gerüchte, die bei Aleksandars Familie in Essen ankamen. Pokor habe sich „vom gemütlichen Polizisten zum Anführer gewalttätiger Freischärler" (S 280) entwickelt: „Man gab Pokor den Spitznamen Herr Pokolj und Herr Gemetzel soll seinen Männern mehrfach den Befehl erteilt haben, seinem Namen alle Ehre zu machen." (S 280) Der Polizist Pokor wird in seinem äußeren Erscheinungsbild und seinen Handlungen karikaturesk inszeniert: Sein Dienstwagen quillt vor Zwiebelnetzen über, der Polizist versucht verzweifelt, noch das letzte Netz in den Wagen zu pressen und agiert dabei derart unbeholfen, dass sich das Hinterteil seines schwerfälligen Körpers entblößt. In der Interaktion mit Aleksandar zeigen sich jedoch Spuren der Kriegszeit in Višegrad, die an die gewaltsame Segregation von bosnischen Serben und Bosniaken im Rahmen der „ethnischen Säuberungen" in den Kriegsjahren erinnern. Pokor stellt ihm sofort die Frage „Wessen bist du?" (S 281), um die familiäre Zugehörigkeit als Identitätsmerkmal herauszufinden. Während der Belagerung von Višegrad wurde die Zugehörigkeit zu einer ethnischen Gruppe systematisch von örtlichen Polizisten an Checkpoints geprüft, um die lokale bosniakische Bevölkerung zu identifizieren.[90] Die Namen auf dieser Liste wurden eingeschüchtert, vereinzelt entführt

---

[89] In diesem Detail zeigt sich am deutlichsten die Parallele zwischen der Figur Pokor und der realen Person Sredoje Lukić. Vgl. ICYT, Prosecutor v. Milan Lukić/Sredoje Lukić. Judgement of 20.07.2009, S. 10.

[90] Vgl. ICYT, Prosecutor v. Milan Lukić/Sredoje Lukić. Judgement of 20.07.2009, S. 21 f.: „The Uzice Corps set up several checkpoints in and around Višegrad town which were manned by JNA soldiers and local Serbs, some in military and police uniforms. Most, if not all, of those who were

und im schlimmsten Fall getötet. Pokor erkundigt sich in der Abfrage von Aleksandars familiärer Zugehörigkeit auch subtil nach dem Zustand von Aleksandars Mutter, die der ethnischen Gruppe der Bosniak:innen zugeordnet werden kann: „Er wiederholt den Vornamen meines Vaters und sagt auch den meiner Mutter, er sagt ihn zweimal, das zweite Mal ist es eine Frage." (S 281) Die schlichte Frage des Polizisten nach einer Angehörigen der Opfergruppe paralysiert Aleksandar in seiner Kommunikation und seinen Handlungen. In einer konjunktivischen Innensicht wird deutlich, dass Aleksandar dem Polizisten eigentlich entschieden gegenübertreten will: „Und ich müsste Pokor ins Gesicht sagen, es sei eine Ungeheuerlichkeit, dass Mörder in diesem Land nicht nur frei herumlaufen dürfen, sondern auch noch eine Polizeiuniform tragen." (S 281) Stattdessen ignoriert er Pokors Frage und beschreibt seine eigene ausbleibende Reaktion im Nachhinein als Verleugnung der eigenen Mutter. Die Dominanz der Tätergruppe zeigt sich vor allem daran, dass Ortsansässige wie Pokor, die als „mutmaßliche" Kriegsverbrecher gelten, weiterhin in Višegrad leben und nicht zur Rechenschaft gezogen wurden. Daraus resultiert die Angst davor, das Schicksal von Opfergruppen offen zu thematisieren und in das kollektive Gedächtnis vor Ort einzuschreiben. Im Gespräch mit dem Polizisten verdichtet sich die Nähe von Miki zur Tätergruppe ortsansässiger Kriegsverbrechen dadurch, dass Pokor Aleksandar auch nach seinem Onkel fragt: „Miki ist in der Stadt, oder?" (S 281) Im Gegensatz zum Busfahrer Boris, der mit Miki „Gott sei Dank" nichts zu tun habe, spricht Pokor Aleksandar auf Miki an, als ob dieser ein Bekannter von ihm wäre, der mal wieder in der Stadt sei. Die Frage deutet an, dass Miki sich nicht kontinuierlich in Višegrad befindet und es eine Besonderheit darstellt, dass er sich gegenwärtig in der Stadt aufhält. Diese Information kann als Indiz gelten, dass Aleksandars Onkel seinen Aufenthaltsort flexibel gestaltet und sich damit einem etwaigen Zugriff als Vorsichtsmaßnahme entzieht. Untergetauchte Kriegsverbrecher, die der serbischen Entität in Bosnien und Herzegowina zugehörten, waren im historischer Kontext Anfang der 2000er Jahre ein verbreitetes Phänomen.[91] Trotz internationaler Haftbefehle wurden sie von den Sicherheits-

---

stopped at those checkpoints were Muslims and they were searched for weapons. Their names were checked against lists. [...] Muslims who did not have an appropriate certificate or permit, which could only be obtained at the police station, were not allowed to leave Višegrad or go to their jobs. As a result, their mobility was severely restricted. The initial calming effect of the JNA's presence was soon replaced by a sense of fear among the Muslim population as a result of the searches at checkpoints and the taking away of Muslims from their homes or workplaces. Many Muslim men who reported to the police were interrogated and beaten. There were also instances where Muslims who were taken away disappeared or were murdered. Many Muslim men abandoned their jobs and fled or went into hiding."

91 Vgl. Bernhard Küppers: Fluchthilfe von den Fahndern. Süddeutsche Zeitung, 08.11.2004, S. 2; Michael Martens: Noch nicht gefaßt. Frankfurter Allgemeine Zeitung, 13.06.2005, Nr. 134, S. 6.

behörden der *Republika Srpska* nicht polizeilich gesucht. Die Gerüchte und spärlichen Informationen über Aleksandars Onkel enthalten vor dem ersten Aufeinandertreffen bereits Indizien, dass sich die Figurenkonzeption von Miki – ähnlich wie bei Pokor – an faktischen Kriegsverbrechern orientiert. Beide werden im Roman als Typus von Kriegsverbrechern verhandelt, die auf ein soziales Problem deuten: Unter den Ortsansässigen befindet sich eine Gruppe an Tätern, die noch nicht zur Rechenschaft gezogen wurde.[92]

Die auch nach dem Krieg andauernde Nähe von Kriegsverbrechern zu den örtlichen Sicherheitsbehörden zeigt sich in Stanišićs Roman besonders in Mikis „Runde" durch Višegrad. Die vermeintliche Rundfahrt, auf die Miki seinen Neffen Aleksandar mitnimmt, hat als Stationen die Orte, die Zoran im Telefonat als Schauplätze für massive Kriegsverbrechen markiert: die Brücke, die Hotels Bikavac und Vilina Vlas, die Polizeistation und die Feuerwehrstation. Es handelt sich um eine Inaugenscheinnahme der Tatorte, die Aleksandar in seine Erinnerungslisten aufgenommen hat. Die „Runde" findet unmittelbar vor dem Aufbruch zum gemeinsamen Familienort Veletovo statt. Während der Autofahrt von Miki und Aleksandar sind zwei verschiedene Kommunikationsebenen auszumachen, die von den Figuren selbst nicht miteinander verknüpft werden. Auf der einen Seite stehen Mikis Handlungen während dieser Fahrt und die einzelnen Orte, die er ansteuert. Auf der anderen Seite werden in Figurenrede gewöhnliche Fragen an Aleksandar gerichtet, mithilfe derer sich Miki danach erkundigt, was er nach dem Studium vorhabe, ob er eine Freundin habe und wann er plane, eine Familie zu gründen. Die Schauplätze von Kriegsverbrechen bilden für die Figurenkommunikation lediglich den Hintergrund. Es bleibt unkommentiert, was dort geschehen ist und warum Miki diese Stationen abfährt. Gerade dadurch, dass die Bedeutungsebene dieser Orte nicht thematisiert wird und sie gewissermaßen als Hintergrundkulisse inszeniert werden, an denen ein gewöhnliches Alltagsgeschehen stattfindet, deutet der Roman auf ein kollektives Vergessen – das 2002 nicht vorhandene Gedenken der Opfer von Kriegsverbrechen in Višegrad. Die Inkongruenz zwischen Raumsemantik und Figurenkommunikation verstärkt zudem die Absurdität, dass sich „mutmaßliche" Kriegsverbrecher im Jahr 2002 unbe-

---

92 Vgl. dazu den 2005 veröffentlichten Artikel von Michael Martens in der *FAZ*: „Sicher ist auch, daß noch immer Täter von damals frei in Višegrad leben. Es sind noch Leute hier, die Häuser angezündet, Frauen vergewaltigt oder im Keller der Polizeistation Männer zu Tode geprügelt haben. Jetzt leben sie wieder ihr Vorkriegsleben, sitzen in Cafés, bessern den Gartenzaun aus, hacken Holz für den Winter. Inzwischen, zehn Jahre nach Kriegsende, sind aber auch einige der überlebenden Višegrader Muslime zurückgekehrt. In der Stadt selbst sind es nur etwa zwanzig Familien, in den umliegenden Weilern und Dörfern jedoch mehrere hundert." (Michael Martens: Im Boden versinken wollen – und nicht können. *Frankfurter Allgemeine Zeitung*, 26.11.2005, Nr. 276, S. 3.)

denklich an den Tatorten aufhalten und diese gewissermaßen vereinnahmen. Für Miki selbst haben die einzelnen Stationen nämlich eine besondere Bedeutung, wie Aleksandar hat er diese Erinnerungsorte zur Bestandsaufnahme sorgsam ausgewählt: „Miki hat Listen gemacht." (S 305) Auch er führt vor Ort eine Bestandsaufnahme durch. Wenn Miki wie Aleksandar mit enumerativen Erinnerungsstrategien vorgeht, hat auch er die Absicht, sich weiterhin in diesem Raum zu verorten. Während Aleksandar in gemeinsamen Erinnerungsprozessen nach Anerkennung seiner Zugehörigkeit sucht, eignet sich Miki den Raum mit Machtgesten an und entzieht damit den einzelnen Stationen ihre erinnerungskulturelle Funktion für das Gedenken an die Opfer. Besonders deutlich wird dies am Hotel Bikavac, mit dem Miki bereits in Aleksandars Brief vom 16. Dezember in Verbindung gebracht wurde. Auf dessen Gelände werden nun Sozialwohnungen vermietet. Miki klopft dort um kurz nach 6 Uhr an mehrere Türen. Eine „blasse Frau" macht eine Tür auf und fragt nach dem Grund des Aufruhrs: „Guten Morgen sagen" (S 304) ist die Antwort von Miki. Vor dem Hintergrund des ehemaligen Tatorts, an dem vor allem massive Sexualverbrechen begangen wurden,[93] erscheint die Präsenz des Täters in Kombination mit einem banalen Morgengruß um 6 Uhr früh als schikanöse Machtgeste. Welchen Einfluss Miki auf die öffentliche Sicherheitsordnung in Višegrad hat, zeigt sich auf der Polizeistation. Dort wird er von allen persönlich begrüßt und ehrfürchtig behandelt. Die Polizisten ordnen sich ihm unter, was Mikis Autorität auf der Polizeistation illustriert. Das Büro von Pokor betritt er, ohne auf eine Erlaubnis zu warten und gibt ihm Befehle. Er erhält selbstverständlich Zugang zu den Gefängniszellen vor Ort. Mit Bezug auf Pokors Bemerkung, dass Miki mal wieder in der Stadt sei, lässt sich seine „Runde" so deuten, dass er sich seiner Machtposition in Višegrad rückversichert. Die lokalen Sicherheitsbehörden subordinieren sich Mikis Willen und erweisen sich als nutzlos für eine institutionelle Aufarbeitung der Kriegsverbrechen. Im Gegenteil: Durch die Figur Pokor wird hervorgehoben, dass die Behörden selbst weiterhin von unbestraften Kriegsverbrechern durchdrungen sind.

Aleksandar fungiert als passiver Zuschauer in Mikis „Runde". Als teilnehmender Beobachter verfolgt er die einzelnen Handlungsschritte, ohne Anweisungen bzw. Erklärungen zu bekommen oder selbst die einzelnen Stationen zu kommen-

---

[93] Calic macht deutlich, dass sexualisierte Gewalt im Bosnienkrieg gezielt als Kriegsmittel eingesetzt wurde, vgl. Calic, *Krieg und Frieden in Bosnien-Hercegowina*, S. 135–141. Die britische Journalistin Christina Lamp stellt in ihrem Buch *Unser Körper ist euer Schlachtfeld. Frauen, Krieg und Gewalt* die Arbeit von Bakira Hasečić vor, die 2003 die *Association of Women Victims of War* in Sarajevo gründete. Hasečić, deren Herkunftsstadt Višegrad ist, beschreibt die sexualisierte Gewalt, die von der Lukić-Gruppe dort verübt wurde, aus einer Betroffenenperspektive: vgl. Christina Lamp: *Unser Körper ist euer Schlachtfeld. Frauen, Krieg und Gewalt*. Aus dem Englischen von Maria Zettner [u. a.]. München 2020. S. 181–197.

tieren. Auf der zweiten Kommunikationsebene der Figurenrede wechselt Miki an der letzten Station der ‚Tour', der Feuerwehrstation, das Thema von Aleksandars Zukunftsplänen zu innerfamiliären Konstellationen, die auf die Zerrissenheit der Familie Krsmanović hindeuten:

> Dein Vater und Bora halten es nicht für nötig, sagt er und zieht scharf die Luft durch die Nase ein, ihre eigene Mutter zu besuchen. Vielleicht meinen sie, Geld schicken, das reicht schon. Es reicht aber nicht. Sie ist unserer Mutter und wäre ohne mich allein. [...] Dein Vater und Bora haben mit mir ein Problem. Das ist eine Sache unter uns, das hat mit unserer Mutter nichts zu tun. Sag ihnen das. (S 305)

Die Feuerwehrstation bildet den Hintergrund für einen auf den ersten Blick ganz üblichen innerfamiliären Konflikt: Wer von den Brüdern kümmert sich wie um die eigene Mutter? Im Konflikt mit seinen Brüdern, die den Kontakt zu ihm abgebrochen haben („dein Vater hat seit sieben Jahren kein Wort mit mir gesprochen.", S 305), sieht er sich selbst als Opfer und ist sich seiner eigenen Schuld an einer Dezentralisierung der Familie, die durch die „ethnischen Säuberungen" herbeigeführt wurde, nicht bewusst. Dafür kommt unvermittelt die Aggressionsbereitschaft des Onkels zum Vorschein:

> Aber das geht so nicht!, schreit er plötzlich, das geht so nicht!, schreit er, das geht nicht, so nicht!, schreit er, schreit er, schreit er, das geht so nicht, nicht so! Miki hämmert mit der Faust gegen das Tor, hinter dem die Feuerwehrwägen parken, es ist ein einzelner Hieb! (S 305)

Der heftige Kontrollverlust wird vor allem durch sprachliche Wiederholungen verdeutlicht, in denen sich auch eine brutale Neigung zeigt. Aleksandar will sich gegen diesen Angriff auf seine Kernfamilie wehren, sieht sich allerdings in der Auseinandersetzung mit Miki, ebenso wie bei Pokor, einer Handlungsohnmacht ausgesetzt: „Ich vertraue meinem Mund nicht, nachzufragen, erlaube meinen Augen keinen herausfordernden Blick, meinem Gesicht keine strenge Miene, den Händen keine geballte Wut. Ich bin überragend im Beschreiben von Gesten." (S 306) Während das erzählte Ich im direkten Kontakt mit Miki als passive Wahrnehmungsinstanz dargestellt wird, finden sich in einer Innensicht des Erzählers kritische Impulse, die auf die Konfrontation mit dem Onkel drängen, sich letztlich aber nicht veräußern. Die familiäre Zugehörigkeit wird durch den angedeuteten Riss, der aufgrund des Kontaktabbruchs der Brüder durch die Familie geht, am Ende von Mikis „Runde" als Thema aufgerufen. Vertieft wird das Sujet einer gestörten familiären Ordnung während des anschließend stattfindenden Aufenthalts in Veletovo, den ich im Folgenden genauer untersuchen werde.

(2)

Als zentraler Erinnerungsort eines transgenerationalen Familiengedächtnisses wird in Veletovo das Grab von Aleksandars Großvater Slavko präsentiert. Die Erinnerungsarbeit im Rahmen der von Großmutter Katarina angekündigten „Seelenmesse" ist grundsätzlich darauf ausgelegt, die familiäre Identität zu stärken. Dabei kann das gemeinsame Erinnern an Verstorbene durch eine konfligierende familiäre Erinnerungsgemeinschaft auch eine identitätszersetzende Wirkung entfalten, was sich in Aleksandars Reflexionen nach der „Seelenmesse" offenbart. Onkel Mikis Erinnerungsperspektive als stolzer Soldat und der altersbedingt konformistische Umgang der Urgroßeltern mit dem „mutmaßlichen" Kriegsverbrecher führen Aleksandar zu einer Infragestellung der familiären Zugehörigkeit, der ich in diesem Abschnitt nachgehen möchte. Einleitend beziehe ich mich auf die ‚Vorgeschichte' der Rückkehr in den erzählten Raum Veletovo, der im zweiten Kapitel eingeführt wird. Die familiären Konstellationen, die sich auf dem in diesem Kapitel dargestellten Familienfest zeigen, sind der Ausgangspunkt für die transgenerationale Erinnerungsarbeit im letzten Kapitel und als Vergleichsfolie deshalb zu berücksichtigen.

Im zweiten Kapitel des Romans wird Aleksandars Familie väterlicherseits als „Wir-Gruppe" eingeführt. Es finden regelmäßig Feste bei den Urgroßeltern in Veletovo statt, in denen die „ganze Familie" zusammenkommt. Gemeint ist damit die Krsmanović-Linie in Aleksandars Stammbaum, die sich über vier Generationen erstreckt. Das Haus der Urgroßeltern in Veletovo ist das Zentrum der Familienidentität, das als emotionaler Bezugspunkt Aleksandars Urgroßmutter zufolge eine eigene „Seele" (S 49) besitzt. In Veletovo werden zu jedem nur möglichen Anlass Feste gefeiert, was die Zusammengehörigkeit der Familie festigt. Im zweiten Kapitel wird vom ersten Fest nach dem Tod von Aleksandars Großvater Slavko erzählt. Anlass dieser Feier ist die Einweihung des ersten „Innenklo[s]" (S 37) im Dorf, was aus der Perspektive des jungen Aleksandars heiter-humoristisch dargestellt wird. Nicht nur aufgrund der unbedarften Kindesperspektive wird deutlich, dass die kulturelle Identität der Familie keine ethnischen Grenzen kennt. Aleksandars Urgroßvater singt sowohl die serbischen Heldenlieder auf Marko Kraljević als auch das bosniakische Lied der schönen Emina, das eine zur Feier herbeigeholte Musikgruppe spielt. Zentraler Konflikt dieses Kapitels ist ein Angriff auf eben jene polyethnische Vorstellung der Familienidentität, in den Aleksandars Onkel Miki involviert ist. Dieser hat beschlossen, für die serbisch-jugoslawische Volksarmee als Soldat in den Krieg zu ziehen, ein weiterer Anlass des Dorffestes in Veletovo ist also Mikis Abschied. Sein Freund Kamenko, der sich selbst zur Dorfgemeinschaft zählt, attackiert die Musikgruppe dafür, dass sie ein bosniakisches Volkslied spielt:

[...]: was soll das hier? So eine Musik in meinem Dorf! Sind wir hier in Veletovo oder in Istanbul? Sind wir Menschen oder Zigeuner? Unsere Könige und Helden sollt ihr besingen, unsere Schlachten und den serbischen Großstaat! Miki geht morgen in die Waffen und ihr stopft ihm am letzten Abend mit diesem türkischen Zigeunerdreck die Ohren? (S 45)

Kamenko richtet sich nicht nur verbal gegen die polyethnische Familienidentität, sondern auch mit einer Pistole, mit der er zwei Schüsse in die Tuba der Musikgruppe und auf das Haus von Aleksandars Urgroßeltern abfeuert. Auf einer symbolischen Ebene sind die Schüsse auf das Haus als ein Angriff auf die „Seele" der Familie zu verstehen. Miki als Familienmitglied schlägt sich auf die Seite seines Freundes und wendet sich gegen die polyethnische Vorstellung der Familienidentität: „Kamenko hat doch Recht, wir dürfen uns nicht alles gefallen lassen, es ist an der Zeit, dass wir den Ustaschas und den Mudschaheddin die Stirn bieten". Dieses Ausscheren aus der familiären Ordnung wird sofort mit einer „Ohrfeige" bestraft. Um die „Einheit der Familie" zu bewahren, wird Miki gemaßregelt, da er versucht, familiäre Wertvorstellungen außer Kraft zu setzen. Es ist sicher richtig, dass binäre Zugehörigkeitslogiken im ersten Segment des Romans bewusst aufgelöst werden.[94] Damit wird dargestellt, dass Menschen verschiedener Ethnien vor dem Krieg ohne weitreichende Konflikte miteinander lebten. Gleichzeitig wird anhand der Figuren Kamenko und Miki angezeigt, dass der Krieg Ethnizität als zentrales Identitätsmerkmal hervorhebt und dadurch neue Grenzen im zwischenmenschlichen Umgang schafft, die ein „Dazugehören und ein Nichtdazugehören" (S 52) bedingen.[95] Aleksandars Rückkehr im Jahr 2002 lässt erkennen, dass diese Grenze nach dem Krieg durch eine Homogenisierung der ortsansässigen Erinnerungsgemeinschaft zementiert wurden. Kamenkos und Mikis monoethnische Identitätskonstruktion wird zur dominierenden Erinnerungsperspektive.

Die Inszenierung des erzählten Raums Veletovo nach zehnjähriger Abwesenheit des Protagonisten steht im Kontrast zum letzten Aufenthalt, was sich insbesondere durch eine genaue Betrachtung der Wettermetaphorik und der Figurendarstellung herausarbeiten lässt. Das Fest im Jahr 1992 findet unter strahlendem Sonnenschein statt. Die Witterungsbedingungen bilden den Hintergrund einer zu Anfang durchweg heiteren Zusammenkunft, in der sich eine harmonisch-gesellige Grundordnung der Familie und ihren Gästen manifestiert. Kamenkos Schüsse stellen einen Angriff

---

[94] Vgl. dazu Andrea Schütte: Ballistik. Grenzverhältnisse in Saša Stanišićs „Wie der Soldat das Grammofon repariert". In: *Grenzen im Raum – Grenzen in der Literatur*. Hrsg. v. Eva Geulen. Berlin 2010. S. 221–235, insb. S. 225.
[95] Diese Szene kann als Beispiel für die von Mijić beschriebene „hierarchisierende ethnische Differenzierung" insbesondere vor und während des Krieges gelten (vgl. Mijić, Das ‚Wir' im ‚Ich', S. 480).

auf diese friedlichen Familienstrukturen dar, der von den Urgroßeltern abgewehrt wird: Urgroßmutter Mileva stellt Kamenko zur Rede, sodass dieser gefasst werden kann. Urgroßvater Nikola hat zwar Kamenkos Angriff verschlafen, schnappt sich aber sofort dessen Pistole, während er die zweite Strophe des bosniakischen Volkslieds singt, das der Auslöser für den Angriff war. Die Witterungsbedingungen spiegeln dabei Kamenkos Aggressionen: Nach dessen Schüssen gibt es „einen Platzregen, sommerliche zwei Minuten lang" (S 52). Die Intensität eines Platzregens – eines „plötzlichen, sehr heftigen, in großen Tropfen fallenden Regens von kürzerer Dauer" (Duden) – korreliert mit dem kurzen Gewaltausbruch während des Festes, auf dem die harmonisch-gesellige Grundordnung der Familie durch das Überlisten von Kamenko und die Maßregelung von Miki letztlich wiederhergestellt werden kann. Die Wetterlage am Tag von Aleksandars Rückkehr nach Veletovo bietet einen Kontrast zur Gestaltung einer solchen Raumatmosphäre vor zehn Jahren. Der oppositionellen Darstellung ist eine graduelle Steigerung inhärent: Während Aleksandars „Runde" mit Miki sagt der Onkel beiläufig einen Niederschlag voraus: „Es riecht nach Regen" (S 304). Bei Eintritt in den Herkunftsraum der Ahnen verdunkelt sich das Szenario zunehmend: „Über uns schließen sich die Wolken zu einem regenschweren, grauen Mosaik." (S 306) In der Folge braut sich durch Blitz und Donner ein heftiges Gewitter zusammen. Kurz bevor Aleksandar, Großmutter Katerina, Onkel Miki und die Urgroßeltern Opa Slavkos Grab erreichen, fallen „die ersten, schweren Tropfen" (S 309). Im Anschluss ergießt sich der Regen „in Wellen", am Grab donnert es schließlich von allen Seiten gleichzeitig. Die Zusammenkunft der Familiendelegation zur Seelenmesse wird von einem verheerenden Unwetter begleitet, was auf einer metaphorischen Ebene die Destabilisierung der familiären Ordnung unterstreicht. Neben einer veränderten Raumatmosphäre wird auch die Figurendarstellung der Urgroßeltern nach einem oppositionellen Prinzip gestaltet. In der erzählten Erinnerungswelt wurden die geselligen Gastgeber trotz ihres Alters als rüstige Bewahrer einer polyethnischen familiären Identität inszeniert: Großmutter Mileva stellt sich heroisch dem Angriff Kamenkos entgegen, Großvater Nikola übertönt die „brüllende Männerstimme" von Kamenko mit seiner sonoren Stimme („kräftig wie ein Gebirge, ein Schiff, eine Ehrlichkeit und ein Esel zusammen", S 43) und überlistet diesen, indem er das bosniakische Volkslied der schönen Emina wieder anstimmt. Auch das Wiedersehen mit den Urgroßeltern offenbart Veränderungen, die mit dem Fest im Jahr 1992 kontrastieren: Der leidenschaftliche Sänger hat eine chronisch heisere Stimme, mit der es ihm nicht gelingt, ein Lied anzustimmen. Die einstige Heldin wirkt wie weggetreten, sitzt auf einem Stein und „sieht mit ihren großen braunen Augen durch alles hindurch" (S 308). Die Hüter einer offenen, polyethnischen Familienidentität sind kraftlos und wirken unzurechnungsfähig.

Zusammen mit den altersschwach dargestellten Urgroßeltern formieren Großmutter Katarina, Onkel Miki und Aleksandar die familiäre Erinnerungsgemeinschaft in Veletovo. Der Rahmen des familiären Erinnerns ist nun die „Seelenmesse", die für Opa Slavko organisiert wurde. Die Seelen- oder Totenmesse ist ein Bestandteil der römisch-katholischen und christlich-orthodoxen Kirchentradition. Es handelt sich um ein Erinnerungsritual, durch das in festgelegter Wiederkehr – zumeist jährlich – den Verstorbenen gedacht wird. Es muss an dieser Stelle erneut bedacht werden, dass die Hervorhebung der Ethnizität in der Identitätsbildung während des jugoslawischen Zerfalls eng mit der daran geknüpften Glaubensrichtung verbunden ist: die kulturelle Identität der Kroat:innen ist katholisch geprägt, der Bosniak:innen muslimisch und der Serb:innen christlich-orthodox.[96] In Višegrad wurde der Islam als Teil der Stadtkultur durch die Zerstörung von Glaubensstätten und der „ethnischen Säuberungen" vertrieben, um eine dominante christlich-orthodoxen Kirchentradition zu etablieren. Während Aleksandars Rückkehr nach Višegrad wird diese gewaltsame Machtverschiebung in Bezug auf die lokalen Religionsformen angezeigt. Auf seinen Erinnerungslisten standen auch „die Moscheen", die beide während der Belagerung zerstört wurden. Er besucht den Ort an dem die größere der beiden Moscheen stand, dort werden weiterhin konfessionsübergreifend die Todesanzeigen der Stadt ausgestellt: „Die grün umrandeten mit arabischen Schriftzeichen und die schwarz umrandeten mit dem Kreuz. Es steht vierzehn zu eins für die toten Christen. Nur wenige Muslime sind in ihre Häuser zurückgekehrt." (S 262) Die Zusammensetzung der lokalen Bevölkerung hat sich durch die „ethnischen Säuberungen" grundlegend verändert, was sich mitunter durch die an den Gebetsorten dokumentierten Todesfällen zeigt. Wenn in Veletovo eine „Seelenmesse" stattfinden soll, verweist dies auf eine in serbischen Familien übliche christlich-orthodoxe Glaubensrichtung. Nun besteht die gemeinsame Erinnerungsform in Veletovo aber nicht aus den festgelegten Ritualen einer kirchlichen Messe. Es ist kein Geistlicher vor Ort, der die Messe leitet und ritualisierte Glaubensbekenntnisse formuliert. Die „Seelenmesse" im Dorf der Urgroßeltern wirkt eher wie ein volkstümlicher Brauch: Sie besteht aus zwei gemeinsamen Festmahlen (eines ohne den Toten und das andere mit ihm an der Grabstätte) und einem individuellen Gedenken am Grab des Verstorbenen im Beisein der Familienmitglieder. Aleksandar ist dieses Erinnerungsritual nicht vertraut, es bedarf einer Einweisung durch Großmutter Katarina, die diese Zusammenkunft veranlasste. Ferner äußert der Enkel starke Bedenken, ob sein verstorbener Großvater als atheistischer Kommunist den religiösen Rahmen einer Seelenmesse gutheißen würden: „Opa hätte von solchen Bräuchen nichts gehalten, sage ich." (S 309) Für Großmutter Katarina besitzt der fromme Brauch wenig Relevanz, das Ritual erfüllt den

---

[96] Vgl. ausführlich zu diesem Thema den Handbuchartikel von Karl Thede: Ethnische, sprachliche und konfessionelle Struktur der Balkanhalbinsel. In: *Handbuch Balkan*. Hrsg. v. Uwe Hinrichs et al. Wiesbaden 2014. S. 87–134.

Zweck, die Familie in einem gemeinsamen Gedenken an ihren verstorbenen Mann zusammenzuhalten: „Es geht, sagt Oma, um das Beieinandersein." (S 309) Der Ausflug nach Veletovo und das familiäre Erinnerungsritual wurden im Gegensatz zu den beiden anderen Reisestationen Sarajevo und Višegrad nicht von Aleksandar selbst eingeleitet. Die Rückkehr in das bosnische Bergdorf ist nicht auf seinen Erinnerungslisten vermerkt, sondern geschieht auf Initiative der Großmutter, die mit Aleksandar Erinnerungsarbeit betreiben möchte. Ihr selbst ist die religiöse Bedeutungsebene der „Seelenmesse" gleichgültig, solange sie zusammen mit anderen Familienmitgliedern gemeinsam Erinnerungen an ihren Mann Slavko bewahren kann.

Für eine Bestandsaufnahme der familiären Ordnung im Rahmen der „Seelenmesse" ist es entscheidend, welche Familienmitglieder zusammenzukommen und wie die Vertreter:innen der familiären „Wir-Gruppe" sich an Slavko Krsmanović erinnern. Neben Großmutter Katarina, die als Vermittlungsfigur eine gemeinsame Familienidentität nach dem Krieg erhalten will, betont auch Urgroßvater Nikola am Grab seines Sohnes die transgenerationale Zusammengehörigkeit, insbesondere der männlichen Krsmanović-Linie: „Ja, das ist gut, vier Krsmanovićs an einem Ort, sagt Ur-Opa" (S 310). Aleksandar wird damit in besonderer Hervorhebung der männlichen Linie der gleichen Erinnerungsgemeinschaft zugewiesen wie sein Onkel Miki, dessen Nähe zu Kriegsverbrechen der Protagonist kurz zuvor in der „Runde" persönlich in Augenschein genommen hat. Während des Festmahls an der Grabstätte des Toten hat jedes Familienmitglied zum einen die Möglichkeit, auch den Toten mit Speis und Trank zu versorgen, zum anderen richten sich die Trauernden individuell, aber im Beisein der anderen, mit Worten und Gesten der Zuneigung an den Verstorbenen. Dadurch wird eine individuelle Erinnerungsperspektive gewährleistet, die sich durch die Teilhabe der restlichen Familienmitglieder in den gemeinsamen Gedächtnisrahmen der Familie einfügt. Großmutter Katarina hebt die Gutherzigkeit ihres verstorbenen Ehemannes hervor und Aleksandar preist Opa Slavko als Geschichtenerzähler. Mikis Worte, die er an den Großvater richtet, sind dagegen weniger eindeutig und bedürfen im Hinblick auf dessen individuelle Erinnerungsperspektive einer genauen Analyse: „es gibt nichts, worauf wir gemeinsam stolz sein würden, Vater, und an nichts sind wir zusammen schuld" (S 310). Es irritiert, dass der Begriff Schuld – das Verantwortlichsein für ungesetzliches Handeln oder das Bewusstsein dafür, eine Missetat begangen zu haben – mit dem Begriff Stolz durch das Binnenglied *und* in eine semantische Nähe gebracht werden. Betrachtet man als übergeordnetes Thema dieser Aussage die gesellschaftlichen Entwicklungen des Herkunftsraums, ist klar, warum Opa Slavko als bekennender Jugoslawe und Miki als nationalistischer Serbe nicht „gemeinsam stolz" sein können. Als Kind wurde Aleksandar Zeuge eines Gesprächs, in dem Slavko seinem Sohn Miki verbat, als Soldat in den

Krieg zu ziehen (vgl. S 52). Kurz nach dessen Tod setzte sich Miki über den Willen seines Vaters hinweg. Es ist ganz grundsätzlich auszuschließen, dass Opa Slavko die gewaltsam durchgesetzten Veränderungen in seinem Herkunftsraum gutheißen würde, was wiederum im Umkehrschluss bedeutet, dass Miki stolz darauf ist, dass sich sein Herkunftsraum in ein monoethnisches Territorium verwandelt hat. In einem Satzgefüge bringt Miki diesen Stolz mit einer individuellen Schuld oder der Schuld einer „Wir-Gruppe" in Verbindung. Auch in Bezug auf diese Schuld gehören Slavko und Miki nicht einer gemeinsamen Gruppe an, sie sind nicht „zusammen schuld". Der zweite Satz des verbundenen Satzgefüges nimmt den Großvater von einer Schuld an Mikis Taten aus, liefert dadurch aber auch ein indirektes Schuldeingeständnis des Sprechers. In Verbindung mit dem Begriff Stolz ist dieses Schuldeingeständnis jedoch nicht als Zeichen der Reue zu verstehen, die eigenen Taten werden zum Erreichen eines übergeordneten Ziels – die Homogenisierung des Herkunftsraums – legitimiert.

Ungeachtet von Mikis Kommentar nimmt sich das erzählte Ich in diesem gemeinsamen Erinnerungsprozess als Teil einer trauernden, familiären „Wir-Gruppe" wahr: „[...] als wir das alles sagen, kann niemand mehr wissen, wer gerade wie heftig weint" (S 310). Am Grab des Großvaters werden im gemeinsamen Gedenken nur die äußeren Handlungen des erzählten Ichs geschildert. Mikis Aussage und auch die Gedanken und Gefühle, sich mit Miki gemeinsam an den Großvater zu erinnern, werden nicht aus einer Innensicht kommentiert. Erst im Beitrag des erzählenden Ichs, der sich nachträglich an den Großvater richtet, eröffnet sich eine Ebene der Reflexion. Nach der „Seelenmesse" wechselt der erzählerische Fokus von der Außenwelt in Veletovo, in der Aleksandar als Figur dem Erinnerungsritual beiwohnt, in die Innenwelt des erzählenden Ichs. Nach dem gemeinsamen Erinnern am Grab in Veletovo verändert sich die Kommunikationssituation zu einem intimen Monolog, der den verstorbenen Großvater in seiner Familienrolle als „Opa" (S 311) direkt anspricht. In diesem Gespräch ruft Aleksandar alle Familienmitglieder auf, die ihn und seine Geschichten nach dem Tod des Großvaters geprägt haben: die Großeltern mütterlicherseits (Nena Fatima und Opa Rafik), seine Großmutter Katarina und seine Eltern. Trotzdem gesteht er dem Großvater, dass er seine eigene Geschichte nicht „als einer von uns" (S 311) erzählen kann. Es lassen sich zwei „Wir-Gruppen" identifizieren, die mit dem Personalpronomen *uns* gemeint sein könnten: Einerseits erfuhr Aleksandar im Kontakt mit Zoran eine Grenze des Erzählens im Hinblick auf die eigenen Kriegserfahrungen. Als Zugehöriger einer lokalen Erinnerungsgemeinschaft kann Aleksandar die Geschichte der Stadt nicht erzählen, da seine eigenen Erfahrungen als Geflüchteter mit den Erfahrungen der im Krieg Zurückgebliebenen, wie Zoran, divergieren. Es ist unmöglich, die Perspektive eines Ortsansässigen einzunehmen. Andererseits ist das Personalpronomen *uns* vor allem auf die familiäre „Wir-Gruppe" zu beziehen. In der Aufzählung der Familienmitglieder, die Aleksandars Geschichten geprägt haben, fehlen die Urgroßeltern aus Veletovo. Dort, wo einst die „Seele" der Familie lokalisiert wurde, das Zentrum der Familienidentität, markiert Aleksandar seine Grenze des Erzählens, die dazu führt, dass er das Versprechen seines Großvaters bricht:

> Du fehlst. Und die Wahrheiten, sie fehlen mir am meisten, solche Wahrheiten, in denen wir nicht mehr Zuhörer oder Erzähler sind, sondern Zugeber und Vergeber. Unser Versprechen, immer weiterzuerzählen, breche ich jetzt. (S 311)

Die Grenze des Erzählens wird hier mit einer mangelnden Bereitschaft zur Aufklärung der Kriegsgeschichte begründet. Nicht nur in Višegrad allgemein, sondern auch in der eigenen Familie wird über die Beteiligung von Familienmitgliedern – Miki – an Kriegsverbrechen geschwiegen. Solange im Mikrokosmos der Familie nicht über Schuld gesprochen wird, ist es für den Erzähler nicht möglich, aus der Perspektive eines ‚Krsmanović' seine Geschichten zu verfassen. Indem Aleksandar das Versprechen, dass er seinem Großvater gegeben hat, bricht, distanziert er sich von der „Wir-Gruppe" der Krsmanovićs.

Das erzählende Ich kehrt nach dem monologartigen Einschub wieder in den erzählten Raum zurück. In der letzten Szene wird auf einer symbolischen Ebene deutlich, warum die Urgroßeltern in Aleksandars eigene familiäre „Wir-Gruppe" nicht integriert werden. Während alle sich daran beteiligen, das Festmahl am Grab von Slavko aufzuräumen, wird das Unwetter noch stärker. Der Wind sorgt dafür, dass sich das „weiße Laken" (S 307), das mit Steinen beschwert als Tischtuch für das erste Festmahl ohne den Toten diente, von seiner Befestigung löst. Es fällt Urgroßmutter Mileva vor die Füße, die damit ihren Enkel Miki einwickelt und ihn anschließend unter den Tisch rollt. Das weiße Laken kann in dieser Szene symbolisch als Reinheit oder Unschuld verstanden werden, mit der Onkel Miki von seiner Großmutter Mileva ummantelt wird. Indem sie ihn unter den Tisch rollt, gewährt sie Miki ein Versteck, sodass ihn im Haus der Urgroßeltern niemand mehr finden kann. Auf einer symbolischen Ebene bezieht sich der Erzähler darauf, dass ein „mutmaßlicher" Kriegsverbrecher wie Miki bei seinen geistig sichtlich verwirrten Großeltern in einem Bergdorf Nahe Višegrad untertauchen kann. In Kombination mit Pokors Aussage, dass Miki mal wieder in der Stadt sei, lässt sich der Deutungsansatz plausibilisieren, dass sich Miki bei seinen Großeltern versteckt und nur gelegentlich in Višegrad auftaucht. Die Großeltern, die vor dem Krieg eine polyethnische Familienidentität und eine harmonischgesellige Familienordnung verteidigten, decken ihren Enkel, der im Verdacht steht, Kriegsverbrechen begangen zu haben.

Der Roman endet allerdings nicht mit einer erzählerischen Kapitulation vor der Wirklichkeit, sondern mit einer Selbstverortung des Protagonisten, durch die sich Aleksandar aus dem in Veletovo lokalisierten Gedächtnisrahmen der Familie löst. Ein Anruf reißt den Rückkehrer aus dem apokalyptischen Unwetter in Veletovo und führt in aus der familiären Ahnenwelt hinaus. Durch die störungsanfällige Telefonverbindung kann Aleksandar die Frauenstimme, die sich am anderen Ende der Leitung befindet, nicht einordnen. Bis zuletzt vermutet er, dass ihn endlich Asija zurückruft, die er verzweifelt in Sarajevo suchte. Der sofortige Gedanke, dass Asija am anderen Ende der Leitung sein könnte, ruft hier die bosniakische Erinnerungsperspektive wieder auf, die im Familiengedächtnis der Krsmanović-Linie keinen Platz mehr hat. Als tatsächliche Anruferin wurde in der Forschung allerdings nachvollziehbar auf Marija verwiesen, der Aleksandar am Tag zuvor seine Telefonnummer gab.[97] Mit Marija meldet sich eine Vertreterin aus der „Wir-Gruppe" der Rückkehrer:innen, mit der sich Aleksandar identifizieren kann und gemeinsame Erinnerungsprozesse möglich sind. Mit dem letzten Satz „Ich bin ja hier." (S 313) verortet sich der Erzähler einerseits in dieser Gruppe und andererseits in seiner eigenen Erinnerungswelt, die durch die deiktische Angabe *hier*, die im Keller bei Marija ein Tag zuvor spielerisch Erinnerungsprozesse einleitete, angezeigt wird. Durch die soziale Verortung als Rückkehrer kann der Erzähler seine erzählte Erinnerungswelt aktivieren und wahrt die Möglichkeit, trotz des gebrochenen Versprechens weiterzuerzählen – nicht mehr als loyaler Familienchronist („einer von uns"), sondern als ein genau beobachtender Rückkehrer, der sich kritisch mit der Aufarbeitung von Kriegsverbrechen auseinandersetzt, die mitunter in der familiären Vergangenheitsrekonstruktion verschwiegen werden.

Der Ausflug nach Veletovo verhandelt, so lässt sich resümieren, Aleksandars transgenerationale Zugehörigkeit zur Krsmanović-Familie, die vor dem Krieg das Zentrum der familiären Identität des Protagonisten bildete. Die Figurenkonzeption von Aleksandars Onkel Miki orientiert sich dabei an faktischen Kriegsverbrechern aus Višegrad. In der erzählten Welt des Romans führt Mikis Nähe zu lokalen Kriegsverbrechen zu einer innerfamiliären Zerrissenheit, die der zu anfangs unvoreingenommene Protagonist Aleksandar in der Interaktion mit Miki und dem gemeinsamen Erinnerungsprozess am Grab des Großvaters erlebt. Ein im Darstellungsverfahren bewusst ausgestelltes Schweigen über die Kriegsverbrechen sowie eine intentionale Uneindeutigkeit in Kommunikationssituationen heben die Abwehr von Aufarbeitungsprozesse vor Ort hervor. Unter Berücksichtigung von Kommunikationsebenen jenseits der Figurenrede werden im Ausflug nach Veletovo auf einer visuellen Symbolebene (Mikis räumliche Nähe zu den Tatorten, die kaschierende Ummantelung seiner Person durch die Urgroßmutter) die Gerüchte, dass Miki für Kriegsverbrechen in Višegrad verantwortlich ist, bestärkt und damit auf das soziale Problem von unbestraften Kriegsverbrechern

---

[97] Vgl. Grujičić, *Autoren südosteuropäischer Herkunft im transkulturellen Kontext*, S. 218.

aufmerksam gemacht. Dadurch, dass auch das erzählte Ich vor Ort in der familiären Rolle des (Ur-)Enkels/Neffen als passive Wahrnehmungsinstanz auftritt und „mutmaßlichen" Kriegsverbrechern in der eigenen Familie nicht entschieden entgegentreten kann, kommen inner- und außerfamiläre Machtstrukturen zum Vorschein, die eine Aufarbeitung erschweren. Nur auf einer intimen Reflexionsebene kann sich das erzählende Ich nach der „Seelenmesse" von einer transgenerationalen Zugehörigkeit zur Krsmanović-Linie lossagen und sich selbst schließlich in der interkulturellen Gruppe der Rückkehrer:innen verorten.

3.2 Von der „Falle des Biografischen" zum „Deal mit dem Leser" – Die autobiographische Dimension von *Wie der Soldaten das Grammofon repariert* und *Herkunft* im Vergleich

Saša Stanišićs Roman *Wie der Soldat das Grammofon repariert* wird im Verfahren gegen Milan und Sredoje Lukić am Internationalen Strafgerichtshof in Den Haag als autobiographisches Zeugnis der Kriegsverbrechen am Herkunftsort des Autors eingesetzt.[98] Für den Staatsanwalt Derman Groome ist evident, dass Stanišić im Roman seine eigene Geschichte erzählt („his story"[99]). Es handle sich, so die kurze Plotbeschreibung Groomes, um die Geschichte eines 13-jährigen Jungen, der in Višegrad lebte, als das serbische Militär in die Stadt einfiel. Der Staatsanwalt zitiert in seiner Rede aus Zorans innerem Monolog, der nicht als Figurenrede markiert ist, sondern in Verbindung mit den hinleitenden Sätzen Groomes einem autobiographischen Erzähler Saša Stanišić zugeschrieben wird. Im Rezeptionskontext des Tribunals hat die Gleichsetzung von Autor und Erzähler einen Beglaubigungseffekt: Der Autor war dabei, als in Višegrad Kriegsverbrechen begangen wurden, die am Tribunal aufgeklärt und bestraft werden sollen. Die Zuschreibung des Attributs „autobiographisch" erfolgt hier in einem themenbezogenen Rezeptionskontext: Stanišić trägt mit seinen eigenen Erfahrungen, die er in seinem Roman literarisch verarbeitet, zur Aufklärung von Kriegsverbrechen bei, die seine eigene Flucht nach Deutschland bedingten. Die Verwendung des Zitats durch den Staatsanwalt fällt in eine zweite, international ausgerichtete Rezeptionsphase von Stanišićs Debütroman: Im Jahr 2008 erschienen zahlreiche Übersetzungen, aus

---

98 Siehe Fußnote 87 auf S. 150 in diesem Kapitel.
99 ICYT, Case No. IT-98-32/1, Transkript vom 9. Juli 2008, S. 267.

denen sich Groome auf die englische Übersetzung von Anthea Bell bezieht.[100] Wird der Fokus auf die erste Rezeptionsphase nach der Veröffentlichung des Romans gerichtet, ist die Zuschreibung „autobiographisch" nicht so eindeutig, wie sie in einem weiten Begriffsverständnis des Staatsanwalts Groome in seiner Eröffnungsrede erscheint. Es zeigt sich eine Diskrepanz zwischen der literaturkritischen Einordnung des Werks und den Intentionen des Autors: Der Umgang mit der autobiographischen Dimension des Textes in der feuilletonistischen Rezeption stand in einem Spannungsverhältnis zur produktionsästhetischen Entscheidung des Autors, eben nicht die eigene Biografie zu literarisieren.[101] Um diese außertextliche Auseinandersetzung zum Wirklichkeitsgrad des Erzählwerks auszudifferenzieren, gehe ich der Frage nach, wie die Autorenbiografie in Rezensionen zu *Wie der Soldat das Grammofon repariert* berücksichtigt wurde. Dafür verwende ich repräsentative Besprechungen des Romans aus dem Zeitungsfeuilleton, die auch im Forschungsdiskurs schon Beachtung erhielten.[102] Dem gegenübergestellt wird die Reaktion des Autors auf die Rezeption seines Werks. Dessen Aussagen zur autobiographischen Dimension geben einen Einblick in die Konzeption des Textes und begründen die produktionsästhetische Entscheidung gegen einen autobiographischen Erzählrahmen. Die Kritik des Autors an der gattungstheoretischen Einordnung hat zudem eine Funktion, die über die Rezeption des eigenen Textes hinausgeht. Dadurch, dass sich Saša Stanišić in Interviews und es-

---

100 Der Roman wurde laut Verlag in 30 Sprachen übersetzt. Entgegen der national orientierten Sprachpolitik im postjugoslawischen Raum, die auf eine Abgrenzung der ehemals serbokroatischen Sprache in vier Standardsprachen (Bosnisch/Kroatisch/Serbisch/Montenegrinisch – BKSM) zielt, veranlasste der Autor, dass nur eine Übersetzung publiziert wird. Vgl. Evelyn Roll: Wort für Wort ankommen. In: *Süddeutsche Zeitung*, 49, 27.02.2008. S. 3: „Er hat jetzt sogar einen Verlag gefunden in Bosnien-Herzegowina, der seine Bedingung erfüllt: Nur eine Version und bosnische Übersetzung des Romans auch für Serbien, Kroatien und Montenegro. Er nennt das ‚sprachliches Statement'." Die Übersetzung stammt von Hana Stojić und wurde im *Buybook*-Verlag 2009 veröffentlicht: *Kako vojnik popravlja gramofon*. Sarajevo 2009.
101 Vgl. exemplarisch Raffaela Mares Interview mit Stanišić, das sie im Rahmen ihrer Dissertation „Ich bin Jugoslawe – ich zerfalle also". Chronotopoi der Angst – Kriegstraumata in der deutschsprachigen Gegenwartsliteratur mit dem Autor führte: „Ich habe nach einem Weg gesucht, wie ich diese Geschichte [seine persönliche Kriegsgeschichte, M.H.] erzählen kann, ohne dass ich mich selbst erzähle. Dann habe ich mir den Jungen erschaffen und ich wollte über seine Kindheit erzählen." (Mare, *Chronotopoi der Angst*, S. 299).
102 Folgende Rezensionen sind Textgrundlage der Rezeptionsanalyse: Iris Radisch: Der Krieg trägt Kittelkürze. In: *DIE ZEIT*, 41, 05.10.2006. URL: https://www.zeit.de/2006/41/L-Stanišić (zuletzt abgerufen: 15.04.2022); Richard Kämmerling: Als die Fische Schnurrbart trugen. In: *Frankfurter Allgemeine Zeitung*, 230, 04. Oktober 2006. S. L 4; Helmut Böttiger: Als alles gut war. In: *Süddeutsche Zeitung*, 224, 28.09.2006. S. 18. Jörg Magenau: Krieg am langen, ruhigen Fluss. In: *taz am Wochenende*, 23.09.2006. URL: https://taz.de/Krieg-am-langen-ruhigen-Fluss/!373892/ (zuletzt abgerufen: 15.04.2006).

sayistischen Beiträgen gegen eine automatisierte biografistische Interpretation von Erzählwerken, deren Autor:innen nicht nur Deutsch als Muttersprache haben und unter anderem das Thema Migration verhandeln, zur Wehr setzt, schreibt er sich in einen Diskurs um Ordnungskategorien innerhalb des literarischen Felds ein.[103]

Im Jahr 2005 trug Saša Stanišić auf Vorschlag der Schriftstellerin Ilma Rakusa einen Ausschnitt seines Romanmanuskripts im Rahmen des Ingeborg-Bachmann-Preises in Klagenfurt vor. Den Juryvorsitz hatte damals Iris Radisch, die in einer „polarisierende[n]" Diskussion die Ausarbeitung der Erzählperspektive, die sich an der Kriegswahrnehmung eines Kindes orientiert, harsch bemängelte.[104] Diese destruktive Kritik griff Radisch in ihrer Rezension des Romans in der *Zeit* wieder auf. Sie führt positive Beispiele für Kriegserzählungen aus der Kinderperspektive an (Grass, Kertesz) und nimmt diese als qualitativen Maßstab, an dem der Autor mit seinem Debütroman scheitere: „Dem jungen Saša Stanišić ist so viel Glück nicht beschieden. Er tappt mit seiner Kindererzählung vom Balkankrieg in die erste Falle, die auf seinem Weg liegt: in die Kitschfalle."[105] Radisch sieht in Stanišićs formalästhetischer Gestaltung der Erzählfigur klischeebeladene Indizien

---

103 Es geht um die Kategorisierung interkultureller Literatur in einem national ausgerichteten Literaturbetrieb. Im Umgang mit interkultureller Literatur stehe Stanišić zufolge statt einer Auseinandersetzung mit der Eigenart des literarischen Textes vielmehr die Lebensgeschichte der Autor:innen im Vordergrund. Eine kritische Auseinandersetzung mit biographistischen Klassifikationselementen und Deutungsansätzen in Bezug auf interkulturelle Literatur findet sich bereits im „Manifest gegen das Dazwischen" der Literaturwissenschaftlerin Leslie A. Adelson aus dem Jahr 2001. Adelson deutet in ihrem Text auf die interpretatorischen Verkürzungen, die sich aus einer Reduktion auf die Autor:innenbiographien ergeben: „Dieser positivistische Ansatz setzt voraus, dass Literatur empirische Wahrheiten über Migrantenleben widerspiegelt und dass die Biografien von Autoren ihre Texte so gründlich erklären, dass es nahezu überflüssig ist, diese literarischen Texte zu lesen. Das erspart Lesern und Kritikern eine Menge Zeit. Das literarische Gewicht selbst bleibt indessen unbemerkt." (Leslie A. Adelson: Against between – ein Manifest gegen das Dazwischen. In: *Transkulturalität: klassische Texte*. Hrsg. v. Andreas Langenohl et al. Bielefeld 2015. S. 127) Auf den ausgrenzenden „Sonderstatus", den der Begriff interkultureller Literatur teilweise impliziert, verweist Willms: „Wenn es sich nämlich beispielsweise bei › interkultureller Literatur ‹ um solche handelt, in der Fremdheitserfahrungen zur Darstellung kommen, so kann man argumentieren, dass dies etwas ist, das Literatur immer schon ausgezeichnet hat und das außerdem eines der grundlegenden Themen von Literatur überhaupt ist. Versteht man unter ‚interkultureller Literatur' dagegen Texte von AutorInnen nicht-deutscher Herkunft und Muttersprache, so läuft man Gefahr, diese Literaturproduktion aus dem allgemeinen literarischen Schaffen einer Gesellschaft auszugrenzen und ihr einen Sonderstatus zuzuweisen." (Willms, Interkulturelle Familienkonstellationen, S. 261.)
104 Eine Zusammenfassung der Diskussion ist im digitalen Archiv des Bachmann-Preises zu finden: Barbara J. Frank: Polarisierende Kriegsgeschichte. URL: http://archiv.bachmannpreis.orf.at/bachmannpreis/autoren/stories/42685/index.html (zuletzt abgerufen: 15.04.2022).
105 Radisch, Der Krieg trägt Kittelschürze.

dafür, dass es sich nicht um autobiographische Erfahrungen, sondern um ein „fremdenverkehrsamtliches Erinnerungsbild"[106] handle. Sie spricht Stanišićs Erzähler damit Authentizität ab und wirft dem Autor wie schon in Klagenfurt vor, in „märchenonkelhafter Distanz"[107] den Krieg zu verharmlosen. Der Roman reproduziere insgesamt den naiven Blick „westeuropäische[r] Betrachter"[108] auf den Krieg. Radischs Verriss ist moralisch bedenklich: Sie stellt die Kriegserfahrungen des Autors als authentisches Fundament aufgrund eines Scheiterns an ästhetisch-normativen Kriterien in Frage. Die Autorenbiografie, die auf eine Aufarbeitung individueller Kriegserlebnisse schließen lässt, erhält abgesehen von einer kurzen Einbettung in den historischen Kontext keine Bedeutung für den Rezeptionsprozess. Die Mehrheit der Rezensionen zu *Wie der Soldat das Grammofon repariert* stellen die Autorenbiografie dagegen durch die übereinstimmenden Eckdaten zwischen Autor und Erzählfigur (Kindheit in Višegrad, Flucht nach Deutschland) besonders ins Zentrum. Für Helmut Böttiger ist in der *Süddeutschen Zeitung* die „autobiographische Folie dieses auf deutsch [sic!] geschriebenen Buches unverkennbar"[109]. Die paratextuelle Angabe, die das Erzählwerk als fiktionalen Roman markiert, wird gleich zu Beginn der Rezension in Frage gestellt. Böttiger weist zwar unmittelbar danach auf eine offene „Trennlinie zwischen konkreten Erfahrungen und fiktiver Verarbeitung"[110] hin, die Gleichsetzung zwischen Autor und Erzählfigur bleibt jedoch bestehen und bestimmt die Rezeptionshaltung. Das Muster, Stanišićs Roman das Attribut „autobiographisch" zuzuschreiben, bestätigt auch Jörg Magenau in der *taz*. Auch er geht von einem autobiographischen Stoff aus, der fiktional angereichert wurde: „,Wie der Soldat das Grammofon repariert' ist über weite Strecken ein autobiografischer Roman, was nicht bedeutet, dass nicht auch die Fantasie eine große Rolle spielen würde."[111] Ähnlich geht Richard Kämmerlings in der *Frankfurter Allgemeinen Zeitung* vor: Saša Stanišić habe „einen Roman über *seine* [Hervorhebung M.H.] Kindheit in Bosnien geschrieben"[112]. Der Rezensent führt an, dass Saša eine Kurzform von Aleksandar sei und schließt auch dadurch darauf, dass die Erzählfigur dessen *Alter ego* darstelle. Die Personalunion zwischen Autor und Erzähler wird am Ende der Rezension auch typografisch untermauert: „Indem sich Aleksandar/Saša einer Vergangenheit versichert, kann er sie hinter sich lassen."[113] Alle drei Rezensionen

---

106 Radisch, Der Krieg trägt Kittelschürze.
107 Radisch, Der Krieg trägt Kittelschürze.
108 Radisch, Der Krieg trägt Kittelschürze.
109 Böttiger, Als alles gut war.
110 Böttiger, Als alles gut war.
111 Magenau, Krieg am langen, ruhigen Fluss.
112 Kämmerlings, Als die Fische Schnurrbart trugen.
113 Kämmerlings, Als die Fische Schnurrbart trugen.

markieren auf Grundlage weniger biografischer Informationen eine direkte Parallele zwischen Autor und Erzählfigur, durch die selbstverständlich eine autobiographische Lesart des Textes aufgerufen wird. Insgesamt zeigt sich durch die Zusammenschau der Rezensionen einerseits eine ästhetisch-normative Rezeptionshaltung, die die autobiographische Dimension ausblendet. Andererseits wird die paratextuell markierte Gattungszugehörigkeit als Roman unterlaufen und dem Erzählwerk nachträglich ein Wirklichkeitsgrad beigemessen, der mit der Intention des Autors nicht übereinstimmt.

Im März 2006 erschien vor der Veröffentlichung des *Soldaten* anlässlich des internationalen Literaturfestivals *Wortspiele* ein Porträt von Saša Stanišić in der *Süddeutschen Zeitung*, in dem der Autor in direkter und indirekter Rede auch selbst zu Wort kommt. Mit der autobiographischen Dimension seines Romans geht Stanišić in diesem Beitrag noch gelassen um: „Ja, der Roman folge seiner Biografie. Er erzählt den Krieg und die Flucht nach Deutschland – so wie er sie erlebt habe, damals 1992, als er nach Heidelberg kam."[114] Der Autor bestätigt in diesem Beitrag, dass der Roman auf Teile seiner eigenen Lebensgeschichte aufbaut und er in diesem Erzähltext seine Kriegserfahrungen „literarisch verarbeite[t]"[115]. Nach der Veröffentlichung des Romans und der ersten literaturkritischen Einordnungsperiode im Rahmen der Buchpreisnominierung verändert sich die Haltung des Autors. Ein Grund für die veränderte Reaktion ist der Wirklichkeitsgrad, der dem Roman zugeschrieben wird. Wie in den Rezensionen zu erkennen war, wird der Autor wie selbstverständlich mit der Erzählfigur gleichgesetzt. Auch das weitere Figurenensemble wird durch eine autobiographische Lesart gewissermaßen entfiktionalisiert. Das führt in Interviews zu Missverständnissen: „[SZ:] Sehr schön ist die Figur von Opa Slavko – haben Sie von ihm die Inspiration zur Literatur? [Stanišić:] Das ist schon die erste Falle des Biografischen. Ich hatte nicht das Glück eines solchen Großvaters. Mein Opa starb, als ich vier war."[116] Die von Stanišić in Feld geführte „Falle des Biographischen" kann sowohl für den Rezeptionsmodus als auch für die Kategorisierung des Autors geltend gemacht werden. Die Akzentuierung der autobiographischen Dimension des Romans geht im angeführten Interview in der Süddeutschen Zeitung mit einer Tendenz zur Exotisierung einher, die den Autor als Schriftsteller in seinem Herkunftsraum zu verorten sucht: „Ist das Buch

---

[114] Andreas Bock: Geschichten am Rande des Absurden. Der junge Schriftsteller Saša Stanišić zeigt beim Festival „Wortspiele" eine Fußball-Literaturperformance. In: *Süddeutsche Zeitung*, 57, 09.03.2006. S. 47.
[115] Bock, Geschichten am Rande des Absurden.
[116] Saša Stanišić/Martina Scherf: Großvaters Stimme. Saša Stanišić präsentiert seinen Debütroman „Wie der Soldat das Grammofon repariert". In: *Süddeutsche Zeitung*, 267, 20.11.2006. S. 63.

in Serbien und Bosnien bekannt?"[117] An Stanišićs Reaktion lässt sich im Gegensatz zum Interview vor der Publikation des Debütromans eine enervierte Haltung über den Bezug zu seiner Herkunft erkennen:

> Es ist witzig: Die ersten Artikel erscheinen, und sofort macht man das, was in meinem Buch auch Thema ist: Man geht vom Namen aus, informiert sich gar nicht, sondern schreibt: ‚Der Serbe Saša Stanišić' wurde nominiert für den Deutschen Buchpreis. Hey Leute, wann geht endlich mal der Prozess der Abstempelung zu Ende? Das kann mich aufregen.

Mit dem „Prozess der Abstempelung" ist hier ein Zuschreibungsphänomen gemeint, dass Autor:innen mit Migrationsgeschichte in Kategorien wie „nicht nur deutsche Literatur", „Migrantenliteratur" oder „Migrationsliteratur" eingeordnet und damit von einem nationalen literarischen Feld abgesondert werden.[118] Ein Merkmal dieses Zuschreibungsphänomen ist, dass in Rezensionen und Interviews die Biografie der Autor:innen besondere Aufmerksamkeit erhält. Es handelt sich um einen Diskurs um den Umgang mit Migrationsbiographien innerhalb der deutschsprachigen Gegenwartsliteratur, in den sich Stanišić nicht nur durch die Aussagen in Interviews zu seinem Debütroman einschreibt: Ende 2008 erscheint ein englischsprachiger Essay des Autors, der die Verkürzungen anprangert, die durch einen positivistischen Interpretationsansatz entstehen:

> The goal of objective judgment should be to overcome the fixation on an author's biography and move to a thematically-oriented view of the work. [...] I believe that immigrant literature can only be effectively discussed by subject matter, and in relation to the literary premises of genre, style, tradition, etc. Attention to the aesthetic approach to theme or point of view, particularly in the context of national literatures, affects the quality of the work and its understanding more than the private life of the author ever can.[119]

Stanišićs Essay *Three Myths of Immigrant Writing* erscheint im Jahr, in dem der Autor den Adelbert-von-Chamisso-Preis erhielt und zahlreiche Übersetzungen seines Debütromans veröffentlicht werden.[120] Der Essay kann als Beitrag zum deutschsprachigen Diskurs zur sogenannten Migrationsliteratur verstanden werden, durch den

---

117 Stanišić/Scherf, Großvaters Stimme.
118 Vgl. Matthias Aumüller/Weertje Willms: Einführung. In: *Migration und Gegenwartsliteratur.* Hrsg. v. Matthias Aumüller und Weertje Willms. Paderborn 2020. S. VII–XX, insbes. S. Xf.
119 Saša Stanišić: How you see us: Three myths about migrant writing. In: *91st Meridian* 7(1). International Writing Program at the University of Iowa 2010. URL: https://iwp.uiowa.edu/91st/vol7-num1/how-you-see-us-three-myths-about-migrant-writing (zuletzt abgerufen: 15.04.2022).
120 Vgl. ausführlich zur Geschichte des Chamisso-Preises (1985–2017), der „ambivalenten Haltung vieler Preisträger zu ihrer Kategorisierung als Chamisso-Autorin oder -Autor" und den Gründen für die Preiseinstellung: Eszter Pabis: Nach und jenseits der ‚Chamisso-Literatur'. Herausforderungen und Perspektiven der Erforschung deutschsprachiger Gegenwartsliteraturen im

Veröffentlichungszeitpunkt und die Publikation in englischer Sprache informiert er gleichzeitig ein internationales Lesepublikum über die erste Rezeptionsphase (2006) im deutschsprachigen Raum.[121] Während der zweiten Rezeptionsphase (2008), die von internationalen Lesereisen gekennzeichnet ist, zeigt sich der Autor in Bezug auf die autobiographische Dimension des Romans nicht mehr in einer abweisenden, sondern in einer reflexiven Haltung. In der Antwort auf die Frage, ob es sich bei seinem Buch um eine Autobiographie handelt, lässt sich ein offenerer Umgang mit der autobiographischen Dimension des Romans erkennen, die an Stanišićs Haltung vor der Veröffentlichung des Romans erinnert:

> Das ist eine seltsame Sache, weil mit dem Buch bin ich ja viel durch die Welt gereist – es ist in dreißig Sprachen übersetzt, und ich war in vielen Ländern, in denen die Autoren, die dort leben, das Wort Autobiographie viel freier in den Mund nehmen, als das zum Beispiel hier in Deutschland oder jetzt sogar in Frankreich der Fall ist. Die geben viel freier, viel gelassener zu „Ja, hier steckt viel von mir drin." Ich habe mich am Anfang sehr dagegen gewehrt. Also wirklich vehement dagegen gewehrt, zu sagen „Das bin ich" oder „Das sind Teile von mir", aber dadurch, dass ich jetzt mit so vielen Autoren ins Gespräch gekommen bin, bin ich jetzt auch irgendwie freier zu sagen „Ja natürlich ist da viel von mir drin. Klar!" Aber es ist immer noch eine fiktionale Geschichte, die mit vielen ausgedachten Elementen hantiert und Aleksandar und ich sind zwei vollkommen verschiedene Persönlichkeiten. Wir wachsen sogar in verschiedenen Umständen auf. Und trotzdem, warum nicht auch sagen, „Ja da sind natürlich Teile von mir drin".[122]

An Stanišićs Statement im Rahmen einer Lesung in Frankreich wird ein weites Begriffsverständnis der Zuschreibung „autobiographisch" kenntlich. Nichtsdestotrotz hält er die literaturwissenschaftliche Unterscheidung zwischen fiktionaler und biographischer Literatur aufrecht, indem eine klare Trennlinie zwischen Autor und Erzähler gezogen wird. Es ist ein fiktionales Erzählwerk, in das die Kriegserfahrungen des Autors als autobiographischer Stoff einfließen. Das Spannungsverhältnis zwischen der literaturkritischen Rezeption im deutschsprachigen Raum und den Aussagen des Autors entsteht, so lässt sich festhalten, durch eine

---

Kontext aktueller Migrationsphänomene. In: *Zeitschrift für interkulturelle Germanistik* 9 (2018), Heft 2. S. 191–210.
121 Der Essay ist auf der 2006 erstellten Homepage des Autors direkt auf der Navigationsleiste verlinkt und so schnell zugänglich: vgl. http://kuenstlicht.de/kuenstlicht.html (zuletzt aufgerufen: 15.04.2022).
122 Die Aussagen des Autors sind einem Interview mit der Buchhandlung *Dialogues* in der französischen Stadt Brest entnommen. Eine Lesung mit Stanišić fand am 26. Mai 2009 statt (vgl. https://www.librairiedialogues.fr/livre/298911-le-soldat-et-le-gramophone-roman-saša-Stanišić-stock, zuletzt aufgerufen: 15.04.2022). Die Buchhandlung veröffentlichte ein Videointerview, in dem fünf Fragen an den Autor gerichtet wurden: „Dialogues, 5 questions à Saša Stanišić", https://www.youtube.com/watch?v=BggHFYy4hFc, (zuletzt aufgerufen: 15.04.2022).

sich diametral entgegenstehende Perspektivierung des Rezeptionsmodus. Während die Rezensionen von einer autobiographischen Lesart ausgehend fiktionale Erweiterungsstrategien identifizieren, weist der Autor darauf hin, dass es sich um eine „fiktionale Geschichte" mit fiktiven Figuren handelt, die auf seinen eigenen Kriegserfahrungen beruhen, aber vor allem auch die Erfahrungen von anderen Betroffenen literarisch verarbeitet.

Mit dem Buchprojekt *Herkunft* liefert Saša Stanišić nun das ‚eigentliche' autobiographische Erzählwerk, für das *Wie der Soldat das Grammofon* in der Rezeption gehalten wurde. Während der *Soldat* als Roman eine Personalunion zwischen Autor und Erzähler zurückweist, fallen Autor und Erzähler in *Herkunft* in Eins. Es handelt sich um ein Erzählwerk, das durch eine Leerstelle in der Gattungsbezeichnung eine autobiographische Lesart zulässt. In der literaturkritischen Rezeption wird die Gattungsfrage erneut aufgerufen, wobei nun der Schwerpunkt auf dem Fiktionalisierungsgrad der Lebensgeschichte liegt. Es lässt sich an den Rezensionen zu *Herkunft* illustrieren, dass autobiographisches Erzählen aus gattungspoetologischer Perspektive „schwer bestimmbar"[123] ist. Ohne eine eindeutig im Paratext markierte Gattungsbezeichnung kreisen die Ausführungen der Rezensierenden um eine Frage, die auch den Erzähler selbst in der Episode „Es ist, als hörtest du über dir einen frischen Flügelschlag" beschäftigt: „Was ist das für ein Buch? Wer erzählt?" (HK 223) Die in den journalistischen Buchbesprechungen zu lesenden Begriffsvorschläge fielen unterschiedlich aus. Während die Jury des Deutschen Buchpreisen im Oktober 2019 Stanišićs „Roman"[124] prämierte, nennt Ijoma Mangold *Herkunft* im Feuilleton der *ZEIT* ein „autobiographisches Buch" bzw. eine „autobiographische Selbstbefragung"[125]. Helmut Böttiger würdigt für *Deutschlandfunk Kultur* Stanišićs „flirrenden autobio-

---

123 Michaela Holdenried: *Autobiographie*. Stuttgart 2000. S. 24.
124 Die vollständige Begründung der Jury lautete: „Saša Stanišić ist ein so guter Erzähler, dass er sogar dem Erzählen misstraut. Unter jedem Satz dieses Romans wartet die unverfügbare Herkunft, die gleichzeitig der Antrieb des Erzählens ist. Verfügbar wird sie nur als Fragment, als Fiktion und als Spiel mit den Möglichkeiten der Geschichte. Der Autor adelt die Leser mit seiner großen Phantasie und entlässt sie aus den Konventionen der Chronologie, des Realismus und der formalen Eindeutigkeit. ‚Das Zögern hat noch nie eine gute Geschichte erzählt', lässt er seine Ich-Figur sagen. Mit viel Witz setzt er den Narrativen der Geschichtsklitterer seine eigenen Geschichten entgegen. ‚Herkunft' zeichnet das Bild einer Gegenwart, die sich immer wieder neu erzählt. Ein ‚Selbstporträt mit Ahnen' wird so zum Roman eines Europas der Lebenswege." (https://www.deutscher-buchpreis.de/archiv/jahr/2019/, letzter Zugriff: 10.11.2020).
125 Ijoma Mangold: „Die Deutschen überholen". In: *DIE ZEIT* 12/2019. https://www.zeit.de/2019/12/herkunft-Saša-Stanišić-roman-autobiografie (letzter Zugriff: 10.11.2020).

graphischen Roman"¹²⁶, Stefan Jäger bringt auf *literaturkritik.de* den Begriff der „Autofiktion"¹²⁷ ins Spiel. Die beiden gattungspoetologischen Pole, zwischen denen die Rezensionen zu *Herkunft* oszillieren, markiert Cornelia Geißler in der *Frankfurter Rundschau*: „Dieses Buch ist ein Roman und doch keiner, eine Autobiografie und doch keine."¹²⁸ Um diese gattungspoetologischen Suchprozesse an literaturwissenschaftlich Forschungsdiskurse zu autobiographischem Erzählen anzubinden, ist ein Blick auf die Begriffe autobiographischer Roman und Autofiktion gewinnbringend.

Geht man von einer „Hybridität"¹²⁹ der modernen Autobiographik aus, stehen die unterschiedlichen Gattungsbezeichnungen der *Herkunft*-Rezensionen exemplarisch für deren Entwicklungstendenzen, die signalisieren, dass feste Gattungsgrenzen und klare Gattungsmuster nicht reproduziert, sondern vielmehr unterminiert werden. Der Authentizitätsanspruch als zentrales Gattungsmerkmal wird dabei als kompatibel mit der zunehmenden „Übernahme fiktiver Muster"¹³⁰ angesehen. Daraus hat sich in den letzten Jahrzehnten ein Spannungsverhältnis zwischen „Fiktionalisierung und fortdauernder Beglaubigung"¹³¹ ergeben, das ein wesentliches Merkmal der modernen Autobiographik darstellt. Für die „weitgehende Übernahme von Fiktionsmustern"¹³² (z. B. die einer faktualen Erzähllogik nicht entsprechende Variabilität von Figurenperspektiven) und die damit verbundene Koexistenz von Faktualität und Fiktionalität ist in der literaturwissenschaftlichen Forschung der Begriff des „autobiographischen Romans" vorgeschlagen worden, der die Entwicklungen innerhalb der Gattungsgeschichte kennzeichnet. Als weiteres, zum Teil konkurrierendes Konzept, um Fiktionalitätstendenzen im autobiographischen Erzählen begrifflich zu fassen, fungiert das Konzept der Autofiktion, das 1978 durch Serge Doubrovsky in der französischen Literaturtheorie erstmalig verwendet wurde.¹³³ Die semantische Offenheit des Begriffs Autofiktion führte zu „einer Reihe recht unterschiedlicher In-

---

126 Helmut Böttiger: „Die Erfindung des Lebens". Beitrag vom 20.03.2019. https://www.deutschlandfunkkultur.de/Saša-Stanišić-herkunft-die-erfindung-des-lebens.1270.de.html?dram:article_id=444138 (letzter Zugriff: 10.11.2020).
127 Stefan Jäger: „Variablen der Sehnsucht." Erschienen am 22.04.2019. https://literaturkritik.de/Stanišić-herkunft-erinnerung-erinnerungsverlust,25618.html (letzter Zugriff: 10.11.2020).
128 Cornelia Geißler: „Das Abenteuer-Buch". Veröffentlicht am 02.04.2019. https://www.fr.de/kultur/literatur/abenteuer-buch-12049744.html (letzter Zugriff: 10.11.2020).
129 Holdenried, *Autobiographie*, S. 24.
130 Holdenried, *Autobiographie*, S. 14.
131 Holdenried, *Autobiographie*, S. 14.
132 Holdenried, *Autobiographie*, S. 14.
133 Vgl. Frank Zipfel: „Autofiktion. Zwischen Grenzen von Faktualität, Fiktionalität und Literarität?" In: *Grenzen der Literatur. Zu Begriff und Phänomen des Literarischen*. Hrsg. v. Simone Winko. Berlin 2009. S. 285–314.

terpretationen und Bestimmungen"[134], die Frank Zipfel in drei verschiedenen Interpretationsansätzen bündelt. Doubrovskys eigenes Verständnis des Begriffs ließe sich erstens als eine „besondere Art autobiographischen Schreibens"[135] einordnen. Die Genrebezeichnung Roman werde gewissermaßen als paratextuelle Strategie eingesetzt, „die eigene Person durch die (vorgebliche) Fiktionalisierung dem Leser interessant zu machen"[136]. Die Schriftsteller:innen öffneten dadurch die Rezeption des Textes von der Einzigartigkeit der Selbstbeschreibung zu einer identifikatorisch anschlussfähigeren Beispielhaftigkeit des im Zentrum stehenden Ichs. Die zweite Interpretationsmöglichkeit des Begriffs Autofiktion bezeichnet Zipfel als „eine besondere Art des fiktionalen Erzählens."[137] Er bezieht sich dabei auf eine „weite Definition" innerhalb der französischen Literaturwissenschaft, mit Gérard Genette als namhaften Repräsentanten, die eine Variation der Personalunion zwischen Autor, Erzähler und Figur – ein gattungskonstitutives Merkmal autobiographischen Erzählens – darstellt. Die Abweichung von diesem Textmuster lässt sich auf folgende Formel bringen: Autor ist nicht Erzähler, aber Autor ist Figur. Zipfel macht deutlich:

> Die Tatsache, dass der Autor unter dem eigenen Namen in das fiktionale Universum seiner Erzählung eintritt, bedeutet dann nichts anderes, als dass im Fiktionalen der Erzählung eine fiktive Figur, die den Namen des Autors trägt (und möglicherweise ein paar Persönlichkeitsmerkmale mit ihm teilt), vorkommt.[138]

Diesen definitorischen Zuschnitt, der Autofiktion offenkundig im Bereich des fiktionalen Erzählens verortet, verwendet beispielsweise Jörg Pottbeckers in seiner Monographie *Der Autor als Held*, die „autofiktionale Inszenierungsstrategien in der deutschsprachigen Gegenwartsliteratur"[139] untersucht. Er kommt zum Schluss, dass Romane, die die genannte Ausgangsformel in Bezug auf den Erzähler erfüllen und einen fiktionalen Rezeptionsmodus im Paratext (z. B. Gattungsbezeichnung Roman) anzeigen, sich einem autobiographischen Rezeptionsmodus geradezu entziehen.[140] Es liegt hier eine klare Trennung zum autobiographischen Erzählen vor.

---

134 Zipfel, Autofiktion, S. 286.
135 Zipfel, Autofiktion, S. 286.
136 Zipfel, Autofiktion, S. 300.
137 Zipfel, Autofiktion, S. 302.
138 Zipfel, Autofiktion, S. 302.
139 Jörg Pottbeckers: *Der Autor als Held. Autofiktionale Inszenierungsstrategien in der deutschsprachigen Gegenwartsliteratur*. Würzburg 2017.
140 Die dreizehnte These einer provisorisch angelegten Liste „Autofiktion für Eilige" lautet: „Die deutschsprachigen Autofiktionen negieren allesamt eine autobiographische Lesart: mal radikal, mal subtil. Ihre ‚Autorhelden' erscheinen vermehrt als Parodie oder Karikatur und sind oftmals derart stilisiert bzw. überzeichnet (Stichwort: ‚markante Positionierung'), dass sie kaum als Alter Ego der empirischen Autoren rezipiert werden können." (Pottbeckers, *Der Autor als Held*, S. 16.)

Autofiktion wird als „zusätzliche Referenzebene"[141] eingeordnet, die vor allem poetologische Inhalte verhandelt und sich mit einer „medialen Autorbildkonstruktion"[142] auseinandersetzen. Zipfels dritter Interpretationsansatz lässt sich wiederum mit dem Konzept eines autobiographischen Romans engführen. Es handele sich hierbei um „Autofiktion als Kombination von autobiographischem Pakt und Fiktions-Pakt"[143]. Sowohl das ins Feld geführte Infragestellen von autobiographischen Schreibweisen (besonders im Hinblick auf Erinnerungstechniken) als auch eine zunehmende Übernahme von fiktionalen Mitteln zur Darstellung von Subjektkonzepten (z. B. unchronologische, assoziative, fragmentarische Schreibweisen)[144] sind durch den Begriff des autobiographischen Romans bereits abgedeckt,[145] der gerade durch die von Zipfel demonstrierte Pluralität an Definitionen des Begriffs Autofiktion in Bezug auf das Spannungsverhältnis zwischen Faktualität und Fiktionalität in der Autobiographik vorzuziehen ist. Eine Verwendung des Begriffs *Autofiktion* als Genrebezeichnung muss im literaturwissenschaftlichen Diskurs zu *Herkunft* gut begründet werden. Zu leicht wird unter der begrifflichen Betonung des fiktionalen Gestaltungsspielraums evoziert, dass es sich um eine genuin neue Art des autobiographischen Erzählens handelt, die begrifflich von einer „modernen Autobiographik" abzugrenzen ist, was aus literaturgeschichtlicher Perspektive nicht haltbar ist.

In Saša Stanišićs Erzählwerk *Herkunft* ist von einer durch die Namensgebung angezeigten Personalunion zwischen Autor, Erzähler und Figur auszugehen. Der Erzähler ist wie der Autor am 7. März 1978 in Višegrad geboren, berichtet davon, dass er in Oskoruša seinen Nachnamen Stanišić auf jedem Grabstein las und erwähnt dem Leser gegenüber auch seinen Vornamen („Ich bin Saša, will ich sagen, schweige.", HK 170). Die autobiographische Lesart wird im Gegensatz zum *Soldat* auch durch außertextliche Aussagen des Autors unterstützt. Kurz nach der Veröffentlichung des Romans stellte der Luchterhand-Verlag als Zusatzmaterial ein Kurzinterview mit dem Autor bereit, das auch die Gattungsfrage thematisiert: „Ist Ihr neues Buch ein Roman, ein Essay oder eine Autobiographie?"[146] Stanišić bestätigt die autobiographische Dimension des Buches, das seine eigene Familiengeschichte verhandelt. Er bezeichnet *Herkunft* als „fruchtbare Mischung aus essayistischem

---

141 Pottbeckers, *Der Autor als Held*, S. 16.
142 Pottbeckers, *Der Autor als Held*, S. 16.
143 Zipfel, Autofiktion, S. 304.
144 Zipfel, Autofiktion, S. 307 f.
145 Vgl. die „innovativen Strukturmerkmale moderner Autobiographik" in Holdenried, *Autobiographie*, S. 43–50.
146 Vgl. Penguin Random House Verlagsgruppe GmbH: Saša Stanišić spricht über sein Buch „Herkunft", https://www.youtube.com/watch?v=dwocYKZhDqY (zuletzt aufgerufen: 15.04.2022).

Erzählen, fiktionalem Erzählen und biografischem Erzählen"[147]. Auch in den Aussagen des Autors kommt eine Hybridität zum Vorschein, die ein wesentliches Merkmal autobiographischen Schreibens darstellt. In Lesungen und Interviews bezieht sich Stanišić immer wieder auf die Komplementarität, aber auch die Differenz zu seinem ersten Roman. Im Interview mit der Süddeutschen Zeitung veranschaulicht der Autor die Unterschiede der beiden Erzählwerke mit Bezug auf Lejeunes Konzept des *autobiographischen Pakts*.[148] In *Herkunft* geht er den „Deal mit dem Leser ein"[149], der die Personalunion zwischen Autor und Erzähler festsetzt. Mit Bezug auf den Soldaten deutet Stanišić darauf hin, dass die fiktionale Rahmung eine Distanz zur eigenen Geschichte ermöglichte, um überhaupt darüber schreiben zu können:

> Als ich den „Soldaten" schrieb, war ich noch nicht reif für ein echtes Buch über mich selbst. In dem Roman gibt es viele Schutzschilde, die mich von meinem Protagonisten trennen, sodass ich beinahe meine Geschichte erzählte, aber eben nicht ganz: Es ist nicht Heidelberg, sondern Essen.[150]

Auf einer Lesung in Heidelberg bezeichnet Stanišić den Gattungsrahmen des Soldaten als „fiktionalen Filter"[151], der ihm eine literarische Annäherung an die eigene Lebensgeschichte ermöglichte und gleichzeitig erzählerische Freiheiten bot: „Ich habe eine Figur erschaffen, die Aleksandar heißt, die in bestimmten Zügen der Geschichte von mir ähnelt, habe aber um ihn herum eine ganz andere Familie gebaut, die nur in kleinen Ansätzen mit meiner Familie zu tun hatte."[152] In *Herkunft* erzählt der Autor seine Lebensgeschichte nun ‚ungefiltert': „In ‚Herkunft' konnte ich das ‚Ich' sagen und – größtenteils – mich meinen. Damit schließt sich ein Kreis, es fühlt sich an, als hätte ich etwas erledigt."[153] Festzuhalten bleibt, dass *Wie der Soldat das Grammofon repariert* und *Herkunft* beide aus einem autobiographischen Erfahrungsfundus schöpfen und jeweils andere Stufen der literarischen Aufarbeitung markieren: Retrospektiv begründet Stanišić den fiktionalen Rahmen seines Debütromans als produktionsästhetische Strategie, sich von der eigenen emotionalen Betroffenheit zu lösen und damit einen erzählerischen Aufarbeitungsprozess zu ermöglichen. Mit dem Buchprojekt *Herkunft* ist es dem Autor gelungen, sich seiner eigenen Familien-

---

147 Vgl. Penguin, Saša Stanišić spricht über sein Buch „Herkunft", 5:45–5:55.
148 Vgl. Philippe Lejeune: Der autobiographische Pakt (1973/1975). In: Die Autobiographie. Zu Form und Geschichte einer literarischen Gattung. Hrsg. v. Günter Niggl. Darmstadt 1989. S. 214–258.
149 Saša Stanišić/Karin Janker: Saša Stanišić über Erinnerung. In: *Süddeutsche Zeitung*, 137, 15./16.06.2019, S. 56.
150 Stanišić/Janker, Saša Stanišić über Erinnerung.
151 Stadt Heidelberg, Saša Stanišić liest „Herkunft", 52:12.
152 Stadt Heidelberg, Saša Stanišić liest „Herkunft", 52:13–52:25.
153 Stanišić/Janker, Saša Stanišić über Erinnerung.

geschichte erzählerisch anzunähern. Dabei offenbaren sich auf produktionsästhetischer Ebene besondere Authentizitätseffekte: Im Rahmen der ersten Heidelberger Lesung von *Herkunft* macht der Autor deutlich, dass der Mikroblogging-Dienst *Twitter* die Arbeit an diesem Erzählwerk wesentlich geprägt habe. Die Plattform sei zu einem öffentlichen Notizbuch geworden, durch das der Autor in Kontakt mit seinen Leser:innen treten konnte. Es entstand eine Situation des öffentlichen Schreibens, die ihn selbst motivierte und den Leser:innen einen Einblick in die Textgenese des Buchprojekts bot.[154] So konnte auf Stanišićs Twitter-Kanal die Entwicklung einzelner Kleinkapitel nachverfolgt und interaktiv mitgestaltet werden. Außertextliche Authentizitätseffekte erzeugt vor allem das Bildmaterial, das der Autor auf seinem Kanal veröffentlichte. So erhalten beispielsweise die familiären Erinnerungsstücke, die Stanišić in seinem Erzählwerk beschreibt, eine visuelle Beglaubigung.[155] Für den Untersuchungsgegenstand meines Kapitels besonders interessant ist die Reise nach Oskoruša, die der Autor im April 2018 unternimmt und auf seinem Twitter-Kanal dokumentiert. Die zeitlichen Rahmendaten dieser Reise nach Višegrad und Oskoruša entsprechen den Reisedaten im Kapitel „Irgendwie geht es immer weiter": „Heute ist der 24. April 2018. Ich steige in Hamburg in die S-Bahn zum Flughafen, aber die S-Bahn ist gar nicht die, die zum Flughafen fährt." (HK 250) Aufmerksame Follower:innen von Stanišićs Twitter-Kanal können die Reise – wie so viele andere Textpassagen[156] – an einzelne Phasen der Textgenese rückbinden, was den autobiographischen Rezeptionsmodus zusätzlich unterstützt und gleichzeitig eine Art Komplizenschaft begründet – die Follower:innen waren ‚dabei', als dieser Text entstand. Neben dem Bildmaterial, das für die Reise nach Oskoruša im Jahr 2018 auf Twitter zugänglich ist, dokumentiert ein Foto-Essay aus dem Jahr 2009 Stanišićs erste Reise

---

154 Vgl. Stadt Heidelberg, Saša Stanišić liest „Herkunft", 15:58–17:58.
155 Im Thread, den Stanišić von seiner Reise nach Višegrad/Oskoruša veröffentlicht, befinden sich beispielsweise Bilder vom Dienstausweis der Jugoslawischen Volksarmee und der Lobesurkunde für Großvater Petar Stanišić (vgl. HK 105 und den Thread zur Oskoruša-Reise 2018 auf Twitter: https://twitter.com/Saša_s/status/989198412460515328, letzter Zugriff: 15.04.2022, Link gelöscht – siehe Abbildungen 10–17 im Anhang dieser Studie). Nach der Publikation von *Herkunft* veröffentlichte Stanišić auf Twitter eine Auswahl an Bildern, unter denen sich auch das Bild des Großvaters in Oskoruša befindet, das der Erzähler auf Bitte der Großmutter während der ersten Oskoruša-Reise 2009 nachstellt (vgl. https://twitter.com/Saša_s/status/1461618133647695876, letzter Zugriff: 15.04.2022, Link gelöscht – siehe Abbildung 18 im Anhang dieser Studie).
156 Weitere Beispiele sind die Entstehung der Kleinkapitel „An die Ausländerbehörde" (https://twitter.com/Saša_s/status/1030417459961122817, letzter Zugriff: 15.04.2022, Link gelöscht – siehe Abbildung 19 im Anhang dieser Studie) und „Es ist, als hörtest du über dir einen frischen Flügelschlag" (https://twitter.com/Saša_s/status/1022479174601191424, letzter Zugriff: 15.04.2022, Link gelöscht – siehe Abbildung 20 im Anhang dieser Studie).

nach Oskoruša.[157] Es handelt sich um zwanzig Fotos, die als eine Ergründung der Ahnenwelt überschrieben sind: „Ein Dorf in den bosnischen Bergen: 15 Menschen leben dort, früher waren es 100. Der Schriftsteller Saša Stanišić ist dorthin gereist auf den Spuren seiner Familie."[158] In der Fotosammlung sind Bilder, die sich unschwer mit Szenen aus dem autobiographischen Roman verbinden lassen: das Speisen am Grab der Urgroßeltern (Vgl. H 27), das Porträt der Kriegsverbrecher Mladić und Karadžić im Wohnzimmer über dem Fernseher oder Gavrilo mit serbischer Šajkača (vgl. H 48). Auch hier hat das Bildmaterial einen Authentizitätseffekt: Der Leserschaft ist eine visuelle Beglaubigung der Reise möglich, auf die der Autor auch nach der Veröffentlichung des Romans verweist. In einem Twitter-Thread verwendet Stanišić einen Teil dieser Bilder und versieht sie mit Textteilen aus *Herkunft*.[159] Beide Reisen nach Oskoruša sind im Gegensatz zu Aleksandars Ausflug nach Veletovo, dem fiktionalen Pendant aus dem *Soldaten*, nicht erfunden. Dennoch haben sie auch einige Gemeinsamkeiten, denen ich im folgenden Kapitel nachgehen werde.

3.3 *Herkunft* als Fortsetzung – Strukturelle Ähnlichkeiten und intertextuelle Bezüge zu *Wie der Soldat das Grammofon repariert*

Die Komplementarität von *Wie der Soldat das Grammofon repariert* und *Herkunft* wird nicht nur außertextlich durch die Aussagen des Autors explizit hergestellt, sondern auch im Text verhandelt. Daraus ergibt sich ein durch den Text selbst signalisiertes Fortsetzungsprinzip, das anhand von zwei Argumentationspunkten erläutern werden soll: (1) Auf einer makrostrukturellen Ebene offenbaren „zäsurbildende Zeitpunkte" als Ordnungselemente, dass *Herkunft* die im *Soldaten* fiktionalisierten autobiographischen Erfahrungen um ein ‚Deutschland-Segment' (1992–1998) ergänzt; (2) es sind markierte intertextuelle Referenzen in *Herkunft* zum Debütroman des Autors vorhanden, die insbesondere das Spannungsverhältnis zwischen Faktualität und Fiktionalität verhandeln und damit auf die Rezeption des Prätextes abheben.

---

157 Vgl. Saša Stanišić: „Ich sehe immer Sommer". Foto-Essay. ZEIT ONLINE, 19.11.2009. URL: https://www.zeit.de/kultur/literatur/2009-11/bg-Oskoruša (zuletzt aufgerufen: 15.04.2022).
158 Stanišić, Foto-Essay.
159 Vgl. https://twitter.com/Saša_s/status/1461618133647695876 (letzter Zugriff: 15.04.2022, Link gelöscht – siehe Abbildung 21 im Anhang dieser Studie).

3.3.1 Strukturelle Ähnlichkeiten

Herkunft setzt sich aus 64 Kleinkapitel zusammen,[160] auf die nach einem Epilog das Erzählspiel „Der Drachenhort" folgt. Wie im *Soldaten* entziehen sich die Kleinkapitel durch eine anachronische narrative Ordnung einem klaren, linearen Erzählschema. Das Erzählspiel ist durch einen eigenen Titel, der typografisch ähnlich wie der Titel des autobiographischen Romans gestaltet ist, als Appendix vom ‚Haupttext' der 64 Episoden abgegrenzt. In den Kleinkapiteln ist das dokumentarische Material hervorzuheben, das im Hinblick auf die autobiographische Rahmung des Romans Authentizitätseffekte erzeugt: WhatsApp-Chatverläufe aus der Stanišić-Familiengruppe (HK 218 f., 236 f.), übersetzte Unterlagen des Großvaters (Zeugnis, Dienstausweis, Partisanenurkunde, Klinikbefunde, Todesanzeige – HK 104–106), Beschreibung von Familienfotos (HK 104–106), ein Vokabelheft aus dem Jahr 1992 (HK 137), die offizielle Aufenthaltserlaubnis aus dem Jahr 1998 (HK 214). Strukturiert werden die aneinandergereihten Episoden mithilfe von Erzählsträngen, die im Text selbst angezeigt werden. Die essayistischen Kleinkapitel, die über das eigene literarische Programm, den Schreibprozess von *Herkunft* und ganz grundlegend den eigenen Zugang zum Thema Herkunft reflektieren, bilden einen dieser Erzählstränge. Charakteristisch für diese Episoden ist, dass das erzählende Ich in den Vordergrund rückt und die auf einer Handlungsebene entwickelte Lebens-/Familiengeschichte als ein sich im Werden befindenden, dynamischen Prozess markiert. Mit Nünning könnte man davon sprechen, dass damit neben der Geschehensillusion innerhalb der erzählten

---

[160] Zink kommt in seiner Zählweise auf 63 Kleinkapitel (vgl. Dominik Zink: Herkunft – Ähnlichkeit – Tod. Saša Stanišić' Herkunft und Sigmund Freuds Signorelli-Geschichte. In: *Zeitschrift für interkulturelle Germanistik* 12 [2021]. S. 173). Dieser marginale Unterschied hängt mit der Frage zusammen, ob das Binnenkapitel „Schlittenfahren" (HK 9) als eigenes Kleinkapitel gezählt wird oder nicht. Gegen eine eigenständige Berücksichtigung spricht, dass „Schlittenfahren" in der typographischen Anordnung von den übrigen Kleinkapiteln abweicht: Sowohl der Abstand zum Kapiteltext als auch die Zeilenposition divergieren. Dafür spricht im Hinblick auf meine Untersuchung die quantitative Einteilung des ‚Haupttextes' in drei Segmente: 24 + 24 + 16. Zahlenspiele dieser Art können im Hinblick auf eine Beschreibung der narrativen Ordnung relevant sein. Symmetrische Verfahren in der Anordnung der Kapitel, aber auch wiederkehrende zeitliche Abstände sind für den Autor Saša Stanišić nicht auszuschließen. Ein Beispiel ist die wiederkehrende Zeitspanne von zehn Jahren zur Strukturierung von Lebensgeschichten: (1) Im *Soldaten* flieht der Erzähler Aleksandar 1992 aus Višegrad und kehrt nach zehn Jahren im Jahr 2002 wieder in seinen Herkunftsraum zurück. (2) Im *Soldaten* und in *Herkunft* verlassen Stanišićs Eltern Deutschland im Jahr 1998, der Autor-Erzähler erhält im gleichen Jahr eine Aufenthaltserlaubnis als Schriftsteller. Nach zehn Jahren (2008) beantragt Stanišić bei der Ausländerbehörde die deutsche Staatsbürgerschaft. Weitere zehn Jahre später (2018) endet die Arbeit am Buchprojekt *Herkunft*.

Welt der Geschichten der Etablierung und Aufrechterhaltung einer „Erzählillusion"[161] Vorschub geleistet wird, die durch hohe Selbstreferentialität einen Einblick in die Entstehung des vorliegenden Textes gewährleistet. Die Profilierung des erzählenden Ichs auf einer „Ebene des Erzählens"[162] erfolgt nicht nur in eigens dafür vorgesehenen Kleinkapiteln, sondern bricht durch die Formel „Heute ist der [+ Datum]" häufig mit der Geschehensillusion der übrigen Erzählstränge.[163]

Die zentralen Erzählstränge des autobiographischen Romans auf einer „Ebene des Erzählten" werden im Kapitel „Lost in the strange, dimly lit cave of time" anhand von Anfangspunkten benannt:

> Diese Geschichte beginnt mit einem Bauern namens Gavrilo, nein, mit einer Regennacht in Višegrad, nein, mit meiner dementen Großmutter, nein. Diese Geschichte beginnt mit dem Befeuern der Welt durch das Addieren von Geschichten. Nur noch eine! Nur noch eine! Ich werde einige Male ansetzen und einige Ende finden, ich kenne mich doch. Ohne Abschweifung wären meine Geschichten überhaupt nicht meine. Die Abschweifung ist Modus meines Schreibens. (HK 36)

Drei verschiedene erzählerische Anfangspunkte werden in dieser Passage – ihre jeweilige Stellung als exklusiver Beginn der *histoire* des Romans verwerfend – aufgerufen: Die Auseinandersetzung mit der eigenen Herkunft im Sinne einer transgenerationalen Geschichte seiner Vorfahren beginnt für den Erzähler „mit einem Bauern namens Gavrilo" in Oskoruša, der Geburtsstätte seines Großvaters Pero Stanišić. Die eigene Lebensgeschichte als formales Gerüst einer Autobiographie beginnt in *Herkunft* „mit einer Regennacht in Višegrad", der Geburt des Erzählers Saša Stanišić. Auf der linearen Ebene des *discours* beginnt der autobiographische Roman mit dem Kleinkapitel „Großmutter und das Mäd-

---

[161] Ansgar Nünning: Metanarration als Lakune der Erzähltheorie: Definition, Typologie und Grundriss einer Funktionsgeschichte metanarrativer Erzähleräußerungen. In: *AAA – Arbeiten aus Anglistik und Amerikanistik* 26 (2001). S. 131.
[162] Zu den Begriffen „Ebene des Erzählens" und „Ebene des Erzählten" vgl. Wolf Schmid: *Elemente der Narratologie*. S. 7. Als Äquivalent dieser Dichotomie verwendet die englischsprachige Narratologie die Begriffe *telling* und *showing*.
[163] Ein signifikantes Beispiel für dieses Erzählverfahren findet sich in der Episode „Oskoruša 2009". An den Gräbern der Vorfahren in Oskoruša springt der Erzähler vom Schauplatz des Friedhofs auf die selbstreflexive Ebene des Erzählens, die in einer Hamburger S-Bahn lokalisiert wird: „Über uns, in der Krone des Speierlings, lauerte poskok, die gehörnte Schlange. Heute ist der 25. September 2017. Ich sitze in der S-Bahn in Hamburg, neben mir unterhalten sich zwei Mittvierziger über Pokemon. Die Worte lauern über mir, sie verunsichern mich, machen mich froh, ich muss unter ihnen die richtigen finden für diese Geschichte." (HK 29) Diese Abschweifung führt im Anschluss zu einer metanarrativen Reflexion über die etymologische und symbolische Bedeutung des Wortes „Oskoruša", weshalb der Erzähler mit einer Beschreibung des Erzählortes neu ansetzen muss, um wieder auf die Erzählebene des Oskoruša-Ausflugs zu gelangen.

chen": Es eröffnet sich ein Erzählfeld, auf dem sich der Erzähler mit der Demenzerkrankung seiner Großmutter auseinandersetzt. Damit sind mit der eigenen Lebensgeschichte, der Ergründung der Ahnenwelt und der Demenzerkrankung der Großmutter die drei zentralen Erzählstränge des autobiographischen Romans im Text selbst markiert.[164] Sie unterstehen keinem strengen Ordnungsprinzip, sondern durchdringen sich vielmehr gegenseitig. Zur Kennzeichnung des jeweiligen Erzählstrangs sind, wie auf der selbstreferenziellen, essayistischen Erzählebene (Formel: „Heute ist der [...]"), strukturelle Marker vorhanden: Die wiederkehrende Titelformel „Großmutter und [...]" deutet schon in den Kapitelüberschriften das Thema der Demenzerkrankung an. In diesen Episoden hält der Erzähler einerseits Erinnerungen der Großmutter (beispielsweise an Großereignisse wie den Zweiten Weltkrieg[165]) und Erinnerungen der Familie an die Großmutter fest. Andererseits können diese Kleinkapitel als Versuch aufgefasst werden, die Demenzerkrankung der Großmutter, ihr pathologisches Erinnerungsvermögen, mit literarischen Mitteln darzustellen.[166] Während die Episoden „Großmutter und [...]" auf der linearen Ebene des *discours* ,schubweise' auftauchen, legen die Ausflüge nach Oskoruša einen Rahmen um die 64 Kapitel. Mit den Titelbezeichnungen „Oskoruša, 2009" und „Oskoruša, 2018" wird diese Rahmung zusätzlich markiert und

---

164 Auch Zink identifiziert insgesamt vier Erzählstränge, perspektiviert diese jedoch stark auf seine eigene Fragestellung, die den Herkunftsbegriff in Stanišićs autobiographischem Roman fokussiert: „Er [der Text, M.H.] gliedert sich in vier Erzählstränge, die je eine bestimmte Möglichkeit repräsentieren, die Frage nach der Herkunft zu verstehen: Ersten wird die Familiengeschichte ausgehend von den vier Großeltern Stanišić' [sic!] erzählt, zweitens die Geschichte der Migration, die mit der Veröffentlichung des SANU-Memorandums 1986 beginnt und die Familie nach Heidelberg führt. Der dritte Erzählstrang nimmt seinen Anfang beim initialen Erlebnis 2009, das Stanišić zur Auseinandersetzung mit dem Thema Herkunft angeregt hat, und endet in der Gegenwart der Niederschrift des Textes 2017/2018, viertens wird immer wieder durch Wendungen wie z.B.: ‚Heute ist der 7. Februar 2018.' (H: 83), auf den Zeitpunkt der konkreten Abfassung verwiesen." (Zink, Herkunft – Ähnlichkeit – Tod, S. 173) Mit meiner strukturellen Einteilung verfolge ich einen induktiven Ansatz: Die narrative Ordnung kann aus dem Text selbst erschlossen werden.
165 Vgl. die Episode „Großmutter und der Soldat" (HK 53–56).
166 Aktuelle Studien zur literarischen Inszenierung von Demenzerkrankungen weisen auf die besondere Erzählsituation hin, die ein Verlust der geistigen Fähigkeiten mit sich bringt: „Da gerade die Gedächtnis-, Sprach- und Kommunikationsfähigkeiten von Demenzpatienten massiv beeinträchtigt sind, bleibt den Außenstehenden eine Innenperspektive auf die Krankheit weitgehend verwehrt." (Letizia Malottke: Die Brandung im Kopf eines Anderen. Eine Untersuchung der literarischen Demenzdarstellungen in Ulrike Draesners Erzählung ‚Ichs Heimweg macht alles allein'. In: *Social Turn? Das Soziale in der gegenwärtigen Literatur(-wissenschaft)*. Hrsg. v. Haimo Stiemer, Dominic Büker und Esteban Sanchino Martinez. Weilerswist 2017. S. 219–240, hier S. 220) Die Unkenntnis über den kognitiven Zustand der Großmutter äußert sich in *Herkunft* vor allem in dieser nicht zu überwindenden Außensicht auf die unkontrollierbare räumliche und zeitliche Wahrnehmung der Großmutter, deren Wechselspiel gleich in der ersten Episode eingeführt wird.

das Reiseprinzip der Rückkehr aufgerufen, auf das ich im Laufe dieses Kapitels noch genauer eingehen werde. Ein Mittel, um zwischen den vier Erzählsträngen zu changieren, ist das digressive Erzählverfahren, das der Erzähler als Teil seines literarischen Programms („Modus meines Schreibens") markiert. Neben dem Wechsel des Erzählstrangs finden sich auch innerhalb der jeweiligen Erzählerfelder Digressionen, durch die kurze Binnengeschichte implementiert werden.[167]

Betrachtet man nun die Entfaltung der Lebensgeschichte, die mit der Geburt des Erzählers beginnt, lassen sich trotz einer vorgeblich impulsiven Erzählhaltung („Befeuern der Welt durch das Addieren von Geschichten") zäsurbildende Zeitpunkte erkennen, die diesen Erzählstrang strukturieren und freilegen, welcher Lebensabschnitt des Autor-Erzählers in *Herkunft* besonders im Vordergrund steht. Es gilt als gattungspoetologisches Muster, das geographische Ortswechsel das Organisationsprinzip biographischen Erzählens in der Regel (mit-)bestimmen.[168] Auch in Stanišićs *Herkunft* spielt der Raumwechsel eine signifikante Rolle im Hinblick auf die narrative Ordnung des Erzählwerks. Während sich die Schauplätze der episodenhaften Geschichten vom ersten bis zum 24. Kleinkapitel in Bosnien befinden (Višegrad und Oskoruša), wechselt die räumliche Perspektive in den darauffolgenden 24 Episoden nach Heidelberg. Im 24. Kapitel „Meine Mutter raucht gerne eine zum Kaffee" flieht der Erzähler im Alter von 14 Jahren zusammen mit seiner Mutter aus Višegrad („raus aus unseren Leben", HK 118). Die daran anschließende Episode berichtet von deren Ankunft am 24. August 1992 in Heidelberg. Diese räumliche Zäsur wirkt sich auf den thematischen Verlauf der Kleinkapitel aus, die bis zum 48. Kapitel hauptsächlich aus der Jugendzeit im Heidelberger Stadtteil Emmertsgrund erzählen. Was anfänglich als „kurzzeitige Rettung" vor einer „wirklich gewordenen Unwirklichkeit des Krieges" (HK 119) gedacht war, erstreckt sich zeitlich bis ins Jahr 1998, in dem die Eltern des Erzählers aufgrund einer drohenden Abschiebung von Deutschland in die USA migrieren. Der Protagonist erhält dagegen eine Aufenthaltserlaubnis in Deutschland, in der amtlich vermerkt ist, dass er eine „selbstständige[] Tätigkeit als Schriftsteller" (HK 214) ausführt. Mit der Wiederholung „Das ist ein Fazit" (HK 216) im 48. Kapitel „Geschichtenkitt"

---

[167] Als Beispiel für eine solche Anekdote sei auf die heldenhafte Geschichte von Zagorka, der älteren Schwester der Großmutter, hingewiesen. Innerhalb der Episode „Oskoruša 2009" schweift der Erzähler zeitweilig von der auf das Jahr 2009 datierten und räumlich in Višegrad angesiedelten Erzählebene vor dem ersten Oskoruša-Ausflug ab und erzählt die mit eindeutigen Fiktionsmerkmalen ausgestattete Geschichte von Zagorkas Ziege, die von der sowjetischen Raumfahrtmission auf den Mond geschossen wurde (vgl. HK 22 f.).
[168] Vgl. Christian Klein: Analyse biographischer Erzählungen – ‚Histoire': Bestandteile der Handlung. In: *Handbuch Biographie. Methoden, Traditionen, Theorien*. Hrsg. v. Christian Klein. S. 204–212, insb. S. 211 f.

wird an diesem zäsurbildenden Zeitpunkt der familiären Trennung die Überleitung zum dritten Segment mehrmals angekündigt und schließlich auch explizit im Text benannt: „Das ist ein Fazit, in dem ich irgendwie die Kurve wieder nach Oskoruša kriegen muss." (HK 216) Der Erzähler verlagert den räumlichen Fokus wieder nach Višegrad und Oskoruša. Im Gegensatz zum ersten Segment (1–24) wird allerdings nun vordergründig auf einer Gegenwartsebene erzählt, die grob das Jahr 2018 umfasst. In der familiären WhatsApp-Gruppe wird in der 49. Episode „Vater und die Schlange" ein zweiter Ausflug nach Oskoruša (der letztlich im April 2018 stattfindet) geplant. In einer Hilfskonstruktion lassen sich die 64 Episoden durch ihren räumlichen Fokus zusammenfassend in drei Segmente einteilen: die Episoden 1 bis 24 mit den Schwerpunkten auf der Kindheit in Višegrad (1978–1992) und der ersten Reise nach Oskoruša (2009) stellen das erste Segment dar,[169] die darauffolgenden Episoden 25 bis 48 in Heidelberg Emmertsgrund (1992–1998) das zweite,[170] und die Episoden 49–64 mit der Rückkehr nach Oskoruša (2018) letztlich das dritte Segment.[171] Daraus können zwei zäsurbildende Zeitpunkte ableitet werden, die die narrative Ordnung des autobiographischen Romans mitbestimmen: die Flucht des Erzählers von Višegrad nach Heidelberg im Jahr 1992 und die räumliche Trennung der Familie, die aus einem Raumwechsel der Eltern von Deutschland in die USA resultiert.

Beide biographischen Einschnitt sind auch in Stanišićs erstem Roman schon strukturbildend, was die Komplementarität der Werke unterstreicht. Im *Soldaten* resultiert aus dem Ortwechsel von Bosnien nach Deutschland auch ein Wechsel der erzählerischen Ausdrucksform: Aus Deutschland schreibt Aleksandar Briefe, die im Gegensatz zu den Geschichten aus Višegrad aus dem ersten Segment des Debütromans keinen detaillierten Einblick in die Jugendzeit des Erzählers bietet. Was im *Soldaten* eine untergeordnete Rolle spielt, steht in *Herkunft* im Zentrum: die literarische Verarbeitung der Ankunft in Deutschland und die Entwicklung des Autor-Erzählers im Kontext des neuen Lebensmittelpunkts. In *Herkunft* wiederum beschränken sich die Erinnerungen an die Vorkriegszeit in Višegrad auf wenige Episode, im *Soldaten* werden diese (Kriegs-)Erfahrungen umfassend eingebunden: Das erste Segment erzählt aus der Kindesperspektive die serbische Invasion in Višegrad, das Buch im Buch *Als alles gut war* versammelt ähnlich episodenhaft wie *Herkunft* die Kindheitserinnerungen des autobiographischen Erzählers Aleksandar. Betrachtet man die beiden Erzählwerke als komplementär, erweitert *Herkunft* die erzählten Erinnerungsbestände um einen weiteren Zeitabschnitt: das Leben

---

169 Die im Buch nicht nummerierten Episoden erstrecken sich im ersten Segment von S. 5 („Großmutter und das Mädchen") bis S. 118 („Meine Mutter raucht gern eine zum Kaffee").
170 Das zweite Segment reicht von S. 119 („Heidelberg") bis S. 217 („Geschichtenkitt").
171 Das dritte Segment beginnt auf S. 218 („Vater und die Schlange") und geht in das Lesespiel „Der Drachenhort" auf S. 289 über.

der Familie Stanišić von 1992–1998 in Heidelberg. Einen weiteren signifikanten biographischen Einschnitt in der Lebensgeschichte des Autor-Erzählers stellt die Auswanderung seiner Eltern von Deutschland in die USA dar, die auch im *Soldaten* thematisiert wird. Im Brief vom 1. Mai 1999 schildert Aleksandar, dass seinen Eltern eine „freiwillige Rückkehr" (Abschiebung) nach Višegrad bevorgestanden hätte, wenn sie den deutschen Behörden mit einem Asylantrag für die USA nicht zuvorgekommen wären. Die Trennung von seinen Eltern geht mit einer Intensivierung der eigenen Schriftstellerpläne einher: Der Erzähler Saša Stanišić erhält in *Herkunft* durch einen Verlagsvertrag für seinen ersten Roman die Aufenthaltserlaubnis in Deutschland und die Anerkennung als Schriftsteller. Im *Soldaten* folgen auf den Brief an Asija, der über die Ausreise der Eltern informiert, die autobiographischen Erzählungen des Protagonisten – Aleksandars erste Schreibversuche. Aus einer auch räumlich forcierte Loslösung von den Eltern geht in beiden Erzählwerken ein zentraler Entwicklungsschritt hervor: die schriftstellerische Auseinandersetzung mit den eigenen Erinnerungen.

Die zäsurbildenden Zeitpunkte in den Jahren 1992 und 1998, so lässt sich resümieren, legen als Ordnungselemente frei, dass der *Soldat* und *Herkunft* aus dem gleichen autobiographischen Erfahrungsfundus schöpfen und sich gegenseitig ergänzen. *Herkunft* trägt vor allem dazu bei, die Ankunft und das Leben in Deutschland literarisch aufzuarbeiten, was nach Aussagen des Autors im *Soldaten* noch nicht realisierbar war.[172]

3.3.2 Intertextuelle Bezüge

Eine Sonderform von Einzeltextreferenzen innerhalb der Intertextualitätsforschung ist der Verweis von Autor:innen innerhalb des eigenen Werkkontexts. Ulrich Broich unterscheidet in diesem Feld zwischen Verweisen innerhalb eines Textes, der textin-

---

[172] Im Interview mit der SZ zu *Herkunft* geht Stanišić auf die Unterschiede zwischen dem *Soldaten* und *Herkunft* ein und verweist vor allem auf die divergierenden ‚Deutschland-Segmente' der Erzählwerke: „Als ich den ‚Soldaten' schrieb, war ich noch nicht reif für ein echtes Buch über mich selbst. In dem Roman gibt es viele Schutzschilde, die mich von meinem Protagonisten trennen, sodass ich beinahe meine Geschichte erzählte, aber eben nicht ganz: Es ist nicht Heidelberg, sondern Essen. Aleksandar ist im Umgang mit Erinnerung erfinderischer und autonomer. Die Belastung seines Vaters durch die Arbeit – ausgeklammert. Nur Mutter in der Wäscherei ist geblieben. Statt zu erzählen, wie mir Menschen halfen, hier anzukommen, lasse ich Aleksandar Briefe nach Višegrad schreiben. Alles Übersprungshandlungen, um nicht wirklich von mir selbst erzählen zu müssen. In „Herkunft" konnte ich das: ‚Ich' sagen und – größtenteils – mich meinen. Damit schließt sich ein Kreis, es fühlt sich an, als hätte ich etwas erledigt." (Stanišić/Janker, Saša Stanišić über Erinnerung).

ternen Bezugnahme von Autor:innen auf selbst gestaltete Paratexte und schließlich der Referenz auf andere eigenständige Texte aus dem eigenen Œuvre.[173] Als typisch für die letztgenannte Form werden in Broichs Ausführungen Textserien präsentiert, die besonders im Genre der Kriminalliteratur üblich sind. In die gleiche Kategorie fallen auch genreübergreifende „Anschlusstexte"[174], die meist von den Autor:innen selbst als Fortsetzungen markiert werden und im Text „wiederholt auf den jeweils vorausgehenden Roman verweisen"[175]. Zwischen dem Publikationsjahren des *Soldaten* und *Herkunft* liegen dreizehn Jahre, ein Roman und eine Erzählsammlung. Eine vergleichende Untersuchung der Paratexte beider Erzählwerke verdeutlichte dessen ungeachtet, inwiefern der *Soldat* als zentraler Prätext von *Herkunft* fungiert. Intertextuelle Referenzen, aus denen ich zwei bedeutende Verweise zur Veranschaulichung des Fortsetzungsprinzip herausgreife, untermauern die paratextuellen Äußerungen des Autors auf der Textebene.

Eine explizite intertextuelle Referenz auf den Debütroman befindet sich im Erzählstrang der Oskoruša-Reise im Jahr 2009, den der Autor-Erzähler gemeinsame mit seiner Großmutter unternimmt. In Višegrad, Wohnort von Großmutter Kristina und Herkunftsraum des Autors, hält sich Saša auf, um sich von einer Lesereise mit dem *Soldaten* zu erholen. Durch die Zeitangabe wird deutlich, dass es sich um die zweite Rezeptionsphase des Debütromans handelt, die mit den Übersetzungen in Verbindung steht. Um die Referenzialität des Erzählwerks entspinnt sich ein kurzer Dialog zwischen Großmutter Kristina und ihrem Enkel, der die Frage nach der autobiographischen Dimension des Buchs aufwirft:

> Ob es das Buch über uns sei, fragte Großmutter. Ich legte sofort los – Fiktion, wie sich sie sähe, sagte ich, bilde eine eigene Welt, statt unsere abzubilden, und die hier, ich klopfte auf den Umschlag, sei eine Welt, in der Flüsse sprechen und Urgroßeltern ewig leben. Fiktion, wie ich sie mir denke, sagte ich, ist ein offenes System aus Erfindung, Wahrnehmung und Erinnerung, das sich am wirklich Geschehenen reibt – (HK 20)

Irritiert von einer derartig komplexen Begriffserklärung auf eine aus Sicht der Großmutter simple Frage fällt ihre Reaktion aus: „Reibt?' Großmutter hustet dazwischen und wuchtet einen Riesentopf mit gefüllten Paprika auf den Herd. ‚Setz dich, du bist hungrig.'" (HK 20) Es ist ganz grundlegend ein Unterschied in der Figurenrede des erzählten Ichs und der Großmutter zu erkennen, der die Komplexitätsstufen ihrer sprachlichen Äußerungen betrifft. Dieses ‚Aneinandervorbeireden' erzeugt

---

173 Vgl. Ulrich Broich: Bezugfelder der Intertextualität: Zur Einzeltextreferenz. In: *Intertextualität. Formen, Funktionen, anglistische Fallstudien*. Hrsg. v. Ulrich Broich und Manfred Pfister. Tübingen 1985. S. 49 f.
174 Broich, Zur Einzeltextreferenz, S. 50.
175 Broich, Zur Einzeltextreferenz, S. 50.

in erster Linie Komik, die sich an der Polysemie des Verbs *reiben* entzündet. Darüber hinaus kann die Großmutter im Dialog als figurale Stellvertreterin eines autobiographischen Rezeptionsmodus gelesen werden, die den Roman als erzählerisches Werk der eigenen Familiengeschichte („Buch über uns") markiert. Das *verbum dicendi loslegen* in Kombination mit der adverbialen Steigerung *sofort* kennzeichnet die Antwort des Autor-Erzählers als Reflexreaktion, die den Gesprächskontext ausblendet und wie ein automatisiertes Statement wirkt. Die dargelegten Informationen über das eigene Fiktionsverständnis wären in dieser Form im Kontext von Lesungen, die unmittelbar zuvor stattfanden, passend. Im dargestellten Gesprächskontext eröffnet das komplexe Differenzierungsmanöver dagegen keine neuen Perspektiven auf den Roman, sondern stiftet lediglich Verwirrung. Es stellt die autobiographische Dimension des *Soldaten* auf eine selbstironische Art als ‚Reizthema' dar und ruft damit das Spannungsfeld zwischen Rezeption und Autorreaktion der ersten Rezeptionsphase des Romans auf. Es ist zwar richtig, dass der Autor-Erzähler durch diese Aussage sein Buch nicht auf eine „soziale Funktion" reduziert wissen möchte, indem er auf ein komplexes ästhetisches Darstellungsverfahren hinweist.[176] Die Selbstreflexionen werden im vorliegenden Gesprächskontext jedoch als übertrieben theoretisch ironisiert. Sie verlieren außerhalb eines spezifischen Diskurses um das Thema Migrationsliteratur in der deutschsprachigen Gegenwartsliteratur ihre Wirkkraft. Die Kluft, die sich zwischen der einfachen Frage der Großmutter und der komplexen Antwort des Enkels in ihrer jeweiligen Art der Kommunikation aufgetan hat, wird von der Großmutter am Ende des Dialogs durch deren eigenes Fiktionsverständnis letztlich wieder geschlossen: „Erfinden und übertreiben, heute verdienst du sogar dein Geld damit." (HK 20) Das Schlusswort in diesem Dialog hat die Großmutter, die nicht zwischen biographischem und fiktionalem Erzählen unterscheidet, sondern das Geschichtenerzählen ihres Enkels allgemein unter der Rubrik „erfinden und übertreiben" subsumiert und damit eine Kategorisierung unterläuft. Mit dem erzählerischen Kniff, die Rezeption eines seiner Werke in einem der folgende Erzählwerke

---

[176] El Hissy deutet diese Textstelle in ihrem Forschungsartikel zu *Herkunft* als kritischen Beitrag des Autors zur Debatte um das Thema Migrationsliteratur (vgl. Maha El Hissy: ‚Die Abschweifung ist Modus meines Schreibens'. Narrative du politische Abenteuer in Saša Stanišićs *Herkunft* [2019]. In: *ZfK – Zeitschrift für Kulturwissenschaften* 2 [2020]. S. 143). Vor dem Hintergrund der Rezeptionsgeschichte des *Soldaten*, in der sich Stanišić beispielsweise mit seinem Essay *How You See Us: Three Myths About Migrant Writing* (2009) in der Debatte um das Thema Migrationsliteratur bereits eindeutig positioniert, ist hier jedoch von einer selbstreflexiven Haltung des Autors statt einem literaturpolitischen Statement auszugehen. In El Hissys Plädoyer für eine Kategorisierung des Romans als „autofiktionale[s]" Erzählwerk wird der Gedanke vernachlässigt, dass biografisches Erzählen durchaus einen „ästhetischen Wert" (S. 143) haben kann, was sich gerade an *Herkunft* zeigt.

zu verhandeln, reiht sich der Autor in eine Liste berühmter Vorgänger ein.[177] Gemein ist diesen Intertextualitätsphänomenen ein Fortsetzungsgedanke, der zumeist schon im Titel anklingt.[178] Außerdem reflektieren die Folgewerke über den Fiktionalitätsstatus der vorangehenden Werke, wie es sich auch im angeführten Dialog zwischen Großmutter Kristina und Enkel Saša zeigt.[179]

Eine zweite, implizite Referenz auf den Debütroman im gleichen Kleinkapitel unterstreicht das Fortsetzungsprinzip, das *Herkunft* inhärent ist. Der Erzähler lässt den Oskoruša-Erzählstrang in seiner Selbstreflexion durch das Aufeinandertreffen mit Gavrilo beginnen („Diese Geschichte beginnt mit einem Bauern namens Gavrilo, [...].“), was für das Nachdenken über die eigene Herkunft zutrifft. Es handelt

---

[177] Als ‚Urtext' dieser Form von Selbstreferentialität im modernen Roman gilt Cervantes' *Don Quijote de la Mancha*. Vgl. Kapitel 2–4 im zweiten Band des Romans (Miguel de Cervantes: *Don Quijote von der Mancha*. Gesamtausgabe in einem Band. Neu übersetzt von Susanne Lange. München 2016), in dem die Figuren die Rezeption des ersten Bandes kommentieren. In Bezug auf postjugoslawische Reisen ist erwähnenswert, dass auch Peter Handke im *Sommerlichen Nachtrag zu einer winterlichen Reise* auf die Rezeption der ersten *Winterlichen Reise* Bezug nimmt. Handke wiederholt in seinem *Sommerlichen Nachtrag* einen Teil der ersten Reise. In Bajina Bašta trifft er mit der gleichen Reisegruppe aus der *Winterlichen Reise* auf zwei Figuren, denen sie wiederum auf der letzten Fahrt schon begegnet sind. Der Erzähler berichtet darüber, dass ihm hier das erste Mal der Gedanke aufkam, aufgrund „solchen und solchen Reaktionen" auf seine Winterliche Reise mit seiner Reiseerzählung „etwas Unrichtiges, Falsches, ja Unrechtes getan [zu] haben". Die kritischen Reaktionen im Anschluss an die Veröffentlichung in der Süddeutschen Zeitung werden damit implizit heraufbeschworen. Im Fortgang der Lektüre wird jedoch schnell deutlich, dass sich der Erzähler mit dem Hinweis auf auseinandergehende Reaktionen und seiner vermeintlich reuigen Selbstreflexion nicht auf die Rezensionen in verschiedenen Zeitungen bezieht, sondern auf die Einschätzungen der beiden in Bajina Bašta ansässigen Figuren.

[178] Im Hinblick auf die beiden erwähnten Beispiele ist der Fortsetzungsgedanke im Gegensatz zu Stanišićs Erzählwerken im Titel klar markiert: Bei Cervantes nummerisch mit Band 1 und Band 2, bei Handke durch die Titelformulierung „Sommerlicher Nachtrag zu einer Winterlichen Reise".

[179] Im vierten Kapitel des zweiten Bandes von Cervantes Don Quijote entwickelt sich ein Gespräch über die „Wahrheit der Geschichte". (Vgl. Cervantes, *Don Quijote von der Mancha*, S. 42–48) In Handkes Sommerlichem Nachtrag wird die „Wahrheit des Dargestellten" (Weixler, Authentisches erzählen – authentisches Erzählen, S. 2), die in der kritischen Rezeption der ersten Reise eingefordert wurde, durch die Figur des Bibliothekars ironisiert. Die Beschwerden des Bibliothekars, er sei kein „Bibliothekar" sondern „Professor" und habe beim Überqueren der Drinabrücke in der *Winterlichen Reise* keine Angst gehabt, wie der Text behauptet – also eine Kritik an der „Wahrheit des Dargestellten" – erweisen sich genau wie das Herumkritteln an weiteren nebensächlichen Details als Scherz des hier von Handke als idealer Leser präsentierten Bibliothekars, der es vermag, den Text nicht mit Fakten zu konfrontieren, sondern die Fiktionalität des Reiseberichts zu erkennen. Die paraphrasierte Figurenrede des Bibliothekars kann als polemischer, metafiktionaler Erzählerkommentar verstanden werden, der vor allem auf die kritischen Reaktionen auf die *Winterliche Reise* abzielt.

sich auch hier um einen besonderen Einschnitt im Leben des Autors, der nun das literarische Programm des Schriftstellers Saša Stanišić betrifft. Der Erzähler gibt vor, dass es ein *vor* und *nach* Oskoruša in Bezug auf sein literarisches Schreiben gäbe und offenbart, dass er sich im Nachgang dieses Ausflugs in seinem Erzählwerk intensiv mit der Bedeutung von Herkunft auseinandersetzte: „In den meisten meiner Texte nach Oskoruša beschäftige ich mich in irgendeiner Form explizit mit Menschen und Orten und damit, was es für diese Menschen heißt, an diesem bestimmten Ort geboren zu sein." (HK 63) Der Ausflug nach Oskoruša wird als Anfangspunkt einer literarischen Ergründung des Themas Herkunft markiert. Richtet man den Fokus genauer auf den tatsächlichen Beginn dieses Erzählstrangs auf der Ebene der *histoire* in der Wohnung der Großmutter in Višegrad, lässt sich die vom Autor-Erzähler vorgegebene Zäsur im eigenen literarischen Programm hinterfragen. Implizite intertextuelle Referenzen deuten darauf, dass der Autor einen Erzählstoff wiederaufgreift, der bereits in seinem Debütroman aus dem Jahr 2006 verhandelt wurde. Die These eines signifikanten Grades an Intertextualität lässt sich in diesem Abschnitt durch eine Untersuchung des Reisemotivs, das den Erzähler im Jahr 2009 überhaupt erst nach Oskoruša bringt. Der Ausflug im Jahr 2009 ist kein vom Erzähler selbst intendierter Programmpunkt, die treibende Kraft für die Fahrt in die Berge ist Großmutter Kristina:

> Großmutter stand, umgezogen, hinter mir. Schwarze Bluse, schwarze Stoffhose, nur die Gummistiefel waren gelb. Ich musste an Supergirl denken, das sein Kostüm anlegt in Sekundenschnelle, nur war das Haar meiner Großmutter nicht lang und blond, sondern Dauerwelle und lila, und sie trug ein Trauercape. ‚Wo willst du hin?' ‚Wir fahren nach Oskoruša.' ‚Ich bin doch gerade erst angekommen.' ‚Das Ankommen kann warten. Oskoruša hat das Warten satt.' Ein Hupen. ‚Der Fahrer ist auch schon da.' Sie band sich das schwarze Kopftuch unterm Kinn, begutachtete ihr Spiegelbild, nahm es wieder ab. ‚Hör zu', sagte sie. ‚Es ist zum Schämen, dass du noch nie oben warst.' Und als ich mich immer noch nicht rührte: ‚Das Zögern hat noch nie eine gute Geschichte erzählt.' Ich weiß nicht, woher sie das hatte, aber es klang gut. ‚Wie lange bleiben wir?' ‚Ist man einmal oben, will man für immer bleiben.' (HK 24)

Großmutter Kristina überrascht ihren Enkel mit der Fahrt nach Oskoruša. Für den Ausflug in den Herkunftsraum ihres verstorbenen Ehemanns trägt sie als Witwe Trauerbekleidung, die im äußeren Erscheinungsbild durch die gelben Gummistiefel konterkariert wird. Kristina hat für den Weg in die Berge einen Fahrer organisiert und drängt ihren Enkel zum Aufbruch an einen Ort, den der Erzähler zum ersten Mal persönlich in Augenschein nimmt. Diese Szene, die in *Herkunft* den Ausgangspunkt des Erzählstrangs der Oskoruša-Reisen markiert, weist Parallelen zum letzten Kapitel des *Soldaten* auf. Auch in Stanišićs Debütroman fordert Aleksandars Großmutter Katarina ihren Enkel unangekündigt zu einer Fahrt in die bosnischen Berge auf (Vgl. S 303). Ein Fahrer (Miki) bringt die ganz in schwarz gekleidete Großmutter und ihren Enkel zur Seelenmesse nach Veletovo (Vgl. S 303). Außertextlich sind Veletovo und Oskoruša zwei unterschiedliche, real existierende Dörfer in geographischer Nähe zu Višegrad.[180] In den erzählten Welten des Autors haben sie nichtsdestotrotz auffällige Gemeinsamkeiten: Es handelt sich um mittlerweile dünn besiedelte Bergdörfer in der Nähe von Višegrad, die mit der Familiengeschichte des jeweiligen Protagonisten verbunden sind. In Veletovo/Oskoruša wohnten zeit ihres Lebens die Urgroßeltern der Erzählfigur, es handelt sich um den Geburtsort des Großvaters von Aleksandar/Saša. Weitere Details wie eine mit dem jugoslawischen Kleinwagen „Yugo" schwer zu bewältigende Wegstrecke verstärken die Intertextualität der beiden Erzählwerke. Der Ausflug nach Veletovo kann einerseits als Folie für *Herkunft* geltend gemacht werden, es liegen aber auch Unterschiede vor, die mit den spezifischen Themen der Werke zusammenhängen: Im Gegensatz zum *Soldaten* befindet sich in *Herkunft* nicht das Grab des Großvaters, sondern die Grabstätte der Urgroßeltern, die im *Soldaten* noch am Leben waren. Während im *Soldaten* die Urgroßeltern die Bezugspersonen in Veletovo darstellten, ist es in *Herkunft* zunächst Gavrilo, der als Ortsansässiger das Bergdorf repräsentiert. In *Herkunft* verlagert sich in Bezug auf die erste Oskoruša-Reise im Jahr 2009 und im Vergleich zum *Soldaten* der Fokus von einer Infragestellung gemeinsamer, familiärer Erinnerungsprozesse aufgrund von divergierenden Kriegserfahrungen zu der Frage, wie die eigenen Vorfahren in Erinnerung behalten werden können und welche Funktion vorangehende Generationen für die eigene Identitätsbildung haben.

Die Vorgeschichte des Ausflugs nach Oskoruša offenbart im Hinblick auf intertextuelle Referenzen zwischen dem *Soldaten* und *Herkunft* letztlich einen werkinternen Anknüpfungspunkt: Der Ausflug nach Veletovo markiert am Ende des *Soldaten* eine Grenze des Erzählens. Aleksandar problematisiert in Veletovo das Versprechen gegenüber dem Großvater, „niemals auf[zu]hören zu erzählen", womit auch der Roman abbricht. In *Herkunft* wird die Auseinandersetzung mit der Bedeutung von familiärer und gesellschaftlicher Zugehörigkeit für die individuelle Identität fortgesetzt. Der Autor-Erzähler wiederholt das Szenario eines abrupten Aufbruchs in das familiäre Bergdorf, der wie im *Soldaten* von der Großmutter initiiert wird. Er greift den erzählten Raum in den bosnischen Bergen als familiären Erinnerungsort aus seinem Debütroman wieder auf und perspektiviert diesen als autobiographische Erzählung neu. Im Text wird dieses Fortsetzungsprinzip vordergründig unterlaufen, indem die Großmutter darauf hinweist, dass es sich um die allererste Reise des Enkels in die bosnischen Berge handelt: „Es ist zum Schämen, dass du noch nie oben warst." Auf der Darstellungsebene verwendet der Autor jedoch zentrale Elemente

---

[180] Veletovo liegt östlich von Višegrad an der bosnischen-serbischen Grenze, ca. 15 km von Višegrad entfernt. Oskoruša liegt südlich von Višegrad, mehr als 30 km von Višegrad entfernt am Berg Vijarac, der in Herkunft im Hinblick auf den zweiten Oskoruša-Ausflug im Jahr 2018 und das Erzählspiel „Der Drachenhort" eine besondere Rolle spielt.

der Raumgestaltung aus seinem Debütroman (z. B. das Haus der Urgroßeltern) und legt intertextuelle Spuren zu diesem Prätext. Was als Widerspruch erscheint, lässt sich an einen divergierenden Fiktionsstatus rückbinden und kann als Authentizitätsstrategie im Hinblick auf eine Literarisierung der eigenen Familiengeschichte aufgefasst werden. Stanišić hat in Interviews deutlich gemacht, dass es sich um eine fiktive Familie handelt, die im *Soldaten* die Figurenkonstellation um den Erzähler Aleksandar bildet: Veletovo ist ein real existierendes Dorf, das der Autor als erzählten Raum für das fiktive Familienzentrum der Krsmanovićs verwendet. Die erzählten Welten der jeweiligen bosnischen Bergdörfer weisen zwar Parallelen auf, durch die Betonung, dass der Erzähler in *Herkunft* das erste Mal zu den Vorfahren in die bosnischen Berge reist, wird deutlich, dass es sich nicht um eine Rückkehr in die imaginierte erzählte Welt des *Soldaten* handelt, sondern in *Herkunft* nun die Ahnenwelt des Autors erkundet wird.

3.4 „Die Sonnenseite schmeckt süß, die der Sonne abgewandte bitter" – Die Reisen nach Oskoruša in Saša Stanišićs *Herkunft* (2019)

Aus den sich in vielen erzählerischen Miniaturen wechselseitig bedingenden Erzählsträngen – Demenzerkrankung der Großmutter, eigene Lebensgeschichte und Erforschung der Ahnenwelt – will ich in diesem Kapitel den Erzählort Oskoruša hervorheben und die verschiedenen Funktionen, die dieses Ausflugsziel innerhalb des autobiographischen Romans einnimmt, erläutern. Vor dem Hintergrund des zentralen Untersuchungsgegenstand dieser Studie – postjugoslawische Reisen – gilt es, die Bedeutung der Reisen nach Oskoruša und ihre formalästhetische Gestaltung in Saša Stanišićs *Herkunft* herauszuarbeiten. Der Erzähler unternimmt zwei zeitlich auf 2009 und 2018 datierte Tagesausflüge nach Oskoruša, deren zugehörige Kapitel sich in *Herkunft* im Hinblick auf den erzählerischen Umfang von den anderen Kapiteln abheben. Die Einführung des Erzählorts im Kapitel „Oskoruša 2009" ist mit siebzehn Seiten das umfangreichste Kapitel. Darüber hinaus wechselt der Erzählort im ersten Segment immer wieder zu der Reise nach Oskoruša. Das dritte Segment beginnt mit der Planung einer Erinnerungsreise nach Oskoruša in der familiären *WhatsApp*-Gruppe. Die Irrfahrt hoch in die Berge und die Begegnung mit Sretoje im Kapitel „Die Sonnenseite schmeckt süß, die der Sonne abgewandte bitter" ist mit dreizehn Seiten das zweitumfangreichste Kapitel. Neben diesen beiden Reisen, die in den mit Überschriften versehenen, insgesamt 64 Kapiteln des ‚Haupttextes' zu finden sind, ist eine dritte Reise nach Oskoruša in einem dem Epilog nachgestellten Lesespiel, das den Titel „Der Drachenhort" trägt, möglich. Gemäß dem in der Episode „Spiel, Ich und Krieg, 1991" erwähnten Erzählgenre *„Choose your own adventure"* können die Lesenden selbst über den „Fortgang der Geschichte" (HK 12) entscheiden. Das Lesespiel „Der Drachenhort" ist dem Epilog nachgestellt, greift das dort formulierte Ende wieder auf und bietet den Lesenden mehrere Enden an. Wählen die Lesenden die dafür passende Seitenkombination, ist es möglich, im Rahmen des Lesespiels mit der Großmutter Kristina eine weitere Reise nach Oskoruša zu unternehmen.

Die drei Reisen nach Oskoruša strukturieren den weiteren Verlauf des vorliegenden Kapitels. In einem ersten Schritt werde ich die auf das Jahr 2009 datierte Reise, die zusammen mit der Großmutter Kristina unternommen wurde, untersuchen. Neben der kontextuellen Einordnung und der Frage nach dem Reisemotiv stehen sowohl die dort stattfindende Auseinandersetzung mit dem Thema Herkunft als auch die nachträglich beigemessene Bedeutung der Reise für das eigene Schreiben im Mittelpunkt. Die zweite, im Jahr 2018 stattfindende Reise plante der Erzähler gemeinsam mit seinen Eltern. Diese soll in meiner Studie vor allem als Erinnerungsreise analysiert werden, die bestimmte Erinnerungsprozesse – wie beispielsweise die zusammen mit der Mutter erlebte Fluchtgeschichte – hervorruft, während andere gemeinsame Erinnerungsprozesse – wie der bedrohlich wirkende *memory talk* mit Sretoje in Oskoruša beweist – verwehrt bleiben. Oskoruša ist in dieser Konstellation kein familiärer Erinnerungsort, sondern zeigt exemplarisch eine nationalistisch geprägte Erinnerungskultur, die der „multiperspektivischen Erzählung Jugoslawiens" (HK 95) diametral entgegen steht. Im Lesespiel „Der Drachenhort" können die Lesenden sich dafür entscheiden, sich mit der dementen Großmutter Kristina aus dem Altersheim zu stehlen und einen gemeinsamen Ausflug nach Oskoruša zu unternehmen. Hier gilt es, die in das Lesespiel eingebundene Reise als interaktive Abenteuereise zu analysieren, indem deren Funktionsweise aus narratologischer Perspektive freigelegt und nach der Vervielfältigung der Anfänge auch die im Lesespiel eingebundene Vervielfältigung der Enden in den Blick genommen wird.

3.4.1 „Selbstporträt mit Ahnen" – Oskoruša im Jahr 2009

Zwar ist der Aufenthalt in Oskoruša im Jahr 2009 aus zeitlicher Perspektive nicht als ausgedehnte Reise, sondern vielmehr als kurzer Tagesausflug einzuordnen, es lässt sich aber dennoch eine Analogie zur Grundkonstellation eines reisenden Ichs herstellen: Das erzählte Ich entfernt sich von internalisierten Strukturen vertrauter Räume. Dadurch kommen in Auseinandersetzung mit einem erstmalig wahrgenommenen erzählten Raum „kulturspezifische und persönliche Denk- und Wahrnehmungsweisen"[181] zum Vorschein. Es ist nicht selten, dass autobiographisches Erzählen Reisebeschreibungen enthält, z. B. um Entwicklungsprozesse zu erzählen. Wird die Reise als narratives Verfahren in der Autobiographik eingesetzt, ist zu vermuten, dass weniger eine Vermittlung von „landeskundlichen Sachinformationen"[182] im Vordergrund steht. Stattdessen rückt die Idee einer „inneren Reise"[183] in den Fokus. In Saša Stanišićs *Herkunft* gibt der Erzähler Auskunft über die Geschichte und die Lebensweise der Dorfbewohner in Oskoruša, nichtsdestotrotz hat die Reise durch ihren zäsurbildenden Charakter vor allem Bedeutung für die Beschäftigung des Erzählers mit dem Konzept von Herkunft und identitätsstiftenden Vergangenheitsrekonstruktionen. Das erzählte Ich erschließt sich Oskoruša mithilfe des Bauern Gavrilo, dessen suggestiver Zeigemodus vor allem darauf abzielt, dem Stanišić-Nachkommen Oskoruša als Herkunftsraum zugänglich zu machen.

Bevor Oskoruša zum Schauplatz der erzählten Geschichte wird, liefert das erzählende Ich im beschreibenden Modus die ersten Rauminformationen. Den Lesenden wird Oskoruša als ein durch die geografische Lage hermetisch abgeriegeltes Siedlungsgebiet vorgestellt: „Im Osten, unweit von Višegrad, liegt in den Bergen, grundsätzlich schwer und bei unwirtlicher Witterung gar nicht zugänglich, ein Dorf, in dem nur noch dreizehn Menschen leben." (HK 18) Es handelt sich um eine in der Landwirtschaft tätige, ‚homogene' Dorfgemeinschaft: Die dreizehn Dorfbewohner sind dort aufgewachsen und in ihrem Herkunftsraum geblieben. Das erzählende Ich sieht dies als Begründung, dass sie sich wahrscheinlich niemals „fremd gefühlt" (HK 18) haben. Gleichzeitig wird Oskoruša in seiner Vergänglichkeit dargestellt, denn die 2009 Ansässigen „werden die Letzten sein" (HK 18). Die nachfolgende Generation – beispielsweise Gavrilos studierende Tochter – wird sich nicht mehr um das „Gehöft" kümmern. Dieses Untergangsszenario, das das erzählende Ich vom ausgetrunkenen Schnaps bis zu den brachliegenden Äckern durchexerziert, leitet auch den Wechsel von der Raumbeschreibung zur Verortung des erzählten Ichs im Schauplatz Oskoruša ein. Das erzählte Ich konfrontiert den Bauern Gavrilo beim Anblick der Strommasten unbeabsichtigt mit der Vergänglichkeit des Dorfes, ob der Strom „wohl abgestellt werde, nachdem der Letzte hier gestorben ist." (HK 18) Es zeigt sich bereits bei der Einführung des Schauplatzes, dass sich die Figur des Dorfältesten für ein anderes Zeitverständnis ausspricht, das Oskoruša nicht aus der Perspektive der Vergänglichkeit wahrnimmt, sondern die überzeitliche Bewahrung des „Herkunftsraums" hervorhebt: „Solange ihr unsere Gräber pflegt, vielleicht mal Blumen drauflegt und mit uns sprecht, geht es hier weiter." (HK 19) Im ersten Aus-

---

181 Korte, *Der englische Reisebericht*, S. 9.
182 Korte, *Der englische Reisebericht*, S. 10.
183 Korte, *Der englische Reisebericht*, S. 10.

flug nach Oskoruša wird der Raum zunächst weniger historisch konnotiert, sondern in seiner Abgeschiedenheit als archaische, naturhafte und mythisch aufgeladene Ahnenwelt inszeniert. Diese Szenerie wird nach der märchenhaft anmutenden Verortung zu Beginn der Episode („Im Osten, unweit von Višegrad, liegt in den Bergen, [...]") vor allem durch den ersten Auftritt von Gavrilo unterstützt, der mit dem Eintritt des erzählten Ichs in den potenziellen Herkunftsraum einhergeht. Als es mit dem kleinen Yugo auf dem Weg nach Oskoruša nicht mehr weitergeht und die Reisegruppe – Großmutter Kristina, der „Chauffeur" Stevo und das erzählte Ich – den restlichen Weg zu Fuß zurücklegen wollte, „meißelten" die Berge das Echo des rufenden Gavrilo „freundlich und streng in die vom Frühling summende Luft" (HK 25). Die Nähe zu Flora und Fauna wird mit einer überzeichneten, karikierenden Natursymbolik angezeigt, indem der Rufende aus einem nahegelegenen Waldstück heraustrit und „unvernünftig und präzise wie ein Ziegenbock" (HK 25) hangabwärts springt. Das äußere Erscheinungsbild eines urtümlichen Naturmenschen komplettieren aus näherer Perspektive die im Bart steckenden Tannennadeln, die wie aus Lehm gebrannten Hände, bis hin zur Erde unter den Fingernägeln. Mit der Šajkača als traditioneller serbischer Kopfbedeckung wird im äußeren Erscheinungsbild auch eine nationale Symbolik aufgerufen, der Fokus allerdings sofort auf die emotionale Begrüßung zwischen Gavrilo und Kristina gelenkt: „Er nahm die Mütze ab – die serbische Šajkača, und sie sahen sich an, lang genug, dass man *zärtlich* schreiben möchte." (HK 25) Die einfühlsame Begrüßung der Großmutter kontrastiert mit einem eher ungestümen, das Bild des ‚Naturmenschen' ergänzenden Auftreten gegenüber ihrem Enkel: „[...] dann die Drehung zu mir und auch ein Schmettern meines Namens, alles eine Spur zu viel: das Umdrehen zu laut, die Augen zu braun" (HK 26), wobei durch letztere Beobachtung bereits eine physiognomisches Merkmal („Augen zu braun") eingeführt wird, das sich im weiteren Verlauf auch in den identitätsstiftenden Drachentöter-Legende in der Wohnstube finden wird, in der Gavrilos Rundgang endet.

3.4.1.1 „Wir sind verwandt." – Zugehörigkeit zur Stanišić-Nachkommenschaft

Den Auftakt von Gavrilos ‚Ahnentour' bildet ein Besuch des Familiengrabs, an dem die Gruppe der verstorbenen Urgroßeltern der Erzählfigur gedenkt. Das Setting und die Inszenierung des gemeinschaftlichen Erinnerungsritual in der Friedhofszene offenbart einen intertextuellen Bezug zur Seelenmesse in Veletovo, in der sich Aleksandar, seine Großmutter, die Urgroßeltern und Onkel Miki gemeinsam an Aleksandars Großvater erinnern. Der Friedhof fungiert sowohl im *Soldaten* als auch in *Herkunft* als Erinnerungsort, an dem die Zugehörigkeit zu einer familiären Wir-Gruppe verhandelt wird. Dabei lassen sich allerdings unterschiedliche familiäre Bezugsrahmen erkennen: Während in Veletovo das Familienkonzept vier Generationen umfasst, wird in Oskoruša der Grad an familiärer Zugehörigkeit zu einer noch weiter zurückreichenden Idee eines jahrhundertealten Abstammungsprinzips ausgeweitet. Gavrilo fungiert in diesem Zusammenhang als Mittlerfigur, die dem Erzähler die Beziehung zu seinen Ahnen, seiner Abstammung, der Gavrilo Stanišić sich ebenso zugehörig fühlt, grundlegend näherbringen will: „Du bist der Enkel. Ich bin Gavrilo. Wir sind verwandt – ich könnte dir jetzt sagen, wie, aber ich zeig es dir lieber." (HK 26) Veranschaulicht wird diese Verwandtschaftsbeziehung nun am Friedhof, auf dem der Erzähler auf nahezu allen Grabsteinen seinen eigenen Nachnamen liest und so mit der Zugehörigkeit zum Geschlecht der Stanišićs konfrontiert wird. Nachdem das erzählte Ich den Friedhof als genealogischen Erinnerungsort in Augenschein genommen hat, die Ahnenwelt auch auf gustatorische Weise am Grab der Großeltern zu aktivieren versucht wurde, intensiviert Gavrilo seinen anfänglichen Zeigemodus und konfrontiert den „Enkel" mit der Frage nach seiner Herkunft: „[...], und das war der Augenblick, da Gavrilo mich fragte, woher ich käme." (HK 31) Im Gesprächskontext hat diese Frage eine suggestive Konnotation, die nach der Inaugenscheinnahme auf eine Anerkennung von Oskoruša als Herkunftsraum abzielt. Der Kurzdialog zwischen Gavrilo und dem erzählten Ich zum Thema Herkunft wird bezogen auf das Darstellungsverfahren ähnlich inszeniert, wie das Gespräch zwischen Großmutter Kristina und dem erzählten Ich über die autobiographische Dimension des *Soldaten* kurz vor dem Aufbruch nach Oskoruša. In der Hinleitung auf die Figurenrede wird auch hier *loslegen* als *verbum dicendi* verwendet, was das Statement als vorhergesehene Frage markiert, über die sich das erzählte Ich bereits Gedanken gemacht hat. Der Eindruck einer reflexartigen Äußerung wird durch eine Innensicht auf das erzählte Ich verstärkt, die auf eine unentwegte Konfrontation mit dieser Frage im diskursiven Kontext, in dem sich der Erzähler selbst verortet, verweist: „Also doch, Herkunft, wie immer, dachte ich und legt los." (HK 32) Es folgt eine sprachkonstruktivistische Zerlegung des Begriffs Herkunft, die in ihrem Abstraktionsgrad dem in Višegrad gegenüber der Großmutter dargelegten Fiktionsverständnis gleicht:

> Komplexe Frage! Zuerst müsse geklärt werden, worauf das Woher ziele. Auf die geografische Lage des Hügels, auf dem der Kreißsaal sich befand? Auf die Landesgrenzen des Staates zum Zeitpunkt der letzten Wehe? Provenienz der Eltern? Gene, Ahnen, Dialekt? Wie man es dreht, Herkunft bleibt doch ein Konstrukt! Eine Art Kostüm, das man ewig tragen soll, nachdem es einem übergestülpt worden ist. Als solches ein Fluch! Oder, mit etwas Glück, ein Vermögen, das keinem Talent sich verdankt, aber Vorteile und Privilegien schafft. (HK 32)

Gavrilos ‚Woher-kommst-du-Frage' wird aus dem Gesprächskontext in Oskoruša gelöst und eher im Kontext eines Herkunftsdiskurses in Deutschland beantwortet: Die Figurenrede liefert eine maßgeschneiderte Dekonstruktion eines eindimensionalen Herkunftsbegriffs, der bereits im Akt der Fragestellung ein exkludierendes

‚Nicht-von-hier' impliziert.[184] Diese subtile Fremdzuschreibung pariert das erzählte Ich mit dem Ausweichmanöver einer Begriffszerlegung, in der sich eine räumlich und eine zeitliche Bedeutungsebene differenzieren lassen.[185] Gavrilo ignoriert die ausschweifende Antwort des „Enkel[s]" ganz einfach und antwortet sich selbst auf seine Suggestivfrage: „Von hier. Du kommst von hier." (HK 32) Die Diskrepanz zwischen einer theoretisierenden Figurenrede des erzählten Ichs und der simplen Antwort der Ortsansässigen – in Višegrad die Großmutter, in Oskoruša Gavrilo – lässt zwei jeweils unterschiedliche Zugänge zu Konzepten wie Fiktion oder Herkunft aufeinanderprallen, was in Bezug auf das Darstellungsverfahren einerseits Komik erzeugt und andererseits intergenerationale und interkulturelle diskursive Selbstverortungen nebeneinanderstellt, ohne sie zu hierarchisieren. Der Autor-Erzähler kommt von einer Lesereise, in der es vor dem Hintergrund der ersten Rezeptionsphase plausibel erscheint, dass seine interkulturelle Herkunft zum Thema gemacht wurde und er sich – wie im Hinblick auf die autobiographische Dimension des Debütromans – auch zu diesem Thema ein Statement zurechtgelegt hat. Für den Bauern Gavrilo als einer der dreizehn Dorfbewohner, die Oskoruša niemals verlassen, sich nie „fremd" gefühlt haben, ist Oskoruša als Herkunftsraum der Stanišić-Sippe fest etabliert.

Die beiden Diskurse um eine soziale Zugehörigkeit in Deutschland einerseits und eine im weitesten Sinne familiäre Zugehörigkeit als Stanišić-Nachfahre andererseits stehen sich auf den ersten Blick in Bezug auf Inklusions-/Exklusionsmechanismen diametral gegenüber: Während die Frage „Woher kommst du eigentlich?" eine exkludierende Konnotation besitzt, signalisiert Gavrilos Suggestivfrage, woher der Erzähler käme, dass der Erzähler zur Wir-Gruppe der Stanišić-Nachkommen dazugehöre. Was beide Formen jedoch teilen, ist ein Akt der Fremdzuschreibung, der den Betroffenen nach einem Abstammungsprinzip determiniert.[186] Gavrilos offensives

---

184 Die Frage „Woher kommst du?" ist auf dieser Bedeutungsebene als „Wo kommst du eigentlich her?" zu verstehen. Die Kulturwissenschaftlerin Mithu Sanyal beschäftigt sich in ihrem Essay „Zuhause", der im Band *Eure Heimat ist unser Albtraum* erschienen ist, unter Berücksichtigung der Migrationsgeschichte Deutschlands in der zweiten Hälfte des 20. Jahrhunderts mit dem Exklusionsmechanismus dieser Frage: „,Wo kommst du her?' rekurriert – egal ob den Fragesteller_innen das bewusst ist oder nicht – auf ein Abstammungsprinzip, bei dem Zugehörigkeit nicht erworben, sondern nur seit Generationen besessen werden kann." (Mithu Sanyal: Zuhause. In: *Eure Heimat ist unser Albtraum*. Hrsg. v. Fatma Aydemir und Hengameh Yaghoobifarah. Berlin 2019. S. 103.)
185 Vgl. Maximilian Benz/Katrin Dennerlein: Zur Einführung. In: *Literarische Räume der Herkunft*. Hrsg. v. Maximilian Benz und Katrin Dennerlein. Berlin 2016. S. 2.
186 Vgl. Yvonne Zimmermann: „Woher kommst Du?; Antwortversuche in Saša Stanišićs Roman *Herkunft* (2019). In: *Feminist Circulations between East and West*. Hrsg. v. Annette Bühler-Dietrich. Berlin 2019. S. 248 f.

Drängen auf ein identifikatorisches Bekenntnis und die fremdbestimmte Aufnahme in die Gemeinschaft der Oskoruschaner:innen rufen Misstrauen hervor. In der Innensicht auf das erzählte Ich manifestiert sich ein Hadern, diesen Raum sofort als Herkunftsraum anzunehmen: „Von hier? Was von hier? Wegen der Großeltern?" (HK 32) Auch nach der gustatorischen Wahrnehmung des großväterlichen Quellwassers, zeigt sich das erzählte Ich nicht bereit, einer weiteren Suggestivfrage Gavrilos („Woher kommst du, Junge?", HK 33) Folge zu leisten. Die anfängliche Ablehnung, eine emotionale Verbindung zur Ahnenwelt aufzubauen, äußert sich erneut in einer Innensicht: „[...] und ich dachte: Zugehörigkeitskitsch! Und dass ich doch nicht schwach würde wegen ein bisschen Wasser." (HK 33) Erst die Stimme des erzählenden Ichs am Ende dieser Episode lässt eine Öffnung zur Auseinandersetzung mit Oskoruša als Herkunftsraum erkennen. Die innere Zerrissenheit zwischen der Aussage, dass das genealogisch aufgeladene Quellwasser „nach der beschwerlichen Leichtigkeit der Behauptung, dass einem etwas gehört" (HK 34) oder ganz einfach „kalt" und „wie Wasser" (HK 34) geschmeckt habe, mündet in die dritte Wiederholung von Gavrilos Frage nach dem ‚Woherkommen', die sich das erzählende Ich in diesem Fall als zitierte Figurenrede noch einmal selbst stellt. Die Rückäußerung auf diese Frage kommt nun aus der Innensicht des erzählenden Ichs, das den Ausflug retrospektiv wahrnimmt und Oskoruša als potenziellen, weiteren Herkunftsraum anzunehmen scheint: „Jetzt also auch von hier? Oskoruša." (HK 34) Die Fremdzuschreibung verwandelt sich dadurch in eine mögliche Selbstverortung, die kein Bekenntnis darstellt, aber eine Auseinandersetzung mit Oskoruša als Herkunftsraum zulässt.

Die Begegnung mit dem Bauer Gavrilo eröffnet dem Autor-Erzähler, so lässt sich festhalten, einen Reflexionsraum über die eigene Herkunftsgeschichte. Rückblickend umschreibt das erzählende Ich in der Episode „Die Häkchen im Namen" die anfängliche Abwehrhaltung des erzählten Ichs gegenüber der eigenen Herkunft:

> Es erschien mir rückständig, geradezu destruktiv, über *meine* oder *unsere* Herkunft zu sprechen in einer Zeit, in der Abstammung und Geburtsort wieder als Unterscheidungsmerkmale dienten, Grenzen neu befestigt wurden und sogenannte nationale Interessen auftauchten aus dem trockengelegten Sumpf der Kleinstaaterei. (HK 62)

Es lässt sich auch in dieser Rückschau eine interkulturelle Perspektive auf das Thema Herkunft feststellen, die ein Abstammungsprinzip in seiner irreversiblen Festlegung individueller Zugehörigkeit hinterfragt: Dass „Abstammung und Geburtsort wieder als Unterscheidungsmerkmal" fungieren, kann sowohl auf die nationalstaatlich ausgerichtete Identitätspolitik der Länder des ehemaligen Jugoslawiens[187]

---

[187] Einen Überblick bzgl. des Mitte der 1980er Jahre zunehmenden institutionalisierten Nationalismus in Jugoslawien bieten Ulf Brunnbauer und Klaus Buchenau in: *Geschichte Südosteuropas*.

als auch auf einen Migrations-Diskurs in Deutschland bezogen werden, der die Gestaltung des Zusammenlebens in einem Einwanderungsland betrifft.[188] Auf dem Gebiet des ehemaligen Jugoslawiens wurde die Zugehörigkeit zu einer ethnischen Gruppe und damit die „Abstammung" im Rahmen der kriegerischen Auseinandersetzungen zum „Unterscheidungsmerkmal" erklärt, das zu neuen Grenzziehungen führte.[189] Der deutschsprachige Herkunfts- bzw. Heimatdiskurs verhandelt wiederum soziale Diskriminierung, die Personen mit Migrationsgeschichte beispielsweise

---

Stuttgart 2018. In Abgrenzung zur Vorstellung eines „Kulturkampfes" (Huntington) zwischen katholisch, christlich-orthodox und islamisch geprägten ethnischen Gruppen schildern Brunnbauer und Buchenau den Zerfall Jugoslawiens in den Anfängen einer „nationalen Mobilisierung" politischer Vertreter und Institutionen in Serbien, die wiederum auch die „national bewegten Parteien" der anderen Länder des Vielvölkerstaats stärkten. In der von Brunnbauer und Buchenau vertretenen „Nationalismusthese", die auch Verbindungen zu einem aufkommenden nationalen Paradigma im 19. Jahrhundert zieht, werden religiöse Unterscheidungsmerkmale als Teil einer „nationalisierten Religion" eingeordnet, in der die religiöse Zugehörigkeit für Propagandazwecke instrumentalisiert wird.

188 Die Sozialwissenschaftlerin Naika Foroutan beschreibt in ihrer Monographie *Die postmigrantische Gesellschaft*, dass sich das Thema Migration zu einem „Metanarrativ" des öffentlichen Diskurses in Deutschland entwickelt, „das vielfach als alles erklärende Kategorie herangezogen wird: Bildungsrückstände, Kriminalität, soziale Transferleistungen, Wohnungsnot, Geschlechterungleichheit, Antisemitismus und viele sozialstrukturelle und – kulturelle Probleme werden mit diesem Metanarrativ erklärt" (Naika Foroutan: *Die postmigrantische Gesellschaft*. Berlin 2019. S. 13). Sie verwendet den Begriff der postmigrantischen Gesellschaft, um anzuzeigen, dass es „nicht um Migration selbst geht, sondern um gesellschaftspolitische Aushandlungen, die *nach* der Migration erfolgen, die hinter der Migrationsfrage verdeckt werden und die über die Migration *hinaus* weisen." (ebd., S. 19) Eine „postmigrantische[] Perspektive" richte den Fokus auf die Gestaltung des Zusammenlebens in einem Einwanderungsland, das vor allem Konflikte um „Anerkennung, Chancengleichheit und Teilhabe" (ebd. S. 14) betrifft. Diese Aushandlungsprozesse betreffen auch die Erinnerungskultur in Deutschland, die angesichts einer „Umstellung [...] auf die Situation eines Einwanderungslands" das „Erinnern in der Migrationsgesellschaft" als Praxisfeld der deutschen Erinnerungskultur aufrufen. Vor dem Hintergrund der Migrationsgeschichte Deutschlands im 20./21. Jahrhundert geht es Aleida Assmann zufolge in diesem Praxisfeld vor allem darum, transgenerationale Erfahrungen, die mit Einwanderung in Verbindung stehen, „stärker zu kommunizieren und in einem gemeinsamen Gedächtnis zu verankern." Nach Assmann müsse „das Verhältnis zwischen Nationalstaat und Erinnerung offener, vielfältiger und weniger genealogisch" bestimmt werden, um damit eine „Öffnung für Erinnerungspraktiken" zu erreichen, „die der zunehmenden kulturellen Diversität in diesem Land stärker Rechnung tragen." Vgl. Aleida Assmann: *Das neue Unbehagen an der Erinnerungskultur. Eine Intervention*. München 2013. S. 130.

189 Die topographische Dimension dieser Grenzziehung zeigt sich in der verfassungsrechtlichen Dreiteilung des Staates Bosnien und Herzegowina: Durch das Friedensabkommen von Dayton im November 1995 wurde der Staat in die serbische Entität „Republika Srspka" und die „Föderation Bosnien-Herzegowina", in der vorrangig Kroat:innen und Bosniak:innen leben, aufgeteilt. Vgl. Brunnbauer/Buchenau, *Geschichte Südosteuropas*, S. 411.

durch ihr äußeres Erscheinungsbild oder von der Mehrheitsgesellschaft abweichende onomastische Kriterien – „die Häkchen im Namen" (HK 60) – erfahren.[190] In der Darstellungsform eines ‚Aneinandervorbeiredens' im Gespräch zwischen dem erzählten Ich und Gavrilo während des Oskoruša-Ausflugs werden diese beiden Diskurse aufgerufen. Während der Erzählstrang der Oskoruša-Reisen schwerpunktmäßig die familiäre Zugehörigkeit zur Stanišić-Nachkommenschaft in Oskoruša verhandelt, verarbeitet insbesondere das zweite Segment des autobiographischen Romans die Erfahrungen des Autor-Erzählers nach der Migration in Deutschland, die wie die lokale Herkunftsfolkore in postjugoslawischen Ländern die kritische Haltung des erzählten Ichs gegenüber identifikatorischen Fremdzuschreibungen geprägt haben.

3.4.1.2 Lokale Herkunftsfolklore in Oskoruša

Wird Oskoruša in den Raumbeschreibungen des erzählenden Ichs im Kapitel „Oskoruša 2009" noch als hermetisch abgeriegelter, naturbelassener und von den Kriegen unberührter Raum eingeführt, eröffnet sich zum Abschluss der ‚Ahnentour' ein postjugoslawischer Herkunfts-Diskurs, der eine ethnonational ausgerichtete, identitätsstiftende Erinnerungskultur und deren Verbindung zur Mythenbildung verhandelt.[191] Das Kleinkapitel „Das Knarren der Böden in dörflichen Wohnstuben"

---

[190] Als Beispiel führt das erzählende Ich die Wohnungssuche an: „Kommt man auch bei der zwanzigsten Wohnungsbesichtigung nicht auf die Shortlist, dann wird aus Saša schon einmal Sascha." (HK 61) Einen vielschichtigen Überblick über „sehr existenzielle Aspekte marginalisierter Lebensrealitäten in Deutschland" bietet der 2019 erschienene Essayband *Eure Heimat ist unser Albtraum*. Anlässlich der Umbenennung des deutschen Innenministeriums zum „Bundesministerium des Innern, für Bau und Heimat" setzten sich 12 Autor:innen kritisch mit einem als Kollektivsingular konnotierten Heimatbegriff auseinander. Vgl. Fatma Aydemir/Hengameh Yaghoobifarah: Vorwort. In: *Eure Heimat ist unser Albtraum*. Hrsg. v. denselben. Berlin 2019. S. 9–12. Autor:innenstimmen, die aufgrund verschiedener Merkmale (z. B. Name oder Hautfarbe) nicht als Deutsch wahrgenommen werden, wurden ferner in folgendem Essayband gesammelt: Nicol Ljubić (Hrsg.): *Schluss mit der Deutschenfeindlichkeit. Geschichten aus der Heimat*. Hamburg 2012. Eine diachrone Perspektive auf Heimat als „Schlüsselwort, Reizwort und Kampfbegriff" bietet: Susanne Scharnowski: *Heimat. Geschichte eines Missverständnisses*. Darmstadt 2019.

[191] Zur Frage der unterschiedlichen ethnischen Gruppen auf dem Gebiet des ehemaligen Jugoslawiens und dem damit verbundenen „Ethnonationalismus" im Kontext des Zerfalls Jugoslawiens vgl. Holm Sundhaussen: Ethnonationalismus in Aktion: Bemerkungen zum Ende Jugoslawiens. In: *Geschichte und Gesellschaft* 20 (3), 1994. S. 402–423. Explizit zur Rolle der Mythen und Legenden: „Die Nationsbildung in Südosteuropa (und nicht nur dort) war überall mit identitätsstiftenden Mythen und Legenden verbunden, die das Fundament des neuen Gemeinschaftsbewusstseins bildeten. Und da die Nation in der Sicht der Nationalisten und der von ihnen geschaffenen Mythen ein uraltes Phänomen darstellte, hatte sie auch bereits in grauer Vorzeit nationale Rechte erworben." (S. 411) Aus historischer Perspektive ist selbstverständlich von einer kulturellen Vielfalt auf dem Ge-

setzt den Oskoruša-Rundgang fort, der vom Friedhof vorbei am Haus der Urgroßeltern und dem Dorfbrunnen auf dem Anwesen von Gavrilo endet, wo die Gruppe ein zweites Mal speist und reichlich Schnaps trinkt. Das üppige Essen und Trinken zu Ehren der Toten ist als Erinnerungsritual bereits aus dem *Soldaten* bekannt und wird in *Herkunft* in einer anderen Reihenfolge wiederaufgegriffen.[192] Beim Aufräumen des Geschirrs tritt das erzählte Ich in die Wohnstube von Marija und Gavrilo ein. Es ist das erste Mal, dass sich das erzählte Ich in Oskoruša in einem geschlossenen Innenraum befindet. Für die Attribuierung von Gavrilo und Marija als Repräsentant:innen einer ortsansässigen Wir-Gruppe, in die der Autor-Erzähler als Stanišić-Nachfahre aufgenommen werden soll, nimmt dieser private Raum eine zentrale Rolle ein. Durch die Gestaltung des Innenraums wird auf einer raumsemantischen Ebene nicht nur die ethnische Zugehörigkeit von Gavrilo und Marija ausgestellt, sondern auch deren Verehrung von serbischen Kriegsverbrechern als heroische Beschützer des Dorfes insinuiert. Ähnlich wie in Aleksandars Rückkehr nach Veletovo im *Soldaten* wird die identifikatorische Verortung im montanen Herkunftsraum durch die Nähe von Mitgliedern der ortsansässigen Wir-Gruppe zu Kriegsverbrechern problematisiert.

Das erzählte Ich nimmt eine karge Dekorierung wahr, als „einziger Schmuck" fallen ihm „zwei Holzfiguren in Heiligenscheingold" (HK 47) ins Auge, die einen Reiter mit Speer und einen Drachen darstellen. Das Gefecht der beiden Holzfiguren repräsentiert die Legende des „Drachentöters" Georg, eine Heldengestalt, die besonders in der christlich-orthodoxen Mythologie eine identifikatorische Relevanz besitzt.[193] Bereits zu Beginn des autobiographischen Romans findet sich in der Episode „An die Ausländerbehörde" der Hinweis, dass der Heilige Georg –

---

biet des ehemaligen Jugoslawiens auszugehen: „So ist Südosteuropa die einzige Region Europas (neben den Wolgagebieten Russlands), in der seit Jahrhunderten Muslime in großer Zahl leben. In Südosteuropa begegnen sich auch die katholische und die orthodoxe Christenheit; vom 15. Jahrhundert bis zum Holocaust war die Region zudem die Heimat einer lebendigen jüdisch-sephardischen Kultur. Migrationen, Konversionen, Grenzverschiebungen, aber auch Krieg hinterließen eine intensive kulturelle Durchmischung, die Südosteuropa trotz aller Homogenisierungsbestrebungen der Nationalstaaten seit dem 19. Jahrhundert bis in die jüngste Vergangenheit auszeichnet." (Brunnbauer/Buchenau, *Geschichte Südosteuropas*, S. 32).

192 Im *Soldaten* erklärt Oma Katarina ihrem Enkel Aleksandar den folkloristischen Brauch: „Zur Seelenmesse wird zweimal gegessen, [...] erst ohne den Toten, dann mit ihm, dazu gibt es Wein." (S 309).

193 Zur Drachentöter-Legende des Hl. Georg, der einen Drachen, der als „Untier" mit seinem „Gifthauch" die Stadt verpestet und die Königstochter als Opfer fordert, im Kampf besiegt und damit den König und sein Volk zum Christentum bekehrt, vgl. Hiltgart L. Keller: *Reclams Lexikon der Heiligen und der biblischen Gestalten. Legenden und Darstellung in der bildenden Kunst*. 5. durchges. und ergänz. Auflage. Stuttgart 1984. S. 248–253.

und im individuellen Gedächtnis des erzählenden Ichs besonders die „Drachenseite" der Legende – in Oskoruša „verehrt" (HK 8) werde und damit für die kollektive Dorfidentität eine gemeinschaftsstiftende Rolle spielt. Dies zeigte sich in verschiedenen kulturellen Objektivationen: „Vom Hals der Verwandten baumelten sie [die Drachen] als Anhänger, Stickereien mit Drachenmotiv waren ein beliebtes Mitbringsel, und Großvater hatten einen Onkel, der schnitzte kleine Drachen aus Wachs und verkaufte die als Kerzen auf dem Markt." (HK 8) Dass in Oskoruša außerdem auch ein „Georgitag" (HK 84) gefeiert wurde, wird durch die Kennenlerngeschichte der Großeltern deutlich.[194] Diese „Formen der objektivierten Kultur" stützten nach Jan Assmann die „Einheit und Eigenart" einer Gruppe und schaffen „Erinnerungsfiguren" eines kulturellen Gedächtnisses.[195] Durch ein unkontrolliertes Zusammenspiel der Sinne („Ich war betrunken.", HK 48) imaginiert das erzählte Ich zunächst den blutrünstigen Kampf zwischen den beiden Holzfiguren der Georgslegende, blendet die flirrenden Bilder aufgrund ihrer Suggestivkraft abrupt aus und richtet den Blick auf die restliche Innenausstattung. Abgesehen von einem erneut reichlich bestückten „wuchtige[n] Tisch" (HK 48) erblickt das erzählte Ich ein Fernsehgerät, dessen Gehäuse zum einen das für den gesamten Raum des ehemaligen Jugoslawiens traditionelle Häkeldeckchen ziert. Auf diesen sind zwei Fotos platziert, die den Raum schlagartig historisch konnotieren, indem eine konkrete politische Verortung markiert wird: „Im Regal ein kleiner Fernseher. Eine Fliege ließ sich auf dem Bildschirm nieder. Auf dem Gehäuse Häkelhandwerk und auf dem Häkelhandwerk zwei gerahmte Fotos von den Kriegsverbrechern Radovan Karadžić und, in Uniform, Ratko Mladić." (HK 48) Dass die beiden, wie ein Familienfoto eingerahmten Porträts auf dem kleinen Fernseher stehen, verdeutlicht die Rolle des Personenkults als Teil einer medialen Beeinflussung, die im Bosnienkrieg als Propagandastrategie eine maßgebliche Rolle spielte.[196] In der Nachkriegszeit erlangten sowohl Karadžić als auch Mla-

---

194 Vgl. die Episode „Großmutter und der Reigen", in der sich die Großmutter durch den vom Erzähler gesummten Reigen an die Kennenlerngeschichte in Bruchstücken erinnert und sich aufgrund ihrer raumzeitlichen Desorientierung in einer Zeit unmittelbar nach dem Georgitag in Oskoruša wähnt (HK 80–86). Zum konkreten Ablauf des Georgstags in den Ländern Südosteuropas, der zumeist am 23. oder 24. April stattfindet, in manchen Gegenden Serbiens aber auch auf den 5., 6. oder 7. Mai fallen kann, vgl. Gabriella Schubert: Der Heilige Georg und der Georgstag auf dem Balkan. In: *Zeitschrift für Balkanologie* 1985. S. 80–105.
195 Alle wörtlichen Zitate: Jan Assmann: Kollektives Gedächtnis und kulturelle Identität. In: *Kultur und Gedächtnis*. Hrsg. v. Jan Assmann. Frankfurt 1988. S. 12.
196 Vgl. Marie-Janine Calic: *Geschichte Jugoslawiens im 20. Jahrhundert*. München 2010. S. 318: „Das Jugoslawien-Tribunal gelangte zu der Auffassung, dass auch die Medien erhebliche Mitschuld an der Brutalisierung des Krieges trugen. Radio, Fernsehen und Presse konstruierten Feindbilder und Stereotype, verbreiteten Gerüchte und Unwahrheiten, schürten Ängste, Hass

dić[197] innerhalb ihrer ethnischen Eigengruppe einen Heldenstatus, der mit ihren Verdiensten in der ‚Heimatverteidigung' begründet wird.[198] Das erzählte Ich zeigt sich von dieser Entdeckung überrumpelt: „Ich musste mich setzen." (HK 48) In einer Innensicht kehrt er zurück zur mythologischen Ebene des Drachentöters, der in der inneren Bildabfolge mittlerweile den Drachen mit seinem Speer niedergerungen hat. Die räumliche Nähe zu den zeitgenössischen ‚Kriegshelden' führt in der Wahrnehmung des Erzählers zu einer Umdeutung der Legende: Während Georg in der mythologischen Überlieferung als heroischer Kämpfer die Stadt vor einer Bedrohung von außen, dem „Untier" des Drachen, beschützt und damit feindliche Mächte besiegt, wird er im Kontext der Kriegsverbrecher-Porträts selbst zur „Bestie" (HK 49). Der traditionell heroisierte Kämpfer nimmt eine furchterregende Gestalt an, die ein Blutbad anrichtet und von der folglich eine Bedrohung ausgeht. Gerade dadurch, dass der Heilige Georg in der Wahrnehmung des erzählten Ichs ein Identifikationsmerkmal der ortsansässigen Bevölkerung – die Augenfarbe Braun („dem Braun aller hier", HK 49) – aufweist, wird er als christlich-orthodoxer Held zur Identifikationsfigur einer serbischen, ethnischen Gruppe in Oskoruša und damit der Stanišić-Nachkommenschaft. In den braunen Augen des Reiters erkennt das erzählte Ich auch seine eigene Augenfarbe und lässt dadurch eine aufgrund physiognomischer Merkmale mögliche Verbindung zwischen dem Reiter und dem eigenen Selbstbild aufkommen. Die

---

und Rachegefühle, rissen moralische Barrieren nieder. Sie bedienten sich altbekannter Propagandastrategien, um den Krieg psychologisch zu begleiten, besonders durch Schwarzweißmalerei, durch die Dämonisierung des Gegners, durch Verschweigen, Übertreiben und Verfälschen von Informationen, durch Parallelisierung mit historischen Ereignissen und Mythen, durch Hasssprache und die permanente Wiederholung immer derselben Botschaft."

197 Radovan Karadžić war von 1992 bis 1996 Präsident des Teilgebiets Republika Srspka in Bosnien und Herzegowina, Ratko Mladić war während dieser Amtsperiode Oberbefehlshaber der Streitkräfte. Beide waren nach Kriegsende jahrelang untergetaucht und wurde nach ihrer jeweiligen Verhaftung (Karadžić 2008, Mladić 2011) wegen Genozid, Verbrechen gegen die Menschlichkeit und Verstößen gegen das völkerrechtliche Kriegsrecht im Rahmen des Bosnienkriegs vom Internationalen Strafgerichtshof in Den Haag zu einer lebenslänglichen Freiheitsstrafe verurteilt. Im Fall Radovan Karadžić wurde am 24. März 2016 am Internationalen Gerichtshof für das ehemalige Jugoslawien (ICYT) folgendes Urteil ausgesprochen: „The Trial Chamber found Radovan Karadžić guilty of genocide, crimes against humanity and violations of the laws or customs of war. Karadžić was sentenced to 40 years of imprisonment." Dieses Urteil wurde am 20. März 2019 auf eine lebenslängliche Strafe erhöht. (Vgl. https://www.irmct.org/en/cases/mict-13-55 – letzter Zugriff: 18.11.2020) Auch Ratko Mladić wurde am 22. November 2017 vom ICTY zu einer lebenslänglichen Strafe verurteilt: „The Trial Chamber found Ratko Mladić guilty of genocide, crimes against humanity and violations of the laws and customs of war. Mladić was sentenced to life imprisonment." (Vgl. https://www.irmct.org/en/cases/mict-13-56 – letzter Zugriff: 18.11.2020).
198 Vgl. Mijić, Das „Wir" im „Ich", S. 481.

identitätsstiftende Funktion des Helden wird jedoch durch die Mythosumkehrung zurückgewiesen, aus der sich eine Problematisierung der eigenen Zugehörigkeit zur Wir-Gruppe der Stanišić-Nachkommenschaft ableiten lässt: „Er ist die Bestie, dachte ich, er." (HK 49) Entgegen der ortsüblichen Heroisierung des Drachentöters markiert das erzählte Ich den tötenden Georg als „Bestie" und entzieht sich dadurch der mythologischen Sogwirkung, die beim Eintritt in den Innenraum dargestellt wurde.

Die identitätsstiftende Funktion von Mythen als „die zur fundierenden Geschichte verdichtete Vergangenheit" wird in Bezug auf den Herkunftsraum des Autor-Erzählers im essayistischen Kleinkapitel „Tod dem Faschismus, Freiheit dem Volke" beleuchtet. In den 1980er Jahren (nach dem Tod von Tito) schlug der „jugoslawische Einheitsplot[]" (HK 95) als orientierungsstiftendes Narrativ in monoperspektivische, ethnisch differenzierte Nationalismen um: „Die neuen Erzähler hießen Milošević, Izetbegović, Tuđman. Sie gingen auf eine lange Lesereise zu *ihrem* Volk." (HK 95) Mit Jan Assmann ließe sich diese Veränderung als Umschlag einer „fundierende[n] in [eine] kontrapräsentische Mythomotorik"[199] bezeichnen. Die neuen Narrative werden von Stanišić in Kategorien der Erzähltextanalyse seziert: So ließen sich die ethnonationalen Erzählungen in das Genre „Wutrede mit Appellcharakter" einordnen, die Erzählperspektive ist „allwissend" und in der ersten Person Plural exkludierend: „Das *Wir* wird so genutzt, dass es *Die* ausschließt, die nicht dazugehören." (HK 96) Die Mythen hätten eine erzählte Zeit von „etwa achthundert Jahren" (HK 96) und ein Opfernarrativ als *Sujet* („Ehrverletzungen, erlittene Ungerechtigkeiten, verlorene Schlachten", HK 95 f.). Sie folgten einer Argumentationslinie, die mit Mijić gesprochen „in besonders ausgeprägtem Maße über *hierarchisierende* ethnische *ingroup-outgroup*-Differenzierungen strukturiert ist"[200]:

> Behauptung eines Volkes, dessen nationale und kulturelle Integrität bedroht ist und daher verteidigt werden muss. Behauptungen wahlweise rassischer, religiöser oder moralischer Überlegenheit zur Legitimierung territorialer Begehrlichkeiten. Herkunftsfolklore als Ausweis von Individualität. Alles, was von der anderen Seite kommt, ist gelogen. (HK 96)

Während des Oskoruša-Aufenthalts des erzählten Ichs kommen einzelne Bauelemente dieser „Mythomotorik" zum Vorschein, sodass die im Kleinkapitel „Tod dem Faschismus, Freiheit dem Volke" essayistisch ausgeführten Überlegungen bereits vorher in der Begegnung mit dem Bauern namens Gavrilo performativ ein-

---

[199] Jan Assmann: *Das kulturelle Gedächtnis. Schrift, Erinnerung und politische Identität in frühen Hochkulturen.* München 1992. S. 82.
[200] Mijić, Das „Wir" im „Ich", S. 479.

gebunden wurden. Der Oskoruschaner unterrichtet den Autor-Erzähler über die Ursprungsgeschichte des Dorfes, die gleichzeitig als identitätsstiftender Mythos der Stanišić-Nachkommenschaft präsentiert wird. Es handelt sich um „Die Geschichte, wie alles begann", die als Binnenerzählung in die Rahmengeschichte einer Herkunftsreise eingebunden ist.

3.4.1.3 „Die Geschichte, wie alles begann" – Gavrilos Herkunftsreise

Nachdem sich im zweiten Teil des Kapitels, der mit dem titelgebenden Satz „Das Knarren der Böden in dörflichen Wohnstuben" eingeleitet wird, alle in der Wohnstube versammelten, lenkt Gavrilo das Gesprächsthema auf das Reisen: „Gavrilo fragte, ob ich gerne reise." (HK 49) Es ist neben der Frage nach dem ‚Woherkommen' die zweite Frage, mit der Gavrilo ein Gesprächsthema einführt und es manifestieren sich in der Kommunikationsstrategie ähnliche Muster. Das erzählte Ich zeigt sich erfreut über diese Frage, in einer Innensicht kommt die Intention zum Vorschein, mit den bereits besuchten Reisestationen vor den Zuhörenden Eindruck zu schinden: „Endlich, dachte ich, etwas, worin ich glänzen kann." (HK 49) Das Vergangenheits-Ich des Erzählers inszeniert sich hier als Weltbürger, der seiner Arbeit auf vielen Kontinenten nachgegangen ist und so einen weitreichenden Einblick in fremde kulturelle Räume erhalten hat: „Ich reihte Land an Land, erzählte von Goethe-Instituten, von Universitäten und Verlagen, erzählte den unbeschwerten Auslandsstipendiaten. Ich war in den USA gewesen, in Mexiko, Kolumbien, Indien und Australien." (HK 49) Er berichtet von längeren Auslandsaufenthalten, die eine tiefgreifendere Auseinandersetzung mit den jeweiligen Reisezielen als eine rein touristische Außenperspektive vermuten lassen. Es ist in dieser Reihung ein Interesse an internationaler Vernetzung erkennbar. Die Auslandsaufenthalte werden als „Errungenschaften" vorgestellt, die das erzählte Ich in seinem Selbstverständnis als global denkendes Individuum auszeichnen. Im Gegensatz zur vorangegangenen Antwort auf die Frage nach dem ‚Woherkommen' tauchen während dieser Aussage Zweifel auf, ob die anfängliche Intention, mit dem eigenen Weltbürgertum zu „glänzen" auch tatsächlich gelingen wird: „Mit jedem von Oskoruša weiter entfernten Ort kam mir die Aufzählung absurder vor." (HK 49) Zeigte das erzählte Ich bezüglich der Frage nach der Herkunft und den anschließenden sprachkonstruktivistischen Überlegungen noch keine kommunikative Sensibilität gegenüber seinem Adressaten, wird nun klar, dass ein aus seiner Perspektive positiv konnotiertes Weltbürgertum im Gespräch mit Gavrilo nicht auf Anerkennung trifft. Dementsprechend gleichgültig fällt dessen Reaktion aus: „Gavrilo zeigte keine Regung." (HK 49) Es erscheint plausibel, dass Gavrilo die Frage nach den Reiseinteressen als Einleitung zu seiner eigenen Reisegeschichte stellte, denn ohne weiteres Interesse an den Ausführungen des erzählten Ichs wechselt die figurale Erzählinstanz: „Gavrilo setzte an, von *seiner*

Reise zu erzählen." (HK 49) Diese Kommunikationsstrategie passt zum grundsätzlichen Zeige-Modus des Oskoruschaners, der im Rundgang durch die ‚Ahnenwelt' bereits erkennbar war. Die Beweggründe, den eigenen Lebensmittelpunkt für eine Reise zu verlassen, bilden in den Reiseschilderungen der Gesprächspartner einen Kontrast: Im Gegensatz zum regen Kulturaustausch, den der Autor-Erzähler verkörpert, steht bei Gavrilo die genealogische Spurensuche nach den eigenen Vorfahren im Mittelpunkt. In Gavrilos Herkunftsreise spiegelt sich dabei das an den Erzähler herangetragene Motiv des Oskoruša-Ausflugs: die Entdeckung der Ahnenwelt. Gavrilo erzählt von einer Herkunftsreise nach Montenegro, die ihren Ursprung in der sprachwissenschaftlichen Dialektforschung hatte. Linguisten kamen nach Oskoruša, um Interviews durchzuführen, da die dialektale Färbung in Oskoruša für die Region ungewöhnlich sei und sich sonst nur in einem entlegenen montenegrinischen Dorf wiederfinde. Wie das erzählte Ich selbst, stand auch Gavrilo der Beschäftigung mit der eigenen Herkunft, der über den Dialekt erforschbaren Ahnenwelt, ablehnend gegenüber: „Er wollte sie fortjagen, weil man dem Menschen nicht aufs Maul gucken soll, sondern darauf, was er mit dem Maul sagt." (HK 50) Dennoch bewegte die Frage nach dem historischen Ursprung der sprachlichen Form den Bauern in Oskoruša dazu, das Dorf in Montenegro persönlich in Augenschein zu nehmen. Die archaisch wirkende Reiseform zu Pferd unterstützt das bereits zu Anfang konstituierte Bild eines Naturmenschen.

Über den Aufenthalt vor Ort berichtet Gavrilo nicht, stattdessen präsentierte er eine „ledergebundene Kladde" (HK 50), in der sich ein Foto von einem alten Schriftstück auf Kirchenslawisch befindet. Dieses für das erzählte Ich nicht entzifferbare Dokument enthält eine Legende über den Ursprung von Oskoruša, die Gavrilo mit dem Titel „Die Geschichte, wie alles begann" (HK 50) vorträgt. Die Sprache und das Schreibmedium (Pergament) lassen darauf schließen, dass es sich um eine mittelalterliche Herkunftserzählung handelt.[201] Dieses Dokument gewährt als Teil des kulturellen Gedächtnisses Einblick in das Selbstbild einer Gruppe, dem Familienverband der Stanišićs.[202] Die Legende enthält die heldenhafte Flucht dreier montenegrinischer Brüder vor den Ordnungshütern des Os-

---

[201] Vgl. Herkunftserzählungen von *gens* (Abstammungsgemeinschaften) im Mittelalter: Alheydis Plassmann: *Origo gentis. Identitäts- und Legitimationsstiftung in früh- und hochmittelalterlichen Herkunftserzählungen*. Berlin 2006.
[202] Jan Assmann weist in seiner Studie *Das kulturelle Gedächtnis* darauf hin, dass Texte über den Ursprung einer Gruppe einen identitätsstiftenden Sinn beigemessen werden kann. Die Entstehung einer „kollektiven Identität" basiere nach Assmann stets „auf einem oppositionellen Prinzip" und manifestiert sich in der Abgrenzung von Anderen. Auch Gavrilos Ursprungsgeschichte folgt diesem Abgrenzungsprinzip. Birgit Neumann problematisiert diese „Homogenisierung" in Assmanns Ansatz vor dem Hintergrund einer „zunehmenden Pluralität von Kollektivgedächtnissen" in „multikulturellen Gesellschaften": Neumann, Literatur, Erinnerung, Identität, S. 163.

manischen Reichs. Auslöser für die Suche nach „einem geeigneten Ort für den Neuanfang" (HK 51) ist, wie in Herkunftserzählungen (und hier insbesondere in *Origo gentis*) üblich, eine „primordiale Tat"[203], die als Zäsur die Entstehung einer neuen Ordnung markiert:

> Drei montenegrinische Brüder begehren gegen den osmanischen Statthalter in einer Weise auf, dass sie entweder sein Pferd, seinen Schmuck oder seine Frau rauben – was es genau war, sagte Gavrilo, sei nicht ganz klar und sei auch egal. Sie fliehen aus der Stadt. Ein Kopfgeld wird ausgesetzt, kein kleines. (HK 50)

Im Darstellungsverfahren dieser Herkunftserzählung ist ein gattungsreflexives Erzählen auffällig. Durch die verschiedenen Varianten der „primordiale Tat" wird deutlich, dass diese ein zentrales Element von Herkunftserzählung darstellt, das in seinen Details beliebig ausgestaltet werden kann. Für Herkunftserzählungen ist das Kriterium der Faktentreue nicht ausschlaggebend,[204] es steht die Konstitution eines „Wir-Bewußtseins" im Mittelpunkt.[205] Es handelt sich um ein distinktiv gesteigerter Identitätsbildungsprozess, in dem sich eine Gruppe gegen die dominierende Kultur im Osmanischen Reich auflehnt, durch die Flucht „das ‚Joch der Fremdherrschaft' abschüttelt"[206] und für ihr Sippe einen eigenen Herkunftsraum, ein sicheres Refugium in den bosnischen Bergen etabliert.[207] Die Geschichte des Herkunftsraums Oskoruša erscheint hier durch das Unterdrückungsverhältnis Montenegriner-Osmanen als glorreiche Befreiung von der islamischen Fremdherrschaft und korreliert damit mit dem übergeordneten Narrativ des serbischen Volks, das Stanišić in „Tod dem Faschismus, Freiheit dem Volke" beschreibt. Die Ursprungsgeschichte Gavrilos kann mit einer in diesem Zusammenhang seit den 1980er Jahren aufkommenden ethnona-

---

203 Plassmann, *Origo gentis*, S. 361.
204 Als weiteres Element, das den Fiktionsstatus der Herkunftserzählung eindeutig markiert, ließe sich der Drachenflug anführen, durch den einer der Stanišić-Brüder aus der Vogelperspektive Oskoruša ausfindig macht. Auch hier werden die erzählerischen Mittel durch den Erzähler Gavrilo explizit thematisiert: „Ich fragte Gavrilo, was mit dem Drachen weiter war, worauf er mir gegen die Stirn klopfte und sagte, ich solle doch nicht alles wörtlich nehmen. Der sei vielleicht einfach nur der Schnellste von den dreien gewesen." (HK 51).
205 Vgl. Plassmann, *Origo gentis*, S. 23: „Für das Identitätsgefühl, das die Autoren bieten, ist es nicht von Bedeutung, ob und wie die behaupteten Ereignisse, die die gens konstituiert haben, tatsächlich stattgefunden haben. Das kann und sollte nicht von vornherein ausgeschlossen werden, ist aber für das Bild, das die Autoren absichtlich und unabsichtlich vermitteln, nicht von Bedeutung."
206 Assmann, *Das kulturelle Gedächtnis*, S. 83.
207 Plassmann führt in seiner Studie die „Wanderung" als zentrales Element von Origo-Erzählungen an: vgl. Plassmann, *Origo gentis*, S. 360.

tionalen „Herkunftsfolklore" (HK 96) in Verbindung gebracht werden.[208] Es wird angedeutet, dass Oskoruša serbischen bzw. montenegrinischen Ursprungs sei und damit die Herkunftsgeschichte des Raums an eine singuläre ethnische Gruppe rückgebunden. Während Gavrilos Erzählung ist dessen starke innere Erregung auffällig, in der sich die emotional-identifikatorische Dimension des Mythos manifestiert: „Sein Atem ging schnell, er stellte sich aufrecht hin, um sich Platz zu verschaffen." (HK 51) Seine Legende beendet er mit der Einreihung des erzählten Ichs in diese Genealogie, mit der Gavrilo letztlich die anfänglich angekündigte gemeinsame Abstammung („Wir sind verwandt.") nachweist: „Oskoruša! Hier schlugen sie ihre Wurzeln! Stanišić, Stanišić, Stanišić! Und jetzt – jetzt kommst du!" (HK 51) Gavrilo ruft eine transgenerationale Kontinuitätslinie auf, die wie das ethnopolitische Narrative der Serben „etwa achthundert Jahre" (HK 96) zurückreicht und nach dem Abstammungsprinzip auch den Erzähler miteinschließt. Gavrilos Schlusssatz wird von der Erzählinstanz als Aufforderung gedeutet, die in Oskoruša vorhandene Interdependenz zwischen Familien- und Dorfgeschichte zu bewahren und die Herkunftserzählung fortzuführen: „Um darüber zu schreiben?" (HK 51) Ähnlich wie in der Öffnung gegenüber dem Herkunftsraum Oskoruša („Jetzt also auch von hier? Oskoruša.", HK 34) wird durch diese rhetorische Frage angezeigt, dass sich der Erzähler nach der Begegnung mit Gavrilo auf eine Auseinandersetzung mit der eigenen Herkunftsgeschichte einlässt. In der Konkretion, mit welchen Themen die Herkunftserzählung fortgesetzt werden kann, manifestiert sich im Kontrast zu Gavrilo jedoch eine Zurückweisung der ethnopolitischen Vereinnahmung durch nationalistische Narrative: „Über Vorfahren und Nachkommen. Gräber und Tischdecken und Wiedergänger. Überlebende. Und jetzt ja wohl auch über Drachen." (HK 51) Indem der Erzähler die Geschichte der „Überlebende[n]" erzählen möchte, wird gegenüber monoperspektivischer „Herkunftsfolklore" eine Distanz markiert und signalisiert, dass die eigene Herkunft ausschließlich als polyethnische Familiengeschichte im Kontext des Bosnienkrieges erzählt werden kann.

---

208 Das signifikanteste Beispiel für einen kollektiven, historischen Mythos und dessen identitätsstiftende Bedeutung in Serbien und Montenegro ist die Schlacht auf dem Amselfeld (1389). Vgl. Olga Zirojević: Das Amselfeld im kollektiven Gedächtnis. In: *Serbiens Weg in den Krieg*. Hrsg. v. Thomas Bremer et al. Berlin 1998. S. 45–61. Im Abschnitt „Der Amselfelder Mythos in Montenegro" weist Zirojević darauf hin, dass ähnlich wie in der Ursprungsgeschichte Gavrilos „im Volksbewußtsein der Montenegriner" tief verankert sei, „daß sie Nachfahren jener Menschen sind, die nach der Amselfelder Schlacht durch ihre Flucht in unzugängliches Hochland der türkischen Knechtschaft entkommen waren." (S. 51) Zur Schlacht auf dem Amselfeld als „Nationalmythos der Serben" vgl. auch: Reinhard Lauer: Das Wüten der Mythen. Kritische Anmerkungen zur serbischen heroischen Dichtung. In: *Das jugoslawische Desaster*. Hrsg. v. Reinhard Lauer und Werner Lehfeldt. Wiesbaden 1995. S. 107–148.

3.4.1.4 Erinnerungsprozesse während der ‚Ahnentour'

Als zweites zentrales Thema der Oskoruša-Reisen neben der Aushandlung von Zugehörigkeit fungieren während der Aufenthalte Erinnerungsprozesse, die sich in Bezug auf den ersten Aufenthalt in verschiedenen Formen manifestieren. Einerseits werden in der ‚Ahnenwelt' individuelle Erinnerungsbilder des Erzählers verhandelt, die sich durch den Begriff *poskok* bündeln lassen (1). Andererseits erhält das erzählte Ich einen Einblick, wie produktive gemeinschaftsstiftende Erinnerungen entstehen können (2). Das bereits aus dem *Soldaten* vertraute Prinzip der gemeinschaftlichen Inventarisierung von Erinnerungsbeständen wird am *memory talk* zwischen Gavrilo und Großmutter Kristina illustriert und dient als probates Mittel, um Erinnerungen zu bewahren und emotionale Nähe innerhalb einer Erinnerungsgemeinschaft zu erzeugen.

(1) *Poskok* als Angstbild

Der erste individuelle Erinnerungsprozess des erzählten Ichs während des Ausflugs in die bosnischen Berge ist in das Kapitel „Oskoruša 2009" eingebunden: Auf dem Weg zum Friedhof stößt die Reisegruppe auf eine Schlange, die von Gavrilo warnend angekündigt wird. Die Figurenrede wechselt hier von der deutschen Sprache ins Serbokroatische[209]: „‚Poskok', zischte Gavrilo." (HK 26) Die auditive Wahrnehmung dieses Wortes wird an dieser Stelle als *cue* präsentiert: ein „aktuelle[r] Hinweisreiz […], der den Erinnerungsprozess in Gang setzt."[210] Die physische Bewegung des Zurückschreitens als Reaktion auf die drohende Gefahr verändert auch die raumzeitliche Wahrnehmung des erzählten Ichs: „[…] und es war, als schritte ich auch zurück in der Zeit, zu einem ähnlich heißen Tag in Višegrad vor vielen Jahren."

---

[209] Der Erzähler verwendet die für die Amtssprache des Zweiten Jugoslawien (1945–1991) im deutschsprachigen Raum übliche Bezeichnung „Serbokroatisch" als übergreifende Standardsprache für Bosnisch, Kroatisch, Montenegrinisch und Serbisch: „Oskoruša ist der serbokroatische Name für *Sorbus Domestica*, den Speierling." (HK 30) Zur sprachpolitischen Dimension des serbokroatischen Standards im Zweiten Jugoslawien vgl. Daniel Blum: *Sprache und Politik. Sprachpolitik und Sprachnationalismus in der Republik Indien und dem sozialistischen Jugoslawien (1945–1991)*. Südasieninstitut der Universität Heidelberg 2002. S. 136–145. Sonja Schaad stellt aus linguistischer Perspektive in Frage, ob die sprachlichen Differenzen zwischen der kroatischen und serbischen Sprache (und man könnte an dieser Stelle auch Bosnisch und Montenegrinisch ergänzen) „groß genug sind, um daraus zwei Sprachen zu machen, zumal durch diese Unterschiede die Verständigung untereinander nichtgefährdet ist." (Sonja Schaad: Kroatisch und Serbisch/Serbokroatisch/Kroatoserbisch – eine oder zwei Sprachen? In: *Sprache und Politik: Die Balkansprachen in Vergangenheit und Gegenwart*. Hrsg. v. Herlmut Schaller. München 1996. S. 134.) Sie kommt zu dem Schluss, dass „kulturhistorische Gründe" (ebd.) – wie die Begründung einer Nation durch eine eigene Sprache – eine wesentliche Rolle zur Einstufung der Sprachen spiele.

[210] Neumann, *Erinnerung*, S. 27.

(HK 26) Es handelt sich um einen plötzlichen, unkontrollierten Erinnerungsprozess, der in seiner Darstellungsform an das Hinabsteigen in Marijas Kelleratelier im *Soldaten* erinnert.[211] Beide Erinnerungsprozesse werden unfreiwillig ausgelöst und äußern sich in bruchstückartig dargestellten *Flashbacks*. Während im *Soldaten* der erzählte Raum als *trigger* markiert werden kann, ist es in *Herkunft* das Wort *poskok*, das emotional behaftete Eindrücke aus der Kindheit des Erzählers aufruft: „*eine Schlange im Hühnerstall*", „*Sonnenstrahlen, die zwischen den Brettern durch die staubige Luft schneiden*" und „*ein Stein, den Vater über den Kopf hebt, um die Schlange zu erschlagen*" (HK 26). Die Erinnerungsbilder münden in ein finales Angstbild, dass sich aus „*Gift*" und „*Vater, der töten will*" (HK 27) zusammensetzt. *Cues* und die Reaktionen der Erinnernden sind nach Neumann vor allem auch ein Zugang zur affektiven Dimension der Erinnerung: „Das Zusammenspiel von Wahrnehmungen und Erinnerungen erweist sich in beachtlichem Maße als durch momentane Emotionen und Affekte des Individuums bestimmt."[212] Die Angst wird im Falle des erzählten Ichs nicht durch das Signifikat, sondern durch den Signifikanten ausgelöst: „[...] und ich fürchtete das Wort mehr als das Reptil im Hühnerstall." (HK 26) Im Vordergrund steht nicht das bedrohliche Tier, sondern die Kommunikation über dieses bedrohliche Tier, die Angstbilder hervorruft: „Am Friedhof in Oskoruša erstarrte ich vor den Bildern, die aus dem unerhörten Wort aufgingen." (HK 26) *Poskok* als verbaler *trigger* versetzt den Erzähler in einen paralytischen Zustand, der eine Auseinandersetzung mit plötzlich auftretenden Erinnerungsbildern erschwert. Der serbokroatische Wortlaut des Tiers wird als Symbol für einen beschwerlichen Zugang zu angstbeladenen Vergangenheitsbilder während des ersten Oskoruša-Aufenthalts eingeführt. Es erscheint plausibel, dass in der *poskok*-Passage nicht nur die Erinnerungsbilder aus der Kindheit verhandelt werden, sondern ganz allgemein der angstbehaftete Zugang zur eigenen Vergangenheit – die Angst davor, vergangene Erfahrungen aus dem Herkunftsraum Višegrad zu aktivieren. Als eine Form der eigenen Auseinandersetzung wird dabei die erzählerische Annäherung an das Angstbild präsentiert. Das erzählende Ich deutet in einer dem Erinnerungsprozess nachgestellten „metamnemonischen Reflexionen"[213] des Angstbildes auf zwei Merkmale der eigenen Erzählweise, die eine narrative Distanzierung zur paralysierenden ‚Ursprungsemotion' implizieren:

> Ich, rasend vor Furcht und Neugier: Was wäre, wenn nicht Vater die Schlange, sondern die Schlange den Vater. Ich spüre die Zähne in seinem Hals, poskok.

---

211 Vgl. dazu Textteil (3) des Abschnitts „Divergierende Erinnerungsperspektiven zwischen Ortsansässigen und Rückkehrer:innen in Višegrad" in diesem Kapitel (S. 144–50).
212 Neumann, *Erinnerung*, S. 174.
213 Neumann, *Erinnerung*, S. 175.

> Vater schleudert den Stein.
> Das übersetzte Wort – Hornotter – lässt mich kalt.
> Die Hornotter auf dem Friedhof vom Oskoruša wand sich, grün und gelassen, in die Krone eines Obstbaums, um sich eine bessere Perspektive auf die Eindringlinge zu verschaffen. In den Ästen richtete sie sich in der Sonne ein, wurde sich selbst zum Nest über dem Grab meiner Urgroßeltern. (HK 27)

Neben dem Wechsel der Sprache von *poskok* zu Hornotter ist die Verortung der Schlange in der „Krone eines Obstbaums" bezeichnend. Symbolisierte *poskok* noch ein unkontrolliertes Erstarren vor den Vergangenheitsbildern, nistet sich die Hornotter „grün und gelassen" in einer Art Vogelperspektive ein, die sonnenseitig das Geschehen auf dem Friedhof beobachtet. Die sprachlich und in der Fokalisierung auch räumlich angedeutete Distanz der Erzählperspektive zum erzählten Ich stellt so eine narrative Strategie dar, die anfänglich affektive Unkontrolliertheit im Rahmen der Vergangenheitsrekonstruktion zu kanalisieren. Das entworfene Bild der auf einem Obstbaum sonnenseitig nistenden Hornotter enthält weitere Elemente, sie sich auf einer symbolischen Ebene besonders mit der etymologischen Herleitung des Dorfnamens Oskoruša verbinden. Das erzählende Ich erklärt in einer Abschweifung zu dessen Bedeutung, dass es sich um eine „weithin geschätzte Obstsorte" (HK 30) handelt, die in der deutschen Sprache unter dem Namen „Speierling" (HK 30) bekannt ist. Der Speierling sei „ein widerständiges Obst" (HK 30), das je nach Betrachtungsweise und Zugriffsseite eine visuell bzw. gustatorisch gegensätzliche Wahrnehmung hervorrufe: „Die Frucht wird bei voller Reife sonnenseits leuchtend rot, der Rest ist gelb. Die Sonnenseite schmeckt süß, die der Sonne abgewandte bitter." (HK 30) Richtet sich die Hornotter als Erinnerungscue 2009 auf der Sonnenseite des Obstbaums ein, kontrastiert dieses Bild mit der vorher dargestellten *poskok*-Angst und dem Erstarren vor den Bildern der Vergangenheit und zeigt durch die erzählerische Distanz und die Positionierung des schöpferischen Nests auf der positiv konnotierten Seite des Speierlings („bei voller Reife", „leuchtend rot", „süß") einen produktiven narrativen Zugang zur Vergangenheit an.

Poskok wird als „erinnertes Wort" (HK 37) zum Leitmotiv des Romans, das in allen Erzählsträngen, die sich mit der Erinnerungsarbeit des Protagonisten beschäftigen, auftaucht und damit die Kohäsion der zahlreichen Kleinkapitel steigert.[214] Im

---

[214] Im essayistischen Kapitel „Es ist, als hörtest du über dir einen frischen Flügelschlag" (HK 223–229) werden verschiedene Bedeutungsebenen der Schlange aufgezählt. Im Oskoruša-Erzählstrang wird sie als ausschmückendes Fiktionsmerkmal der erzählten Welt markiert („ein Collier für den Obstbaum und die Erzählung" – HK 223). Darüber hinaus wird die Schlange als „Motivkettenglied um Vater […] und dessen Begegnung mit der Otter" (HK 223) bezeichnet. Die Erinnerung an *poskok* verknüpft den ersten Oskoruša-Ausflug im Jahr 2009 mit der Rückkehr im Jahr 2018 – der Vater will sich zusammen mit seinem Sohn an seine eigene *poskok*-Geschichte

Kapitel „Lost in the strange dimly lit cave of time", das auf der linearen Ebene des Diskurses auf „Oskoruša 2009" folgt, wird das Tiersymbol in ein Erinnerungsspiel eingebettet, um die eigene Vergangenheit erzählerisch rekonstruieren zu können. Auch dieses erzählerische Merkmal einer spielerischen Aneignung der Vergangenheit findet sich bereit im *Soldaten*, in dem der Treppengang in den Keller durch ein Erinnerungsspiel, das mit den Codes *hier* und *dort* zur Aktivierung der Vergangenheit operiert, Erinnerungen vergegenwärtigt. In *Herkunft* wird das Angstbild in den spielerischen Rahmen eines *Choose your own adventure* eingebunden. Im Gegensatz zu den unfreiwilligen Erinnerungsprozessen, die das „erinnerte Wort" (HK 37) in Oskoruša auslöst, hat der Erzähler in diesem Erzählspiel die Entscheidungsmöglichkeit, sich mit dem Angstbild auseinanderzusetzen: Er bietet sich selbst entweder

erinnern. Gleichzeitig kann das Angstbild aus dem ersten Oskoruša-Aufenthalt auch mit dem ‚Deutschland-Segment' und damit der biographischen Erzählung enggeführt werden. Aufgrund des Bosnienkriegs und den in Višegrad stattfindenden Angriffen auf muslimische Bosniak:innen fliehen der Erzähler und seine Mutter nach Deutschland, der Vater bleibt zurück in Višegrad. Den Krieg nimmt der Erzähler aus einer Fernperspektive in Heidelberg wahr. In der Episode „Bruce Willis spricht Deutsch" offenbart sich wiederum aus einer Kindheitsperspektive, dieses Mal im erzählerischen Du, die Angst um den in Višegrad zurückgebliebenden Vater, die vor allem von einem Unwissen über die dortigen Zustände geprägt ist: „Neu ist, dass Vater fehlt. Vater ist noch in Višegrad. Mutter und du verbringt Stunden in der Telefonzelle mit dem Besetztzeichen. Vaters Stimme ist gelöchert von Räuspern und Pausen. Auf die wichtigste Frage hat er keine Antwort. Wann kannst du zu uns kommen? Du ritzt deinen Namen und das Datum in das Telefonzellengelb. 1.10.1992. Erst ein halbes Jahr später ist Vater da. Du sagst: ‚Wie geht's?' Er hält dich lange fest. Er sieht aus wie immer, das Haar ist bloß länger. Erzählt wenig. Dass es in Višegrad ruhig war. Zuletzt. Dass es Großmutter gut geht. Den Umständen entsprechend. Was die Umstände konkret sind, dazu schweigt er, und das macht sie nicht gerade besser. Auch von den Umständen um die Narbe in einem Oberschenkel erzählt er nichts. Du kennst dich nicht gut genug aus, als dass du sagen könntest, sie sehe aus wie ein verheiltes Einschussloch. Du fragst nicht nach." (HK 129) Das Motiv des Schweigens, das sich im vorliegenden Zitat an der Wortkargheit des Vaters zum Kriegsgeschehen in Višegrad und vor allem an der Nicht-Thematisierung der körperlichen Wunde zeigt, findet sich auch auf der Ebene der erzählten Gegenwart in den Gesprächen des Erzählers mit seiner Verwandtschaft. Auch im Rahmen dieser Treffen herrscht über die Vorkommnisse in Višegrad Stillschweigen. Mit seinen Cousinen unterhält sich der Erzähler nur „über das, was wir gerade erleben." (HK 71) Die Geschehnisse während des Krieges, die individuellen Erinnerungen an diese Zeit, werden nicht thematisiert: „Über das zu sprechen, was gewesen ist, bräuchte es Ruhe und Zuwendung und vor allem den Mut, nachzufragen. Über Višegrad sprechen wir seit Višegrad nicht mehr." (HK 71) Die „semantische Angst" (HK 37), die *poskok* symbolisiert, kann anhand dieser Textpassagen an die beschwerliche Kommunikation über traumatische Katastrophenerfahrungen rückgebunden werden. Im essayistischen Kapitel „Es ist, als hörtest du über dir einen frischen Flügelschlag" verwandelt sich *poskok* schließlich in den Dichter Josip Karlo Benedikt von Ajhendorf, was auf einer poetologischen Ebene die literarische Auseinandersetzung mit der „semantischen Angst" als Teil des literarischen Programms von Herkunft markiert.

„de[n] absteigende[n] Gang in die Vergangenheit" oder „de[n] aufsteigende[n] in die Zukunft" an.[215] *Poskok* fungiert weiterhin als *cue* zur erzählerischen Rekonstruktion der Vergangenheit, in der der Erzähler letztlich durch eine Analepse („schon bin ich dreißig Jahre jünger", HK 37) einen Sommer in Višegrad im Jahr 1988 imaginiert.

Das Kindheits-Ich wird in der nachfolgenden Episode „Ein Fest!" wie schon in der erzählten Erinnerungswelt des *Soldaten* intern fokalisiert. Es erzählt vom „letzten Tanz meiner Eltern vor dem Krieg" (HK 42). Ähnlich wie bei der Erstellung einer Reizwortgeschichte werden die Bruchstücke des Angstbildes in diesem Kapitel in ein zusammenhängendes Kleinkapitel überführt. Der Fokus der Geschichte liegt auf der Figur des Vaters, der insbesondere durch die körperlichen Ertüchtigungen und den mutigen ‚Kampf' mit der Schlange heroisch attribuiert wird. Abgesehen von der kurzen Auseinandersetzung mit der Schlange stehen in diesem Kapitel die politischen Entwicklungen Ende der 1980er Jahre im Vordergrund, über die sich der Held der Geschichte erzürnt. Der Erzähler nimmt aus der kindlichen Vergangenheitsperspektive in den Gesprächen (des Vaters oder im Radio) Dissonanzen wahr, die sich auch in der Zeitungslektüre des Vaters zeigen. Dessen Wut wird in Wortfetzen mit dem SANU-Memorandum in Verbindung gebracht, einer Denkschrift, die 1986 von Mitgliedern der Serbischen Akademie der Wissenschaft und Künste verfasst wurde. Brunnbauer und Buchenau weisen in ihrer *Geschichte Südosteuropas* darauf hin, dass diese Institution „weiteren Schwung in die nationale Mobilisierung brachte"[216]. Das Memorandum analysierte einerseits „relativ sachlich Jugoslawiens Probleme" und verfiel andererseits „hemmungslos in nationales Selbstmitleid und Schuldzuweisungen an andere Nationen."[217] Marie-Janine Calic merkt an, dass das Dokument „sämtliche Reizthemen" enthielte, die einen neuen serbischen Nationalismus bedienten: „Die stets im Kollektivsingular (,das serbische Volk') vorgebrachten Opfer- und Verschwörungstheorien zeugten vom vorsätzlichen Verlust jeglicher Empathiefähigkeit. Sie waren implizit antidemokratisch und explizit antijugoslawisch."[218] Durch den Nonkonformismus des Vaters wird der national aufgeladenen Mythomotorik,

---

215 Zum Genre der *Choose-your-own-adventure*-Erzählspiele vgl. das Unterkapitel 3.4, in dem ich Saša Stanišićs CYOA „Der Drachenhort" mit einem gattungspoetologischen Ansatz analysiere. Einen genrespezifischen Überblick bieten: Felicitas Meifert-Menhard: *Playing the Text, Performing the Future: Future Narratives in Print and Digiture*. Berlin/Boston 2013. Vgl. besonders das Kapitel 4.3.4 zu „Choose-Your-Own-Adventure-Stories", S. 117–124; Marie-Laure Ryan: Interactive Narrative. In: *The Johns Hopkins guide to digital media*. Hrsg. v. Marie-Laure Ryan et al. Baltimore 2013. S. 292–298; Ralph Müller: Narrativität vs. Interaktivität. Zur Gattungsdifferenzierung von Hyperfiction und Computergames. In: *DIEGESIS. Interdisziplinäres E-Journal für Erzählforschung/Interdisciplinary E-Journal for Narrative Research* 3.1 (2014). S. 24–39.
216 Brunnbauer/Buchenau, *Geschichte Südosteuropas*, S. 394.
217 Brunnbauer/Buchenau, *Geschichte Südosteuropas*, S. 394.
218 Calic, *Geschichte Jugoslawiens im 20. Jahrhundert*, S. 276.

die kontrapräsentisch agiert, eine individuelle Kraft entgegengestellt. Der Zeitungsartikel, der den Vater empört, offenbart in der kindlich-naiven Lektüre des Erzählers die Schlüsselbegriffe des SANU-Memorandums:

> Irgendwelche Leute von irgendeiner Akademie in Serbien hatten irgendwas geschrieben. Ich verstand nicht alles. Ich verstand zum Beispiel *Memorandum* nicht. Ich verstand *große Krise*, aber nicht, was die Krise war. Ich kannte das Wort *Genozid* aus der Schule, hier ging es aber nicht um Jasenovac, sondern um Kosovo. *Protest* und *Kundgebungen* verstand ich so halb, und auch unter *Versammlungsverbot* konnte ich mir etwas vorstellen. Bloß warum das Verkünden und Versammeln verboten wurde, und ob Vater das gut oder schlecht fand, verstand ich nicht. Ich verstand *Tumulte*." (HK 40)

Die „*große Krise*" (HK 40) kann an die im Memorandum dargelegte „Krise der jugoslawischen Gesellschaft", die vor allem „als Krise Serbiens interpretiert wird"[219], rückgebunden werden. Mit dem ausgerufenen „*Genozid*" (HK 40) am serbischen Volk bezieht sich das Memorandum auf den Bevölkerungsrückgang der Serb:innen in Kosovo, der durch den Begriff „Genozid" nach Brunnbauer und Buchenau bereits Anfang der 1980er Jahre von kirchlichen Vertretern „gänzlich unangemessen"[220] eingeordnet wurde und vor allem zu einer nationalen „Selbstviktimisierung" beitrug, durch die sich „eigene Aggressionen als Selbstverteidigung"[221] deuten ließen. Die Idee einer Benachteiligung der Serb:innen wurde in großen „*Kundgebungen*" (HK 40) verbreitet. Die SANU unterstützte die nationale Machtpolitik Slobodan Miloševićs, der ab Herbst 1988 „durch gezielte Kampagnen die Führungen Montenegros und der Autonomen Republik Kosovo und Vojvodina" zu Fall brachte und dadurch die Machtverhältnisse in Jugoslawien zugunsten einer „Re-Zentralisierung Serbiens"[222] veränderte. Die Reaktion des Vaters auf die nationalistische Propaganda der SANU kann durch das Selbstverständnis als Jugoslawe erklärt werden. In der Episode „Spiel, Ich und Krieg, 1991" wird deutlich, dass sich Vater, Mutter und das erzählende Ich wie schon die Kernfamilie von Aleksandar Krsmanović im *Soldaten* dem Vielvölkerstaat Jugoslawien zugehörig fühlten:

---

219 Olivera Milosavljević: Der Mißbrauch der Autorität der Wissenschaft. In: *Serbiens Wege in die Krise*. Hrsg. v. Thomas Bremer et al. Berlin 1998. S. 168.
220 Brunnbauer/Buchenau, *Geschichte Südosteuropas*, S. 394.
221 Brunnbauer/Buchenau, *Geschichte Südosteuropas*, S. 395. Außerdem Calic, *Geschichte Jugoslawiens im 20. Jahrhundert*, S. 275: „In dramatischer Tonlage beschwor es [das Memorandum] altbekannte nationalistische Bedrohungsszenarien und ihr zentrales Paradigma, die Selbststilisierung der Serben als Opfernation."
222 Brunnbauer/Buchenau, *Geschichte Südosteuropas*, S. 396.

> Das Land, in dem ich geboren wurde, gibt es heute nicht mehr. Solange es das Land noch gab, begriff ich mich als Jugoslawe. Wie meine Eltern, die aus einer serbischen (Vater) und einer bosniakisch-muslimischen Familie stammten (Mutter). (HK 13)

Die Wut des Vaters auf den die jugoslawische Idee zerstörenden Nationalismus wird vom Vergangenheits-Ich des Erzählers auf dem Fest gespiegelt, wodurch die Zugehörigkeit von Vater und Sohn zur Wir-Gruppe der Jugoslawen zusätzlich markiert wird. Ein Hund findet in der Episode ein Stück Stoff, das die Farben der jugoslawischen Flagge (blau – weiß – rot) ziert. Der Stofffetzen liegt als unbrauchbar weggeworfener Gegenstand im Gebüsch. Die Reaktion auf die Verunglimpfung Jugoslawiens, die der Vater angesichts des Zeitungsartikels äußert, wird vom Sohn beim Fund des Fahnenrestes in kindlicher Naivität nachgeahmt: „Nicht zu glauben!" (HK 40) In dem für den Umschlag der Mythomotorik zentralen Kapitel – „Tod dem Faschismus, Freiheit dem Volke" – greift der Erzähler den durch das *Memorandum* aus der Kindheitsperspektive wahrgenommenen „Kitt der multiethnischen Idee" auf und konkretisiert die politischen Entwicklungen nach dem Tod Titos im Jahr 1980: „Tito als wichtigste Erzählstimme des jugoslawischen Einheitsplots war nicht zu ersetzen. Die neuen Stimmen volkstümelten verlogen und verroht. Ihre Manifeste lesen sich wie Anleitungen zum Völkerhass." (HK 95) Es findet sich in dieser Episode auch eine direkte Verbindung zur Zeitungslektüre des Vaters: „Sie wurden von Intellektuellen unterstützt, medial verbreitet und so oft wiederholt, bis man ihnen, Mitte der Achtziger, nirgends mehr entkam. Von ihnen hatte Vater gelesen, bevor er mit Mutter und mit der Schlange tanzte." (HK 95) Das Angstbild wird in der erzählten Erinnerungswelt des Protagonisten mit einer nationalistischen Bedrohung der jugoslawischen Familienidentität in Verbindung gebracht. Der Vater wird als starker, widerspenstiger Held inszeniert, der es vermag, einer Gefahr (Gift spritzende Schlange) entschlossen entgegenzutreten. Die Reizwörter des Angstbildes sind in eine Kindheitsgeschichte eingebunden, die neben dem Ärger des Vaters über die politischen Entwicklungen einen glücklichen Moment der Eltern vor Ausbruch des Kriegs zeigt („der letzte Tanz", HK 42). Der paralytische Zustand, den das „erinnerte Wort" in Oskoruša auslöst, wird folglich durch eine narrative Kontextualisierung überwunden. Eingebettet in einen spielerischen Rahmen, in dem sich der Erzähler freiwillig für die Vergangenheitsrekonstruktion entscheidet, und einen positiv konnotierten narrativen Kontext (das Fest, auf dem die Eltern eng umschlungen tanzen; der Vater als starker Held, der die Schlange besiegt) vermag es der Erzähler, wie schon im Treppenspiel des *Soldaten*, die angstbeladenen Kriegserinnerungen im erzählerischen Prozess zu kontrollieren.

(2) Gemeinschaftsstiftende Erinnerungsprozesse

Neben einem individuellen, unkontrollierten Erinnerungsprozess, der eine „semantische Angst" (HK 37) ausstellt, ist während des Oskoruša-Aufenthalts noch ein weiterer mnemonischer Modus implementiert, der sich im Figurendialog manifestiert. Für kommunikative Erinnerungsprozesse, deren Ziel eine „gemeinsame Vergangenheitsauslegung"[223] darstellt, verwendet Neumann den Begriff *memory talk*. Sie bedient sich für den theoretischen Rahmen ihrer erinnerungskulturellen Narratologie sozialpsychologischer Ansätze, die die grundlegenden Überlegungen des Soziologen Maurice Halbwachs, dass das Erinnern vor allem auch von einem sozialen Bezugsrahmen abhängig ist,[224] weiterentwickeln. Neumann bringt eine der zentralen Ergebnisse von Halbwachs, die die Gedächtnisforschung nachhaltig prägte, folgendermaßen auf den Punkt:

> Erinnerungen sind danach nicht mehr nur im Inneren des Individuums verortet, sondern haben als Resultat der Interaktion des Einzelnen mit seinem Umfeld ihren Sitz auch in der Gemeinschaft. Personen erinnern sich an bedeutsame Erfahrungen ihres Lebens, indem sich mit Freunden, Familienangehörigen oder Fremden in einen Dialog treten.[225]

Aus sozialpsychologischer Perspektive wiederum lasse sich dieser Gedanke mit der These weiterentwickeln, dass individuelle Erinnerungen im *memory talk* so „justiert" werden, „dass sie sich möglichst reibungslos an die Elaborationen anderer Gesprächsteilnehmer anbinden lassen."[226] Bedeutender als eine tatsächliche, faktische Rekonstruktion der Ereignisse, sei die Frage, „wie stimmig diese sich an die Erinnerungen der Dialogpartner anschließen lassen bzw. in welchem Maße sie mit gegenwärtigen Sinnbedürfnissen der einzelnen Gesprächsteilnehmer kompatibel sind."[227] Im Figurendialog eines *memory talk* lassen sich nach Neumann folglich „gemeinschaftsstiftenden oder aber -zerstörenden Mechanismen der kollektiven Gedächtnisbildung"[228] beobachten. Inwiefern die gemeinsame, kommunikative Erinnerungsarbeit sich als produktiv herausstellen kann, lässt sich im *memory talk* zwischen Großmutter und Gavrilo im Rahmen des ersten Oskoruša-Aufenthalts 2009 erkennen. In der Episode „Das Knarren der Böden in dörflichen Wohnstuben" rückt das erzählte Ich als Wahrnehmungsinstanz in den Hintergrund, der Fokus wechselt auf ein Gespräch zwischen der Großmutter und Gavrilo, die in Sätzen, die

---

223 Neumann, *Erinnerung*, S. 175.
224 Vgl. Maurice Halbwachs: *Das Gedächtnis und seine sozialen Bedingungen*. Aus dem Französischen von Lutz Geldsetzer. Frankfurt a. M. 1985.
225 Neumann, *Literatur*, S. 160.
226 Neumann, *Erinnerung*, S. 57.
227 Neumann, *Erinnerung*, S. 57.
228 Neumann, *Erinnerung*, S. 176.

mit „*Weißt du noch?*" (HK 43) beginnen, im identitätsstiftenden Prozess des gemeinsamen Sich-Erinnerns dargestellt werden. Großmutter Kristina wird von Gavrilo das Stichwort gegeben, um die Geschichte *ihres* ersten Aufenthalts in Oskoruša zu erzählen:

> „Weißt du noch, wie du das erste Mal bei uns warst? Das Kleid, das Haar, alles braun, was für rote Wangen aber!" Großmutter nickte, natürlich wusste sie, und ihr Nicken galt nicht der Erinnerung, sondern war Kenntnisnahme: Sie war mit der Vergangenheit hier nicht allein. (HK 43)

Während des ersten Aufenthalts des Erzählers im Herkunftsraum Oskoruša erzählt die Großmutter in einer Binnenerzählung ihre ersten Erfahrungen in Oskoruša. Auch sie wird an diesem Tag mit ihrer Herkunft konfrontiert. Während des Kennenlernens fordert ihr künftiger Schwiegervater, Kristina zum Erzählen auf: „Wessen bist du?" (HK 44) Urgroßvater Bogosav konkretisiert seine Frage nach der Abstammung noch weiter: „Was hast du von den Deinen gelernt?" (HK 44) Während Gavrilo in seinen Suggestivfragen Herkunft lokal und genealogisch verortet, zielen die Fragen des Urgroßvaters vielmehr auf weitergegebene Fähigkeiten. Großmutter gibt in dieser Binnenerzählung ihre „Polentapointe" (HK 44) zum Besten. Aus der Perspektive des erzählten Ichs wird deutlich, dass Gavrilo diese Geschichte bereits kannte und nur als Stichwortgeber fungiert. Im Beisein von Gavrilo aktiviert Kristina ihre Erinnerungen an Oskoruša und den Schwiegervater Bogosav. Eine Innensicht des Erzählers ruft die Frage der Adressierung dieser Geschichte auf. Er rätselt über die Absicht, die hinter der Reproduktion einer offensichtlich vertrauten Anekdote steckt: „Wenn Gavrilo das alles bereits kannte, wem erzählte sie es dann? Mir? Dem Schwiegervater selbst? Lobet die Toten, lügt sie aber nicht an?" (HK 44) An Gavrilos Reaktion ist ersichtlich, dass die Polenta-Geschichte nicht nur für die Großmutter eine Verbindung zu Oskoruša als ein Erinnerungsort der eigenen Lebensgeschichte schafft, sie hat auch eine gemeinschaftsstiftende Wirkung und sorgt für eine emotionale Annäherung der beiden: „Gavrilo lächelte längst. Wohl, weil er wusste, dass die Polenta zum Schluss noch einmal erwähnt werden würde." (HK 44) Der Erzähler ist stiller Beobachter dieses Gesprächs, er verfolgt die gemeinsame Vergangenheitsrekonstruktion als Außenstehender und lernt „den Ritus des gemeinschaftlichen und gleichen Erinnerns" (HK 46) kennen. Durch die unerfahren wirkende Innensicht auf den Erzähler entsteht der Eindruck, dass dieser während der ersten Oskoruša-Reise 2009 mit den Gepflogenheiten der gemeinschaftlichen Erinnerungsarbeit überhaupt erst in Berührung kommt. Diese als naiv inszenierte Haltung verstärkt einerseits den Erkenntnismoment des Aufenthalts, der den Erzähler zur Auseinandersetzung mit der eigenen Herkunft führt, die gemeinschaftliche Erinnerungsarbeit impliziert. Andererseits wird durch die mangelnde Erfahrung in Bezug auf *memory talks* gezeigt, dass Praktiken der Erinnerungsarbeit nach der Kriegserfahrung eine Herausforderung darstellen,[229] da nach der Flucht über die Vergangenheit im Herkunftsraum insbesondere innerhalb der Familie wenig gesprochen wurde.[230]

Auf dem Weg in Gavrilos Stube liegt der Fokus weiterhin auf dem Gespräch zwischen Gavrilo und der Großmutter, die nach den Geschichten aus der Vergangenheit auch eine Bestandsaufnahme der Gegenwart vornehmen. Die kurze Verständigung über Gavrilos Familienangehörige ist stellenweise derart kryptisch, dass der Status des erzählten Ichs als Außenstehender verstärkt wird: „Was auch immer das hieß, die Antwort ließ beide zu Boden sehen." (HK 45) Das erzählte Ich hat keine aktive Funktion in dieser Bestandsaufnahme, eine Partizipation an dieser „organisierten Struktur gemeinsamer Vergangenheitsreferenzen"[231] ist nicht möglich. Das erzählende Ich nimmt die Rolle des Chronisten ein, der den *memory talk* dokumentiert. Die „Inventur" wird nach den Familienangehörigen Gavrilos mit aneinandergereihten Dorfanekdote fortgeführt. Das Geschichtenerzählen bringt die Verbundenheit zwischen den beiden Figuren und Oskoruša als identitätsstiftenden Erinnerungsort zum Vorschein und zeigt gleichzeitig die emotionale Nähe, die sich durch das Erzählen zwischen Gavrilo und der Großmutter aufbaut: „Die alte Frau und der alte Mann waren verbunden durch frühere Begegnungen in diesen Bergen und durch Blicke, die sie immer dann einander schenkten, wenn der andere nicht hinguckte: verschämte Sympathie." (HK 46) Es finden sich in der vorliegenden Episode allerdings auch Hinweise auf die von Birgit Neumann aus sozialpsychologischer Perspektive ins Feld geführten Anpassungen, die die Gesprächsteilnehmenden eines *memory talk* vornehmen, sodass sich Vergangenheitsrekonstruktionen „an die Erinnerungen der Dialogpartner anschließen lassen bzw. [...] mit gegenwärtigen Sinnbedürfnissen der einzelnen Gesprächsteilnehmer kompatibel sind"[232]. Am Ende der Bestandsaufnahme „durchbricht" die Großmutter „den Ritus des gemeinschaftlichen und gleichen Erinnerns" (HK 46), indem sie darauf hinweist, dass sie mit Gavrilo und der Dorfgemeinschaft – der ortsansässigen Wir-Gruppe – nicht immer aufrichtig umge-

---

229 Die Versprachlichung von Kriegserfahrungen ist eines der zentralen Themen während der Rückkehr von Aleksandar Krsmanović nach Višegrad im *Soldaten*. Vgl. exemplarisch das Gespräch zwischen Aleksandar und Marija im Kelleratelier, an dem deutlich wird, welche emotionalen Hürden ein Gespräch über gemeinsame Katastrophenerfahrungen bereitstellt (S 285).
230 Im Kapitel „Fragmente" wird das Schweigen über die Vergangenheit am Beispiel der Kommunikation des Erzählers mit seinen Cousinen, die ebenso aus Višegrad geflüchtet sind, thematisiert: „Wenn wir heute einander besuchen, unternehmen wir etwas, das Aufmerksamkeit verlangt. Sprechen über das, was wir gerade erleben. Über das zu sprechen, was gewesen ist, bräuchte es Ruhe und Zuwendung und vor allem den Mut, nachzufragen. Über Višegrad sprechen wir seit Višegrad nicht mehr." (HK 71).
231 Neumann, *Erinnerung*, S. 176.
232 Neumann, *Erinnerung*, S. 57.

gangen ist: „Ich war nicht immer ehrlich. Ich wollte meinen Pero. Hab euch hier und da ein bisschen was vorgemacht." (HK 46) Waren die vorigen Gespräche noch von Harmonisierungsstrategien und einer festen Struktur geprägt („Bisher war alles gewesen, als hätten die beiden ihren Dialog geübt.", HK 46), offenbart sich im ‚Improvisieren' der Großmutter eine Distanz zur Erinnerungsgemeinschaft des Dorfes, deren Funktion für sie vordergründig mit den Erinnerungen an ihren verstorbenen Ehemann Pero verbunden ist. Es wird deutlich, dass Kristina ihre individuellen Erinnerungen so arrangiert, dass sie sich an den Gesprächspartner anbinden lassen, um sich letztlich als Teil der dörflichen Erinnerungsgemeinschaft Zugang zu Peros Herkunftsraum zu verschaffen.

Neben der vom erzählten Ich beobachteten Identitäts-/Erinnerungsarbeit zeigt sich in der Binnenerzählung der Großmutter und der anschließenden Bestandsaufnahme besonders deutlich der Kontrast zu ihrer gegenwärtigen Demenzerkrankung. Dass der retrospektive Blick auch Teil der Erinnerungsarbeit des erzählenden Ichs ist, wird durch einen Wechsel von der Ebene der Erzählten auf die auf die Ebene des Erzählens angezeigt. Aus der Perspektive der erzählten Gegenwart wird die pathologische Figurenentwicklung deutlich: „Heute erinnert sich Großmutter mal an Gavrilo, mal sagt der Name ihr nichts." (HK 46) Die Geschichte des Oskoruša-Ausflugs im Jahr 2009 führt das erzählende Ich zurück in eine Zeit, in der die Erinnerungsprozesse der Großmutter noch strukturiert waren, während die raumzeitliche Desorientierung der Demenzerkrankung die Identitätsversicherung durch kontinuitätsstiftende Erinnerungen unkontrollierbar macht. Die eigene Rolle eines teilnehmenden Beobachters der Erinnerungsrituale in Oskoruša greift der Erzähler noch einmal im Epilog des autobiographischen Romans auf:

> Die beiden wollten sich einander mitteilen. Aus eigenem Antrieb und eigener Lust an der Lust von Verwandtschaft und Zugehörigkeit. Auch Stolz war darin auf alles Geschaffene und Geerbte, egal, ob es vor ihren Augen verging. Nichts davon war meins und sollte es auch nicht werden. Ich war bloß zufälliger Zeuge ihrer gemeinsamen Inventur, einmal irgendwo nicht zu spät gewesen in Familienangelegenheiten. (HK 286)

Die Rekonstruktion dieser „gemeinsamen Inventur" kann als weitere Bedeutungsebenen des Oskoruša-Aufenthalts gelten. In der 2009 unternommenen Reise wird das erzählte Ich einerseits mit der eigenen Herkunft konfrontiert: Durch den Rundgang und die Suggestivfragen Gavrilos wird der Begriff Herkunft im Sinne einer Auseinandersetzung mit der *eigenen* Herkunft neu perspektiviert und Reflexionsprozesse, die zunächst in das fiktionale erzählerische Werk einfließen,[233]

---

[233] Vgl. dazu die Reflexion des eigenen literarischen Programms im Kapitel „Die Häkchen im Namen": „In den meisten meiner Texte nach Oskoruša beschäftige ich mich in irgendeiner Form explizit mit Menschen und Orten damit, was es für diese Menschen heißt, an diesem bestimmten

ausgelöst. Gleichzeitig werden während des Aufenthalts Erinnerungen hervorgerufen, die das erzählte Ich raumzeitlich in den eigenen Herkunftsraum Višegrad unmittelbar vor Kriegsausbruch versetzen und damit die emotionale Last angedeutet, die mit der Rekonstruktion von Kriegserinnerungen im Familiengedächtnis verbunden ist und das erzählende Ich in weiteren Episoden beschäftigt. Für das erzählende Ich ist der Ausflug nach Oskoruša aber auch mit der Erinnerung an die eigene Großmutter verbunden, die 2009 ihr letztes gesundes Jahr vor der Demenzerkrankung hatte und in Oskoruša das erzählte Ich zusammen mit Gavrilo dazu anstößt, die eigene Herkunft erzählerisch zu bewahren. Zu Beginn des Kapitels „Oskoruša 2009" weist der Erzähler darauf hin, dass Großmutter Kristina den Herkunftsraum ihres verstorbenen Ehemannes Pero sich selbst in einem etablierten Erinnerungsritual erneut und ihrem Enkel erstmalig „vor Augen [führte]" (HK 19). Nach der Untersuchung einzelner Stationen und den Verhaltensweisen der teilnehmenden Figuren während des Aufenthalts ist evident, dass der Aufenthalt in Oskoruša seine Bedeutung nicht in nur in der persönlichen Inaugenscheinnahme dieses Erinnerungsorts entfaltet, sondern die Verhaltensweisen der Figuren, das Abschreiten von Erinnerungsorten und der Austausch von Geschichten dem erzählten Ich vor Augen führen, *wie* Erinnerungsarbeit praktiziert wird. In der zweiten Oskoruša-Reise im Jahr 2018 übernimmt der Erzähler die Rolle der Großmutter und initiiert selbst einen Ausflug in die ‚Ahnenwelt', dem sich seine Eltern anschließen.

3.4.2 Die Rückkehr nach Oskoruša im Jahr 2018

Der zweite Ausflug nach Oskoruša befindet sich im dritten Segment des autobiographischen Romans, das in der Episode „Geschichtenkitt" (HK 212) eingeleitet wird. Der Erzähler wechselt die Zeitposition von den Erinnerungen an die Jugendzeit in Heidelberg Emmertsgrund zur erzählten Gegenwart im Jahr 2018. Der räumliche Fokus verlagert sich wieder nach Višegrad bzw. Oskoruša, der Erzähler kehrt im dritten Segmente nach neun Jahren wieder in die ‚Ahnenwelt' zurück. Im Gegensatz zum spontanen, von Großmutter Kristina initiierten Ausflug im Jahr 2009, wird die Fahrt in die bosnischen Berge 2018 vom Erzähler selbst geplant. Er unternimmt die Reise nicht alleine, sondern in Begleitung seiner Eltern, die mitt-

---

Ort geboren zu sein. Auch, wie das ist: dort nicht mehr leben zu dürfen oder zu wollen. Was ist einem, qua Abstammung oder Hervorbringung, gegeben und vergönnt? Und genauso: Was bleibt einem qua Abstammung vorenthalten? Ich schrieb darüber, über Brandenburg, über Bosnien, die geographische Verortung war gar nicht so entscheidend, Identitätsstress schert sich nicht um Breitengrade." (HK 63).

lerweile als US-amerikanische Rentner:innen in Split leben. Die Rückkehr nach Oskoruša kündigt die Erzählfigur in der familiären WhatsApp-Chatgruppe an, was die Kernfamilie, bestehend aus Vater, Mutter und Sohn als Wir-Gruppe markiert, die gemeinsam eine Reise in den Herkunftsraum unternimmt. Die Kommunikation in der Chatgruppe verläuft zwischen Vater und Sohn, Oskoruša ist als Ahnenwelt der Stanišić-Nachfahren an die väterliche Seite der Kernfamilie gebunden. Diese transgenerationale Kontinuitätslinie wird in diesem Kapitel, das mit „Vater und die Schlange" betitelt ist, durch den Hinweis auf generationenübergreifende, körperliche Dispositionen aufgerufen: „Vater hat erhöhten Blutdruck. Wie Großvater. Wie ich haben werde." (HK 220) Im Mittelpunkt steht das Verhältnis von Vater und Sohn zum Herkunftsraum der Stanišićs in den bosnischen Bergen. Die Mutter des Erzählers kommt in der Chatgruppe nicht selbst zu Wort, ihr Mitkommen wird indirekt durch den Vater bestätigt.[234] Was auf den ersten Blick als gewöhnlicher Familienausflug erscheint, ist im Hinblick auf die individuellen Kriegserfahrungen der Familienmitglieder und die Veränderungen innerhalb des Herkunftsraums von einer „multiperspektivischen Erzählung Jugoslawiens" (HK 95), die diverse ethnische Zugehörigkeiten anerkennt, zu einer von Nationalismen bestimmten „Herkunftsfolklore" (HK 96), die ethnische Fremdgruppen herabwürdigt, mit Ausgrenzungsmechanismen verbunden, die durch die räumliche Inaugenscheinnahme und die Begegnung mit Ortsansässigen ausgelöst werden. Insbesondere die Auswirkungen einer veränderten Mythomotorik auf die Aktivierung familiärer Gedächtnisbestände soll in diesem Unterkapitel fokussiert werden.

In der Chatgruppe stehen vor der Reise Erinnerungen aus dem Familiengedächtnis im Mittelpunkt, die nicht direkt mit Erfahrungen während des Bosnienkriegs zusammenhängen. Der Erzähler berichtet von seiner *poskok*-Begegnung im Jahr 2009 und weist seinen Vater auf die heldenhafte Tat im Hühnerhaus hin, in dem der Vater die Schlange erschlug. *Poskok* als Leitmotiv des Romans und Hinweisreiz für Erinnerungsprozesse verknüpft die beiden Oskoruša-Ausflüge und verhandelt die Konstruktivität von Gedächtnisbeständen anhand des Phänomens der „falschen Erinnerungen"[235]. Der Vater des Erzählers markiert den Kampf mit der

---

234 In *Herkunft* werden zwei Verläufe aus der Familienchatgruppe dargestellt, die darauf schließen lassen, dass die Kommunikation zwischen dem Sohn und seinen Eltern jeweils mit einem Elternteil erfolgt, das die Sprecherposition für beide übernimmt. Im ersten Chatverlauf („Vater und die Schlange") kommuniziert der Vater mit dem Erzähler, im zweiten („Wir sind nie zuhaus" – HK 236 f.) übernimmt die Mutter die Position der Sprecherin.
235 Zum Begriff der „falschen Erinnerungen" vgl. grundlegend Sina Kühnel/Hans J. Markowitsch: *Falsche Erinnerungen. Die Sünden des Gedächtnisses*. Heidelberg 2013. In meinen Überlegungen beziehe ich mich auf die Begriffsverwendung in Birgit Neumanns Studie *Erinnerung – Identität – Narration*, in der sie auf die Thesen von Hans Markowitsch zurückgreift.

Schlange im Hühnerstall als Fiktion – er selbst fürchte sich vor Schlangen und hätte eher die Flucht ergriffen, als die Schlange zu töten. Das Angstbild des Erzählers, das dieser nach dem Aufenthalt 2009 zu einer kohärenten Geschichte zusammenfügte, wird damit in Bezug auf den Wahrheitsgehalt der Erinnerung widerlegt. Birgit Neumann thematisiert in ihrer Studie, dass sich der „präsentische Prozess der aktiven Vergangenheitsdeutung" bis hin zu „falschen Erinnerungen" steigern könne: „Damit werden Ereignisse ‚erinnert', die in dieser Informationskonfiguration faktisch nicht stattgefunden haben, die angesichts gegenwärtiger Sinnbedürfnisse jedoch so plausibel erscheinen, dass sie fälschlicherweise für die ursprüngliche Erfahrung gehalten werden."[236] Als mögliche Ursache deutet Neumann auf affektive Verfälschungen im Prozess des Erinnerns hin: „Hohe emotionale Involviertheit in das vergangene Geschehen ebnet in der Regel beträchtlichen mnemonischen Verzerrungen den Weg, die sich bei homodiegetischen Erzählern bis hin zur narrativen Unzuverlässigkeit steigern können."[237] Um der spezifischen Ausprägung dieser „falschen Erinnerung" in Stanišićs Roman nachzugehen, ist eine Differenzierung zwischen der Darstellungsform des Angstbildes und inhaltlichen emotionalen Bezugspunkten der affektiven Verfälschung sinnvoll. Im Kapitel „Vater und die Schlange" wird deutlich, dass es sich in Bezug auf die Darstellungsform um eine generationenübergreifende *poskok*-Erzählung handelt, die der Erzähler mit seinen eigenen, aus der Katastrophenerfahrung des Krieges hervorgehenden Ängsten emotional auflädt.

Das Wort *poskok* aktiviert während der Kommunikation im virtuellen Raum der Chatgruppe in den Gedächtnisbeständen des Vaters eine eigene Schlangengeschichte, die er in einem Telefongespräch seinem Sohn erzählt. Die enthusiastisch aufgeregte Erzählweise des Vaters („Ich war ein Lawinengott, Saša!", HK 219) offenbart Parallelen zum Erzählvergnügen des Sohnes und dessen „Befeuern der Welt durch das Addieren von Geschichten" (HK 36). Die Erinnerungen des Vaters reichen zurück in die Anfänge seiner Jugendzeit („dreizehn oder vierzehn", HK 219) und liefern auch ein Angstbild mit Schlangenmotiv, dass sich allerdings nicht in Višegrad, sondern in Oskoruša an den unter dem Gipfel des Vijarac liegenden Feuerfelsen abspielt. Das erinnerte Ich des Vaters entdeckt im Spiel mit den roten Steinen ein Schlangennest: „Ein Hornotternest! All diese Köpfe! All diese Augen! Ängstlich und wütend, die Körper wüst ineinander verknotet." (HK 219) Vor den Schlangen flüchtend, angekommen am Haus der Großeltern, ruft der Vater in seiner Erzählung zur Großmutter „Poskok!", den Hinweisreiz der Oskoruša-Reise im Jahr 2009. Auch die Warnung der Großmutter – „Springt dir an den Hals, spritzt dir Gift ins Auge" (HL 219) – deckt sich wortwörtlich mit den Erinnerungen, die 2009 „aus dem unerhörten

---

[236] Alle direkten Zitate: Neumann, *Erinnerungen*, S. 27.
[237] Ebd., S. 174.

Wort aufgingen." (HK 27) Es handelt sich folglich in der Darstellungsform um ein tradiertes Angstbild des Vaters, das der Erzähler mit eigenen Bestandteilen befüllt. Über die Darstellungsform des Angstbildes deutet der Text damit auf die generationale Weitergabe von Grenzerfahrungen, die sich im Hinblick auf *poskok* denotativ ‚lediglich' auf Begegnungen mit Schlangen beziehen. Im Kontext der Fluchtgeschichte des Erzählers kann dessen individuell ausgeprägtes Angstbild im Hinblick auf eine affektive Verfälschung vor allem an die familiären Kriegserfahrungen rückgebunden werden. Die Angst „*mit dem Vater*" (HK 27) lässt sich mit der räumlichen Trennung der Familie nach der Flucht engführen: Während Mutter und Sohn in Heidelberg unterkommen konnten, blieb der Vater noch ein halbes Jahr in Višegrad und kehrt mit einer Narbe zurück, über die innerhalb der Familie geschwiegen wird. Die Kriegserfahrung des Vaters beschäftigt den Erzähler als Leerstelle bis in die Gegenwart: „Die Wunde im Oberschenkel, warum?" (HK 224) In Verbindung mit der generationalen Weitergabe von Angstbildern deutet der Text darauf hin, dass auch die Katastrophenerfahrungen der Eltern durch deren bestimmte, veränderte Verhaltensweisen, das Geschichtenerzählen oder vor allem das Schweigen Auswirkungen auf die folgende(n) Generation(en) haben, was Marianne Hirsch unter dem Begriff *Postmemory* bündelt.[238] Das Leitmotiv *poskok* verhandelt folglich nicht nur eine vererbte Ophidiophobie, sondern auf einer symbolischen Ebene die generationenübergreifende Weitergabe von Angstbildern, die sich im Familiengedächtnis festgesetzt haben und im intergenerationalen Austausch zwischen Vater und Sohn an Katastrophenerfahrungen während des Bosnienkrieges rückgebunden werden können.

In der Kommunikation zwischen Vater und Sohn fungiert Oskoruša als Erinnerungsort des Familiengedächtnisses, die Fahrt in die bosnischen Berge wird als Bestandsaufnahme dargestellt: Sowohl der Erzähler als auch sein Vater kehren zum Schauplatz ihrer *poskok*-Geschichte zurück. Im Zentrum der Reise steht neben dem *poskok*-Angstbild aber auch der Besuch der Großmutter, deren gesundheitlicher Zustand sich stetig verschlechtert. Der Erzähler fürchtet zu Beginn der Reise, am 24. April 2018, dass es „[s]eine letzte Reise zu ihr [der Großmutter] sein könnte."

---

[238] Vgl. Marianne Hirsch, *The Generation of Postmemory*, S. 5: „‚Postmemory' describes the relationship that the ‚generation after' bears to personal, collective, and cultural trauma of those who came before – to experience they ‚remember' only by means of the stories, images, and behaviors among which they grew up. But this experiences were transmitted to them so deeply and affectively as to seem to constitute memories in their own right. Postmemory's connection to the past is thus actually mediated not by recall but by imaginative investment, projection, and creation. To grow up with overwhelming inherited memories, to be dominated by narratives that preceed one's birth or one's conciousness, is to risk having one life stories displaced, even evacuated, by our ancestors. It is to be shaped, however indirectly, by traumatic fragments of events that still defy narrative reconstruction and exceed comprehension. These events happened in the past, but their effects continue into the present. This is, I believe, the structure of postmemory and the process of its generation."

(HK 250) Einerseits ist die Fahrt in die bosnischen Bergen durch eine mit Vater und Mutter gemeinsam unternommene Inaugenscheinnahme des transgenerationalen Erinnerungsorts der Stanišićs motiviert, andererseits ist Oskoruša für den Erzähler durch den Ausflug neun Jahre zuvor auch ein Erinnerungsort, den er speziell mit seiner Großmutter verbindet, die ihm die ‚Ahnenwelt' vor Augen geführt hat. Sie wird in der Episode „Always be a nobody" in ihrem pathologischen Zustand kontrastiv zum letzten Ausflug nach Oskoruša dargestellt. Im Gegensatz zu den „klaren Gedanken" und der „Entschiedenheit gegenüber dem, was sie ungerecht fand" (HK 257), an die sich der Erzähler erinnert, führt sie gegenwärtig unkontrollierte Handlungen aus, die sie im Nachhinein von sich weist: „Der Fernseher ist kaputt, sie hat die Kabel durchtrennt, sagt aber, das sei jemand anderes gewesen, nicht sie." (HK 255) 2018 ist es umgekehrt der Erzähler, der seiner Großmutter einen Ausflug nach Oskoruša vorschlägt: „‚Wir wollen nach Oskoruša', sage ich. ‚Kommst du mit?'" (255) In ihrer raumzeitlichen Desorientierung äußert sie, dass ihr verstorbener Mann bereits auf dem Weg ist, den Berg Vijarac zu besteigen und dem Erzähler scheint, als warte sie schon seit Tagen vergeblich auf ein Lebenszeichen des „Verschollenen dort im Gebirge" (HK 256). Die Suche nach dem verstorbenen Pero wird im Lesespiel „Der Drachenhort" wieder aufgegriffen, der zweite Ausflug nach Oskoruša findet am 27. April 2018 ohne Großmutter Kristina statt.

3.4.2.1 Identitätsprüfungen und Erinnerungsprozesse auf dem Weg nach Oskoruša

Auf der Fahrt vom Flughafen in Sarajevo nach Oskoruša (mit einem Zwischenstopp in Višegrad) durchläuft die familiäre Reisegruppe mehrere Identitätsprüfungen, die als Motiv bereits im *Soldaten* verwendet wurden[239] und ganz grundlegend den Raum als geschlossen attribuieren. Die erste Konfrontation mit der von Mijić hervorgehobenen „hierarchisierenden *ingroup-outgroup*-Differenzierung" zwischen ethnischer Eigengruppe und anderen Fremdgruppen nach dem Krieg, erfolgt während der Fahrt durch das Romanija-Gebirge nach Višegrad. Die Eltern des Erzählers wohnen mittlerweile in der dalmatinischen Stadt Split und haben deshalb ein kroatisches Autokennzeichen, das als ein Erkennungsmerkmal der ethnischen Zugehörigkeit gilt und damit auf dem Gebiet der Entität *Republika Srpska* diskriminierende Verhaltensweise erwarten lässt: „Das kroatische Wappen am Kennzeichen seines Wagens [des Vaters, M.H.] garantiert, dass wir auf serbischem Territorium angehalten werden, falls sie da lauern, und auch, dass sie am

---

[239] Vgl. z. B. den Textteil (1) des Abschnitts „Divergierende Erinnerungsperspektiven zwischen Ortsansässigen und Rückkehrer:innen in Višegrad" in diesem Kapitel (S. 134–136).

Wagen etwas beanstanden werden." (HK 251) Tatsächlich wird die familiäre Reisegruppe auf der Strecke nach Višegrad von einem Polizisten am Weiterfahren gehindert, der ihnen unrechtmäßig eine Geschwindigkeitsüberschreitung vorwirft. Im Gespräch offenbart sich durch sprachliche Besonderheiten (z. B. „die Vokabel *Sandwich*", HK 251), dass sich die Insass:innen des Autos trotz Autokennzeichen nicht der vermuteten ethnischen Gruppe zuordnen lassen: „Wo kommt ihr her? Ich kann doch hören, ihr seid gar keine Kroaten" (HK 251). Neben dem Autokennzeichen sind es die sprachlichen Äußerungen, die als sozialer Code auf die Herkunft der Sprecher:innen schließen lassen.[240] In den in *Herkunft* verhandelten Identitätsprüfungen stellen jeweils gemeinsame Codes Nähe her, sodass den Reisenden durch die prüfenden Ortsansässigen Zugehörigkeit zugeschrieben wird und sie dadurch als Teil einer Wir-Gruppe wahrgenommen werden. In der Begegnung mit dem Polizisten Mitrović auf der Romanija ist es die Stadt Višegrad, die als gemeinsamer Herkunftsraum die Verhaltensweise des Sicherheitsbeamten schlagartig ändert: „Aus Višegrad? Wollt ihr mich verarschen? Warum sagt ihr das nicht gleich?" (HK 252) Neben der lokalen Dimension von Herkunft ist für den Polizisten vor allem die zeitliche, genealogische Bedeutungsebene für die Identifikation der ethnischen Gruppe essentiell: „Von welcher Rebe seid ihr Traube?" (HK 252) Als zentrales Codewort, das Zugehörigkeit schafft, fungiert der Nachname Stanišić, der genau wie Mitrović auf eine serbische Ethnizität hindeutet, die den Raum seit dem Bosnienkrieg dominiert. Es ist an der Begegnung mit dem Polizisten zu erkennen, wie Kennzeichen der Herkunft als „Unterscheidungsmerkmal" (HK 62) funktionieren, um sich mit der ethnischen Eigengruppe gemeinschaftlich zu verbinden oder Fremdgruppen umgekehrt in ihrem Wesen herabzuwürdigen. Aus einer Makroperspektive hat sich im Herkunftsraum des Erzählers die kontrapräsentische Mythomotorik, die zu einer Destabilisierung der polyethnischen Erzählung Jugoslawiens führte, zu einer fundierenden Mythomotorik entwickelt, die aus Nationalismen besteht und sich offensiv gegenüber anderen ethnischen Gruppen abgrenzt. In einer für das literarische Programm des Romans als charakteristisch markierten Abschweifung hält der Erzähler dieser fundierenden Mythomotorik wiederum eine eigene kontrapräsentische entgegen, die sich im Raumgedächtnis der Region manifestiert. Während der Polizeibeamte sich genauer nach der Stammlinie der Familie erkundet, schweift der Erzähler zur „legendären Romanija" (HK 252) ab und bedenkt auf diesem nunmehr „serbischen Territorium" einzelne Stationen der Geschichte dieses Raums, die eine nationale Erinnerungskultur unterlaufen. In einer anaphorischen Und-Folge

---

[240] Vgl. zum Thema „Sprachen als ‚Schibboleth' der Nation" die Dissertation von Katja Kobolt: *Frauen schreiben Geschichte(n). Krieg, Geschlecht und Erinnern im ehemaligen Jugoslawien*. Klagenfurt 2009. S. 26.

werden multiethnische Erinnerungsmomente in einer Interdependenz zwischen Familiengedächtnis und kulturellem Raumgedächtnis aneinandergereiht, die über die einzelnen ethnischen Gruppen hinaus gemeinschaftsstiftend wirken können. Der Erzähler erinnert an ein gescheitertes EU-Bauprojekt, das wie ein Symbol für einen mangelnden wirtschaftlichen Aufschwung und die Dysfunktionalität des aktuellen politischen Systems in Bosnien und Herzegowina wirkt.[241] Die olympischen Winterspiele in Sarajevo 1984 sind als eine der bedeutendsten internationalen Veranstaltungen fest im kulturellen Gedächtnis Jugoslawiens verankert.[242] Der Kriegseinsatz des Großvaters 1944 und allgemein der Befreiungskampf der Partisanen während des Zweiten Weltkriegs kann als Teil des Gründungsmythos des Zweiten Jugoslawiens angesehen werden.[243] Als zeitlich nicht festgesetzter historischer Bezugspunkt wird das Romanija-Gebirge als Lebensraum von Bären dargestellt. Zum Schluss werden die *Stecci* erwähnt, die als Grabsteine aus dem Mittelalter Teil der öffentlichen Gedenkkultur sind. Sie weisen auf eine ewige Zeit hin, proklamieren ein liminales Zeitverständnis: „Brüder, ich war wie ihr und ihr werdet sein wie ich". (HK 252) Die Grabsteine sind transnationale Gedenkstätte, die sich nicht nur „überall auf dem Romanija" (HK 252), sondern auch in anderen Teilen Bosnien-Herzegowinas und in Serbien, Montenegro und Kroatien finden. Sie wurden 2016 von der *UNESCO* zum Weltkulturerbe erklärt, das durch seine interkulturelle Dimension „ein Symbol der

---

[241] Brunnbauer/Buchenau weisen in ihrer *Geschichte Südosteuropas* darauf hin, dass die durch das Friedensabkommen vorgenommene Teilung Bosniens, die in der Verfassung verankert wurde, „allgemein als Ursache für die Dysfunktionalität des Staates gilt" (Brunnbauer/Buchenau, *Geschichte Südosteuropas*, S. 411).
[242] Auch der Erzähler erinnerte sich bereits zuvor in der Episode „Oskoruša 2009" an dieses Ereignis: „Die gefüllte Paprika rochen nach einem schneereichen Tag im Winter 1984. In Sarajevo fand gerade die Olympiade statt, und ich tat auf meinem Schlitten so, als sei ich Wintersportler wie unsere slowenischen Helden, die in ihren herausragend enganliegenden, quatschbunten Anzügen die Berge hinabrasten." (HK 20).
[243] Vgl. Holm Sundhaussen: Konstruktion, Dekonstruktion und Neukonstruktion von „Erinnerungen" und Mythen. In: *Mythen der Nationen. 1945 – Arena der Erinnerungen*. Hrsg. v. Monika Flacke. S. 373–426. Sundhaussen verweist in seinem Artikel auf die grundlegende „Bindekraft" des Zweiten Weltkriegs: „Die Lehren, die die Kommunisten aus dem Zweiten Weltkrieg zogen, lauteten: Nur gemeinsam können die jugoslawischen Völker der Bedrohung von außen – dem deutschen ‚Drang nach Osten', dem italienischen Vormachtstreben im Adria-Raum, dem bulgarischen und ungarischen Revisionismus – oder sonstigen Gefahren begegnen. Nur in ‚Brüderlichkeit und Einheit' sind sie in der Lage, ihr Selbstbestimmungsrecht zu realisieren. Eine Aufteilung des jugoslawischen Staates – wie sie seit dessen Gründung am 1. Dezember 1918 immer wieder diskutiert wurde – müsse angesichts der komplizierten nationalen Gemenlagen unweigerlich zum ‚Bruderkrieg' führen." (S. 375).

Zusammenarbeit und Friedenssicherung in der Region"[244] darstellt. Die Abschweifung liefert damit eine transnationale Erinnerungsperspektive in der als „Hochburg serbischer Nationalisten" (HK 259) geltenden Region. Auch das Gespräch der Familie mit dem Polizisten mündet in eine Überwindung ethnischer Unterscheidungsmerkmale. Auf die Frage des Polizisten, ob der Trappistenkäse des Sandwiches aus Kroatien stamme, entgegnet die Mutter: „Das ist ein Käse aus der Milch von der Kuh." (HK 253), was zur allgemeinen Erheiterung beiträgt. Nichtsdestotrotz bleibt durch die Namensnennung des Polizisten („Mitrović", HK 253) die beklemmende Frage unbeantwortet, inwiefern seine Familie in die grausamen Verbrechen, die während des Bosnienkrieges an muslimischen Bosniak:innen im gemeinsamen Herkunftsraums Višegrad verübt wurden, involviert war.

Auf dem Weg von Višegrad nach Oskoruša wird insbesondere die Rückkehr der Mutter in ihren Herkunftsraum fokussiert. Während der Vater mit schwarzem Humor („Hier sollten wir eigentlich nicht unbewaffnet durch", HK 259) das Nummernschild als Erkennungszeichen einer vermeintlich kroatischen Herkunft herunterspielt, sieht die Mutter bedrohliche Szenarien voraus: „Mutter ist nicht nach Scherzen zumute." (HK 259) Auf der Fahrt durch ein von serbischen Nationalist:innen dominiertes Gebiet ist vor allem ihre ethnische Zugehörigkeit (muslimische Bosniakin) eine Angriffsfläche für Diskriminierungen. Unterwegs stößt die Familie in einem Waldstück auf eine Gruppe Geflüchteter, die sofort das Weite suchen, sobald sie merken, dass das Auto auf Bitten des erzählten Ichs anhält. In dieser Personengruppe erblickte das erzählte Ich „eine ernste junge Frau mit blassen Sorgen" (HK 259), die ein Hinweisreiz darstellt, der Erinnerungen an die eigene Fluchtgeschichte im Jahr 1992 hervorruft. Die Mutter des Erzählers zündet sich eine Zigarette an und der Erzähler leitet, ohne einen Übergang zu markieren, zu einer Binnenerzählung über, die die vorher unter der Gruppe der Geflüchteten wahrgenommene Personenkonstellation Frau und Kind aufgreift. Die beiden Protagonisten dieser Binnenerzählung sind bis zum Schluss namentlich anonymisiert, sie werden nur als „eine Frau und ihr Junge" (HK 259) bezeichnet. Der einzige Hinweis, dass es sich um die Fluchtgeschichte des Erzählers handeln könnte, ist der rot-weiße Schal, den der Junge trägt. Er verweist auf die am Anfang des autobiographischen Romans erzählte Episode „Spiel, Ich und Krieg, 1991", in der erwähnt wurde, dass der Erzähler den rot-weißen Schal des Fußballclubs Roter Stern Belgrad als einen der wichtigsten Gegenstände mit auf die von seinem Vater angekündigte „lange[] Reise"

---

[244] Vgl. https://www.unesco.de/kultur-und-natur/welterbe/welterbe-weltweit/friedhoefe-steccimittelalterliche-grabsteine (Letzter Abruf: 27.11.2020). Weiterführende Informationen zur Geschichte der *Stecci*: Gorčin Dizdar: Invisibility and Presence in the stećak Stones of Medieval Bosnia: Sacred Meanings of Tombstone Carvings. In: *Zeichentragende Artefakte im sakralen Raum. Zwischen Präsenz und UnSichtbarkeit*. Hrsg. v. Wilfried E. Keil et al. Berlin 2018. S. 139–166.

(HK 15) nahm. Ohne lokale und zeitliche Einordnung der Handlung bleibt zunächst unklar, wessen Geschichte hier erzählt wird. Die listenartigen Ellipsen und der parataktische Stil verdeutlichen die sorgenvolle Lage der Geflüchteten und die drohende Gefahr einer Verhaftung: „Zum Busbahnhof. Fünf Parkbuchten. Keine Polizei. Der Warteraum: Asche auf ranzigen Fliesen. Wieder raus. Am Kiosk: ‚Nehmt ihr D-Mark?' Kekse, Chips, Wasser, Taschentücher. Das Gepäck immer nah. Die Bank: das Bett. So kalt ist es nicht." (HK 260) Auch die Frage nach der Bezahlung in „D-Mark" verortet die Geschichte nicht unbedingt an der bosnisch-serbischen Grenze, sofern den Lesenden nicht bekannt ist, dass die D-Mark in einigen Regionen des ehemaligen Jugoslawiens als eine Art Parallelwährung galt.[245] Erst im Laufe des Dialogs mit dem Busfahrer offenbart sich die Herkunft der Geflüchteten: „‚Wir kommen aus Bosnien', sagte die Frau." (HK 260) Die vom Busfahrer erbetene Fluchthilfe lehnt dieser zunächst mit dem Hinweis auf seinen Feierabend und sein auffälliges Fahrzeug ab, fragt aber dennoch, woher die beiden kämen. Der Herkunftsraum Višegrad fungiert auch hier, ähnlich wie in der erzählten Gegenwart auf dem Romanija, als verbindendes Element, durch das eine Beziehung zwischen Fluchthelfer und Geflüchteten hergestellt wird. Dieses Mal ist es der jugoslawische Nobelpreisträger Ivo Andrić, der zwischenmenschliches Vertrauen herstellt. Das kindliche Vergangenheits-Ich des Erzählers erwähnt vorlaut die Zerstörung der Statue des Autors am Schauplatz seines historischen Romans *Die Brücke über die Drina*: „Der Junge rief: ‚Die haben dem mit einem Riesenhammer den Kopf von seiner Statue weggefickt.'" (HK 261) Der Busfahrer zeigt sich amüsiert über die große Klappe des Jungen und sichert schließlich der Frau und dem Jungen zu, sie über die Grenze zu fahren. Gerade die nationenübergreifende Anschlussfähigkeit Andrićs machte ihn zu einem Symbol des jugoslawischen Vielvölkerstaates. Dies zeigt sich vor allem in den postjugoslawischen Vereinnahmungsmechanismen der einzelnen Nationen.[246] Das kontroverse Ringen um das kulturelle Erbe Ivo Andrićs hat Doris Akrap in ihrem Artikel „Streit um jugoslawischen Autor: Alle wollen Ivo"[247] aus dem Jahr 2011 anschaulich

---

245 Vgl. Wolf Oschlies: Ein Stück Unabhängigkeit von Belgrad. Die Rolle der D-Mark auf dem Balkan. Ein Beitrag für den Deutschlandfunk vom 17.01.2000. Abgerufen auf: https://www.deutschlandfunk.de/ein-stueck-unabhaengigkeit-von-belgrad.724.de.html?dram:article_id=97146 (letzter Zugriff: 30.11.2020) In Bosnien wurde 1996 die an der Deutschen Mark orientierte Konvertible Mark als offizielle Währung eingeführt, die immer noch im Einsatz ist (2020).
246 Weitere Beispiele für die nationale Vereinnahmung jugoslawischer Identifikationsfiguren erwähnt der Erzähler in der Episode „Tod dem Faschismus, Freiheit dem Volke" in der „*Botschaft*" der neuen nationalen Erzähler Milošević, Izetbegović und Tuđman: „Auf zu neuen Heldentaten! Die Geschichte kann korrigiert werden! Unser Blut ist stark! Nikola Tesla ist Serbe. Dražen Petrović ist Kroate." (HK 96).
247 Doris Akrap: Streit um jugoslawischen Autor: Alle wollen Ivo. In: *taz*, 31.10.2011. Abrufbar auf: https://taz.de/Streit-um-jugoslawischen-Autor/!5108659/ (letzter Zugriff: 30.11.2020).

beschrieben. Akrap thematisiert in ihrem Artikel eine seit 2007 auch gerichtlich ausgetragene Auseinandersetzung zwischen den Herausgeber:innen der Anthologie *Kroatische Literatur aus Bosnien und Herzegowina in 100 Büchern* und Andrićs Nachlassverwaltern in Belgrad. Letztere hatten Anzeige erstattet, da Andrić in besagter Anthologie mit vier Werken als kroatischer Autor aufgenommen wurde. Akrap stellt Andrić – wie auch Expert:innen südslawischer Literaturgeschichte – als „Brückenbauer"[248] zwischen den einzelnen ethnischen Gruppen dar und schlussfolgert: „Aber ist es nicht paradox, von allen Seiten einen Autor für eigene Zwecke zu beanspruchen. Der durch seinen Roman versucht, eine Brücke zwischen den Nationen zu bauen?"[249] Neben der Vereinnahmung von kroatischer und serbischer Seite wird durch ein Interview mit dem bosnisch-kroatischen Kulturhistoriker Ivan Lovrenovic darauf verwiesen, dass Andrić zudem von politischen Strömungen in Bosnien als „antimuslimischer Dämon"[250] wahrgenommen werde, was mit dem in seiner Dissertation *Die Entwicklung des geistigen Lebens in Bosnien unter der Einwirkung der türkischen Herrschaft* vermittelten, negativen Bild der osmanischen Herrschaft in Bosnien in Verbindung gebracht werden kann.[251] Im Zuge des Bosnienkriegs 1992 wurde die Andrić-Büste von muslimischen Extremisten zerstört, was wiederum das erzählte Ich im Gespräch mit dem Busfahrer aufgreift. In der Fluchtgeschichte fungiert der Name Ivo Andrić gerade durch seine Anschlussfähigkeit als serbischer *und* jugoslawischer Schriftsteller gewissermaßen als Rettung, um doch noch über die Grenze zu gelangen. Der letzte Satz der Binnenerzählung gibt dann die Identität der Figuren Preis und ordnet die Geschichte zeitlich ein: „Es ist der 17. August 1992. Mutter stieg in den Bus, ich folgte." (HK 261) Die erzählte Zeit der Binnengeschichte ist eine Zigarettenlänge: Die Geschichte beginnt, als die

---

248 Akrap, Alle wollen Ivo.
249 Akrap, Alle wollen Ivo.
250 Akrap, Alle wollen Ivo.
251 Der Grazer Slawist Wolfgang Eismann argumentiert dagegen für eine Trennung zwischen dem Doktoranden Andrić und seinem schriftstellerischen Werk, in dem der Literat „Vertreter unterschiedlicher Werthaltungen und Einstellungen in ihren Konflikten und Widersprüchen ohne eindeutige Erklärungen oder Lösungen" miteinfließen lässt (Vgl. Wolfgang Eismann: Andrićs Dissertation im Kontext österreichischer Bosnienbilder. In: *Ivo Andrić: Graz – Österreich – Europa*. Hrsg. v. Branko Tošović. Graz 2009. S. 59–75, hier: S. 71) Michael Mertens folgt in seiner Andrić-Biographie *Im Brand der Welten* der Position Eismanns, die kulturhistorische Dimension der literarischen Werk nicht auf seine schnell und nur zum Erhalt des Diplomatenstatus verfasste „Blitz-Dissertation" zu reduzieren und weist auf die Offenheit seines Erzählwerks hin: „Wer in seinem Werk nach Erzählungen vom unbezwingbaren Hass zwischen den Religionen sucht, wird fündig werden. Wer darin nach einer alles durchdringenden humanistischen Haltung sucht, die Menschen nicht in Rassen und Konfessionen einteilt, ebenfalls." (Michael Mertens: *Im Brand der Welten. Ivo Andrićs europäisches Leben*. Wien 2019. S. 152).

Mutter sich eine Zigarette anzündet und endet, indem sie die Zigarette löscht und zurück in den Wagen einsteigt. Der Wechsel der Erzählperspektive zu einem heterodiegetischen Erzähler, der den Jungen intern fokalisiert, erzeugt eine erzählerische Distanz, die zur Versprachlichung emotional besetzter Erfahrungen dient. Gleichzeitig öffnet diese Erzählperspektive in Kombination mit der fehlenden zeitlichen und räumlichen Einordnung die individuelle Fluchtgeschichte zu einer Exemplarität, die sich durch den textlichen Kontext auch aktuellen, im gleichen Gebiet stattfindenden Fluchtsituationen annähert. Die Parallelisierung der eigenen Fluchtgeschichte mit der gegenwärtigen Situation der Geflüchteten, die sich auf ihrem Weg über die sogenannte Balkan-Route in Bosnien befinden, wird durch den Erzähler im weiteren Verlauf der Autofahrt nochmals reflektiert, wobei der entscheidende Unterschied zwischen der aktuell bedrohlichen Situation der Geflüchteten und der Bewegungsfreiheit des rückblickenden Erzählers verdeutlicht wird: „Ihre Routen über den Balkan führen sie durch Orte, aus denen wir geflohen sind. Ich öffne das Fenster. Ich bin freiwillig hier." (HK 262) Eingeschränkt wird diese Bewegungsfreiheit mit einer Außensicht auf die Mutter, die ebenfalls das Fenster des Autos öffnet und dort ein Graffiti in kyrillischer Sprache erblickt: „Für König und Vaterland. Das Heilige gebt nicht den Hunden. Unser Blut, unser Land." (HK 262) Das noch vor dem jugoslawischen Krieg als multiethnischer Teil eines Vielvölkerstaat geltende Gebiet wird durch die militanten Parolen im öffentlichen Raum in seiner Entwicklung zur „Hochburg serbischer Nationalisten" bestätigt und stellt damit eine Bedrohung für die bosniakisch-muslimische Mutter dar, die in diesem ‚Schlachtruf' als Feindbild markiert ist: „Wer *unsere* sagt, sagt: *eure* nicht. Mutter ist nicht gemeint und gleichzeitig doch." (HK 262)

Im Gegensatz zum Ausflug 2009, für den die Großmutter eigens einen ‚Chauffeur' organisierte, um nach Oskoruša zu gelangen, wirkt die Reisegruppe 2018 angesichts der nicht vertrauenswürdigen Informationen des Navigationssystems über die dortigen Wegstrecken wie verloren. Die Abgeschiedenheit der Dörfer wirft die Familie zurück auf prädigitale Methoden. Sie sind auf die Hilfe der Ortsansässigen angewiesen. Das grundsätzliche Misstrauen, das dem kroatischen Kennzeichen an der bosnisch-serbischen Grenze entgegengebracht wird, zeigt sich bei jeder Begegnung mit den Einheimischen. Der Code, um eine vertrauenswürdige Verbindung zu ihnen aufzubauen, ist der Nachname Stanišić, dessen lokale Wurzeln sofort identifiziert werden. Eine Frau, die sie nach an den Grenzort Uvac mitnehmen, kennt „einige Stanišićs" (HK 262) und wie von ihr angedeutet ist der Reifenhändler auch ein Stanišić – auf dem rechten Unterarm hat sich dieser „ein[en] dreiköpfige[n] Drache[n]" (HK 263) tätowiert, der an Gavrilos Stanišić-Legende erinnert. Er lotst sie hinauf nach Oskoruša.

3.4.2.2 „Was suchen wir hier überhaupt?" – Scheiternde Erinnerungsarbeit

Wurde Oskoruša im Jahr 2009 noch als märchenhafte Ahnenwelt inszeniert, die dem Erzähler durch den überschwänglichen Naturmenschen Gavrilo präsentiert wird, ist nun die vor neun Jahren bereits erkennbar gewordene Auflösung des Dorfes weiter vorangeschritten. Das erste, was die Familie von Oskoruša zu Gesicht bekommt, ist der triste Anblick eines „Häuschen[s]", das „am höchsten Punkt kauert" (HK 265). Während Gavrilo „wie ein Ziegenbock" (HK 25) die Wiese heruntersprang, um seine Gäste mit Freude zu empfangen, werden die Neuankömmlinge nicht erwartet und begegnen einem skeptischen alten Mann, der gleich beim ersten Kontakt als zerstreuter Einsiedler eingeführt wird. Die Besucher:innen werden von ihm zunächst als Eindringlinge wahrgenommen: „Er ruft: ‚Wer irrt denn da durch meinen Wald?'" (HK 265) Die Mutter ahnt bereits, dass die drei einer Identitätsprüfung unterzogen werden und bittet Vater und Sohn, sie mit einem anderen Vornamen anzureden: „Mutter sagt leise: ‚Nennt mich Marija.'" (HK 265) Um nicht in ihrer Zugehörigkeit zu einer anderen ethnischen Gruppe aufzufallen, wählt sie einen serbischen Standard-Vornamen, wie auch Gavrilos Frau ihn hat.[252] Der Erzähler nimmt im äußeren Erscheinungsbild des Einsiedlers wiederum die gleichen physiognomische Merkmale wahr, die 2009 schon eine Verbindung zwischen ihm und den Ortsansässigen markierte: „Seine Augen: dunkles Braun. Wie meine, denke ich sofort, weil ich das nicht denken will." (HK 265) Die innerfamiliäre Ambivalenz der Zugehörigkeit zum Herkunftsraum der Vorfahren wird folglich direkt beim Eintritt aufgerufen: Für die Mutter kann dieser Raum nicht identitätsstiftend sein. Ihr ist es nicht möglich, an einer intendierten Erinnerungsarbeit zu partizipieren, da sie ihre eigene Identität ablegen muss, um sich unbeschwerter in Oskoruša zu bewegen. In der Innensicht des Erzählers lässt sich wiederum erkennen, dass er durch körperliche Merkmale eine Zugehörigkeit wahrnimmt, von der er sich allerdings – wie 2009 bereits – sofort distanziert. Wie bereits vermutet, führt der „Herr des Waldes" (HK 265) eine Art Zugangskontrolle durch: „Welche Stanišić-Rebe denn?" (HK 265) Durch den Verweis auf den Urgroßvater Bogosav und den 2009 zusammen mit der Großmutter unternommenen Besuch werden die Eindringlinge zu Verwandten, denen sich der Einsiedler als Sretoje Stanišić vorstellt. Nachdem Sretoje sich die vertrauten Verwandtschaftsbeziehung der väterlichen Seite ins Gedächtnis gerufen hat, richtet er sich auch an die Mutter, um ihre Herkunft zu erkunden: „Woher sind die Deinen, Marija?" (HK 267) Višegrad dient auch hier, wie

---

[252] Für ein umfassendes Verständnis des zweiten Oskoruša-Aufenthalts ist es essentiell, diesen Namenswechsel zu beachten. In Zimmermanns Interpretation bleibt dieser zentrale Punkt unberücksichtigt. Sie führt den Namen Marija als tatsächlichen Namen der Mutter des Erzählers auf, was aufgrund der bosniakischen Herkunftsgeschichte der Mutter nicht anzunehmen ist. Vgl. Zimmermann, „Woher kommst du?", S. 250 f.

schon auf dem Romanija und in der Fluchtgeschichte, als nicht eindeutig einer ethnischen Gruppe zuordenbarer Herkunftsraum und hält die ‚Tarnung' aufrecht. Mit einer Gegenfrage zu einem weiteren Haus in Sichtweite gelingt es ihr, ein präziseres Nachhaken zu unterbinden, um durch ihre Zugehörigkeit zu einer ‚anderen' ethnischen Gruppe nicht aufzufallen. Während des Aufenthalts in Oskoruša stößt „Marija" allerdings auf andere Ausgrenzungsmechanismen, die zunächst nicht mit der Herabwürdigung einer anderen ethnischen Gruppe, sondern mit der Auf- und Abwertung von Geschlechtern in Verbindung stehen. Nach dem Eintritt in das Haus des Bauern, weist dieser „Marija" wie selbstverständlich die Rolle eines für das Wohl der Gäste sorgenden Dienstmädchens zu: „Marija, sei so gut und mach uns einen Kaffee." (HK 268) Ab diesem Zeitpunkt wohnt „Marija" dem sich mehr und mehr zu einem Selbstgespräch entwickelndem Geschehen am Tisch nicht mehr bei. Der Handlungsfokus im Haus unterteilt sich dadurch in zwei separierte Aktionsbereiche, die teilweise interferieren, größtenteils aber von der Erzählinstanz abwechselnd in den Blick genommen werden. Die spezifische Erzähltechnik dient im Kapitel „Die Sonnenseite schmeckt süss, die der Sonne abgewandte bitter" dazu, die Ausgrenzung der Mutter in Oskoruša nicht nur inhaltlich, sondern auch formalästhetisch darzustellen.

Schon 2009 wurde Gavrilos Bruder im ‚Inventur'-Gespräch zwischen Großmutter Kristina und Gavrilo als ein abseits der Dorfgemeinschaft lebender Sonderling eingeführt: „Beim Bruder wurde Gavrilo ernst und deutet ins Gebirge: ‚Sretoje ist die Drachen füttern ... '" (HK 45) 2018 wird Sretoje als einer der Einzigen in Oskoruša Verbliebenen inszeniert, dessen Einsamkeit und Verwilderung sich auch in seiner räumlichen Umgebung spiegelt. Da sein eigener nicht mehr funktioniert, benutzt er den Kühlschrank im Schulgebäude (das kauernde Häuschen), im Sommer nächtigt er häufig draußen auf einem verwitternden Tisch, die Tiere hält der Bauer nicht nur als Nutztiere, sondern auch als Gesprächspartner. Das alte Telefon in seiner Wohnung funktioniert nicht mehr, es fehlt jegliche zivilisatorische Kontaktmöglichkeit. Merkmale seines Eremitendaseins offenbaren sich auch mit Blick auf das Kommunikationsverhalten des Bauern, der vor allem ein Monolog mit sich selbst führt, obwohl er anfangs darauf hinweist, seinem Besuch gegenüber „neugierig" zu sein und sie „richtig kennenlernen" (HK 266) möchte. Sretojes Figurenrede besteht vor allem aus Erzählungen von „früher", in denen es „gute und schlechte", aber keine „richtig schlechten Zeiten" (HK 270) gab. Diese unbestimmten zeitlichen Marker können vor allem an seine Kindheit und Jugend rückgebunden werden. Er erinnert sich nostalgisch an ein reges Dorfleben (damals 70 Schulkinder, jetzt drei) und eine große Familiengemeinschaft („dreizehn Kinder, sechs Erwachsene", HK 267), die sich mit der kommunalen Verwaltung „unter Tito" (HK 269) arrangieren konnte und einen ertragreichen, großflächigen Agrarbetrieb bewirtschaftete. Abseits des Tisches entwickelt sich eine Parallelhandlung, die die Mutter des Erzählers bei der Zubereitung des Kaffees zeigt, was verdeutlicht, dass „Marija" aus Sretojes vorgeblichem *memory talk*, ausgeschlossen ist. Einerseits hört der Erzähler den Geschichten von Sretoje zu, andererseits verfolgt er das Vorgehen seiner Mutter: Nach der anfänglichen Erstarrung angesichts der unerwarteten Rollenzuweisung beobachtet der Erzähler zunächst die üblichen Schritte der Kaffeezubereitung in fremden Haushalten: Suche nach dem „Kaffeekännchen", Überprüfen der Herdtemperatur „mit der Handfläche" (HK 269), Wasser in das Kännchen gießen, auf den Herd stellen und abwarten. Als Sretoje auf die alten Zeiten des trauten Familienlebens anstoßen möchte, werden die beiden Handlungslinien wieder kurz zusammengeführt. Es kommt zu einer weiteren Herabwürdigung der Mutter des Erzählers: „Marija, schau bitte dort, dort im Regal ist die Flasche. Bring auch für dich ein Gläschen, die sind in der Vitrine." (HK 269) Das Zurückweisen dieser Rollenzuschreibung äußert sich nicht in direkter Auseinandersetzung mit Sretoje, sondern wiederum in Handlungsschritten, die vom Hausbesitzer nicht wahrgenommen werden. „Marija" stürzt den Schnaps vor dem Anstoßen hinunter und sabotiert damit unter Beobachtung des Ich-Erzählers das gemeinschaftsstiftende Ritual des Anstoßens. Während Sretoje weiter in der Vergangenheit schwelgt, diese mit seinem trostlosen Einsiedlerdasein kontrastiert und sich letztlich als Behüter des Familienbesitzes geriert, wartet „Marija" im Hintergrund in sich steigernder Empörung darauf, dass das Wasser anfängt zu kochen.

Seinen Höhepunkt findet das zwischen zwei Aktionsbereichen oszillierende Darstellungsverfahren, als Sretoje von seinen eigenen Erfahrungen als Soldat im Bosnienkrieg berichtet. Dafür ist es hilfreich, den „sozialen Bezugsrahmen"[253] des Erinnerungsprozesses zu berücksichtigen: Die Kernfamilie Stanišić, die sich in ihrem Herkunftsraum Višegrad einer polyethnischen jugoslawischen Wir-Gruppe zugehörig fühlte, befindet sich in einem nach dem Krieg neucodierten Raum, den der Erzähler als „Hochburg serbischer Nationalisten" (HK 259) bezeichnet. Sowohl die Erlebnisse während der Fahrt nach Oskoruša als auch Sretojes Empfang deuten darauf hin, dass es sich um einen in sich geschlossen Raum handelt: Es dominiert eine ethnonationale, serbische Erinnerungsperspektive, in der ein Opfernarrative vorherrscht und der Bosnienkrieg als Verteidigung einer „nationale[n] und kulturelle[n] Integrität" (HK 96) auslegt wird. Die Mutter des Erzählers legt vor dem Eintritt in die ‚Ahnenwelt' Oskoruša ihren Vornamen ab, der als Erkennungsmerkmal einer bosniakischen Identität gelten kann. Ohne ihre Identitätsmaske als „Marija" würde sie

---

[253] Der Begriff „soziale Bezugsrahmen" (org. *cadres souciaux*) stammt im Kontext der Gedächtnisforschung von Maurice Halbwachs. Er verweist ganz grundlegend darauf, dass Erinnerungsprozesse davon abhängig sind, in welcher sozialen Gruppe woran erinnert wird. Vgl. Maurice Halbwachs: *Das Gedächtnis und seine sozialen Bedingungen*. Frankfurt a. M. 2016 (erste Auflage 1985). S. 20.

einer Wir-Gruppe zugerechnet werden, die während des Bosnienskriegs aus ihrem Herkunftsraum vertrieben und als Volksgruppe Opfer eines Genozids sowie weiterer Verbrechen gegen die Menschlichkeit wurde. Erinnert sich Sretoje als Soldat an den Bosnienkrieg, geschieht dies aus der Perspektive der Tätergruppe, während die Mutter des Erzählers als Repräsentantin einer Opfergruppe fungiert, wenngleich sie sich selbst einer polyethnischen jugoslawischen Wir-Gruppe zugehörig fühlt. Täter- und Opferperspektive der serbischen Invasion werden während des zweiten Oskoruša-Aufenthalts im Jahr 2018 in der erzählerischen Wahrnehmung in Parallelhandlungen gegenübergestellt. Sie manifestieren sich jeweils in einer verbalen und nonverbalen Kommunikationsform. Auf einer verbalen Kommunikationsebene erwähnt Sretoje in seiner Aneinandersreihung einzelner Lebensphase, dass er eine Malerlehre in Čajniče absolviert habe. Auch in der Beschreibung des einstigen „Luftkurort[s]" (HK 271) offenbart sich der ‚Früher-war-alles-besser'-Topos des Bauern. In den siebziger Jahren habe es dort im Hotel Orient noch Tourismus mit exquisiter Kleiderordnung gegeben, heute würde die Gemeinde aufgrund von Kriegsfolgen verwahrlosen: „Heute ist Čajniče ein Loch. Der Krieg hat es erledigt." (HK 271 f.) Sretoje gibt in diesen Ausführungen zu erkennen, dass er selbst als Soldat in den Jugoslawienkriegen der 90er Jahre gekämpft habe. Er rechtfertigt den Zerfall Čajničes damit, dass es ohne die brutalen Kämpfe vor Ort zu einer Übernahme der Stadt durch die zu diesem Zeitpunkt die Hälfte der Bevölkerung stellende Gruppe an muslimischen Bosniak:innen gekommen wäre: „Neunundvierzig Prozent Muslime waren da früher, heute wären es hundert Prozent, wenn es Kornjača und seine Truppe nicht gegeben hätte, das sag ich euch ganz ehrlich." (HK 272) Sretoje tritt hier auf subtile Art dafür ein, das brutale Vorgehen der paramilitärischen Gruppierung *Blue Eagles* unter deren Kommandant Milun Kornjača[254] als Verteidigung des Gebiets vor einer ‚Übernahme' durch die muslimische Bevölkerung zu legitimieren.[255] Erkennbar ist hier das nationalistische

---

[254] Milun Kornjaca wurde am 8. Juni 2010 als Anführer der paramilitärischen Gruppe „Plavi orlovi" wegen Verbrechen vor dem Höchsten Gericht in Bosnien und Herzegowina angeklagt. Er wurde nach einem Gerichtsurteil am 6. August 2015 zu einer siebenjährigen Haftstrafe verurteilt. Vgl. http://www.sudbih.gov.ba/predmet/2684/show (letzter Zugriff: 01.12.2020).
[255] Marie-Janine Calic weist auf die signifikante Rolle von paramilitärischen Gruppen im Bosnienkrieg hin: „In vielen Regionen, zum Beispiel im ostbosnischen Foča, wo im Zweiten Weltkrieg Tschetniks, Ustascha und muslimische Milizen die schlimmsten Gräuel verübt hatten, gab es ein fürchterliches Déja-vu-Erlebnis. Obwohl zur Hälfte von Bosniaken bewohnt, hatte die bosnisch-serbische Führung die Gemeinde im Herbst 1991 zum Bestandteil des Staates erklärt. [...] Paramilitärische Gruppen wie ‚Arkans Tiger', die ‚Serbische Freiwilligengarde' und die ‚Weißen Adler' durchkämmten Straßen und Häuser. Männer und Frauen mussten sich aufstellen, wurden systematisch getrennt und in Lager verbracht. Die Banden ließen eine Praxis aufleben, die aus dem Zweiten Weltkrieg bekannt war: Sie trieben Männer auf den Brücken zusammen, erschossen sie und warfen die Leichname in den Fluss. In wenigen Wochen war praktische die gesamte

Narrativ einer vorgeblichen ‚Verteidigung des Landes', auf das sich auch Aleksandars Onkel Miki im *Soldaten* als Legitimation von Kriegsverbrechen beruft.[256] Auch die Beteuerung, dass er „privat" (HK 272) im Umgang mit Menschen nicht auf deren religiöse Zugehörigkeit geachtet habe, signalisiert im Umkehrschluss, dass er als Soldat der Vertreibung der muslimischen Bevölkerung Vorschub leistete. Die desillusionierte Kriegshaltung mündet in einen allgemeinen Rundumschlag des Einsiedlers gegen all die „Verbrecher" (HK 272) des Landes und die gegenwärtigen sozialen Missstände (Armut und Hunger), die es „früher" nicht gegeben hätte. Auf einer non-verbalen Kommunikationsebene werden Sretojes Kriegserinnerungen mit dem Siedeprozess des Wassers parallelisiert, in dem sich die steigende Rage der Mutter spiegelt. Den Höhepunkt erreicht dieses Darstellungsverfahren, als Sretoje auf den Krieg der 90er Jahre zu sprechen kommt, seinen Kriegsdienst erwähnt und die paramilitärischen Gewaltausbrüche in Čajniče durch eine drohende muslimische Landübernahme rechtfertigt. Die Mutter verlässt im Hintergrund den Raum und kehrt mit einem dicken Holzstock zurück: „Sie stellt sich mit dem Stock vor das Kännchen und holt mit beiden Händen aus wie mit einem Baseballschläger." (HK 272) Der innere Zustand der Figur wird anhand einer Attacke auf das Kaffeekännchen demonstriert. Sie kocht buchstäblich vor Wut und auch das Wasser erreicht schließlich den Siedepunkt. In der non-verbalen Kommunikationsform, in der sich die Wut der Mutter stellvertretend auf das Kaffeekännchen richtet, äußert sich einerseits die Ohnmacht der Figur, die ihre Tarnung als „Marija" nicht aufgeben und deshalb verbal nicht einschreiten kann. Andererseits deutet die Parallelhandlung symbolisch auf eine Repression der bosniakischen Opferperspektive in der serbischen Erinnerungskultur, was polyethnische Erinnerungsprozesse kategorisch ausschließt. Die beiden Parallelhandlungen werden am Ende von Sretojes Geschichten wieder zusammengeführt.

---

bosniakische Bevölkerung vertrieben. Auch Zvornik, Višegrad, Bijeljina und viele weitere Ortschaften waren Schauplatz schwerster Verbrechen." (Calic, *Geschichte Jugoslawiens*, S. 312 f.)

256 Der Erzähler skizziert in der Episode „Tod dem Faschismus, Freiheit dem Volke" die Argumentationslinie dieser nationalen Erzählungen: „Behauptung eines Volkes, dessen nationale und kulturelle Identität bedroht ist und daher verteidigt werden muss. Behauptung wahlweise rassischer, religiöser oder moralischer Überlegenheit zur Legitimierung territorialer Begehrlichkeiten." (HK 96) Marie-Janine Calic geht auf die dafür angewandte Form von Massenverbrechen ein: „Ziel der «ethnischen Säuberungen» war es Gebietsansprüche zu untermauern und eindeutige Machtverhältnisse herzustellen." (Calic, *Geschichte Jugoslawiens*, S. 314) Im Osten Bosniens, der im Rahmen der Reise durchquert wird, haben sich die Bevölkerungsverhältnisse während des Bosnienkriegs gravierend verändert: „Insgesamt wurden vier Fünftel aller Nicht-Serben in dreieinhalb Kriegsjahren aus dem Territorium der *Republika Srspka* vertrieben." (Calic, *Geschichte Jugoslawiens*, S. 315).

Sretoje beschließt seinen ‚Monolog' mit einer letzten Erzählung, die von seinem Urgroßvater Milorad handelt. Einen Teil seines Lebens hat er als allesbestimmender Patriarch der Familie gewirkt und den anderen Teil „nur noch nachgedacht." (HK 273) Sretojes Großvater habe am Feuerfelsen einen Gendarmen getötet und sei geflüchtet, woraufhin der Urgroßvater in aufsuchte und ihn dazu bewog, sich zu stellen. Hier greift die Mutter zum ersten Mal verbal in das Gespräch ein und fragt, warum der Großvater den Gendarmen getötet habe. Sretojes Antwort bagatellisiert die gezielte Tötung des Soldaten: „‚Warum man halt tötet', sagt Sretoje. ‚Er wurde nach ein paar Jahren wieder entlassen und hat niemanden mehr getötet, soweit ich weiß.'" (HK 273) Tötungsdelikte im Krieg werden in dieser Aussage heruntergespielt, was wiederum die Frage nach Sretojes Beteiligung an Kriegsverbrechen auf den Plan ruft, die letztlich eine Unbestimmtheitsstelle darstellt.[257]

Am Ende des Gesprächs mit Sretoje rückt das eigentliche Reisemotiv wieder in den Vordergrund: die mnemonische Spurensuche am Feuerfelsen, Schauplatz der Schlangengeschichte des Vaters. Im Gegensatz zu Gavrilo fungiert dessen Bruder Sretoje nicht als ortskundiger Führer, der Erinnerungsspuren in der ‚Ahnenwelt' freilegt. Der einzig verbliebene Ortsansässige hat wenig Verständnis für das Anliegen des Besuchs: „Was er [der Vater des Erzählers, M.H.] oder wir dort wollen, kommt nicht ganz raus." (HK 273) Auch die Mutter stellt die geplante Erinnerungsarbeit in Frage: „Was wollt ihr da, was suchen wir überhaupt?" (HK 274) Oskoruša wird in dieser Reisekonstellation nicht zum Teil eines integrativen Familiengedächtnisses: In der Begegnung mit Sretoje manifestieren sich überindividuelle Ausgrenzungsmechanismen einer ethnonationalen Erinnerungskultur, die gemeinschaftsstiftende Erinnerungsprozesse verhindern. Darüber hinaus lässt sich an der Selbstreflexion des Erzählers erkennen, dass es einer bestimmten Vermittlungsinstanz bedarf, um Oskoruša als Herkunftsraum der Ahnen oder persönlichen Erinnerungsraum zu aktivieren: „Und ich denke: Etwas fehlt. Jemand." (HK 274) Ein gemeinschaftsstiftender Erinnerungsprozess in Oskoruša benötigt einen spezifischen „sozialen Bezugsrahmen", der im Hinblick auf den montanen

---

[257] Calic sieht die hier im Text dargestellte ‚Normalisierung' des Tötens als Voraussetzung für die Größenordnung der Massenverbrechen: „Flächendeckende Vertreibungen bosnischen Ausmaßes kamen jedoch nur zustande, weil ich neben den ohnehin Gewaltbereiten auch Tausende ‚normale Männer' an den Verbrechen beteiligten. Der Internationale Strafgerichtshof für das ehemalige Jugoslawien geht von 15 000 bis 20 000 Mitläufern aus, darunter auch Angehörige der Verwaltung, der Polizei und des Militärs, die selbstständig handelten oder Instruktionen von Vorgesetzten ausführten. Viele schilderten später, dass sie den Krieg als Verteidigungssituation erlebt hatten, in der das Töten ein notwendiges Übel darstellte." (Calic, *Geschichte Jugoslawiens*, S. 316 f.)

Erinnerungsort Großmutter Kristina als unabdingbare Figur zur Aktivierung von Gedächtnisbeständen inkludiert. Sie war es, die dem Erzähler diesen Raum als ‚Ahnenwelt' und ihren persönlichen Erinnerungsort im erste Ausflug 2009 zugänglich gemacht hat.

3.4.3 Die Reise nach Oskoruša im interaktiven Lesespiel *Der Drachenhort*

3.4.3.1 *Der Drachenhort* als Choose Your Own Adventure

Der dritte und letzte Ausflug nach Oskoruša, der in *Herkunft* unternommen wird, findet sich in einem dem Epilog nachgestellten Lesespiel, das den Titel „Der Drachenhort" trägt. Der Erzähler setzt hier die Textgattung *Choose your own adventure* ein, die in der Episode „Spiel, Ich und Krieg, 1991" bereits als prägende Jugendlektüre erwähnt wird: „1991 hatte ich ein neues Genre entdeckt: *Choose your own adventure*. Als Leser entscheidest du selbst über den Fortgang der Geschichte: *Rufst du: ‚Aus dem Weg, Höllengezücht, sonst schneid ich dir die Adern durch!' – lies weiter auf Seite 306*" (HK 12). Betrachtet man das Lesespiel aus narratologischer Perspektive kann die gewählte Textstruktur als *interactive narrative*[258] bezeichnet werden: Die Leser:innen werden dazu aufgefordert, die Rolle einer Figur einzunehmen und die Entwicklung der Handlung mitzugestalten. Die US-amerikanische Narratologin Marie-Laure Ryan greift in ihrer Beschreibung eines *interactive narrative* ein Paradoxon auf,[259] das durch die Aktivierung der Rezipierenden entsteht:

> If interactive narrative creates a paradox, it is because it must integrate the often-unpredictable, bottom-up input of the user into a global script that presupposes a top-down design, since it must respect the basic conditions of narrativity: a sequence of events linked by some relations of causality, representing believable attempts to solve conflicts, and achieving closure.[260]

In der Ausgangslage, der Leserschaft einerseits die Entscheidung zu übertragen, wie die Handlung weitergeht und gleichzeitig eine übergeordnete Struktur zu schaffen, die grundlegende Merkmale einer kohärenten Erzählung aufrechterhält, sieht Ryan einen unauflöslichen Widerspruch, der interaktiven Erzählungen inhä-

---

[258] Vgl. Marie-Laure Ryan: Interactive Narrative. In: *The Johns Hopkins guide to digital media*. Hrsg. v. Marie-Laure Ryan et al. Baltimore 2013. S. 292–298.
[259] Das Phänomen eines „interactive paradox" bindet Ryan in ihrem Artikel an die Überlegungen von Sandy Louchart und Ruth Aylett, die zur narratologischen Dimension virtueller Realität forschen, rück. In Ryans Artikel wird folgende Publikation erwähnt: Ruth Aylett/Sandy Louchart: Towards a narrative theory of virtual reality. In: *Virtual Reality* 7:2–9 (2003).
[260] Ryan, Interactive Narrative, S. 293.

rent ist. Die Interaktion der produzierenden und rezipierenden Instanz innerhalb eines Mediums (z. B. in einem Computerspiel oder einem Buch) kann in den Erzählstrukturen eines *interactive narrative* ganz unterschiedlich ausfallen, je nachdem welcher Instanz eine stärkere Kontrolle bzw. Eigenständigkeit im Hinblick auf die Verknüpfung von Geschehensmomenten zugestanden wird. Die beiden Pole, zwischen denen der Einfluss der Rezipierenden oszilliert, sind zum einen das von Ryan erwähnte „top-down design", das die Narratologin als „external-exploratory"[261] bezeichnet, da die Nutzer:innen nicht eigenständig neue Handlungen generieren, sondern vorhandene Textstrukturen lediglich entdecken: „the user does not play the role of a character in the story but rather manipulates a textual machine, and her actions have no effect on the narrative events."[262] Als „bottom-up input" geht Ryan auf Partizipationsmodi ein, die den Spielenden die größtmögliche Eigenständigkeit in der Gestaltung von Handlungselementen einräumt. Sie nennt diese Partizipation „internal and ontological"[263]. Die Entscheidungen der *user* legen in diesem Fall keine bereits vorhandenen Handlungsstränge frei, sondern bestimmen – was besonders in Computerspielen häufig der Fall sei – das Schicksal ihres Helden selbst: „the fate of the avatar and of the story are at stake in the user's choices"[264]. Ralph Müller übersetzt diese beiden Konzepte als „entdeckende Interaktivität" und „ontologische Interaktivität" und fasst die Differenzierung hinsichtlich der Lenkbarkeit einer Geschichte zusammen: „‚Entdeckende Interaktivität' bezeichnet [...] im Gegensatz zu ‚ontologischer Interaktivität' eher einen niedrigeren Grad an interaktiver Einflussnahme auf die Darstellung einer Welt."[265] Das in *Herkunft* vorliegende literarische Spiel „Der Drachenhort" wird vom Erzähler selbst als *Choose your own adventure* markiert. Ryan ordnet dieses Genre einer entdeckenden Interaktivität zu und spezifiziert den Aufbau dieses literarischen Spiels als beispielhaft für eine Baumstruktur: „A genre that relies on a tree structure is the ‚Choose Your Own Adventure' stories: the reader follows a branch until it comes to an end, and then starts over at the root node to explore another possible development."[266] In ihrer Monographie *Playing the Text, Performing the Future* geht Felicitas Meifert-Menhard auf diese Textstruk-

---

[261] Ryan, Interactive Narrative, S. 294.
[262] Ryan, Interactive Narrative, S. 294.
[263] Ryan, Interactive Narrative, S. 294.
[264] Ryan, Interactive Narrative, S. 294.
[265] Ralph Müller: Narrativität vs. Interaktivität. Zur Gattungsdifferenzierung von Hyperfiction und Computergames. In: *DIEGESIS. Interdisziplinäres E-Journal für Erzählforschung/Interdisciplinary E-Journal for Narrative Research* 3.1 (2014). S. 28.
[266] Ryan, Interactive Narrative, S. 294.

tur und Merkmale der „Choose-Your-Own-Adventure-Stories"[267] ein. Kennzeichnend für deren Textstruktur seien die Knotenpunkte („nodal situation"[268]) an denen die Rezipierenden Entscheidungen treffen, aus denen sich in Bezug auf den Textverlauf radikale Konsequenzen ergeben: „The ‚either-or' of the CYOA format thus enforces mutual exclusion: after one of the alternatives has been accessed, the other alternative is necessarily cancelled out."[269] Diesem Eliminierungsprinzip liege eine evaluierende Textstruktur zu Grunde, die auf *ein* endgültiges Ende ausgerichtet sei:

> The reaching of definitive closure (whether positive or negative) is thus an integral part of every CYOA-experience. The initial multiplicity of possibilities is reduced to a single ‚correct' possibility at the end of the run, and the reader must reach this possibility in order to experience a satisfying reading.[270]

Wie Ryan deutet auch Meifert-Menhard darauf hin, dass das CYOA-Format keine offene Textstruktur bietet, in der die Rezipierenden Handlungselemente selbst gestalten. Einen Effekt der Immersion, durch den die Rezipierenden sich verstärkt als partizipierender Teil der Geschichte erleben, erreiche das literarische Spiel durch die eingesetzte Erzählperspektive. Der Du-Erzählmodus bestärke die interaktive Leseerfahrung: „The use of ‚you' heightens the potential of cognitive identification that the reader feels toward the protagonist, simulating the ‚direct' experience and manipulation of events through personal choice"[271]. Der Rückzug des Erzählers vollziehe sich vor allem auf der diegetischen Ebene. Der Grad der eigenen Profilierung ist auf dieser Ebene äußert gering. Der Erzähler tauche als *game master* vor allem in den Knotenpunkten wieder auf, die mit der Geschehensillusion der diegetischen Ebene brechen und auf einer extradiegetischen Ebene des Erzählens auch Aufschluss über die Funktionsweise des Spiels sowie die Dimension und Konsequenz der Entscheidung geben können.[272]

Die Reise nach Oskoruša in Stanišićs CYOA „Der Drachenhort" soll in diesem Unterkapitel als Schauplatz einer Abenteuerreise analysiert werden. Dadurch lassen sich die erzählerischen Mechanismen dieses spezifischen CYOA freilegen. Für eine Analyse des Drachenhort-Erzählspiels greife ich auf eine paratextuelle Quelle zurück, die das Erzählprinzip veranschaulicht: Auf Stanišićs Twitter-Account findet

---

[267] Felicitas Meifert-Menhard: *Playing the Text, Performing the Future: Future Narratives in Print and Digiture*. Berlin/Boston 2013. Vgl. besonders das Kapitel 4.3.4 zu „Choose-Your-Own-Adventure-Stories", S. 117–124.
[268] Meifert-Menhard, *Playing the Text, Performing the Future*, S. 119.
[269] Meifert-Menhard, *Playing the Text, Performing the Future*, S. 118.
[270] Meifert-Menhard, *Playing the Text, Performing the Future*, S. 121.
[271] Meifert-Menhard, *Playing the Text, Performing the Future*, S. 123.
[272] Vgl. Meifert-Menhard, *Playing the Text, Performing the Future*, S. 124.

sich kurz vor der Veröffentlichung von *Herkunft* in einem Eintrag, der auf den 27. Dezember 2018 datiert ist, eine Skizze, die den ‚Bauplan' des verzweigten Lesespiels offenlegt (siehe Abbildung 22 auf S. 240 dieser Studie) Insgesamt beinhalten das CYOA 35 Stationen, die in ihrer Verästelung jeweils entweder zu einer weiteren Episode führen oder das Ende des Lesespiels markieren. In der Skizze sind fünf Enden eingezeichnet (Station 17, 22, 31, 33 und 35), zu denen weitere fünf im Text markierte fingierte Enden hinzukommen, nach denen der Erzähler den Erzählprozess erneut aufnimmt.[273] Auf der Ebene der Geschichte (*histoire*) multiplizieren sich damit die Enden des Drachenhort-Kapitels, was eines der Kennzeichen des *Choose-your-own-adventure*-Genres darstellt. Das zentrale Spielziel ist laut Meifert-Menhard die Fortsetzung der Geschichte, was nur erreicht werden kann, indem durch die ‚richtigen' Entscheidungen die verkörperte Figur nicht zu Tode kommt oder die Geschichte nicht generell frühzeitig ein Ende findet.[274] Als intertextueller Bezugstext ist das erste und damit gattungskonstituierende CYOA-Werk *The Cave of Time* (1979) von Edward Packard[275] für Stanišićs *Herkunft* besonders relevant. Stanišić orientiert sich eindeutig an Textteilen dieses CYOA, wie beispielsweise dem Vorwort, das die ‚Spielregeln' konstituiert. Er übernimmt darüber hinaus grundlegende Motive dieses Ursprungstextes.[276] Das Prinzip der offenen Enden wird in Packards

---

[273] Vgl. HK 324, 340 (2x), 343, 349.
[274] Vgl. Meifert-Menhard, *Playing the Text, Performing the Future*, S. 120: „When the motivation for playing well is staying alive, making the ‚correct' choices will certainly result in a noticeable sense of achievment, as the player thwarts existential danger by selecting the rigth alternative, upholding her status as a functional agent." In der zugehörigen Fußnote konkretisiert Meifert-Menhard die Rolle der „dead ends": „Indeed, all ‚wrong' choices in CYOA narratives implement story closure and thus present ‚dead ends', even if the player-character does not effectually suffer a lethal blow."
[275] Edward Packard: *The Cave of Time*. Illustrated by Paul Granger. New York 1979.
[276] Eine hervorgehobene Bedeutung hat in *Herkunft* das Leitmotiv von Packards CYOA: die Zeitreise. Das Erinnerungsspiel des Erzählers im Kapitel „Lost in the strange, dimly lit cave of time" besitzt – wie bereits im Titel erkennbar – einen hohen Grad an Intertextualität zum Ursprungstext der Spielbücher. Die Erklärung des Erinnerungsspiels in Stanišićs *Herkunft* liest sich wie eine leicht modifizierte Übersetzung von Textteilen aus *The Cave of time*: „*Du befindest dich in der merkwürdigen, düsteren Höhle der Zeit. Ein Gang biegt nach unten ab, der andere führt aufwärts. Dir will scheinen, als könnte dich der absteigende Gang in die Vergangenheit bringen und der aufsteigende in die Zukunft. Für welchen Weg entscheidest du dich?*" (HK 36, im Original kursiviert); „You walk into the interior oft he strange cavern; then wait while your eyes become accustomed tot he dim, amber light. Gradually you can make out the two tunnels. One curves downward to the rigth; the other leads upward to the left. It occurs to you that the one leading down may go to the past and the one leading up may go the future." (Packard, The Cave of Time, S. 10).

CYOA maximal ausgereizt: Meifert-Menhard zählt darin insgesamt 36 verschiedene Enden[277], die oftmals eine Art offenes Ende darstellen: „Likewise, the consequentiality of individual ending points is often arbitrary, as it is frequently not immediately apparent that the close of a certain chapter *must* necessarily constitute an ending to the story."[278] Das Drachenhort-CYOA funktioniert nach einem ähnlichen Prinzip: Die alternativen Enden, die aus der Perspektive einer linearen Ordnungsebene der Erzählung (*discours*) nicht zum endgültigen Ende führen, weisen ebenso eine Offenheit auf, sodass nach diesem vorläufigen Ende die Geschichte auch weitererzählt werden könnte. Meifert-Menhard merkt in ihrer Analyse an, dass in *The Cave of Time* durch die hohe Zahl an Enden der ludische Aspekt des Lesespiels gegenüber der Entwicklung eines konzisen Erzählstrangs, der zu einem endgültigen Ende führt und somit die Entscheidungen der Leserschaft evaluiert, im Vordergrund stehe.[279] Was es im Hinblick auf Stanišićs Lesespiel vor allem herauszufinden gilt, ist, ob im Gegensatz zu *The Cave of Time* ein gewisses Entscheidungsprinzip erkennbar ist, durch das die Rezipierenden das endgültige Ende (Erzählstation 35), und damit aus gattungspoetologischer Perspektive das Ziel des CYOA, erreichen können.

Das Ausgangsszenario des Lesespiels wird im Übergang zwischen dem Epilog und dem Drachenhort-Kapitel geschaffen. Der Erzähler hat sich bereits von seiner Großmutter verabschiedet, um wieder zurück nach Deutschland zu fliegen, kehrt allerdings am Flughafen noch einmal um. Einem Mitarbeiter des Pflegeheims sagt er, dass er vergessen habe, seiner Großmutter eine gute Nacht zu wünschen. Das Drachenhort-Kapitel wird als eine Art Buch im Buch eingeführt. Es hat eine Titelseite und ein Titel, der in der Typografie dem Buchumschlag (Autorname und Titel *Herkunft*) gleicht. Das Lesespiel beginnt mit einer „Warnung" (HK 291) vorab.[280] Hier wird die Ausgangslage in dem für ein CYOA charakteristischen Du-Erzählmodus geschildert. Der Erzähler räumt den Lesenden ein Mitbestimmungsrecht ein, sie hätten in ihrer Lektüre Entscheidungsmöglichkeiten, wie sie nach der Rückkehr vom

---

277 Vgl. Meifert-Menhard, *Playing the Text, Performing the Future*, S. 178.
278 Meifert-Menhard, *Playing the Text, Performing the Future*, S. 180.
279 Meifert-Menhard, *Playing the Text, Performing the Future*, S. 180.
280 Auch das Vorwort liest sich in Teilen wie eine Übersetzung von Packards CYOA *The Cave of Time*: „WARNUNG! Lies das Folgende nicht der Reihe nach! Du entscheidest, wie die Geschichte weitergehen soll, du erschaffst dein eigenes Abenteuer." (HK 291); „WARNING!/Do not read this book straight through from beginning to end! [...] The adventures you take are a result of your choice." (Packard, *The Cave of Time*, S. 1) Ein bewusster, spielerischer Umgang mit Gattungsmuster ist an der Transformation von Textbausteinen aus *The Cave of Time* zu erkennen: „Deine Entscheidungen können dich in Gelingen führen, was auch immer Gelingen sei. Oder ins Verderben." (HK 291); „The adventures you take are a result of your choice. You are responsible because you choose! [...] One mistake can be your last ... or *may* lead you to fame and fortune!" (Packard, *The Cave of Time*, S. 1).

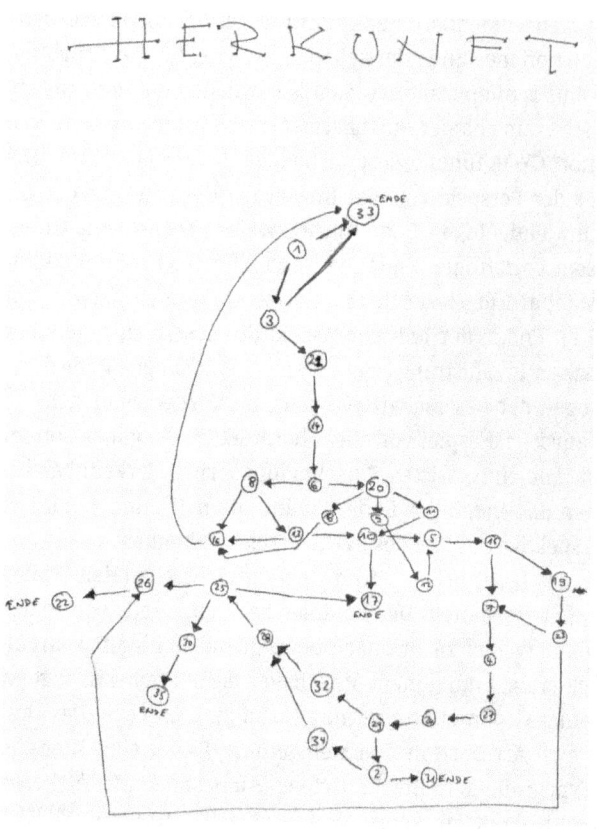

1 – HK 293	6 – HK 299f.	11 – HK 306	16 – HK 313	21 – HK 319	26 – HK 332	31 – HK 340
2 – HK 294	7 – HK 301f.	12 – HK 307	17 – HK 314f.	22 – HK 320ff.	27 – HK 333f.	32 – HK 341
3 – HK 295	8 – HK 303	13 – HK 308f.	18 – HK 316	23 – HK 325f.	28 – HK 335	33 – HK 342
4 – HK 296f.	9 – HK 304	14 – HK 310	19 – HK 317	24 – HK 327f.	29 – HK 336f.	34 – HK 343f.
5 – HK 298	10 – HK 305	15 – HK 311f.	20 – HK 318	25 – HK 329ff.	30 – HK 338f.	35 – HK 345ff.

Abbildung 22: Textstruktur „Der Drachenhort".[281]

Flughafen mit der dementen Großmutter umgehen wollen: „Du entscheidest, wie die Geschichte weitergehen soll, du erschaffst dein eigenes Abenteuer." (HK 291) Festhalten lässt sich, dass das Einräumen eines Mitbestimmungsrecht in erster Linie

---

[281] Diese Skizze wurde aus einem Twitter-Eintrag von Saša Stanišić (27.12.2018) entnommen: https://mobile.twitter.com/Saša_s/status/1078326991328301057 (letzter Zugriff: 15.04.2022, Link gelöscht – siehe Abbildung 22 im Anhang dieser Studie).

ein erzählerisches Mittel darstellt, um die Immersion der Lesenden zu steigern. Da eine „entdeckende Interaktivität" vorliegt, erschaffen sich die Lesenden nicht gänzlich ihr eigenes Abenteuer, sondern können lediglich die von der Erzählinstanz gestalteten, multiplen Erzählszenarien ausfindig machen. Der Erzähler selbst zieht sich, wie für ein CYOA üblich, als *game master* nach dem Arrangement des Spiels zurück, indem er den Lesenden abschließend „Viel Glück" (HK 291) wünscht.

3.4.3.2 Das Entscheidungsprinzip der Abenteurreise und die Vervielfältigung der Enden

In der Episode „Always be nobody" (HK 254) eröffnet der Erzähler seiner Großmutter, dass er ein weiteres Mal nach Oskoruša fahren möchte und fragt sie, ob sie denn mitkommen wolle. In ihrer zeitlichen Desorientierung merkt die Großmutter an, dass ihr verstorbener Ehemann Pero bereits vor Tagen nach Oskoruša aufgebrochen sei. Er sei unterwegs Richtung Vijarac, der Berg bei den Feuerfelsen, den auch der Erzähler und sein Vater in ihren vorab geäußerten Reiseplänen als Schauplatz der *poskok*-Geschichte des Vaters thematisieren. In dieser Episode manifestiert sich aus der Außensicht des Erzählers auf die Großmutter eine „plötzliche Sorge um den Verschollenen dort im Gebirge" (HK 256). Zu Beginn des Lesespiels „Der Drachenhort" greift der Erzähler dieses Gespräch wieder auf (vgl. HK 295). Abgesehen davon, dass das Lesespiel das Ende des Epilogs fortschreibt, wird der ‚Haupttext' durch weitere Motive – wie beispielsweise Großmutters Warten auf Pero – mit dem Lesespiel verknüpft. Vor dem Gespräch mit der Großmutter werden die Lesenden zunächst einer Identitätsprüfung unterzogen, die Aufschluss über das Entscheidungsprinzip gibt, das der entdeckerischen Interaktivität zugrunde liegt. Die von der Erzählinstanz adressierte Hauptfigur kehrt wie im Vorwort angekündigt ins Altersheim zurück und sieht sich am ersten Knotenpunkt (HK 293) der Frage der Großmutter ausgesetzt, ob es Pero sei, der – zurück von seinem Ausflug auf den Vijarac – in das Zimmer eintrete. Der Leserschaft werden zwei Optionen angeboten: Sie können sich entweder dafür entscheiden, die Großmutter anzulügen (diese Option wird vom Erzähler auch als Lüge benannt, vgl. HK 293) und sich selbst als der verschollene Großvater Pero auszugeben oder die Großmutter darauf hinzuweisen, dass sie mit ihrem Enkel Saša spricht. In Abbildung 22 ist zu sehen, dass die Wahl der Lüge zu einem abrupten Ende der Geschichte führt und dies nicht die im Sinne des Erzählgenres CYOA ‚richtige' – sprich: die Erzählung aufrechterhaltende – Option darstellt. Entscheiden sich die Lesenden wiederrum für die „Wahrheit" (HK 293), kann das Gespräch fortgeführt werden. Wird hier der Begriff „Wahrheit" verwendet, so ist diese Option fiktionslogisch als ‚wahr' anzusehen, da den Lesenden in der „Warnung" zuvor aufgetragen wurde, in einem fiktionalen Lesespiel („[...] du erschaffst dir dein eigenes Abenteuer.", HK 289) die Rolle des erzählten Ichs einzunehmen. Indem sich die Lesenden als Saša ausgeben, stimmen sie zu, dass sie diesen ‚Pakt' eingehen und nun selbst einen Teil der fiktionalen Welt des Lesespiels darstellen. Das Vorwort des Lesespiels, das als „Quelle der Autorisierung" basale Normen festsetzt, liefert eine „Vorstellungsanleitung"[282], die die Lesenden durch die Anerkennung ihrer Identität als Saša richtig befolgen und dafür mit weiteren Textteilen belohnt werden. Vor dem Hintergrund geläufiger Fiktionalitätstheorien,[283] in denen sich durchgesetzt hat, den Umgang mit fiktionalen Medien als „soziale Praxis"[284] aufzufassen, nehmen die Rezipierenden durch diese Entscheidung eine Rezeptionshaltung ein, die mit den „Konventionen der Fiktionalitätsinstitution"[285] konform gehen, indem sie bestätigen, dass sie so tun, als ob sie das erzählte Ich wären. Als „Institution" wird in der theoretischen Annäherung an die Interaktion zwischen Produzierenden und Rezipierenden das in der „sozialen Praxis" konstituierte „Konventions- und Regelwissen"[286] bezeichnet, das sich im Umgang mit fiktionalen Medien herauskristallisiert hat. Die zentralen „Konventionen der Fiktionalitätsinstitutionen", die sich aus der sozialen Praxis des literarischen Kommunikationsprozesses entwickelt haben, beschreibt Tilmann Köppe wie folgt:

> Für diese Rezeption ist wesentlich, dass Leser den Text einerseits zur Grundlage einer imaginativen Auseinandersetzung mit dem Dargestellten nehmen und andererseits von bestimmten Schlüssen vom Text auf Sachverhalte in der Wirklichkeit absehen; so darf man insbesondere nicht davon ausgehen, dass die Sätze des Werkes wahr sind oder vom Autor des Werkes für wahrgehalten werden. Diese Konventionen steuern das Verhalten kompetenter Mediennutzer, ohne dass sie diesen Nutzern in allen Einzelheiten bewusst sein müssten.[287]

Werden die Rezipierenden wie in Stanišićs *Herkunft* vor die Wahl gestellt, diese Konventionen anzuerkennen, lässt sich konstatieren, dass der gewöhnlich unbewusst verlaufende Prozess der Immersion explizit thematisiert und damit die „Fiktionskompetenz"[288] auf die Probe gestellt wird. Gleichzeitig schafft die Abgrenzung zu einer weiteren erfundenen Aussage – der Lüge – Bewusstsein über das im Text vor-

---

[282] Tilmann Köppe: 2. Die Institution Fiktionalität. In: *Fiktionalität: ein interdisziplinäres Handbuch*. Hrsg. v. Tobias Klauk und Tilmann Köppe. Berlin [u. a.] 2014. S. 38.
[283] Tobias Klauk/Tilmann Köppe (Hrsg.): *Fiktionalität: ein interdisziplinäres Handbuch*. Berlin [u. a.] 2014.
[284] Tobias Klauk/Tilmann Köppe: 1. Bausteine einer Theorie der Fiktionalität. In: *Fiktionalität: ein interdisziplinäres Handbuch*. Hrsg. v. Tobias Klauk und Tilmann Köppe. Berlin [u. a.] 2014. S. 7.
[285] Klauk/Köppe, 1. Bausteine einer Theorie der Fiktionalität, S. 7.
[286] Klauk/Köppe, 1. Bausteine einer Theorie der Fiktionalität, S. 7.
[287] Köppe, 2. Die Institution Fiktionalität, S. 35.
[288] Frank Zipfel: 5. Fiktionssignale. In: *Fiktionalität: ein interdisziplinäres Handbuch*. Hrsg. v. Tobias Klauk und Tilmann Köppe. Berlin [u. a.] 2014. S. 105.

handene Verständnis von Fiktionalität und ‚schult' im *Trial-and-Error*-Verfahren die „Fiktionskompetenz", indem die Rezipierenden, wenn sie sich für diese Option entscheiden, mit dem Ende der Geschichte ‚bestraft' werden.

Als „Saša" nehmen die Rezipierenden eine „fiktionstypische Rezeptionshaltung"[289] ein, die die im Vorwort formulierten Grundregel („Du bist ich.", HK 291) einhält und gelangen zum in Abbildung 22 als dritte Erzählstationen markierten Textteil. Darin imaginiert die Großmutter, dass Pero sich in Oskoruša auf dem Vijarac aufhält und äußert nun selbst in Figurenrede die in „Always be nobody" bereits thematisierte innere Unruhe, die durch das Ausbleiben des Großvaters hervorgerufen wird: „Allein! Und viel zu lange schon weg. [...] Sag: Wo bleibt er, wo bleibt mein Pero?" (HK 295) Erneut erreicht der Lesefluss einen Knotenpunkt (HK 295), der die Rezipierenden vor die Wahl stellt, die Großmutter darauf hinzuweisen, dass Pero schon lange tot sei. Betrachtet man die raumzeitliche Desorientierung der Großmutter als eigene fiktionale Welt, die sich in ihrer pathologischen Konstruktion von Wirklichkeit von der erzählten Welt der Figur Saša abgrenzen lässt, stehen sich zwei in verschiedenen Welten lokalisierte Wirklichkeitswahrnehmungen gegenüber, die für einen Kommunikationsprozess, der ein gemeinsames Verständnis erzielen soll, vermittelt werden müssen. Die beiden Optionen am zweiten Knotenpunkt verhandeln verschiedene Kommunikationsstrategien, diese beiden Welten zu verbinden: Entscheidet sich die Leseinstanz dafür, die Großmutter auf Fakten der vom Erzähler konstituierten erzählten Welt hinzuweisen, die klarstellen, dass ihr Mann schon lange tot ist, endet der Prozess des Geschichtenerzählens wiederum abrupt. Die Rezipierenden landen wie in der ersten Knotensituation wieder auf der Erzählstation 33 (HK 342), in der der Erzähler seiner Großmutter eine gute Nacht wünscht. Die Kommunikationsstrategie, die Großmutter mit Fakten aus der eigenen erzählten Welt wieder in diese ‚zurückzuholen', kann aufgrund eines irreversiblen, pathologischen Wirklichkeitsverständnis der Demenzkranken das Gespräch nicht aufrechterhalten. Die zweite Entscheidungsmöglichkeit bietet dagegen an, sich auf die fiktionale Welt der Großmutter einzulassen und ein weiteres Fiktionssignal[290] einzuführen, das den Aufenthaltsort des

---

[289] Köppe, 2. Die Institution Fiktionalität, S. 36.
[290] Frank Zipfel: 5. Fiktionssignale. In: *Fiktionalität: ein interdisziplinäres Handbuch*. Hrsg. v. Tobias Klauk und Tilmann Köppe. Berlin [u. a.] 2014. S. 97–124. Frank Zipfel stützt seine Überlegungen zu Fiktionssignalen auf die bereits erwähnte „institutionelle Theorie der Fiktion". Diese theoretische Grundlage fokussiere den „Interaktionszusammenhang zwischen Autor und Leser" (S. 100). Um den Interaktionsrahmens zwischen diesen beiden Instanzen überhaupt erst zu gewährleisten und anschließend zu gestalten, seien Rezeptionssignale nötig, die „den Status eines Textes anzeigen" (ebd.). Zipfel unterteilt diese Rezeptionssignale in Faktualitätssignale und Fiktionssignale, die „Kom-munikationsabsichten des Produzenten" (ebd.) anzeigen und die Rezeptionshaltung der Lesenden mitbestimmen.

Großvaters konkretisiert: den Drachenhort. Indem sich die Rezipierenden alias Enkel Saša dafür entscheiden, die erzählte Welt der Großmutter anzuerkennen und diese mit weiteren Details zu ergänzen, wird die Basis für eine gemeinsame Geschichte geschaffen, was als „Fiktionskompetenz" mit der Fortführung der Geschichte ‚belohnt' wird. Die Leserschaft lässt sich auf das divergierende Raumzeitverständnis der Großmutter ein und tut so, als ob der Großvater noch am Leben wäre. Es wird eine gemeinsame Erzählebene konstituiert, die den *work-in-progress* einer Binnenerzählung innerhalb der Ebene der erzählten Gegenwart einleitet. Im nachfolgenden Textteil ist zunächst zu erkennen, dass die Großmutter nicht sofort auf das Fiktionsangebot eingeht: „DRACHEN? AUF DEM VIJARAC? [...] Was redest du bloß für einen Unsinn?" (HK 319) Nach einer kurzen Bedenkpause, in der das Motiv, ihren Ehemann auf dem Vijarac wiederzusehen, sie zu überzeugen scheint, nimmt sie das Fiktionsangebot an und initiiert selbst die Abenteuerreise:

> „Drachen", sagt sie nach einer Weile. Und dann muss sie lachen, lauthals in dieser abgestandenen Zimmerluft, dieser mit Lavendel gegen Motten gerüsteten Welt.
> Wird wieder ernst, als sie fragt: „Baumdrachen?"
> „Dann dürfen wir uns nicht in Gold kleiden, wenn wir fürchten müssen, einen zu treffen", sagt Großmutter und öffnet den Schrank. „Nun hilf mir doch, mich anzuziehen."
> „Wo gehen wir hin?"
> „Ja, Drachen jagen, du Esel, Drachen jagen." (HK 319)

Mit der Idee, nicht mehr nur auf den „Verschollenen" zu warten, sondern ihn selbst aufzuspüren, entwickelt sich auf dieser Erzählstation ein Reisemotiv, das für die Analyse der Entscheidungsprozesse in den nachfolgenden Knotensituationen berücksichtigt werden muss. Es entsteht der Plan, in der Nacht aus dem Altersheim unbemerkt zu verschwinden und ihre zweite gemeinsame Reise nach Oskoruša zu unternehmen. Wie in Abbildung 22 zu sehen ist, werden an der sechsten Erzählstation (HK 300) ein weiteres Mal einige verschiedene Handlungsoptionen angeboten, durch die entweder der Gärtner die Pläne der Ausreißenden der Krankenpflegerin meldet oder sie direkt im Gemeinschaftsraum von der Krankenpflegerin selbst erwischt werden. Indem sich bei mutigen Entscheidungen[291] entweder der Gärtner in einen wohlwollenden Dämon verwandelt, die beiden heimlich aus dem Fenster aussteigen oder die Großmutter mit einem erzählerischen Ablenkungsmanöver und scheinbaren Superkräften, die ein gleißendes Aufblendlicht hervorrufen, den Weg zum Fluchtwagen ermöglicht, gelingt es den beiden das Heim hinter sich zu lassen. Die beiden Ausreißer können allerdings nur in Oskoruša ankommen, wenn die Lesenden

---

[291] Ein mutiges Verhalten manifestiert sich in der Entscheidungsfindung vor allem dadurch, nicht weiter nach einem konventionellen Weg zu suchen, um das Altenheim zu verlassen (z. B. unentdeckt durch einen Ausgang oder indem der Gärtner davon überzeugen werden soll, dass sie nur einen kleinen Ausflug machen).

sich immer wieder dafür entscheiden, die Fiktion der Drachenhort-Geschichte aufrecht zu erhalten. So zum Beispiel auf der zehnten Erzählstation, in der sich der Erzähler einem Gewissenskonflikt ausgesetzt sieht. Die Großmutter ist kurz nach dem Einsteigen in den Wagen eingeschlafen, der Erzähler stellt in einer Selbstreflexion sein Verhalten in Frage: „Du lügst deine Großmutter an. Du lügst sie an, indem du sie in dem Glauben bestätigst, dass ihr Mann am Leben sei. Du hältst eine Illusion aufrecht, um ihr, der Dementen, die unveränderliche Wahrheit seines Todes zu ersparen." (HK 305) Die beiden angebotenen Handlungsverläufe führen entweder zurück ins Heim oder „auf nach Oskoruša." (HK 305) Hält die Leseinstanz der Großmutter gegenüber die Fiktion ihrer gemeinsamen Geschichte aufrecht, kommen die beiden in der Nacht in der Umgebung von Oskoruša an. Im Hinblick auf das Entscheidungsprinzip, durch das die Rezipierenden das einem CYOA inhärente Ziel („the reaching of definite closure"[292]) erreichen, lässt sich in einem Zwischenfazit folgende These aufstellen: Nach der Etablierung einer gemeinsamen fiktionalen Welt zwischen Großmutter Kristina und Enkel Saša müssen sich die Rezipierenden wiederholt für die Aufrechterhaltung der Fiktion entscheiden. Ziel der Abenteuerreise ist das Wiedersehen zwischen Großmutter und Großvater auf dem Feuerfelsen. Das endgültige Ende des Lesespiels wird erreicht, wenn sich die Entscheidungen an den Knotenpunkten an diesem zentralen Reisemotiv orientieren.

Das Strukturprinzip einer entdeckenden Interaktivität, in der sich die Leserschaft die verschiedenen Erzählstränge einer *top-down*-Narration spielerisch erschließen, wird durch den Tod der Großmutter auf einer als faktual markierten Erzählebene destabilisiert. Unmittelbar vor der Ankunft in Oskoruša bricht der Erzähler mit der Geschehensillusion, indem er von der Du-Erzählperspektive unversehens auf die extradiegetische Erzählebene wechselt, die bis dahin in einem typografisch klar abgetrennten Textteil (unter einer horizontalen Trennlinie, Kursivschrift) implementiert wurde: *„Heute ist der 29. Oktober 2018. Ich habe geschrieben: ‚Schmetterlinge sind es nicht, du Esel.' Mein Telefon hat geklingelt. Meine Großmutter ist im Alter von achtundsiebzig Jahren in Rogatica gestorben."* (HK 312) Der Gegenwartsmarker „Heute ist der [...]" ist als Fakutalitätssignal in der Gesamtkonzeption des autobiographischen Romans bereits etabliert. Der Erzähler sieht sich im Arrangement des Erzählspiels infolge dieses Einbruchs der realhistorischen Wirklichkeit in die gemeinsame Fiktion zwischen Großmutter und Enkel der Aufgabe ausgesetzt, mit dieser Verlusterfahrung umzugehen und gleichzeitig als *game master* den Erzählprozess des CYOA zu Ende zu führen. Der Tod der Großmutter stellt eine Zäsur innerhalb des Lesespiels dar und hat Auswirkungen auf dessen Schlussgebungsverfahren: Die Abenteuerreise nach Oskoruša erhält

---

[292] Meifert-Menhard, *Playing the Text, Performing the Future*, S. 123.

durch die Narrativierung von Trauer und Verlust eine zusätzliche affektive Dimension, die sich fortan in den Entscheidungsoptionen auf der extradiegetischen Ebene widerspiegelt. Unmittelbar nach der Todesnachricht hat die Leseinstanz noch nicht die Möglichkeit, mit der Großmutter umzukehren und die Geschichte zu beenden. Das Aufrechterhalten der Fiktion wird nicht zur Wahl gestellt. Der Erzähler arrangiert die Geschichte in ihrem entdeckerischen Interaktivitätsmodus so, dass sie trotz der Zäsur fortfährt, entweder auf dem Hof von Sretoje oder im Haus von Gavrilo. Auf der Skizze des erzählerischen ‚Bauplans' ist zu erkennen, dass die Entscheidung, Sretojes Hof aufzusuchen, eine erste Möglichkeit darstellt, den zentralen Drachenhort-Erzählstrang zu verlassen (Ende an Station 22). Ein weiterer plötzlicher Wechsel der Erzählebene auf die kursiv markierte extradiegetische Ebene dokumentiert die produktionsästhetischen Schwierigkeiten innerhalb der ersten Trauerphase, genauer: am 30. Oktober 2018, dem Tag nach dem Tod der Großmutter: „*Es fällt mir schwer, mich an sie als gesunde Frau zu erinnern. Es fällt mir schwer, meine Großmutter* hier *am Leben zu halten.*" (HK 317) Die Rezipierenden erhalten in der Folge die Möglichkeit an Erzählstation 23 die Abenteuerreise auf den Feuerfelsen abzubrechen und nach Višegrad zurückzukehren. Auch wenn sie durch eine alternative Entscheidung die gemeinsame Fiktion aufrechterhalten, wird an einem zentralen letzten Knotenpunkt als eine von drei Optionen erneut angeboten, mit dem Erzähler zusammen die gemeinsame Fiktion zu verlassen. Für das gattungsspezifische Merkmal der multiplen Enden, das abschließend untersucht werden soll, sind die Entscheidungsoptionen an Erzählstation 25 signifikant, da auf der extradiegetischen Ebene die drei zentralen Enden des Lesespiels eingeleitet werden: (1) die Rückkehr ins Altenheim nach Rogatica, (2) die Trauerfeier in Višegrad, und (3) die Fortführung der Reise auf den Vijarac, die zum endgültigen Ende, also dem Ziel des Lesespiels führt.

(1) Die Rückkehr ins Altenheim nach Rogatica – offene Enden

Das Ende in Rogatica („*Bring Großmutter zurück zum Altenheim*", HK 331) lässt sich im Hinblick auf das Darstellungsverfahren mit den beiden Enden engführen, die vor dem Tod der Großmutter erreicht werden können (Erzählstation 31 und 33). Es handelt sich um offene Enden, die mit dem Besuch des Erzählers im Altenheim schließen, ohne dass den Hauptfiguren ein besonderes Schicksal widerfährt oder ein Grundkonflikt gelöst wird. Während die Geschichte gleich zu Beginn endet (Erzählstation 33), wenn keine gemeinsame erzählte Welt konstituiert werden kann („Du weißt nicht, wen sie mit *wir* meint. Noch weißt du, wo ihr *hier* ist.", HK 342), manifestiert sich in den beiden anderen Schlüssen (Erzählstationen 17 und 31) ein friedliches *happy end*, das die Großmutter einerseits als muntere, bewundernswerte Heimbewohnerin zeigt („Die Finger deiner Großmutter sind zu schnell für die anderen Alten. Sie gewinnt jedes Mal, deine Großmutter hat es drauf.", HK 315) und andererseits den Oskoruša-Ausflug als Fortsetzungsgeschichte des Erzählers markiert, mit der er es vermag, seine Großmutter durch das Geschichtenerzählen zu unterhalten (vgl. HK 340).

(2) Die Trauerfeier in Višegrad – Kreisform
Der zweite Erzählschluss, für den sich die Leserschaft entscheiden kann, wird an der 25. Erzählstation wiederum mit dem Gegenwartsmarker „Heute ist der [...]" eingeleitet. In einer Chronik der Trauerphase befindet sich der Erzähler am 31. Oktober 2018 nicht mehr in Hamburg, sondern in Višegrad: *„Heute kommen die Trauergäste, um ihr die letzte Ehre zu erweisen."* (HK 331) Der Erzähler unterscheidet in diesem Textteil zwischen der faktualen Großmutter („meine Großmutter"), die gestorben ist, und der fiktiven Figur des Lesespiels („deine Großmutter"), die mit der Entscheidung, auf der nachfolgenden Seite weiterzulesen, „nach Hause" (HK 331) gebracht werden kann. Er wechselt zwar auf die Gegenwartsebene der Trauerfeier in Višegrad, hält aber den Du-Erzählmodus des CYOA weiter aufrecht. Es kommt zu einer Überlagerung der beiden Erzählebenen: Auf der einen Seite wird durch den Gegenwartsmarker „Heute ist der 1. November 2018" signalisiert, dass der Erzähler die Erzählebene des Oskoruša-Ausflugs verlassen hat. Auf der anderen Seite taucht die Figur der Großmutter als Dialogpartnerin des Erzählers in direkter Figurenrede weiter auf. Sie existiert lediglich in der Wahrnehmung des Erzählers. In dieser 22. Erzählstation finden sich vor der finalen Schlussgebung zwei weitere Versuche, die der Erzähler wieder verwirft. Alle drei Schlüsse verweisen auf andere Textstellen des Buchs und versuchen damit, Erzählstränge zu schließen. Mit der Frage „Bin das ich?" wiederholt die Figur der Großmutter aus dem Lesespiel den letzten Satz der Großmutter-Figur aus dem ‚Haupttext' (HK 287): Zum Abschied schauen sich Kristina und Saša gemeinsam ein Fotoalbum an, bei dessen Durchsicht die Großmutter im Anblick ihres Vergangenheits-Ichs in Zweifel gerät, ob darin tatsächlich sie abgebildet sei. Die Vervielfältigung des eigenen Selbstbildes in der Vergangenheitsrekonstruktion ist ein grundlegendes Thema des autobiographischen Romans, das im Anschluss an das erste verworfene Ende auch vom Erzähler aus produktionsästhetischer Perspektive aufgegriffen wird. Ähnlich wie in der Reflexion nach dem Oskoruša-Aufenthalt 2009 verweist diese Schlussversion auf die Herausforderungen eines „Selbstporträt[s]" (HK 49), an dessen Ende die im Schreibprozess erlangte Verwunderung über die kontextabhängige Pluralität der Ich-Versionen steht: „Das frage ich mich seit zwei Jahren in diesem Text: Bin das ich? Sohn meiner Eltern, Enkelsohn meiner Großeltern, Urenkel meiner Urgroßeltern, Kind Jugoslawiens, geflüchtet vor einem Krieg, zufällig nach Deutschland. Vater, Schriftsteller, Figur. Bin das alles ich?" (HK 323) Der Erzähler wechselt nach dem ersten verworfenen Ende den Erzählmodus zur Ich-Perspektive, deren Vergangenheitsversionen in ihrer Vielfalt dargestellt wird. Nach den letzten Erinnerungen an die Großmutter (das letzte

Wort, die erste Begegnung mit dem Urenkel) knüpft der Erzähler an die letzten Worte der Großmutter aus dem Epilog an und formuliert ein alternatives Ende des ‚Haupttextes', in dem er der Großmutter noch rechtzeitig eine gute Nacht wünscht. Im Gemeinschaftsraum des Altenheims in Rogatica schreibt er einen Textteil, der in der Spiegelung des Schreibprozesses gleichzeitig das Ende darstellt. Auch dieses Ende wird verworfen, um auf den Schreibprozess des Anfangs von *Herkunft*, der ersten Episode „Großmutter und das Mädchen" zu verweisen und damit den autobiographischen Roman in dieser Schlussversion durch eine strukturelle Kreisform zu schließen. Durch die Rückkehr zur Ausgangssituation des Romans wird entgegen der Ankündigung an Erzählstation 25 die gemeinsame Fiktion aufrechterhalten.

(3) Die Fortführung der Reise auf den Vijarac – endgültiges Ende

Zum endgültigen Ende auf der linearen Ebene der Erzählung (Erzählstation 35) gelangt die Leseinstanz wiederum, indem sie sich an der Erzählstation 25 dafür entscheidet, „niemals auf[zu]hören Geschichten zu erzählen" (HK 331), die gemeinsame diegetische Ebene der Großmutter und des erzählten Ichs also nicht verlässt, mit der Großmutter in das Innere der Höhle eindringt und schließlich im Drachenhort ankommt. Beim Aufruf des Erzählers, die gemeinsame Fiktion aufrecht zu erhalten, handelt es sich um einen intertextuellen Verweis auf den Debütroman des Autors, indem die Erzählfigur Aleksandar seinem verstorbenen Großvater verspricht, das Geschichtenerzählen auch nach traurigen Anlässen nicht einzustellen (vgl. S 31). Indem die Leserschaft dem etablierten Entscheidungsprinzip weiter Folge leistet, werden neue Textteile der Abenteuergeschichte erschlossen, die zum Ziel des CYOA führen: das Wiedersehen von Großmutter und Großvater im Drachenhort auf dem Berg Vijarac. Der Drachenhort wird als „unbegreifliches, schuppig glänzendes Wimmelbild" (HK 339) eingeführt, in dem neben den feuerspeienden Drachen auch weitere mythisches Tiere wie Tatzelwürmer oder Basilisken erscheinen. Großmutter und Enkel erreichen einen Steg, an dessen anderem Ende nur undurchdringliche Finsternis zu sehen ist und der von einem „dreiköpfigen Ungetüm" (HK 339) bewacht wird. Der Erzähler wechselt auf der 35. und letzten Erzählstation zunächst auf die Gegenwartsebene der Trauerfeier und lässt die Figur der Großmutter gegen das Weitererzählen protestieren: „Das Erzählen erhält mich nicht am Leben, Saša!" (HK 345) Saša setzt sich in diesem Dialog über seine Figur hinweg und nimmt durch eine Reihung von Erinnerungsorten (Višegrad, USA, Belgrad, Rogatica) und damit verbundene Erinnerungen an die Großmutter noch einmal Fahrt auf, um letztlich wieder auf der diegetischen Ebene des Drachenhorts zu landen. Angekommen am Übergang zwischen Diesseits und Jenseits wird das Motiv der Oskoruša-Reise nun in die Tat umgesetzt: das Wiedersehen zwischen Großmutter und Großvater. Der Großvater kann achtundvierzig Stunden aus dem Jenseits ausgeliehen werden. In der Wohnung in Višegrad angekommen, trinken die drei zusammen Kaffee. Die

Geschehensillusion der Drachenhort-Geschichte wird erneut durch einen Wechsel auf die Gegenwartsebene gebrochen. In der Chronik der Trauerphase ist nun der 2. November 2018, an dem die Beerdigung der Großmutter stattfindet. Der Erzähler erzeugt in einem weiteren Versuch, die Geschichte zu beenden, einen strukturellen Rahmen, der durch das Wiederaufgreifen der Liste „eine Reihe von Dingen, die ich hatte" (HK 11) eine Parallele zwischen Anfang und Ende zieht. Durch den Tempuswechsel zu „eine[r] Reihe von Dingen, die ich habe" (HK 349) wird die Bewahrung der Erinnerungen in den Geschichten über die danach erwähnten Großeltern Kristina und Pero sowie Nene Mejrema und Muhamed hervorgehoben. In einer kurzen Rückkehr auf die diegetische Ebene der Drachenhortgeschichte kreiert der Erzähler ein Abschlussbild: „Großmutter und Großvater sitzen da und sehen einander an." (HK 345) Das Ende der Drachenhortgeschichte auf der Ebene der Geschichte (*histoire*) ist jedoch nicht das Ende von *Herkunft* auf der Ebene der Erzählung (*discours*). Der Erzähler setzt nach dem Abschlussbild erneut an, um zu schildern „*wie es wirklich war*" (HK 350). Die letzte Erzählstation endet auf der Ebene der erzählten Gegenwart mit der Beerdigung der Großmutter am 2. November. Diese wird, ähnlich wie die Fluchtgeschichte des Erzählers, in erzählerischer Distanz vorgetragen, die sich in der Figurenbezeichnung widerspiegelt: „Die Familie hat sich am Morgen des 2. November am Friedhof versammelt. Ein Neffe trug das Kreuz." (HK 350) Gleichzeitig wird die erwartbare Emotionalität durch ein humoristisches Element umgangen: Die Totengräber schaffen es nicht, den Sarg gerade unter die Erde zu bringen und winken schließlich ab: „Er war ja tief genug und so schief auch wieder nicht." (HK 350) Letztlich zeigen sich am Ende mit der erzählerischen Distanzierung und der Humorisierung von Geschehnissen zwei aus dem autobiographischen Roman bekannte Textstrategien, durch die in *Herkunft* erwartbar emotional behaftete, autobiographische Erinnerungselemente erzählbar gemacht werden.

Die Analyse der multiplen Enden deutet vor allem auf ein Darstellungsverfahren hin, dass de Umgang mit extremen emotionalen Belastungen wie dem Verlust „ein[es] geliebte[n] Mensch[en]" (HK 323) in einen spielerischen Rahmen mit festgelegten Regeln integriert. Die Einbettung von Grenzerfahrungen in ein spielerisches Erzählmodell kann als wiederkehrende narrative Bewältigungsstrategie im Werk des Autors ausgemacht werden. Im *Soldaten* erlangt der Protagonist über ein Erinnerungsspiel, das festgesetzten Regeln folgt, die Kontrolle über Katastrophenerfahrungen im Luftschutzkeller, deren Erinnerungsbruchstücke an vergleichbaren Orten unfreiwillig wiederkehren.[293] In *Herkunft* wird das Angstbild, das den Erzähler in seinem ersten Oskoruša-Aufenthalt unerwartet heimsucht, in

---

293 Vgl. dazu Textteil (3) des Abschnitts „Divergierende Erinnerungsperspektiven zwischen Ortsansässigen und Rückkehrer:innen in Višegrad" in diesem Kapitel (S. 144–150).

eine Episode überführt, die sich inhaltlich am Spielbuch *The Cave of Time*, das das CYOA-Genre begründet, orientiert.[294] Im eigenen CYOA des Erzählers wird nun der Tod der Großmutter als plötzlicher Einfall der Realität in das Lesespiel inkludiert, was die Leserschaft durch deren interaktive Funktion an der Trauerarbeit des Erzählers partizipieren lässt.

---

[294] Vgl. dazu Textteil (1) des Abschnitts „Erinnerungsprozesse in Oskoruša (2009)" in diesem Kapitel (S. 211–218).

4 Instabile Kontinuitäten
Jagoda Marinićs Roman *Restaurant Dalmatia* (2013)

4.1 Autobiographische Dimension und gattungspoetologische Einordnung

4.1.1 Einwanderergenerationen eine Stimme geben – Autobiographische Dimension

Betrachtet man Jagoda Marinićs künstlerisches Selbstverständnis, das sich in der Rubrik *About* auf ihrer Homepage findet, wird deutlich, dass es sich um eine Autorin handelt, die sich dem Konzept einer engagierten Literatur verschreibt. In einem biographischen Artikel, der den Titel „Dem Schreiben gehören die Nächte" trägt, porträtiert das Pseudonym *Jan.ka* die Autorin:

> Jagoda Marinić lebt ein Künstlerbild, das über Wort- und Erzählkunst weit hinausgeht. Ein politischeres. In ihren Geschichten gibt sie Menschen eine Stimme, die ständig auf der Suche sind, nicht immer, weil sie es so wollen, oft auch, weil die engen Muster der Gesellschaft sie dazu bringen.[1]

Ein Hauptbereich dieses gesellschaftspolitischen Engagements ist das Thema Einwanderung, was sich auch in Marinićs Amt als Leiterin des *Interkulturellen Zentrums* in Heidelberg widerspiegelt.[2] Das *IZ* wurde 2014 nach einer zweijährigen Gründungsphase eröffnet, in diesen Zeitraum fällt auch die Publikation von *Restaurant Dalmatia* (2013). Es ist Marinićs erstes erzählerisches Werk, in dem sie sich explizit mit ihrer Herkunft auseinandersetzt. Vor *Restaurant Dalmatia* sind folgende literarische Werke erschienen: Die Erzählbände *Eigentlich ein Heiratsantrag* (2001) und *Russische Bücher* (2005) sowie ihr erster Roman *Die Namenlose* (2007). Die Rede „Was ist deutsch in Deutschland?", die Marinić am 20. April 2013 im Rahmen der 3. Nürnberger Integrationskonferenz gehalten hat, deutet auf eine Neuausrichtung ihres literarischen Schreibens, das ihre Herkunft als Erzählgegenstand ins Zentrum rückt:

> Eine Geburtsurkunde, auf der als Geburtsname Marinić und als Geburtsort Waiblingen steht, kann zur Aufgabe werden. Wie kommt dieser Name dorthin? Welche Geschichte

---

[1] Jan.ka: Dem Schreiben gehören die Nächte. Abgerufen auf: https://www.jagodaMarinić.de/about/ (letzter Zugriff: 09.04.2021).
[2] Zur Gründungsgeschichte des *Interkulturellen Zentrums* in Heidelberg vgl. https://www.heidelberg.de/1597648 (letzter Zugriff: 13.04.2021).

steckt dahinter? Und wer soll sie erzählen? Meine Eltern? Ich? Der deutsche Autor oder Journalist? [...] Ich sagte immer, ich interessiere mich literarisch nicht für meine Herkunft. Und veröffentliche dieses Jahr ein Buch mit dem Titel *Restaurant Dalmatia*.[3]

Mit der Abgrenzung zum „deutsche[n] Autor oder Journalist[en]" ordnet sich Marinić einer interkulturellen Autor:innengruppe zu, die sich im Schreiben mit ihrer eigenen Migrationsgeschichte auseinandersetzt. Dies geschieht in *Restaurant Dalmatia* im fiktionalen Genre eines Romans, der die fiktive Geschichte der Familie Marković aus der Perspektive der von Deutschland nach Kanada ausgewanderten Tochter Mia Markovich erzählt. Sie gehört, wie Marinić selbst, der zweiten Einwanderungsgeneration in Deutschland an. Die in Marinićs Rede bereits markierte autobiographische Dimension lässt sich an einem weiteren paratextuellen Element veranschaulichen: der Widmung an ihren Vater Ivan Marinić. Die deutsch-kroatische Autorin erklärt diese Widmung anlässlich einer politischen Debatte um das Staatsangehörigkeitsgesetz, das die SPD nach der Bundestagswahl 2013 zu reformieren versprach.[4] In einem offenen Brief an den damaligen SPD-Chef Sigmar Gabriel kommentiert Jagoda Marinić den Vorstoß der SPD bezüglich einer neuen Doppelpassregelung, die es in Deutschland geborenen und aufgewachsenen Kinder ausländischer Eltern (zweite Einwanderergeneration) ermöglicht, neben der deutschen Staatsbürgerschaft auch die Staatsbürgerschaft ihrer Eltern zu behalten.[5] Marinić bewertet diese Regelung als „das Mindeste"[6] in einem Land, das aus demographischer Perspektive schon lange ein Einwanderungsland sei und bemängelt, dass die seit Jahrzehnten in Deutschland lebende erster Einwanderergeneration in den neuen Regelungen nicht berücksichtigt wurde.[7] Sie deutet auf

---

[3] Jagoda Marinić: Was ist deutsch in Deutschland? In: *Made in Germany. Was ist deutsch in Deutschland*. Hamburg 2016. S. 118.
[4] Vgl. Christopher Weckwerth: Der Streit um den Doppelpass. Abgerufen auf: https://www.zeit.de/politik/deutschland/2013-03/staatsbuergerschaft-wahlkampf-spd-cdu/komplettansicht (Letzter Zugriff: 22.04.2021).
[5] Jagoda Marinić: Vergastarbeitert, verschaukelt. Erschienen in der *Frankfurter Rundschau* am 06.04.2014. Abgerufen auf: https://www.fr.de/kultur/vergastarbeitert-verschaukelt-11212325.html (letzter Zugriff: 09.04.2021).
[6] Ebd.
[7] Zur Entwicklung des deutschen Staatsangehörigkeitsrechts vgl. Vera Hanewinkel/Jochen Oltmer: Staatsbürgerschaft und Entwicklung der Einbürgerungszahlen in Deutschland. Abgerufen auf: https://www.bpb.de/gesellschaft/migration/laenderprofile/256274/staatsbuergerschaft-und-einbuergerungszahlen (letzter Zugriff: 09.04.2021). Zu Regelungen der doppelten Staatsbürgerschaft unter Berücksichtigung der Gesetzesänderungen im Dezember 2014 vgl. Susanne Worbs: Doppelte Staatsangehörigkeit in Deutschland: Zahlen und Fakten. Abgerufen auf: https://www.bpb.de/gesellschaft/migration/laenderprofile/254191/doppelte-staatsangehoerigkeit-zahlen-und-fakten?p=all (letzter Zugriff: 09.04.2021). Es gibt zwei Möglichkeiten, eine doppelte Staatsbürgerschaft zu besitzen: direkt

Versäumnisse der Bundesregierung, politische Maßnahmen zu treffen, die Einwandererfamilien ein Gefühl der Anerkennung und Zugehörigkeit vermitteln. Im Kern kritisiert sie, dass die geplanten rechtlichen Schritte lediglich als Parteierfolg gefeiert werden und nicht mit einem Anstoß zur Aufarbeitung der Migrationsgeschichte Deutschlands einhergehen. Der Brief hat als Paratext von *Restaurant Dalmatia* einen besonderen Stellenwert, da der Roman mit einer Anekdote explizit Erwähnung findet. Marinić schildert, dass sie das erste Exemplar ihres neuen Romans während der Buchpremiere (Literaturhaus Stuttgart, 10. September 2013) mit einer Widmung an Sigmar Gabriel versehen sollte. Sie wurde von einer Dame um ein handsigniertes Exemplar als Geburtstagsgeschenk für den damaligen Bundesvorsitzenden der SPD gebeten, das ihm diese bei einer kommenden Veranstaltung überreichen wollte. Nun stand auf der ersten Seite „Für Sigmar Gabriel" und auf der letzten Seite die Widmung an ihren Vater, was sie als passend empfand, da sich ihr Vater als ausländischer Arbeiter auch ohne Wahlrecht der SPD zugehörig fühlte:

> Ich hatte einen Roman geschrieben, mit dem ich die Geschichte einer Einwandererfamilie aus der Unsichtbarkeit heben wollte. Oder besser: Ins Sichtfeld auch jener, die sie bislang übersehen haben. Das Buch ist auf seiner letzten Seite meinem Vater gewidmet. Er ist der Mensch, der nach Deutschland kam. Nicht ich. Er ist der Mensch, der hier Arbeit gesucht hat. Ein Einwanderer, der noch nie wählen durfte – und doch bis zur Agenda 2010 über die SPD sprach, als wäre es seine Partei. Ein Dasein als ausländischer Arbeiter übersetzt sich politisch oft in: Die SPD kämpft auch für mich.[8]

Die kommentierte Widmung umreißt die autobiographische Dimension des Romans: Jagoda Marinić versteht sich als öffentlichkeitswirksame Vertreterin von Einwandererfamilien, die besonders einer „stummen, unsichtbaren"[9] ersten Einwanderergeneration eine Stimme geben möchte. Im offenen Brief an Sigmar Gabriel fungiert Marinićs Roman als Kommunikationsmittel, um einen autobiographischen Einblick

---

nach der Geburt oder durch Einbürgerung. In Bezug auf die erste Einwanderergeneration sind die Regelungen durch den Weg der Einbürgerung relevant. Worbs weist darauf hin, dass es neben der „Anspruchseinbürgerung", die eine Aufgabe der bisherigen Staatsangehörigkeit vorsieht, auch Ausnahmen gibt, z. B. sind EU-Bürger nicht gezwungen, ihre bisherige Staatsangehörigkeit abzulegen. Seit dem EU-Beitritt inkludiert diese Regelung auch kroatische Eingewanderten. Ausländische Bürger:innen aus Nicht-EU-Ländern, z. B. aus weiteren Staaten des ehemaligen Jugoslawiens (Bosnien-Herzegowina, Serbien, Montenegro, Nordmazedonien und Kosovo) sowie der Türkei, die zusammen einen großen Anteil in den absoluten Zahlen der Einwanderung ausmachen, können die doppelte Staatsbürgerschaft durch Einbürgerung nicht erwerben (Stand: 2021).

8 Jagoda Marinić: Vergastarbeitert, verschaukelt.
9 Cornelia Geißler: Die halbierte Deutsche. Erschienen in der *Frankfurter Rundschau* am 12.06.2014. Abgerufen auf: https://www.fr.de/kultur/halbierten-deutschen-11051416.html (Letzter Zugriff: 09.04.2021). In einem Interview äußert sich Marinić rückblickend über den offenen Brief an Sigmar Gabriel.

in die Lebenswelt von Einwandererfamilien zu geben und dabei Fragen der Zugehörigkeit, die mit dem Thema der Staatsbürgerschaft einhergehen,[10] und ihre direkte Auswirkung auf die wechselseitige Beziehung zwischen der ersten und zweiten Einwanderergeneration innerhalb der Familien auszuloten: „Ich wünsche mir, dass sie es [das Buch, M.H.] jetzt lesen, bevor über den Gesetzesentwurf entschieden wird, um in Erzählungen die Träume und Risse zu sehen, die sich durch Einwandererfamilien ziehen. Wie schwierig es ist, über Generationen hinweg zusammenzuhalten."[11] Der Roman wird von Marinić als Gesprächsangebot für den zur damaligen Zeit politisch einflussreichen, potenziellen Leser Sigmar Gabriel präsentiert, was sich mit einer „interkulturell engagierten Literatur" engführen lässt, die sich dem Interkulturalitätsforscher Carmine Chiellino zufolge in einem „kulturellen Spannungsfeld zwischen heterogenen kultur-ethnischen Minderheiten und monokultureller Mehrheit"[12] entwickelt. Chiellino bindet sein Verständnis von „interkultureller Literatur" an „eine kulturübergreifende und vielsprachige Literaturbewegung"[13], die sich aus der Arbeitsmigration in Deutschland seit Mitte der 1950er Jahre entwickelte und mit der Bezeichnung „Gastarbeiterliteratur"[14], die sich von Anfang an als „interkulturell engagierte Literatur" verstand, das erste

---

10 In soziologischen Studien ist das Zugehörigkeitsgefühl Bestandteil der Analysekategorie Staatsbürgerschaft: „Die Staatsbürgerschaft wird für gewöhnlich als eine Form der Mitgliedschaft in einer politischen und geografischen Gemeinschaft definiert. Sie kann in vier Dimensionen unterschieden werden: bezüglich des rechtlichen Status, der Rechte, der politischen und anderen Formen der gesellschaftlichen Partizipation sowie des Gefühls der Zugehörigkeit. Mithilfe des Konzepts der Staatsbürgerschaft können wir analysieren, in welchem Ausmaß Immigranten und deren Nachkommen in die Zielgesellschaft eingebunden sind." (Irene Bloemraad/Anna Kortweg/Gökce Yurdakul: Staatsbürgerschaft und Einwanderung: Assimilation, Multikulturalismus und der Nationalstaat. In: *Staatsbürgerschaft, Migration und Minderheiten. Inklusion und Ausgrenzungsstrategien im Vergleich*. Hrsg. v. Gökce Yurdakul und Y. Michal Bodemann. Wiesbaden 2010. S. 13 f.)
11 Jagoda Marinić: Vergastarbeitert, verschaukelt.
12 Chiellino, Carmine: Einleitung: Eine Literatur des Konsens und der Autonomie – Für eine Topographie der Stimmen. In: *Interkulturelle Literatur in Deutschland. Ein Handbuch*. Hrsg. v. Carmine Chiellino. Stuttgart 2007. S. 60.
13 Ebd.
14 Dieser Begriff wurde von seinen ‚Schöpfern' Franco Biondi und Rafik Schami im Sinne einer Selbstermächtigung verwendet: „Wir gebrauchen bewußt den uns auferlegten Begriff vom ‚Gastarbeiter', um die Ironie, die darin steckt, bloßzulegen. Die Ideologen haben es fertiggebracht, die Begriffe Gast und Arbeiter zusammenzuquetschen, obwohl es noch nie Gäste gab, die gearbeitet haben." (Franco Biondi/Rafik Schami: Literatur der Betroffenheit. Bemerkung zur Gastarbeiterliteratur. In: Schaffernicht, Christian (Hrsg.): *Zu Hause in der Fremde*. Fischerhude 1981. S. 123–136, hier S. 134 f.). Zum Begriff „Gastarbeiterliteratur" vgl. Chiellino, Carmine: *Interkulturelle Literatur in deutscher Sprache. Das große ABC für interkulturelle Leser*. Bern 2016. S. 79 f. Einen literaturgeschichtlichen Rückblick unternimmt Karl Esselborn: Von der Gastarbeiterliteratur zur Literatur

Mal begrifflich erfasst wurde. Chiellino, der selbst aktiver Teil in den Anfängen dieser „Literaturbewegung" war, schildert rückblickend, dass es vor allem darum ging, in einem monokulturell geprägten literarischen Feld durch gezielte Provokation sichtbar zu werden.[15] Nun liegen mehr als zwei Jahrzehnte zwischen den Anfängen der „Gastarbeiterliteratur" und der Publikation von Marinićs Roman, in denen sich Literaturwissenschaftler:innen weiter um die Klassifikation von Autor:innen, deren Muttersprache nicht nur Deutsch ist, bemühten.[16] Der Begriff „Gastarbeiterliteratur" ist in seinem zeitgeschichtlichen Kontext zu sehen und eignet sich gewiss nicht als Klassifikationsmöglichkeit für Jagoda Marinićs Roman. In einer dezidiert gesellschaftspolitischen Stoßrichtung, die auf Partizipationsrechte von Migrant:innen zielt, lässt sich jedoch eine programmatische Ähnlichkeit zwischen *Restaurant Dalmatia* und den literarischen Werke einer „Gastarbeiterliteratur" konstatieren. Es gilt, diesen gesellschaftspolitischen Impetus in den Fragestellungen, die an den Roman herangetragen werden, zu berücksichtigen.[17]

4.1.2 Gattungspoetologische Elemente des Familien- und Tagebuchromans in *Restaurant Dalmatia*

Restaurant Dalmatia beginnt mit dem kurzen Kapitel „In jener Nacht", das von allen anderen Kapiteln abweicht, da es keinen Fließtext abbildet, sondern die Umrisse eines Polaroidbildes. Die Aufnahme hat keinen Bildinhalt: Es handelt sich um ein leeres, schwarzes Bild, das allerdings im Zentrum helle Schattierungen aufweist, denn in der Mitte der Bildfläche befindet sich eine kurze, neunzeilige Wechselrede.

---

der Interkulturalität. Zum Wandel des Blicks auf die Literatur kultureller Minderheiten in Deutschland. In: *Jahrbuch Deutsch als Fremdsprache* 23 (1997). S. 47–75.
15 Vgl. Chiellino, Interkulturalität und Literaturwissenschaft, S. 391 f.
16 Einen begriffsgeschichtlichen Überblick, der zeitgeschichtliche Kontexte allerdings vernachlässigt, bietet: Matthias Aumüller: Migration und Gegenwartsliteratur. Überlegungen zum motiv- und gattungsbildenden Potenzial des Migrationsbegriffs als Bestandteil des Kompositums „Migrationsliteratur". In: *Migration und Gegenwartsliteratur. Der Beitrag von Autorinnen und Autoren osteuropäischer Herkunft zur literarischen Kultur im deutschsprachigen Raum*. Hrsg. v. Matthias Aumüller und Weertje Willms. Paderborn 2020. S. 3–24. Die Interdependenz zwischen „literaturwissenschaftlicher Klassifikation" und „politische[m] Diskurs" berücksichtigt dagegen: Christian Steltz: Migrantenliteratur. In: *Wendejahr 1995. Transformationen der deutschsprachigen Literatur*. Hrsg. v. Heribert Tommek et al. Berlin/Boston 2015. S. 156–171.
17 Teilergebnisse des vierten Kapitels dieser Studie wurden bereits in folgendem Artikel veröffentlicht: Matthias Hauk: Instabile Kontinuitäten: Jagoda Marinićs Tagebuchroman *Restaurant Dalmatia*. In: *Trauma – Generationen – Erzählen. Transgenerationale Narrative in der Gegenwartsliteratur zum ost-, ostmittel- und südosteuropäischen Raum*. Hrsg. v. Yvonne Drosihn et al. Berlin 2020. S. 99–113.

Die sprechenden Figuren und der Gesprächsrahmen können erst in den folgenden Kapiteln identifiziert werden: Der Textausschnitt entstammt einem Streitgespräch zwischen Mia und ihrem Partner Rafael, das sich bei der Wiederentdeckung eines speziellen Polaroidfotos entzündete. Im Gegensatz zu der im Kapitel sichtbaren Blankoaufnahme hat das alte Polaroidfoto, das die beiden finden, einen Bildinhalt: Es ist eine Aufnahme aus Mias Jugend, die eine Straßenkreuzung mit der Berliner Mauer im Hintergrund zeigt. In Kombination mit der aufgedruckten Wechselrede, in der eine Stimme zwar versichert, das Bild selbst geschossen zu haben, sich aber an den Entstehungsprozess nicht mehr erinnern zu können, erscheint das Leerbild zu Beginn des Romans als Metapher für Erinnerungen, die nicht mehr abrufbar sind. Die Reise nach Berlin wird zur Erinnerungsreise, die einerseits den vormaligen Lebensmittelpunkt in Deutschland retrospektiv in Augenschein nimmt, aber auch eine innere Reise in (post-)jugoslawische Vergangenheitsepisoden darstellt.

Photographien sind als intermediales Element in literarischen Texten, die Erinnerungsprozesse verhandeln, in der Entstehungszeit von Marinićs Roman ein gängiges erzählerisches Mittel. Seit den 1990er Jahren sind Foto-Text-Verbindungen ein signifikanter Bestandteil von Familien- und Generationenromanen[18], die Erinnerungen an den Zweiten Weltkrieg und den Holocaust verhandeln.[19] Daniel Fulda erkennt in diesen Texten ein „narratives Muster", photographische Abbildungen werden vor allem zur Dokumentation von Familienereignissen eingesetzt: Es handelt sich in diesen Generationenerzählungen im Wesentlichen um „die Ergründung der Geschichte eines fremden Lebens durch das Erzähler-Ich: ein Nachspüren zum einen anhand von plötzlich aufgetauchten Photographien und anderen Dokumenten, zum anderen durch Reisen oder Ausfahrten, [...], aber auch befördert durch

---

[18] Zum umstrittenen Begriff der Familien- und Generationenromane, vgl. Simone Costalgi/Matteo Galli: Chronotopoi. Vom Familienroman zum Generationenroman: In: *Deutsche Familienromane: literarische Genealogien und internationaler Kontext*. Hrsg. v. Simone Costalgi und Matteo Galli. München 2010. S. 7–20. Ausführlich zur Funktion von Fotografien in Texten, „die Erinnerungen an den Zweiten Weltkrieg und Holocaust als Weitergabe im Rahmen eines kommunikativen Gedächtnisses ästhetisch inszenieren, reflektieren und problematisieren" (S. 13), vgl. Silke Horstkotte: *Nachbilder. Fotografie und Gedächtnis in der deutschen Gegenwartsliteratur*. Köln [u. a.] 2009. Horstkottes Textkorpus besteht neben drei Werken von W.G. Sebald (*Die Ringe des Saturn, Die Ausgewanderten* und *Austerlitz*) hauptsächlich aus Autor:innen, die dem „Kanon des neuen neuen Familienromans" (Costalgi/Galli, S. 10) zugeordnet werden: Uwe Timm (*Am Beispiel meines Bruders*), Ulla Hahn (*Unscharfe Bilder*), Monika Maron (*Pawels Brief*) und Stephan Wackwitz (*Ein unsichtbares Land*).

[19] Einen prägnanten Überblick zum Verhältnis zwischen photographischen Abbildungen und literarischen Texten im 20. Jahrhundert bietet: Daniel Fulda: Am Ende des photographischen Zeitalters? Zum gewachsenen Interesse gegenwärtiger Literatur an ihrem Konkurrenzmedium. In: *Literatur intermedial. Paradigmenbildung zwischen 1918 und 1968*. Hrsg. v. Wolf Gerhard Schmidt und Thorsten Valk. Berlin/New York 2009. S. 401–433.

zufällige Begegnungen."[20] Einen Wandel in der Beziehung zwischen Text und Fotografie sieht Fulda darin, dass Generationenerzählungen die Fotografie nicht länger als „Anti-Medium der Literatur"[21] begreifen, sondern das Referenzialitätspotenzial von photographischen Abbildungen affirmativ oder konterkarierend als erzählerisches Mittel einbinden. Gemein ist diesen Texten eine dokumentarische Absicht, die Familiengeschichten aus diachroner Perspektive verhandeln, wobei Fotografien aus produktionsästhetischer Perspektive oftmals als Ausgangspunkt des Erzählens fungieren[22], in *Restaurant Dalmatia* sogar als erstes Kapitel auf der linearen Ebene der Diegese. Unter Berücksichtigung einer groben Einteilung von literarischen Texten mit photographischen Elementen[23] in Werke, die Fotos enthalten (1) und diejenigen, die von Fotos erzählen (2), kann Jagoda Marinić der zweiten Kategorie zugeordnet werden. Es findet sich keine fotografische Abbildung, die einen Bildinhalt zeigt, sondern lediglich ein leeres Polaroidbild, das als Gedächtnismetapher für verblichene Erinnerungen fungiert. Das Bild ist kein „autonomer Bestandteil der fiktionalen Welt"[24], sondern wird durch einen Dialog im Zentrum des Fotos überschrieben, der komplementär zur Gedächtnismetapher den Erinnerungsverlust versprachlicht.

Fulda verweist in seinem Artikel zudem auf die formalästhetische Nähe von Generationenerzählung zum Collageverfahren eines Albums. Die Texte erweckten den Eindruck eines „‚lebensgeschichtlichen Photoalbums', das gerne ‚Familienalbum' genannt wird, weil es vorzugsweise Familienereignisse dokumentiert"[25]. Charakteristisch für diese Darstellungsform ist das Vorhaben, „die Dinge in eine Ordnung zu bringen"[26]. Narrative Kohärenz werde dabei vor allem in der erzählerischen Rahmung des Albums gestiftet. Gerade das Verhältnis zwischen Rahmen- und Binnenerzählung sei für eine albenhafte Erzählkonstellation relevant.[27] Das ästhetische Prinzip eines collageartigen Albums, das Geschichten aus dem Familiengedächtnis

---

20 Fulda, Am Ende des photographischen Zeitalters?, S. 414.
21 Fulda, Am Ende des photographischen Zeitalters?, S. 403.
22 Vgl. Monika Schmitz-Emans: Das visuelle Gedächtnis der Literatur. Allgemeine Überlegungen zur Beziehung zwischen Texten und Bildern. In: *Das visuelle Gedächtnis der Literatur*. Hrsg. v. Manfred Schmeling und Monika Schmitz-Emans. Würzburg 1999. S. 20 f.
23 Vgl. Horstkotte, *Nachbilder*, S. 16. Es handelt sich um eine Hilfskonstruktion, die die beiden Varianten der Foto-Text-Verbindung keiner strikten Trennung unterziehen möchte. Horstkotte weist darauf hin, „daß visuelle und verbale Diskurse sich in intermedialen Texten auf vielschichtige und ambivalente Weise durchmischen und überschneiden." (Ebd., S. 36).
24 Horstkotte, *Nachbilder*, S. 35.
25 Fulda, Am Ende des photographischen Zeitalters?, S. 414.
26 Anke Kramer/Annegret Pelz: Einleitung. In: *Album. Organisationsform narrativer Kohärenz*. Hrsg. v. Anke Kramer und Annegret Pelz. Göttingen 2013. S. 12.
27 Vgl. Kramer/Pelz, Einleitung, S. 13.

enthält, die auf eine bestimmte Art und Weise zu seiner Gesamterzählung zusammengefügt werden, findet sich in *Restaurant Dalmatia*. Die grundlegende Kapitelstruktur, bestehend aus dem Titel, einer Zeit- und/oder Ortsangabe und einem in der Länge variierenden Fließtext, wird nach dem ersten Kapitel bis zum Ende des Romans aufrechterhalten und ruft durch die Zeit- und/oder Ortsangaben das Tagebuch als Textgattung auf.[28] Dies wird auf der Ebene der Diegese dadurch unterstützt, dass das Tagebuch als Ausdrucksform der Protagonistin und Quelle des Polaroidfotos ausgewiesen wird. Mia war in ihrer Kindheit und Jugend Tagebuchschreiberin, das Polaroidfoto fand sie in einem ihrer Tagebücher, die sie „nie wieder gelesen, aber doch mit nach Kanada genommen hat." (RD 17) Die Protagonistin besitzt alte Tagebücher aus den 1980er Jahren, was sich mit der Zeitstruktur der einzelne Tagebuchepisoden verknüpfen lässt. Von den insgesamt sechzehn Kapiteln folgen elf in den Zeitangaben einer chronologischen Reihenfolge die den Zeitraum vom 14. Januar (Abflug in Toronto) bis zum 28. Januar (Rückflug aus Berlin), der zweiwöchigen Berlinreise, abdeckt. Sie bieten den erzählerischen Rahmen für fünf weitere Kapitel, die entweder eindeutig auf einer Vergangenheitsebene situiert sind (z. B. 28. Januar 1989) oder keine Zeitangaben im dafür vorgesehenen Feld haben, sich aber über den Inhalt von der Gegenwartsebene der Reise abgrenzen lassen. Die Tagebuchkapitel „MIJA", „ZORA", „MAJA MARKOVIĆ", „MARKO MARKOVIĆ" und „BABA ANA" sind jeweils kurze Episoden aus dem Leben dieser Figuren. Die Geschichten stellen nicht nur Mias Kindheit und Jugend dar, sondern porträtieren auch die Menschen, die Mia nach Rafaels Aussage nach der Migration nach Kanada „verloren" (RD 20) hat.

Die einzelnen Tagebuchkapitel und die darin zu finden Geschichten, die als „anachronische Erinnerungsfragmente" ein Indiz für die „Instabilität des Sinnstiftungsprozesses"[29] sind, werden durch eine nicht näher beschriebene Erzählinstanz zusammengehalten, die hinsichtlich der diaristischen Form ungewöhnlich ist, da die Textsorte Tagebuch als intimes Medium eine intern fokalisierte, autodiegetische Erzählinstanz kennzeichnet.[30] Unter Berücksichtigung der im Paratext anzeigten Gattung des Romans ist eine Abweichung von konventionellen Vorstellungen eines Tagebuchs wiederum nicht unüblich. Renate Kellner weist in ihrer Studie zum Tagebuchroman darauf hin, dass dieser Gattungsmuster bewusst unterminiere. Die

---

[28] Vgl. Sibylle Schönborn: Tagebuch. In: *Reallexikon der deutschen Literaturwissenschaft*. Band 3: P-Z. Hrsg. v. Jan-Dirk Müller. S. 574: „Tagebücher enthalten nichtfiktionale und fiktionale Prosatexte in chronologischer Abfolge, die im allgemeinen durch ihr Entstehungsdatum markiert und durch die Abfolge von Tagen gegeneinander abgegrenzt sind."
[29] Neumann, Literatur, Erinnerung, Identität, S. 166.
[30] Vgl. Schönborn, Tagebuch, S. 574–577.

konventionelle Vorstellung eines Tagebuches wird „aufgeweicht, erweitert, teils gesprengt oder ironisiert, indem alle Ordnungskategorien systematisch unterlaufen werden."[31] Es stellt sich die Frage, welche Funktion die vom Genremuster abweichende heterodiegetische Erzählinstanz in *Restaurant Dalmatia* haben könnte. Ein Blick auf die Perspektivenstruktur des Romans ist dafür zielführend.

Der Roman beginnt mit einer Temporalangabe als Titel des ersten Kapitels: „IN JENER NACHT". Es handelt sich um eine zeitliche Referenz auf ein Ereignis, das der Instanz des Lesers nur durch eine weitere, vage Temporalangabe („Januar 2013") und einen nicht personalisierten Dialog angedeutet wird. Dieser Dialog wird nicht zeitlich und räumlich verortet, er situiert sich vielmehr in einem subjektiven Zeitempfinden, der den Bewusstseinsinhalt einer Figur darstellt. Das Polaroidbild, die diaristische Angabe und die erinnerte Wechselrede evozieren gleich zu Beginn eine Innenperspektive. Ein weiteres Merkmal des ersten Kapitels ist, dass es Elemente einer kapitelübergreifenden Titelseite aufweist. Die Temporalangabe „Januar 2013" umspannt den zeitlichen Rahmen der Gegenwartsebene: die Auseinandersetzung um die Erinnerungslücken in Toronto, die in Bezug auf den zeitlichen Bezugspunkt – die Zeitangabe des folgenden Kapitels: der 14. Januar 2013 – „vor ein paar Nächten" (RD 10) stattfand, bis zum Rückflug der Protagonistin von Berlin nach Toronto am 28. Januar 2013. Die Foto-Text-Verbindung kann zudem als Motto für den gesamten Roman und Anstoß für die „Reise ins Gestern" angesehen werden.

Im zweiten Kapitel des Romans, das den Titel „RAFAEL" trägt, wird nach dem Polaroidbild zu Beginn des Romans eine Erzählstimme eingeführt. Das Kapitel setzt mit einer Abschiedsszene in Toronto ein, kurz bevor Mia die Reise nach Berlin antritt:

> Sie greift nach dem Koffer und verdreht die Augen: ‚Warum packe ich eigentlich immer zu viel ein? Selbst wenn ich nur drei Tage verreise, packe ich zu viel ein! All das Zeug für keine zwei Wochen Europa!' Plötzlich steht Rafael hinter ihr, atmet ihr in den Nacken und löst ihre Gedanken, ihre rechte Hand vom Gepäck. Sie schließt die Augen, als er nach ihren Handgelenken greift, sie hinter ihrem Rücken zusammenlegt, übereinander. Ihr Rücken rundet sich. Ihre Brust hebt sich. Ihr Kopf fällt mit sanftem Druck gegen sein Schlüsselbein. Er presst ihre Fingerknöchel gegen ihre unteren Wirbel, fährt auf und ab mit ihnen, bis ihr die Knöchel fast wehtun. Sie halten den Atem an, doch sie dreht sich nicht um. Kein Kuss jetzt, nein. Die Entscheidung ist gefallen. Seither ein Beil aus Gestern zwischen den beiden. (RD 10)

In diesem Zitat sind einige Textsignale vorhanden, die auf eine figurale Perspektive hindeuten. Zunächst ist auffällig, dass Mia als Figur nicht eingeführt wird, sondern die Erzählstimme mit dem Personalpronomen *sie* auf eine Person verweist, die ihr

---

[31] Renate Kellner: *Der Tagebuchroman als literarische Gattung*. Berlin 2015. S. 252.

selbst bereits bekannt ist und darüber hinaus im ganzen Kapitel nicht wie Rafael mit ihrem Vornamen benannt wird. Gerade durch die unterschiedliche Benennung der an der Abschiedsszene Beteiligten wird die Nähe der Erzählstimme zu Mia als Protagonistin des Romans von Anfang an deutlich. Das Gedankenzitat in Anführungsstrichen wird im darauffolgenden Satz als erzählte Rede in Form eines Bewusstseinsberichts markiert (Rafael „löst ihre Gedanken"). Es handelt sich um eine interne Fokalisierung der Hauptfigur. Mia ist eindeutig „das Prisma"[32] durch das die erzählte Welt dargestellt wird. Die einzelnen körperlichen Reaktionen auf Rafaels Berührungen werden detailliert geschildert und münden in eine weitere Einsicht in die Denkprozesse der Protagonistin („Kein Kuss jetzt, nein."), die nicht als Gedankenzitat markiert ist, sondern sich ohne Anführungsstriche auf einer Ebene mit dem Erzählertext befindet. Es zeigen sich in der angeführten Textpassage insgesamt einige Merkmale, die auf eine Neutralisierung zwischen Erzählertext und Figurentext ausgerichtet sind, was mit einer besonderen Redeform in Verbindung zu bringen ist – der erlebten Rede[33]. Dass die besprochene Figur gleich zu Beginn in der grammatischen Form der 3. Person eingeführt wird, ruft eine der wesentlichen Eigenschaften dieser Redeform auf, die hier nicht in der üblichen Tempusverschiebung von einem figuralen Präsens zu einem narratorialen epischen Präteritums erscheint,[34] da auf der Gegenwartsebene der Reise in präsentischer Zeitform erzählt wird. Durch den Gebrauch des gleichen Tempus ist die figurale Perspektive der Erzählstimme noch stärker markiert. Lediglich durch die Figurenbezeichnungen (v. a. Personal- und Possessivpronomen) lässt sich konstant erkennen, dass es sich um Erzählertext handelt.

Mit Blick auf das erzählerische Werk von Jagoda Marinić, das vor *Restaurant Dalmatia* veröffentlicht wurde, hat die die personale Erzählform einen besonderen Stellenwert. Es sei hier auf ein signifikantes Beispiel hingewiesen, das vor allem in Bezug auf die tagebuchartige Struktur von *Restaurant Dalmatia* die Funktion dieser Erzählperspektive verdeutlicht. In Marinićs Erzählband *Eigentlich ein Heiratsantrag* weicht eine Geschichte in der basalen Vergleichskategorie der Länge (ungefähr ein Drittel des gesamten Erzählbands) von den restlichen Erzähltexten ab: „Ich

---

[32] Schmid, *Elemente der Narratologie*, S. 126.
[33] Wolf Schmid definiert diese „komplexeste Erscheinungsform der Textinterferenz" folgendermaßen: „*Die erlebte Rede ist ein Segment der Erzählerrede, das Worte, Gedanken, Gefühle, Wahrnehmungen oder die Sinnposition einer der erzählten Figuren wiedergibt, wobei die Wiedergabe des FT* [Figurentexts, M.H.] *weder graphisch noch durch irgendwelche expliziten Hinweise markiert ist.*" (Schmid, *Elemente der Narratologie*, S. 186).
[34] Vgl. Schmid, *Elemente der Narratologie*, S. 186 f.

wünschte, er hätte nie geredet davon, daß man nur eine lieben kann"[35]. Im Kern dreht sich diese Geschichte um eine kurze, intensive Liebesbeziehung zwischen Ivana, der Ich-Erzählerin, und David, einem „Fremden" (EeH 57), den sie im Zug nach Hamburg kennenlernt, woraus sich schlagartig eine enge persönliche Beziehung in Form einer ‚Seelenverwandschaft' zwischen den beiden entwickelt, bis Ivana davon erfährt, dass David eine feste Freundin hat, die gerade ein Auslandsjahr absolviert. Der gefühlsbeladene Inhalt der Geschichte ist für meine Zwecke lediglich in einem Punkt von Interesse: Als Ivana nach einem letzten gemeinsamen Wochenende in Hamburg schlussendlich den Kontakt mit David abbricht und sich in den Zug zurück zur Wohnung ihrer Eltern setzt, ändert sich auch die Erzählperspektive. Die in Aporien verstrickte Ich-Perspektive („Aber vielleicht denke ich auch zu viel, ich fürchte, ich werde mich noch totdenken", EeH 85) wechselt nach einem Absatz zu einer figuralen Erzählperspektive in der dritten Person, die durch eine parataktische Satzstruktur und zeitraffendes Erzählen Distanz zu der zuvor dargelegten Gefühlswelt erzeugt: „Daheim, da fällt sie ihrer Mutter um den Hals, setzt sich zu ihr in die Küche und nickt an den entscheidenden Stellen. Einen Menschen namens David kennt sie nicht mehr in ihrem Leben. Sie hat nun einen Freund. Er ist ganz nett, ihre Mutter mag ihn." (EeH 85 f.) Der Wechsel der Erzählperspektive fungiert als Mittel, sich emotional von einer ausweglos erscheinenden Situation zu lösen. Dieses Prinzip wird im Laufe der Geschichte fortgeführt. Ivana schreibt auch nach dem Kontaktabbruch noch sentimentale Briefe, aus dieser Briefsammlung ist der Abschiedsbrief in der Geschichte kursiviert abgedruckt. Die personale Erzählinstanz distanziert sich wiederum von der Briefschreiberin: „Das, was sie da gelesen hat, kann sie nicht ernst nehmen." (EeH 88) Nach einem Rückfall in die Ich-Perspektive („Manchmal hab ich das Gefühl, das Jetzt von damals sei immer noch." EeH 88) erlangt die figurale Erzählstimme in der dritten Person wieder die Kontrolle über die Gefühlsanwandlungen: „Sie faßt sich wieder, verzieht den Mund und lacht nun doch über sich." (EeH 89) Das Nähe-Distanz-Prinzip, das sich in der Perspektivenstruktur dieser Geschichte offenbart, ermöglicht der personalen Erzählstimme, die exzessive Gefühlswelt der Ich-Erzählerin auszutarieren, ohne sich jedoch endgültig von der Erinnerung an David befreien zu können: „Sie kickt die Briefschachtel unters Bett, eilt in die Küche und kann trotz des Lachens über sich nicht ganz abstreifen, was sie eben wiedergelesen hat." (EeH 89) Der Wechsel von der ersten Person in die dritte Person offenbart sich als Bewältigungsstrategie in einer emotionalen Krisensituation der Erzählfigur. Über einen nicht personalisier-

---

[35] Jagoda Marinić: *Eigentlich ein Heiratsantrag*. Frankfurt a. M. 2001. Zitate werden nachfolgend mit den Sigel EeH abgekürzt.

ten Reflektor[36] sucht die Erzählfigur einen Ausweg aus einer sich zuspitzenden Gefühlsaporie. In Marinićs zweitem Roman *Restaurant Dalmatia* ist ein ähnliches Erzählprinzip in der Tagebuchstruktur festzustellen. Die für eine diaristische Form typische Ich-Perspektive ist zwar nicht vorzufinden, durch eine figurale Erzählstimme, die Erzählertext und Figurentext weitestgehend neutralisiert, kann die auf der Gegenwartsebene aus Mias Wahrnehmungsperspektive dargestellte erzählte Welt auch ohne die erste Person Singular als intimer Einblick in die Innenwelt der Hauptfigur gelten. Die Erzählstimme fungiert wie in der Geschichte „Ich wünschte, er hätte nie geredet davon, daß man nur eine lieben kann" als Reflektor, der sich mit einer Krise des Subjekts auseinandersetzt, die für das Genre des Tagebuchromans kennzeichnend ist.[37]

4.2 „Du hast deine Menschen verloren, das ist es!" – Mias Reisemotiv

Die personale Erzählstimme des Romans berichtet über die Vorgeschichte der Reise in Toronto assoziativ und bruchstückhaft, sodass die Ausgangssituation der Hauptfigur in Kanada aus verschiedenen Textteilen rekonstruiert werden muss, um die Beweggründe für die Reise nach Berlin herauszuarbeiten. Als zentraler Einschnitt in Mias Biographie ist die Migration nach Kanada zu sehen, die im Roman nicht genau datiert ist. Der zeitliche Rahmen der Migration kann deshalb nur vage über den Erinnerungsinhalt der Protagonistin erschlossen werden. Während Mias Studienaufenthalt in Toronto, der dem endgültigen Wechsel ihres Lebensmittelpunkt von Berlin nach Toronto vorausgeht, wird sie häufig mit den zu dieser Zeit gegenwärtigen Jugoslawienkriegen konfrontiert.[38] Daraus lässt sich schließen, dass Mia im Jahr 2013 bereits länger als zehn Jahre in Toronto lebt. Im Gegensatz zu den Figuren von Jagoda Marinićs vorangehendem Erzählwerk wurde Mias Migrationsgeschichte nun um einen Erzählraum erweitert. Ging es in vielen ihrer Texte, die vor *Restaurant Dalmatia* erschienen sind, um eine Lebensgestaltung zwischen

---

36 Zu Stanzels Konzept der Reflektorfigur vgl. den schematischen Überblick in Abgrenzung zur Erzählerfigur: Stanzel, *Theorie des Erzählens*, S. 222 f.
37 Vgl. Kellner, *Der Tagebuchroman als literarische Gattung*, S. 223–226.
38 Welcher Krieg genau gemeint ist – die Kriege in Slowenien, Kroatien und Bosnien Anfang bis Mitte der 1990er Jahre (offizielles Kriegsende: Abkommen von Dayton, Ende 1995) oder der Kosovokrieg 1998/1999 – lässt sich dem Text nicht direkt entnehmen. In Verbindung mit der Information, dass Mia zum Zeitpunkt des Erzählens 38 Jahre alt ist (vgl. RD 70), spricht vieles dafür, dass der Kosovokrieg 1998/1999 Anlass zu den Gesprächen über die Jugoslawienkrieg bot und Mias Entscheidung für Kanada als Lebensmittelpunkt Ende der 1990er/Anfang der 2000er Jahre getroffen wurde.

Deutschland und einem weiteren Herkunftsland (Kroatien[39] oder Italien[40]), weitet sich der Bewegungsraum mit Kanada um ein außereuropäisches Einwanderungsland, dessen Umgang mit dem Thema Migration im Roman einen Kontrast zur Ein-

---

[39] Ein Beispiel aus einer binationalen Migrationsgeschichte aus der Perspektive der ersten Einwanderergeneration stellt die Geschichte „Kurzbiographie" aus dem Erzählband *Eigentlich ein Heiratsantrag* dar. Es werden die verschiedenen Phasen einer Arbeitsmigration beschrieben, die vor dem Hintergrund der Migrationsgeschichte Deutschlands im 20. Jahrhundert mit dem Phänomen der sogenannten Gastarbeiter in Verbindung zu bringen sind: Der Vater der Familie arbeitet in Deutschland, die Mutter und die Kinder kommen nach, beide Eltern arbeiten hart, um ein eigenes Haus im Dorf – ihren gemeinsamen Traum – finanzieren zu können. Im Rahmen der Rückkehr in den Herkunftsraum kommt der Unterschied zwischen der ersten und der zweiten Generation zum Vorschein: „Als die beiden dann endlich anfingen zu bauen, da waren die Kinder ihrerseits selten da, wo die Eltern waren. Sie sind geblieben, in diesem Land, dieses Deutschland, das sie heute gar nicht mehr mag, genausowenig wie dieses Haus, und wenn sie es sich ganz offen gesteht, dann hat sie es eigentlich noch nie wirklich gemocht." (EeH 109) Während in der Kurzbiographie der Eltern das Leben in Deutschland lediglich als zeitweiliger Arbeitsaufenthalt erscheint, haben die Kinder dort selbstbestimmt ihren Lebensmittelpunkt festgesetzt. Die Arbeitsmigration führt letztlich zur räumlichen Trennung der Familie, die die Mutter ohne ihren zum Erzählzeitpunkt bereits verstorbenen Mann einsam im groß angelegten Familienhaus, in dem für jedes Kind eine Wohnung vorgesehen war, zurücklässt.

[40] Während sich die Erzählinstanz im Text „Kurzbiographie" (EeH 107–110) der Innenwelt der kroatischen Mutter als Teil der ersten Einwanderungsgeneration nähert und deren tristes Dorfleben nach der Rückkehr in ihr Herkunftsland skizziert, finden sich in weiteren Geschichten aus Marinićs Erzählbänden vor allem auch Figuren, die der zweiten Einwanderungsgeneration zugeordnet werden können und einen Einblick in deren Umgang mit der eigenen Migrationsgeschichte geben. Ein Beispiel ist Lara, Tochter einer italienischen Einwandererfamilie, eine Figur der gleichnamigen Erzählung in Marinićs zweitem Erzählband *Russische Bücher*. Der Ich-Erzählerin schildert Lara die inneren Konflikte, die in der Auseinandersetzung mit der eigenen Migrationsgeschichte aufbrechen: „Die meisten reden mir ein, daß ich nicht viel für das Land und die Menschen dort empfinden kann, weil ich in Deutschland aufgewachsen bin. Sie sind ja sozusagen eine Deutsche, Italien kennen Sie doch nur als Touristin, sagen sie. Die Feinfühligen fragen, ob ich mir denn vorstellen könne, nach Italien zurückzugehen. Als wäre ich ausgewandert und nicht meine Eltern, als wäre das für mich ein Zurück. Ich antworte mit Nein. Ich habe nie da gelebt, sage ich, wie soll ich also zurück?" (RB 68) Die unbefriedigenden Gespräche über die Bedeutung Italiens als Herkunftsraum verdeutlichen einerseits das Unvermögen der Gesprächspartner:innen, sich in Laras ‚Identitätsstress' hineinversetzen zu können und offenbaren andererseits die Suchprozesse der Figur, die über die schlichte Entscheidung *entweder/oder* hinausführen. In der Figurenrede kommt sowohl die Sehnsucht nach dem italienischen Herkunftsraum („Ich brauche Italien." – RD 68) als auch die Angst davor, diesen Teil ihrer Identität zu verlieren, zum Vorschein: „Ich lebe mit der Angst, mich in Deutschland zufrieden zu fühlen, weil ich mich damit abfinden, weil ich zufrieden sein könnte, mit dem Zustand, in dem ich so wenig von mir verwirklicht sehe." (RB 70)

wanderungspolitik Deutschlands bildet.⁴¹ Mia gehört in Kanada genau wie ihre Eltern in Deutschland zur ersten Einwanderungsgeneration. Es ist der Umgang mit der Herkunftsgeschichte und die Frage nach der Zugehörigkeit im Aufnahmeland, die im Text als Differenzkriterien zwischen Kanada und Deutschland schematisch verhandelt werden. In Kanada, das als klassisches Einwanderungsland gilt,⁴² da dessen Bevölkerung zu einem Großteil von Eingewanderten abstammt, spielt Herkunft als Unterscheidungskriterium eine untergeordnete Rolle. Mia nimmt wahr, dass sie in Toronto nicht mehr ständig nach dem „Woher" und dem „Wohin" (RD 50) gefragt wird und Migrationsgeschichten in zwischenmenschlichen Beziehungen als Differenzmerkmal zwischen ‚Inländern' und ‚Ausländern' nicht in den Vordergrund gerückt werden: „Das Gestern war nicht vergessen, es lag jedoch nicht über, sondern unter dem Jetzt." (RD 50) Der starke Fokus auf der Gegenwart geht mit Mias Beobachtung einher, dass Migrationsgeschichten in Kanada zum dominanten Identitätsmodell einer Einwanderungsgesellschaft gehören, wodurch gesellschaftliche Zugehörigkeit und Teilhabe institutionell gefördert wird. Der Soziologe Rainer Geißler verweist auf die „Philosophie des Multikulturalismus", die 1971 durch den damaligen Premierminister Pierre Trudeau „zur bis heute gültigen Staatsideologie erhoben wurde"⁴³. Unter den ausgearbeiteten Grundprinzipien dieser als

---

41 Kanada und Deutschland werden in soziologischen Studien zum Thema Einwanderung häufig als Beispiele für „ein Einwanderungsland klassischen Typs" (Kanada) und „ein Einwanderungsland modernen Typs" (Deutschland – Geißler, Multikulturalismus, S. 171) verglichen. Viele Studien setzen sich kritisch mit dem Narrativ auseinander, dass Deutschland von Kanada als Vorreiter einer kulturell diversen Einwanderungsgesellschaft ‚lernen' kann, vgl. Rainer Geißler: Multikulturalismus – das kanadische Modell des Umgangs mit Diversität. In: *Neue Vielfalt der urbanen Stadtgesellschaft.* Hrsg. v. Wolfdietrich Bukow et al. Wiesbaden 2011. S. 161–174; die Zeitschrift *Comparative Migration Studies (CMS)* widmete dem Vergleich zwischen Kanada und Deutschland eine Sonderausgabe: Harald Bauder, Patti Tamara Lenard, Christine Straehle: Lessons from Canada and Germany. Immigration and Integration Experiences Compared. In: *Comparative Migration Studies 2014 2(1).* S. 1–7; die Artikel dieser Ausgabe problematisieren vor allem auch ein idealisiertes kanadisches Modell, vgl. Harald Bauder: Re-Imagining the Nation. Lessons from the Debates of Immigration in a Settler Society and an Ethnic Nation. In: *Comparative Migration Studies 2014 2(1).* S. 9–27; Elke Winter: Traditions of Nationhood or Political Conjuncture? Debating Citizenship in Canada and Germany. In: *Comparative Migration Studies 2014 2(1).* S. 29–56.
42 Einen konzisen Überblick zur Einwanderungsgeschichte Kanadas im Vergleich zu Deutschland bietet Brauder, Re-Imagining the Nation, S. 12–15.
43 Geißler, Multikulturalismus, S. 164. Der Begriff „Multikulturalismus" ist ein semantisch offener Begriff, „dessen Bedeutung je nach Kontext und Autor variiert" (Bloemraad et al., Staatsbürgerschaft und Einwanderung, S. 24). Ich stütze mich bei der Begriffsverwendung auf die Ausführungen von

"Mosaik"[44] metaphorisch umschriebenen Einwanderungsgesellschaft ist ein Aspekt für Mias Reisemotiv besonders relevant. Geißler nennt das *Prinzip der kulturellen Gleichwertigkeit und gegenseitigen Toleranz*, das den Umgang mit der Herkunftsgeschichte von Einwanderergruppen regelt. Das kanadische Modell sieht eine „hierarisch strukturierte Doppelidentität"[45] vor, die eine Identifikation mit der kanadischen Einwanderungsgesellschaft priorisiert, aber gleichzeitig die Identifikation mit einer Herkunftsgruppe anerkennt und fördert. Geißler spricht von einem verfassungsrechtlich festgelegten „Recht auf Differenz"[46], das sich in empirischen Studien als gemeinschaftsstiftend herausgestellt hat: „Die Verankerung in der Eigengruppe fördert das Selbstbewusstsein und die psychische Sicherheit der Individuen und schafft so die Voraussetzung für die Offenheit gegenüber anderen ethno-kulturellen Gruppen, die dann Toleranz und interethnische Kontakte erst ermöglicht."[47] Gerade die „Verankerung in der Eigengruppe" wird in *Restaurant Dalmatia* zum Erzählgegenstand: Mia hat einerseits keine Herkunftsgruppe in Toronto, sie geht deutschen und kroatischen Einwanderergruppen aus dem Weg (vgl. RD 134). Andererseits ist überhaupt fraglich, auf welchen Herkunftsraum sie sich als ‚Bindestrich-Kanadierin' stützen soll, was auf den Umgang mit Einwanderung in Deutschland zurückzuführen ist, der im Roman als Kontrastfolie präsentiert wird. Dabei ist der historische Kontext, auf den sich *Restaurant Dalmatia* bezieht, zu beachten. Mia ist zum Zeitpunkt der erzählten Gegenwart 38 Jahre alt (vgl. RD 70). Durch fehlende Bezüge zum zeitlichen Rahmen der Migration nach Kanada in Mias Erinnerungen kann nur ein grober Zeitraum um die Jahrtausendwende konstatiert werden. Mia absolviert ein halbjähriges Auslandssemester in Toronto und legt dort das „Gewicht von Gestern" (RD 50) ab, das sie mit ihrem Leben in Deutschland verbindet. Während das „Gestern" (RD 50) – semantisch als das Leben vor der Migration zu verstehen – in Kanada eine untergeordnete Rolle spielt, ist dieses Identitätsmerkmal in Deutschland wesentlich und führt zu einer Abgrenzung innerhalb der Gesellschaft zwischen ‚Deutschen' und ‚Ausländern', was sich im Text beispielsweise an Mias Diskriminierungserfahrungen während

---

Rainer Geißler, der die in praktische Politik verwandelte „Philosophie des Multikulturalismus" in ihren Grundprinzipien erläutert (vgl. Geißler, Multikulturalismus, S. 164–166).
44 Geißler, Multikulturalismus, S. 166. Die Metapher des Mosaiks ist als Abgrenzung zum US-amerikanischen *melting pot* zu verstehen: „Die Vielfalt der Kulturen soll nicht in einem ‚melting pot' eingeschmolzen werden, sondern jede ethno-kulturelle Gruppe soll – wie die Steinchen bzw. Teile eines Mosaiks – ihre spezifische Farbe oder Form erhalten, und alle Gruppen zusammen formieren sich dann als Teile mit ihren Besonderheiten zu einem bunten und vielgestaltigen Gesamtbild." (ebd.).
45 Geißler, Mulitkulturalismus, S. 164.
46 Geißler, Mulitkulturalismus, S. 164.
47 Geißler, Mulitkulturalismus, S. 164.

der Kindheit und Jugend widerspiegelt: „Mija behauptet jeden Tag, wenn sie von der Schule nach Hause kommt, die Lehrer in Moabit denken, sie könne weniger als die anderen, nur weil sie Ausländerin ist und die dort kaum Ausländer gewohnt ist." (RD 26) Ein bedeutender Faktor, der in Bezug auf den gesellschaftspolitischen Umgang mit Einwanderung berücksichtigt werden muss und auch einen Teilbereich des politischen Engagements der Autorin Jagoda Marinić darstellt, ist das Staatsangehörigkeitsrecht, das im Zeitraum um die Jahrtausendwende deutliche Unterschiede zwischen Kanada und Deutschland aufweist. Während in Ländern wie den USA und Kanada das Bodenrecht gilt (*jus soli*), wodurch der Ort der Geburt über die Staatsbürgerschaft entscheidet, galt in Deutschland noch bis 2000 ein uneingeschränktes Abstammungsprinzip, die Zugehörigkeit zum deutschen Staat war durch das Blutrecht (*jus sanguinis*) geregelt.[48] Mia war vor ihrer Migration nach Kanada, obwohl sie in Berlin geboren und aufgewachsen ist, rechtlich eine Ausländerin. In Bezug auf den gesellschaftlichen Status der zweiten Einwanderergeneration, der Mia angehört, stehen sich die Regelungen in Kanada und Deutschland vor 2000 diametral gegenüber. Wenn Rafael Mia auffordert, „*zurück nach Hause*" (RD 10) zu gehen, ist eine eindeutige Verortung des Herkunftsraums für Mia mit Schwierigkeiten verbunden. Ihre Eltern sind nach Jahrzehnten als sogenannte Gastarbeiter in Berlin wieder nach Split zurückgekehrt (vgl. RD 58) und es ist davon auszugehen, dass sie selbst keinen deutschen Pass besitzt, der ihre Zugehörigkeit rechtlich beglaubigt. Hinzu kommt der gesellschaftliche Umgang mit ihrer Migrationsgeschichte in Deutschland, der einerseits mit Diskriminierungserfahrungen als „Ausländerin" einhergeht und andererseits mit Bezug auf ihre kroatische Herkunft vor dem Hintergrund der Jugoslawienkriege der 1990er Jahre zu Stigmatisierungen führt. Letzteres wird von Mia als weiteres Differenzkriterium zwischen Kanada und Deutschland erinnert. Während sie in Deutschland, wenn es um die Kriege ging, als „Trägerin einer genetisch festgeschriebenen Aggression" (RD 51) wahrgenommen wurde, galt ihre Herkunft in den Gesprächen während ihres Auslandssemesters in Kanada vielmehr als Expertentum: „Sie fühlte sich eher wie eine Zeugin, eine, die näher dran war und daher mehr wissen konnte." (RD 51) Eine Distanz zwischen der Kriegsthematik und ihrer Herkunft ermöglicht auch die Benennung der Jugoslawienkriege: Während sie sich in der Formulierung vom „Krieg auf dem Balkan", wie er in Deutschland benannt wurde, vorwurfsvoll mitgemeint fühlt, ermöglicht ihr die Bezeichnung als „europäische[r] Krieg" in Kanada eine Trennung zwischen der emotionalen Bindung an ihren Herkunftsraum

---

[48] Zur Debatte um das *jus soli* und die doppelte Staatsbürgerschaft, die zu einer Reformierung des Staatsangehörigkeitsrechts zur Jahrtausendwende führte, vgl. Gianni D'Amato: Die politisch-rechtlichen Bedingungen. In: *Interkulturelle Literatur in Deutschland. Ein Handbuch.* Stuttgart 2007. S. 30–33.

und der sachbezogenen Einschätzung der Kriege. Die ausbleibenden Zuschreibungen empfand Mia als Befreiung: „Sie fühlte sich erstmals durch die Fragen nicht festgelegt." (RD 51)

Das Selbstverständnis der kanadischen Gesellschaft als Einwanderungsgesellschaft erweist sich für die Studentin Mia zunächst als Nährboden der eigenen Selbstverwirklichung. Sie landet in der „Kunstszene" (RD 50) und ist dort umgeben von Menschen, „nach denen sie gesucht hatte" (RD 50), zeigt sich begeistert vom gesellschaftlichen Zusammenleben, das sich durch pragmatische Hilfsbereitschaft auszeichnet und mit einem entpersonalisierten Bürokratieapparat in Deutschland kontrastiert. Am Höhepunkt ihrer „nach vorne" (RD 136) ausgerichteten Selbstverwirklichung, der Aufstieg zur Künstlerin, wird sie nun von der paralysierenden Vorstellung heimgesucht, das „Gestern" endgültig zu verlieren. Mia wird durch den Gewinn eines renommierten Fotowettbewerbs in Toronto schlagartig berühmt, von einer Hobby-Fotografin mit „Brotjob" (RD 19) zur preisgeldgeförderten Fotokünstlerin. Nach ihrem Studium der *Visual Arts* entschied sie sich für die Fotografie als künstlerisches Ausdrucksmedium und wurde von ihrem persönlichen Umfeld darin bestärkt, sich über Fotowettbewerbe und eigene Ausstellungen im Bereich der Kunstfotografie einen Namen zu machen. Ihr Leben gerät nach dem Gewinn des internationalen *Grange Prize*[49] durch eine Schaffenskrise aus den Fugen: „Sie hatte ihren Hunger auf Motive verloren. Seit Wochen fand sie kein Motiv, das sie fesselte." (RD 19) Um die Zusammenhänge zwischen Schaffens- und Identitätskrise zu identifizieren, ist ein Blick auf Mias künstlerisches Selbstverständnis erkenntnisfördernd. Die Entwicklung einer eigenen Ästhetik verbindet die Erzählstimme mit Mias akademischer Ausbildung an der *University of Toronto*: „Im Studium lernte sie, das eigene Leben wie ein Kunstwerk zu betrachten." (RD 53) Als Ergänzung zu dieser kalenderspruchartigen Wendung benennt sie den kanadisch-armenischen Regisseur Atom Egoyan (*1960) als Lehrmeister[50] und ästhetisches Vorbild:

> Mittendrin und außen vor zugleich, das kann die Rolle des Künstlers sein. So zeigten es seine Filme, die neben der Geschichte, die sie erzählten, auch behaupteten, ein Künstler dürfe seinen Stoff nicht mit dem Leben verwechseln, aber er dürfe seinen Stoff auch nicht nur fernab vom eigenen Leben sehen und suchen. In Egoyans Vorlesungen hatte sie am meisten über die Möglichkeiten gelernt, das eigene Leben vor eine Linse zu setzen und es anderen zugänglich zu mache. Ohne es auszubeuten oder sich selbst zu verfremden. (RD 53)

---

[49] Der Grange Prize wurde 2007 als Auszeichnung für zeitgenössische kanadische und internationale Fotokunst eingeführt (Preisgeld: 50 000 kanadische Dollar). 2013 wurde dieser Preis in „Aimia/Ago Photography Prize" umbenannt. Vgl. https://ago.ca/aimia-ago-photography-prize (letzter Zugriff: 23.04.2021).
[50] Atom Egoyan unterrichtete tatsächlich von 2006–2009 an der *University of Toronto*: vgl. https://www.cbc.ca/news/entertainment/egoyan-takes-teaching-role-at-u-of-t-1.601673.

An diesem Textzitat ist zu erkennen, dass ein autobiographischer Ansatz Mias Kunstverständnis auszeichnet. Das vage formulierte Konzept, „das eigene Leben vor eine Linse zu setzen", kann mit intertextuellen Referenzen präzisiert werden. Mit *Next of Kin* und *Family Viewing* werden im Text zwei Beispiele aus Egoyans Filmographie angeführt. Für Egoyans Filme[51] haben „die biografischen Erfahrungen der Immigration [...] eine zentrale Bedeutung."[52] Er migrierte als Dreijähriger mit seiner armenischen Familie 1963 nach Kanada und brach bereits früh mit seiner armenischen Herkunft, indem er beispielsweise verweigerte, Armenisch als Muttersprache der Eltern zu lernen.[53] Als Teil der zweiten Generation einer Einwanderungsfamilie ging die Assimilation in Kanada mit einer Ablehnung der kulturellen Teilidentität einher. Während der Zeit am Trinity College an der *University of Toronto* findet Egoyan Zugang zur eigenen Migrationsgeschichte, die sein filmisches Werk prägte, das sich „immer wieder mit Fragen nach Exil und Einwanderung sowie Identität und Erinnerung"[54] beschäftigt. Dies zeigt sich vor allem in der Auswahl der Figuren, die sich „aufgrund ihres kulturellen Hintergrunds [...] von ihrer Umgebung und oft auch von sich selbst entfremdet haben."[55] Die Referenz auf Egoyan bekräftigt den Analyseschritt, die unscharfe Inspirationsquelle „das eigene Leben" auf die familiäre und kulturelle Herkunft zu beziehen, vor allem da auch die beiden angeführten Filme *Next of Kin* und *Family Viewing* in diesem Themenfeld verorten werden können.[56] Ein wechselseitiges Verhältnis zwischen der eigenen Identitätskonstitu-

---

51 In Egoyans Filmographie ist grundlegend zwischen einem Früh- und Spätwerk zu unterscheiden: „Atom Egoyan entwickelt sich im Laufe seines filmischen Werks vom radikalen, avantgardistischen Reformer zum teils beinahe konservativ anmutenden Unterhaltungsregisseur – eine Entwicklung, die besonders vor dem Hintergrund seiner bis heute höchst selbstreflexiven Haltung zur eigenen Rolle als Regisseur spannend ist." (Julia von Lacadou: *Mediale Erinnerungen: Ästhetisch-dramaturgische Entwicklung im Kino von Atom Egoyan.* Baden-Baden 2017. S. 11). Meine Ausführungen beziehen sich vordergründig auf das Frühwerk.
52 Von Lacadou, *Mediale Erinnerungen*, S. 9.
53 Vgl. Eintrag „Egoyan, Atom" in Munzinger Online/Personen – Internationales Biographisches Archiv, URL: http://www.munzinger.de/document/00000023263 (abgerufen von Albert-Ludwigs-Universität Freiburg Universitätsbibliothek am 23.4.2021).
54 Eintrag „Egoyan, Atom" in Munzinger Online/Personen.
55 Von Lacadou, *Mediale Erinnerungen*, S. 9.
56 Zum Plot der Filme, die durch einen Schwerpunkt auf dem Konnex zwischen Erinnerung und Identität dem grundlegenden Thema von *Restaurant Dalmatia* nahestehen, vgl. von Lucadou, *Mediale Erinnerungen*, S. 13 f.: „In NEXT OF KIN (1984) gibt die Erinnerung an einen verlorenen Sohn den Ausschlag für die Handlung: Der 23-jährige Peter erfährt von der Einwanderer-Familie Deryan, die ihr erstes Kind Bedros als kleinen Jungen zur Adoption freigegeben hat und nun von der Erinnerung an ihn geplagt wird. Peter gibt daraufhin vor, Bedros zu sein und lässt seine eigene Familie – und Identität – hinter sich, um bei den Deryans einzuziehen und sie durch das Schaffen neuer, fiktiver Familienerinnerungen zu versöhnen. Auch in FAMILY VIEWING geht es um

tion und dem künstlerischen Schaffensprozess ist dem von Egoyan verkörperten Kunstverständnis, das Mia leitet, inhärent. Konkrete Beispiele aus ihrem fotokünstlerischen Werk werden im Roman zwar nicht erwähnt. Neben dem von Egoyan geprägten ästhetischen Programm deutet aber auch die künstlerische Beratung, die Mia für die Einreichung ihrer Werke hinzuzog, auf das zentrale Thema der Identität in ihrem Schaffen hin. Sie holte sich Hilfe bei Sophie und Kenneth, die eine Kunstgalerie in Toronto führen.[57] Die Erzählstimme weist darauf hin, dass es sich bei Kenneth um einen „erfahrene[n] Kurator und Kunstsammler" (RD 19) handle, der sich außerdem „für die fotografische Erkundung afroamerikanischer Identität engagierte" (RD 19).

Wie sehr Mias künstlerisches Schaffen von ihrer Identität als Einwanderin abhängt, offenbart sich am deutlichsten im Moment der Krise. Der Gewinn des renommierten *Grange Prize* verschafft ihr ein Gefühl von gesellschaftlicher Akzeptanz und Zugehörigkeit im Einwanderungsland Kanada, was sich jedoch negativ auf ihre Arbeit als Künstlerin auswirkt: „Gestillt war das Verlangen nach Bildern, befriedet die Unruhe der Deplatzierten. Ihr Platz war ihr nun zuteil geworden [sic!]. Und wie sie ihn eingenommen hatte, schlossen sich mit jedem Tag Türen in ihr. Bis sie die Wohnung nicht mehr verließ." (RD 19) Mias lethargischer Rückzug ins Innere ist Gegenstand der Streitgespräche mit ihrem Freund Rafael. Da Mia zunächst keine psychotherapeutische Behandlung annehmen will („Sie kam nicht aus der Welt der Psychologen.", RD 19), beschränkt sich die Kommunikation über ihre Identitätskrise auf Rafael. Er stellt Verdachtsdiagnosen auf, die um Mias emotionale Verbindung zu ihrem Herkunftsraum kreisen und ihr im Kern attestiert, dass sie noch keinen Weg gefunden hat, ihre Vergangenheit vor der Migration als Teil der Doppelidentität einer ‚Bindestrich-Kanadierin' in ihr neues Leben in Kanada zu integrieren: „Mia, du willst keinen Platz in dieser Welt hier. Du willst ihn nicht, weil du denkst, so bleibst du in deiner. Sag was du willst, aber so ist es!" (RD 20) Rafael selbst gehört der zweiten Generation einer italienischen Einwandererfamilie an, hat eine ähnliche akademische Ausbildung wie Mia – die beiden haben sich in einem Seminar an

---

die Erinnerung an eine Verschwundene: Der Familienvater Stan versucht, jegliche Erinnerung an seine frühere Frau und die Mutter seines Sohnes Van zu verdrängen, indem er seine Schwiegermutter Armen in ein Altenheim abschiebt und alte Videoaufnahmen aus der Kindheit seines Sohnes überspielt. Dies motiviert Van, die Videobänder vor der Zerstörung zu retten, indem er sie heimlich gegen leere Bänder austauscht, und den Tod seiner Großmutter vorzutäuschen, um sie vom tristen Dasein im Altersheim befreien und privat unterbringen zu können." (Von Lacadou, *Mediale Erinnerungen*, S. 13 f.)

57 Die „Wedge Gallery" ist eine Kunstgalerie, die mit einem vergleichbaren Kunstprogramm real existiert: „Wedge organizes exhibitions and lectures that explore Diasporic narratives, identity and issues of representation." (https://www.wedgecuratorialprojects.org/history-mandate, letzter Zugriff: 23.04.2021).

der Universität kennengelernt – und für sein aktuelles Projekt auch einen Schwerpunkt, der das Thema Einwanderung betrifft. Als Dokumentarfilmer begleitet er drei Einwanderer, die aufgrund schmerzlicher Erfahrungen in ihren Herkunftsländern zur Aufarbeitung der Migration gerade eine Therapie begonnen haben und in ihren Therapiesitzungen versuchen, die „Wunde" (RD 21) zu versprachlichen. Auch seine Probanden führen außerhalb der Therapiesitzung wie Mia ein „geschichtsloses Leben" (RD 22), in dem die Vergangenheit vor der Migration nicht versprachlicht und dadurch aufgearbeitet werden kann. Für sein Projekt hat sich Rafael in komplexe, jeweils unterschiedliche therapeutische Ansätze (Freud, Verhaltenstherapie, Familienaufstellung und systemische Beratung) der Erzählstimme zufolge „eingelesen" (RD 21), was seine Haltung als selbstsicherer, aber laienhafter Impulsgeber erklären könnte: „Du hast deine Menschen verloren, das ist es!" (RD 20) Professioneller psychologischer Hilfe trotzend kommt in den analeptischen Erinnerungsfragmente in den Kapiteln „RAFAEL", „MIA MARKOVICH" und „SARA", die neben der figuralen Wahrnehmungsperspektive der Erzählstimme auch Figurendialoge zwischen Rafael und Mia enthalten, der erste Schritt von Mias ‚Selbsttherapie' zum Vorschein, der gleichzeitig das Reisemotiv generiert. Sie sucht „in den Kisten" (RD 17) nach Erinnerungen an den in Vergessenheit geratenen Herkunftsraum und stößt dabei auf ein Polaroidfoto der Berliner Mauer, das sich ursprünglich in einem ihrer alten Tagebücher befand. Die Funktion des Polaroidbildes ist an der Schnittstelle zu erinnerungskonstitutiven Erzählprozessen zu suchen, die Horstkotte in ihrer Studie betont: „Die Fotografien selbst können zu materiellen Memorialobjekten werden, um deren Geschichte und Weitergabe sich gegebenenfalls ebenfalls Erzählungen ranken."[58] Dabei ist die wechselseitige Abhängigkeit des visuellen und verbalen Mediums besonders hervorzuheben: „Mithilfe der Sprache, also der Erzählung und der Erinnerung, wird das Foto in ein lebendiges Kontinuum verwandelt. Ohne die Sprache bleiben die Bilder in ihrer Bedeutung und ihrem Sinn vage, dekontextualisiert und opak."[59] Die Aufarbeitungsversuche von Mia und Rafael führen eine Grenze des Erzählens vor. Um die erinnerungskonstitutive Funktion der Fotografie zu aktivieren, fehlen Mia die sprachlichen Mittel. Das Foto bietet zwar einen affektiven Zugang zur Vergangenheit, indem sich Mia an ihre Emotionen während der photographischen Aufnahme erinnert: ein „Herzrasen, mit dem Kinder Verbotenes tun" (RD 17). Die wenigen Informationen, die Mia zu diesem Bild liefert, fügen sich jedoch nicht zu einer Erzählung zusammen.

---

58 Horstkotte, *Nachbilder*, S. 9.
59 Manuel Maldonado-Alemán: Fotografie als Erinnerungsmedium in der deutschen Gegenwartsliteratur: Monika Maron und Tanja Dückers. In: *Literarische Inszenierungen von Geschichte. Formen der Erinnerung in der deutschsprachigen Literatur nach 1945 und 1989*. Hrsg. v. Manuael Maldonado Alemán und Carsten Gansel. Wiesbaden 2018. S. 47.

Die von Rafael erwartete Suggestivkraft des Bildes in seiner visuellen Referentialität hat nicht den erhofften Effekt: Sie bringt Mia nicht zum Erzählen. Die fotografische Aufnahme wirkt nicht wie gewünscht als Erinnerungscue, sondern legt das defizitäre Erinnerungsvermögen der Protagonistin frei. Die gemeinsame Erinnerungsarbeit mit Rafael („sie wühlen sich durch ihre Vergangenheit in Kisten", RD 17) hat keine gemeinschaftsstiftende Funktion, in der Mia sich selbst und Rafael die eigene Vergangenheit zugänglich macht, sondern wirkt im Gegenteil destruktiv auf die Beziehung der beiden. Mia umgeht die Auseinandersetzung mit ihrer verdrängten Vergangenheit, die das Polaroidfoto lostritt, indem sie sich in einen Streit flüchtet: „Statt zu erzählen, wirft sie ihm sein Verhalten vor. Was es ihn angehe, fragt sie." (RD 17) Durch diesen Abwehrmechanismus steigert sie den Frust ihres Gesprächspartners, der affektgeladen das Ende der Beziehung heraufbeschwört: „Als sie immer noch meint, es gehe ihn nicht an, ihre Vergangenheit gehe ihn nichts an, bricht es aus ihm heraus. Er wolle so nicht mehr." (RD 17)

Die Reise nach Berlin ist, so lässt sich resümieren, eine Reise in den Herkunftsraum: Mia ist in Berlin geboren, dort aufgewachsen und dort geblieben, als ihre Eltern in *ihren* Herkunftsraum Dalmatien zurückkehrten. Die Rückkehr nach Berlin fällt in eine Schaffenskrise der preisgekrönten Fotografin, die sich in den Gesprächen mit Rafael zu einer Identitätskrise ausweitet. Dass Mia nach dem Gewinn eines renommierten Fotopreisen „ihr Platz [...] zuteil geworden [sic!]" (RD 19) ist, deutet auf die endgültige Ankunft in der kanadischen Einwanderungsgesellschaft, in der die Einwanderungsgeschichte nicht wie in Deutschland nach einem *exklusiven* Prinzip der Abstammung ein Unterscheidungskriterium zwischen Mehrheitsgesellschaft und Minderheiten darstellt, sondern als Identitätsmerkmal fungiert, das gemeinschaftsstiftend ist. In der hierarchisch strukturierten Doppelidentität als ‚Bindestrich-Kanadierin' stellt die sekundäre Identifikation mit der Herkunftsgruppe den Grundkonflikt des Romans dar. Wo die Verankerung in der Eigengruppe im kanadischen Modell des Multikulturalismus eigentlich für „Selbstbewusstsein" und „psychische Sicherheit"[60] sorgen soll, ist Mias Unfähigkeit, ihre Herkunftsgeschichte identitätsstiftend zu integrieren, für eine psychische Destabilisierung verantwortlich, die zur Abkapselung von der Außenwelt führt. Dieser soziale Rückzug betrifft nicht nur ihre berufliche Tätigkeit, sondern vor allem auch die Beziehung zu ihrem langjährigen Partner Rafael, der ihr zu verstehen gibt, dass ihre Identitätskrise auch die Partnerschaft der beiden gefährdet („Er wolle so nicht mehr.", RD 17). Nachdem verschiedene Bewältigungsstrategien, um sich Zugang zur eigenen Vergangenheit zu verschaffen, gescheitert sind (alte Fotoalben, Tagebücher und schlussendlich auch eine psychotherapeutische Sitzung), präsentiert der Roman die Reise nach Ber-

---

60 Geißler, Multikulturalismus, S. 164.

lin als eine Art ‚Selbstfindungstrip', dessen therapeutische Dimension gleichzeitig mit der Frage um die Zukunft der Liebesbeziehung zwischen Mia und Rafael einhergeht. Veranschaulicht wird Mias Identitätskrise durch ein Polaroidbild, das die Vergangenheitsrekonstruktion der Protagonistin problematisiert. Visuell umgesetzt zeigt sich der Erinnerungsverlust in der leeren Polaroidaufnahme zu Beginn des Romans. So steht in *Restaurant Dalmatia* am Anfang eine Fotografie, die den Impuls für die Reise nach Berlin gibt: „Vor ein paar Nächten war ihm dieses alte Polaroid-Bild von ihr in die Hände gefallen, und nur wenig später fiel die Entscheidung, zurückzugehen." (RD 10) Da Erinnerungen durch Fotografien nicht mehr abrufbar sind, geht Mia vor Ort auf Spurensuche. Die Beweggründe für eine Reise nach Berlin können sowohl an die Grenze der Fotografie als Erinnerungsmedium als auch an gescheiterte Aufarbeitungsversuche in den alltagspsychologischen Gesprächen mit ihrem Lebenspartner rückgebunden werden: In Toronto kann Mia gemeinsam mit Rafael die Erinnerungen an den Herkunftsraum und damit einen wesentlichen Teil der kanadischen Doppelidentität nicht aktivieren. Rafael liefert nach den ersten gescheiterten therapeutischen Maßnahmen den nächsten Therapieschritt: „Dein Leben beginnt nicht hier, Mia. [...] Fang an, da zu suchen, wo du weißt, dass es einmal war." (RD 60) Wo das „ZURÜCK" (RD 10) genau zu verorten ist, ist sich Mia selbst noch unklar. Die Reise nach Berlin wird dadurch zur Suche nach der eigenen Herkunft, die Mia nach der Migration nach Kanada aus ihrem Bewusstsein verdrängt hat.

4.3 Mias Reise nach Berlin

Als grundlegendes Strukturmerkmal des Romans sind die Tagebucheinträge, die anachronisch auf einer Vergangenheitsebene erzählen, von einer linear verlaufenden Gegenwartsebene zu unterscheiden. Die folgende Analyse richtet den Fokus auf die Gegenwartsebene, deren Zeitstruktur weiter differenziert werden muss. Die Gegenwartsdimension des Romans wird wiederholt durch Analepsen ausgeweitet, wodurch zu Beginn Mias Vorgeschichte in Kanada thematisiert wird und im Laufe des Romans, ähnlich wie in den Tagebucheinträgen auf der Vergangenheitsebene, auch Geschichten aus Mias Jugendzeit (z. B. die Freundschaft mit Sara) oder Erinnerungen von anderen Figuren (z. B. Zoras ‚Flucht' nach Deutschland) erzählt werden. Vor dem Hintergrund von Mias Identitätssuche konzentriere ich mich in diesem Unterkapitel auf die Vergangenheitsrekonstruktion während der Reise: Wie und wann erinnert sich Mia woran und welche Auswirkungen haben die Erinnerungsprozesse auf die Protagonistin? Einer der zentralen Untersuchungsgegenstände bildet Mias Entwicklungsprozess während der Reise – ausgehend von einem Identitätsverlust als Reisemotiv, der im Text durch das Ausstreichen ihrer

Namensvarianten „Mija Marković", „Mia Marković" und „Markovich" (RD 14) angedeutet wird, hin zur Wiederentdeckung des Vergangenheits-Ichs „Mija Marković", die zu einer Annahme der Mischvariante „Mia Markovich" (RD 239) vor dem Rückflug nach Kanada führt. Dafür ist es in einem ersten Schritt erkenntnisfördernd, verschiedene Phasen der Berlinreise zu umreißen. Die typische Chronologie einer Reise – Aufbruch, Unterwegssein, Rückkehr – zeigt sich auch in der Strukturierung von Mias Berlinreise. Aufbruch und Rückkehr bilden mit jeweils einem Kapitel zu Beginn („RAFAEL") und Ende („MIJA MARKOVIĆ") den erzählerischen Rahmen des Romans. Das Unterwegssein ließe sich in zwei verschiedene Phasen unterteilen, die sich räumlich in einem Wechsel der Unterkunft manifestieren. Während Mia die ersten beiden Tage in einem Hotel wohnt, zieht sie nach dem Wiedersehen mit Zora und Jesus im Restaurant Dalmatia für ihren weiteren Aufenthalt in Zoras Wohnung. Die ersten beiden Reisetage (Kapitel „MIA MARKOVIĆ" und „SARA") erzählen die Ankunft in Berlin und den ersten Kontakt mit dem Herkunftsraum. Die Protagonistin nähert sich der Stadt zunächst aus der distanzierten Perspektive einer Touristin. In diesen Kapiteln wird in Analepsen auch die Vorgeschichte zur Reise (Mias Migration nach Toronto und die Schaffens- bzw. Identitätskrise nach dem Aufstieg zur gefeierten Nachwuchsfotografin) erzählt. Einen Zugang zu Berlin-Wedding als Herkunftsraum findet Mia erst durch die Rückkehr an den zentralen Erinnerungsort des Romans, das von ihrer Tante Zora betriebene Restaurant Dalmatia. Das Wiedersehen mit Zora und Jesus geht mit einem Wechsel der Unterkunft einher, durch die Mia ihre Rolle als Touristin endgültig ablegt: Sie verlässt das Hotel und zieht in die Wohnung von Zora. In den nachfolgenden Kapiteln („DIE ALTEN SOMMER", „LAPHROIG", „JESUS", ADORO TE DEVOTE", „IVO", „IZMEDU DAZWISCHEN") greift die Protagonistin gemeinsam mit Zora, Jesus und Ivo Geschichten aus der Vergangenheit auf und reflektiert die Bedeutung der Herkunftsräume Berlin und Dalmatien. Hier liegt ein besonderer Fokus auf der Figur Jesus, die – ähnlich wie Rafael in Toronto – eine Art Therapeutenrolle einnimmt und ihr Impulse zur Identitätsarbeit liefert. Einen Abschluss bildet das knappe letzte Kapitel des Romans („MIJA MARKOVIĆ"), das vor dem Hintergrund der zahlreichen Analepsen und den Tagebucheinträgen auf der Vergangenheitsebene, andeutet, dass Mias Reiseziel – die Wiederentdeckung ihrer eigenen Geschichte – erfüllt wurde. In diesem Unterkapitel analysiere ich zunächst die Ankunft in Berlin und das touristische Reiseverhalten der Protagonistin. Dabei tragen die im Text angezeigten Reiselektüren zur Ausdifferenzierung des Reisemotivs bei und liefern auch einen Zugang zur Wahrnehmungsperspektive vor Ort. Zudem können durch eine Untersuchung der Reiselektüren erzähltechnische Verfahren des Romans aufgezeigt werden, die zentrale Merkmale der Reise auf der Darstellungsebene verdeutlichen.

4.3.1 Flugzeuglektüre: *Liebe heute* (Maxim Biller)

Was Reisende vor oder während ihrer Reise lesen, eröffnet einen zusätzlichen Zugang zur Innenwelt dieser Figuren und stellt dadurch einen intertextuellen Spezialbereich der Figurenanalyse dar.[61] Diese Lektüren können mit dem Reisemotiv in Verbindung stehen oder aber das Reiseverhalten bzw. die Wahrnehmung des Reiseziels maßgeblich prägen, wie beispielsweise im Fall eines Reiseführers. Das Kapitel „MIA MARKOVICH" erzählt die Ankunft der Protagonistin in Berlin, was sich auch in der diaristischen Orts- und Zeitangabe manifestiert. Die personale Erzählinstanz erwähnt zu Beginn dieses Kapitels zwei Lektüren: „eine Kurzgeschichte, die Mia im Flugzeug gelesen hat" (RD 12) und den „englischsprachigen *Lonely Planet* im Rucksack" (RD 13). Während die Kurzgeschichte eher das Reisemotiv betrifft, ist der *Lonely Planet* charakteristisch für Mias anfängliches Reiseverhalten einer Touristin, was für eine Rückkehr in den eigenen Herkunftsraum erst einmal ungewöhnlich ist. Im Text ist der intertextuelle Bezug zur Flugzeuglektüre vage gehalten: der Titel der Kurzgeschichte wird nicht genannt, lediglich der Schauplatz, der sich mit dem ersten Spaziergang der Protagonistin nahe am einstigen Grenzübergang (Bernauer Straße) deckt: „Sie geht Richtung Zionskirchplatz, der ihr gefällt, weil eine Kurzgeschichte, die sie im Flugzeug gelesen hat, in einem Zimmer mit Blick auf die Zionskirche spielt." (RD 12) Die Zionskirche war vor der Wiedervereinigung Teil von Ost-Berlin, der erste Spaziergang führt die Protagonistin nicht in ihr eigenes Herkunftsviertel in West-Berlin, sondern in den vor 1989 durch die Berliner Mauer abgetrennten Teil der DDR. Durch die Lokalangabe in Mias Flugzeuglektüre findet sich eine intertextuelle Referenz auf Maxim Billers Kurzgeschichtensammlung *Liebe heute: short stories* (2007), konkret auf die Kurzgeschichte „Große, grüne, wogende Blätter"[62]. Es gilt zunächst, die räumlichen Bezugspunkte vorzustellen, um Biller als intertextuelle Referenz zu plausibilisieren und anschließend den Grundkonflikt der Kurzgeschichte mit dem Reisemotiv der Protagonistin einzuführen.

Wie *Restaurant Dalmatia* beginnt „Große, grüne, wogende Blätter" mit einem Personalpronomen in der dritten Person Singular, das gleich zu Beginn einen Figurenerzähler einführt, der im Laufe der Geschichte in der Figurenrede seiner namenlosen Partnerin mit Jordi angesprochen wird. Gattungskonform geht Billers Kurzgeschichte sofort *in media res* und schildert die Ausgangssituation der beiden Hauptfiguren: Jordis Partnerin kommt nach einer dreimonatigen Indienreise nach

---

61 Vgl. Friedhelm Marx: Lesende Romanfiguren. In: *Grundthemen der Literaturwissenschaft: Lesen.* Hrsg. v. Rolf Parr und Alexander Honold. Berlin/Boston 2018. S. 385–396.
62 Maxim Biller: Große, grüne, wogende Blätter. In: *Liebe heute: short stories.* Köln 2007. S. 7–13.

Berlin zurück. Zunächst wird angedeutet, dass die Partnerin sich von dieser Reise aufgrund chronischer Antriebslosigkeit neue Impulse erhoffte: „Sie war müde, aber sie war immer müde, deshalb war sie weggefahren, um nicht mehr müde zu sein, und jetzt kam sie noch müder zurück."[63] Im Laufe des Gesprächs der beiden Figuren kommt allerdings zum Vorschein, dass sich die Partnerin eine Auszeit genommen hatte, um auch über den Entschluss nachzudenken, Jordi zu heiraten, der wiederum in Berlin auf ihre Entscheidung wartet und zum Zeitpunkt des Wiedersehens davon ausgeht, dass sie sich dagegen entscheidet: „Er wollte, daß sie es aussprechen mußte und daß es sie unglücklich machte, ihn zu verletzen. Nein, sollte sie sagen, wir werden nicht heiraten, Jordi, ich weiß jetzt, daß ich es nicht will, und wir werden uns nie mehr sehen, denn so haben wir es verabredet."[64] Die intertextuelle Verbindung zu *Restaurant Dalmatia* ist einerseits durch Jordis Blick aus dem Fenster gegeben, der auch den Titel der Kurzgeschichte kennzeichnet und als ein zentrales Bild des Textes angesehen werden kann:

> Er sah aus dem Fenster. Als sie weggefahren war, konnte man über den ganzen Platz schauen, bis zur Zionskirche. Jetzt hatten die Bäume Blätter, und man sah im Fenster nur noch diese wunderbaren großen, grünen Blätter. Bei Wind wogten die Blätter hin und her, und sie erinnerten Jordi an Seetang, der im Meerwasser trieb.[65]

Der „Blick auf die Zionskirche" (RD 12), auf den Mia referiert, ist in Billers Kurzgeschichte als Erinnerung an den Abschied seiner Partnerin markiert, der mit der Unsicherheit verbunden war, sie wiederzusehen:

> Sie hatte sogar gesagt: „Und was ist, wenn ich ganz dort bleibe?", und er hatte gesagt, das sei okay, sie sei ein freier Mensch, und wenn sie nie mehr miteinander ein Wort redeten, sei das auch okay. Aber er hatte das nur aus Berechnung gesagt, denn er wußte, daß sie einen Widder war, und versuch mal, einen Widder einzusperren.[66]

In *Restaurant Dalmatia* ist die Ausgangssituation ähnlich: Ein Paar steht in ihrer Beziehung am Scheideweg, die Partnerin tritt eine Reise an, die zur Bewältigung einer Identitätskrise präsentiert wird und über deren Zukunft entscheidet. Dagegen sind wesentliche Unterschiede zwischen Billers Kurzgeschichte und Marinićs Roman einerseits in Bezug auf die Erzählperspektive zu benennen: *Restaurant Dalmatia* hat eine Figurenerzählerin, die aus der Perspektive der Partnerin erzählt und damit Billers Grundkonstellation durch eine Innenschau der Reisenden umkehrt. Andererseits divergiert die persönliche Bindung der beiden Reisenden

---

63 Biller, Große, grüne, wogende Blätter, S. 7.
64 Biller, Große, grüne, wogende Blätter, S. 9.
65 Biller, Große, grüne, wogende Blätter, S. 10.
66 Biller, Große, grüne, wogende Blätter, S. 10.

zu ihrem Reiseziel. Über die Auszeit von Jordis Partnerin in Indien erhält der Leser zwar wenig Informationen, da Jordi sich nicht dafür interessiert („[…] er hörte ihr kaum zu."[67]). Der Elefant als Souvenir, den sie während ihrer Rundreise dreimal verloren hatte, legt aber nahe, dass es sich um eine touristische Ich-Suche handelte: die Reise in die Fremde, markiert als Reise zu sich selbst. Mia dagegen kehrt in ihren Herkunftsraum zurück: Es handelt sich nicht um eine Reise in die Fremde, sondern um die Rückkehr in einen fremdgewordenen Raum, dessen Bedeutung als Herkunftsraum während der Berlin-Reise ergründet wird. Die beiden Reisen teilen nichtsdestotrotz den Beweggrund, während ihrer Reise über signifikante Entscheidungen in ihrem Leben nachzudenken, sei es über die Beziehung zu ihrem Partner und/oder über den eigenen Lebensmittelpunkt. Die intertextuelle Referenz auf Biller wird in *Restaurant Dalmatia* durch die nächste Station der im ehemaligen Grenzgebiet umherwandelnden Hauptfigur verstärkt: „Zur Kastanienallee." (RD 12) Dort befindet sich Billers Stammcafé 103, das auch als Schauplatz einer weiteren Kurzgeschichte im Kurzgeschichtenband *Liebe heute* dient.

Eine mögliche Funktion der Biller-Anspielung lässt sich durch eine gemeinsame Zugehörigkeit zu einer Gruppe von Autor:innen im literarischen Feld der Gegenwartsliteratur vermuten, die Biller selbst in seinem kontrovers diskutierten Artikel „Letzte Ausfahrt Uckermark" als „wir nicht deutschen Schriftsteller deutscher Sprache"[68] umreißt. Biller polemisiert 2014 gegen eine aus seiner Sicht stattfindende Assimilation von mehrsprachigen Autor:innen an den deutschen Literaturbetrieb, dessen mangelnde Diversität („Kritiker, aber auch Verleger, Lektoren und Buchhändler sind zu 90 Prozent Deutsche"[69]) das schriftstellerische Potenzial von „Multilingualität und Fremdperspektive"[70] nicht ausreichend würdigen könne. Ein halbes Jahr nach der Publikation von *Restaurant Dalmatia* wird Jagoda Marinić von Biller in seinem Artikel als Beispiel einer angepassten und deshalb langweiligen Gegenwartsliteratur erwähnt. Ihr Roman falle durch berechenbare Erzählmuster unter die Rubrik „süße, naive Gastarbeitergeschichten"[71]. Billers Artikel sollte im literaturwissenschaftlichen Diskurs kein reflexartiges Gegensteuern auslösen[72], sondern

---

67 Biller, Große, grüne, wogende Blätter, S. 10.
68 Maxim Biller: Letzte Ausfahrt Uckermark. In: *DIE ZEIT* 9/2014. Abgerufen auf: https://www.zeit.de/2014/09/deutsche-gegenwartsliteratur-maxim-biller (letzter Zugriff: 20.07.2021).
69 Maxim Biller, Letzte Ausfahrt Uckermark.
70 Maxim Biller, Letzte Ausfahrt Uckermark.
71 Maxim Biller, Letzte Ausfahrt Uckermark.
72 Vgl. z. B. Diana Hitze: Einleitung: Slavische Literatur der Gegenwart als Weltliteratur – hybride Konstellationen. In: *Slavische Literatur der Gegenwart als Weltliteratur – hybride Konstellationen*. Hrsg. v. Diana Hitze und Miriam Finkelstein. Innsbruck 2018. S. 16: „In dieser Debatte wird [an Billers Position, Anm. M.H.] deutlich, dass auch aus eigentlich progressiver Sicht an der

muss vor dem Hintergrund seiner spezifischen Kommunikationsform in gesellschaftlichen und literarischen Diskursen untersucht werden, die mit einer „bewusst überspitzten Negativperspektive"[73] operiert und dadurch einseitige Harmonisierungstendenzen aufspürt und attackiert. Sieht man von Billers Spitzen ab, liest sich der Artikel in erster Linie als ein Einschwören der migrantischen *in-group* zur Erneuerung der deutschen Gegenwartsliteratur[74]. Im Kern fordert Biller eindringlich, dass die Autor:innen aus ihrer sprachlich und kulturell prägenden Herkunftsgeschichte literarisch schöpfen, anstatt sich „bis zur Unkenntlichkeit ihrer eigenen Identität zu integrieren"[75]. Als Vorbild für eine ‚Belebung' der deutschen Gegenwartsliteratur verweist er auf die US-amerikanische Gegenwartsliteratur, in der „seit einer halben Ewigkeit immer wieder neue Immigranten das bestehende literarische Leben umgestürzt und neu errichtet haben"[76]. Gerade sein unermüdliches Einstehen für eine interkulturelle Perspektive im literarischen Feld bietet ein Erklärungsansatz, warum Jagoda Marinić in ihrem Roman auf den Schriftsteller Maxim Biller referiert. Sie knüpft damit an ein literarisches Schreiben an, das in seinen sprachlichen und kulturellen Einflüssen nicht national fixiert ist, sondern sich – wie es Biller selbst in seiner Poetikvorlesung tut – mit dem Konzept der Weltliteratur in Verbindung bringen lässt.[77] Wie bei Biller fungieren auch bei Marinić Stimmen der US-amerikanische Gegenwartsliteratur als Vorbild. In einer Rede zum 25-jährigen Jubiläum des Tags der deutschen Einheit am Davidson College in North Carolina hebt sie vor allem die interkulturelle Perspektive der Autor:innen hervor:

Abgrenzung zwischen migrierten Autor_innen und solchen, die seit jeher in Deutschland leben, festgehalten wird. Denn auch wenn Biller in vielen Punkten recht hat, ist es schade, dass er nur die migrierten Autor_innen zur Verantwortung zieht, um die deutsche Literatur vom ‚kalten, leeren Suhrkamp-Ton' zu befreien."
73 Kai Sina: Die Stimmen. In: *Im Kopf von Maxim Biller*. Hrsg. v. Kai Sina und Tanita Kraaz. Köln 2020. S. 17.
74 Vgl. Biller, Letzte Ausfahrt Uckermark: „Worauf ich hinauswill? Dass wir nicht deutschen Schriftsteller deutscher Sprache endlich anfangen sollten, die Freiheit unserer Multilingualität und Fremdperspektive zu nutzen. Wir müssen aufhören, darüber nachzudenken, was wir tun und schreiben sollten, damit wir Applaus kriegen, wir dürfen nie wieder den Shitstorm der deutschen Kulturvolksfront fürchten, wir müssen immer nur in den einfachsten Worten, die wir kennen, über die Menschen sprechen, wie sie wirklich sind, egal, ob ihre Großeltern aus Antalya, Moskau oder Pforzheim kommen, und wenn wir eine gute Idee haben, wie wir erzählerisch und essayistisch den trüben deutschen Bloß-nicht-auffallen-Konsens attackieren könnten, kann das auch nicht schaden."
75 Biller, Letzte Ausfahrt Uckermark.
76 Biller, Letzte Ausfahrt Uckermark.
77 Vgl. Sina, Die Stimmen, S. 15.

> Ich habe Chimamanda Adichies *Americanah* gelesen und Junot Diaz' *Das wundersame Leben des Oscar Wao* – und so weiter und so fort. Ich wusste nicht, weshalb diese Autoren mir näher waren als viele deutsche zeitgenössische Autoren. Es ging nicht um die Qualität der Literatur, sondern um die Qualität der Welterfahrung, um den Punkt, von dem aus die Bücher geschrieben wurden.[78]

Marinić und Biller eint die Ausweitung einer monokulturellen Schreibperspektive, die sich beispielsweise auch in der Figurenkonzeption niederschlägt. Beiläufig erwähnt Biller in seinem Artikel, dass seine literarischen Figuren „fast nie deutsch sind"[79] und gerade für Marinićs Roman ist der Fokus auf Figuren mit Einwanderungsgeschichte ein wichtiges Merkmal. Während es Biller in seinem Artikel auch um Gütekriterien einer sogenannten Migrationsliteratur geht, ist aus Marinićs Essays[80] zu entnehmen, dass das Sichtbarmachen von Einwanderungsgeschichten in Form einer interkulturell engagierten Literatur im Vordergrund steht. Eine Bewertung des Romans als „süße, naive Gastarbeitergeschichte[]" ist daher eher in Bezug auf Billers eigenes Literaturverständnis und die für den Artikel gewählte Kommunikationsstrategie relevant, da es den Roman in seiner gesellschaftspolitischen Dimension als Beitrag zur Aufarbeitung der deutschen Migrationsgeschichte in der zweiten Hälfte des 20. Jahrhunderts verkennt.

4.3.2 Reiseführer *Lonely Planet* – Der touristische Blick als erinnerungskulturelles Zeichensystem

Die zweite Reiselektüre, die Mia mit sich führt, ist ein „englischsprachiger *Lonely Planet*" (RD 13). Dies wirkt zunächst einmal irritierend, da man annehmen könnte, dass die Protagonistin als gebürtige Berlinerin, erstens, keinen Reiseführer für die Rückkehr in ihren Herkunftsraum benötigt und zweitens, wenn überhaupt, dafür ein Reiseführer in ihrer deutschen Muttersprache infrage käme. Reiseführer sind als Ratgeberliteratur bezüglich der Reisevorbereitungen und einer möglicherweise daraus resultierenden Normierung der Wahrnehmungsinhalte vor Ort für das Verhältnis zwischen einem reisenden Ich und der bereisten Umgebung besonders interessant.[81] Ursprünglich war der *Lonely Plant* als „Gegenentwurf zu den etablierten

---

78 Marinić, *Made in Germany*, S. 165.
79 Biller, Letzte Ausfahrt Uckermark.
80 Hier sind vor allem die Essays aus dem Band *Made in Germany* (Hamburg 2016) gemeint.
81 Zur Textsorte Reiseführer vgl. Hajo Diekmannshenke: Man sieht nur, was im *Baedeker* steht. Reiseführer zwischen Normierung und Denormierung. In: *(Off) the beaten track. Normierung und Kanonisierung des Reisens*. Hrsg. v. Uta Schaffers et al. Würzburg 2018. S. 31–50.

Reiseführern"[82], wie beispielsweise der *Baedeker* im deutschsprachigen Raum, gedacht. Er richtete sich vor allem an Rucksackreisende, versprach Alternativen zu standardisierten Sehenswürdigkeiten und Lokalitäten sowie erschwinglichere Reiserouten. Die Abgrenzung zu herkömmlichen Reiseführern spiegelte sich auch in der formalen Gestaltung wider: „Die Aufmachung ist betont sparsam. Mit Ausnahme weniger Illustrationen dominiert der geschriebene Text, ergänzt allenfalls durch wenige Übersichtskarten. Gebrochen wird auch mit der Tradition, dass das Schöne, Sehenswerte im Vordergrund steht"[83]. Diekmannshenke weist allerdings darauf hin, dass sich der *Lonely Planet* im Laufe der Jahre, was das Layout (Text-Bild-Gestaltung) und eine beschönigende Werbesprache betrifft, an klassische Reiseführer angepasst habe.[84] Dessen ungeachtet handelt es sich aber weiterhin um individuelle Ratschläge von Autor:innen, die nicht nur standardisierte Sehenswürdigkeiten präsentieren und einen engen Austausch mit anderen Reisenden betonen, um das Repertoire zu einzelnen Reisezielen stetig zu erweitern und ‚Geheimtipps' bereitzustellen. Mias erste Schritte in Berlin lesen sich, als ob sie von einer in ihrem *Lonely Planet* vorgeschlagenen Spazierstrecke entlang der ehemaligen innerdeutschen Grenze geleitet würde.[85] Auffällig ist, dass sie sich zunächst nur in Ost-Berlin bewegt und den Teil westlich der Mauer, der sich als ihr eigenes Herkunftsviertel herausstellt, meidet, obwohl die Erzählinstanz zu Beginn des Kapitels angekündigt, dass Mia „durch die Straßen von damals" (RD 12) gehen will. Der im Nachgang zum ersten Rundgang hervorgebrachte unvereinbare Gegensatz zwischen „Können" und „Wollen" (RD 14) lässt darauf schließen, dass Mia nach ihrer Ankunft noch nicht bereit ist, den emotional behafteten Herkunftsraum – das Viertel von damals – zu betreten. Mias Reiseverhalten entspricht nicht dem einer Berlinerin, die in ihren Herkunftsraum zurückkehrt, sie bewegt sich in der Stadt, in der sie geboren und aufgewachsen ist, „als wäre sie Touristin hier"

---

82 Diekmannshenke, Reiseführer, S. 45. Im englischsprachigen *Lonely Planet* zu Berlin (2017) ist neben der Kurzbiographie der Autorin auch die Geschichte des *Lonely Planet* („Our story") in den Paratext aufgenommen worden: „A beat-up old car, a few dollars in the pocket and a sense of adventure. In 1972 that's all Tony and Maureen Wheeler needed for the trip of a lifetime – across Europe and Asia overland to Australia. It took several months, and at the end – broke but inspired – they sat at their kitchen table writing and stapling together their first travel guide, *Across Asia on the Cheap*." (Andrea Schulte-Peevers: *Lonely Planet Berlin*. Footscray, Victoria 2017. S. 320).
83 Diekmannshenke, Reiseführer, S. 45.
84 Diekmannshenke, Reiseführer, S. 46.
85 Beispiele für solche kurzen Spazierstrecken im Stadtviertel Prenzlauer Berg finden sich in: Schulte-Peevers, *Lonely Planet Berlin*, S. 177 f. [„Top Sight: Gedenkstätte Berliner Mauer"], S. 181 [„Neighbourhood Walk: Poking Around Prenzlauer Berg"], S. 184 [„Local Life: Sundays Around the Mauerpark"].

(RD 13). Statt „ihre[r] ganz eigene[n] Topographie der Erinnerungen" (RD 13) nachzugehen, folgt sie den Wahrnehmungsinhalten eines Reiseführers und ruft sich ins Gedächtnis, was sie in Toronto über Berlin gehört und gelesen hat. Zu einem an die Wahrnehmungsperspektive des *Lonely Planet* angepassten Sehen zu Beginn der Reise passt die Mischung aus klassischen Sehenswürdigkeiten, wie die Gedenkstätte Berliner Mauer und das Holocaust-Mahnmal, die Mia beabsichtigt zu besuchen, und vermeintlich alternativen Sehenswürdigkeiten, wie das *Streetart*-Werk „Dieses Haus stand früher in einem anderen Land" – ein Slogan, den der Werbetexter Jean-Remy von Matt im 2009 anlässlich des 20-jährigen Mauerfall-Jubiläums auf die Außenseite eines seiner Häuser an der U-Bahnhaltestelle Rosenthaler Platz malen ließ.[86] Insgesamt ist es also ein „touristischer Blick", der die Annäherung an den Herkunftsraums kennzeichnet.[87] In *Restaurant Dalmatia*

---

[86] Jean-Remy von Matt gründete mit Holger Jung 1991 die Werbeagentur *Jung von Matt*, die unter anderem Werbeslogans für die Sparkasse („Mein Haus, mein Auto, mein Boot"), Ricola („Wer hat's erfunden?"), Saturn („Geiz ist geil"), die Weihnachtswerbung von Edeka („Heimkommen") oder Werbeclips für die Berliner Verkehrsbetriebe („Is mir egal") hervorbrachte. 2017 wurde die Werbeagentur für die Wahlkampagne von Angela Merkel engagiert. Jean-Remy von Matt gilt als der ‚kreative Kopf' der Werbeagentur. Eine *Homestory* der FAZ über den Werbetexter deutet an, dass in Bezug auf das *Streetart*-Werk Bestandteile der deutschen Erinnerungskultur (Mauerfall) mit werbepsychologischen Prozessen (Erzeugung von Aufmerksamkeit) kombiniert wurden und die Erinnerung an die friedliche Revolution vor 25 Jahren letztlich für die ästhetische Aufwertung des neuerworbenen Hauses genutzt wurde: „Angefangen hat es im Jahr 2008, von Matt und seine Frau Natalie hatten sich gerade die Immobilie in Berlin-Mitte gekauft. Drei Gebäuderiegel in bester Lage zwischen Brunnenstraße und Weinbergspark, teils Mietwohnungen, teils Gewerbeflächen. 2600 Quadratmeter für 2,4 Millionen Euro, eine gute Kapitalanlage sollte es sein. ‚Nach dem Notartermin sagte meine Frau, wir hätten das hässlichste Gebäude der ganzen Straße gekauft', erinnert sich von Matt. Er versprach ihr, es zumindest zum meistfotografierten zu machen. Lange überlegte er, wie das gelingen könnte, dann ließ er in dicken Buchstaben ‚Dieses Haus stand früher in einem anderen Land' auf die Fassade pinseln. Was soll man sagen, es hat geklappt. Bis heute läuft kaum ein Tourist auf DDR-Spurensuche an dem Gebäude vorbei, ohne seine Kamera zu zücken." (Julia Löhr: „Alle mal herschauen". In: *FAZ*, 30.08.2017. Verfügbar auf: https://www.faz.net/aktuell/wirtschaft/wohnen/bauen/zuhause-bei-jean-remy-von-matt-des-werbers-pompoeses-penthouse-15175004.html. Zuletzt abgerufen: 22.05.2021.) Was den Roman *Restaurant Dalmatia* betrifft, scheint dieses Prinzip aufgegangen zu sein: Auch Mia begibt sich als Touristin in *Restaurant Dalmatia* zunächst auf „DDR-Spurensuche" und fotografiert das Haus an der U-Bahnstation Rosenthaler Platz.
[87] Der „touristische Blick" als Analysebegriff ist angelehnt an die Studien des Soziologen John Urry und dessen prominentes Werk: *The tourist gaze. Leisure and Travel in Contemporary Societies*. London 1990. Urry orientiert sich in der Begriffsbildung an Foucaults *medical gaze* und deutet auf die Konstruktivität des touristischen Blicks, der gesellschaftliche Strukturen des Reiseziels offenlegt: „By considering the typical objects of the tourist gaze one can use these to make sense of elements of the wider society with which they are contrasted. In other words, to consider how social groups construct their tourist gaze is a good way of getting at just what is happening in the ‚normal society'. We can use the fact of difference to interrogate the normal through investiga-

wird die Rolle der Touristin nicht in ihrem oft als oberflächlich dargestellten Reisemodus verunglimpft[88], sondern verschafft der Protagonistin Abstand zu einem fremdgewordenen Raum, dem sie sich emotional schwer annähern kann: „Der englischsprachige *Lonely Planet* im Rucksack hatte ihr Distanz versprochen, aus dieser Distanz heraus hatte sie sich viel vorgenommen. Distanz schafft Raum." (RD 13) Als Touristin vermeidet die Protagonistin zu Beginn der Reise eine direkte Auseinandersetzung mit der eigenen Vergangenheit, sie folgt vorgefertigten Wahrnehmungsinhalten und fokussiert die ‚äußeren' Bilder der Sehenswürdigkeiten. Diese Abwehrstrategie sorgt zwar dafür, dass Mia nicht mit emotional belastenden ‚inneren' Bilder konfrontiert wird, erweist sich vor dem Hintergrund ihrer Identitätssuche jedoch nicht als produktiv, da sie den „Raum", der eine distanzierte Annäherung als Touristin geschaffen hat, „nicht füllen" (RD 14) kann.

---

ting the typical forms of tourism. Thus rather being a trivial subject tourism is significant in its ability to reveal aspects of normal practises which might otherwise remain opaque." (John Urry, *The tourist gaze*, S. 2).

88 Auf die geringe analytische Schärfe einer Dichotomie Tourist/Reisender weisen eine ganze Reihe an Forschungsartikeln hin. Anne Fuchs fasst 1995 die reflexartige Differenzierung zwischen diesen beiden Reisemodi folgendermaßen zusammen: „So ist die herkömmliche Unterscheidung zwischen dem Reisenden, der Fremderfahrung macht bzw. sich um diese aufrichtig bemüht, und dem Touristen, dem sich von vornherein der Blick fürs Andere verbaut, eigentlich noch kaum ernsthaft hinterfragt. Während dem Reisenden prinzipiell die Möglichkeit authentischer Fremderfahrung zugesprochen wird, scheint der Tourist dem Surrogat des ‚sight' von vornherein zwangsläufig erliegen zu müssen. Hand in Hand mit der gängigen Verhöhnung des Tourismus als kommerzialisiert, verlogen und falsch geht häufig die Verklärung einer in die Vergangenheit projizierten Ursprünglichkeit." (Anne Fuchs: Der touristische Blick. Elias Canetti in Marrakesch. Ansätze zu einer Semiotik des Tourismus. In: *Reisen im Diskurs. Modelle der literarischen Fremderfahrung von den Pilgerberichten bis zur Moderne.* Hrsg. v. Anne Fuchs und Theo Harden. Heidelberg 1995. S. 72). Unter Berücksichtigung von Hans Magnus Enzensbergers Essay „Theorie des Tourismus" argumentiert Fuchs gegen eine „Pseudo-Kritik" gegenüber dem Tourismus, die lediglich den von Reisenden selbst bemühten Authentizitätsgrad betrifft, für eine Untersuchung der Fremderfahrung von Touristen jedoch nicht weiterhilft. Sowohl Reisende als auch Touristen sind der Situation ausgesetzt, „die Fremdkultur für sich ‚lesbar' zu machen" (S. 72), weshalb Fuchs die Unterscheidung schlichtweg aufhebt: „Insofern also die Jagd nach ‚dem ganz Anderen', nach dem Exotischen oder Echten, dem kulturell Ursprünglichen usw. den heutigen Reisenden charakterisiert, sind alle heutigen Reisenden Touristen (oder – wenn diese Bezeichnung stört – umgekehrt)" (S. 72). Die Unterscheidung zwischen „billigen Gruppenreisen einerseits und der elitären Individualreise ‚off the beaten track' andererseits" sieht Fuchs als Unterkategorien des Tourismus. Als wenig zielführend wird der Gegensatz zwischen den Begriffen Tourist und Reisender auch in folgenden Artikeln behandelt: Hasso Spode: Der Tourist. In: *Der Mensch des 20. Jahrhunderts.* Hrsg. v. Ute Frevert und Heinz-Gerhard Haupt. Frankfurt a. M. [u. a.] 1999. S. 113–137; Uta Schaffers: Einführung. Normierung und Kanonisierung des Reisens. In: *Off the beaten track. Normierung und Kanonisierung des Reisens.* Hrsg. v. Uta Schaffers. Würzburg 2018. S. 19–27.

Über die grundlegende figurenpsychologische Funktion einer inneren Distanzierung hinausgehend, eröffnet sich durch den touristischen Blick eine weitere Deutungsebene, die die erinnerungskulturelle Funktion des Raumes betrifft. Tourismus gilt in Forschungsdiskursen auch als „visueller Symbolkonsum"[89], wodurch Tourist:innen zu „SemiotikerInnen"[90] werden, die den Raum als Zeichensystem wahrnehmen und sich auf dieser Ebene ihrem Reiseziel annähern: „So versuchen die Touristinnen, mittels Sehenswürdigkeiten die gesellschaftliche Gesamtrealität des besuchten Landes zu erfassen auch wenn sie dabei der Vor-Selektion durch Reiseführer und Tourismusbranche erliegen."[91] Der touristische Blick kombiniert Informationen über die Selbstwahrnehmung des Reiseziels (z. B. Gedenkstätte und Denkmäler) mit einer vorgefertigten Fremdwahrnehmung (z. B. in Reiseführern). Tourist:innen nähern sich einer Fremdkultur als „kulturelle Außenseiter"[92]. Es ist daher von Relevanz, inwiefern ihnen durch eine semiotische Typisierung in Form von Sehenswürdigkeiten Zugang zum bereisten Raum verschafft werden soll.[93] Dies betrifft vor allem auch den Bereich der Erinnerungskultur. Der touristische Blick offenbart durch die Inaugenscheinnahme beispielsweise von Gedenkstätten und Denkmäler aus der Perspektive kultureller Außenseiter:innen, *wie* eine Erinnerungsgemeinschaft bedeutende kollektive Erfahrungen verfügbar hält. Wie lässt sich diese Deutungsebene des touristischen Blicks nun mit Marinićs Roman in Verbindung bringen? In ihrem ersten Rundgang nähert sich Mia in Bezug auf die deutsche Nationalgeschichte vor allem der deutschen Wiedervereinigung. Ein besonderes Augenmerk liegt auf dem *Streetart*-Werk von Jean-Remy von Matt, dessen Slogan in einem Absatz und in Majuskelschrift im Tagebuch exponiert dargestellt wird: „DIESES HAUS STAND FRÜHER IN EINEM ANDEREN LAND [...] MENSCHLICHER WILLE KANN ALLES VERSETZEN." (RD 13) Die Erinnerung an die friedliche Revolution in der DDR, die Öffnung der Berliner Mauer und die Herstellung der Einheit Deutschlands ist fest in der deutschen Erinnerungskultur verankert (der 3. Oktober ist als Tag der deutschen Einheit ein Nationalfeiertag) und damit auch elementarer Bestandteil einer touristischen Aneignung. Der Slogan des Werbetexters Jean-Remy von Matt deutet in den zwei Sätzen, die auf der Haus-

---

89 Cord Pagenstecher: *Der bundesdeutsche Tourismus. Ansätze zu einer Visual History: Urlaubsprospekte, Reiseführer, Fotoalben 1950–1990*. Hamburg 2003. S. 27.
90 Cord Pagenstecher, *Der bundesdeutsche Tourismus*, S. 26.
91 Cord Pagenstecher, *Der bundesdeutsche Tourismus*, S. 27.
92 Fuchs, Der touristische Blick, S. 75.
93 Vgl. grundlegend den semiotischen Ansatz von Fuchs, der sich auf die Studien von Jonathan Culler (*The Semiotics of Tourism*, 1988) stützt: „Insofern der Tourist mit seinem semiotischen Blick das Typische von Objekten und Verhaltensweisen zu erkennen sucht, betrachtet er die fremde Umgebung als kulturellen Signifikanten." (Fuchs, Der touristische Blick, S. 73).

wand großflächig platziert wurden, auf die Transformationsprozesse nach 1989, die eine intrakulturelle Annäherung bedingen. Dass dieses Haus in einem „anderen Land" stand, markiert eine Fremdheit zwischen zwei strikt voneinander abgegrenzten politischen Systemen, deren Differenzen aus rechtlicher Perspektive in einem Einigungsprozess überwunden wurde und deren Bürger:innen in der daraus resultierenden, erweiterten Bundesrepublik Deutschland dem gleichen Staat angehören. Dass menschlicher Wille alles „versetzen" kann, zollt hier der friedlichen Revolution Tribut, in der politische Veränderungen vor dem Hintergrund weltpolitischer Dynamiken (Ende des Eisernen Vorhangs) von den Bürger:innen der DDR selbst initiiert wurden. Nimmt die Touristin Mia dieses Haus zunächst noch als Sehenswürdigkeit war, die ein gutes Fotomotiv darstellt, verändert sich in einem ersten Reflexionsprozess ihre Perspektive auf das Fassaden-Werk. Während sie in einem Café eine Pause nach dem ersten touristischen Streifzug einlegt, wird Mia klar, dass eine Annäherung über die nationalgeschichtliche Makroebene von Sehenswürdigkeiten, die ein touristischer Blick fokussiert, nicht produktiv ist. Die Sightseeingtour kommt ihr wie eine Ablenkung von einer tiefergehenden Identitätsarbeit, zu der sie die Reise angetreten hat, vor. Die personale Erzählinstanz legt nahe, dass die ‚äußeren' Bilder wenig mit Mias eigener Identität zu tun haben:

> Statt aufzustehen oder Zweikämpfe mit sich selbst zu führen, malt sie wie im Halbschlaf wieder und wieder ihren Namen auf die weiße Serviette: Mija Marković. Mia Marković. Markovich. Sie streicht die Namen alle nacheinander dick durch und blättert zurück in ihrem Display: DIESES HAUS STAND FRÜHER IN EINEM ANDEREN LAND. Menschlicher Wille kann alles versetzen. Und was ist mit dem Rest? (RD 14)

Die Reihung der Namensveränderung wiederholt zunächst einmal das Reisemotiv der Identitätssuche, indem auf die sukzessive Distanzierung von der eigenen Herkunft hingewiesen wird, die in der Namensassimilierung „Markovich" mündet. Die durchgestrichenen Namen implizieren den Identitätsverlust, den die Protagonistin mit der Reise zu bewältigen gedenkt und der auch nach dem ersten Rundgang durch den vermeintlichen Herkunftsraum weiter präsent ist. Entscheidend an diesem Zitat ist das Wiederaufgreifen des *Streetart*-Textes zur Wiedervereinigung, der nun nicht aus einer von einer Touristin erwartbaren Faszination und Bewunderung für die friedliche Revolution bewertet wird, sondern mit einem kritischen Nachsatz versehen wird, der die Absolutheit, dass menschlicher Wille „alles [Herv., M.H.] versetzen" kann, relativiert. Im Rahmen einer Neuordnung der Gesellschaftszusammensetzung, die eine deutsch-deutsche Wiedervereinigung mit sich brachte, wurden nicht nur die Häuser in ein neues Land „versetzt", sondern auch die Menschen beider Länder in einen gemeinsamen Staat eingegliedert. Die Frage nach „dem Rest", der in diesen großen gesellschaftlichen Veränderungen unbeachtet blieb, deutet auf die Gesellschaftsgruppe der Migrant:innen, die auch nach der Wiedervereinigung als Ausländer:innen bezüglich einer staatlichen Zugehörigkeit in den neugeordneten politischen Verhältnisse vernachlässigt wurden. Wenn menschlicher Wille „alles versetzen" kann, warum konnten dann die beträchtliche Anzahl an Migrant:innen aus einem „anderen Land" nicht auch rechtlich in dieses Land „versetzt" werden, ließe sich hier aus der Perspektive der Protagonistin fragen. Was nach dem ersten Rundgang durch Berlin-Mitte in einem kritischen Nachsatz nur angedeutet wurde, wird bei Mias zweiten Versuch, sich die Stadt aus touristischer Perspektive anzueignen, noch deutlicher.

Am fünften Tag der Berlinreise (20. Januar) setzt Mia ihren touristischen Rundgang durch Berlin fort. Begleitet wird sie dieses Mal von Jesus, der das Programm der Tour konkretisiert: „Darf ich zusammenfassen: Punkt eins waren verbrannte Bücher. Punkt zwei Mauerbau. Allerdings vom Westen aus. Punkt drei: Stelen für ermordetet Juden. Hier fehlen definitiv noch Ostdeutsche im Programm." (RD 127) Der Bebelplatz, an dem am 10. Mai 1933 von der *Deutschen Studentenschaft* geplant und inszeniert öffentlich Bücher verbrannt wurden, die 1998 aus Mauerteilen wieder errichtete Gedenkstätte Berliner Mauer und das seit dem 12. Mai 2005 öffentlich zugängliche Denkmal für die ermordeten Juden südlich des Brandenburger Tors sind fester Bestandteil einer erinnerungskulturellen Sightseeingtour durch Berlin, sodass Jesus die einzelnen Stationen mit Sarkasmus gar als klischeeartiges Touristenprogramm abtut. Was Jesus als dröge Denkmal-Runde empfindet, kann vielmehr als ein typisches Vorhaben eingeordnet werden, wodurch sich der Tourist als „kultureller Außenseiter Zugang zur Fremdkultur zu verschaffen sucht."[94] Während Jesus als jahrzehntelang in Berlin lebender ‚Einheimischer' nicht nur von der Fülle des Programms überfordert scheint („So was macht man in einem Jahr und nicht an einem Tag.", RD 127), sondern auch grundsätzlich wenig Verständnis für Mias exzessiven Zeichenkonsum zeigt, kommt deren Suche nach einer Bedeutung der Makroebene nationalgeschichtlicher Monumente für die eigene Identitätssuche nach der Verabschiedung von Jesus zum Vorschein:

> Sein Vorwurf, sie ginge nur ein Denkmal nach dem anderen ab, hallt nach. Natürlich. Sie gibt ihm recht. Zu viel für einen einzigen Tag, eine Woche. oder zwei. Und nirgends das Ellis Island Berlins. […] Wo nur sind die Berliner Geschichten, die leuchten könnten, fragt sie sich. Wo sind die Geschichten der Menschen, die jetzt hier leben? Sie findet nur jene, die hier gestorben sind. (RD 138)

---

94 Fuchs, Der touristische Blick, S. 75.

Mias Suche nach Anknüpfungspunkten im touristischen Zeichensystem wird vor dem Hintergrund der Einwanderungsgeschichte ihrer Eltern deutlich. Die Mikroebene der Familiengeschichte hat keine Berührungspunkte mit der erinnerungskulturellen Makroebene der deutschen Nationalgeschichte, die repräsentiert durch einen „Staffellauf [...] von Denkmal zu Denkmal" (RD 137) deshalb auch kein Identifikationsangebot für die Rückkehrerin darstellt. Einerseits hat Mia von ihren Eltern, die als sogenannte Gastarbeiter innerhalb der Gesellschaft marginalisiert waren, „nichts, aber auch gar nichts über dieses Land mitbekommen" (RD 140), wodurch eine ausbleibende Vermittlung zwischen Familiengedächtnis und kulturellem Gedächtnis des neuen Lebensmittelpunkts, die womöglich von ihren Eltern aufgrund der geplanten Rückkehr nach Kroatien auch nicht intendiert war,[95] angedeutet wird. Andererseits ist im obigen Zitat erkennbar, dass Mia vergeblich nach den Einwanderungsgeschichten auf der makrogeschichtlichen Ebene der Nationalgeschichte sucht, was die zu Anfang dieses Kapitels markierte politische Dimension des Romans ins Spiel bringt: Wenn der touristische Blick nach Urry die Konstruktivität von gesellschaftlichen Strukturen offenlegt, ist Mias persönliche Inaugenscheinnahme der touristischen Zeichenwelt ein Beleg für eine selektive Erinnerungskultur, die mit der Migrationsgeschichte ein wichtiges Kapitel der deutschen Geschichte im 20. Jahrhundert außen vor lässt. Die „Geschichten der Menschen, die *jetzt* [Hervorhebung durch Verf., M.H.] hier leben", sind nicht sichtbar. Als Gegenbeispiel nennt die Protagonistin das New Yorker Einwanderungsmuseum Ellis Island. Während ihres Spaziergangs erinnert sie sich an einen Besuch dieses Museums, das als „Meistererzählung der amerikanischen Einwanderernation"[96] die „Heldengeschichten von Marginalisierten"[97] ins Zentrum rückt.[98] Eine dieser „Heldengeschichten", die der ausgestellte

---

[95] Die Erzählinstanz stellt die Integrationsabsichten der im Buch dargestellten ersten Generation in Frage: „War es nicht mindestens so wichtig für sie wie für die Gastgeber, nicht Teil des Ganzen zu sein, sondern Teil des Landes, in dem sie nicht mehr lebten?" (RD 139) Für die erste Einwanderergeneration, vor allem Mias Vater Marko Marković, war die Arbeitsmigration tatsächlich ein „Provisorium" (RD 139) – der Hausbau und die anschließende Rückkehr nach Dalmatien waren Sinn und Zweck des Aufenthalts in Deutschland.

[96] Joachim Baur: *Musealisierung der Migration. Einwanderungsmuseen und die Inszenierung der multikulturellen Nation.* Bielefeld 2009. S. 79. Baur nimmt eine vergleichende Analyse von drei bedeutenden Einwanderungsmuseen vor: Unter den drei Untersuchungsgegenständen befindet sich neben dem *Pier 21* in Kanada, dem *Immigration Museum* in Melbourne auch das *Ellis Island Immigration Museum* in New York (vgl. S. 79–198).

[97] Joachim Baur, *Musealisierung der Migration*, S. 193.

[98] Baur beleuchtet in seiner Studie insbesondere auch das Spannungsverhältnis in der Ausstellungskonzeption zwischen einer „patriotisch-glorifizierenden Sicht von Einwanderungsgeschichte" (Joachim Baur, *Musealisierung der Migration*, S. 191) und dem Ansatz von Vertreter:innen einer *New Social History*, „die eine solche Version explizit ablehnten und stattdessen das Projekt einer engagierten und kritischen Sozialgeschichte verfolgten." (Ebd.)

Brief eines mittellosen griechischen Bauern an seine zurückgebliebene Familie, führt Mia als Beispiel für die Würdigung von Einwanderungsgeschichten an, mit denen sie sich als Teil einer zweiten Einwanderungsgeneration länderübergreifend identifizieren kann: „Aus diesem einen Brief hatte sie mehr darüber erfahren, was es bedeutet, dem Traum vom besseren Leben zu folgen, als durch ihr ganzes Nachdenken über ihr Leben in Deutschland." (RD 138) Eine „Musealisierung der Migration", die wie in nordamerikanischen Staaten oder Australien ab Ende der 1980er Jahre auch eigenständige Museen zu diesem Komplex hervorbrachte, ist in Deutschland im Jahr 2013 noch nicht signifikant vorangeschritten. Mia liefert Beispiele aus ihrer Familiengeschichte, die eine Ähnlichkeit zu den „Heldengeschichten" des *Ellis Island Immigration Museum* andeuten: Auch von ihrer Mutter gibt es Briefe an Mias Großmutter, die „ähnlich hilflos wie die des Griechen" (RD 138) gewesen sein müssten. Ein vergleichbares Aufnahmeprozedere (z. B. Untersuchung „der körperlichen und geistige Gesundheit", RD 141), mit dem sich Eingewanderte auf Ellis Island konfrontiert sahen, verortet die Protagonistin für den Anwerbeprozess von sogenannten Gastarbeitern in „Münchner Keller[n]" (RD 141). Es fehle ein Erinnerungsort wie *Ellis Island*, der diesen Teil der deutschen Sozialgeschichte dokumentiert und kritische aufarbeitet. Baur betont in seiner Studie den gesellschaftlichen Effekt von Migrationsmuseen, der durch Mias Spaziergang durch Berlin thematisiert wird: Die museale Institutionalisierung von Migrationsgeschichte vermag es, „ein Gefühl von Zugehörigkeit [zu] vermitteln"[99] und deshalb eine wichtige Funktion für die Identitätsarbeit von Eingewanderten. Gleichzeitig tragen sie zu einer „Transnationalisierung von Erinnerungskulturen"[100] bei, die der demographischen Entwicklung von Einwanderungsgesellschaften Rechnung tragen. Die dynamische Entwicklung einer „Musealisierung der Migration", auf die Baur 2009 bereits hinweist, führt dazu, dass die Forderung nach einem Ellis Island in Deutschland, die Mia in *Restaurant Dalmatia* repräsentativ für Einwanderungsgruppen in Deutschland vorbringt, in den 20er Jahren des 21. Jahrhundert erfüllt wird: Mit der für 2026 geplanten Inbetriebnahme des Kölner Museums „Haus der Einwanderungsgesellschaft" entsteht das erste zentrale Migrationsmuseum in Deutschland.[101] Aus ihrer Kolumne in der *Süddeutschen Zeitung* lässt sich entnehmen, dass das „Haus der Einwanderungsgesellschaft" Marinićs Vorstellung eines „deutsche[n]

---

[99] Joachim Baur, *Musealisierung der Migration*, S. 16.
[100] Joachim Baur, *Musealisierung der Migration*, S. 16.
[101] Vgl. dazu die Ankündigung auf der Homepage des DOMiD (Dokumentationszentrum und Museum über die Migration in Deutschland e.V.): https://domid.org/projekte/haus-der-einwanderungsgesellschaft/ (zuletzt abgerufen: 22.06.2021).

Ellis Island"[102] entspricht, das auch eine multiperspektivische Blick auf Stationen der deutschen Erinnerungskultur wirft: „Wie erlebten beispielsweise die Kinder italienischer Einwanderer:innen die Fußballweltmeisterschaft 2006 oder welche Rolle spielt die Wiedervereinigung für türkische Einwanderer:innen und ihre Nachfahr:innen?"[103] Marinics Roman *Restaurant Dalmatia* verfolgt als literarisches Werk das vergleichbare Ziel, interkulturelle Perspektiven in die Darstellung von Nationalgeschichte zu integrieren. Der touristische Blick fungiert als narratives Mittel, um die Marginalisierung von Eingewanderten in der deutschen Erinnerungskultur u. a. am Beispiel der Mauergeschichte sichtbar zu machen. Neben der kritischen Ausleuchtung einer monokulturellen Erinnerungskultur hat der Roman auch eine eigene, performative Dimension als Gedächtnismedium. Im geplanten „Haus der Einwanderungsgesellschaft" in Köln sollen vor allem die Geschichten von Zeitzeug:innen eine monokulturelle Erinnerungskultur aufbrechen. In *Restaurant Dalmatia* wird dieses Vorhaben bereits literarische umgesetzt, indem die Protagonistin Mia als fiktive Zeitzeugin der Mauergeschichte präsentiert wird. Der Roman prangert damit nicht nur Leerstellen an, sondern versucht, diese durch das Gedächtnismedium Literatur zu füllen.

4.3.3 Interkulturelles Gedächtnis – Mia als fiktive Zeitzeugin der Mauergeschichte

Das Polaroid, das mit einer Wechselrede bedruckt im ersten Kapitel als Metapher für Mias verblichene Erinnerungen eingesetzt wird und in der analeptisch erzählten Vorgeschichte zwischen Mia und Rafael eine Grenze des Erinnerns bzw. des Erzählens vorführt, ist nach Mias Ankunft in Berlin der erste Versuch, eine Beziehung zu ihrem Herkunftsraum herzustellen. Der bisher ausschließlich affektive Zugang, der sich im Gespräch mit Rafael zeigte („Herzrasen, mit dem Kinder Verbotenes tun", RD 17), wird zu einer Geschichte zusammengesetzt. Die Protagonistin schafft es zu Beginn ihres Aufenthalts in Berlin, ein zusammenhängendes inneres Bild zu entwickeln, was Horstkotte in ihrer Studie als „Nachbild"[104] bezeichnet. Eine Ana-

---

102 Jagoda Marinić: „Ein deutsches Ellis Island". In: *Süddeutsche Zeitung*, 26.12.2019. Verfügbar auf: https://www.sueddeutsche.de/politik/Marinić-kolumne-einwanderung-koeln-ellis-island-1.4736104 (zuletzt abgerufen: 22.06.2021).
103 https://domid.org/projekte/haus-der-einwanderungsgesellschaft/ (zuletzt abgerufen: 22.06.2021).
104 Horstkottes Definition: „Unter ‚Nachbildern' verstehe ich imaginative, mentale Vorstellungen auf der Basis von visuellen Eindrücken, Bildern und Fotografien, typischerweise aus der zeitlichen Distanz der Erinnerungsperspektive heraus. [...] Da es sich bei Nachbildern, meinem

lyse dieses mentalen Erinnerungsbildes impliziert einerseits die Frage nach der Erinnerungssituation und der im Text dargestellten Mnemotechnik, die ein solches hervorruft. Andererseits ist besonders der Erinnerungsinhalt von Interesse, der die Protagonistin als Zeitzeugin eines historischen Ereignisses im Grenzstreifen zwischen BRD und DDR präsentiert: der Sprengung der Versöhnungskirche am 22. Januar 1985. Während Mia im Gespräch mit Rafael in Toronto als Erinnerungssituation der Zugang zur Geschichte des Polaroidfotos verwehrt bleibt, gelingt es ihr in einem Moment der Introspektion zu Beginn der Reise, den Kontext des Polaroids aus der Vergessenheit hervorzuholen. Nach einem ersten touristischen Streifzug durch Berlin-Mitte lässt sie sich in einem Café nieder. Der Perspektivwechsel von den ‚äußeren' Bildern des touristischen Spaziergangs zu ‚inneren' Bildern wird durch einen Vergleich zu einem Kunstwerk des US-amerikanischen Malers Edward Hopper (1882–1967) eingeleitet:

> So, wie sie jetzt in diesem Café sitzt, erinnert sie an ein Edward-Hopper-Motiv, ein bestimmtes. *A Woman in the Morning Sun*. Das, obwohl sie nicht in einem morgenlichtdurchfluteten Schlafzimmer steht, schon gar nicht nackt, obwohl sie keine Zigarette raucht und kein Bett zu sehen ist, unter dem sich schwarze oder rote Pumps vor der Helligkeit des Tages verstecken. (RD 13)

Zunächst ist zu bemerken, dass die personale Erzählinstanz für das durch verbale Deskription evozierte Gemälde den falschen Titel verwendet: Es handelt sich um Hoppers *A woman in the sun* (1961), was möglicherweise durch eine Nähe zu einem weiteren berühmten Hopper-Bild – *Morning Sun* (1952) – zustande kommt. Die beiden Gemälde haben nicht nur einen verwechslungsanfälligen Titel, sondern lassen sich, was das erwähnte „Edward-Hopper-Motiv" betrifft, zusammenbringen. Ivo Kranzfelder vergleicht, ausgehend von *A woman in the sun*, das Blickfeld der dargestellten Frauenfiguren: „Der Blick der Frau ist ins Nichts gerichtet, introspektiv, wie schon in *Morgensonne* und *Sonne in der Stadt*."[105] Die Darstellung der Szenerie spielt für einen Vergleich des Hopper-Gemäldes mit der im Café sitzenden Mia eine untergeordnete Rolle.[106] Es ist eine innere Reflexionshaltung, die von der personalen Erzählinstanz als „Edward-Hopper-Motiv" aufgegriffen und mit Mia in Verbindung gebracht wird: Ihr Blick richtet sich von außen nach innen, was während des

---

Begriffsverständnis zufolge, notwendig um innere Bilder handelt, impliziert meine Untersuchung nicht zuletzt die Frage nach der Darstellung und Darstellbarkeit mentaler Vorstellungen und kognitiver Prozesse." (Horstkotte, *Nachbilder*, 15 f.)
105 Ivo Kranzfelder: *Edward Hopper (1882–1967). Vision der Wirklichkeit*. Köln 2006. S. 53.
106 Kranzfelder fasst die Versatzstücke des Gemäldes folgendermaßen zusammen: „[...] der Frauenakt, als zentrales Bildmotiv, das Bett mit zurückgeschlagener Decke, ein ruhiger und ein bewegter Vorhang sowie das Motiv des Bildes im Bild." (Kranzfelder, *Edward Hopper*, S. 53).

Aufenthalts im Café auch kontrastiv zur anfangs in der Rolle der Touristin gescheuten Auseinandersetzung mit ihrem Herkunftsraum Erwähnung findet: „Es ist leicht, in Gedanken spazieren zu gehen." (RD 49) Für die ‚äußeren' Bilder des touristischen Rundgangs nutzte Mia ihre „Profi-Nikon" (RD 14), um ‚innere' Bilder zu aktivieren, befindet sie auch die „alte Polaroid" (RD 14) im Reisegepäck, mit der sie das in Vergessenheit geratene Polaroidfoto geschossen hat. Mithilfe der Polaroid deutet die personale Erzählinstanz zunächst auf die ökonomische Situation der Familie Marković: Die Kamera galt als besonderer Wertgegenstand, weshalb es Mia verboten wurde, sie zu benutzen: „Du darfst keine Bilder machen, die Filme sind teuer, hieß es." (RD 14) In Hopperscher Introspektion führt letztlich ein haptisches Erlebnis im Café dazu, dass sich Mia an die zum Polaroid gehörende Geschichte erinnert: „Sie nimmt die alte Kamera in die rechte Hand, klappt den Sucher auf und erinnert sich, wie sie eines Nachmittags um jeden Preis auf die Straße wollte." (RD 15) Eine konkrete Ähnlichkeit der formalen Erinnerungsrekonstruktion zum technischen Vorgang, der unter Einsatz des Suchers eines Fotoapparats verrichtet wird – ein Motiv anvisieren, einen Bildausschnitt festlegen, den Schärfegrad regeln – ist in den Gedankengängen der Protagonistin zwar nicht erkennbar, eine semantische Nähe zwischen dem Sucher der Polaroid und Mias Bewusstseinsvorgängen, die im Modus der Suche präsentiert werden, lässt sich aber dennoch konstatieren. Die Koordinaten zu ihrem mentalen Erinnerungsrundgang markiert eine Stadtkarte, die Mia für den Erinnerungsvorgang zur Hilfe nimmt. Impulse in der Rekonstruktion der ‚inneren' Bilder gibt nach dem plötzlichen Erinnerungsschub, den das Aufklappen des Suchers auslöste, weiter der Tastsinn der Protagonistin: „Auf der Karte, [...], fährt sie die Straßen ab, fragt sich, von welcher Straße in welche die damals wohl abgebogen ist." (RD 15) Die Karte und die haptische Suchbewegung heben die besondere Bedeutung der Straßennamen zur Ergründung des Bildkontextes hervor. Der Sinn und Zweck dieser Erinnerungsmethode erschließt sich erst am Ende der Suche, indem die ‚inneren' Bilder mit dem Moment der Aufnahme des Polaroidfotos enggeführt werden: Die zentralen Bildelemente sind zwei Straßenschilder, die Mia nach der Sprengung eines Kirchturms nahe der Berliner Mauer fotografiert. Sie schießt „ein Bild von den beiden Straßenschildern im rechten Winkel [...]: Bernauer Straße und Hussitenstraße." (RD 16) Auch in der Rückwendung, die den Fund des Polaroids in Toronto erzählt, werden die Straßenschilder als Bildmotiv gekennzeichnet („Dieses Bild mit den Straßenschildern und ein paar Metern Mauer.", RD 17). Durch den „rechten Winkel" (RD 16) der Straßenschilder wird deutlich, dass mindestens ein Straßenschild auf dem Polaroidfoto nicht erkennbar war und das Bild vor der Berliner Mauer deshalb von Rafael und Mia nicht genau lokalisiert werden konnte. Die in einer mentalen Erinnerungskarte ausfindig gemachten Straßennamen führen zu einem historischen Ereignis, dem Mia als Zeitzeugin beiwohnte: „Der Turm der Versöhnungskirche ist an jenem

Nachmittag im Januar in den Osten gefallen" (RD 16). Die Kirche der Evangelischen Versöhnungsgemeinde wurde nach dem Mauerbau 1961 „zum mahnenden Symbol der Teilung Deutschlands und Europas"[107]. Sowohl Gemeindemitglieder in West- als auch in Ost-Berlin konnten die Kirche nicht mehr besuchen, da sie im sogenannten Todesstreifen lag. 1985 veranlasste die DDR-Regierung die Sprengung der Kirche, um den Grenzschutz entlang der Mauer auszubauen. Im Jahr 2000 wurde auf dem Areal der Gedenkstätte Berliner Mauer, an jenem Ort, wo die Versöhnungskirche stand, die Kapelle der Versöhnung als Erinnerungsort eingeweiht.[108] Im öffentlichen Gedenken an die Situation der Versöhnungskirche im Todesstreifen gelten Jörg und Regine Hildebrandt als wichtige Zeitzeugen.[109] Das Sammeln und Aufbewahren von Zeitzeugengeschichten fällt in den Bereich der *oral history*, die ein wesentlicher Bestandteil der Gedenkstättenarbeit darstellt. Dabei spielen photographische Abbildungen durch ihr Referentialitätspotential eine besondere Rolle. Die Zeitzeugengeschichte von Regine Hildebrandt auf der Homepage der *Gedenkstätte Berliner Mauer* enthält neben Audioaufnahmen von Hildebrandt, einen Informationstext über die Zeitzeugin auch drei Fotos von Hildebrandt, die die Sprengung der Versöhnungskirche dokumentieren.[110] Die Fotos wurden heimlich aufgenommen, da ‚Mauerfotos' von Ost-Berlin aus verboten waren.[111] Unter der auf der Homepage der Gedenkstätte veröffentlichten Auswahl an Fotos der Versöhnungskirche, die von West-Berlin aus geschossen wurden, findet sich ein Foto von M. R. Ernst, das dem in *Restaurant Dalmatia* geschilderten

---

[107] Homepage der Gedenkstätte Berliner Mauer, URL: https://www.berliner-mauer-gedenkstaette.de/de/kapelle-216.html (zuletzt abgerufen: 22.06.2021).
[108] Vgl. Homepage der Gedenkstätte Berliner Mauer, URL: https://www.berliner-mauer-gedenkstaette.de/de/kapelle-216.html (zuletzt abgerufen: 22.06.201).
[109] Jörg Hildebrandt, dessen Vater bis zum Mauerbau 1961 Pfarrer der Versöhnungskirche war, hielt am 13. August 2019 in der „Kapelle der Versöhnung" eine Gedenkrede zum Mauerbau. Sein Zeitzeugenbericht wurde von der *Bundeszentrale für politische Bildung* veröffentlicht, vgl. https://www.bpb.de/geschichte/zeitgeschichte/deutschlandarchiv/295325/niemand-hat-die-absicht-die-menschenwuerde-anzutasten (zuletzt abgerufen: 22.06.2021). Hildebrandt gab 2008 posthum das Buch *Erinnern tut gut: Ein Familienalbum* mit seiner bereits 2001 verstorbenen Frau Regine Hildebrandt als Autorin heraus. Das „Familienalbum" versammelt sowohl Aufschriebe von Regine Hildebrandt als auch Kommentare des Herausgebers Jörg Hildebrandt. Die Sprengung der Versöhnungskirche ist auf S. 122 f. dokumentiert.
[110] Vgl. Homepage der Gedenkstätte Berliner Mauer, URL: https://www.berliner-mauer-gedenkstaette.de/de/regine-hildebrandt-693.html (zuletzt abgerufen: 22.06.2021).
[111] Vgl. Lydia Dollmann/Manfred Wichmann (Hrsg.): *Fotografieren verboten! Die Berliner Mauer von Osten gesehen*. Mit Aufnahmen und Erinnerungen von Gerd Rücker. Berlin 2015.

Bildmotiv nahesteht.[112] Im Hintergrund befindet sich der zugemauerte Eingang der Versöhnungskirche, der aus dem Blickwinkel einer Straßenkreuzung fotografiert wurde. Die an einer Laterne angebrachten Straßenschilder bilden einen rechten Winkel, sodass lediglich die Bernauer Straße identifiziert werden kann. Während in der Aufnahme von Ernst die Versöhnungskirche noch zu sehen ist, sind auf Mias Polaroid nur „Straßenschilder[] und ein paar Meter Mauer" (RD 17) zu erkennen. Der entscheidende Unterschied zwischen dem Archivfoto und Mias Schnappschuss ist also, dass Mias Polaroid die Ecke Brunnen-/Hussitenstraßen *nach* der Sprengung der Versöhnungskirche zeigt, was sich als zusätzliche Schwierigkeit in der Rekonstruktion des Bildkontextes herausstellt.

Marinić präsentiert in ihrem Roman *Restaurant Dalmatia* eine fiktive Zeitzeugin der Mauergeschichte, die wie Regine Hildebrandt (nur von West-Berlin aus), die Sprengung der Versöhnungskirche miterlebte. Welche Funktion dies haben könnte, wird vor dem Hintergrund der anhand paratextueller Elemente in den Kapiteln zuvor bereits eingeführten gesellschaftspolitischen Dimension einer interkulturell engagierten Literatur deutlich. Ich will diese paratextuelle Ebene um einen weiteren Bestandteil erweitern, der die im offenen Brief an Sigmar Gabriel angeklungene Kritik an einer monokulturellen Erinnerungskultur, die Einwanderungsgruppen ausschließt, durch ein konkretes Beispiel veranschaulicht. Anlässlich des 25. Jubiläums des Tages der Deutschen Einheit hält Jagoda Marinić am 1. Oktober 2015 auf Einladung des Davidson Colleges (USA) und der deutschen Botschaft Washington die Rede „Wovon wir reden, wenn wir von ‚wir' reden. Wie der amerikanische Traum ein deutscher Traum wurde"[113]. Darin geht sie zunächst auf die gesellschaftspolitische Funktion ihres Schreibens ein. Als Autorin sieht sie sich zwangsläufig als „Aktivistin"[114], die Einwanderungsgruppe eine Stimme gibt und gesellschaftliches Bewußtsein für deren Marginalisierung schafft. Ein signifikantes Beispiel für die Ausgrenzungsmechanismen einer Mehrheitsgesellschaft sieht sie in der deutsche Erinnerungskultur zur Wiedervereinigung. Im öffentlichen Diskurs zum 25-jährigen Jubiläum seien Berichte von und/oder über Eingwanderten eine Seltenheit[115]. Für das Feld der Literatur als Gedächtnismedium konstatiert Marinić:

---

112 Das Foto zeigt die unzugängliche Versöhnungskirche im Grenzstreifen: vgl. Homepage der Gedenkstätte Berliner Mauer, URL: https://www.berliner-mauer-gedenkstaette.de/de/der-historische-ort-11,48,3.html (zuletzt aufgerufen: 22.06.2021).
113 Jagoda Marinić: *Made in Germany*. Hamburg 2016. S. 144–173.
114 Marinić, *Made in Germany*, S. 152.
115 Marinić erwähnt exemplarisch die *FAZ*-Sonderausgabe zum 25-jährigen Jubiläum der deutschen Einheit: „Als ich mich auf meinen Besuch hier vorbereitete, habe ich die großen Zeitungen nach Berichten zur deutschen Einheit gesichtet. Das, was ich hier erzählen wollte, fand ich jedoch nirgends. Ein Beispiel: Die Sonderausgabe der *Frankfurter Allgemeinen Zeitung*, eine der größten deutschen Zeitungen, hatte eine sechzehnseitige Magazinbeilage anlässlich der deutschen Ein-

Der ‚Wenderoman' hingegen, der in Deutschland zählt, weiß sehr wenig über die Tatsache, dass Deutschland schon damals ein multikulturelles Land war. Gerade Berlin war multikulturell. Wenn man Bücher über oder aus dieser Zeit liest, würde es einem kaum in den Sinn kommen, dass damals Millionen von Einwanderern seit Jahrzehnten in Deutschland lebten, dass sie Familien gründeten, ihre Schicksale hatten und das Antlitz der deutschen Straßen veränderten. Der deutsche Wenderoman ist in weiten Teilen eine immigrantenfreie Zone. Auch in der Erwartung, die Einwandererperspektiven sind nicht die, auf die der Literaturbetrieb wartet. Die ost- und westdeutsche Perspektive ohne Migrationshintergrund ist die gängige Darstellung deutscher Einheit in der Literatur. Das ist es, was die Literaturkritik für das relevante Narrativ hält. Da auch in der Literaturkritik die meisten Akteure eher keine Migrationsgeschichte haben (so wie in den deutschen Medien überhaupt kaum zwei Prozent Menschen mit Migrationshintergrund arbeiten), fällt es ihnen vermutlich nicht einmal auf, von wem in den Büchern und Geschichten nicht die Rede ist. Sie fehlen ihnen nicht – weil sie nicht wirklich Teil ihres alltäglichen Lebens, Teil ihrer Erfahrung sind, die über die Kulisse hinausgehen.[116]

An diesem Ausschnitt aus Marinićs Rede ist zu erkennen, dass der Ursprung der ‚Gattungsbezeichnung' Wenderoman als literarisches Gedächtnismedium der Mauergeschichte im feuilletonistischen Diskurs zu suchen ist.[117] Eine weitestgehend nationale

---

heit – auf keiner der sechzehn Seiten fand sich auch nur ein einziges Wort über Einwanderer. Selbst auf der Seite mit den Buchtipps gab es nur Bücher von Ursprungsdeutschen, denn, natürlich, der Fall der Berliner Mauer war nur aus Sicht der Ursprungsdeutschen relevant, konnte nur aus dieser Perspektive betrachtet und erzählt werden." (Marinić, *Made in Germany*, S. 150).

116 Marinić, *Made in Germany*, S. 151.

117 Die ‚Gattungsbezeichnung' hat sich im feuilletonistischen Diskurs zur Literatur nach 1989, deren thematischer Schwerpunkt auf der Wiedervereinigung Deutschlands liegt, etabliert. Helbig verweist auf die Vagheit dieses Konzepts, das Texte lediglich durch eine „grobe thematische Bedeutung" (Holger Helbig: Wandel statt Wende. Wie man den Wenderoman liest/schreibt, während man auf ihn wartet. In: *Weiter/schreiben. Zur DDR-Literatur nach dem Ende der DDR*. Hrsg. v. Holger Helbig et al. Berlin 2007. S. 75) bündle. Der Begriff werde im feuilletonistischen Diskurs als eine Wunschvorstellung verwendet, die vielmehr das Warten auf *den* Wenderoman kennzeichnete, als dass sie eine ernstzunehmende literaturwissenschaftliche Kategorisierung darstelle (vgl. ebd., S. 85). An diesem Begriff entzündeten sich Debatten um die Erinnerung an historische Entwicklungen, aber auch um den gegenwärtigen gesellschaftlichen Zustand der Einheit (vgl. ebd., S. 86). Grub weist darauf hin, dass die Diskussion über *den* Wenderoman regelmäßig zu signifikanten Jubiläen wieder aufgegriffen werde (vgl. Frank Thomas Grub: Phantomjagden und Selbstvernichtungen: ‚Wenderoman' und ‚Wendeliteratur' auf der Spur. In: *Mauerfall und andere Grenzfälle. Zur Darstellung von Zeitgeschichte in deutschsprachiger Gegenwartsliteratur*. Hrsg. v. Linda Karlsson Hammarfelt et al. München 2020. S. 24; auch Marinić greift das Thema zum 25-jährigen Jubiläum auf). Er bewertet den Begriff abgesehen von feuilletonistischen Diskursen auch als Vermarktungsstrategie des Buchhandels und sieht für die ‚Gattungsbezeichnung' Wenderoman als literaturwissenschaftliche Kategorie keine Zukunft (vgl. Grub, Phantomjagden und Selbstvernichtungen, S. 34 f.). Nichtsdestotrotz finden sich Forschungsbeiträge, die Begriffe wie *Wende* oder *Einheit* als inhaltliche Kategorie zur Bündelung von Textkorpora verwenden (vgl. z. B. den Sammelband *Nach-Wende-Narrationen* aus dem Jahr 2010, Hrsg. v. Gerhard Jens Lüdeker und Dominik Orth oder die Monographie von Arne Born: *Litera-*

Perspektive, die den Schwerpunkt in erster Linie auf die intrakulturelle Fremdheit zwischen Ost und West legt, findet sich auch im literaturwissenschaftlichen Diskurs zum Thema Wendeliteratur.[118] Während viele Schriftsteller:innen das Label Wenderoman für ihre Texte ablehnten,[119] ordnet Marinić ihren eigenen Roman *Restaurant Dalmatia* bewusst in dieser Kategorie ein, um den Ost-West-Dualismus durch interkulturelle Gedächtnisbestände einer Einwandererfamilie aus der Zeit vor und nach der Wende aufzubrechen. Das Bedürfnis nach einer offensiven Selbstverortung resultiert mutmaßlich daraus, dass ihr Roman im Feuilleton gerade *nicht* als Wenderoman wahrgenommen wurde.[120]

---

turgeschichte der deutschen Einheit 1989–2000. Fremdheit zwischen Ost und West. Hannover 2019). Auffällig ist dabei eine Zweiteilung der literarischen Werke in Wendetexte der 1990er Jahre und ab der Jahrtausendwende. Während in den 1990er Jahren vorrangig faktual (Tagebuch, Essay) erzählt wurde, vollziehe sich in den 2000er Jahren ein Wechsel hin zu fiktionalen Gattungen, die weniger von einer „unmittelbare[n] politische[n] Virulenz" zeugen, sondern in „reflektierter Rückschau" die historische Umbruchphase verhandeln (Born, *Literaturgeschichte der deutschen Einheit*, S. 26; vgl. auch Hannes Krauss: Die Wiederkehr des Erzählens. Neue Beispiele der Wendeliteratur. In: *Deutschsprachige Gegenwartsliteratur seit 1989. Zwischenbilanzen – Analysen – Vermittlungsperspektiven.* Hrsg. v. Clemens Kammler und Torsten Pflugmacher. Heidelberg 2004. S. 102). Abgegrenzt werden die Entwicklungen durch das Präfix *Nach-*, das entweder als *Nach-Wende-Narration* oder *Nach-Wendeliteratur* eingesetzt wird.

118 Dass der „Wenderoman" wie von Marinić angeführt eine „immigrantenfreie Zone" ist, gilt vor allem für die literarischen Entwicklungen in den 1990er Jahren. Helbig sieht in dieser Dekade einen Schwerpunkt auf der „Geschichte des Nachlebens der DDR" (Helbig, Wandel statt Wende, S. 86), Krauss merkt an, dass es vor allem Autor:innen aus den sogenannten neuen Bundesländern seien, die über deutsch-deutsche Themen schreiben (vgl. Krauss, Die Wiederkehr des Erzählens, S. 97). Platen findet die Bezeichnung „DDR-Literatur der neunziger Jahre" angesichts der Dominanz ostdeutscher Schriftsteller:innen legitim (vgl. Edgar Platen: Vorwort: Mauerfall, Mauerfälle. In: *Mauerfall und andere Grenzfälle. Zur Darstellung von Zeitgeschichte in deutschsprachiger Gegenwartsliteratur.* Hrsg. v. Linda Karlsson Hammarfelt et al. München 2020. S. 9). Eine interkulturelle Perspektive, die das Leben von Eingewanderten vor/während/nach der Wende berücksichtigt, ist in den verschiedenen Textkorpora der Forschungsarbeiten zur Wendeliteratur der 1990er Jahre nicht zu finden. Der Fokus liegt eindeutig auf der Fremdheit zwischen Ost und West. Auch ab den 2000er Jahren wird die Erinnerung an den Mauerfall hauptsächlich aus monokultureller Perspektive verhandelt (vgl. z. B. Born, *Literaturgeschichte der deutschen Einheit*, S. 30). Eine Ausnahme bildet der 2003 erschienene Roman *Selam Berlin* von Yadé Kara, der als erster interkultureller Wendetext gilt (vgl. Michaela Holdenried: Eine Position des Dritten? Der interkulturelle Familienroman *Selam Berlin* von Yadé Kara. In: *Die interkulturelle Familie. Literatur- und sozialwissenschaftliche Perspektiven.* Hrsg. v. Michaela Holdenried und Weertje Willms. Bielefeld 2012. S. 95).
119 Grub, Phantomjagden und Selbstvernichtungen, S. 26.
120 Vgl. Cornelia Geissler: Keine Zeit für eine Heimat. Frankfurter Rundschau, 16.10.2013. Abgerufen auf: https://www.fr.de/kultur/literatur/keine-zeit-eine-heimat-11296109.html (letzter Zugriff: 27.07.2021); Sabine Berking: Einmal Balkanteller für Hartgesottene, bitte. *FAZ*, 23.09.2013, S. 32.;

Dass Eingewanderte in der deutschen Erinnerungskultur zur Mauergeschichte und Wiedervereinigung eine marginale Rolle spielen, bestätigt der Internetauftritt der *Gedenkstätte Berliner Mauer*. Die Zeitzeugengeschichten auf der Homepage können als konkretes Beispiel dienen, um die von Marinić kritisierte Einseitigkeit der deutschen Erinnerungskultur zu bekräftigen. Unter der Rubrik Zeitzeugengeschichten finden sich Stimmen von West- und Ostdeutschen, die in verschiedenen Rubriken (Alltag vor dem Mauerbau, Mauerbau, Flucht und Fluchthilfe, Ausreise, Leben mit der Mauer, Opposition und Widerstand) als Betroffene ihre Erfahrungen teilen.[121] Ferner wird auf der Homepage der Gedenkstätte auf das von der Stiftung Berliner Mauer veranstaltete „Zeitzeugencafé" hingewiesen, das von 2012 bis 2014 jeweils zwei Zeug:innen mit den Besucher:innen der Veranstaltung ins Gespräch brachte.[122] Ziel dieses Formats war es, durch persönliche Erzählungen die Geschichte der Berliner Mauer anschaulich zu machen. An der Auswahl der Zeitzeug:innen wird deutlich, dass dieser große gesellschaftliche Umbruch vor allem als deutschdeutsche Geschichte erinnert wird, in der Sichtweisen von Einwanderinnen und Einwanderer eine untergeordnete bis gar keine Rolle spielen, „obwohl sich mit dem Mauerfall auch ihre Lebensbedingungen drastisch veränderten", worauf Irmhild Schrader und Anna Joskowski in einem der wenigen Beiträge der Bibliographie der Gedenkstätte Berliner Mauer, die sich explizit mit den Auswirkungen des Mauerfalls auf Einwanderer in West- und Ostdeutschland beschäftigen, hinweisen.[123] Schrader und Joskowski stellen in ihrem 2015 veröffentlichten Artikel ein Werkstattprojekt vor, das grundlegend das Ziel verfolgt, „die Perspektiven der Eingewanderten sichtbar zu machen und die Institutionen zu verändern, in denen Geschichte ‚geschrieben' wird: Museen, Medien, Bildungsinstitutionen"[124]. Ähnlich zum Zeitzeugencafé der Gedenkstätte Berliner Mauer wurden in einem Erzählprojekt Stimmen von Einwanderinnen und Einwanderer zum Mauerfall zusammengetragen. Marinić beabsichtigt im fiktionalen Medium der Literatur einen vergleichbaren Perspektivwechsel, wenn Mia als Zeitzeugin der Mauergeschichte präsentiert wird. Die Erinnerungsrekonstruktion im Café zeigt die Protagonistin auf der diegetischen Ebene zwar in einem Moment der Introspektion,

---

Sibylle Birrer: Im Niemandsland. NZZ, 13.02.2014. Abgerufen auf: https://www.nzz.ch/feuilleton/buecher/im-niemandsland-1.18241899 (letzter Zugriff: 27.07.2021).
121 Vgl. Homepage der Berliner Gedenkstätte, URL: https://www.berliner-mauer-gedenkstaette.de/de/zeitzeugengeschichten-489.html (zuletzt aufgerufen: 22.06.2021).
122 Vgl. Homepage der Berliner Gedenkstätte, URL: https://www.berliner-mauer-gedenkstaette.de/de/zeitzeugencaf%E9-940.html (zuletzt aufgerufen: 22.06.2021)
123 Anna Joskowski/Irmhild Schrader: Mauerfall mit Migrationshintergrund. In: *Deutschland Archiv*, 20.03.2015. Verfügbar auf: http://www.bpb.de/202636 (zuletzt abgerufen: 22.06.2021).
124 Ebd.

der im Gegensatz zu einem öffentlichkeitswirksamen Zeitzeugencafé steht, die literarische Kommunikation bietet durch das Kommunikationsangebot an eine imaginierte Leserschaft jedoch eine Möglichkeit, Mias Perspektive als Teil der zweiten Einwanderergeneration sichtbar zu machen. Dass Mia sich nicht an die Geschichte des Fotos, die Sprengung der Versöhnungskirche erinnert, deutet auch darauf, dass sie trotz Kindheit und Jugend in einem mauernahen Stadtviertel durch ihren rechtlichen Status als Ausländerin von einer deutschen Erinnerungskultur ausgeschlossen ist. Schrader und Joskowski sehen einen Grund, warum die Perspektive von Einwanderinnen und Einwandern unbeachtet blieb, darin, dass der Mauerfall eine *deutsche* Geschichte darstellt, die vor dem Hintergrund der Wiedervereinigung bezüglich der Annäherung zwischen Ost- und Westdeutschen als gemeinschaftsstiftend wirkt, Gruppen die in ihrem gesellschaftlichen Status nicht als Deutsche wahrgenommen wurden, exkludiert. Zu einem Symbol für die unbeachtet gebliebenen Folgen des Mauerfalls für Einwanderer in Ost und West ist ein Bild des Fotografen Andreas Schoezel geworden, das einen Einwanderer zeigt, der vor der Wiedervereinigung während einer Demonstration im Zentrum von West-Berlin ein Schild mit der Aufschrift „Wir sind auch das Volk" hochhält.[125]

In ihrer Rede zum 25-jährigen Jubiläum des Tages der deutschen Einheit weist Jagoda Marinić darauf hin, dass der Mauerfall nicht das einzige historische Ereignis darstellt, vor dessen Hintergrund *Restaurant Dalmatia* spielt: Neben der Perspektive einer Einwandererfamilie auf den Fall der Berliner Mauer erzählt der Roman auch vom Zerfall Jugoslawiens, den Mia und ihre Familie wiederum aus dem fernen Berlin miterlebten. Marinić deutet auf eine doppelte Marginalisierung, die sich dadurch ergibt: „Das erste Ereignis [Fall der Mauer, M.H.] sorgte dafür, dass sie im öffentlichen Bewusstsein zurückgedrängt wurden, das zweite [Zerfall Jugoslawiens, M.H.] dafür, dass sie eine Gemeinschaft, zu der sie bis dahin selbst aus der Ferne gehört hatten, als Erfahrungsgemeinschaft verloren."[126] Dieses Zusammentreffen zweier Großereignisse der europäischen Geschichte des 20. Jahrhunderts offenbart die interkulturelle Dimension der Erinnerungsinhalte, die in *Restaurant Dalmatia* verhandelt werden. Die erinnerungskulturelle Konstellation eines *Dazwischen* lässt sich mit dem Konzept *interkulturelles Gedächtnis* in Verbindung bringen, wie es Do-

---

125 Das Foto wurde z. B. als Titelabbildung des Sammelbands *Geschichte und Gedächtnis in der Einwanderungsgesellschaft* eingesetzt. Der Kontext des Fotos wird in einem Artikel des Sammelbands geschildert: Jan Motte/Rainer Ohliger: Einwanderung – Geschichte – Anerkennung. Auf den Spuren geteilter Erinnerungen. In: *Geschichte und Gedächtnis in der Einwanderungsgesellschaft. Migration zwischen historischer Rekonstruktion und Erinnerungspolitik.* Hrsg. v. Jan Motte und Rainer Ohliger im Auftrag des Landeszentrums für Zuwanderung NRW. Essen 2004. S. 44 f.
126 Marinić, *Made in Germany*, S. 151.

minik Zink in seiner gleichnamigen Studie versteht.[127] Der Begriff deute auf der einen Seite darauf hin, dass es in literarischen Texten, die in dieser Kategorie subsumiert werden können, um Erinnerungsprozesse geht, „die in irgendeiner Weise eine maßgebliche interkulturelle Dimension haben"[128]. Auf der anderen Seite werde durch den Begriff ein Problem offengelegt, das Zink als „Marginalisierung von bestimmten Erinnerungen"[129] benennt. Es ginge auch darum, „wie diese Marginalisierungen sich vollziehen und nicht zuletzt auch um den Kampf, diese Marginalisierung sichtbar zu machen"[130]. Sowohl die interkulturelle Dimension der Erinnerungsprozesse als auch das Phänomen des *„Dazwischen-Verschwindens"*[131] treffen auf *Restaurant Dalmatia* zu. Interkulturelle Gedächtnisbestände werden vor allem in der Auseinandersetzung mit figuralen Erinnerungsträgern aktiviert. Die einzigen vertrauten Personen, die in Berlin verblieben sind und denen Mia am zweiten Tag ihrer Reise begegnet, sind Zora und Jesus.

Die Interaktion mit diesen beiden Figuren, die das Verhältnis der Protagonistin zu ihrem Herkunftsraum wesentlich verändern, ist Gegenstand des folgenden Unterkapitels. Durch eine Untersuchung der beiden Mittlerfiguren lassen sich Interferenzen der Gegenwarts- und der Vergangenheitsebene der Tagebucheinträge herausarbeiten, die auf das fiktionale Geschichtenerzählen als eine Art therapeutisches Mittel zur Bewahrung identitätsstiftender individueller und familiärer, vor allem aber auch interkultureller Gedächtnisbestände schließen lassen. In den anachronisch retrospektiven Tagebucheinträgen wird die Wendegeschichte der Familie Marković erzählt und diese mit dem Zerfall Jugoslawiens eng geführt. Auf der Vergangenheitsebene der Tagebucheinträge werden in Form einer ‚innere Reise' neben dem jugoslawischen Zerfall aber auch die traumatisierten Erinnerungen der dalmatinischen Großmutter an den Zweiten Weltkrieg und die Nachkriegszeit in Jugoslawien verhandelt. Obwohl die räumlich verortbare Reise der Protagonistin nicht in den dalmatinischen Herkunftsraum zurückführt, werden Erinnerungen an bedeutende Ereignisse der Geschichte Jugoslawiens auf einer Mikroebene der Familiengeschichte aktiviert. Die Reise nach Berlin wird dadurch zur postjugoslawischen Reise – wobei der Begriff postjugoslawisch einerseits auf die politische Umbruchsphase nach 1990 hinweist, die im Roman zusammen mit der deutschen Wendegeschichte verhandelt wird, und andererseits die auch nach den Kriegen

---

[127] Dominik Zink: *Interkulturelles Gedächtnis. Ost-westliche Transfers bei Saša Stanišić, Nino Haratischwili, Julya Rabinowich, Richard Wagner, Aglaja Veteranyi und Herta Müller.* Würzburg 2017.
[128] Zink, *Interkulturelles Gedächtnis*, S. 21.
[129] Zink, *Interkulturelles Gedächtnis*, S. 21.
[130] Zink, *Interkulturelles Gedächtnis*, S. 21.
[131] Zink, *Interkulturelles Gedächtnis*, S. 41.

fortbestehende gemeinsame, jugoslawische Geschichte und den Umgang der Nachfolgestaaten mit dieser Geschichte in den Fokus rückt.

4.4 Mias postjugoslawische Erinnerungsreise

Erzählfiguren, die sich auf Spurensuche ihrer Vergangenheit begeben, fokussieren während des Aufenthalts in ihrem Herkunftsraum eigene Gedächtnisbestände. Dadurch richtet sich der Blick der Reisenden neben der Inaugenscheinnahme des Reiseziels als extravertiertes Vorgehen vor allem nach innen. Stephanie Schaefers verhandelt das Konzept der Reise in ihrer Studie zu Deutschlandreisen in der deutschsprachigen Gegenwartsliteratur als narratives Verfahren und greift auf das dreigliedrige Schema aus Aufbruch, Unterwegssein und Rückkehr zurück, um ihre Analyse vorzustrukturieren. Als hilfreicher Analyseschritt erwies sich in ihrer Studie die Unterscheidung zwischen einer „inneren" und einer „äußeren" Reise, die insbesondere den Bereich des Unterwegsseins betrifft.[132] Während sich der äußere Erfahrungsbereich auf die Wahrnehmung des Reiseziels konzentriert und sich durch konkrete Zeit- und Raumangaben an den Aufenthaltsort rückbinden lässt, entzieht sich die innere Reise dem Bewegungsraum vor Ort und stellt vielmehr eine Begegnung mit „der eigenen Fremde des Ichs"[133] dar. Es besteht gewiss eine wechselseitige Abhängigkeit zwischen einer äußeren und inneren Reise, weshalb eine eindeutige Differenzierung nicht zielführend sein kann. Schaefers Begriffsverwendung ist als Hilfskonstruktion für meine Studie produktiv, da auch in Jagoda Marinićs *Restaurant Dalmatia* grundlegend zwischen äußeren und inneren Erfahrungen während der Berlinreise unterschieden werden kann. Während der touristische Blick, mit dem die Protagonistin Mia die Stadt erkundet, den Wahrnehmungsfokus auf das Reiseziel legt und durch das Sightseeing-Programm eine nationalgeschichtlich-fixierte Erinnerungskultur zum Vorschein bringt, entwickelt sich die „eigene Topographie der Erinnerungen" (RD 13) durch die Begegnung mit den Figuren Jesus und Zora zu einer inneren Reise, durch die Mia sowohl ihre individuelle Lebensgeschichte als auch die interkulturelle Geschichte ihrer Familie ergründet. Die Wechsel zwischen dem Geschehen auf einer zeitlich festgesetzten Gegenwartsebene und Erinnerungsprozessen, in der die Erzählinstanz Erlebnisse aus der Vergangenheit rekonstruiert, werden einerseits durch sinnlich wahrnehmbare Hinweisreize innerhalb der erzählten Welt ausgelöst (z. B. erinnert sich Mia an die „alten Sommer", sobald sie das Restaurant Dalmatia sieht). Andererseits haben sie keine eindeutige

---

[132] Schaefers, Unterwegs in der eigenen Fremde, S. 27.
[133] Schaefers, Unterwegs in der eigenen Fremde, S. 68.

Referenz und können durch ihre Sprunghaftigkeit mit einer intendierten Nachahmung von Gedächtnisprozessen in Verbindung gebracht werden. Ein klares Unterscheidungsmerkmal zwischen einer äußeren und inneren Reise zeigt sich jedoch vor dem Hintergrund der diaristischen Form des Romans. Während die Tagebucheinträge auf der Gegenwartsebene mit eindeutigen Zeit- und Ortangaben versehen sind, erfüllen die Tagebucheinträge der Vergangenheitsebene durch eine vage temporale und lokale Referenz Schaefers Indizien für die inneren Erfahrungen des Unterwegsseins.[134] Nachdem ich mich im vorangegangen Unterkapitel mit der Inaugenscheinnahme von Berlin in der Rolle der Touristin beschäftigt habe, werde ich mich nachfolgend Mias innerer Erinnerungsreise widmen, die im Kreuzberger Café im Umgang mit der alten Polaroidkamera schon Thema war und nun auf der Gegenwartsebene durch die Interaktion mit den Berliner Bezugspersonen Zora und Jesus vertieft wird. Die beiden einzigen noch in Berlin verbliebenen Vertrauten der Protagonistin erweisen sich als Mittlerfiguren, durch die sich Mia ihrer Herkunftsgeschichte emotional annähert.

4.4.1 Mittlerfiguren im Herkunftsraum – Jesus und Zora

Eine literarische Figur, deren Namensgebung den in der Literaturgeschichte bedeutenden Jesus-Stoff aufgreift, bedarf einer stoffgeschichtlichen Einordnung: Jesús ist in der spanischen Sprache ein gängiger Vorname, nichtsdestotrotz entsteht durch die Namensgebung eine Doppeldeutigkeit, sodass sich fragen lässt, inwiefern der spanische Einwanderer Jesus in seiner Figurenkonzeption der historischen Jesus-Figur ähnelt. Die Ausgestaltung des literarischen Jesus-Stoffes ist stets zeitabhängig ist und sagt „weniger über Jesus an sich denn mehr über die *Interpretation* aus[], mit der Jesus konzeptionell jeweils versehen wurde (und weiterhin versehen wird)."[135] Einen schlaglichtartigen Überblick über die Rezeption des Jesus-Stoffs mit einem Schwerpunkt auf literarischen Werken nach 1945 liefern die Studien von Karl-Josef Kuschel, der nicht nur deutschsprachige Texte untersucht hat, sondern auch internationale Jesus-Rezeptionen in den Blick nimmt.[136] Kuschel erwähnt in seinem Prolog eine Gemeinsamkeit der gleichzeitig sehr heterogenen Ausformungen der Jesus-Figur, die sich auch mit dem spanischen Einwanderer in *Restaurant Dalmatia* engführen

---

134 Vgl. Schaefers, Unterwegs in der eigenen Fremde, S. 66.
135 Yvonne Nilges: Einleitung. In: *Jesus in der Literatur. Tradition, Transformation, Tendenzen. Vom Mittelalter bis zur Gegenwart.* Hrsg. v. Yvonne Nilges. Heidelberg 2016. S. VIII.
136 Karl-Josef Kuschel. *Im Spiegel der Dichter. Mensch, Gott und Jesus in der Literatur des 20. Jahrhundert.* Düsseldorf 1997; Karl-Josef Kuschel: *Jesus im Spiegel der Weltliteratur. Eine Jahrhundertbilanz in Texten und Einführungen.* Düsseldorf 1999.

lässt. Als Muster sieht er „die unbegreifliche Fremdheit Jesu"[137]. Charakteristisch sei, dass man die Figur nicht endgültig durchdringen könne und ihr vielmehr etwas „Geheimnishafte[s]"[138] innewohnt. Er beschreibt dieses Verhältnis als Paradox zwischen einer rätselhaften Fremdheit und einer unbegreiflichen Nähe als „Identifikations- und Solidaritätsgestalt"[139]. Die literarische Jesus-Figur zeige sich stets „als der bekannte Unbekannte, als der Nahe und doch Ferne, als der Vertraute und doch uns Fremde."[140] Als geheimnisvolle Gestalt, von deren Fremdheit sich Mia angezogen fühlt, wird auch der Einwanderer-Jesus in *Restaurant Dalmatia* inszeniert. Dies zeigt sich bereits in den bruchstückartigen Erinnerungen vor der Reise, die erkennen lassen, dass Mia wenig über die Vergangenheit von Jesus weiß (vgl. RD 58), er aber dennoch als Seelenverwandter präsentiert wird, dem sie eine zentrale Funktion in der eigenen Persönlichkeitsentwicklung beimisst. Mia erwähnt im Gespräch mit Rafael kurz nach der Preisverleihung, also unmittelbar nach dem Ausbruch der Schaffens-/Identitätskrise, dass Jesus sie „zum Sehen" (RD 59) gebracht habe. Diese spirituell anmutende Aussage kann vor allem mit einer Weltwahrnehmung verknüpft werden, die sich von ihren Eltern unterscheidet. Wenn Jesus ihr das „Sehen" beigebracht hat, mag das bedeuten, dass er dazu beitrug, dass sie einen Zugang zum gegenwärtigen Lebensraum in Berlin fand, der ihren Eltern verwehrt blieb. Jesus wird damit als Teil von Mias familiärem Emanzipationsprozess dargestellt. Am deutlichsten wird dies an Mias Entscheidung gegen eine Remigration mit den Eltern und ihren Brüdern nach Split, in der Jesus als wesentlicher Grund für ein Verbleib in Berlin angeführt wird: „Warum bist du denn nicht mit ihnen zurück?' / ,Ich glaube wegen Jesus.'" (RD 58) Die erste Begegnung mit Jesus wird im Gespräch mit Rafael vage als ein einschneidendes Erlebnis der Selbsterkenntnis erinnert. Das verwahrloste Erscheinungsbild des Spaniers während dieses Aufeinandertreffens führt dazu, dass sich Mia auch in Kanada immer wieder an dieses Ereignis zurückerinnert:

> Jesus war ein Penner, als ich ihn kennengelernt habe. Weißt du, dass ich heute, wenn ich an Pennern vorbeilaufe, oft stehenbleibe, weil ich sie anstarren muss. Wie eine Irre stehe ich da und starre. Immer wieder. Und wenn sie zurückstarren, schäme ich mich, weil ich sie anstarren kann, ohne sie wahrzunehmen. Es ist, als würde ich sie gar nicht sehen, sondern in ihnen nach dem Mädchen suchen, das so einen Typen anspricht und mit nach Hause nimmt. Das Mädchen, das ich gewesen sein muss. (RD 59)

---

137 Kuschel, *Jesus im Spiegel der Weltliteratur*, S. 15.
138 Kuschel, *Jesus im Spiegel der Weltliteratur*, S. 16.
139 Kuschel, *Jesus im Spiegel der Weltliteratur*, S. 16.
140 Kuschel, *Im Spiegel der Dichter*, S. 444.

Das Abbild von Jesus, das Mia in einem Obdachlosen erblickt, ist mit einer Selbstsuche der Protagonistin verknüpft. Diese Begegnungen reichen für einen identifikatorischen Zugriff auf die eigene Vergangenheit jedoch nicht aus, weshalb Rafael ihr die Suche im Herkunftsraum nahelegt: „Dein Leben beginnt nicht hier, Mia. Es beginnt nicht hier, nicht in Janes Haus, nicht mit mir. Fang an, da zu suchen, wo du weißt, dass es einmal war." (RD 60) Jesus wird von ihr vor der Reise als prägender, ihr im Geiste verbundener Begleiter erinnert, mit dem Mia eine Kommunikation pflegte, insbesondere durch eine ausgeprägte non-verbale Ebene gekennzeichnet ist: „Wir teilen uns schon mit, wir reden. Aber eben anders." (RD 59) Auch während der Berlinreise fungiert er als Vermittler zwischen Mia und ihrem Herkunftsraum und verschafft ihr einen emotionalen Zugang zur eigenen Vergangenheit, wie ich im Folgenden zeigen möchte.

Im Kapitel „SARA" kehrt die Erzählinstanz nach der längeren Rückwendung, die weitere Informationen über die Vorgeschichte der Reise in Kanada liefert, zurück auf die Gegenwartsebene: Mia sitzt immer noch in einem Kreuzberger Café und sich vor der Auseinandersetzung mit ihrer eigenen „Topographie der Erinnerung" (RD 13) scheut. Das bisherige Reiseverhalten als Touristin wirkt wie eine Vermeidungsstrategie, durch die sich Mia vor einer Auseinandersetzung mit der eigenen Vergangenheit im Herkunftsraum Berlin schützt. Sie erinnert sich an Rafaels Aufforderung, sich mit ihrer Herkunft auseinanderzusetzen: „Dein Leben beginnt nicht hier, Mia. [...] Fang an. Da zu suchen, wo du weißt, dass es einmal war." (RD 60) Dieser Appell wirkt zunächst nicht ermutigend, sondern bringt weitere Abwehrreflexe hervor: „Sie ist drauf und dran, umzudrehen, als Touristin durch die Straßen zu gehen, den Blick nicht rückwärtsgewandt, [...]." (RD 62) Was im Gespräch mit Rafael und den Reflexionen der Protagonistin auf der Gegenwartsebene deutlich wird, ist der abstrakte Gegenstand von Mias Identitätssuche: Wo beginnt ihr Leben? Wo befindet sich der „Punkt, von dem wir ausgehen" (RD 61), das emotionale Zentrum ihrer Kindheit und Jugend? Kurz bevor sie sich nach der Auszeit im Café wieder in das geschützte Sightseeing-Programm einer Touristin flüchtet, stößt Mia auf ein altes Fahrrad, das ihr als Werbeschild den Weg zu ihrem persönlichen Erinnerungsort weist: dem titelgebenden Restaurant Dalmatia. Im Gegensatz zu den Sehenswürdigkeiten als Zeichen einer kollektiven Erinnerungskultur (z. B. das Haus, das früher in einem anderen Land stand), zu denen Mia keinen emotionalen Zugang findet, führt die persönliche Inaugenscheinnahme des Restaurants zu einer ersten Interaktion mit ihrer Umgebung, die Erinnerungsprozesse auslöst: „Kaum steht sie vor dem Gebäude, spielt ihr Gedächtnis die alten Bilder ein, die alten Farben und Gerüche. [...] Während sie vor dem Haus steht, zur Eingangstür blickt, erwärmt sich die Luft, die alten Sommer umfassen sie, [...]." (RD 62) Die als harmonisch inszenierte Sinneserfahrung der inneren Vergangenheitsbilder wird jedoch sofort von der Gegenwart eingeholt: „Mia schüttelt den Kopf, die Sommerluft ihrer Erinnerung verflüchtigt sich, und sie friert wieder."

(RD 62) Auch in den Innenräumen des Restaurants oszilliert die sinnliche Interaktion mit dem Erinnerungsort zwischen Extrempunkten von Nähe und Distanz:

> Mia meint einen Moment, in diesen Räumen noch immer viel von gestern zu sehen, kurz überkommt sie sogar das Gefühl, erst gestern hier gewesen zu sein. Dann, fast unmittelbar darauf, das Gefühl, diesen Raum noch nie betreten zu haben. Im Sekundentakt lösen sich diese beiden Gefühle in ihr ab. (RD 63)

Es entsteht in der räumlichen Wahrnehmung eine ambivalente emotionale Bindung, die die Schwierigkeit, sich diesem Erinnerungsort zu nähern, weiter aufrechterhält. Die schwer zu harmonisierende Kluft zwischen Vergangenheit und Gegenwart zeigt sich auch in der ersten Interaktion mit Zora. Erinnert sich Mia vor dem Gebäude noch nostalgisch an die scharfzüngige Kommunikationsform ihrer Tante („*Wo bleibst du denn, beeil dich, dein Essen steht schon da, du Hündin*", RD 62), nimmt sie diese im Restaurant als „wildfremde Frau" (RD 67) wahr und geht auf Distanz zu ihrer provokativen Eigenart: „Das also ist Zora. Laut. Ungehobelt. Taktlos. Ein respektloser, abgemagerter Wirbelwind in schwarzen Klamotten. Was für einen Lärm ihre Sätze machen." (RD 65) Als erster Vermittler zwischen Gegenwart und Vergangenheit erweist sich Jesus. Die besondere Kommunikationsform zwischen Mia und Jesus, an die sich Mia vor der Reise noch erinnert („Wir teilen uns schon mit, Rafael, wir reden. Aber eben anders.", RD 59), manifestiert sich im Restaurant in einer non-verbale Sprache, die über Blicke und Gesichtsausdrücke kommuniziert und trotz des fremden Erscheinungsbildes („Wer ist dieser ältere Mann [...]?", RD 64) eine unmittelbare innere Verbundenheit signalisiert. Zoras bissige, vorwurfsvolle Kommentare (z. B. sei es eine „Schande", dass sie sich nie bei ihren Eltern meldet und weder Mann noch Kinder hat) werden in der Interaktion mit Jesus deeskaliert: „Jesus lächelt. Nimm das Gerede nicht ernst, sagt sein Lächeln, sie soll hinter das Gesagte blicken, weit dahinter – sein Blick stimmt sie mild." (RD 68) Da Zora darauf insistiert, dass Mia von ihrem Hotelzimmer in die Wohnung ihrer Tante umzieht, verlassen Jesus und Mia das Restaurant, um die Gepäckstücke zu Zora zu bringen. Die Nähe der beiden Figuren wird durch wenige Körpersignale erzeugt: „Mia und Jesus treten nacheinander aus dem Restaurant. Als die Tür zufällt, bleiben sie nebeneinander stehen, seufzen erleichtert und lachen. Mia schüttelt den Kopf. Er nickt." (RD 69) Jesus wird nicht nur als Vertrauensperson dargestellt, sondern besitzt aus Mias Perspektive auch einen direkten Zugang zu ihrer Gedankenwelt. Mias Reflexionen auf dem gemeinsamen Weg zum Hotel werden von einem Gefühl begleitet, dass er ihre Überlegungen hören könnte, in Jesus Lieblingskneipe, die sie vor dem Hotel noch aufsuchen, „ist ihr, als könnte er ihre Gedanken lesen." (RD 73) Die geistige Verbundenheit, an die sich Mia bereits vor der Reise in Kanada erinnert, setzt auch direkt nach dem ersten Kontakt vor Ort in Berlin wieder ein. Durch die Nähe zu Jesus wechselt Mias Perspektive auf ihren Aufenthaltsort, was sich konkret an dem zuvor durch einen touristischen Blick wahrgenommenen Haus, das früher in einem anderen Land stand, manifestiert. Mit Jesus an ihrer Seite übersieht Mia auf dem Weg zu Zoras Wohnung diese Sehenswürdigkeit, die sie während ihres Spaziergangs und danach noch intensiv beschäftigte: „Sie ist gerade, ohne es zu bemerken, in das Haus getreten, das früher noch in einem anderen Land stand, das sie heute Nachmittag noch auf das Display ihrer Kamera gezwungen hat." (RD 74) Der Kontrast im Reiseverhalten der Protagonistin lässt darauf schließen, dass Mia ihre Rolle als Touristin, die Fremdkulturelles in Augenschein nimmt, ablegt und offenbart ein erstes Zugehörigkeitsgefühl.

Sobald Mia mit dem ‚Umzug' von ihrem Hotelzimmer in Zoras Wohnung ihre distanzschaffende Rolle als Touristin aufgibt, verändert sich auch die Beziehung zu Zora, der „wildfremden Frau", über deren Verhaltensweise sich Mia im Restaurant Dalmatia noch abschätzig echauffiert. In vertraulicher Atmosphäre – um zwei Uhr nachts auf Zoras Sofa – trägt auch das Körpergedächtnis dazu bei, dass Erinnerungsprozesse aktiviert werden: „Mias Kopf liegt in Zoras Schoß. Was Mia nicht alles in den Sinn gekommen ist, seit sie daliegt, wie sie schon als Mädchen dalag, wenn sie Zora ausgeholfen und danach bei ihr übernachtet hat." (RD 81) Der *memory talk* erweist sich als produktive und gemeinschaftsstiftende Erinnerungsarbeit: „Aus beiden sprudeln Sätze, Bilder und Erinnerungen. [...] Seit Stunden schon erzählt Mia Zora ihre Geschichten, als wären sie neu für Zora." (RD 81) Dennoch muss berücksichtigt werden, woran sich Mia mit Zora erinnert und welche Erinnerungen nicht erwähnt oder bewusst vermieden werden. Erinnerungsinhalt sind hauptsächlich „die alten Sommer" in Dalmatien, die durch den Titel des Kapitels und die diaristischen Angaben besonders hervorgehoben werden. Es sind keine gemeinsamen Erinnerungen an Mias Leben in Berlin, sondern Familienereignisse, die in Dalmatien zu lokalisieren sind, wie die Hochzeit von Taida und ihrem Lieblingscousin Joško oder ein Familienausflug nach Sinj an Mariä Himmelfahrt. Der Herkunftsraum Berlin kommt lediglich als Kontrastfolie im Hinblick auf die Verhaltensweise der Eltern vor: Die entflammte Intensität der Diskussionen in Dalmatien („Menschen mit Steinschleudern in den Mündern", RD 83) und der ungewohnt liberale Umgang mit den Kindern („Schon nach wenigen Tagen im Dorf wollten meine Eltern nicht mehr wissen, wo wir Kinder hingingen und mit wem, was wir dort tun und wann wir wieder nach Hause kommen würden.", RD 83) lassen auf ein Zugehörigkeitsgefühl der Eltern schließen, was in Berlin nicht vorliegt. Neben konkreten Erinnerungsinhalten liefert das Gespräch zwischen Mia und Zora einen metamnemonischen Kommentar, der die Interdependenz zwischen Erinnerungen und Identität verhandelt. Die Frage „Meinst du, Erinnerungen beschweren einen?" (RD 104), die Mia Zora stellt, impliziert ihre Haltung gegenüber der eigenen Vergangenheit in Kanada: Da die Erinnerung an die Vergangenheit eine Last darstellt, ist sie hinderlich, um ‚voranzukommen'. Zora präsentiert Mia eine andere Perspektive, die Erinnerungen an die Vergangenheit als „Anker" markieren, der die eigene Identität festigt: „Von da aus, wenn du festgebunden bist, kannst du ganz leicht treiben und ruhen. Sonst bist du immer wie auf dem offenen Meer. Kein Horizont in Sicht. Das hält die Seele nicht aus." (RD 104) Zora verkörpert einen produktiven Zugang zur eigenen Vergangenheit und erweist sich dadurch als Mittlerfigur, dass sie Mia als Zuhörerin und Ratgeberin dabei hilft, sich an ihre eigene Vergangenheit zu erinnern. Im Gespräch mit Zora identifiziert Mia allerdings auch das problematische Verhältnis zwischen Vergangenheit und Gegenwart, das sie nicht nur Zora attestiert, sondern auch auf „diese[] ihre[] Menschen" (RD 108) ausweitet und sich damit auch auf ihre Eltern bezieht: „Sie weiß fast alles über vergangene Zeiten, nur nicht, wie man sie wieder gehen lässt." (RD 108) Eine Verherrlichung der Vergangenheit geht mit der Abwertung der Gegenwart einher, die nicht nur im Hinblick auf Zora, sondern auch auf ihre Eltern als Leidensgeschichte angesehen wird.

Während im Gespräch mit Zora Mias Identitätskrise nur indirekt durch metamnemonische Kommentare eingebunden ist, spricht Mia mit Jesus während ihres zweiten Besuchs in seiner Lieblingskneipe auch konkret über die Unverfügbarkeit der eigenen, identitätsstiftenden Vergangenheit und ihre Suche nach dem Ausgangspunkt. Diese steht wiederum mit dem Thema der gesellschaftlichen Zugehörigkeit von Eingewanderten – hier mit dem Fokus auf der zweiten Einwanderergeneration – in Verbindung. Der Dialog über den Umgang mit ihrer Herkunft, der in Toronto mit Rafael an eine Grenze des Erzählens gekommen ist, wird mit Jesus in Berlin wieder aufgenommen. Ihm gegenüber schildert Mia ihre problematische Suche nach dem Ausgangspunkt:

> Dieses Land, diese Stadt, diese Menschen. Meine Menschen, die weder zu diesem Land noch zu dieser Stadt noch zu diesen Menschen gehören. [...] Wo soll ich also den Anfangspunkt setzen? In der Sprache, die meine Eltern nicht sprechen? In dem Land, in dem sie nie gelebt haben? Oder in dem Land, in dem sie gelebt haben, aber das ich nur ein paar Wochen im Jahr erlebt habe? Ich weiß nicht, wo diesen Punkt setzen, Jesus. (RD 121)

Wenn Mia von „meine Menschen" spricht, sind hier zunächst ihre Eltern aufgerufen, die durch das Anwerbeabkommen zwischen Jugoslawien und Deutschland nach Berlin gekommen sind. Es ist darüber hinaus die binäre Einteilung in „meine Menschen" – aus rechtlicher Perspektive Ausländer – und „diese Menschen" – die Deutschen, die als Denkschema in Mias Aussage abzulesen ist und über das individuelle Beispiel hinaus auf den gesellschaftlichen Umgang mit sogenannten Gastarbeiterfamilien hindeutet. Ein Blick auf die Geschichte der Ausländerpolitik in Deutschland lässt erkennen, dass ‚Gastarbeiter' zwar in Form einer Arbeitsmigration nach Deutschland angeworben wurden (im Falle Jugoslawiens ab 1968), sich die Einwanderungspolitik durch den Anwerbestopp 1973 allerdings insofern veränderte, dass den „Gästen" auf politischer Ebene keine Aussicht auf gesellschaftliche Integration gegeben wurde. „Deutschland ist kein Einwanderungsland", lautete die Losung, mit der vor allem die Kohl-Regierung ab 1982 auf Stimmenfang ging.[141] Der Historiker Ulrich Herbert weist darauf hin, dass der Anwerbestopp 1973 jedoch nicht zu einem Rückgang der nach Deutschland Migrierten führte: „[...] die Verbindungen zur Heimat wurden lockerer, vor allem bei den Kindern der Gastarbeiter, der sogenannten ‚Zweiten Generation'."[142] Herbert führt an, dass sich als Reaktion auf die politische Ausgrenzung, ähnlich wie in den USA, eine „Gesellschaft der Einwanderer" entwickelte, deren Orientierungspunkt weder das Herkunftsland noch die Aufnahmegesellschaft war, sondern sich „eigene Formen des Zusammenhalts und der Sozialstrukturen heraus[bildeten], die gegen die Verunsicherung und Instabilität der Einwanderer Sicherheit und Stabilität innerhalb dieser Gemeinschaft erzeugten."[143] Dass sich die Verbindungen zum Herkunftsraum der Eltern vor allem bei der zweiten Einwanderungsgeneration lockerten, spiegelt sich auch in Mias Frage „Wo soll ich also den Anfangspunkt setzen?" wider. Es ist für sie nicht selbstverständlich, die kroatische, postjugoslawische Familienidentität anzunehmen, wie der weitere Verlauf des Gesprächs mit Jesus beweist:

[Jesus:] „Wo würdest du ihn [den Anfangspunkt] heute setzen?"

[Mia:] „Hier. Genau hier im Wedding."

[Jesus:] „Und warum machst du es dann nicht?"

[Mia:] „Weil es mich an dieses Leben erinnert. Du weißt, was das für ein Leben war."

[Jesus:] „Nein, ich weiß nicht, was das für ein Leben war."

[Mia:] „Aber ich weiß es."

[Jesus:] „Also lieber nicht der Wedding."

[Mia:] „Exakt."

[Jesus:] „Und du meinst, das löscht dieses Leben aus?"

[Mia:] „Es hat dieses Leben bereits ausgelöscht."

---

141 Vgl. Ulrich Herbert: *Geschichte der Ausländerpolitik in Deutschland. Saisonarbeiter, Zwangsarbeiter, Gastarbeiter, Flüchtlinge.* München 2001. S. 250.
142 Herbert, *Geschichte der Ausländerpolitik in Deutschland*, S. 232.
143 Herbert, *Geschichte der Ausländerpolitik in Deutschland*, S. 236.

[Jesus:] „Du hast nichts vergessen, Mia. Nichts."

[Mia:] „Ich weiß aber so gut wie nichts mehr. Ich weiß fast nichts."

[Jesus:] „Weil du aufgehört hast, es dir zu erzählen. Man weiß nicht einfach etwas oder erinnert es. Man muss es sich erzählen. Sich und anderen." (RD 121 f.)

Es wird klar, dass Mia den „Anfangspunkt" der ersten Generation – „das Dorf der Eltern" – für sich selbst nicht nutzen kann, der alljährlich stattfindende einmonatige Aufenthalt im dalmatinischen Hinterland reicht als Identifikationsangebot nicht aus. Ihr Leben beginnt „Hier. Genau hier im Wedding." Was Mia daran hindert, den Anfangspunkt anzunehmen, ist „dieses Leben", das sie im Gespräch mit Jesus nicht artikulieren möchte. Es ist auch hier eine Grenze der Vergangenheitsrekonstruktion, eine Grenze des Erzählens, vorhanden, wie sie sich bereits in Toronto, wenn auch noch eingeschränkter, in den Gesprächen mit ihrem Partner Rafael gezeigt hat. Während Rafael in Toronto die Reise als Überwindung dieser Grenze des Erzählens vorschlägt, ist es Jesus, der Mia auf die heilsame Wirkung des Erzählens als therapeutischen Ansatz verweist: „Man weiß nicht einfach etwas oder erinnert es. Man muss es sich erzählen. Sich und anderen." Im Verlauf des Gesprächs finden sich weitere Indizien, die den fiktionalen Erzählprozess als therapeutische Maßnahme der Vergangenheitsbewältigung ins Zentrum rücken:

[Jesus:] „Du weißt alles, alles, was du wissen musst. Die Frage ist, wie du es zusammenbaust, was du erzählst."

[Mia:] „Du meinst, wie ich mir mein Leben erfinde?"

[Jesus:] „Am Ende ist es das: wie wir uns das Leben erfinden. Außerdem wäre es nicht schlecht, wenn das Erfinden etwas mit den Tatsachen zu tun hätte." (RD 124)

Durch das Gespräch zwischen Jesus und Mia lässt sich auf eine kausale Verbindung zwischen den Tagebucheinträgen auf der Gegenwarts- und Vergangenheitsebene schließen. Die personale Erzählinstanz, die auf der Gegenwartsebene aus Mias Perspektive erzählt, ergründet auf der Vergangenheitsebene ihre Familiengeschichte. Die Begegnung mit Jesus als Jugendliche auf dem Weg zum Restaurant Dalmatia fungiert als erzählerischer Ausgangspunkt, von dem aus wichtige Vergangenheitsepisode tagebuchartig erzählt werden. Die diaristische Form deutet darauf hin, dass sich die Protagonistin diese Geschichten zunächst einmal selbst erzählt, wie es Jesus ihr nahegelegt hat. Gleichzeitig handelt es sich um einen exemplarischen Einblick in die Lebenswirklichkeit einer sogenannten Gastarbeiterfamilie, durch den auf der Kommunikationsebene zwischen Erzähler und Leser die eigene Geschichte auch „anderen" erzählt wird, um die im kulturellen Gedächtnis vernachlässigte Perspektive von Eingewanderten auf die Mauergeschichte entgegenzuwirken.

Nach diesem Gespräch und dem zweiten Spaziergang durch Berlin, in dem Mia mithilfe des touristischen Blicks die Unsichtbarkeit der eigenen Familiengeschichte im visuellen Zeichensystem der deutschen Erinnerungskultur in Berlin wahrnimmt, verändert die Protagonistin ihre Strategie, auf einer nationalgeschichtlichen Makroebene nach Anknüpfungspunkten für die eigene Identitätsarbeit zu suchen: „Sie ist hier aufgewachsen, was also soll der Versuch, in Museen und bei Denkmälern etwas über sich herauszufinden?" (RD 142) Der soziale Bezugsrahmen der Identitätssuche[144] verlagert sich von einem national orientieren kulturellen Gedächtnis zu einer Beschäftigung mit der eigenen Familiengeschichte. Die Beschäftigung mit der eigenen Familienkonstellation wird mit einem christlichen Intertext eingeleitet, dessen Titel auch das Kapitel benennt: „Adoro te devote". In kursivierter Schrift sind dem Kapitel zwischen dem Fließtext Zitate aus der von Thomas de Aquin verfassten Hymne beigefügt. Mia war als Jugendliche Messdienerin in der kroatischen Gemeinde in Wedding und wurde in dieser Tätigkeit mit dem christlichen Konzept der Demut vertraut gemacht: „Demut gegenüber dem verwundeten Gottessohn, das hatte sie in der Kirche gelernt." (RD 143) Der praktischen Umsetzung durch die „kroatischen Katholiken aus dem Hinterland" (RD 143) steht die Protagonistin kritisch gegenüber, würde das Prinzip der „Unterwerfung" Jesus Christus gegenüber zu einem Leidenswettbewerb verkommen: „Je größer dein Opfer, desto größer bist du als Mensch, hieß das." (RD 144) Die Leidensgeschichte Jesus dient dabei als unerreichbares Beispiel, das das eigene irdischen Leiden relativiert: „Das eigene Leid ist nie so groß wie das von Christus, predigten die Pfarrer." (RD 151) Durch das Nachdenken über die Religiosität der dalmatinischen Dorfgemeinschaften reflektiert Mia auf der Gegenwartsebene zum ersten Mal über ihren Vater. Die personale Erzählinstanz wiederholt den Glaubensspruch der dalmatinischen Pfarrer ein weiteres Mal und weist dann nach einem Absatz darauf hin, dass Mia ihr Notizbuch aus dem Rucksack zieht und etwas niederschreibt. Es handelt sich um einen Schlüsselmoment, der Aufschluss über die Form der Verknüpfung von Gegenwarts- und Vergangenheitsebene gibt. Die Erzählperspektive wechselt von einem Nachdenken und Erinnern in einer Innenschau durch die personale Erzählinstanz zur Ich-Perspektive von Mia, die in Kursivschrift von der personalen Erzählstimme abgesondert wird (vgl. RD 151). Vermittelt zuvor eine personale Erzählinstanz Mias Gedankengänge, kommt nun ein Schriftmedium – das Notizbuch – zum Einsatz, um aus der Ich-Perspektive Einblick in die Gedankenwelt zu geben. Das Notat beginnt damit, dass

---

[144] Vgl. Maurice Halbwachs: *Das Gedächtnis und seine sozialen Bedingungen*. Aus dem Französischen von Lutz Geldsetzer. Frankfurt a. M. 1985.

Mia den zuvor wiederholten Glaubensspruch in ihr Notizbuch aufnimmt und ihre Ablehnung zum Ausdruck bringt: „*Das eigene Leid ist nie so groß wie das von Christus. Grässlicher Satz.*" (RD 151) Gleich darauf wird die christliche Leidensgeschichte, die zuvor in ihrer identifikatorische Orientierungsfunktion für die dalmatinischen Katholiken präsentiert wurde, mit dem eigenen Vater und dessen davon abweichenden Verhalten in Verbindung gebracht:

> *Und warum, wenn er mit diesen Sätzen aufgewachsen ist, war das Leid meines Vaters immer größer als die Wundmale Christi? Wie konnte er sein Leid so wichtig nehmen? Warum liebte er seine Wunden so sehr, wo über den Wunden der anderen die Sprachlosigkeit lag? War es diese Liebe zur Wunde, zu seiner eigenen Wunde, die mich gezwungen hat, den Blick von der Wunde an sich abzuwenden? Väter brennen sich in Töchter ein. Er war eine Gefahr für mich. Seine Liebe zu mir war eine Gefahr für mich, zumindest glaubte ich das damals.* (RD 151)

Die zuvor geschilderten ‚prototypischen' dalmatinischen Katholiken sind als normative Kontrastfolie zu verstehen („Wunden der anderen"), um die Abweichung des Vaters von einer internalisierten Leidensfähigkeit anzuzeigen. Mias Notat ist semantisch vage, was eine emotionale Schreibweise unterstreicht, in der es zunächst nicht darum geht, die eigenen Gedankengänge präzise auszudrücken, sondern in der Kommunikation mit sich selbst, die Reflexion über das emotionale Verhältnis zum eigenen Vater in Gang zu bringen. Der erste Aufarbeitungsansatz dreht sich vor allem um den Begriff der „Wunde". Dabei gilt es, die jeweiligen Relationen verschiedener Akteure zu ihrem eigenen Leid in der Textpassage zu identifizieren. Bereits zuvor wurden die „Wundmale Christi" als größtmöglicher Schmerz im katholischen Glauben konstituiert. Mias Vater weicht insofern innerhalb dieser Glaubensgemeinschaft ab, als er seinen eigenen erfahrenen Schmerz nicht mehr in Relation zu den als absolut geltenden Leiden von Christus setzt, was die Vermutung erweckt, dass er seinen Glauben als ‚Anker' verloren hat. Mia entwickelt in ihrem Notat den Gedanken, dass durch eine Überpräsenz der väterlichen Leiden ihre eigenen Fähigkeiten, mit schmerzhaften Erfahrungen umzugehen, abhandengekommen sein. Während ihr Vater im eigenen Leiden gefangen sei, habe sie schmerzhafte Erfahrungen verdrängt und dadurch ihre Vergangenheit ausgelöscht. Dass ihr Identitätskonflikt mit der „Wunde" des Vaters zusammenhängt, wird durch den grundlegend starken Einfluss hergeleitet, den Elternteile auf ihren Kindern haben: „Väter brennen sich in Töchter ein." Ihre eigene Geschichte kann nur zusammen mit der Geschichte ihres Vaters erzählt werden. Migration ist ein „Familienprojekt"[145], so erkennt die Prota-

---

[145] Weertje Willms: „Wenn ich die Wahl zwischen zwei Stühlen habe, nehme ich das Nagelbrett". Die Familie in literarischen Texten russischer MigrantInnen und ihrer Nachfahren. In: *Die interkulturelle Familie. Literatur- und sozialwissenschaftliche Perspektiven.* Hrsg. v. Michaela Holdenried und Weertje Willms. Bielefeld 2012. S. 139.

gonistin in diesem Zusammenhang, dass die Suche nach ihrer Identität, ihrer Vergangenheit vor der Migration, nicht nur etwas mit ihr selbst zu tun hat, sondern eine Auseinandersetzung mit der Familiengeschichte impliziert. Auf der Vergangenheitsebene der Tagebucheinträge ergründet Mia ihre eigene Rolle in der Kernfamilie und damit die Beziehung zu den einzelnen Familienmitgliedern. Eine zentrale Rolle spielt dabei die Beziehung zu ihrem Vater, die als Zugang zur emotionalen Auseinandersetzung mit der eigenen Vergangenheit fungiert.

4.4.2 Diaristische Aufarbeitungsprozesse im Familiengedächtnis

In Kapitel 4.1 wurde mit den Foto-Text-Verbindungen ein formalästhetisches Merkmal von Familien- und Generationenromanen thematisiert, die ab den 1990er Jahren einen signifikanten Teil der Gegenwartsliteratur ausmachen, sodass nicht nur im feuilletonistischen Diskurs, sondern auch in einschlägigen literaturwissenschaftlichen Beiträgen von einer „Renaissance der Familienliteratur"[146] die Rede ist. Bezogen auf den Inhalt präsentieren sich diese Texte zumeist im Modus einer identitätsstiftenden Suche nach der familiären Vergangenheit, die besonders die Spätfolgen des Zweiten Weltkriegs, vordergründig aus der Perspektive der Tätergeneration, in den Blick nimmt.[147] Nach 1989 ist in der deutschsprachigen Literaturlandschaft ein ‚Boom' der Erinnerungsliteratur zu verzeichnen, der durch die Wiedervereinigung Deutschlands auch mit einer Integration der Erinnerungskulturen der BRD und der DDR in Verbindung steht.[148] In Familienromanen wird ergründet, welche Rolle die vorangegangenen Generationen im Zweiten Weltkrieg sowie der daraus

---

146 Michael Ostheimer: *Ungebetene Hinterlassenschaften: zur literarischen Imagination über das familiäre Nachleben des Nationalsozialismus*. Göttingen 2013. S. 11–14. Vgl. auch mit Bezug zum feuilletonistischen Diskurs: Costalgi/Galli, Vom Familienroman zum Generationenroman, S. 9 f.
147 Konsens in literaturwissenschaftlichen Beiträgen zum ‚deutschen' Familienroman ist eine klare Unterscheidung zwischen Opfer- und Tätergedächtnis: vgl. dazu, auch binnendifferenzierend auf der Täterseite: Ostheimer, *Ungebetene Hinterlassenschaften*, S. 37–41; Horstkotte prüft ihr Textkorpus auf die Versuche einer „Auflösung der Täter-Opfer-Dichotomien" und geht von einer ethisch nicht vertretbaren „Überlagerung von Täter- und Opfergedächtnissen" (Horstkotte, *Nachbilder*, S. 28) aus. In Bezug auf eine „Ethik der Erinnerung" (Ebd., S. 27) ist die Frage, wer sich was in welcher Form aneignet, unverzichtbar.
148 Vgl. Ostheimer, *Ungebetene Hinterlassenschaften*, S. 12: „Kaum überraschte, dass der Widerhall des nationalsozialistischen Epochenbruchs, der – in Gestalt der großen Themen Schuld, Trauer und Vergangenheitsbewältigung – eine wechselhafte, gleichwohl unverzichtbare Rolle im familiengeschichtliche Selbstverständnis nach 1945 spielte, nach der deutschen Wiedervereinigung eine erneute – auch literarische – Konjunktur erfuhr. Hatte die deutsche Teilung in den beiden Staaten doch auch unterschiedliche Erinnerungskulturen hervorgebracht, die es nun mit Blick auf die Homogenisierung der Geschichtspolitik neu auszuhandeln galt."

resultierenden Teilung Deutschlands spielten und vor allem, wie im transgenerationellen Familiengedächtnis mit den Erinnerungen daran umgegangen wurde. Auch in den Ländern des ehemaligen Jugoslawiens erhielt die Erinnerung an den Zweiten Weltkrieg nach dem Zerfall des Vielvölkerstaats zu Beginn der neunziger Jahre eine neue Perspektive. Während in Deutschland eine gemeinsame Erinnerungskultur zwischen BRD und DDR das Ziel darstellte, ist in den Ländern des ehemaligen Jugoslawiens durch die Unabhängigkeit eine Loslösung von einer gemeinsamen jugoslawischen Erinnerungskultur zu verzeichnen, die nationale Opfernarrative besonders im Hinblick auf den Zweiten Weltkrieg stärkte.[149] In der Erinnerungsliteratur sowohl in Deutschland als auch in den Ländern Südosteuropas[150] kristallisierte sich die Familie als zentrale Erinnerungsgemeinschaft heraus, in der die Beziehungen zwischen zumeist drei Generationen ausgehend von innerfamiliären Erinnerungsbeständen das wechselseitige Verhältnis zwischen individuellen Erinnerungen und den Konturen einer institutionalisierten Erinnerungskultur erkennen lassen. Wenn Familien durch Erzählungen ein solches Familiengedächtnis konstituieren (oder auch nicht), dann stellt sich die Frage, inwiefern die familiäre Identität, die daraus hervorgeht, die Persönlichkeitsentwicklung von Erzählfiguren beeinflusst bzw. wie sich die Beziehung zwischen persönlicher Identität und Familienidentität gestaltet. Mit *Restaurant Dalmatia* steht ein interkultureller Familienroman[151] im Zentrum dieses Kapitels, der nicht eindeutig einer Erinnerungskultur (der deutschen oder der kroatischen) zugeordnet werden kann. Die dreigliedrige Struktur der Gedächtnisrahmen Individuum-Familie-Staat wurde in der literaturwissenschaftlichen Forschung zum „neuen Familienroman" in Deutschland ausgehend von der letztgenannten Komponente der institutionalisierten Erinnerungskultur einer nationalen Geschichte hauptsächlich im Hinblick auf monokulturelle Generationenlinien untersucht[152]. Familienromane, die interkulturelle Gedächtnisbestände verhandeln, die auch eine

---

149 Vgl. für Kroatien: Ljiljana Radonić: *Krieg um die Erinnerung. Kroatische Vergangenheitspolitik zwischen Revisionismus und europäischen Standards*. Mit einem Vorwort von Aleida Assmann. Wien 2009.
150 Vgl. die zahlreichen Artikel im Band *Trauma – Generationen – Erzählen* (Drosihn et al., 2020), die den Schwerpunkt auf Gegenwartsliteratur zum ost-, ostmittel-, südosteuropäischen Raum legen.
151 Zum interkulturellen Familienroman vgl. grundlegend den Sammelband *Die interkulturelle Familie* (Holdenried/Willms, 2012).
152 Vgl. Michaela Holdenried, Eine Position des Dritten?, S. 90: „Der Familienroman ist hierzulande ein ‚monokulturelles' Genre. [...] Keine der jüngeren Studien zum Familienroman erwähnt Yadé Karas Roman oder andere interkulturelle Familiengeschichten auch nur am Rande."

nationale, deutsche Geschichte betreffen, wurden zumeist als Sonderfälle getrennt von einer „Renaissance der Familienliteratur" in Deutschland behandelt.[153] In Kapitel 4.3 hat sich gezeigt, dass Jagoda Marinić mit ihrem Familienroman *Restaurant Dalmatia* diese Trennung zwischen monokultureller Erinnerungskultur und einem migrationsbedingten *Dazwischen* aufzubrechen sucht. In den nachfolgenden Analysen von Mias innerer Reise auf der Vergangenheitsebene der Tagebucheinträge werde ich die interkulturelle Dimension des Romans vertiefen. Dazu soll neben den verschiedenen Identitätsmodellen zwischen der ersten und zweiten Einwanderergeneration, die ein Untersuchungsmerkmal von interkulturellen Familienromanen darstellen[154], insbesondere die familiäre Genealogie der Protagonistin im Hinblick auf eine postjugoslawische Familienidentität fokussiert werden, deren Erinnerungsbestände ähnlich wie im ‚deutschen' Familienroman von der Zäsur des Zweiten Weltkriegs geprägt sind.

4.4.2.1 Divergierende Identitätsmodelle der ersten und zweiten Einwanderergeneration – Darstellung familiärer Entfremdung

Um Erinnerungsbestände einzelner Familienmitglieder einordnen zu können und die Funktion der inneren Reise für Mias Identitätssuche nachvollziehbar zu machen, muss die interkulturelle Familienkonstellation, die im Roman präsentiert wird, in den Blick genommen werden. Weertje Willms analysiert in ihrem Artikel aus dem Sammelband *Die interkulturelle Familie* Erzähltexten von Autor:innen mit russischer Herkunft und stellt überblicksartig „wiederkehrende und gemeinsame Themen und Formen in den Texten"[155] dar. Ihre methodische Vorgehensweise, die nach dem Verhältnis der Familienmitglieder untereinander und deren spezifischer Identitätskonzepte fragt, erweist sich für meine Studie dadurch als erkenntnisfördernd, dass Willms gewisse Muster herausarbeitet, die sich auch in Marinićs Roman *Restaurant Dalmatia* finden und herkunftsübergreifende Figurenkonzeptionen in der Darstellung von Einwandererfamilien bestätigen. In Willms Studie kris-

---

153 Vlg. Galli/Costalgi, Vom Familienroman zum Generationenroman, S. 19: „In der letzten Sektion ‚Sippenhaft' werden zeitgenössische Texte kontextualisiert, die sich nicht auf die typischen Diskursivierungen über den Familienroman der Gegenwart zurückführen lassen. Es wird also u. a. die Rede von der Migrantenliteratur sowie der amerikanischen Literatur sein, welche beide selbstverständlich der Thematisierung der deutschen Vergangenheit fern sind."
154 Weertje Willms: Interkulturelle Familienkonstellationen aus literatur- und sozialwissenschaftlicher Perspektive. Zusammenfassung der Diskussion. In: *Die interkulturelle Familie. Literatur- und sozialwissenschaftliche Perspektiven.* Hrsg. v. Michaela Holdenried und Weertje Willms. Bielefeld 2012. S. 265.
155 Willms, Die Familie in literarischen Texten russischer MigrantInnen und ihrer Nachfahren, S. 122.

tallisiert sich heraus, dass die individuelle Identität der zumeist in der ersten Person Singular erzählenden Hauptfiguren eng mit den Familienverhältnissen verknüpft ist und dadurch „der Familie ein besonders hoher Stellenwert zugemessen wird"[156]. Migration werde in den Romanen als „Familienprojekt"[157] verhandelt, weshalb die Familiengeschichte, die zumeist auch generationenübergreifende Aspekte von Herkunft ins Zentrum rückt, in der Identitätssuche relevant ist. Ähnliches ist im Hinblick auf *Restaurant Dalmatia* zu konstatieren. Auch hier spielen die Familienverhältnisse für die Identitätsbildung der Protagonistin eine bedeutende Rolle, was ich nachfolgend herausarbeiten möchte. Dabei werde ich vor allem den Fokus auf Mias Beziehungen zu ausgewählten Familienmitgliedern richten, denen jeweils auch eigene Kapitel im Buch gewidmet sind: ihren Eltern Maja und Marko Marković sowie ihrer Baba Ana.

Auf der Gegenwartsebene denkt Mia während ihres zweiten Spaziergangs durch Berlin (Kapitel „JESUS") insbesondere über das Verhältnis ihrer Mutter zur ‚Aufnahmegesellschaft' in Deutschland nach. Darin manifestiert sich das Identitätskonzept, das Maja Marković als Einwanderin in Deutschland entwickelte. Mia erinnert sich an die demütige Dankbarkeit der Mutter, in Deutschland arbeiten zu können. Daraus resultierte eine ständige Unterwerfung dem ‚Aufnahmeland' gegenüber:

> Sie wollte um jeden Preis so gesehen werden, wie sie willkommen war in diesem Land. Sie sah sich seit jenem Moment [Gesundheitscheck vor der Einreise nach Deutschland, Anm. M.H.] nur noch mit diesen fremden Augen und dachte die Welt nicht mehr von ihrem eigenen Ort aus. (RD 141)

Die Integrationsbemühungen der Mutter führten aus Mias Perspektive durch eine Art ‚Überassimilierung' zur Selbstentfremdung, was als typisiertes Rollenmuster interkultureller Familienkonstellationen in literarischen Werken ein gängiger Figurentypus darstellt.[158] Das Verhältnis ihrer Mutter zum Einwanderungsland ist für Mias Kindheit und Jugend prägend, da gerade sie als Familienmanagerin die Weichen für die Entwicklung ihrer Tochter stellt, d. h. die Rahmenbedingung von Mias Sozialisation in Deutschland gestaltet. Das eigene Assimilationsideal der ersten Einwanderungsgeneration, verkörpert durch die Mutter, wird dabei auf die zweite Einwanderungsgeneration übertragen. In *Restaurant Dalmatia* wird auf der Ver-

---

[156] Willms, Die Familie in literarischen Texten russischer MigrantInnen und ihrer Nachfahren, S. 124.
[157] Willms, Die Familie in literarischen Texten russischer MigrantInnen und ihrer Nachfahren, S. 139.
[158] Vgl. Willms, Die Familie in literarischen Texten russischer MigrantInnen und ihrer Nachfahren, S. 134.

gangenheitsebene im Tagebucheintrag „MIJA" deutlich, welche Pläne die Familienmanagerin für ihre Tochter hat. Mija soll zur „Vorzeigeintegrierte[n]" (RD 59) ausgebildet werden, in der eine kritische Haltung gegenüber diskriminierenden institutionellen Strukturen in Deutschland durch den von Maja Marković verinnerlichten, devoten ‚Gaststatus', aber vor allem durch grundlegende Partizipationsvoraussetzungen wie sprachliche Fähigkeiten (Maja „spricht kaum Deutsch", RD 26) keinen Platz findet. Das Streitgespräch zwischen Mutter und Tochter im Kapitel „MIJA" deutet auf das Spannungsverhältnis zwischen einer von Maja eingeforderten, bedingungslosen Assimilierung und den Diskriminierungserfahrungen, die Mia in der Schule als repräsentative gesellschaftliche Institution erfährt. Die äußeren Rahmenbedingungen für einen gesellschaftlichen Aufstieg, der aus dem sozialen Milieu der Familie herausführen soll, spiegeln sich in Mias Schulwechsel von Wedding nach Moabit wider, der aus der Perspektive von Marko Marković geschildert wird:

> Aufs Gymnasium geht sie nach Moabit, es heißt, da seien weniger schlechte Familien. Zora und seine Frau kamen darauf, sie lieber zu den guten Familien zu schicken, die lange Busfahrt und die Kosten durften kein Problem sein. Sie meinen es gut mit Mija, wollen, dass sie bessere Freunde hat, als es im Wedding gibt, weil sie den ganzen Tag über weit weg von zu Hause ist, soll sie von netten Kindern umgeben sein. (RD 26)

Die positive Attribuierung des Stadtteils Moabit samt des von Mia besuchten Gymnasiums wird vor allem an verstärkt monokulturelle Strukturen rückgebunden: auf Mias Schule beispielsweise ist man „kaum Ausländer gewohnt" (RD 26). Das neue schulische Umfeld schafft aus der Perspektive von Mias Mutter den Rahmen für gesellschaftliche Integration und einen Milieuwechsel. Für Mia selbst ist das Gymnasium in Moabit dagegen ein Ort, an dem sie soziale Diskriminierung erfährt: Ihre Lehrer haben Vorbehalte gegenüber ihrer Leistungsfähigkeit, „weil sie Ausländerin ist" (RD 26) und auf dem Schulhof wird sie als „Balkanratte" (RD 31) beschimpft. Mia weist auf Ausgrenzungsmechanismen hin, die ihre Leistung in der Schule negativ beeinflussen („Mich pöbeln da alle nur an ... Die Lehrer, die Schüler ... !", RD 27). Sie bewegt sich dadurch auf einer Komplexitätsebene, die für Maja entweder nicht verständlich ist oder für die sie schlicht wenig Verständnis zeigt, was sich an ihrer simplen Antwort manifestiert: „Dann mach doch den Mund auf!" (RD 27) Im Streitgespräch zwischen Mutter und Tochter sind typische Konflikte zwischen der Elterngeneration als erste Einwanderungsgeneration und den Kindern als zweite Einwanderungsgeneration erkennbar. Die pubertierende Mia macht ihre Eltern dafür verantwortlich, dass sie von Lehrern und Schülern ‚anders' behandelt wird. Sie habe „die falschen Eltern" (RD 27), die nie in der Sprechstunde auftauchen und sich durch fehlende Sprachkenntnisse ohnehin nicht mit den Lehrern austauschen könnten. An Mias Aussagen ist erkennbar, dass die Scham pubertierender

Kinder gegenüber ihren Eltern in interkulturellen Familienkonstellationen auch mit der Beherrschung der Sprache und kulturellen Codes verbunden ist. Majas Assimilierungszwang äußert sich im Gespräch mit ihrer Tochter in einer Überhöhung der ‚Deutschen' und der Abgrenzung zu anderen Einwanderungsgruppen: „Die Deutschen haben nichts gegen uns! Türken sind Türken, sag ich dir, die haben vielleicht Probleme mit den Deutschen, die Türken! Araber! Moslems! Die! […] Wir und die Deutschen, wir haben denselben Gott!" (RD 27) Mia widerspricht ihrer Mutter vehement und verweist auf die grundlegende binäre Unterscheidung zwischen Deutschen und Ausländern, auf die das Integrationskonzept der Mehrheitsgesellschaft aufbaut: „Ihr kapiert es einfach nicht, ihr kapiert es echt nicht, oder? Ihr seid nicht die Besseren für die, ihr seid für die genau wie die, die ihr nicht leiden könnt, versteht ihr das nicht?" (RD 28) Während Maja als Vertreterin der ersten Einwanderungsgeneration in ihrer devoten Dankbarkeit „die Deutschen" gegen jegliche Kritik verteidigt, zeigt sich in Mias Argumentation eine kritische Haltung gegenüber der Mehrheitsgesellschaft, die prinzipiell den Umgang mit Einwanderungsgruppen in Frage stellt. Die problematische Kommunikationsstruktur zwischen Eltern und Kindern zeigt sich exemplarisch an diesem Streitgespräch: Mia hat auf dem Gymnasium „das Diskutieren" (RD 26) gelernt, ihre Mutter kann auf kritische Gegenargumente seitens der Tochter nur mit dem Vorwurf einer despektierliche Kommunikationshaltung und mehreren Ohrfeigen reagieren. Es kommt zu einer Entfremdung zwischen Mutter und Tochter: Maja kann für die Diskriminierungserfahrungen ihrer Tochter kein Verständnis aufbringen und wirft ihr Undankbarkeit vor, Mija gibt ihren Eltern die Schuld für ihre ‚Andersartigkeit' – sie nimmt zwar wahr, dass es sich um institutionelle Ausgrenzungsmechanismen handelt, lässt aber die prekären Arbeitsbedingungen ihrer Eltern außen vor, die es erschweren, grundlegende Voraussetzungen für eine gesellschaftliche Partizipation (solide Sprachkenntnisse) zu erlernen.[159] Während die Entfremdung zwischen Eltern und Kindern als Grundkonflikt zwischen erster und zweiter Einwanderungsgeneration im ersten Tagebucheintrag „MIJA" sich noch einseitig auf das Mutter-Tochter-Verhältnis konzentriert, werden im Kapitel „MARKO MARKOVIĆ" auch Entfremdungsprozesse des Vater-Tochter-Verhältnisses deutlich, die weiter aufklären, warum Mia die Berliner Familiengeschichte verdrängte.

In ihrem Notizbuch stellt Mia sich selbst Fragen, die vor allem um ihren Vater kreisen: „Wer ist dieser Mann, der sich mein Vater nennt?" (RD 151) Die Figur des Vaters Marko Marković wird in den Tagebucheinträgen der Vergangenheitsebene ergründet. Im Kapitel „MARKO MARKOVIĆ" wird Mias Vater intern fokalisiert, sodass sich die personale Erzählinstanz der Gegenwartsebene nun in den Vater hineinver-

---

159 Vgl. das Kapitel „MAJA MARKOVIĆ": RD 116–119.

setzt und dessen Innenperspektive auf eine Zäsur innerhalb der Familiengeschichte schildert. Zum Auseinanderbrechen der Familie führt die Kriegsbeteiligung des Vaters, der seine von politischer Propaganda beeinflusste ideologische Überzeugung über den Zusammenhalt der Familie stellt. Im Mittelpunkt steht dabei das Haus, das sich die Eltern von dem in Deutschland verdienten Geld aufgebaut haben. Obwohl Maja nicht damit einverstanden ist, überlässt Marko auf Anfrage seines Schwagers das gemeinsame Haus dem kroatischen Militär als Lager und Unterkunft für die Soldaten. Er fährt selbst in das Kriegsgebiet, um den Schlüssel an die Militäreinheit auszuhändigen. Der Vertrauensbruch und die Angst um den Vater treibt die Familie auseinander und stellte aus Mias kindlicher Perspektive eine Zäsur in der Familiengeschichte dar: „Mija saß unterdessen in ihrem Zimmer vor ihrem Tagebuch und schwor bei sich und diesem Tagebuch, keinen Vater mehr zu haben." (RD 163) Der Tagebucheintrag kreist um die Frage, wie es zu diesem ‚Verrat' an der eigenen Familie kommen konnte. Dabei werden zunächst einmal die gegenwärtige Lebenssituation des Vaters geschildert. Schon seit Jahren ist Marko Marković arbeitsunfähig (Gicht) und führt ein monotones Leben, das sich vor allem im Wohnzimmer vor dem Fernseher abspielt. Die Arbeit als einziger Lebensinhalt neben der Familie fällt weg, wodurch sich Marko zunehmend zurückzieht und sich sein Aktionsradius auf den Wohnzimmersessel minimiert. Er fällt in eine Sinnkrise, die das Leben in Deutschland radikal in Frage stellt. Sein Frust entlädt sich in Schuldzuweisungen an seine Frau Maja, die aus seiner Perspektive als „treibende Kraft" (RD 169) auch die Migration nach Deutschland – in der Hoffnung auf einen sozialökonomischen Aufstieg – initiierte: „Er konnte immer nur mitgehen. Auch nach Deutschland. Es war Majas Wunsch gewesen. Es war ihr Traum von einem besseren Leben, einem Haus für die Familie und Geld." (RD 169) Das „Haus für die Familie" erweist sich als Symbol des Familientraums und dadurch als Rechtfertigung der harten Arbeit und der sozialen Isolation in Deutschland. Für Marko ist der Aufenthalt in Deutschland tatsächlich nur provisorisch, was sich an den Versuchen zeigt, seine Frau von einer Rückkehr in den Herkunftsraum zu überzeugen, als das Haus bewohnbar wird:

> Mit Anfang dreißig wollte er bereits zurück ins Dorf. Maja wollte noch nicht. Er wusste schon nicht mehr, weshalb nicht. Es musste irgendetwas mit Möbel oder Fliesen für das Bad gewesen sein, glaubte er, es gab immer etwas, das sie noch zu brauchen glaubte und das man mit Deutscher Mark besser kaufen konnte als mit Jugoslawischen Dinaren.

Differenzen im Umgang mit der Einwanderungssituation zeigen sich auch in Mias schulischer Förderung. Während Maja für ihre Tochter den Bildungsaufstieg in Deutschland plant, indem sie einen Schulwechsel von Wedding auf eine ‚gute' Schule nach Moabit initiiert, stört sich Marko vielmehr an dem kritischen Denken, das Mia in der Schule entwickelt. Nach dem ‚Verlust' der Arbeit lässt sich an den Diskussionen mit seiner Tochter erkennen, dass diese sich in ihrem Denken immer weiter von ihm entfernt. Die gegenseitige Entfremdung zeigt sich vor allem im Gespräch über den Krieg in Kroatien, der dem nächsten Versuch einer Remigration in die Quere kommt: „Das nächste Mal, als er zurückwollte, war es nicht Maja, die sich ihm in den Weg stellte. Es waren Panzer. In den Nachrichten hatte er sie einrollen sehen." (RD 158) Marko versteht den Krieg in Kroatien als Ausweg aus seiner Sinnkrise in Deutschland: Durch seine Stimme für Franjo Tuđman und der Bereitstellung des leerstehenden Hauses stellt er sich in den Dienst der nationalen Unabhängigkeitsbewegung. Mias kritische „Kinderfragen" (RD 159) entlarven ihren Vater als frustrierten Mitläufer, der sich aus der sozialen Isolation in Deutschland durch die Unterstützung der kroatischen Streitkräfte als „Teil seines Landes" bzw. „Teil seiner Geschichte" (RD 163) fühlen möchte. Die Tochter konfrontiert den Vater mit dessen plötzlichem Gesinnungswechsel, der von einer sentimentalen Trauer über den Tod Titos zu einer rigorosen Ablehnung des kommunistischen Staatschefs vor dem Hintergrund des Kroatienkriegs übergeht. In einer Innenschau wird deutlich, dass sich Marko diesen Perspektivwechsel selbst nicht erklären kann. Er wirkt dadurch wie ein einfacher Konformist:

> Sie bohrte, wollte wissen, weshalb er nun schlecht von ihm sprach, wenn er damals um ihn geweint hatte. Wenn ich das nur selbst wüsste, dachte Marko. Damals hatte man ihm das mit Tito eben anders erzählt als heute. Heute wurde so anders erzählt, heute erkannte man die Geschichte nicht wieder, und deshalb wurde über Tito, so wie heute erzählt wurde, nicht mehr geweint. (RD 160)

Als Teil einer kroatischen ‚Diaspora' in Deutschland geht es Marko in seiner kriegsaffirmativen Haltung vor allem darum, die Verbindung zu seinem Herkunftsland aufrechtzuerhalten und die Leerstelle, die sein Lebensumfeld in Deutschland darstellt, mit Bedeutung zu füllen. In der Glorifizierung Tuđmans, der „seinem Volk endlich den Traum vom eigenen Land erfüllen werde" (RD 161) zeigt sich, wie Marko seine eigene Identitätskrise mit politischer Kriegspropaganda zu bewältigen versucht. Mias kindlich-naive Frage, warum für diesen Traum denn so viele Menschen sterben müssen, entgegnet Marko entweder mit einem pathosgeladenen Hinweis darauf, dass die „einfachen Menschen" sich in den „Dienst einer höheren Sache" (RD 161) stellen müssten (Tuđman Propaganda) oder mit einer krachenden Ohrfeige „für ihre dummen Fragen" (RD 161). Markos ideologische Vereinnahmung führt zum Bruch mit der eigenen Familie in Berlin. Die verweigerte Zustimmung seiner Frau Maja, das gemeinsame Haus als Lebensprojekt der Familie dem Militär zu überlassen, ignoriert Marko: „Er nabelte sich mit jedem weiteren Gedanken, mit jedem Wort, von seiner Familie ab und ging als einsamer Held ins Schlafzimmer, wo er die Schlüssel für das Haus im Dorf aus der Schublade holte und in seine Hosentasche steckt." (RD 163) In der Rekonstruktion der familiären Vergangenheit thematisiert die Erzählinstanz damit das entscheidende Ereignis, das auch bei Mia zu einer emotionalen Distanz dem Vater gegenüber führt: „Dieser Mann, der nun mit dem Hausschlüssel in den Händen ins Dorf rennen würde, war nicht ihr Vater." (RD 163) In der Konzeption der Figur Marko Marković werden Persönlichkeitsmuster bedient, die mit der Rolle des Vaters in interkulturellen Familienkonstellationen anderer Romane, die das Thema Migration und Erinnerung verhandeln, korrelieren. Willms konstatiert für ihren Romankorpus von Autorinnen russischer Herkunft signifikante Gemeinsamkeiten unter anderen in Bezug auf die Figur des Familienvaters, die sich auch in *Restaurant Dalmatia* wiederfinden.[160] Auch Marko Marković plante von Anfang an, Deutschland wieder zu verlassen, was eine identifikatorische Bindung zur neuen Lebenswelt von vornehrein ausschließt. Er ist wie die Väter in Willms Textkorpus „von einem zehrenden Heimweh [...] geplagt" (RD 133) und beginnt dieses besonders anlässlich des Krieges „aus der Ferne zu verklären" (RD 133). Dass der Vater außerhalb der Arbeit keine Verbindung zu seinem neuen Lebensumfeld aufgebaut hat, verstärkt die psychische Instabilität, da er aufgrund körperlicher Beschwerden keiner Arbeit mehr nachgehen kann. Halt sucht der Vater in seiner nationalen Identität, die er über den familiären Zusammenhalt stellt, wodurch die Familie weiter auseinanderbricht. Das nationale Identitätskonzept des Vaters bietet ebenso wenige identifikatorische Anknüpfungspunkte für Mias Persönlichkeitsentwicklung wie der unreflektierte Assimilierungsdrang ihrer Mutter. Die Tagebucheinträge auf der Vergangenheitsebene geben letztlich einen Einblick in die Entfremdungsprozesse zwischen Mia und ihren Eltern und lassen darauf schließen, warum „dieses Leben" (RD 122) aus ihrer Lebensgeschichte verdrängt wurde und in Kanada nicht mehr abgerufen werden konnte.

4.4.2.2 Identitätsstiftendes Familiengedächtnis – Ähnlichkeitsbeziehung zu Baba Ana

Eine kausale Verknüpfung zwischen der Gegenwarts- und Vergangenheitsebene (Warum hat Mia ihre familiäre Migrationsgeschichte verdrängt?) deutet auf die Entfremdungsprozesse hin, die Mia in der Beziehung zu ihren Eltern durchläuft. Darüber hinaus ist auch von einer korrelativen Verknüpfung zwischen der diaristischen Gegenwarts- und Vergangenheitsebene auszugehen, die durch eine Ausweitung der Generationenlinie hin zu einem genealogischen Ursprung eine Wiederannäherung an die Familie darstellt.[161] Es handelt sich um transgenerationelle Ähnlichkeitsbezie-

---

[160] Willms, Die Familie in literarischen Texten russischer MigrantInnen und ihrer Nachfahren, S. 133.

[161] Vgl. zu den verschiedenen Verknüpfungsform von Rahmen- und Binnenerzählungen (additive, korrelative und kausale Verknüpfungsform): Matías Martínez/Michael Scheffel: *Einführung in die Erzähltheorie*. 9. erw. u. aktual. Auflage. München 2012 (1999). S. 81 f. Martínez/Scheffel be-

hungen, die identifikatorische Anknüpfungspunkte im Hinblick auf Mias familiäre Identität schaffen. Eine zentrale Figur ist dafür Mias Großmutter Ana, die im letzten Tagebucheintrag auf der Vergangenheitsebene („Baba Ana") porträtiert wird. Eingeleitet wird dieses Kapitel auf der Gegenwartsebene durch ein Gespräch zwischen Zora und Mia. Es zeigt sich erneut, dass die Vergangenheitskapitel, wie schon in der Unterhaltung mit Jesus zu erkennen war, durch eine Grenze des mündlichen Erzählens motiviert sind. Mit Jesus spricht Mia nicht über Kindheit und Jugend in Berlin, sie vermeidet es zudem, nach Kroatien zu reisen, um mit ihren Eltern zusammen Vergangenheitsepisoden kontinuitätsstiftend zusammenzufügen – Mittel der Aufarbeitung sind die Tagebucheinträge auf Vergangenheitsebene, durch die Mia in Auseinandersetzung mit sich selbst eine emotionale Verbindung zu ihrer Vergangenheit aufbaut. In Bezug auf die Großmutter Ana zeigt sich eine Grenze des Erzählens im Gespräch mit Zora. Mias ‚Tante' deutet an, dass sie Geschichten aus der Vergangenheit der Großmutter kennt, von denen Mia durch die fehlende Bereitschaft ihrer Mutter, die eigene Familiengeschichte an ihre Kinder weiterzugeben („Wann hat meine Mutter je was erzählt?", RD 212) nichts weiß. Die Grenze des Erzählens wird von Zora dadurch begründet, dass Mias Mutter ihr diese Geschichten selbst erzählen sollte. Dieser *Cliffhanger* wird auf der Gegenwartsebene nicht mehr aufgelöst, da Mia Zoras Bedenken akzeptiert und sich anschließend schlafen legt. Stattdessen nähert sich die personale Erzählinstanz im darauffolgenden Tagebucheintrag „BABA ANA" den Erinnerungen an die Großmutter Ana. Die Figur der Großmutter wird in vielen Romanen, die das Thema Migration behandeln, als Zentrum der familiären Identität präsentiert.[162] Auch in *Restaurant Dalmatia* wird darauf hingewiesen, dass bei Baba Ana alle Wege der Familie zusammenlaufen und sie als Knotenpunkt eines Familiengedächtnisses fungiert, an dem mehrere Generationen aufeinandertreffen und prinzipiell Raum entsteht, Erinnerungen im Familiengedächtnis zu bewahren und damit gemeinsam Erinnerungsarbeit zu betreiben. Das Haus der Großmutter stellt für die nachfolgende Generation zwar den Ausgangspunkt ihrer familiären Identität dar, in der Haltung der Elterngeneration zu ihrer eigenen Vergangenheit lässt sich aber eine gewisse Ähnlichkeit zu Mia erkennen – auch ihre Mutter und deren Geschwister lebten wie Mia in Kanada „nach vorne" (RD 136) und interessierten sich nicht für die familiäre Vergangenheit:

> Sie kamen aus der Stadt, aus Berlin, aus Split, sie kamen, ihrer Mutter eine Freude zu bereiten, ihr Gewissen zu beruhigen und auch, um eine Geschichte zu haben. Eine, die nicht erst

---

ziehen sich in ihren Ausführungen auf: Eberhard Lämmert: *Bauformen des Erzählens*. Stuttgart 1995. S. 43–67.
162 Vgl. Willms, Die Familie in literarischen Texten russischer MigrantInnen und ihrer Nachfahren, S. 126–129.

heute begann. Sie kamen aus Ämtern, Hochhäusern, Firmen. Sie kamen aus begradigten Linien in die Natur. Sie blickten nach vorn. Nicht ins Gestern oder Heute. Sie blickten nach vorn, auf ein Morgen, auf einen Kredit und eine größere Wohnung. Oder in das Herz ihrer neuen Waschmaschine, Ana hingegen blickte zurück. Ins Gestern und auf alles, was nicht mehr war. (RD 218)

Der Unterschied zwischen Mia und ihren Eltern – in diesem Fall ihrer Mutter – besteht nun darin, dass sie weiterhin „eine Geschichte [...] haben", die im Haus der Großmutter verortet werden kann, ganz gleich wie intensiv sich die Beziehung zur familiären Vergangenheit gestaltet. Mia kann vor der Berlinreise ihre eigene Lebensgeschichte auch dadurch nicht mehr verorten, dass im Gegensatz zur Elterngeneration keine räumliche Kontinuität mehr vorhanden ist, die als Zentrum der familiären Identität gelten kann: Ihre Eltern haben die Wohnung in Berlin verlassen und sind nach Dalmatien zurückgekehrt. In Berlin begreift Mia, dass für die Bewahrung ihrer Vergangenheit die Verortung in einem räumlich konstanten Elternhaus keine Voraussetzung ist, sondern vielmehr das Erzählen selbst der wesentliche Teil einer Erinnerungsarbeit darstellt. Das Erzählen über die Großmutter im Kapitel „BABA ANA" erweist sich dahingehend als wichtige Station von Mias innerer Herkunftsreise. Sie erkennt, dass nicht nur die Begegnung mit Jesus als Anfangspunkt ihrer Identitätsbildung fungiert, sondern ihre eigene Geschichte über Generationen zurückreicht und Baba Ana als älteste Erinnerungsträgerin einen genealogischen Ursprung verkörpert. Im Roman wird dafür das Bild der „Muttererde" verwendet:

> Für Anas Vergangenheit gab es keine Sprache. Kein Ohr. Keine Zunge. Ana sah es als ihre Aufgabe an, die Erde zu sein, eine Großmutter war die Erde, der Boden, in den eine Familie ihre Wurzeln schlägt. Ana war jedoch ein Boden, aus dem nichts zu ziehen war. Verrottete Muttererde war sei, da gab es nichts zu beschönigen. Fruchtloser noch als der Boden, aus dem ihre Kinder wuchsen, war das ihrerseits asphaltierte Leben, das sie seit Jahren über diesen Boden legten. Wo, zwischen toter Erde und Asphalt, sollten ihre Enkelkinder Wurzeln schlagen? (RD 230)

Baba Ana fungiert zwar als identifikatorischer Ausgangspunkt für ihre Nachfahren, der einen Zugang zur eigenen Vergangenheit bietet, deutlich wird durch obiges Zitat aber, dass die Großmutter selbst „keine Sprache" und deshalb auch keine Zuhörer für ihre Lebensgeschichte findet. Es eröffnet sich dadurch ein Ähnlichkeitsbeziehung zwischen Baba Ana und Mia, deren Erinnerungen an die Vergangenheit in ihrem Lebensumfeld nicht verfügbar gehalten werden können. Im Fall der Großmutter handelt es sich jedoch nicht nur um einen temporären Erinnerungsverlust und eine prinzipiell vorhandene, aber in Kanada nicht verfügbare Zuhörerschaft wie bei Mia („Du hast deine Menschen verloren"), sondern wesentlich gravierender um eine als irreversibel präsentierte Auslöschung von Vergangenheitsepisoden

(„verrottete Muttererde"). Dies trägt dazu bei, dass Vergangenheitserfahrungen an sich (Erinnerungsinhalte) und womöglich auch der Umgang mit der eigenen Vergangenheit (Fähigkeit zu kommunikativer Erinnerungsarbeit) an die nachfolgende Generation nicht weitergegeben wurden. Das „asphaltierte Leben", das der Großmutter zugeschrieben wird, deutet darauf hin, dass ihre eigene Leidensgeschichte von ihr selbst verschwiegen wird und auch innerhalb der Familie nicht aufgearbeitet werden konnte, um den Boden der Muttererde für kommende Generationen zu rekultivieren.

Als zentrale Katastrophenerfahrung der transgenerationalen Familiengeschichte, das die Muttererde zu einer verrotteten Erde werden ließ, wird das Kriegstrauma der Großmutter vorgestellt, das in der Allgegenwart des Todes in den Erzählungen von Baba Ana weiterhin präsent ist: „In Anas Erinnerung endeten viele Geschichten an dem dunklen Ort, an dem der Tod kam. Ihr Gedächtnis hatte Lücken, gaukelte ihr etwas vor. Menschen starben, die noch nicht gestorben waren." (RD 217) Das von der personalen Erzählinstanz erzählte Trauma der Großmutter ereignete sich am Ende des Zweiten Weltkrieges, wird aber nur vage in einen historischen Kontext (NDH-Regime während des Zweiten Weltkriegs, Volksbefreiungskampf der Partisanen) eingebettet. Dies erscheint vor dem Hintergrund der gewählten Erzählstruktur der Vergangenheitsebenen (variierende Introspektion, die in diesem Fall vordergründig aus der traumatisierten Wahrnehmungsperspektive Baba Anas berichtet) plausibel und passt zum Gedächtnisrahmen des Kapitels, dessen Schwerpunkt auf der Mikroebene der familiären Erinnerungen liegt. Auf einer rezeptionsästhetischen Ebene führt die Vernachlässigung einer vollständigen historischen Kontextualisierung jedoch zu einer verkürzten Darstellung der (Nach-)Kriegsereignisse. Es entsteht dadurch besonders für eine deutschsprachige Leserschaft, bei der von historischem Wissen über die geschichtlichen Ereignisse in Jugoslawien während des Zweiten Weltkriegs nicht zwangsläufig auszugehen ist, ein einseitiges Rezeptionsangebot, da die antifaschistischen Vergeltungsaktionen der Partisanen ohne den faschistischen Terror der Ustaša erzählt werden.[163] Um diese Überlegung zu verdeutlichen, werde ich zunächst genauer auf den Inhalt der Traumaerzählung eingehen.

---

163 Zur historischen Einordnung der Traumaerzählung mit einem besonderen Fokus auf den Nachkriegsopfern beziehe ich mich auf folgende Quellen: Holm Sundhaussen: *Jugoslawien und seine Nachkriegssaaten 1943–2011*. 2. durchgesehene Auflage. Wien [u.a] 2014. Insbes. S. 59–71; Marie-Janine Calic: *Geschichte Jugoslawiens im 20. Jahrhundert*. München 2010. Insbes. S. 171–173; Dunja Melčić: Abrechnung mit den politischen Gegnern und die kommunistischen Nachkriegsverbrechen. In: *Der Jugoslawien-Krieg: Handbuch zu Vorgeschichte, Verlauf und Konsequenz*. Hrsg. v. Dunja Melčić. 2. aktual. u. erw. Auflage. Wiesbaden 2007. S. 198–200 [Dieses Unterkapitel wurde dem Artikel „Zwischen Aufbruch und Repression: Jugoslawien 1945–1966" von Ludwig Steindorff in der zweiten Auflage nachgestellt, was auf die andauernde dynamische historische Aufarbeitung des Zweiten Weltkriegs nach dem Zerfall der Sozialistischen Föderativen Republik

Das Trauma der Großmutter resultiert aus dem Verlust ihrer Eltern und ihrer Schwester zu Kriegsende. Sie wurden im Rahmen des *Volksbefreiungskampfes* der Partisanen auf einem Feld (Petrovo Polje) bei Otavice (im Nachbardorf) umgebracht, da angenommen wurde, dass sie der faschistischen Ustaša-Bewegung angehörten.[164] Die Erzählinstanz begründet dies damit, dass Anas Eltern lesen und schreiben konnten und durch ihren Alphabetisierungsgrad, der von der Dorfgemeinschaft abwich, womöglich als „Klassenfeind" ausgemacht wurden und somit kommunistischen Vergeltungsmaßnahmen zum Opfer fielen.[165] Das Trauma der Großmutter ruft mit den Nachkriegsverbrechen der Partisanen ein Thema auf den Plan, das in der jugoslawischen Erinnerungskultur tabuisiert war,[166] nach dem Zer-

---

Jugoslawien hinweist]; Ljiljana Radonić: *Krieg um die Erinnerung. Kroatische Vergangenheitspolitik zwischen Revisionismus und europäischen Standards*. Mit einem Vorwort von Aleida Assmann. Wien 2009; Wolfgang Höpken: Jasenovac – Bleiburg – Kocevski rog: Erinnerungsorte als Identitätssymbole in (Post-)Jugoslavien. In: *Geschichte (ge-)brauchen. Literatur und Geschichtskultur im Staatssozialismus: Jugoslavien und Bulgarien*. Hrsg. v. Angela Richter und Barbara Beyer. Berlin 2006. S. 401–432.

[164] In der Traumaerzählung wird nicht erklärt, was die Ustaša-Bewegung repräsentiert, was auf die personale Erzählperspektive zurückzuführen ist. Auch nachdem der Wahrnehmungsfokus im Kapitel „BABA ANA" wieder auf Mia wechselt und in der Schlussepisode des Kapitels am Mausoleum von Ivan Meštrović das Gespräch zwischen Mia und ihrem Vater auf die Ustaša-Bewegung kommt, wird das Ausmaß der Ustaša-Verbrechen nicht explizit thematisiert: „,[Marko:] Ivan Meštrović war ein Weltbürger. Deswegen hätten ihn die Ustaše gern umgebracht. / [Mija:] Wer waren noch mal die Ustaše, Tata? / [Marko:] Was bringt man euch in der Schule eigentlich bei?' Mija zuckte mit den Achseln." (RD 233) Einen konzisen Überblick über den Terror des NDH-Regimes bietet: Slavko Goldstein: Der Zweite Weltkrieg. Verlauf und Akteure. In: *Der Jugoslawien-Krieg: Handbuch zu Vorgeschichte, Verlauf und Konsequenz*. Hrsg. v. Dunja Melčić. 2. aktual. u. erw. Auflage. Wiesbaden 2007. S. 170–X; Calic, *Geschichte Jugoslawiens*, S. 138–142; Radonić, *Krieg um die Erinnerung*, S. 78–86.

[165] Zu den kommunistischen Vergeltungsmaßnahmen vgl. u. a. Melčić: „So wie alle Volksdeutsche Jugoslawiens zu Volksfeinden erklärt wurden, konnten auch beliebige tatsächliche oder vermeintliche Kollaborateure zu Volksfeinden proklamiert werden. Ansonsten standen noch die Kategorien ,Kriegsverbrecher' und ,Hochverräter' für die Abrechnung mit politischen Gegnern und so genannten Klassenfeinden zur Verfügung. Doch noch bevor diese im großen Stil von Schauprozessen in Belgrad, Zagreb und Ljubljana und Sarajevo auf zweifelhafter rechtlicher Grundlage begann, verübten die kommunistischen Partisanen Massenmorde, deren Dimensionen erst Jahrzehnte später allmählich sichtbar wurden." (Melčić, Abrechnung mit den politischen Gegnern und die kommunistischen Nachkriegsverbrechen, S. 198).

[166] Wolfgang Höpken verhandelt in seinem Artikel drei zentrale Erinnerungsorte des Zweiten Weltkriegs, die eine (post-)jugoslawische Erinnerungskultur im Wesentlichen prägten: Jasenovac (ein nach deutschem Vorbild 1941 errichtetes Konzentrationslager, symbolisch für den Terror der Ustaša), Bleiburg und Kocevski rog (beide stehen für Nachkriegsverbrechen der Partisanen, die nach dem Zerfall Jugoslawiens als nationale Opfernarrative in Kroatien und Slowenien etab-

fall Jugoslawiens in Kroatien wesentlicher Teil eines nationalen Opfermythos wurde,[167] erst zur Jahrhundertwende durch die Öffnung staatlicher Archive in

---

liert wurden). In Bleiburg wurden flüchtige politische und militärische Gegner, aber auch Zivilisten zu Kriegsende von den britischen Alliierten an die siegreichen Partisanen ausgeliefert. Die anschließend stattgefundenen Massenmorde werden von Höpken nicht nur als „entgrenzte Rachegewalt nach den Erfahrungen von Krieg und Kriegsverbrechen" gesehen, sondern dienten auch „der gezielten Ausschaltung potentieller Gegeneliten und der Herrschaftssicherung durch Terror" (Höpken, Jasenovac – Bleiburg – Kocevski rog, S. 404). Bleiburg als Erinnerungsort gilt als „Synonym all jener Nachkriegsverbrechen, die sich in ihrer Mehrheit an ganz anderen, oftmals nur schwer zu lokalisierenden Orten abgespielt haben" (Ebd., S. 405). Die Tabuisierung in der jugoslawischen Erinnerungskultur bringt Höpken folgendermaßen auf den Punkt: „Orte wie Bleiburg und Kocevski rog fielen als Symbole kommunistischer Gewalt ohnehin dem verordneten Vergessen anheim, hätten sie doch den moralischen Anspruch auf ‚Befreiung' mit dem Makel selbst begangener Verbrechen belastet. Ihre Namen wurden ebenso tabuisiert wie der mit ihnen verbundene historische Tatbestand, in der historischen Forschung wie der Belletristik oder im öffentlichen Raum." (Ebd., S. 409).

167 Vgl. Höpken, Jasenovac – Bleiburg – Kocevski rog, S. 417: „An die Stelle der Memoralisierung kroatischer Täterschaft im Zweiten Weltkrieg, für die letztlich Jasenovac symbolhaft stand, wurde in den 1990er Jahren stattdessen die an Kroaten verübte Gewalt in den Vordergrund historischer Selbstvergewisserungsdiskurse gerückt. Bleiburg und nicht Jasenovac wurde damit zum zentralen Erinnerungsort des nach-sozialistischen und nach-jugoslavischen Kroatien. Sein Name wurde in gleicher Weise wie Jasenovac für die Serben zur Abbreviatur für eine primär als Opfer-Narrativ erzählte kroatische Geschichte des 20. Jahrhunderts." Höpken verweist allerdings auch darauf, dass es sich keineswegs um eine gesamtgesellschaftlich akzeptierte Erinnerungspolitik handelt und es vielmehr innerkroatische Kämpfe gegen eine Relativierung bzw. Verharmlosung der Verbrechen des NDH-Regimes gab: „Bleiburg und sein relationaler Gegenmythos Jasenovac waren aber nicht nur Symbole einer serbisch-kroatischen Opferkonkurrenz. Über sie werden auch innerkroatische Erinnerungskämpfe ausgetragen zwischen jenen, die auch den neuen kroatischen Staat in der Traditionslinie des vom alten Jugoslavien repräsentierten Antifaschismus sehen und jenen, für die der neue Staat seine politische Identität auf einer gleichsam antikommunistischen Basis zu gründen habe." (Ebd. S. 419) Dem Umgang der Republik Kroatien nach der Unabhängigkeit von Jugoslawien am 25. Juni 1991 mit der Erinnerung an den Zweiten Weltkrieg widmet sich Ljiljana Radonić ausführlich in ihrer Dissertation *Krieg um die Erinnerung. Kroatische Vergangenheitspolitik zwischen Revisionismus und europäischen Standards* (2009), wobei nach der Unabhängigkeit von verschiedenen Phasen der Erinnerungspolitik ausgegangen werden kann. Hierbei ist die Tuđman-Ära von 1990 bis 1999 von den Entwicklungen danach besonders im Hinblick auf Jasenovac abzugrenzen. Während in der Tuđman-Ära behauptet wurde, dass in Jasenovac „vor allem Kroaten bzw. ‚politische Gegner' der NDH" (Radonić, *Krieg um die Erinnerung*, S. 387) umgebracht worden seien und die Idee einer „‚nationalen Versöhnung' aller Kroaten und die Gleichsetzung von Jasenovac und Bleiburg" vertreten wurde, macht Radonić nach der Tuđman-Ära einen „Bruch mit der revisionistischen Vergangenheitspolitik" (Ebd., S. 388) aus, der mit einer Annäherung an „europäische Erinnerungsstandards" (Ebd., S. 388) einhergeht, die zur Folge hat, dass die faktische Zusammensetzung der im KZ ermordeten Personen, die nicht als politische Gegner, sondern hauptsächlich aufgrund ihrer ethnischen Zugehörigkeit

Kroatien und Slowenien Teil einer „seriösen historischen Forschung"[168] werden konnte und zum Zeitpunkt der Veröffentlichung von *Restaurant Dalmatia* in keinem der Nachfolgestaaten Jugoslawiens „angemessen aufgearbeitet"[169] wurde. Es handelt sich also um ein komplexes Kapitel der postjugoslawischen Erinnerungskultur, dass im Roman lediglich mit einigen Andeutungen behandelt wird. Dies liegt auch daran, dass Baba Ana aus einer Kindesperspektive die politischen Konstellationen nicht durchdringt. Die Wörter Partisanen und Ustaša verbindet sie lediglich mit ihren beiden Onkeln, die kein Wort mehr miteinander sprechen. In welchem Verhältnis die beiden Kriegsparteien zueinanderstehen bzw. dass den Nachkriegsverbrechen der Partisanen der faschistische Terror der Ustaša vorausging, bleibt aus der begrenzten Perspektive der fokalisierten Großmutter unerwähnt. Der Text bedient dadurch auf familiärer Mikroebene ein einseitiges Opfernarrativ der kroatischen Erinnerungskultur, indem der Fokus in der Vergangenheitskonstruktion des Zweiten Weltkriegs lediglich auf Gewaltexzesse der Partisanen gerichtet wird. Die textinterne Funktion dieser Traumaerzählung liegt allerdings keinesfalls darin, einen einseitigen Opfermythos zu reproduzieren[170], es soll vielmehr angezeigt werden, dass auch Baba Anas schmerzhafte Erinnerungen an den Tod ihrer Eltern und ihrer Schwester in einer politischen Transition – einem *Dazwischen* – verloren gingen und sowohl gesamtgesellschaftlich als auch familienintern nicht aufgearbeitet wurden. Narratives Mittel dafür ist eine vielstimmige, entpersonalisierte Dorfgemeinschaft, die den grausamen Tod zunächst kommentiert und danach einen Einblick gibt, wie sich die Dorfgemeinschaft daran erinnert. Die vielen Gerüchte um den Tod von Anas Familienangehörigen ranken sich zunächst um den Tatort und die Todesart. Einig sind sich die Dorfstimmen, dass die Tat auf einem offenen Feld, dem Petrovo Polje, begangen wurde, weshalb Anas Eltern und ihre Schwester nicht entkommen konnten. Gerüchte kursieren darüber, ob die Familienangehöri-

---

getötet wurden (Serben, Juden und Roma) nicht mehr geleugnet und Jasenovac als Gedenkstätte des Holocausts und Genozids anerkannt wird.
168 Melčić, Abrechnung mit den politischen Gegnern und die kommunistischen Nachkriegsverbrechen, S. 198.
169 Ebd.
170 Bleiburg als Erinnerungsort hat sich vom Zentrum einer nationalen Vergangenheitspolitik zur Pilgerstätte für „Faschismussympathisanten" (Stajić) entwickelt. Vgl. dazu die Reportagen von Olivera Stajić: „Die halbe Wahrheit von Bleiburg." In: *Der Standard*, 6. Juni 2017. Verfügbar auf: https://www.derstandard.at/story/2000058500399/die-halbe-wahrheit-von-bleiburg (zuletzt abgerufen: 21.06.2017); „Bleiburg: ‚Ein faschistischer Aufmarsch hat in einer Demokratie nichts zu suche'". In: *Der Standard*, 19.05.2019. Verfügbar auf: https://www.derstandard.de/story/2000103409863/bleiburg-ein-faschistischer-aufmarsch-hat-in-einer-demokratie-nichts-zu (zuletzt abgerufen: 21.06.2017). Zum Wandel der Bedeutung von Bleiburg als Erinnerungsort von 1985–2008 vgl. Radonić, *Krieg um die Erinnerung in Kroatien*, S. 393.

gen in einer Grube tot oder lebendig begraben wurden: „Sie sind bereits tot, hieß es von den einen. Sie leben noch, schreien aus einer Grube, hieß es von anderen. Jeden Tag kam mindestens ein Nachbar zu Anas Haus und sagte, sie lebten noch, schrien aus der Grube, aber keiner könne ihnen helfen." (RD 231) Die Schuld an dem plötzlichen und grausamen Tod wird im Dorf anfangs noch mit dem Racheakt der Partisanen verknüpft, von Beginn an aber hauptsächlich bei den Eltern selbst gesucht, die nun für ihre ungewöhnliche Fähigkeit, lesen und schreiben zu können, büßen müssten: „Wieder andere kamen nur auf Anas Hof, um zu sagen, das hätten ihre Eltern nun davon, das hätten sie nun davon, lesen und schreiben zu können, das passte den neuen Siegern nicht. [...] Das Kind hätten sie mitgerissen, das Mädchen, das sei eine Schande." (RD 231) Mit der Unsicherheit, ob die Familienangehörigen tatsächlich in einer Grube gelandet sind, verblasst in den darauffolgenden Jahren auch die Erinnerung daran, dass die Partisanen für den Tod verantwortlich waren, sodass Anas Eltern aus Sicht der Dorfgemeinschaft die alleinige Schuld daran tragen, sich selbst und ihr Kind mit in den Tod gerissen zu haben. Das kollektive Gedächtnis der Dorfgemeinschaft erscheint dadurch wesentlich durch einen übergeordneten Bezugsrahmen – der jugoslawischen Erinnerungskultur – beeinflusst, in der Kriegsopfer allgemein in der Erinnerungshierarchie unter der Erinnerung an die heroischen Kämpfer des Krieges standen, die ‚Säuberungsaktionen' nach dem Krieg nicht aufgearbeitet wurde und demnach keinen Platz in der öffentlichen Gedenkkultur hatten.[171] Anas Eltern (und ihre Schwester) werden im Roman als unschuldige Opfer markiert, die lediglich getötet wurden, da sie sich durch ihren Bildungsvorsprung von der Dorfgemeinschaft unterschieden. Das Trauma der Großeltern deutet an, wie individuelle (Nach-)Kriegserfahrungen in einer übergeordneten heldenhaften Kriegsnarration verloren gingen, aber dennoch im Trauma weiterleben und Auswirkungen auf das Familiengedächtnis haben. Innerhalb der Familie wurde das Trauma der Großmutter nicht aufgearbeitet, sondern gilt als Tabuthema. Für die posttraumatischen psychischen Störungen, die sich in einer Allgegenwart des Todes in den Geschichten der Großmutter manifestieren, zeigen die meisten Familienmitglieder, darunter auch Mias Mutter, keine Empathie, sondern vielmehr

---

[171] Neben dem Fokus auf den *Volksbefreiungskampf* als zentrales Element der jugoslawischen Erinnerungskultur erforderte die Vereinheitlichung der Geschichtsnarrative die Tilgung „nationsspezifischer Traditionsbestände" (Radonić, *Krieg um die Erinnerung*, S. 110), was Radonić am Beispiel der „Enzyklopädie Jugoslawiens" illustriert: „Die Geschichtsnarrative der einzelnen Republiken schienen untereinander jedoch nicht kompatibel und ließen sich nicht zu einer gemeinsamen Tradition zusammenfügen. Ein Ausdruck davon war das Scheitern einer Neuauflage der ‚Enzyklopädie Jugoslawiens', deren Vorbereitung von derart vielen Konflikten um die Deutung der Geschichte Jugoslawiens begleitet war, dass der Zerfall Jugoslawiens das schwierige Unterfangen nur bis zum sechsten Band und dem Buchstaben *Kat-* kommen ließ." (Ebd., S. 111)

Strenge. Baba Ana wird wie ein ungezogenes Kind behandelt, dem schon oftmals verboten wurde, keine im Tod endenden Geschichten mehr zu erzählen, das sich aber wieder nicht daran hält. Die Erzählinstanz versucht so, die Haltung der Großmutter nachzuvollziehen. Dass die Krankheit der Großmutter ein Tabuthema darstellt, wird auch anhand Mias kindlich-neugieriger Fragen deutlich, die sie den Eltern im Anschluss an einen Besuch bei Baba Ana stellt: „Wann ist das passiert? Es muss doch einen Moment geben, an dem sie ihr alle gestorben sind?" (RD 222) Mias Vater versucht mit einer banalen Antwort, das Thema zu vermeiden da er „die Unruhe seiner Frau" (RD 222) merkt: „Ist eine alte Frau. Das ist die Antwort." (RD 222) Das Trauma der Großmutter ist ein Beispiel dafür, wie innerhalb der Familie schmerzhafte Erfahrungen verdrängt werden, da keine Sprache dafür zu finden ist: „Nachdem die Worte aus dem Mund des Nachbarn kamen, packte sie der Wind mitsamt Anas Seele und flog mit ihnen davon." (RD 230) Das Trauma manifestiert sich in dem Einfall des Todes, der sich in annähernd jeder Geschichte, die Ana erzählt, findet und bei ihren Kindern, besonders bei Mias Mutter, auf Unverständnis stößt. Mia zeigt sich für diese Geschichten empfänglich, trotz oder gerade wegen der von ihrer Mutter monierten Fiktionalisierung: „Doch Mija fühlte sich ihr nach wie vor nah. Ana spaltete sich in eine Sichtbare und Fühlbare. Ihr Körper bäumte sich vor ihrer erwachsenen Tochter auf, während ihre Seele noch um Mija herumschlich, im Verborgenen." (RD 216) Die Verbindung zum Erinnerungsverlust der Gegenwarts-Mia, vermittelt durch die personale Erzählinstanz, äußert sich darin, dass auch sie keine Sprache verfügbar hat, um schmerzhafte Erfahrungen der Vergangenheit in ihrem privaten Umfeld (Rafael) auszudrücken. Die Nähe zur Großmutter in der erzählerischen Vergangenheitsrekonstruktion kann auch damit begründet werden, dass diese eine neue Form findet, ihren Schmerz im Erzählen auszudrücken. Die übrigen Familienmitglieder verstehen diese Kommunikationsform nicht. Sie zeigen sich unfähig, die Geschichten der Großmutter zu interpretieren bzw. Strategien zu finden, damit umzugehen.[172] Auch Mia sieht es als Aufgabe, eine Ausdrucksform für ihre verdrängte Vergangenheit zu finden. Die Großmutter selbst ist, wenn auch pathologisch, eine Geschichtenerzählerin, die retrospektiv als Vorbild gelten kann. Gleichzeitig liefert der Umgang mit der Großmutter eine weitere Deutungsperspektive, inwiefern Mia von einer Nichtthematisierung schmerzhafter Erfahrungen im Sinne einer familiären Kontinuitätsbeziehung geprägt sein könnte.

Neben den familieninternen Verdrängungsstrategien, die eine Kontinuität zu Mias Umgang mit schmerzhaften Erfahrungen in der Vergangenheit freilegen, ist

---

172 Es ist hauptsächlich die Elterngeneration, die mit dem Trauma der Großmutter nicht umgehen kann und nur mit Maßregelungen reagiert. Neben Mija, die mit ihrer Großmutter über ihre Vergangenheit spricht, wird Toma als weiterer Vertreter der Enkelgeneration präsentiert, der einen respektvollen Umgang mit der Großmutter pflegt (Vgl. RD 220).

auch in der fehlenden erinnerungskulturellen Aufarbeitung eine transgenerationelle Ähnlichkeitsbeziehung zu erkennen. Ohne die beiden Erinnerungsinhalte nivellieren zu wollen, werden sowohl in Bezug auf das Kriegstrauma der Großmutter als auch im Hinblick auf die Migrationsgeschichte der Familie Ausgrenzungsmechanismen einer eindimensionalen Erinnerungskultur verhandelt, die dem Familiengedächtnis als Speicher für marginalisierte Erinnerungen eine besonders Funktion auferlegen, die jedoch in beiden Fällen durch Verdrängungsstrategien scheitert: Warum die Großmutter in ihren Geschichten Menschen reihenweise sterben lässt, wird tabuisiert, die Großmutter von ihren Kindern infantilisiert; mit ihrer Kernfamilie, die die Erinnerungen an „dieses Leben" in Berlin bewahren könnte, hat Mia nur sporadischen Kontakt und spricht nur über belanglose Dinge. Eine Reise nach Split, um mit ihren Eltern über die Vergangenheit zu reden, schließt sie im Gespräch mit Zora kurz vor Ende der Berlinreise aus: „Ich will mein altes Leben nicht wieder anziehen, verstehst du? Ich habe Kopfweh, wenn ich es mir nur vorstelle." (RD 211) Dennoch endet der Roman damit, dass die Protagonistin einen ersten Zugang zur Vergangenheit findet. Im letzten Kapitel „MIJA MARKOVIĆ" wird auf der Gegenwartsebene der eigene Name als Identitätsmerkmal wieder aufgegriffen. Während zu Beginn der Reise Mias Identitätskrise durch das Durchstreichen aller Namensvarianten („Mija Marković. Mia Marković. Markovich.", RD 14) als Reisemotiv deutlich zum Vorschein kommt, deutet ihr Verhalten während der Passkontrolle darauf hin, dass sie bereit ist, ihren Namen in slavischer Schreibweise und damit ihre Vergangenheit anzunehmen:

> Die Stewardess liest laut vor:
> „Mia Markovich."
> „Ja."
> Mia sieht zu, wie die langen, gepflegten Finger ihren Namen Buchstaben um Buchstaben aus der Tastatur schlagen.
> „Mija Marković", sagt sie. Und lächelt in sich hinein. (RD 239)

Zieht man nur den Verlauf der Handlung auf der Gegenwartsebene der Berlinreise in Betracht, erscheint das versöhnliche Ende wie eine plötzliche Offenbarung. Am 27. Januar – ein Tag vor ihrer Abreise – blickt Mia noch verunsichert in den Spiegel und hadert mit einer kontinuitätsstiftenden Vergangenheitsbeziehung: „Mia, denkt, sie. Mija Marković. Das Mädchen aus dem Wedding. Ihr Gesicht. Es ist dasselbe Gesicht heut, und doch: Wo ist das Gesicht von damals hin? Da sind dieselben Augen. Mia. Jetzt wie die einer Fremden." (RD 204) Vor dem Hintergrund der Tagebucheinträge auf der Vergangenheitsebene plausibilisiert sich jedoch die Andeutung, dass Mia sich ihrer Vergangenheit angenommen hat. Die diaristischen Analepsen tragen zur Aufarbeitung der familiären Vergangenheit bei, haben eine Selbstbesinnungsfunktion und geben auch einen Einblick, welche Auswirkungen gesellschaftliche

Ausgrenzungsmechanismen in Deutschland und der Ausbruch der Jugoslawienkriege aus der Perspektive der Migration auf das Familienleben hatten. Der therapeutische Ansatz der Erinnerungsreise manifestiert sich schlussendlich nicht nur durch den *memory talk* auf der Gegenwartsebene während der Reise, gerade das diaristische Erzählen fungiert als Therapieform, durch das Mia den emotionalen Bruch mit der eigenen Familie erzählerisch aufarbeitet. Mia findet ihren individuellen, außerfamiliären „Ausgangspunkt" in der Begegnung mit Jesus, der genauso wie ein kontinuitätsstiftender genealogischer Ursprung, verkörpert durch Baba Ana, zum „Anker" für die eigene Persönlichkeitsentwicklung wird. So kann das Ende des Romans gewissermaßen als Beginn der Identitätsarbeit gedeutet werden. Indem sich Mia für einen Fensterplatz im Flugzeug entscheidet, scheint ihr apathischer Rückzug ins Innere vor der Reise (sie verließ die Wohnung in Toronto nicht mehr) überwunden. Dazu trägt in einer ‚inneren Reise' auf der Vergangenheitsebene neben der erfolgreichen Suche nach dem „Anfangspunkt" in Berlin-Wedding und dem familiären Ursprung im dalmatinischen Hinterland auch eine emotionale Wiederannäherung an den Vater bei, die das Ende auf der Vergangenheitsebene markiert.

Die letzte Geschichte der Vergangenheitsebene verhandelt einen gemeinsamen Besuch des Mausoleums von Ivan Meštrović[173], der eine emotionale Wiederannäherung zwischen Vater und Tochter erkennen lässt. Während Marko Marković während des Kroatienkriegs vor seiner Tochter auch mit Gewalt (Ohrfeigen) den Krieg als Dienst für eine höhere Sache noch rechtfertigt, ist am Mausoleum von Ivan Meštrović eine entgegengesetzte Haltung zu erkennen. Den

---

173 Zur Biografie von Ivan Meštrović vgl. Eintrag „Mestrovitsch, Ivan" in Munzinger Online/Personen – Internationales Biographisches Archiv, URL: http://www.munzinger.de/document/00000001616 (abgerufen von Albert-Ludwigs-Universität Freiburg Universitätsbibliothek am 14.6.2021). Auch in Publikationen aus dem Bereich der Kunstgeschichte wird die Herkunft des Bildhauers, der im dalmatinischen Hinterland in bäuerlichen Verhältnissen aufgewachsen ist und in seiner Jugend Analphabet war, besonders hervorgehoben (Vgl. exemplarisch Vera Ristic: Meštrović und der Mythos. In: *Ivan Meštrović. Skulpturen*. Hrsg. v. Dieter Honisch et al. Berlin 1987. S. 21–25). Eine Auswahl an bedeutenden bildhauerischen Werken findet sich in: Dieter Honisch et al (Hrsg.): *Ivan Meštrović. Skulpturen*. Berlin 1987. S. 52–177. Neben dem Mausoleum in der Nähe von Otavice zählen folgende bedeutende öffentlich ausgestellte Kunstwerke, Monumente sowie architektonische Werke zu Meštrovićs bekanntesten: Zdenac zivota (1905, dt. Der Brunnen des Lebens, am Nationaltheater Zagreb), The Bowman und The Spearman (1928, Chicago), Grgur Ninski (1929, dt. Gregor von Nin, Split), Споменик захвалности Француској (1930, dt. Denkmal des Dankes an Frankreich, 1930), Споменик Незнаном јунаку (1934–1938, dt. Denkmal des unbekannten Soldaten auf dem Avala, Belgrad), Dom hrvatskih likovnih umjetnika (1938, Heim kroatischer Bildender Künstler, Zagreb), St. Jerome and the Priest (1954, Washington D.C.), Nikola Tesla (1956, Zagreb) und Christ and the Samaritan Woman (1957, Université de Notre-Dame-du-Lac).

Vandalismus an Meštrovićs Grab kommentiert der Vater mit den Worten, dass „das Vieh [...] im Krieg auch das hier zerstört" (RD 234) habe. Auf die Frage, welches Vieh er denn meine, antwortet Marko nur mit Krieg, der wiederum in wörtlicher Rede auf Kroatisch erwähnt wird: „*Rat*" (RD 234). Wurde der Krieg aus der Ferne nach als notwendiges Übel relativiert, zeigt sich der Vater nach dem Krieg selbstkritisch. Das Ideal stellt nun nicht mehr die Politik Tuđmans dar, sondern das Leben von Ivan Meštrović, für den der Vater tiefe Bewunderung aufbringt. Meštrović wird im Gegensatz zu einer kriegstreibenden nationalen Ideologie als „Weltbürger" geschätzt,[174] der sich auch in seinem Glauben von der manipulierbaren Masse abhebt: „Er kannte einen anderen Gott als wir, Mijo. Einen anderen als den, bei dem sich alle nur über das Leben hier beschweren." (RD 234)[175] Im Mausoleum befindet sich auch Meštrovićs Tochter, die in Kanada gestorben ist. Mia zeigt sich beeindruckt von den Worten des Vaters, durch die sie sich an eine über Worte hinausgehende emotionale Bindung erinnert und sich in diesem Moment am Mausoleum besonders nah fühlt: „Meist schwieg ihr Vater, und sein Blick ruhte auf den Dingen. Menschen. Sein Blick hatte sie bereits in so manch verborgene Geschichten gelotst. Doch hier, auf diesem Berg, bevor die Sonne den Zenit erreichte, erzählte er ihr erstmals von etwas." (RD 234) Auch ihr Vater

---

[174] Zu Meštrovićs internationalen Karriere vgl. Vesna Barbić und Martina Jura: Dokumentation zu Leben und Werk. In: *Ivan Meštrović. Skulpturen*. Hrsg. v. Dieter Honisch et al. Berlin 1987. S. 31–51. Meštrović wird 1902 Teil der Wiener Secession, trifft 1904 das erste Mal auf Auguste Rodin und stellt in den Folgejahren in Wien, Zagreb, Sofia, Belgrad, London und Venedig aus. 1908 zieht er nach Paris, später nach Belgrad und Rom. Während des Ersten Weltkrieg kehrt er nach Paris zurück, arbeitet ab 1914 auch mit Rodin zusammen. Nach dem ersten Weltkrieg lebt Meštrović in Zagreb und unternimmt zahlreiche Reisen (v. a. in die USA). Nach Ausbruch des Zweiten Weltkriegs flieht Meštrović nach Rom, 1947 zieht er in die USA, wo er von 1947–1955 an der Universität von Syracuse Kunstgeschichte lehrte. 1954 erhält er die US-amerikanische Staatsbürgerschaft. Ivan Meštrović stirbt am 16. Januar 1962 in South Bend, Indiana und wird anschließend im Familienmausoleum in Otavice bestattet.

[175] Die Desillusion des Vaters wird somit in Auseinandersetzung mit der Kriegshaltung Meštrovićs deutlich, der sich in seinem Werk zwar überwiegend mit Stoffen aus Volksepen beschäftigte, was eine Projektionsfläche für politisch Instrumentalisierung bot (vgl. Dieter Honisch: Zur Frage von Gegenstand und Form bei Meštrović. In: *Ivan Meštrović. Skulpturen*. Hrsg. v. Dieter Honisch et al. Berlin 1987, S. 18), sich als Künstler für eine nationalistische politische Propaganda jedoch nicht vereinnahmen ließ, sondern sich humanistischen (christlichen) Idealen verschrieb, was sich letztlich auch in seinem Werk widerspiegelt: Während der beiden Weltkriege ist ein Wechsel vom „national-epischen zum religiös-biblischen Thema" (ebd., S. 17) festzustellen, der durch die „Vergeistigung seiner Themen" (ebd., S. 18) als eine Hinwendung zum Allgemein-Menschlichen eingeordnet wird.

schafft es, ähnlich wie Baba Ana durch das Erzählen eine Bindung zu Mia herzustellen. Ivan Meštrović fungiert dabei als gemeinsame Identifikationsfigur, die neben dem Bruch mit einer nationalen Kriegsideologie des Vaters auch dessen Bewunderung für einen Künstler verhandelt. Indirekt sichert sich Mia durch diese Erinnerung auch die Anerkennung des Vaters für ihren beruflichen Erfolg als Künstlerin und ihr Dasein als ‚Weltbürgerin' in Kanada.

5 Mit dem „Gastarbeiterexpress" nach Belgrad
Marko Dinićs Roman *Die guten Tage* (2019)

5.1 Romanstruktur und autobiographische Dimension

Wie Saša Stanišić und Jagoda Marinić wurde auch der 1988 in Wien geborene und in Belgrad aufgewachsene Autor Marko Dinić zum Literaturwettbewerb um den Ingeborg-Bachmann-Preis in Klagenfurt eingeladen.[1] Sein Beitrag für die 40. Ausgabe im Jahr 2016 trug den Titel „Als nach Milošević das Wasser kam". In den Text sind Liedzeilen aus dem Song „Balkane moj" der jugoslawischen Punkband Azra integriert, die der Autor in seiner Leseperformance als musikalische Einschübe im serbokroatischen Original sang.[2] In der insgesamt positiv gestimmten Feedbackrunde der Jury zu Dinićs Text diskutierten die Literaturkritiker:innen über eine weitere, mögliche Zeitebene der erzählerischen Bestandsaufnahme einer serbischen Nachkriegswirklichkeit, die neben der im Textausschnitt vorhandenen Rückwendungen in das Kriegsjahr 1999 und der erzählten Zeit des Jahres 2006 auch die gegenwärtige Perspektive aus dem Jahr 2016 inkludieren könnte.[3] Gemutmaßt wurde darüber, ob diese Erzählebene möglicherweise bereits Teil des größeren Romanprojekts sei, das im Rahmen der Lesung von Dinić angekündigt wurde.[4] Drei Jahre später ist Dinićs Debütroman erschienen: Der Bachmann-Text bildet in *Die guten Tage* den ersten Abschnitt eines vierteiligen Vergangenheitsfragments, das in den Kontext einer zehn Jahre später festgesetzten Gegenwartsebene integriert wurde. Es handelt sich bei dieser Gegenwartsebene um eine Busreise in den Herkunftsraum, die als Rück-

---

[1] Die Einladung erhielt Dinić von Klaus Kastberger, der den jungen Autor in der Feedbackrunde als authentische „Gegenstimme" in Bezug auf das innerhalb der österreichischen Literatur „monopolisierte[]" Milošević-Thema und die Aufarbeitung der Jugoslawienkriege innerhalb der deutschsprachigen Literatur präsentierte. Handke wird zwar nicht explizit benannt, es kommt an den Ausführungen von Kastberger allerdings sehr deutlich heraus, dass er als Monopolist des Erzählgegenstands Jugoslawien gemeint ist. Bei Dinić geht es gerade nicht um Authentizität durch Autopsie wie bei den „österreichischen Autoren", der Textausschnitt misstraue einer „unmittelbaren Anschauung [als] poetischer Weg zur Wahrheit". Vgl. die Diskussion der Jury, die auf der Homepage des Bachmannpreises abrufbar ist: https://bachmannpreis.orf.at/v3/stories/2773152/index.html (zuletzt abgerufen: 16.08.2022), insbesondere der erste Redebeitrag von Kastberger: 10:52–13:58.
[2] Ein Video der Lesung ist auf der Homepage des Bachmannpreises vorhanden: https://bachmannpreis.orf.at/v3/stories/2773152/index.html (zuletzt abgerufen: 16.08.2022).
[3] Vgl. den ersten Redebeitrag von Hubert Winkels, auf den weitere Jurymitglieder zustimmend eingehen: Diskussion der Jury, 2:00–2:28.
[4] Diskussion der Jury, 13:45–13:58.

kehrergeschichte den Analysegegenstand dieses Kapitels bildet. In diesem einleitenden Unterkapitel beschäftige ich mich zunächst ausführlich mit der Struktur des Romans und arbeite anhand der wechselseitigen Beziehung zwischen paratextuellen Elementen und Faktualitätsmarkern im Basistext die autobiographische Dimension des Erzählwerks heraus. Im darauffolgenden zweiten Unterkapitel steht die Figur des Sitznachbarn im Mittelpunkt. Leitende These dieses Kapitels ist, dass der Reisegefährte als fiktive Dopplung des Erzählers fungiert, die als innere Stimme einen mentalen Dialogpartner darstellt. Zentrales erzählerisches Mittel für die Inszenierung einer Doppelgängerfigur ist dabei eine erzählerische Unzuverlässigkeit, die ich durch Indizien in der Gedankenrede des Ich-Erzählers analysiere. Während sich 5.2 vordergründig mit der Busreise beschäftigt, steht im letzten Unterkapitel die Rückkehr des Protagonisten nach Belgrad im Mittelpunkt. Neben einer unverhältnismäßigen Ich-Bezogenheit als weiteres Merkmal erzählerischer Unzuverlässigkeit auf der Darstellungsebene untersuche ich in diesem Abschnitt die Bestandsaufnahme der Erzählfigur vor Ort, in der sich ein pathologisches Spannungsverhältnis zwischen identitätsstiftenden und identitätsdestabilisierenden Erinnerungsprozessen herauskristallisiert.

5.1.1 Innere Vielstimmigkeit – Zur Romanstruktur

Ein kontinuierliches Oszillieren zwischen einer selbstreflexiven Gegenwarts- und einer schwer zugänglichen Vergangenheitsebene ist in vielen Erzähltexten der postjugoslawischen *in-group* strukturbildend,[5] so auch in Marko Dinićs Debütroman *Die guten Tage* (2019). Es sind auf den ersten Blick zwei verschiedene Erzählebenen zu differenzieren: Ein homodiegetischer Erzähler erzählt auf einer Gegenwartsebene, deren Zeitposition auf das Jahr 2016 rekonstruiert werden kann, von einer Busfahrt mit dem sogenannten Gastarbeiterexpress von Wien nach Belgrad. Es handelt sich um eine Reise mit einem Nachtbus, deren Anlass zunächst an die Beerdigung der kürzlich verstorbenen Großmutter rückgebunden wird. Auf der linearen Ebene des *discours* beginnt die Geschichte des Romans *in medias res* auf der Gegenwartsebene der Busreise: eine Stunde der insgesamt neuneinhalbstündigen Fahrt wurde bereits zurückgelegt. Der Roman ist in zwei große, mit römischen Zahlen gekennzeichnete Kapitel gegliedert. Die Busfahrt nach Belgrad befindet sich in römisch I und ist in vier Episoden unterteilt, deren Anfänge jeweils mit einem Buchstaben in erhöhter Schriftstärke und -größe markiert sind (vgl. z. B. DGT 9). Die Gegenwartsebene der

---

[5] Vgl. neben *Restaurant Dalmatia* von Jagoda Marinić exemplarisch auch *Tierchen unlimited* von Tijan Sila oder *Uhvati zeca* (dt. Fang den Hasen) von Lana Bastašić.

Busfahrt im epischen Präteritum wechselt sich im ersten Kapitel mit einer ebenfalls vierteiligen Vergangenheitsebene im historischen Präsens ab, die einen Zeitsprung von zehn Jahren vornimmt und einen Tag aus der Belgrader Jugendzeit des 18-jährigen Erzählers schildert. Der Wissenshorizont und die sprachlichen Ausdrucksmittel unterscheiden sich in Bezug auf die Erzählinstanzen der beiden narrativen Ebenen signifikant, sodass von unterschiedlichen Erzählstimmen ausgegangen werden kann.[6] Die beiden Erzählebenen stehen in keinem expliziten Kontinuitätsverhältnis: Die Verfügbarkeit von Erinnerungen beschränkt sich auf der Gegenwartsebene auf kurze Assoziationen, Erinnerungsfetzen und Traumbilder. Es handelt sich um eine Serie an Analepsen, die nicht retrospektiv aus der Perspektive des reisenden Ichs geschildert werden, sondern das Vergangenheits-Ich als eigenständige Erzählinstanz inszenieren, was auch durch den Tempuswechsel signalisiert wird. Die zeitlich 2006 angesiedelte Vergangenheitsebene erzählt von einem der letzten Schultage des Erzählers, an dem sich der Gedanke des 18-jährigen an eine Flucht von Belgrad nach Wien verfestigt. Während auf der Gegenwartsebene die Rückkehr von der Wiener „Diaspora" in den serbischen Herkunftsraum nach zehn Jahren präsentiert wird, verhandelt die Vergangenheitsebene die umgekehrte Bewegungsrichtung – die von Episode zu Episode an Intensität zunehmenden Überlegungen, den Herkunftsraum zu verlassen. Auf beiden narrativen Ebenen finden sich zwei zentrale Analepsen, die jeweils auf wichtige Reise- bzw. Fluchtmotive hindeuten. Auf der Vergangenheitsebene erinnert sich der 18-jährige Erzähler an den „Ausnahmezustand" (DGT 34) während des Kosovokriegs 1999, im Rahmen dessen Belgrad von einem NATO-Bündnis durch Fliegerbomben angegriffen wurde. Sieben Jahre später reflektiert der Ich-Erzähler seine eigene Begeisterung gegenüber dem damaligen „Ausnahmezustand", den er vor allem an die „Indoktrinationsstunden" (DGT 40) seines regimetreuen Vaters rückbindet. Auf der Gegenwartsebene der Rückkehr in den Herkunftsraum befindet sich am Anfang des zweiten großen Kapitels, das schließlich den Aufenthalt in Belgrad erzählt, eine weitere wichtige Rückblende. Zu Beginn von Kapitel II wird die Vorgeschichte der Reise – die Ausgangssituation in Wien – geschildert. Durch diese auflösende Rückwendung kommt zum Vorschein, dass der Tod der Großmutter mit einer zwei Wochen zuvor eingetretenen Identitätskrise einhergeht: Die Rückkehr in den Herkunftsraum thematisiert vor allem die Auseinandersetzung mit einer „inneren Zerrissenheit" (DGT 160), die aus dem auf der Gegenwartsebene angedeuteten Bruch mit der eigenen Familie und der Flucht nach Wien resultiert.

---

6 Dinić bezeichnet die Sprache seines 18-jährigen Protagonisten als „Belgrader Slang", den er in die deutsche Sprache übertragen hat. Vgl. Slawistik Wien: Schwerpunkt Transnationale Literatur, Abschnitt 40:40–41:18.

Die episodenhafte Gegenüberstellung von zwei narrativen Ebenen wird im Roman noch durch eine dritte narrative Ebene ergänzt, die dazu beiträgt, dass dem Roman ingesamt ein Montageprinzip als grundlegendes ästhetisches Darstellungsmittel zugeschrieben werden kann. Auf der Gegenwartsebene finden sich kursivierte Einschübe, die auch auf den Ich-Erzähler zurückzuführen sind, in dessen Gedankenrede jedoch mitunter durch die Schriftauszeichnung und das gewählte Tempus besonders hervorgehoben werden (vgl. DGT 95). Die eingeschobenen Textteile kennzeichnet eine extradiegetische Erzählstimme, sie sind in sich jedoch nicht zusammenhängend, sondern stehen vielmehr im direkten Austausch mit ihrem unmittelbaren textlichen Umfeld. Sie fügen sich gewissermaßen als ausgelagerte, verschriftlichte Aufzeichnungen in die Gedankenrede des Erzählers ein. Diese dritte narrative Ebene bekräftigt die Vielstimmigkeit des Romans, die sich weniger durch eine Vielfalt an Figurenreden auszeichnet, sondern heterogene innere Stimmen des Ich-Erzählers darstellt. Die extradiegetische Ebene stellt eine zusätzliche Reflexionsebene dar, die für die Auseinandersetzung mit der transgenerationalen Familiengeschichte impulsgebend wirkt. Insgesamt drücken alle längeren, kursiviert eingeschobenen Aufzeichnungen auf unterschiedliche Weise eine schriftlich fixierte Rekonstruktion der Vergangenheit im Herkunftsraum aus. Dass es sich um Aufzeichnungen der Erzählfigur handelt, deuten auf der Gegenwartsebene thematisierte Schreibmotive an. Der erste Hinweis auf schriftliche Ausdrucksformen des Erzählers ist ein Tagebuch, das dieser in seiner Anfangszeit in Wien beginnt. Signifikant ist zunächst, dass dieses Tagebuch nicht in der serbokroatischen Muttersprache verfasst wird, sondern in der als Fremdsprache gelernten deutschen Sprache, die das „beste Fach" (DGT 71) in der Schulzeit des Erzählers darstellte und ihm dadurch seinen Spitznamen „Švabo" verpasste.[7] Es handelt sich um die einzige Möglichkeit den sonst namenslosen Erzähler zu benennen, was die Rolle der deutschen Sprache als Identitätsmerkmal der Erzählfigur hervorhebt. Das Schreibmotiv des Erzählers ist zunächst pragmatisch, er versteht die schriftliche Auseinandersetzung mit der Amtssprache seines neuen Lebensmittelpunkts als sprachpraktische Übung:

> Einige Monate nach meiner Ankunft in Wien begann ich ein Tagebuch auf Deutsch zu schreiben, doch dieses Schreiben glich mehr einem Dümpeln in seichten Gewässern. Es diente lediglich der Übung und Erweiterung meiner sprachlichen Fähigkeiten, ohne die ich in Wien aufgeschmissen gewesen wäre. (DGT 23 f.)

---

[7] Das Wort „Švabo" wird in den Ländern des ehemaligen Jugoslawien umgangssprachlich für alle Deutschsprachigen verwendet.

Die diaristische Schreibtätigkeit fungiert als Mittel, die eigenen „sprachlichen Fähigkeiten" zu erweitern, um in der Aufnahmegesellschaft nicht mehr aufzufallen. Hier zeigt sich ein Motiv der Camouflage, indem der Erzähler sich zum Ziel setzt, die sich in Sprache manifestierenden Herkunftsindizien zu tarnen, um die von außen an ihn herangetragene Zugehörigkeitsvoraussetzung („was die Österreicher heimlich von mir verlangten", DGT 24) zu erfüllen: „Der Duden lieferte mir den Wortschatz, mein Schreiben und die Gespräche die Routine – und die Museumsbesuche die Camouflage. Ich kaschierte geschickt meinen rauen Akzent." (DGT 24) Neben den Schreibübungen in der Fremdsprache weist der Erzähler darauf hin, dass er Songtexte von jugoslawischen Rockbands – der „persönlichen Säulenheiligen" (DGT 24) – ins Deutsche übersetzt. Betrachtet man zunächst weniger die identifikatorische Bedeutung der Songtexte, sondern aus formalästhetischer Perspektive die in das Tagebuch einfließende Textsorte, trägt die übersetzerische Tätigkeit des Erzählers zu einem collagenartigen Konglomerat bei, in das verschiedenartiges sprachliches Material integriert ist. Die Songtexte spielen im Roman besonders auf der Ebene der Vergangenheitsepisoden als Emanzipationsmittel des 18-jährigen Erzählers eine zentrale Rolle. Auf dieser Ebene werden auch einige deutsche Übersetzungen von Songtexten jugoslawischer Rockbands kursiviert in den Fließtext eingefügt. Dies erweckt den Anschein, dass das vom Erzähler in seinem Tagebuch in Wien generierte Material auf der narrativen Ebene der 18-jährigen Erzählstimme zur Geltung kommt. Ein weiteres Textsignal in der zweiten Episode der Busreise deutet darauf hin, dass das anfänglich lediglich zu sprachpraktischen Übungszwecken verwendete Tagebuch mittlerweile eine neue Funktion besitzt. Der Erzähler benutzt die in ihrem Grundverständnis auf tägliche Eintragung persönlicher Erlebnisse und Gedanken ausgelegte Textgattung als Medium, um Erinnerungen an seine Großmutter zu bewahren: „In meinem Tagebuch versuchte ich, so gut es ging, ihre Geschichte, oder zumindest das, was ich von ihrer Geschichte kannte, aufzuschreiben: [...]." (DGT 52) Die Schreibpraxis wechselt von der Weiterentwicklung sprachlicher Fähigkeiten zur familiären Erinnerungsarbeit. Ausgehend von diesem Schreibmotiv, die eigene Familiengeschichte mit der Großmutter als identifikatorisches Zentrum im eigenen Tagebuch aufzuarbeiten, eröffnet sich letzlich eine Verbindung zwischen den ohne erzählerischen Übergang nebeneinander montierten narrativen Ebenen der gegenwärtigen Busreise, eines in der Vergangenheit liegenden Schultags in Belgrad und den kursivierten Aufzeichnungen des Erzählers. Das Erzählen wird ähnlich wie bei Stanišić und Marinić als Methode verhandelt, um Erinnerungen zu bewahren und sich mit der eigenen, verdrängten Vergangenheit auseinanderzusetzen.

5.1.2 „Autobiographische[s] in entfremdeter Form" – Zum Spannungsverhältnis zwischen Fiktionalisierung und Authentizitätsstrategien

In der feuilletonistischen Rezeption von Marko Dinićs Debütroman *Die guten Tage* (2019) ist ein ähnliches Phänomen erkennbar, das in meiner Studie bereits in der paratextuellen Analyse von Saša Stanišićs Roman *Wie der Soldat das Grammofon repariert* (2006) thematisiert wurde: Trotz eindeutig fiktionaler Rahmung wird in den Buchbesprechungen eine mögliche autobiographische Lesart des Romans zur Sprache gebracht. Burkhard Müller beispielsweise attestiert der Biographie des Ich-Erzählers in seiner Rezension des Romans für die *Süddeutsche Zeitung* eine „große Ähnlichkeit mit der des 1988 geborenen Dinić"[8]. Wie die grob umrissenen biografischen Stationen des Ich-Erzählers aussehen, schildert Müller unmittelbar danach und man gerät ins Zweifeln, ob die Ähnlichkeit tatsächlich so groß ist: „[...] nach dem Abitur wandert er nach Wien aus, schlägt sich erst mit Jobs auf Baustellen durch und wird schließlich eine Art von Geschäftsführer einer renommierten Bar."[9] Auch bei Dinić lässt sich diese automatisierte Rezeptionshaltung zunächst durch paratextuelle Elemente erklären: Die Kurzbiographie auf dem Bucheinband deutet darauf hin, dass der Autor in Belgrad aufgewachsen und anschließend zum Studium in Österreich seinen Lebensmittelpunkt wechselte.[10] Der Klappentext informiert darüber, dass der homodiegetische Erzähler des Romans eine Busreise von Wien in seinen Herkunftsraum Belgrad unternimmt.[11] Das Bewegungsprofil des Protagonisten und insbesondere die introspektive Erzählsituation verleiten dazu, den Erzähler des Romans mit dem Autor Marko Dinić gleichzusetzen. Die autobiographische Dimension des Romans ist dementsprechend ein konstantes Thema in Rezensionen oder Lesungen zu *Die guten Tage*, was der Autor „hinneh-

---

[8] Burkhard Müller: Verfahrenslehre der Kälte. *Süddeutsche Zeitung*, Besprechung vom 02.04.2019. https://www.sueddeutsche.de/kultur/oesterreichische-literatur-verfahrenslehren-der-kaelte-1.4391955 (letzter Zugriff: 09.02.2021).
[9] Ebd.
[10] Vgl. DGT Kurzbiographie auf der Buchinnenseite: „Marko Dinić wurde 1988 in Wien geboren und verbrachte seine Kindheit und Jugend in Belgrad. Er studierte in Salzburg Germanistik und Jüdische Kulturgeschichte. *Die guten Tage* ist sein erster Roman."
[11] Vgl. DGT Klappentext auf der Buchinnenseite: „In einem Bus, dem täglich zwischen Wien und Belgrad verkehrenden ‚Gastarbeiterexpress', rollt der Erzähler durch die ungarische Einöde. Jener Stadt entgegen, in der er aufgewachsen ist. Die Bomben, der Krieg, Milošević, den er zuerst lieben, dann hassen gelernt hat, und der Vater, für dessen Ideologie und Opportunismus er nur noch Verachtung empfindet, hatten ihn ins Exil getrieben. Entkommen ist er dem Balkan auch dort nicht."

men"[12] muss und dem er mit einer Distanznahme gegenüber seinem fiktiven Ich-Erzähler entgegenwirkt.[13] Auch das restliche Figurentableau wird hinsichtlich Dinićs eigener Familienkonstellation in den Rezensionen und Lesungen inspiziert. So klärt die Rezensentin Christiane Müller-Lobeck im *taz*-Gespräch mit dem Autor ab, dass es sich bei der verhassten Vaterfigur nicht um den eigenen Vater handelt.[14] Dinić weist darauf hin, dass diese Figur innerhalb der erzählten Welt repräsentativ für eine Kriegsgeneration stehe, die von patriarchalen Machtstrukturen dominiert sei: „Im Buch wollte ich einen Vater darstellen, der stellvertretend für viele Männer ist, mit denen ich in Serbien aufgewachsen bin."[15] Eine ähnliche Funktion als abstrakt zu verstehende ‚Stellvertreterfigur' hat auch die Großmutter, was ebenso mit einer biografischen Lesart konfligiert. Dinić widmet den Roman im Paratext seiner eigenen Großmutter Ljubinka Dinić. Während einer Lesung leitet die Moderatorin Jehona Kicaj deshalb den Gesprächsteil zu autobiographischen Zügen des Romans mit der Frage ein, wie sich Dinićs Beziehung zu seiner eigenen Großmutter veränderte, als er nach Österreich migrierte.[16] Der Autor deutet an, dass seine eigene Großmutter die Migration nach Österreich nicht mehr aktiv mitbekam und betont ausdrücklich, dass seine reale Großmutter nicht mit der Großmutterfigur zu vergleichen sei, da diese – ähnlich wie Stanišićs Großvaterfigur Slavko – vielmehr als abstrakte Personifikation eines positiv besetzten Herkunftsraums zu verstehen sei:

> Der Roman ist meiner Großmutter gewidmet und dass sich da natürlich der Abglanz einer Erinnerung auch in dieser Großmutterfigur spiegelt, mag sein, aber sie ist im Roman selbst eigentlich eine Stellvertreterfigur für die Erzählung eines Serbiens, wie ich es mir vielleicht gewünscht hätte, welches aber entweder nie gab, oder nie geben wird – wie die Sehnsucht nach einem Land, dass es nicht gibt.[17]

Auch wenn die häufig wiederkehrende Frage nach den autobiographischen Zügen ihres Erzählwerks für die Autor:innen selbst eine Bürde darstellt, wird gerade in

---

12 Flüchtlingsrat Niedersachsen: Lesung Dinić und Elona Beqiraj, 17.12.2020. URL: https://www.youtube.com/watch?v=mquRxHIChUw (zuletzt aufgerufen: 03.08.2022), 25:30–26:13: „Ich kann mich der autobiographischen Lesart des Buches nicht enthalten, ich muss die hinnehmen, also dass die Leute eine autobiographische Lesart haben, wenn sie denn auf meine Biografie schließen können bei diesen drei, vier Textzeilen, die dem Buch beigestellt sind. Ich kann mich nicht gegen sie wehren, aber sie ist nicht ausschlaggebend für das Buch."
13 Slawistik Wien: Schwerpunt: Transnationale Literatur: Marko Dinić – Die guten Tage. URL: https://www.youtube.com/watch?v=pET0BTtzE0Y.
14 Vgl. Christiane Müller-Lobeck: Im Monstrum nach Serbien. In: *taz*, 07.08.2019. URL: https://taz.de/Roman-von-Marko-Dinić/!5610726/ (letzter Zugriff: 09.02.2021).
15 Müller-Lobeck, Im Monstrum nach Serbien.
16 Vgl. Flüchtlingsrat Niedersachsen: Lesung Dinić und Elona Beqiraj.
17 Flüchtlingsrat Niedersachsen: Lesung Dinić und Elona Beqiraj.

deren Problematisierung die Figurenkonzeption aus produktionsästhetischer Perspektive deutlich: die Figuren haben innerhalb der erzählten Welt keine faktischreferentielle, sondern eine exemplarische und/oder metaphorische Funktion.[18]

Aufgrund von Vorgänger:innen, die mit einer ähnlichen Rezeptionshaltung konfrontiert wurden,[19] kann davon ausgegangen werden, dass Dinić dieses Rezeptionsphänomen im Vorhinein durchaus bewusst war. Eine paratextuelle Angabe deutet darauf hin, dass der Autor eine biografistische Rezeptionshaltung antizipierte: *Die guten Tage* enthält auf der Seite des Impressums einen Hinweis, der den Fiktionsstatus des Erzählwerks über die Gattungsbezeichnung hinausgehend explizit hervorhebt: „Dieser Roman ist ein in Prosa festgehaltenes Stück Fiktion. Alle darin vorkommenden Personen und Handlungsstränge sind frei erfunden." (DGT 4) Gérard Genette bezeichnet diesen besonderen Hinweis in seinem literaturwissenschaftlichen Grundlagenwerk zum *Paratext* als „Fiktionsvertrag"[20], der als ein Zusatz zur Gattungsangabe jedoch „mit Vorsicht zu genießen"[21] ist. Besonders in seiner Bedeutung für sogenannte Schlüsselromane erwecke die „Beteuerung der Fiktivität"[22] gerade erst den Verdacht, dass sich reale Vorbilder für Romanfiguren im nachfolgenden Text finden lassen. In Dinićs Fall erscheint der Fiktionsvertrag als eine Art ironisches Spiel mit einer biografistischen Lesart, die eine Auseinandersetzung mit der ästhetischen Dimension des Textes zugunsten einer positivistischen Rezeption zurückstellt. Trotz dieser Fiktionsbeteuerung, so die These, sind innerhalb des Textes Signale zu finden, durch die ein Spannungsverhältnis zwischen fiktionaler Rahmung und faktualem Authentizitätsanspruch aufrechterhalten wird. Auch der Autor selbst weist an anderer Stelle darauf hin, dass in seinem Schreiben „das Autobiographische in entfremdeter Form seine literarische Geltung bekommt"[23]. Es

---

[18] Dinić verweist in den Aussagen zu den Figuren seines Romans immer wieder auf den fiktionsexternen Standpunkt von literarischen Figuren als „künstlich erschaffene Artefakte" (Claudia Hillebrandt: Figur. In: *Grundthemen der Literaturwissenschaft: Erzählen*. Hrsg. v. Martin Huber und Wolf Schmid. Berlin/Boston 2018. S. 162). Es ist als Gemeinplatz der Literaturanalyse anzusehen, dass fiktive Romanfiguren „Thementräger, Personifikation, Allegorie, Exemplifikation und anderes mehr" (Hillebrandt, Figur, S. 165) sein können. Eine biografistische Deutung verwehrt im vorliegenden Fallbeispiel den Zugang zu einer „Tiefenstruktur" der Figuren, vgl. das Figurenmodell nach Hansen in: Silke Lahn/Jan Christoph Meister: *Einführung in die Erzähltextanalyse*. 3. Auflage. Stuttgart 2016. S. 239.
[19] Vgl. Kapitel 3.2 dieser Studie.
[20] Gérard Genette: *Paratext*. Mit einem Vorwort von Harald Weinrich. Aus dem Französischen von Dieter Hornig. Frankfurt a. M. 1992. S. 209–211.
[21] Genette, *Paratext*, S. 213.
[22] Genette, *Paratext*, S. 211.
[23] Auf die Frage nach der Recherche zu seinem Buch äußert sich Dinić wie folgt: „Tatsächlich habe ich weniger für dieses Buch recherchiert, als dass ich mich von einem Gefühl bzw. einer Dringlichkeit habe leiten lassen. Diese Dringlichkeit ging einher mit dem zehnten Jahrestag des

handelt sich um ein Geflecht aus fiktionalem und faktualem Erzählen, das nicht endgültig aufgelöst werden kann. Stattdessen kann in einer Zusammenschau von Paratext und Basistext analysiert werden, wie dieses Spannungsverhältnis erzeugt wird.

Ein erstes Beispiel, wie der Autor sich selbst in den Text einschreibt und damit subtil auf einen autobiographischen Schreibmodus hinweist, findet sich auf der Vergangenheitsebene des 18-jährigen Erzählers. Der Geschichtslehrer Marko kontrolliert zu Beginn der Unterrichtsstunde die Anwesenheit vereinzelter Schüler:innen, indem er ihrer Nachnamen aufruft. Unter den Nachnamen befindet sich mit „Dinić" (DGT 104) auch der Nachname des Autors, eine nicht lokalisierbare Figurenstimme bestätigt mit „Selbstverständlich!" (DGT 104) die Anwesenheit. Die Textstelle liefert keinen eindeutigen Hinweis, ob der Erzähler selbst den Nachnamen Dinić trägt oder damit ein anderer Mitschüler oder eine andere Mitschülerin aufgerufen wurde. Der Vor- und Nachname des Ich-Erzählers wird im Text nicht erwähnt. Vom Rest der Klasse wird er aufgrund seiner herausragenden Deutschkenntnisse nur „Švabo oder Hans oder Adolf oder Rudolf oder Schwanz" (DGT 71) genannt, der Lehrer spricht ihn vorzugsweise mit „mein deutscher Freund" (DGT 108) an. Die Nennung des Nachnamens Dinić ermöglicht die Vorstellung, dass der Autor im Klassenraum der erzählten Welt tatsächlich ‚anwesend' war und signalisiert dadurch, dass Dinić aus einem autobiographischen Materialfundus schöpft.[24] Gleichzeitig bleibt eine namentlich Identifizierung des Erzählers verwehrt, was wiederum auf ein unauflösbares Spannungsverhältnis zwischen Faktualität und Fiktionalität hindeutet und einem reduktionistischen Kurzschluss zwischen Autor und Erzähler entgegenwirkt.

Nato-Bombardements Serbiens 2009, der [...] eine große Leerstelle in mir freilegte. Diese Leerstelle war gesäumt mit aller Art Fragen, die die im Serbien der neunziger Jahre aufgewachsene Generation bis heute beschäftigen: Wie konnte es sein, dass unsere Eltern, die im durchaus freien, gebildeten und geregelten Umfeld des ehemaligen Tito-Jugoslawien aufgewachsen sind, einen derart widerwärtigen, menschenfeindlichen Nationalismus zugelassen haben – immer noch zulassen? Welche Rolle spielen wir, die Kinder dieser Eltern, damals und heute, und was können wir tun, um das Geschehene aufzuarbeiten und unseren Eltern wieder näherzukommen? [...] Dementsprechend verstehe ich mein Schreiben durchaus als – frei nach Szilard Borbely – eingeschränkte Fiktion, in der das Autobiographische in entfremdeter Form seine literarische Geltung bekommt." (Hanser Literaturverlage: 5 Fragen an ... Marko Dinić. Abgerufen auf: https://www.hanser-literaturverlage.de/buch/die-guten-tage/978-3-552-05911-5/, letzter Zugriff: 10.02.2021).

24 Ein weiteres Element des Paratexts – die Danksagung am Ende des Buches – bestätigt diese These: „Meinen lieben Freunden aus Belgrad und ihren Familien, die sich unsere gesamt Jugend hindurch bis zum heutigen Tage von den widrigen Umständen, unter denen wir auf dem Balkan aufwachsen mussten, nie unterkriegen ließen und noch immer nicht unterkriegen lassen; ohne sie wären manche Zeilen in diesem Buch nur die halbe Wahrheit: [...]." (DGT 238 f.)

Ein Blick auf die Motti, als deren Adressant gemeinhin der Autor gilt, offenbart ein weiteres Mal die Anwesenheit des Autors im Text, nur dass in diesem Fall nicht die Nähe zum Erzähler und der aus seiner Perspektive dargestellten, erzählten Welt verhandelt wird, sondern eine Verbindung zwischem der Instanz des Autors, als Verfasser der Motti, und dem dubiosen Sitznachbarn hergestellt wird – einer Figur auf der Gegenwartsebene der Busfahrt nach Belgrad. Die beiden Zitate als Motti des ersten Kapitels sind Verse der Schriftstellerin Nelly Sachs[25] und Liedzeile der US-amerikanischen Post-Hardcore-Band *Rites of Spring*[26]. Sie deuten auf thematische Schwerpunkte des Romans: die beschwerliche Beziehung zu einem durch das Exil zurückgelassenen Herkunftsraum (Sachs) und der zum Scheitern verurteilte Prozess des Vergessens schmerzlicher Vergangenheitsfragmente (*Rites of Spring*). Auch dem zweiten Kapitel sind zwei Motti vorangestellt: Verse des Dichters Rainer Maria Rilke und die Zeile eines Songtextes des US-amerikanischen Musiktrios *Death Grips*[27]. In beiden Motti-Kompilationen werden kanonisierte Lyrik und subkulturelle Songtexte kombiniert, was auch hier bereits signalisiert, dass der Roman intertextuelle Referenzen sowohl auf weltliterarische Werke als auch Musikbands einer Subkultur aufweist: Der Ich-Erzähler ist ein Anhänger jugoslawischer Punkbands, deren Texte er in die deutsche Sprache übersetzt. Der Sitznachbar ist ein versierter Kenner weltliterarischer Werke, unter denen er sich besonders für die großen russischen Erzähler Tolstoi, Dostojewski und Gogol begeistert. Interferenzen zwischen Paratext und Basistext ergeben sich nun durch das Zitat aus Rainer Maria Rilkes *Duineser Elegien*: „Wir ordnens. Es zerfällt. / Wir ordnens wieder / und zerfallen selbst."[28] Auf der Bus-

---

[25] „Ein Fremder hat immer / seine Heimat im Arm / wie eine Waise / für die er vielleicht nichts / als ein Grab sucht." (DGT 7). Diese Verse entstammen dem Gedicht „Kommt einer von ferne", das in Sachs' viertem Gedichtband *Flucht und Verwandlung* im Jahr 1959 veröffentlicht wurde. Vgl. Nelly Sachs: *Werke*. Bd. 2: *Gedichte 1951–1970*. Hrsg. v. Ariane Huml und Matthias Weichelt. Berlin 2010. S. 95 (das vollständige Gedicht) und S. 295–297 (Einführung zu *Flucht und Verwandlung*).
[26] „I believed – memory might mirror no / reflections on me, / I believed – that in forgetting I might set myself free. / But I woke up this morning with a / piece of past caught in my throat … / And then I choked." (DGT 7). Es handelt sich um den Song „For want of", der 1985 veröffentlicht wurde. Die Band *Rites of Spring* war zwischen 1984 und 1986 musikalisch aktiv. Vgl. die Bandbiographie des Musikportals *laut.de*: https://www.laut.de/Rites-Of-Spring (zuletzt aufgerufen: 24.10.2022).
[27] „I am the beast I worship" (DGT 155). Diese Liedzeile wurde aus dem Song „Beware" entnommen, der 2011 veröffentlicht wurde. Einen detaillierten Überblick zur Bandgeschichte von *Death Grips* bietet der englischsprachige Wikipedia-Eintrag: https://en.wikipedia.org/wiki/Death_Grips (zuletzt aufgerufen: 24.10.2022).
[28] Es handelt sich um die Schlusszeilen der achten Elegie von Rilkes *Duineser Elegien*, die vollständig folgendermaßen lauten: „Und wir: Zuschauer, immer, überall / dem allen zugewandt und nie hinaus! / Uns überfüllts. Wir ordnens. Es zerfällt. / Wir ordnens wieder und zerfallen selbst." (Rainer Maria Rilke: *Werke*. Bd. 2: *Gedichte von 1910 bis 1926*. Hrsg. von Manfred Engel und Ulrich Fülleborn. Darmstadt 1996. S. 226) Grundlegendes Thema dieser achten Elegie ist, dass der Dich-

reise macht der Erzähler Bekanntschaft mit seinem Sitznachbarn, der bereits an der serbisch-ungarischen Grenze aussteigt, um in das Land traditionell zu Fuß einzutreten, und lediglich eine wie ein Abschiedsgruß wirkende Postkarte hinterlässt, auf der sich wiederum das Rilke-Zitat befindet. Während sich die Rilke-Verse auf der Postkarte auf einer der beiden im Basistext konstituierten Erzählebenen befindet, sind die genannten Zeilen aus den Duineser Elegien als Motto ein Bestandteil des Paratextes, der wiederum *qua* Textsorte dem Verfasser des Basistextes zugeordnet werden kann.[29] Durch diese, zweite Interferenz zwischen Paratext und Basistext erhält die Figur des Sitznachbarn als Erzähl- und Reflexionsinstanz eine auktoriale Dimension. Es eröffnet sich eine selbstreferentielle Deutungsperspektive, die auf der Gegenwartsebene die erwartete Nähe des Autors zum Ich-Erzähler zugunsten einer Allianz zwischen der Figur des Sitznachbarn und dem Autor suspendiert. Auf der Gegenwartsebene wird diesem Bündnis durch die Inszenierung des Sitznachbarn als eigenartige Schriftstellerfigur Vorschub geleistet.

Anhand der Schriftstellerfigur werden produktionsästhetische Fragen verhandelt, die mit der grundlegenden Idee des vorliegenden Romans *Die guten Tage* korrelieren. Dadurch wird eine weitere Strategie manifest, die eine rezeptionsästhetische Engführung von Autor und Ich-Erzähler unterläuft. Der Sitznachbar erwähnt gegenüber dem Ich-Erzähler gegenüber, dass er sich auf einer weitere Recherchereise zu seinem geplanten Buch befinde. Während sich sein Verhältnis zum Selbstverständnis als Schriftsteller im Laufe der Busfahrt nicht verändert – er weist diese Zuschreibung entschieden von sich – entwickelt sich das Thema seines Buches von Episode zu Episode immer weiter. In der ersten Episode plant der Sitznachbar noch, sich auf die eigene Familiengeschichte zu konzentrieren und schließt aus, dass sein Schreiben als „hohe Dichtkunst" (DGT 21), beispielsweise in Form eines Romans, bezeichnet werden kann. In der zweiten Busfahrtepisode hat sich der thematische Schwerpunkt geweitet: Der Sitznachbar will weiterhin „knallharte Aufarbeitung" betreiben, nun aber nicht mehr nur im abgesteckten Rahmen des Familiengedächtnisses, sondern im Hinblick auf das „schwere Erbe" (DGT 57), das eine ganze Generation von „Kriegskindern" (DGT 57) anzutreten hat. In der dritten Episode konkretisiert der Sitznachbar seine Buchpläne nochmals und es ist zu erkennen, dass die eigene Familiengeschichte eine untergeordnete Rolle spielt:

---

ter sich auch durch fiktionale, idealisierte Gegenbilder der Wirklichkeit einer „gedeuteten Welt" nicht entziehen kann. Vgl. Anthony Stephens: Duineser Elegien. In: *Rilke-Handbuch: Leben – Werk – Wirkung*. Hrsg. v. Manfred Engel. Stuttgart 2013. S. 380.
29 Vgl. Genette, *Palimpsest*, S. 150 f. Genette diskutiert allerdings auch die Möglichkeit, im Rezeptionsprozess die Auswahl des Mottos der Erzählfigur zuzuschreiben.

> „Ich schreibe an einem Buch über den Balkan und seine Bewohner – die Herkunft meiner Familie. Es soll aber weniger von meiner Familie handeln, sondern mehr einem gesellschaftlichen Panoptikum gleichen, oder einer Topografie – ich bin dahingehend immer unschlüssig. Alles vor dem Hintergrund der großen Schweinerei der Neunziger. Ein Komplex, der viele Themen durch Fallbeispiele vereinen soll: Opfer, Täter, Korruption, Sitte, Mentalität, Geschichte, Sozialismus, Nationalismus – Stolz, Ehre, Männlichkeit. Natürlich darf auch die Diaspora nicht zu kurz kommen! [...]." (DGT 87)

Die anfängliche ‚Bescheidenheit', lediglich die eigene Familiengeschichte im Prozess des Schreibens aufarbeiten zu wollen, weicht einem schriftstellerischen Großprojekt, das die komplexe Auseinandersetzung mit kollektiven Katastrophenerfahrungen einer gesamten Kriegsgeneration fokussiert. Die Herausforderungen einer unermüdlichen Recherchearbeit, die eine differenzierte Multiperspektivität zum Ziel hat, gleichten einem „Ackermann" (DGT 88), der „blutige Feldarbeit" (DGT 88) leiste. Seine eigene Rolle ordnet der Sitznachbar schließlich wie folgt ein: „Ich bin, wenn Sie so möchten, ein Chronist!" (DGT 88) Im Dialog mit dem Erzähler reift jedoch eine neue Idee, die nun durch ein bisher kategorisch ausgeschlossenes Genre endgültig von den ersten konzeptionellen Überlegungen abweichen:

> „Sie sind wirklich gut", sagte er, „vielleicht schreibe ich ja ein Buch über Sie! Über Sie und Ihren Vater, Ihre verkorkste Jugend in Belgrad! Dazu Anekdoten über Schicksale von Bekannten und Verwandten und ein paar eingestreute Diasporakapitel, in denen am Rande ruhig auch die Zaungäste aus Afrika und Nahost vorkommen dürfen, das verlangt die Mode – das kommt immer gut! Das Ende wiederum ganz klassisch, eine Versöhnung von Vater und Sohn in der Heimat. Ha, ich sollte Romane schreiben – realistische Romane." (DGT 90)

Es ist das letzte Mal, dass sich der Erzähler und sein Sitznachbar über die Konzeption des Buches unterhalten. Deutlich zu erkennen ist, dass es sich um die thematischen Schwerpunkte des vorliegenden Romans *Die guten Tage* handelt. Alle angeführten Erzählgegenstände werden auf verschiedenen narrativen Ebenen verhandelt: Der Vater-Sohn-Konflikt des Erzählers ist sowohl auf der Gegenwartsebene der Busfahrt als auch auf der Vergangenheitsebene der „verkorksten Jugend" zentrales Thema. Mit den Anekdoten von Meister Milo, Milan und seinem Vater sowie zahlreichen kurzen Familiengeschichten wird über „Schicksale von Bekannten und Verwandten" berichtet. In der auflösenden Rückwendung im zweiten Kapitel ist Wien ein wichtiger Schauplatz des Romans, der aus einer Diasporaperspektive auch während den Busfahrtepisoden beleuchtet wird. Das Thema der Geflüchteten ist der Auslöser für eine konkrete Auseinandersetzung mit der eigenen Fluchtgeschichte, die eine „innere Zerrissenheit" zum Vorschein bringt. Schließlich endet der Roman mit dem Aufeinandertreffen von Vater und Sohn im Jugendzimmer des Erzählers. Die Lösung des Konflikts in Form einer „Versöhnung von Vater und Sohn in der Heimat" bleibt zwar offen, es werden aber zumindest Veränderungen in der Wahrnehmung der Eltern verhandelt, die das zuvor konstruierte Bild des Vaters abmildern. Die grundlegende inhaltliche Ausrichtung des vorliegendenden Endprodukts *Die guten Tage* wird von der Figur des Sitznachbarn im Roman selbst entwickelt. Es eröffnet sich dadurch eine Ebene der Selbstreferentialität, die eine Auswahl der spezifischen Themengebiete und die Suche nach der adäquaten Ausdrucksform für die Aufarbeitung der eigenen, als exemplarisch für die eine Nachkriegsgeneration markierte Familiengeschichte zum Vorschein bringt. Indem der Sitznachbar die Idee des vorliegenden Romans formuliert, schlüpft er zeitweilig in die Rolle eines Autors, der einen produktionsästhetischen Einblick gewährt. Zudem ändert sich dadurch das Verhältnis der beiden Figuren: Der Erzähler wird als Romanfigur betrachtet, die dem Sitznachbar das Erzählmaterial liefert.

Die angeführten Textbeispiele demonstrieren, inwiefern das „Autobiographische in entfremdeter Form" im Roman verhandelt wird und vor allem auch Textstrategien innerhalb des Basistextes einer Gleichsetzung von Ich-Erzähler und Autor entgegenwirken. Auf der Vergangenheitsebene werden die Erinnerungen des Ich-Erzählers durch die Präsenz eines Schülers namens Dinić autorisiert. Es handelt sich um eine Authentizitätsstrategie, die die Anwesenheit des Autors im Klassenraum anzeigt, ohne dass eine direkte Verbindung zum Ich-Erzähler gezogen wird. Die Erzählung einer Jugend im „Ausnahmezustand" erhält dadurch ein autobiographisches Fundament, das nicht weiter konkretisiert wird und damit das Spannungsverhältnis zwischen Authentizitätsanspruch und Fiktionalisierung aufrechterhält. Statt eine individuelle autobiographische Erinnerungsperspektive zu präsentieren, erzählt der Roman aus einer exemplarischen, figuralen Innenperspektive und entzieht sich dadurch einer rezeptionsästhetischen Beschränkung auf die Betroffenheit des Autors. Auf der Gegenwartsebene wird durch einen intratextuelle Verweis von einem Schriftstück innerhalb der erzählten Welt auf das paratextuelle Motto des zweiten Kapitels eine selbstreferentielle Ebene eröffnet, die den Sitznachbarn als Schriftstellerfigur mit dem Autor Marko Dinić als Verfasser der Motti verbindet. Anhand der grotesk inszenierten Schriftstellerfigur werden produktionsästhetische Fragen verhandelt, sodass eine paratextuell erwartbare autobiographische Nähe zwischen Ich-Erzähler und Autor unterlaufen wird.

5.2 Der Sitznachbar als imaginärer Reisegefährte

Literaturkritische Annäherungen an den im Frühjahr 2019 erschienenen Roman liefern verschiedene Blickwinkel auf die Figur des Sitznachbarn, die im Wesentlichen die Ansichten des Erzählers übernehmen, dass es sich um eine seltsame Erscheinung handle, und darüber hinaus untereinander ähnliche interpretatorische Ansätze aufweisen, die ich zunächst herausarbeiten und als Vorüberlegungen für meine eigene These aufgreifen möchte. Burkhard Müller beschreibt in seiner Rezension für die *Süddeutsche Zeitung* das heruntergekommene äußere Erscheinungsbild des Sitznachbarn und erwähnt dessen Reisemotiv, die „sechsundzwanzigste Recherchereise" (DGT 19) zu seinem geplanten Buch über die eigene Familiengeschichte. Der Rezensent deutet ferner ein leichtes Misstrauen gegenüber der Romanfigur an („Dieser schreibende Elektriker ist die einzige Figur, die man dem Buch nicht so recht glaubt."[30]) und vermutet durch die schriftstellerische Tätigkeit des Sitznachbarn eine poetologische Reflexionsebene in der Figurenkonzeption: „Doch vielleicht lag das ja in Dinićs Absicht. So wie der Reisegefährte will er es jedenfalls nicht machen."[31] In Müllers Interpretationsansatz lässt sich zum einen eine Trennung zwischen der Figur des Sitznachbarn und dem restlichen Figurentableau erkennen. Zum anderen eröffnet gerade das Thema des geplanten Buches eine selbstreferentielle Ebene, die eine erzählerische Aufarbeitung von Familiengeschichten verhandelt. Die im Gegensatz zu Müller etwas umfangreichere Rezension von Christiane Müller-Lobeck in der *tageszeitung* beinhaltet neben Versatzstücken eines Gesprächs mit Dinić auch eigene Interpretamente. Müller-Lobeck bezeichnet den Sitznachbarn als „Antipoden"[32], der dem Roman eine „zweite wichtige Stimme"[33] gibt. Sie beschreibt den Sitznachbarn durch dessen Reisemotiv und Berufsangabe („ein heimatreisender Elektriker"[34] mit schriftstellerischen Ambitionen) und sieht diesen als eine Figur, die zur Vielstimmigkeit des Romans beitrage: „Der Sitznachbar gibt die Stimme der Vernunft, wenn auch einer reichlich abgeklärten, wenn nicht gar zynischen."[35] Unerklärliche Erzählpassagen werden bei Müller-Lobeck als „Elemente des magischen Realismus"[36] gedeutet. Auch Klaus Hübner sieht den Sitznachbar in seiner Rezension für die Zeitschrift *Spiegelungen* als „eine Art Gegenfigur"[37] zum namenlosen Ich-Erzähler. Diese diene dem Autor „zu feingeistigen Reflexionen darüber, wie Literatur mit Schmerz und Versehrtheit umgehen kann, soll oder muss."[38] Hübner hebt in seiner Annäherung an den Sitznachbar noch konkreter als Müller die poetologische Funktion der Schriftstellerfigur hervor, die eine Reflexionsebene biete, auf der sich „Trauer, Verletztheit, Angst, Hohn, Spott und Abscheu"[39] vor

---

30 Müller, Verfahrenslehre der Kälte.
31 Müller, Verfahrenslehre der Kälte.
32 Müller-Lobeck, Im Monstrum nach Serbien.
33 Müller-Lobeck, Im Monstrum nach Serbien.
34 Müller-Lobeck, Im Monstrum nach Serbien.
35 Müller-Lobeck, Im Monstrum nach Serbien.
36 Müller-Lobeck, Im Monstrum nach Serbien.
37 Klaus Hübner: Nirgends ankommen. In: *Spiegelungen. Zeitschrift für deutsche Kultur und Geschichte Südosteuropas* 15.1 (69). S. 272.
38 Klaus Hübner, Nirgends ankommen, S. 272.
39 Klaus Hübner, Nirgends ankommen, S. 272.

allem in Bezug auf die Auseinandersetzung mit einer verhassten Vätergeneration literarisch verarbeiten ließe. Aus den genannten Rezensionen lassen sich drei zentrale Vorüberlegungen bündeln, die für meine These gewinnbringend sind: (1) der fragwürdige ontologische Status des Sitznachbarn, (2) die durch ihn erzeugte Dialogizität und (3) die poetologische Funktion der Figur. Aus einer narratologischen Perspektive werde ich argumentieren, dass der Sitznachbar keine in der erzählten Welt als real wahrgenommene Figur darstellt, sondern eine mentale Stimme, durch die ein *innerer Dialog* als Form der Selbstreflexion konstituiert wird. Diese These lässt sich anhand textueller Indizien stützen. Dafür ist zunächst ein Blick auf das Reisemotiv des Ich-Erzählers erkenntnisfördernd, um dessen Empfänglichkeit für Trugbilder zu plausibilisieren.

5.2.1 „Ich erhoffte mir von der Reise tatsächlich so etwas Banales wie eine Antwort." – Innere Zerrissenheit als Reisemotiv

Mitunter bedingt durch den Romanbeginn *in medias res* wird der Beweggrund für eine Busreise in den Herkunftsraum in der ersten Episode des Romans nur äußerst vage eingeführt. Ohne weitere Zusammenhänge zu erklären, weist der Erzähler darauf hin, dass die Motivation seiner Reise mit der Großmutter in Verbindung steht: „Auf der anderen Seite des Mittelgangs saß eine Frau, deren blaugraue Locken mich kurz an meine Großmutter und den Grund meiner Heimreise erinnerten. Ihr Mund stand einen Spaltbreit offen. Sie schlief tief und fest." (DGT 18) Unter Berücksichtigung von paratextuellen Angaben ist der Tod der Großmutter als Anlass der Reise allerdings bereits erwähnt: „Ihre Beerdigung zwingt den Erzähler, in die serbische Heimat zurückzukehren, die er zehn Jahre zuvor im Zorn verlassen hatte." (Klappentext) In der zweiten Episode der Busreise werden Andeutungen, inwiefern die Reise mit der Großmutter zusammenhängt, dann auch im Basistext konkretisiert: „Sechs Tage waren seit ihrem Tod vergangen, und meine Mutter bekam es mit der Angst zu tun. [...] Sie flehte mich regelrecht an, den Ring nach Belgrad zu bringen, mit der Aussicht, dass es meinem Vater dadurch besser gehen würde." (DGT 49 f.) Der Erzähler bekam kurz vor seiner Übersiedlung nach Wien von seiner Großmutter den Ehering des Großvaters geschenkt, den der Vater des Erzählers nun nach ihrem Tod einfordert. Während der Busreise im ersten Kapitel verfestigt sich der Eindruck, dass der namenlose Ich-Erzähler lediglich in den Herkunftsraum zurückkehrt, um den Ring „als Grabbeilage" (DGT 50) zu überbringen. Die Rückkehr in den Herkunftsraum wird als lästige Familienpflicht dargestellt: „Morgen Mittag wäre alles vorbei, die rechtmäßige Besitzerin hätten den Ring zurück, und ich könnte mich auf dem schnellsten Wege wieder nach Wien begeben." (DGT 50) Im Kapitel „II" des Romans ändert sich das Ausgangsszenario jedoch grundlegend: Die Beisetzung der Großmutter entpuppt sich als vordergründiger Reiseanlass in einer tiefgreifenden Identitätskrise des Protagonisten. Durch eine auflösende Rückwendung kommt das tatsächliche Reisemotiv des Ich-Erzählers zum Vorschein: In einer „inneren Zerrissenheit" zwischen seinem „neuen" Leben als Einwanderer in Wien und seinem „alten" Leben in Belgrad nutzt der Protagonist die Beerdigung der Großmutter, um durch eine Inaugenscheinnahme des Herkunftsraums Erinnerungen abzugleichen und seine Zugehörigkeit auszuhandeln. In den tatsächlichen Beweggründen für die Reise in den Herkunftsraum, die im zweiten Großkapitel dargestellt werden, manifestiert sich eine psychische Instabilität, die plausibilisiert, dass der Sitznachbarn als Dialogpartner ein „mentales Ereignis"[40] darstellt. Die Untersuchung des Reisemotivs beleuchtet die Voraussetzungen für das Auftreten einer Doppelgängerfigur und schafft damit notwendige Grundlagen für die Analyse der Busreise.

Auflösende Rückwendungen befinden sich gewöhnlich am Ende einer Erzählung, Scheffel/Martínez verweisen exemplarisch auf Detektivgeschichten.[41] In *Die guten Tage* wird dieses erzählerische Mittel am Ende der Busreise eingesetzt, unmittelbar vor Eintritt in den Herkunftsraum. Ähnlich wie bei Detektivgeschichten eröffnet sich durch die Rückschau ein „neue[r] Verstehenshorizont [...], vor dessen Hintergrund das bislang Gelesene oder Gehörte plötzlich in neuem Licht erscheint."[42] Es handelt sich um zusätzliches Wissen zur Vorgeschichte des Erzählers, die eine neue Perspektive auf dessen Reisemotive bietet. Nachgetragen werden in der auflösenden Rückwendung Informationen über das Leben des Ich-Erzählers als Einwanderer in Wien. Nach Jahren in prekären Beschäftigungsverhältnissen arbeitet er seit fünf Jahren als Barkeeper, was neben finanzieller Absicherung auch mit einem Gefühl des ‚Ankommens' einherging: „Zum ersten Mal fühlte ich mich wohl in der Stadt. [...] Und allein die Tatsache, dass sich endlich jemand um meine Arbeitserlaubnis und die Versicherung gekümmert hatte, gab mir die Zuversicht, nach so vielen Jahren der Schwarzarbeit endlich Wurzeln schlagen zu dürfen." (DGT 159) Die Barsphäre wird als Heterotopie (Foucault) beschrieben, die gesellschaftliche Machtmechanismen außer Kraft setzt und damit dem bis dato marginalisierten Status als Einwanderer, den im Falle des Protagonisten ein Außenseitertum und eine Herabwürdigung seitens der Mehrheitsgesellschaft kennzeichnet, entgegenwirkt:

---

[40] Dieser Begriff stammt von Wolf Schmid. Er bezeichnet damit „eine Veränderung des Bewusstseinszustands" von Figuren. Für den vorliegenden Roman sind es die Dissoziationserfahrungen der Erzählfigur, die ich in Anlehnung an Wolf Schmid als „mentale Ereignisse" benenne. Vgl. Wolf Schmid: *Mentale Ereignisse. Bewusstseinsveränderungen in europäischen Erzählwerken vom Mittelalter bis zur Moderne.* Berlin/Boston 2019.
[41] Vgl. Matías Martínez/Michael Scheffel: *Einführung in die Erzähltheorie.* München 1999 (2012). S. 38.
[42] Martínez/Scheffel: *Einführung in die Erzähltheorie*, S. 38.

> So was wie Respekt sah ich in ihren Augen aufblitzen, hohle Dankbarkeit für den Mann mit den Getränken und den blöden Sprüchen. Diese zwei Dinge genügten mir, sie wiesen mir etwas zu, das ich bis dahin nur von meinem Vater her gekannt hatte – Macht! Der Suff machte sie alle zu Hunden, und ich dressierte sie. (DGT 159)

Aus der Rückschau des Ich-Erzählers geht hervor, dass diese Machtphantasien als Reaktion auf die Fremdwahrnehmung durch „wohlstandsverwahrloste Bobos und Hipster aus dem siebten Bezirk" (DGT 160) zurückzuführen ist. Sie vertreten gängige Serbien-Klischees, die den Herkunftsraums des Erzählers als „Land der unverbesserlichen Massenmörder und Muslimhasser" (DGT 160) erscheinen lassen und ihn selbst im „übliche[n] Phrasengedresche" (DGT 161) auf die Verkörperung nationalistischer Feindseligkeit reduzieren: „Ob ich Kroaten oder Bosnier oder Albaner mehr hasse – das war die Frage, mit der ich mich am häufigsten herumschlagen musste." (DGT 161) Hinter der Empörung über die Geringschätzung „dieser Geschöpfe" (DGT 161) kommt allerdings ein tiefgreifenderer Identitätskonflikt zum Vorschein, der durch die als verachtend wahrgenommene Haltung der Bargäste symptomatisch verstärkt wird. Der Erzähler offenbart in einer Selbstreflexion seine „innere Zerrissenheit" (DGT 160), die aus der Schwierigkeit resultiert, die eigene Vergangenheit in die „neue Rolle" (DGT 160) zu integrieren. Die „eigenen Dämonen" stehen mit der Fluchtgeschichte des Erzählers in Verbindung, die nicht nur durch die Verlagerung des Lebensmittelpunktes von Belgrad nach Wien, sondern auch durch den Bruch mit der Elterngeneration eine Zäsur in der Lebensgeschichte des Protagonisten darstellt. Die angelegte „Camouflage" in der Wiener „Diaspora" führte zu einer Entfremdung gegenüber der Familie und dem Herkunftsraums, die allerdings nicht mit einer vollständigen Lossagung einhergeht, sondern eine Auseinandersetzung mit der eigenen Herkunft vielmehr zurückstellt. Dem Erzähler wird bewusst, dass sich dadurch die Kluft zwischen „diesem *neuen* Leben" (DGT 160) in Wien und dem als Jugendlicher zurückgelassenen Herkunftsraum vergrößerte: „Meine Lebensverhältnisse hatten sich so sehr verändert, dass ich darüber die Zwietracht vergaß, die ich jahrelang in meinem Innern gesät hatte." (DGT 161) Ähnlich wie Jagoda Marinićs Protagonisten Mija scheiterte der Ich-Erzähler daran, die Vergangenheit im Herkunftsraum in das neue Leben als Einwanderer zu integrieren und sieht sich nun einer destabilisierenden Identitätskrise ausgesetzt.

Den konkreten Auslöser für eine Auseinandersetzung mit der eigene Migrationsgeschichte rekonstruiert der Erzähler auf einen Nachmittag in seinem Wiener Stammcafé, an dem er zwei Wochen vor dem Tod seiner Großmutter durch eine Radiomeldung von der „Schließung der *Balkanroute*" (DGT 162) erfährt. Die Nachricht, dass viele Geflüchtete dadurch in Serbien an der Weiterreise gehindert werden, erinnert den Erzähler an „den Ausnahmezustand" seiner Belgrader Jugend während des Kosovokriegs 1999 und danach, den er als „wohliges Gefühl" (DGT 162) retrospektiv verklärt: „Ich war wieder in die Falle getappt: Ein Loch aus falscher

Nostalgie tat sich unmerklich auf und verschlang mich – ohne dass es mich kümmerte." (DGT 163) Seine ‚Flucht' vor zehn Jahren deutet er in diesen Überlegungen als Feigheit und erwägt, dass er damals „vielleicht die falsche Entscheidung" (DGT 162) getroffen habe. Der Anstoß, sich mit der eigenen Vergangenheit zu beschäftigen, führt zunächst dazu, dass der Erzähler den Kontakt mit seiner Mutter intensiviert. Die Gespräche mit der Mutter sind nicht auf Nachfragen bezüglich des Radiobeitrags, eine Bestandsaufnahme der Gegenwart und ein Interesse an den aktuellen Lebensverhältnissen in Serbien gerichtet, die Mutter fungierte lediglich als Dialogpartnerin für einen *memory talk*, der einzig die Erinnerungen des Erzählers an die Zeit vor der Flucht zum Gegenstand hat:

> Ich telefonierte nun öfter mit meiner Mutter, ohne dass mein Vater davon Wind bekam, nicht aber, um zu erfahren, worunter die Menschen in Serbien zu leiden hatten – weder die Einheimischen noch die neu Dazugekommenen –, sondern um mich in meiner eigenen Geschichte zu suhlen, meinen Erinnerungen, von denen ich immer gedacht hatte, sie in den vier Wänden meines alten Lebens gelassen zu haben. (DGT 162)

Indem das erzählte Ich die Erinnerungen an den Herkunftsraum wieder aktiviert („Milošević [...], das Bombardement", die „stille Indoktrination" des Vaters), kommt es jedoch nicht zu einer Aufarbeitung der Vergangenheit, aus der eine integrative Kontinuitätsstiftung resultieren könnte. Die Anziehungskraft des Herkunftsraums führt wiederum zu einer Distanznahme gegenüber dem aktuellen Lebensmittelpunkt in Wien: „Und während mein Schwelgen in diesen Tagen pathetische Züge annahm, entfremdete ich mich langsam von meinem jetzigen Leben." (DGT 163) Unterstützt von medialen Hinweisreizen, die „in einer unerträglichen Endlosschleife [...] zurechtgestutzte Bilder und Geschichten einer *ersten* großen Wanderung" (DGT 163) – zu vermuten sind hier Fluchtgeschichten aus den 1990er Jahren – lieferten, tritt eine Empathie mit den Menschen, die sich über die sogenannte Balkanroute auf der Flucht befinden, in der Hintergrund. Die gegenwärtige Situation der Geflüchteten an der ungarisch-serbischen Grenze fördert ausschließlich die Auseinandersetzung des Erzählers mit den eigenen Kriegserinnerungen: „Der Krieg war nicht vorbei [...] und langsam grüßte auch wieder das Monster unter meinem Bett." (DGT 163) Retrospektiv stößt der radikale Bruch mit den gegenwärtigen Lebensverhältnissen, den das erzählte Ich nach der Reaktivierung des „Ausnahmezustands" vollzieht, auf Unverständnis seitens des erzählenden Ichs. Auf der Gegenwartsebene wird so die „innere Zerrissenheit" deutlich, die aus der Verdrängung des Herkunftsraums in der Wiener ‚Diaspora' resultiert. Der Erzähler selbst bezeichnet die schlagartigen Pläne einer Rückkehr in den Herkunftsraum als seine „ganz persönliche[], innere[] Sollbruchstelle" (DGT 164) Mit dieser Entscheidung lässt der Erzähler die „Deckung" (DGT 164) seines neuen Lebens in Wien fallen und kehrt zurück zu Verhaltensmustern, die ihn an die Belgrader Jugendzeit erinnern:

> Immer öfter spuckte ich auf die Straße, ignorierte rote Ampeln, warf Müll auf den Gehsteig, bestieg lieber den Bus als die U-Bahn oder suchte meine alten Arbeitskollegen am Bau auf, nur um meiner Muttersprache zu lauschen: den Flüchen, dem Chauvinismus, der Kälte und dem Dreck, wie ihn nur *Vaterländer* hervorzubringen vermochten. (DGT 164)

Das ins Extrem gesteigerte Hochgefühl der Wiederentdeckung stellte sich als zeitlich begrenzt heraus. So verfällt das erzählte Ich nach der Nostalgie-Attacke erneut in eine identifikatorische Sinnkrise: „Eines Tages stand ich wie ein hinausgeworfenes Möbelstück an der Straßenecke, mit ein paar kläglichen Erinnerungskrümeln in der Tasche" (DGT 165). In dieser Identitätskrise erfährt der Protagonist vom Tod seiner Großmutter, der folglich nicht das alleinige Reisemotiv darstellt, sondern gleichzeitig einen Anlass bietet, sich statt in einer selbstgeschaffenen Erinnerungswelt aus der Ferne durch persönliche Inaugenscheinnahme vor Ort mit der identifikatorischen Bedeutung des Herkunftsraums auseinanderzusetzen.

Die in der nostalgischen Hochphase mit Enthusiasmus herbeigesehnte Rückkehr verkehrt sich angesichts der nahenden Konfrontation in ein gegenteiliges Extrem: „Großmutters Tod kam mir gelegen. Doch bei dem Gedanken an die Rückkehr nach Belgrad wurde mir kotzübel." (DGT 165) Als Reiseform entscheidet sich der Erzähler für eine Busfahrt über die Grenze zwischen Serbien und Ungarn, deren „Geschichten von einer nie dagewesenen Brutalität der Zöllner" (DGT 166) wiederum mit dem Stein des Anstoßes – der Schließung der Balkanroute – in Verbindung steht. Der geplante Aufenthalt in Belgrad ist kurz vor dem Aufbruch nicht mehr als erlösende Rückkehr intendiert, sondern als Mittel der Reflexion, um dem aufgebrochenen Identitätskonflikten nachzugehen: „Ich erhoffte mir von der Reise tatsächlich so etwas Banales wie eine Antwort." (DGT 166) Unmittelbar vor Antritt der Reise trifft der Erzähler am Busbahnhof auf eine „vierköpfige Familie", deren Rollenverteilung und Verhaltensmuster aus einer Außenperspektive mit den eigenen, verabscheuten Familienverhältnissen semantisch aufgeladen wird und gleichzeitig die Frage aufwirft, ob die persönliche Inaugenscheinnahme überhaupt nötig ist, um „Antworten auf meine Fragen" zu bekommen. Letztlich rechtfertigt der Erzähler die Reise mit der emotionalen Wirkkraft einer sinnlichen Auseinandersetzung, die ihn erfahren lässt bzw. rückversichert, warum er den eigenen Herkunftsraum in seinem „*neuen* Leben" auf Distanz hält: „Vielleicht aber wollte ich nur die Gewissheit, dass alles noch so war, wie ich es verlassen hatte, nur noch einmal den Ekel spüren, den dieses Drecksland mit seinen sengenden Sommern in mir hervorzurufen vermochte." (DGT 167) Auffällig ist, dass die anstehende Beerdigung der Großmutter in diesen Überlegungen keine Rolle spielt. Gerade dieser Verlust stellt eine entscheidende Veränderung im Herkunftsraum dar, die der namenlose Protagonist in seinen selbstbezogenen Gedankengängen unmittelbar vor der Reise ausblendet.

Beim Einsteigen in den Bus nach Belgrad trifft der Erzähler schließlich auf seinen künftigen Sitznachbarn. Die Funktion dieser Doppelgängerfigur als Reflexionsmedium manifestiert sich insbesondere in dessen Reisemotiv, das im Gegensatz zu den Intentionen des Ich-Erzählers in der ersten Episode deutlich herausgestellt wird. Es handelt sich um eine Recherchereise für ein Buch, an dem er – ohne sich selbst als Schriftsteller zu bezeichnen – gerade arbeitet:

> Es ist nicht die hohe Dichtkunst, kein Roman oder so etwas. Es ist vielmehr die Geschichte meiner Familie, die ich aufschreiben will. Knallharte Aufarbeitung, keine Gnade für niemanden! Ich suche nach den Ursachen, wissen Sie, also darf ich keine Rücksicht nehmen, auf meinen toten Bruder nicht, nicht auf meine Mutter oder gar meinen Vater, schon gar nicht auf irgendwelche Serben. Deshalb reise ich viel. Ich will die Leute treffen, denen Leid angetan wurde, diese kontaminierten Orte sehen … (DGT 21)

Während der Erzähler die Rückkehr in den Herkunftsraum durch die unumgängliche Begegnung mit seiner Familie als unangenehm empfindet, ist die persönliche Inaugenscheinnahme für den Sitznachbarn Teil des Entstehungsprozess seines Buches, das sich mit der Aufarbeitung der Familiengeschichte beschäftigt. Der Ich-Erzähler gibt vor, die größtmögliche Distanz zu seiner Familie wahren zu wollen, sein Sitznachbar sucht die Konfrontation mit der eigenen Herkunft. Die beiden gegensätzlichen Positionen spiegeln die „innere Zerrissenheit" der Erzählfigur wider. Als Quelle der psychischen Instabilität ist somit in der auflösenden Rückwendung des zweiten Großkapitels eine tiefgreifende Identitätskrise der Erzählfigur erkennbar, die vom Sitznachbarn als „Persönlichkeitsstörung" markiert wird und die Rückkehr in den Herkunftsraum rahmt. Die sich anfänglich diametral gegenüberstehenden Beweggründe des Protagonisten und seines Sitznachbarn verändern sich im Fortgang der vier Busepisoden, indem der Erzähler die Aufarbeitungsimpulse des Sitznachbarn aufnimmt und zunehmend über die familiäre Vergangenheit reflektiert. Dass die beiden Stimmen als „mentales Ereignis" aus dem Bewusstsein des Erzählers hervorgehen und gerade deshalb als komplementär zu verstehen sind, gilt es in einer Analyse der Interaktion der Reisegefährten zu demonstrieren. Als zentrales Mittel der Narration werden „textuellen Unstimmigkeiten"[43] intentional eingesetzt, sodass der Roman eine spezifische Ausprägung von erzählerischer Unzuverlässigkeit darstellt.

---

43 Ansgar Nünning: *Unreliable narration* zur Einführung. Grundzüge einer kognitiv-narratologischen Theorie und Analyse unglaubwürdigen Erzählens. In: *Unreliable narration. Studien zur Theorie und Praxis unglaubwürdigen Erzählens in der englischsprachigen Erzählliteratur*. Hrsg. v. Ansgar Nünning. Trier 1998. S. 21. Nünning bezieht sich auf Überlegungen von Tamar Yacobi: *Fictional Reliability as a Communicative Problem*. In: *Poetics Today* 2.2 (Winter 1981). S. 113–126, bes. S. 119: „This includes the compositional and interpretive resource with which I am now most concerned: the technique of unreliability, whose perspectival basis enables us to define it as an inference that explains and eliminates tensions, incongruities, contradictions and other infelicities the work may show by attributing them to a source of transmission."

5.2.2 Indizien erzählerischer Unzuverlässigkeit

Erzählerische Unzuverlässigkeit kann in autodiegetisch vermittelten Erzähltexten durch „textuelle Unstimmigkeiten" hervortreten, die sich oftmals in widersprüchlichen Aussagen der Erzählfigur manifestieren. Gleich in der ersten Episode von *Die guten Tage* werden Kontradiktionen in der Erzählerrede offenbar, die einen Unzuverlässigkeitsverdacht begründen, den es in diesem Abschnitt zu plausibilisieren gilt. Der namenlose Ich-Erzähler wundert sich beim Einsteigen in den Bus über die freundlich-vertraute Begrüßung der Busfahrer, die kurz zuvor bei den anderen Reisegästen noch griesgrämig dreinschauten. Die Überlegung, dass sie ihn „von früheren Fahrten" (DGT 10) kennten, verwirft er allerdings sofort, denn er sei „vor etwa zehn Jahren das letzte Mal mit einem *Gastarbeiterexpress* gefahren" (DGT 10). Diese Aussage bedeutet, dass die ‚Flucht' von Belgrad nach Wien als 18-jähriger die einzige Busfahrt auf dieser Strecke gewesen ist. In den nächsten beiden Absätzen schildert der Erzähler jedoch in einer Prolepse detailgenau, wie die weitere Fahrt verlaufen wird: Als hätte er diese Busreise schon vielfach durchgeführt, geht er auf typische Verhaltensweisen der Diaspora-Reisegesellschaft ein, in der sich besonders die männlichen „Mittfünfziger" (DGT 10) durch grobschlächtiges Betragen hervortun. Durch das ausgestellte Erfahrungswissen ergibt sich ein Widerspruch zu der vorher angeführten Äußerung, erst das zweite Mal mit dem sogenannten *Gastarbeiterexpress* zu reisen. Auf der vorgeblich ersten Rückreise von Wien in den Herkunftsraum Belgrad ist es nicht nachvollziehbar, woher der Erzähler wissen kann, wie sich die stereotyp beschriebene Reisegesellschaft während der Reise verhält. Nichtsdestotrotz resümiert er fachmännisch: „Im Grunde kamen Busfahrten in den Balkan, egal in welches Land man reiste, einer Dauerschleife mit unterschiedlichen Protagonisten gleich." (DGT 11) Aufgelöst werden können diese Widersprüche in den Aussagen der Erzählfigur mit der leitenden These, dass es sich bei seinem Sitznachbarn um eine komplementäre Figur handelt, die als „mentales Ereignis" einen abgespalteten Teil des Protagonisten selbst darstellt. Der Sitznachbar inszeniert sich als Kenner der Reisegesellschaft, deren Verhaltensweisen er in seinen Recherchereisen genau beobachten konnte: „Ich habe mehr Zeit mit diesen Menschen hier verbracht, als es für jemanden mit meinem Cholesterinspiegel gut wäre. Das ist schon meine sechsundzwanzigste Recherchereise!" (DGT 19) Er bezeichnet sich selbst gar als einen „Experten für unsere Diaspora" (DGT 26). Mit der Deutung des Sitznachbarn als *innere Stimme* der Erzählfigur kommt bereits eine Interpretationsstrategie zur Anwendung, die die Ungereimtheiten in der Erzählerrede zu erklären versucht. Vor allem die anglistische Forschung zur *unreliable narration* sieht diese

„Naturalisierungstrategie"[44] von Rezipierenden als Gegenstand einer narratologischen Auseinandersetzung mit erzählerischer Unzuverlässigkeit, die sich als Forschungsphänomen seit der Einführung des Begriffs durch Wayne C. Booth (1961) zwar weiter ausdifferenziert hat, aber auch in aktuellen Studien weiter als ein Konzept, „das nicht sonderlich exakt bestimmt ist"[45], verhandelt wird. Nichtsdestotrotz finden sich in der narratologischen Forschung zum unzuverlässigen Erzählen hilfreiche Beschreibungselemente und Unterscheidungskriterien, die ich in meiner Analyse aufgreifen möchte, um das Phänomen der erzählerischen Unzuverlässigkeit als eines der zentralen Erzählverfahren des Romans herauszustellen.

Es bedarf zunächst einer Klärung, ob sich das äußere Geschehen durch die autodiegetische Erzählinstanz – Prototyp der *unreliable narration*[46] – überhaupt rekonstruieren lässt, um Aussagen des Erzählers im Abgleich mit der erzählten Welt beurteilen bzw. die Möglichkeit einer zweiten Version des Geschehens herauszuarbeiten zu können. Martínez unterscheidet diesbezüglich zwischen „mimetisch teilweise unzuverlässigem Erzählen", das eine *„konsistente* erzählte Welt" darstellt, und „mimetisch unentscheidbarem Erzählen", in dem eine „stabile und eindeutig erzählte Welt" unerkennbar bleibt.[47] Sowohl der „lineare[] Handlungszusammenhang"[48] der Busfahrt von Wien nach Belgrad als auch die darin vorhandene „lokale, temporale und personale Deixis"[49] deuten darauf hin, dass die Erzählerrede eine grundlegend *„konsistente* erzählte Welt" verhandelt, die sich als Referenzrahmen eignet, um noch näher zu konkretisierende Ungereimtheiten im Text zu interpretieren. Erkenntnisfördernd ist an diesem Interpretationsansatz vor allem der analytische Fokus auf der Erzählperspektive, die sich in der Erzählerrede spiegelt:

> Von besonderer Bedeutung bei einem unglaubwürdigen Erzähler ist die Diskrepanz die zwischen seinen expliziten Äußerungen über sich und andere und seiner impliziten Selbstcharakterisierung besteht. Gerade redselige und verrückte Monologisten, die meistens *unreliable narrators* sind, können gar nicht umhin, fortwährend ihre eigenen Einstellungen, Normen, Schwächen und Eigenarten offenzulegen.[50]

---

44 Nünning, *Unreliable narration* zur Einführung, S. 21.
45 Janina Jacke: *Systematik unzuverlässigen Erzählens*. Berlin [u. a.] 2020. S. 2.
46 Vgl. Fludernik, Kritische Betrachtungen zum literaturwissenschaftlichen Konzept der erzählerischen Unzuverlässigkeit, S. 40.
47 Matías Martínez/Michael Scheffel: *Einführung in die Erzähltheorie*. 9. erweiterte und aktualisierte Auflage. München 1999 (2012). S. 107.
48 Martínez/Scheffel: *Einführung in die Erzähltheorie*, S. 107.
49 Dagmar Busch: *Unreliable narration* aus narratologischer Sicht. Bausteine für ein erzähltheoretisches Analyseraster. In: *Unreliable narration*. Studien zur Theorie und Praxis unglaubwürdigen Erzählens in der englischsprachigen Erzählliteratur. Hrsg. v. Ansgar Nünning. Trier 1998. S. 44.
50 Nünning, *Unreliable narration* zur Einführung, S. 18.

Was die Erzählkonstellation in *Die guten Tage* betrifft, kann nicht nur der Erzähler durch seine langen Gedankenreden als „Monologist" ausgemacht werden, auch der Sitznachbar führt „Selbstgespräche" (DGT 10) und gerade er wird vom Erzähler selbst als „redselig" und „verrückt" dargestellt. Das von Nünning beschriebene Konzept der „impliziten Selbstcharakterisierung" findet sich in *Die guten Tage* besonders in der Auseinandersetzung mit dem Sitznachbar. Wenn mithilfe dieser ersten Überlegungen ein Unzuverlässigkeitsverdacht geäußert wird, dann ist es dringend erforderlich, diesen zu präzisieren, um nicht der grundsätzlichen Vagheit des Konzepts zu verfallen, das Nünning zufolge in der ursprünglichen Begriffsverwendung zu viele „ungleichartige Erzähler"[51] in einem unpräzisen Begriff subsumierte. In einem ersten Differenzierungsversuch führt Nünning zwei mögliche Bedeutungsebenen an:

> Das terminologische Problem besteht demnach darin, daß in vielen Fällen unklar bleibt, ob sich der Verdacht mangelnder Glaubwürdigkeit auf die erzählten Ereignisse, d. h. die fiktionalen ‚Fakten' auf der Ebene der Figuren, oder auf die Deutung des Geschehens oder die Beurteilung anderer Figuren durch den Erzähler bezieht.[52]

Dass die Grenzen zwischen Unterscheidungskriterien dieser Art in Bezug auf erzählerische Unzuverlässigkeit fließend seien und sich deshalb nicht für die „Klassifikation von Texten"[53] eigneten, hat Fludernik mit Bezug auf Nünnings Überlegungen und Analysekategorien weiterer Narratolog:innen eingänglich aufgezeigt. Nichtsdestotrotz vertritt auch sie die Position, dass Unterkategorien für die Analyse hilfreich sind.[54] Meine weiteren Schlussfolgerungen beziehen sich zunächst weniger auf das Urteilsvermögen des Erzählers, sondern betreffen mit dem ontologischen Status des Nachbarn einen fiktiven Fakt der erzählten Welt. Es geht mir in einem ersten Schritt darum, Textsignale herauszuarbeiten, die den Unzuverlässigkeitsverdacht erhärten. Nünnings „Neukonzeptualisierung"[55] zielt mitunter darauf, „die textuellen Signale zu benennen, die den Eindruck mangelnder Glaubwürdigkeit hervorrufen"[56]. Sie seien zusammen mit den „kontextuellen Bezugsrahmen"[57] der Rezipient:innen für die „internen Inkonsistenzen und Diskrepanzen zwischen den textuellen Infor-

---

51 Nünning, *Unreliable narration* zur Einführung, S. 7.
52 Nünning, *Unreliable narration* zur Einführung, S. 12.
53 Fludernik, Kritische Betrachtungen zum literaturwissenschaftlichen Konzept der erzählerischen Unzuverlässigkeit, S. 52.
54 Vgl. Fludernik, Kritische Betrachtungen zum literaturwissenschaftlichen Konzept der erzählerischen Unzuverlässigkeit, S. 52.
55 Nünning, *Unreliable narration* zur Einführung, S. 23.
56 Nünning, *Unreliable narration* zur Einführung, S. 15.
57 Nünning, *Unreliable narration* zur Einführung, S. 27.

mationen und dem Weltwissen des Rezipienten"[58] verantwortlich. Aus seinem Katalog an textuellen Merkmalen lassen sich einige wichtige Punkte mit der Analyse des busreisenden Erzählers in Dinićs *Die guten Tage* engführen. Nünning deutet mit dem Stichpunkt „verbale Äußerungen und Körpersprache anderer Figuren als Korrektiv"[59] auf die Interaktion des Erzählers mit anderen Figuren hin. Dies stellt sich auch in *Die guten Tage* als wichtiges Analyseraster heraus, um die These einer Selbstbespiegelung zu bekräftigen (1). Ferner ist mit der Vermischung von Traum- und Wirklichkeitsebene (2) ein texteigenes, spezifisches Merkmal zu beleuchten, das über Nünnings Orientierungskategorien hinaus hinausgeht.

5.2.2.1 Interaktion mit anderen Figuren

Der Erzähler schildert im Tempus des epischen Präteritums gleich zu Beginn, dass er sich von einem redseligen Sitznachbarn „volllabern" (DGT 9) ließe, dieser aber vielmehr „Selbstgespräche" (DGT 10) führe, da der Erzähler wiederum mit den Gedanken „ganz woanders" (DGT 10) sei. Die Gedankengänge des Erzählers werden nach siebenseitigen Überlegungen, die sich vor allem um die im Bus sitzende Reisegesellschaft drehen und zum Ergebnis kommen, dass sich im Bus ein „Abziehbild des ehemaligen Jugoslawiens" (DGT 15) manifestiere, von der ersten Figurenrede des Sitznachbarn unterbrochen. Vor dem Hintergrund meiner leitenden These ist bereits im ersten Satz des Sitznachbarn eine Andeutung auf die fiktive Dopplung der Figur angelegt: „Es sind im Grunde zwei Seiten ein und derselben Medaille." (DGT 16) Dieser Gesprächsauftakt beschränkt sich in seiner Funktion nicht nur auf den nachfolgenden Inhalt der Figurenrede, sondern spielt auch implizit darauf an, dass trotz gegensätzlicher Erscheinungsform und abweichende Persönlichkeitsmerkmale die beiden Figuren nicht unabhängig voneinander zu betrachten sind. Das nun in der ersten Figurenrede geschilderte Thema leidlicher Behördengänge für die in Österreich lebenden Eingewanderten aus dem ehemaligen Jugoslawien, kurz „Diaspora" genannt, dringt nur langsam in die Gedankenwelt des Erzählers vor: „Erst bei den Wörtern schlechter Scherz horchte ich auf. Ich verstand nicht, wovon mein Nachbar sprach, und versuchte die Peinlichkeit durch ein verkrampft aufgesetztes Lächeln zu überspielen." (DGT 16) Statt dem Sitznachbarn aufmerksam zu folgen, richtet der Erzähler seinen Blick „aus den Augenwinkeln" (DGT 16) auf die vorbeiziehende Landschaft und beobachtet anschließend Zoran, den Anführer der rüpelhaften Busgemeinschaft, der seine männlichen Kumpane mit obszönen Gesten belustigt. Der Sitznachbar dagegen nimmt die raumeinnehmende Reisegesellschaft nicht wahr und redet „unvermindert" (DGT 16) auf den Erzähler ein.

---

[58] Nünning, *Unreliable narration* zur Einführung, S. 32.
[59] Nünning, *Unreliable narration* zur Einführung, S. 28.

Seine zweite direkte Figurenrede hat allerdings einen völlig anderen thematischen Schwerpunkt. Nun redet der Nachbar über „die baulichen Veränderungen in Simmering" (DGT 17), einem Wiener Gemeindebezirk, und der Erzähler greift das erste Mal in eigener Figurenrede in das Gespräch ein: „‚Ich verstehe, was Sie meinen', sagte ich, ‚heute würde ich mein Viertel in Belgrad wahrscheinlich gar nicht wiedererkennen.'" (DGT 16) Die vorher durch Unaufmerksamkeit erklärten Kommunikationsschwierigkeiten, die aus einer verschlossenen Gedankenwelt resultieren, steigern sich nun zu einem Scheitern der Kontaktaufnahme. Der Nachbar erkundigt sich besorgt nach der körperlichen Verfassung des Erzählers, denn er habe bereits zweimal die gleiche Frage an ihn gerichtet und der Erzähler habe immer noch nicht darauf geantwortet. Er ruft dem Erzähler das in der ersten Figurenrede dargelegte Diaspora-Thema wieder ins Gedächtnis: „Diese ganzen Diaspora-Geschichten! Das ewige Warten in irgendwelchen grauen Bussen, diese Behördengänge, diese Ineffizienz." (DGT 18) Dass die zweite Figurenrede des Sitznachbarn, die das Thema der Gentrifizierung Wiener Stadtviertel aufrief, nur in der Imagination des Erzählers stattfand, wird durch den ersten tatsächlich funktionierenden Dialog zwischen Erzähler und Sitznachbar deutlich. Mit der zweiten Figurenrede wird im Text vorgeführt, wie der Erzähler versucht, ein Gespräch mit einer Stimme aufzunehmen, die im Text zwar sichtbar gemacht wird, deren reale Existenz in der erzählten Welt im Nachhinein aber fragwürdig erscheint. Da diese Figurenreden in das Gedankenprotokoll eines homodiegetischen Erzählers inkludiert sind, liegt die Vermutung nahe, dass es sich um eine innere Stimme handeln könnte, mit der der Erzähler einen *inneren Dialog* konstituieren möchte. Das Scheitern des ersten Dialogs stellt diese besondere Redeform aus und erweckt den Verdacht, dass der Sitznachbar statt einer in der diegetischen Welt als real wahrgenommenen Figur vielmehr einen mentalen Dialogpartner darstellt.

Richtet man den Fokus darauf, wie der Sitznachbar vom Erzähler selbst eingeführt wird, ist die semantische Offenheit für die Konstitution einer mentalen Figur gegeben. In einer ersten Figurenbeschreibung verweist der Erzähler auf die „etwas verwahrloste Erscheinung" (DGT 10) des Nachbarn, nach der zweiten Figurenrede merkt er an, dass er „die Gestalt", die er auf dem Sitzplatz neben ihm wahrnimmt, „nicht einordnen" (DGT 16) kann. Dessen „Erscheinung" (DGT 17) spiegele einerseits die Grobheit der Diaspora-Gesellschaft wider und passe andererseits in seiner Sprechart eher in ein Wiener Kaffeehaus. Insgesamt lässt sich in der konzeptionellen Anlage der Figur eine Aura der Seltsamkeit feststellen. Durch seine Unbestimmbarkeit, die rätselhafte Nähe zum Ich-Erzähler und insbesondere das unergründliche Auftauchen im zweiten Großkapitel des Romans erinnert der Sitznachbar an Ingeborg Bachmanns Malina-Figur in ihrem gleichnamigen Roman: Neben einer allgemein seltsamen Erscheinung und einem eigenartigen sprachlichen Ausdrucksvermögen sind die biometrischen Daten des Sitznachbarn ähnlich diffus wie beim inneren Dialogpartner von Bachmanns Ich-Erzählerin.[60] Zu Beginn wird der Sitzbachbar als „etwas untersetzter Mann mittleren Alters" (DGT 9) eingeführt. Im Laufe des Romans stellt sich jedoch heraus, dass er eigentlich ein großgewachsener, junger Mann ist (vgl. DGT 48, 218) und in seinem Profil dem Ich-Erzähler gleicht. Die figurale Aura der Seltsamkeit wird darüber hinaus durch irritierende Verhaltensweisen erzeugt („Irgendetwas an seiner Art war mir nicht geheuer." – DGT 19), die wiederum auch mit einer nicht einzuordnenden Vertrautheit einhergeht: „Die Worte meines Sitznachbarn hatten mich ziemlich aufgewühlt, ein vertrautes Gefühl kam in mir auf – als hätte dieses Gespräch irgendwo schon einmal stattgefunden." (DGT 31) Ein Hinweis, wie dieses verfremdete Spiegelbild entstanden sein könnte, ist im Text selbst angelegt. Das Textbeispiel der ersten Figurenrede des Sitznachbarn wieder aufgegriffen, wirkte es irritierend, dass der Erzähler auf die Worte des Nachbarn reagiert, indem er aufhorcht, seine mangelnde Aufmerksamkeit zu überspielen versucht und gleichzeitig „aus dem Augenwinkel" (DGT 16) die Landschaft betrachtet. Direkt nach der zweiten Figurenrede wird dann die Perspektive des Nachbarn mit einem außerhalb des Buses liegenden Blickfeld in Verbindung gebracht: „Sein Blick wanderte durch mich hindurch, raus auf die Straße." (DGT 16) Liest man die Präposition „durch" in ihrer modalen Bedeutung, ist es der Erzähler selbst, der den Blick aus dem Fenster bewirkt: „Sein Blick wanderte durch MICH [Herv. d. Verf.] hindurch, raus auf die Straße." Sowohl nach der ersten als auch nach der zweiten Figurenrede ist die betonte Nähe der visuellen Wahrnehmung des Nachbarn bzw. Erzählers und der aus einem Fenster sichtbaren äußeren Umgebung (Landschaft und Straße) auffallend. Aus der Sitzposition des Erzählers ist es möglich, dass ihm durch einen Blick aus dem Busfenster das eigene Spiegelbild als eine schemenhafte physikalische Reflexion erscheint. Die visuelle Erscheinung ließe sich somit als ein Vorgang der Selbstbespiegelung erklären, die das Auftreten einer mentalen Figur begünstigt.

Auch die Verhaltensweisen der anderen Busreisenden gegenüber dem Erzähler bekräftigen die These, dass es sich um eine imaginierte Dopplung handelt. Nach dem ersten gelungenen Dialog mit dem Sitznachbar verweist der Erzähler auf eine Frau mit blaugrauen Locken, die auf der anderen Seite des Mittelgangs

---

60 Der Prolog dieses Romans (*Malina*, 1971) beinhaltet ein Spiel mit der dramatischen Form. Ähnlich wie bei einem Dramentext werden dem Romantext Figurenbeschreibungen vorangestellt. Die Figur Malina weist keine eindeutigen Identitätsangaben auf und bleibt dadurch rätselhaft. Vgl. Ingeborg Bachmann: *Malina*. Mit einem Kommentar von Monika Albrecht und Dirk Göttsche. Frankfurt a. M. 2004. S. 9 f. Das Verhältnis zwischen Malina und der Erzählinstanz in Bachmanns Roman wechselt immer wieder zwischen der Rolle als Dialogpartner/Helfer und Konkurrent/Feind. Vgl. zur Funktion der Malina-Figur als innere Stimme: Sigrid Weigel: Malina. In: *Werke von Ingeborg Bachmann*. Hrsg. v. Mathias Mayer. Stuttgart 2002. S. 220–246.

sitzt und während des ersten Dialogs noch „tief und fest" (DGT 18) schlief. Als der Sitznachbar im weiteren Verlauf des Dialogs anfängt zu klatschen und laut aufzulachen, richtetet „der ganze Bus" (DGT 26) aus der Perspektive des Erzählers seine Aufmerksamkeit auf die beiden Gesprächspartner. Die Frau mit den blaugrauen Locken schickt ebenfalls böse Blicke in die Nebenreihe: „Und auch die Frau, die gegenüber von uns saß, musterte uns misstrauisch." (DGT 26) Bereits an dieser Reaktion erscheint es zumindest ungewöhnlich, dass die anonym bleibende Frau beide Figuren misstrauisch mustert, obwohl allein der Sitznachbar aus der Perspektive des Erzählers für den störenden Lärm verantwortlich scheint. Als der Sitznachbar unmittelbar danach in einer zynischen Analyse des Diaspora-Daseins lauthals in den Bus „schließlich sind wir die Jugos" (DGT 28) brüllt, wechselt die Frau mit den blaugrauen Locken den Platz: „Der Frau gegenüber wurde es zu viel. Sie erhob sich von ihrem Sitz, blieb stehen und musterte mich von oben bis unten. Ich drehte den Kopf zu meinem Nachbarn und tat so, als ob ich sie nicht bemerkt hätte, er tat es mir nach." (DGT 28) Es ist nun endgültig fragwürdig, warum die Frau den Erzähler „von oben bis unten" mustert, obwohl der Sitznachbar als für die Provokationen verantwortlich markiert wird. Dass der Sitznachbar die Kopfbewegung des Erzählers spiegelt, erhärtet gleichzeitig den Verdacht, dass es sich um eine physikalische Reflexion handelt. Dass das Scheinbild dieser Selbstbespiegelung eine doppelte Perspektive ermöglicht, wird wiederum durch die Textnähe zu einem gedankenverlorenen Blick aus dem Fenster angezeigt. Kurz nach dem enervierten Sitzplatzwechsel der Frau gegenüber und der Reflexion im Busfenster richtet der Erzähler seinen visuellen Fokus wieder auf die Landschaft: „Ich blickte zum Fenster hinaus, fand aber in der Monotonie der Pannonischen Tiefebene keinen Fluchtpunkt." (DGT 29)

Die kurze Interaktion mit dem „Anführer" der Reisegesellschaft Zoran im Pausenstopp, den der Bus an einer Tankstelle bei Székesfehérvár einlegt, kann die These einer Selbstbespiegelung weiter bestärken. Der Erzähler verlässt in der Pause den Bus und zündet sich vor der Weiterfahrt seitlich des Busses eine Zigarette an. Er spürt dem Gespräch mit seinem Sitznachbar nach und äußert „ein vertrautes Gefühl" (DGT 31) beim Gedanken an die Unterhaltung – „als hätte dieses Gespräch schon einmal stattgefunden" (DGT 31). Als Zoran an ihm vorbeiläuft, spuckt er demonstrativ „einen grauen Schleimklumpen" (DGT 31) in die unmittelbare Nähe des Erzählers, was dieser zwar als Zeichen der Abneigung herunterspielt, aber dennoch in seinen Gedankengängen reflektiert: „Zoran und sein Rudel, die Frau neben uns, der halbe Bus – sie hassten uns. Schon bevor ich in Wien eingestiegen war, hatte ich das gewusst." (DGT 31) Auch in diesem Gedankengang liegt eine semantische Offenheit vor, hier in Bezug auf die erste Person Plural. Dadurch, dass der Erzähler in unmittelbarer Textnähe zuvor über das vertraute Verhältnis zu seinem Sitznachbarn sinniert, kann das Pronomen auf die Gesprächspartner bezogen werden. Schon vor der Reise zu wissen, dass die Diaspora-Reisegesellschaft die beiden Sitznachbarn hassen würde, wäre erzähllogisch nur nachvollziehbar, wenn der Erzähler auch selbst den Sitznachbarn als Teil seiner eigenen Gedankenwelt wahrnimmt, denn auf eine Bekanntschaft vor der Reise deutet nur das „vertraute Gefühl", dieses Gespräch schon einmal geführt zu haben. Aus der Außenperspektive auf den geparkten Bus erfolgt dann auch in der Pause ein Hinweis darauf, wie die mentale Figur erzeugt wird:

> Ich drehte mich um und schaute hinauf zu meinem Fenster: Ich erkannte das verschwommene Gesicht meines Sitznachbarn, er hauchte die Scheibe an. Der Rest war gespiegelte Landschaft, Tankstelle, Maschendraht und etwas Wiese. Er hatte mich anscheinend die ganze Zeit beobachtet. (DGT 32)

Im Busfenster erblickt der Erzähler sowohl das verschwommene Gesicht des Sitznachbarn als auch die gespiegelte Umgebung des Busses, was das Prinzip der Reflexion am Ende der ersten Busepisode noch einmal verdeutlicht. Es kommt außerdem zum Vorschein, dass der Erzähler den Sitznachbar auch ohne ein physikalisch erklärbares Reflexionsgesetz wahrnimmt, was sich besonders mit dem Aufenthalt in Belgrad illustrieren lässt, in dem tagträumerische Halluzinationen des Erzählers als Darstellungsmittel seiner psychischen Instabilität eingesetzt werden. Bereits während der Busfahrt legt sich über die Wirklichkeitsebene der erzählten Welt eine Traumebene, die den Eindruck einer unzuverlässigen Ich-Narration verstärkt, und den fragwürdigen ontologischen Status des Sitznachbarn weiter untermauert.

5.2.2.2 Vermischung von Traum- und Wirklichkeitsebene

Zu den textuellen Signalen, die einen Unzuverlässigkeitsverdacht rechtfertigen, gehört die körperliche Verfassung des Erzählers. Gleich zu Beginn fällt dem Sitznachbarn im ersten Dialog mit dem Erzähler dessen schlafbedürftiges Erscheinungsbild auf: „‚Geht es Ihnen gut? Sind Sie etwa müde?', fragte er, ‚Sie sehen müde aus!'" (DGT 18) Mit Einbruch der Dunkelheit während der Busfahrt gewinnt die dadurch verminderte Aufmerksamkeit bzw. Wahrnehmungsfähigkeit weiter an Bedeutung und bedingt den Wechsel auf eine Traumebene, den ich zusammen mit den für die Kommunikation mit dem Sitznachbarn ausschlaggebenden Lichtverhältnisse im Bus in den nachfolgenden Ausführungen analysieren werde.

Die im zweiten Teil der Busepisode eintretende „Dämmerung" (DGT 53) veranlasst die Busfahrer dazu, die Innenbeleuchtung des Busses einzuschalten. Die Veränderung der Lichtverhältnisse hat auch Auswirkungen auf den Dialog zwischen Erzähler und Nachbarn: „Etwas an ihm hatte sich verändert: Er war grober in seinen Gesten und unfreundlicher als zuvor. Auch seine Gesichtszüge schienen härter unter der zuvor eingeschalteten, kühlen Beleuchtung – seine ganze Erscheinung war geradezu abstoßend." (DGT 53) Die wiederum als „Erscheinung" bezeichnete mentale Figur verändert ihre „Gesichtszüge" durch eine künstliche Lichtquelle, was sich auf die Gesprächshaltung des Erzählers auswirkt, der den Sitznachbarn durch diese neue visuelle Erscheinung als „abstoßend" wahrnimmt. Neben einer Veränderung der Gesprächshaltung, die mit einer neu ausgeleuchteten Szenerie einhergeht, können bestimmte Beleuchtungssituationen die Unterhaltung zwischen dem Erzähler und seinem Nachbarn auch zeitweilig aufheben. Im dritten Teil berichtet der Nebensitzer über seine Vorliebe zu den russischen Realisten („Turgenjew, Gogol, Tolstoi!", DGT 91) und ist gerade dabei, die Diskrepanz von literarischer Begabung und mangelnder moralischen Vorbildfunktion von Schriftsteller:innen zu erörtern, als mitten im Satz die Figurenrede abbricht und der Erzähler erklärt, dass sein Nachbar innehält und seine Augen schließt, als sei er „mit einem Mal müde geworden in der schlammigen Finsternis" (DGT 94). Erst nachdem die Figurenrede schlagartig aufhört, stellt der Erzähler fest, „dass das große Licht abgeschaltet worden war" (DGT 94). Dass der Erzähler den Kontakt zu seinem Nachbarn verliert, lässt sich unter Berücksichtigung der Lichtverhältnisse dadurch erklären, dass durch die „schwere Dunkelheit" (DGT 96) draußen eine physikalische Selbstreflexion schlichtweg unmöglich ist. Der Erzähler schaltet daraufhin die Leselampe über seinem Sitz ein, wodurch auch die visuelle Erscheinung des Sitznachbarn zurückkehrt. Er selbst erklärt sich die Wiederaufnahme des Gesprächs dadurch, dass ein tiefer Seufzer den Nachbarn wieder „aufzurütteln" (DGT 94) scheint. Durch eine wiederholte körperliche Drehung zum Erzähler knüpft der Nachbar nicht an die vorher abgebrochene Figurenrede über Künstlerbiografien an, sondern eröffnet mit einer näher zu bestimmenden Schuld der Eltern des Erzählers ein neues Thema. Betrachtet man den Nachbarn als innere Stimme, ist dieser Themenwechsel insofern plausibel, dass der Erzähler zwischen der Figurenrede über amoralisches Künstlertum und der familiären Schuld in einer längeren Passage eigene Gedankengänge schilderte, die von Einflüssen der russischen Realisten abschweifen und ihn über die verloren gegangene emotionale Bindung zu seinem Herkunftsraum Belgrad nachdenken ließen.

Der emotionale Beziehungsaufbau des Erzählers zu seinem Nachbarn wechselt im Laufe der vier Busepisoden immer wieder zwischen heiterer Sympathie („Seine Art brachte mich zum Lachen, was nicht selbstverständlich war.", DGT 27), starker Abneigung („Diese aufgesetzte Zuneigung konnte er sich in den Arsch stecken", DGT 30), Vertrautheit („ein vertrautes Gefühl kam in mir auf", DGT 31) und Ekel („seine ganze Erscheinung war geradezu abstoßend", DGT 57). Nach einem langen Monolog, in dem der Erzähler über seine Familiengeschichte reflektiert, befindet sich das Verhältnis am Ende der dritten Busfahrt-Episode auf einem versöhnlichen Höhepunkt: „Zum ersten Mal fühlte ich mich wohl in seiner Gegenwart." (DGT 101)

Das Annehmen der inneren Stimme in den Gedankengängen steigert sich im Dialog zu einem leichten Enthusiasmus, der sich dadurch äußert, dass der Erzähler den Sitznachbarn als zukünftigen Reisegefährten gewinnen möchte: „Sie sind ein Klugscheißer – aber es ist keine langweilige Fahrt mit Ihnen! Wir sollten öfter gemeinsam reisen." (DGT 101) Da sich die Lichtverhältnisse nach dieser Offerte schlagartig ändern – die Leselampe erlischt und lässt sich nicht mehr einschalten – bricht der Kontakt zum Nachbarn ab und der Erzähler lässt sich nun vollends auf die bereits zuvor geäußerte „große Müdigkeit" (DGT 97) ein. Am Ende des dritten Teils wechselt der Erzählmodus von den im wachen Zustand geäußerten Gedankengängen und Dialogen mit dem Sitznachbarn zu einer Traumebene im Schlaf, die jedoch das vorher abgebrochene Gesprächsthema wieder aufnimmt und die mentale Figur nun „mit der Stimme des Vaters" (DGT 101) wiederum in Figurenrede auf das Reiseangebot des Erzählers eingehen lässt: „[...] was mich jedoch wundert, ist *dein* Wunsch. Wo du doch wissen müsstest, dass du nie etwas anderes in deinem Leben getan hast, als mit mir auf Reisen zu gehen!" (DGT 101) Der innere Dialog wird auf der Traumebene fortgeführt und gleichzeitig die Wandelbarkeit der mentalen Figur, die hier mit dem verhassten Vater in Verbindung gebracht wird, angezeigt. Im vierten Teil der Busreise erwacht der Erzähler um 4 Uhr an der ungarisch-serbischen Grenzen aus diesem nicht näher geschilderten Traum und der ansatzweise vorhandene Enthusiasmus gegenüber dem neuen Reisegefährten ist wieder verflogen. In den Gedanken an das „groteske Gespräch mit dem Reisepartner" (DGT 122) zieht der Erzähler, in Ergänzung zu der im Traum imaginierten Stimme des Vaters, eine Parallele zwischen der Redeform des Nachbarn und seinem ehemaligen Geschichtslehrer Marko, der seine Sätze genauso „heruntergebetet" (DGT 123). Die Vielstimmigkeit der ambivalent wahrgenommenen mentalen Figur deutet auf den Einfluss der den Geschichtslehrer inkludierenden Vätergeneration, die der Erzähler weiterhin als „feindlich" (DGT 123) betrachtet. Vor allem in einer unkontrollierbaren Traumwelt hat sich die für diese Kriegsgeneration exemplarisch stehende Vaterfigur und die „Vertrautheit seiner Sätze" (DGT 123) im Bewusstsein des Erzählers festgesetzt. Der Sitznachbar wird nicht mehr als Schriftsteller, sondern wie der Vater und Marko als „Hobbyberserker" (DGT 123) wahrgenommen, dessen Einfluss die innere Zerrissenheit des Erzählers weiterhin kennzeichnet und dem sich der Erzähler in seinen Träumen nicht entziehen kann: „Das bitterböse Grinsen und die Kanten seines anämisch blassen Gesichts verfolgen mich. Bis in die verwinkelten Abgründe eines Traums, dessen Ausgang ich in dieser Dunkelheit nicht nachzeichnen konnte, war ich ihm ausgeliefert." (DGT 123) Die anschließend geäußerte Parallele zwischen den „toten Augen" des Sitznachbarn und „Automaten" (DGT 123) bestätigt, dass diese Figur keinen eigenständigen ontologischen Status in der erzählten Welt besitzt, sondern – wie beispielsweise die Automatenfigur Olimpia in

E.T.A. Hoffmanns Erzählung *Der Sandmann*[61] – die Innenwelt einer anderen Figur spiegelt.

Im vierten und letzten Teil der Busepisode hinterfragt die Erzählfigur auch selbst die eigene Wahrnehmungsfähigkeit: Die Eindrücke am Grenzübergang werden vom Erzähler aufgrund der Dunkelheit und der eigenen körperlichen Verfassung insgesamt drei Mal als unzuverlässig markiert. Die Businsassen erhalten kurz nach der Ankunft die Information, dass sie aufgrund eines Schichtwechsels noch eine Stunde an der Grenze ausharren müssten. Die während dieser Zeit vorhandene Dunkelheit geht mit einer Regungslosigkeit im Bus einher, die in der Wahrnehmung der Erzählfigur dafür sorgt, das Traum- und Wirklichkeitsebene nicht mehr klar auseinandergehalten werden können: „Als hätte die Stilllegung des Motors auch zur Stilllegung der Businsassen geführt. Oft geschah es, dass in meinen Träumen alles um mich herum erstarrte. Nun war es nicht anders." (DGT 123) Während im ersten Absatz der Episode die Wirklichkeitsebene noch durch die Beobachtung der Reisegesellschaft erkennbar ist, kann im zweiten, durch eine Leerzeile markierten Absatz, in dem sich das Zitat befindet, nicht mehr klar zwischen Traum und Wirklichkeit unterschieden werden. Der darauffolgende, leerzeilengetrennte Abschnitt beginnt mit dem Wirklichkeitsmarker „Tatsächlich", was sich im Nachhinein als Trugschluss herausstellt, da sich die Erzählfigur in dieser Textpassage auf einer Traumebene befindet. Die Vorkommnisse am Grenzposten, die der Erzähler im Laufe dieses Abschnitts schildert, stellen eine Traumsequenz dar. Der Erzähler nimmt die Gesichter der Figuren „verschwommen" (DGT 125) wahr. Es handelt sich um eine Familie, deren Grenzübergang von uniformierten Zollbeamten am Grenzübergang verhindert wird. Aus der Dunkelheit taucht plötzlich der Vorgesetzte der Zöllner in Militäruniform auf und der Erzähler wechselt als Wahrnehmungszentrum von einer fernen Beobachterperspektive im Bus mitten in die zuvor geschilderte Szenerie: „Nun war ich mittendrin, stand neben den anderen Zöllnern, die ich als meine Kollegen und guten Freunde wiedererkannte, und schiss mir vor unserem Vorgesetzten gehörig die Hosen voll." (DGT 126) Der Fokus des Vorgesetzten richtet sich auf den „kraushaarige[n] Jungen" (DGT 126), der sich im Auto befindet, woraufhin der Erzähler bei genauerer Betrachtung des aus der Dunkelheit gekommenen Befehlshabers „bis in die feinsten Gesichtszüge" (DGT 126) das Gesicht seines Vaters erkennt. Dieser misshandelt den Jungen unter Beobachtung seiner Untergebenen bis zur Bewusstlosigkeit und

---

[61] E.T.A. Hoffmann: Der Sandmann. In: *Sämtliche Werke: in sechs Bänden*. Bd. 3: Nachtstücke, Klein Zaches, Prinzessin Brambilla: Werke 1816–1820. Frankfurt a. M. 1985. S. 11–49. Zu Olimpia als Projektionsfigur vgl. Günter Saße: Der Sandmann. Kommunikative Isolation und narzisstische Selbstverfallenheit. In: *E.T.A. Hoffmann. Romane und Erzählungen*. Hrsg. v. Günter Saße. Stuttgart 2004. S. 110.

schleppt ihn anschließend mit in die Dunkelheit. Im Traum des Erzählers tritt der verdrängte Vaterkonflikt und die in ihrer Intensität unbewusst vorhandene emotionale Abhängigkeit deutlich hervor. Als Reflexionsmedium, um sich mit diesen familiären Machtstrukturen auseinanderzusetzen, erwies sich bis zu diesem Zeitpunkt der Sitznachbar, der auch in der Traumsequenz plötzlich wieder auftritt. Statt auf die Traumstrukturen des Ich-Erzählers einzugehen, verabschiedet sich dieser kurz vor dem Grenzübertritt. Seine anfängliche Intention einer „knallharten Aufklärungsarbeit" weicht kurz vor Eintritt in den Herkunftsraum einem resignativen Fatalismus: „Wir müssen aber endlich weiterkommen, finden Sie nicht? Die Väter, die Verbrecher, die Präsidenten, das ist doch Schnee von gestern! Vielleicht sollten wir alle nicken, wenn jemand uns zu Kanonenfutter verarbeiten will." (DGT 128) Der Abschied des Sitznachbarn erfolgt im Abschnitt der Traumsequenz, sodass kurz vor der ungarisch-serbischen Grenze als ‚Faktencheck' die (Nicht-)Existenz des Reisegefährten nicht endgültig bewiesen werden kann. Die in diesem Unterkapitel angeführten Indizien erzählerischer Unzuverlässigkeit plausibilisieren vor dem Hintergrund einer intentional in der Schwebe gehaltenen Existenz des Sitznachbar jedoch eindeutig die Lesart, diesen als mentalen Dialogpartner wahrzunehmen.

5.2.3 „Auch er ein Meister der Camouflage" – Zum Doppelgängermotiv

Die herausgearbeitete These eines mentalen Dialogpartners, der den Erzähler bis zur ungarisch-serbischen Grenze begleitet, lässt sich mit einem in der Literaturgeschichte fest etablierten Motiv in Verbindung bringen, das ganz allgemein die „Erfahrung einer problematischen Identität"[62] verhandelt: dem Doppelgänger. Die Spiegelung im Busfenster kann als ein Medium betrachtet werden, das die „fiktive Doppelung"[63] bedingt, jedoch in Dinić's Roman nicht als ausschließliche Ursache für die Erscheinung des Sitznachbarn präsentiert wird. Besonders im zweiten Kapitel des Romans, der den Aufenthalt in Belgrad verhandelt, sind zum einen Verwechslungen, der Erzähler sieht in anderen Trauergästen auf der Beerdigung der Großmutter seinen Reisegefährten, aber auch halluzinatorische Wahrnehmungen zu erkennen, die ohne ein erkennbares Medium wie beispielsweise das Spiegelbild auftreten, etwa bei der plötzlichen Erscheinung des Sitznachbarn auf dem Messegelände in Belgrad. Da im Text der Begriff „Doppelgänger" nicht explizit genannt wird, gilt es zunächst zu plausibilisieren, inwiefern die Figur des Sitznachbarn mit

---

[62] Christof Foderer: *Ich-Eklipsen. Doppelgänger in der Literatur seit 1800.* Stuttgart 1999. S. 17.
[63] Elisabeth Frenzel: *Motive der Weltliteratur: e. Lexikon dichtungsgeschichtl. Längsschnitt.* 4. überarb. u. ergänzte Aufl. Stuttgart 1992. S. 94.

dem Phänomen des Doppelgängertums korreliert. Forschungspositionen zu literarischen Doppelgängern machen immer wieder deutlich, dass eine klar definierte Vorstellung dieses Motivs, z. B. „zwei identisch aussehende Menschen"[64], für eine analytische Herangehensweise an Doppelgänger-Texte nicht zielführend ist, da die spezifischen Ausprägungen sich nicht auf einzelne Faktoren, wie das äußere Erscheinungsbild, reduzieren lassen. Es liege eine „Vielzahl potenzieller Ausdrucksformen"[65] vor, die nicht nur in der möglichen, aber nicht zwingend erforderlichen medialen Ursache des Doppelgängertums (z. B. Spiegelbild, Schatten, usw.), sondern vor allem auch im Hinblick auf das Abhängigkeitsverhältnis zwischen Doppelgängerfigur und dem ‚Original' divergieren können.[66] Vereinzelt wurde in der Forschung zum Doppelgängermotiv aber auch davor gewarnt, den Begriff – besonders für eine psychoanalytische Deutung – zu breit zu verwenden und durch eine „unverhältnismäßige Expansion [...] auf alle Phänomene, die in irgendeiner Form mit der Projektion von Gefühlen und Gedanken auf etwas oder jemanden außerhalb der Person des Protagonisten zu tun haben"[67], eine grundlegende begriffliche Schärfe aufs Spiel zu setzen.[68] Um das Doppelgängermotiv in *Die guten Tage* herauszuarbeiten, ist es sicherlich ratsam, eine mit epochenspezifischen oder interdisziplinär angelegten Fachbegriffen operierende psychoanalytische Deutungsperspektive mit Vorsicht zu betrachten und stattdessen mithilfe narratologischer Konzepte zur Figurenanalyse das gegenseitige Abhängigkeitsverhältnis zwischen Erzähler und Sitznachbarn aus einer dezidiert literaturwissenschaftlichen Perspektive zu beleuchten. Es lassen sich dadurch weitere Erkenntnisse zur psychologischen Disposition

---

64 Foderer, *Ich-Eklipsen*, S. 16.
65 Birgit Fröhler: *Seelenspiegel und Schatten-Ich. Doppelgängermotiv und Anthropologie in der Literatur der deutschen Romantik.* Marburg 2004. S. 12.
66 Für einen literaturgeschichtlichen Überblick von den Verwechslungskomödien bei Plautus und Transformationen dieses Gattungsmusters bei Shakespeare und Lope des Vega, über die Psychologisierung des Doppelgängermotivs in der Romantik (v. a. bei E.T.A. Hoffmann) bis zu den Anfängen der wissenschaftlichen Psychoanalyse bei Freud, die sich dezidiert auf das Doppelgängermotiv in literarischen Werken bezieht, vgl. Frenzel, *Motive der Weltliteratur*, S. 94–113. Zur Begriffsgeschichte des in Jean Pauls Roman *Siebenkäs* zuerst erwähnten „Doppeltgänger", vgl. Fröhler, *Seelenspiegel und Schatten-Ich*, S. 7–11.
67 Fröhler, *Seelenspiegel und Schatten-Ich*, S. 12.
68 Fröhler bezieht sich aus einer kritischen Perspektive, die in einer Expansion des Doppelgängerbegriffs „interpretatorische Notstände" ausmacht, da „in jedem fiktionalen Text mindestens eine Figur die Kriterien, Doppelgänger einer anderen zu sein, erfüllt" (Fröhler, *Seelenspiegel und Schatten-Ich*, S. 12), vor allem auf die Studien von Chava Eva Schwarcz und Aglaja Hildenbrock. Vgl. Chava Eva Schwarcz: Doppelgänger in der Literatur. Spiegelung, Gegensatz, Ergänzung. In: *Doppelgänger. Von endlosen Spielarten eines Phänomens.* Hrsg. v. Ingrid Fichtner. Bern [u. a.] 1999. S. 1–14; Aglaja Hildenbrock: *Das andere Ich. Künstlicher Mensch und Doppelgänger in der deutsch- und englischsprachigen Literatur.* Tübingen 1986.

des Erzählers gewinnen. Dass der Sitznachbar als Doppelgänger des Erzählers angesehen werden kann, wurde in der Rezension von Miranda Jakiša bereits beiläufig erwähnt.[69] Es ist zur Legitimation, das Doppelgängermotiv als Analyseinstrument zu verwenden, dennoch erforderlich, sich mit einer der grundlegenden Prämissen auseinanderzusetzen, die besonders in einer engen Begriffsverwendung hervorgehoben wird: „Doppelgängertum beruht auf der physischen Ähnlichkeit zweier Personen."[70] Vereinzelte Studien sehen zwar in der motivgeschichtlichen Entwicklung eine Tendenz, die in der Verwendung des Figurenpaars von einer klar definierten Vorstellung identischer Erscheinungen wegführt.[71] Es ist aber nicht davon auszugehen, dass der Ursprungsgedanke der physischen Ähnlichkeit grundlegend suspendiert wird. Für den vorliegenden Roman erscheint es mir besonders vor dem Hintergrund der bereits im vorangehenden Kapitel erwähnte Textstrategie, den Sitznachbarn als eigenständige Figur der erzählten Welt auf einer ontologischen Stufe mit den anderen Figuren zu etablieren, erkenntnisfördernd, auch in Bezug auf die äußeren Merkmale des Erzählers und seines Reisegefährten aufzuzeigen, dass es sich um eine „fiktive Doppelung" handelt.

Das äußere Erscheinungsbild des gesprächigen Sitznachbarn wird gleich zu Beginn detailliert vorgestellt, sodass im Hinblick auf das gesamte Figurentableau zunächst kein Unterschied zu weiteren Figuren der erzählten Welt – beispielsweise dem kurz danach eingeführten „Anführer" der Reisegesellschaft Zoran – zu erkennen ist:

> Nun saß ich in einem dieser neuen Busse und ließ mich von meinem Sitznachbarn volllabern, einem etwas untersetzten Mann mittleren Alters, dessen euphorisches Gemüt nicht recht zur lahmenden Stimmung dieser Fahrt passen wollte. Unter seinem abgewetzten Parka lugte, wenn er die Hände hob, ein knallroter, löchriger Pullover hervor. Er schwitzte stark und roch streng nach Zigaretten und billigem Aftershave. Sein schütteres Haar, zu so etwas wie einem mageren Scheitel gekämmt, überdeckte nur schlecht die von Schweißperlen übersäte Glatze. Die etwas verwahrloste Erscheinung unterstrichen seine dunklen, schlammigen Augen und die grauen Zähne, die er durch krampfhaft verzogene Lippen zu verbergen suchte. (DGT 10)

---

69 Vgl. Jakiša, Der Balkan ist klein, unsere Diaspora aber groß: „Der intradiegetisch-homodiegetische Erzähler und sein Doppelgänger, der ‚Nachbar', legen bei ihrer Serbien-Abrechnung dabei eine wütende Niedergeschlagenheit an den Tag, die atmosphärisch den Roman trägt und auch ein Stimmungsbild nicht nur Serbiens, sondern des gesamten nachjugoslawischen Raums abgibt."
70 Frenzel, *Motive der Weltliteratur*, S. 94.
71 Sandro M. Moraldo nimmt mit Bezug auf die Studien von René Wellek in seiner Monographie beispielsweise folgende Dreiteilung vor, die im Sinne einer Entwicklungsgeschichte verstanden wird: „Der Doppelgänger ist möglich 1. als ‚identischer' Zwilling, 2. als magisches Ebenbild und 3. als Gestalt des anderen Lebens, die jedes beliebige Aussehen haben kann." (Sandro M. Moraldo: *Wandlungen des Doppelgängers*. Frankfurt a. M. 1996. S. 13.).

Ein Vergleich mit dem äußeren Erscheinungsbild des Erzählers ist vor allem mit Blick auf das zweite Kapitel des Romans produktiv, in dem sich der Erzähler über einen längeren Zeitraum nicht in Gesellschaft des Sitznachbarn befindet, der erst am Ende während eines diffusen Spaziergangs durch Belgrad plötzlich wiederauftaucht. Die Merkmale des Sitznachbarn werde ich dazu in visuelle und olfaktorische Kategorien gliedern: (1) Körpergröße, (2) Kleidung, (3) Körpergeruch und (4) Frisur. Die Körpergröße des als „untersetzt" eingeführten Sitznachbarn stellt sich bereits im ersten Kapitel als eine Fehleinschätzung heraus. Als der Nachbar mit Zoran aneinandergerät und sich vor ihm aufbäumt, fällt dem Erzähler auf, „wie groß er war, er überragte Zoran um mindestens einen Kopf!" (DGT 48) Auch hier zeigen sich textuelle Unstimmigkeiten, die die Glaubwürdigkeit des Erzählers in Bezug auf seinen Sitznachbarn einschränken. Wie aus der auflösenden Rückwendung zu Beginn des zweiten Kapitels hervorgeht, begegnet der Erzähler noch vor dem Einsteigen in den Bus einem Mann, der durch die „graue faule Zahnreihe" (DGT 168) ein Merkmal aufweist, das während des ersten Kapitels mehrmals dem Sitznachbarn zugeschrieben wurde. Dieser Mann „stand" (DGT 168) neben dem Erzähler, wodurch eine Fehleinschätzung bezüglich der Körpergröße irritierend wirkt. Es kann als Textstrategien aufgefasst werden, solche Andeutungen zu platzieren, sie jedoch nicht endgültig klarzustellen. Es könnte auch ein anderer Busreisender gewesen sein, der ähnlich wie der Sitznachbar eine „graue faule Zahnreihe" (DGT 168) besitzt. Derartige Unbestimmtheitsstellen sieht Danow als ein Charakteristikum des Doppelgängermotivs, das den ontologischen Status des Doppelgängers in der Schwebe lässt und dadurch ein Spiel mit Lesererwartungen bewirkt:

> Does this figure appear a separate being or an inhabitant of another character's (or reader's) mind? In certain instances such an interloper appears to exhibit an independent existence coupled with independent thought process, which nonetheless artfully undermined on particular (perhaps rare) occasions, leaving the disturbing impression that the double is only the figment of another, more finely delineated, character's active imagination.[72]

---

[72] David K. Danow: *The Enigmatic Faces of the Doppelgänger*. In: Canadian Review of Comparative Literature 23 (1996). S. 459. Danow entwickelt ein dreigliedriges Schema, das die von ihm untersuchten Texte im Hinblick auf den ontologischen Status der Doppelgängerfigur zu differenzieren vermag: 1) Die Figur hat eine eindeutige physiologischen Präsenz in der erzählten Welt („a very real physicalitiy" – S. 459) – zur Veranschaulichung dieser Form analysiert Danow Joseph Conrads „The Secret Share" (1910); 2) Die Doppelgängerfigur erweist sich eindeutig als mentales Konstrukt, das einer anderen Figur zugeordnet werden kann – hier führt Danow E.T.A. Hoffmanns Erzählung „Der Sandmann" an (1816); 3) Es kann nicht eindeutig zwischen physikalischer Präsenz und mentalem Konstrukt unterschieden werden, der Text unterstützt beide Interpretationen – Fjodor Dostojewskis Erzählung *Der Doppelgänger* und Edgar Allan Poes *William Wilson* fungieren hier als Beispielfälle.

Was die drei Kategorien Kleidung, Frisur und Körpergeruch betrifft, ist ebenfalls eine Textstrategie zu erkennen, die zur Aufrechterhaltung der Illusion, dass es sich um eine in der erzählten Welt real existierende Figur handelt, beiträgt. Neben einer unpräzisen Ausdrucksweise bedingt die spärliche Informationsvermittlung die Separierung von Erzähler und Sitznachbarn. Informationen zum äußeren Erscheinungsbild des Erzählers werden nur beiläufig erwähnt, sodass eine eindeutige ‚Entlarvung' des Doppelgängers erschwert wird. Die erwähnten Kleidungsstücke des Sitznachbarn – der „abgewetzte Parka" und der „knallrote[], löchrige[] Pullover" – gehören tatsächlich auch zum äußeren Erscheinungsbild des Erzählers, wie sich im Laufe des zweiten Kapitel herausstellt. Als er in der Wohnung seiner Eltern ankommt, entledigt er sich vor dem Duschen seiner Kleidungsstücke: „Ich stank, und der unansehnliche rote Pullover klebte an meinem Körper wie eine zweite Haut." (DGT 170) Auf der Beerdigung bemerkt der Erzähler, dass die übrigen Trauergäste „den Fremden in seiner zerschlissenen Kleidung" (DGT 180) nicht erkennen. Da er nach dem Duschen ein „besseres Hemd" (DGT 172) aus dem alten Zimmer anzog, liegt es nahe, dass er sich auf seine Jacke bezieht, die er wiederum aufgrund der Hitze am Grab der Großmutter auszieht (vgl. DGT 196). Während er nach der Beerdigung in Belgrad herumirrt, erwähnt der Erzähler beiläufig, dass es sich um einen Parka handelt, den er trägt: „Wieder knurrte mein Magen, doch in mich wollte nichts mehr hineinpassen, so viel Angestautes drängte im Laufschritt und Parka nach draußen, suchte vergeblich nach einem Weg, meinen kümmerlichen Körper zu verlassen." (DGT 219) Werden die verstreuten Informationen zu einem Gesamtbild zusammengefügt, decken sich die Kleidungsstücke des Erzählers und des Sitznachbarn: Beide Figuren tragen einen verschlissenen Parka und einen roten Pullover. Im Rahmen der Ankunft im Elternhaus wurde vom Erzähler selbst bereits der strenge Körpergeruch erwähnt, der die Nachfolgen von extremem Schwitzen auch in Verbindung mit der getragenen Kleidung deutlich macht: „[...] der unansehnliche rote Pullover klebte an meinem Körper wie eine zweite Haut." (DGT 180) Auch vor der Reise am Busbahnhof liefert der Erzähler Hinweise auf eine gesteigerte Schweißproduktion: „Der Regen hatte aufgehört, und auf meiner Haut bildete sich in der drückenden Schwüle ein dünner Schweißfilm." (DGT 167) Kurz vor dem Einsteigen ist dieser Vorgang noch nicht abgeklungen: „Eine Schweißperle tropfte mir von der Nase." (DGT 168) Auch wenn das starke Schwitzen sich – besonders bei sommerlicher Schwüle – nicht als Alleinstellungsmerkmal eignet, ist erneut eine Parallele zum Sitznachbarn zu erkennen, denn dieser „schwitzte stark und roch streng nach Zigaretten und billigem Aftershave." (DGT 10) Der „streng [e]" Zigarettengeruch deutet darauf hin, dass der Sitznachbar starker Raucher ist. Auch hier ist eine Gemeinsamkeit vorhanden: Der Erzähler nutzt die erste im Text geschilderte zehnminütige Rast, um eine Zigarette zu rauchen. Fragwürdig erscheint, warum der Sitznachbar als Raucher nicht auch den Bus verlässt und stattdessen den Erzähler aus dem Busfenster heraus beobachtet (vgl. DGT 31). Auch die Frisuren der Figuren stärken die leitende These. Aus der ersten Figurenbeschreibung des Sitznachbarn kann entnommen werden, dass er eine Langhaarfrisur hat, die er während der Busreise offen und „zu so etwas wie einem mageren Scheitel" (DGT 10) trägt. Zudem sind lichte Stellen vorhanden, die zu Beginn noch überdeckt wurden, aber in der Auseinandersetzung mit Zoran zum Vorschein kommen: „Seine anfangs sorgfältig überkämmte Glatze war nun bloßgelegt, das wenige Haar, das er hatte, stand ab oder klebte an anderen Stellen seines Gesichts." (DGT 47) Ein zweites Mal wird die Frisur des Sitznachbarn bei der Wiederbegegnung in Belgrad thematisiert. Im Hinblick auf beide erwähnten Haarmerkmal werden wesentliche Änderungen präsentiert:

> Ich drehte mich um und erblickte einen jungen Mann: Sein Haar wirkte voller und stand nicht mehr so komisch ab wie im Bus – es war zu einem Pferdeschwanz zusammengebunden. Klare kastanienbraune Augen fixierten mich, und sein verschmitztes Lächeln deutete auf ein Selbstbewusstsein hin, das keine verfaulte Zahnreihe kannte. Er roch gut und trug neue, sommerliche Kleider, eine lederne Umhängetasche und Sandalen mit Klettverschlüssen. Nur seine langen und knorrigen, von Zigaretten vergilbten Fingernägel verrieten ihn, der Rest war geschickt kaschiert worden, dachte ich: auch er ein Meister der Camouflage! (DGT 219)

Der veränderte Körpergeruch und die neue Kleidung kann in einer Engführung von Sitznachbar und Erzähler auf den kurzen Aufenthalt im Elternhaus zurückgeführt werden, im Rahmen dessen sich der Erzähler in seinem von der Mutter als unverändert gekennzeichneten Zimmer auch neue Kleidung überstreift (vgl. DGT 172). Das im Bus noch ungepflegte, schüttere und Fettflecken an der Scheibe verursachende Haar des Sitznachbarn durchlief auch eine Zustandsveränderung und die Frisur wurde zu einem Pferdeschwanz gewechselt. Der Haarschnitt des Erzählers ist wiederum in der Begegnung mit dem ehemaligen „Chef des Viertels" (DGT 227) – Korać – ein Gesprächsthema. Korać liefert aus Figurenperspektive einen Außenblick auf den Erzähler: „Aber gut schaust du aus: Ein paar Haare hast du verloren, aber nach hinten zusammengebunden stehen sie dir gar nicht mal so schlecht." (DGT 228) Aus dieser Figurenrede wird deutlich, dass auch der Erzähler lange, schütter gewordene Haare trägt, die zu einem Pferdeschwanz zusammengebunden wurden. Die physische Ähnlichkeit der beiden Figuren lässt sich also auch hier erkennen, sodass grundlegend von einem Ebenbild des Erzählers ausgegangen werden kann und eine Einordnung in die Motivgeschichte des Doppelgängers berechtigt ist. Die in der Überschrift dieses Abschnitts bereits anklingende Technik des Camouflagierens, die der Erzähler während der zehn Jahre in Wien im gesellschaftlichen Umgang praktizierte, um sich seiner Vergangenheit zu entledigen und sich der Aufnahmegesellschaft anzunähern, wird durch die Veränderung des äußeren Erscheinungsbilds ebenso dem Sitznachbar zugeschrieben: „[...] auch er ein Meister der

Camouflage!" (DGT 219) Auf einer weiteren Bedeutungsebene kann das Camouflagieren als Textstrategie aufgefasst werden, um den ontologischen Status des Sitznachbarn zu verbergen bzw. in der Schwebe zu lassen. Berücksichtigt man die vier gewählten Kategorien zum äußeren Erscheinungsbild der beiden zentralen Figuren, wird durch semantische Offenheit und spärliche Informationsvergabe der Sitznachbar als real existierende Figur getarnt.

Das Motiv des Doppelgängers wurde insbesondere im 19. Jahrhundert in Erzähltexten als Ausdrucksmittel identitätsbedingter Problemstellungen häufig verwendet.[73] Aus der literaturwissenschaftlichen Auseinandersetzung mit diesem beliebten Motiv sind Analysefragen hervorgegangen, die sich auch zur Untersuchung der spezifischen Ausprägung in Marko Dinićs *Die guten Tage* eignen. Neben der äußeren Erscheinungsform, in der sich eine verdeckte physische Ähnlichkeit manifestiert, schließt sich die Frage nach weiteren identitätsstiftenden Details des Sitznachbarn an. Dies betrifft weniger die inhaltliche Ebene, sondern vielmehr die formalästhetische Gestaltung des Erzähltextes: Es gilt zu untersuchen, wie die fiktive Dopplung im Bewusstsein der Erzählfigur konstruiert wird (1). Dabei stellt sich heraus, dass im Roman verstreute Details über real markierte Nachbarsfiguren in der Erinnerung des Protagonisten die Zusammensetzung des Sitznachbarn prägen. Eine der zentralen Fragen, die an Doppelgänger-Texte herangetragen werden können, ist die Funktion der fiktiven Dopplung (2). In Marko Dinićs Roman hat der mentale Dialogpartner mitunter eine therapeutische Wirkung: Es sind Ansätze einer Aufarbeitung der eigenen Familiengeschichte zu erkennen, die der Sitznachbar durch gezielte Fragen fördert. Neben dem konkreten Auslöser einer psychischen Instabilität, der in der Untersuchung des Reisemotivs herausgearbeitet wurde, haben Doppelgängerfiguren zumeist eine Vorgeschichte, die Grenzerfahrungen in der Vergangenheit der Protagonisten verhandeln. Sie tragen dazu bei, das Auftreten einer fiktiven Dopplung zu begründen und geben gleichzeitig einen Einblick in beschwerliche Vergangenheitsepisoden. In *Die guten Tage* wechselt sich die Gegenwartsebene der Busreise mit einer vierteiligen Vergangenheitserzählung ab, in der Wahrnehmungsstörungen dargestellt werden, die hinsichtlich der psychischen Disposition des Protagonisten Kontinuität stiften (3).

5.2.3.1 Entstehung der imaginären Figur

Aus der bisherigen Analyse geht hervor, dass der Sitznachbar „nicht als *einheitliche* Person der Kopie seines eigenen Ich" gegenübertritt, „sondern als dessen Teilstück,

---

[73] Vgl. Hans Richard Brittnacher/Markus May: Revenant/Doppelgänger. In: *Phantastik. Ein interdisziplinäres Handbuch*. Hrsg. v. Hans Richard Brittnacher und Markus May. Stuttgart/Weimar 2013. S. 466–472.

zu dem es sich komplementär verhält."⁷⁴ Unter Berücksichtigung der texteigenen Ausdrucksformen ist das Vorhandensein einer fiktiven Doppelung allerdings ‚camoufliert', um die Illusion aufrechtzuerhalten, dass der Sitznachbar ein fester Bestandteil des Figurentableaus darstellt. Besonders im zweiten Kapitel des Romans wird deutlich, dass die Doppelgängerfigur keine Autonomie besitzt und demnach eine „fiktive Gestalt" darstellt, „die der subjektiven Einbildungskraft des einzelnen entspringt."⁷⁵ In diesem Abschnitt will ich einen Einblick in die Zusammensetzung der Doppelgängerfigur geben. Es soll aufgezeigt werden, dass die Figur des Sitznachbarn in verschiedenen Merkmalen mit anderen, ontologisch als real markierten Figuren korreliert, die in den Erinnerungen des Erzählers auftauchen. Die Figur des Sitznachbarn ist anhand verschiedener Elemente der erzählten Welt zusammengesetzt, was die Konstruktivität der fiktiven Doppelung freilegt.

Bereits in Kapitel 5.2.1 wurde deutlich, dass die unterschiedlichen Reisemotive die Eigenständigkeit des Sitznachbarn als Figur zunächst verstärken. Seine Recherchereise ergibt sich aus der Arbeit an einem Buch, was momentan die einzige Beschäftigung darstellt, der der Sitznachbar nachgeht:

> Ein paar Jahre nach dem Krieg jedenfalls entschied ich mich, dieser ganzen Sache nachzugehen. Wenn ich mich noch so anstrengte, ich konnte mir einfach keinen Reim drauf machen, wieso von einem Tag auf den nächsten meine gesamte Familie wegen so etwas Banalem wie der serbischen Nation auseinandergebrochen war. Ich verließ die Baustelle, zog mich zurück und begann die Arbeit an meinem Buch. (DGT 21)

Insgesamt drei Mal (vgl. DGT 19–21, 55 und 86 f.) versucht der Erzähler, aus dem Sitznachbarn die Selbstbezeichnung „Schriftsteller" zu entlocken, doch seine fiktive Dopplung weicht der Vorstellung, sich selbst Schriftsteller zu nennen, stets aus: „[...] betrachten Sie mich mehr als Elektriker mit einem Faible fürs Wort, als einen arbeitslosen Verbrechensbekämpfer" (DGT 87). Er habe sieben Jahre als Elektriker auf Baustellen gearbeitet, bevor er sich nur noch seinem Buchprojekt widmete. Auch der Erzähler arbeitete unter anderem als „Baustellenreiniger" (DGT 14) viele Jahre an einem vergleichbaren Arbeitsort. Ähnlich wie sich der Sitznachbar durch seine Tätigkeit als sogenannter Gastarbeiter als „Experte der Diaspora" (DGT 26) versteht,

---

74 Moraldo, *Wandlungen des Doppelgängers*, S. 13. Dieses Merkmal entspricht der zweiten Entwicklungsstufe in Moraldos dreigliedrigem Schema, auf der eine physische Ähnlichkeit aufrechterhalten wird. Es werden vor allem literaturgeschichtliche Beispielfälle aus der Romantik (v. a. E.T.A. Hoffmann), aber auch Dostojewskis *Der Doppelgänger* anführt: „In der zweiten Ausprägung ist der Doppelgänger jedoch bildlicher Ausdruck einer Dissoziierung des Ich. Von seinem ‚Original' abgespalten steht er mit diesem in einem gegenseitigen Abhängigkeitsverhältnis. Er bildet mit ihm zusammen im übertragenen Sinne eine *Einheit*, die nicht immer als Ganzheit auflösbar ist." (Ebd., S. 22).
75 Moraldo, *Wandlungen des Doppelgängers*, S. 21.

hat der Erzähler „zu viele Jahre [...] unter den Diasporaserben auf zahllosen Baustellen und hinter verrußten Grillherden irgendwelcher Balkan-Restaurants verbracht" (DGT 160). Er besitzt dadurch einen vergleichbaren Erfahrungshorizont. Eines der verfremdenden Elemente in der Figurenkonzeption, das für eine Separierung der beiden Figuren sorgt, ist die berufliche Tätigkeit als Elektriker, die der Sitznachbar aber seit längerer Zeit nicht mehr ausübt. Eine Spur zum Ursprung dieses Figurenmerkmals findet sich auf der Vergangenheitsebene des ersten Kapitels. Darin erwähnt der 18-jährige Erzähler einen arbeitslosen Elektriker. In der letzten der vier Episoden beobachtet die Großmutter den Nachbarn des Elternhauses, der als ein dem Alkohol verfallener, gesellschaftlicher Absteiger beschrieben wird:

> Vor einigen Monaten kam unser Nachbar – ein arbeitsloser Elektriker, der seine Karriere und seine Familie für das Spiegeltrinken aufgab – auf die grandiose Idee, einen Taubenkäfig in seinem Garten aufzustellen. Ohne daran zu denken, dass sich jemand um die Flugratten kümmern, sie füttern oder ab und zu auch fliegen lassen muss. Ein Vogel nach dem anderen fiel tot um. Von anfangs dreizehn Tauben ist heute nur noch eine Handvoll da. (DGT 146)

Sowohl die Berufsbezeichnung als auch die Tatsache, dass es sich um den räumlichen Nachbarn des Elternhauses handelt, erwecken den Anschein, dass der Erzähler in seiner Imagination für die „groteske[n] Züge" (DGT 46) des Figurenentwurfs Merkmale des ehemaligen Belgrader Nachbarn verwendet. Diese Vorgehensweise bestätigt eine weitere Nachbarsfigur des Romans, die der Erzähler selbst mit seinem „*Schriftsteller*-Nachbarn" (DGT 24) in Verbindung bringt. Die zerrüttete Familienkonstellation von Milan, der ein Stockwerk über der Wiener Einzimmerwohnung des Erzählers lebt, gleicht in der Vater-Sohn-Thematik den Familienverhältnissen des Sitznachbarn: Auch Milans Vater gehört zu den Kriegsheimkehrern der Wiener Diaspora, „die den Krieg mit nach Hause gebracht und das persönliche Trauma zu einem kollektiven gemacht haben" (DGT 25). Der Erzähler setzt die Beziehungen zum Vater der beiden Nachbarn gleich und markiert gleichzeitig einen Unterschied zu seiner eigenen Familiengeschichte: „Bei ihren Vätern verlief es laut und blutig, bei meinem leise und hinterfotzig." (DGT 25) Erneut zeigt sich, dass Teilelemente der Figurenkonzeption des fiktiven Sitznachbarn aus in der erzählten Welt als real markierten Nachbarn resultieren und dadurch einen subtilen Einblick in den Prozess gewährt, wie sich die mentale Figur im Bewusstsein des Erzählers herausbildet. Ein bedeutender Unterschied zwischen Milan und dem Sitznachbarn liegt allerdings darin, dass der befreundete Nachbar aus Wien die Katastrophenerfahrung des Vaters nicht versprachlichen kann: „Er schämte sich und wollte, mir nicht sagen, was es wirklich auf sich hatte mit den Gräueln, an denen sein Vater in Bosnien beteiligt war." (DGT 25) Die Aufarbeitung der Familiengeschichte ist, was den Sitznachbarn betrifft, der Ausgangspunkt für dessen Buchprojekt: „Es ist nicht die hohe Dichtkunst, kein Roman oder so etwas. Es ist vielmehr die Geschichte meiner Familie, die ich aufschreiben will. Knallharte Aufarbeitung, keine Gnade für niemanden!" (DGT 21) Dieser Aufarbeitungsdrang ist auch für die Beziehung zwischen der Erzählfigur und seinem Sitznachbarn von Relevanz, da auch der Rückkehrer Verdrängungsmechanismen ausgesetzt ist. Ähnlich wie Jesus in Jagoda Marinićs *Restaurant Dalmatia* hat die Unterhaltung mit dem Sitznachbarn in Dinićs *Die guten Tage* eine therapeutische Funktion, die die Auseinandersetzung des Protagonisten mit seiner Vergangenheit fördert.

5.2.3.2 Funktion: Aufarbeitung der familiären Vergangenheit

Der Sitznachbar offenbart sich insbesondere im dritten Teil der Busfahrt-Episoden auf der Gegenwartsebene als Reflexionsmedium für die Erzählfigur und deren zerrüttetes Verhältnis zur Vergangenheit vor der Migration nach Österreich. Die Episode wird mit einer konfrontativen Frage der Schriftsteller-Figur eröffnet: „Wenn ich mir eine Frage erlauben darf: Worin besteht die Schuld Ihrer Eltern?" (DGT 86) An der Reaktion des Ich-Erzählers sind Ausweichmechanismen erkennbar, die verdeutlichen, dass bereits eine Versprachlichung des familiären Konflikts als erster Schritt der Aufarbeitung eine große Hürde darstellt. Sein Schweigen und der abrupte Themenwechsel stellen Verdrängungsmechanismen aus, die aus dem Bruch mit der eigenen Familie resultieren. Der Sitznachbar lenkt das Thema des inneren Dialogs jedoch immer wieder auf den Vaterkonflikt und liefert dadurch Impulse zur Auseinandersetzung mit der Familiengeschichte vor der Rückkehr in den Herkunftsraum. So verändert er nach dem Themenwechsel der Erzählfigur, die auf das Schriftstellerdasein des dubiosen Elektrikers zielt, seine Buchidee zum wiederholten Mal: Gegenstand eines kommenden Romans ist nun die Lebensgeschichte des Ich-Erzählers, zu der jedoch ein entscheidendes, zu diesem Zeitpunkt nicht vorstellbares Detail hinzugefügt wird: „Das Ende wiederum ganz klassisch, eine Versöhnung von Vater und Sohn in der Heimat." (DGT 90) Dieses sarkastisch formulierte *Happy End* regt die Erzählfigur wiederum zum Nachdenken über die eigene ‚Flucht' aus dem Herkunftsraum vor zehn Jahren an: „Ich verschwand eines Tages einfach, ohne etwas verbrochen zu habe – *ohne dass er etwas verbrochen hätte*. Die Angst vor der Begegnung mit meinem Vater flammte wieder auf, die Angst vor der Begegnung mit meiner Großmutter als Leichnam." (DGT 90) Der Versuch, sich von dem Gedanken an die Konfrontation mit der Familiengeschichte erneut abzulenken, spiegelt sich in einer Digression des mentalen Dialogpartners über den russischen Realismus. Auch bei diesem Thema kann die Erzählfigur der verdrängten Vergangenheit im Herkunftsraum nicht entkommen, da bei der Nennung der weltberühmten russischen Realisten („Tolstoi, Dostojewski, Turgenjew, Gogol, …", DGT 90) plötzlich die Erinnerung an seinen besten Freund Milos aufkommt, ein Literaturkenner und Liebhaber der „Russen". Auch zu seinem besten Freund hat der Erzähler trotz dessen existentieller Nöte vor fünf Jahren aufgrund seines neuen Lebens in Wien den Kontakt abgebrochen: „Ich schickte ihm damals all mein Erspartes, was nicht viel war, und erklärte ihm, dass ich ihn nicht wiedersehen könnte, zumindest nicht in diesem Zustand." (DGT 92) Die durch den Sitznachbarn ausgelöste Rückschau lässt den Erzähler seine innere Zerrissenheit erkennen, die letztlich im zweiten Großkapitel in einer auflösenden Rückwendung konkretisiert wird: „Ein Teil von mir versuchte krampfhaft, mein bisheriges Leben in Serbien zu vergessen, während ein anderer Teil ununterbrochen daran erinnert wurde, wie sehr Wörter wie Sehnsucht oder Heimat zur Falle werden können." (DGT 93) Wie in Ingeborg Bachmanns *Malina*-Roman erweist sich auch hier der innere Dialogpartner als erzählerisches Mittel, um tiefer in das Bewusstsein der Erzählfigur einzudringen und vor allem den Vaterkonflikt in einem ersten Aufarbeitungsversuch zu versprachlichen[76] – in Dinićs *Die guten Tage* mit dem Ziel, eine kontinuitätsstiftende Beziehung zwischen dem alten Leben in Belgrad und dem neuen Leben in Wien aufzubauen.

Nach der Abschweifung zu den russischen Realisten erfolgt seitens des Sitznachbarn die nächste Aufforderung, den Familienkonflikt zu konkretisieren: „Nun – worin besteht die Schuld Ihrer Eltern, wenn ich nochmal fragen darf?" (DGT 94) Im Nachdenken über diese Frage sind keine klaren Gedankengänge auszumachen, die psychischen Vorgänge werden desorganisiert beschrieben: „Ungeordnete Gedanken flackerten kurz auf und verschwanden hinter einer Wand von wirren Assoziationsketten." (DGT 94 f.) Der Ich-Erzähler wirkt ratlos angesichts der gestellten Frage: „Was sollte ich ihm noch erzählen?" (DGT 95) Infolge dieser Verworrenheit wechselt nach einem Absatz die Typografie und eine kursivierte Satzauszeichnung sondert den nachfolgenden Absatz von der vorigen Gedankenrede ab. Auch das Tempus wechselt: Der Erzähler schildert im Präsens, wie er sich „vergangene Weihnachten" (DGT 96) in seinem Elternhaus vorstellt. Es handelt sich um eine Binnenerzählung, die einen tristen Ablauf des Feiertags in Abwesenheit des einzigen Sohnes zeichnet:

> Im Wohnzimmer läuft der Fernseher ununterbrochen, ohne dass jemand wirklich hinschaut oder zuhört: Der Flimmerkasten ist zum Ersatz für den Sohn geworden, dementsprechend wird er auch behandelt. [...] Grelles Jännerlicht ist gefüllt mit fauligem Obst und Nüssen. In der winzigen Küche stapelt sich dreckiges Geschirr. Punktgroße Fruchtfliegen umschwirren die Tristesse eines Stilllebens. (DGT 95)

Die bildliche Darstellung des „Stilllebens" ist in dieser Aufzeichnung durchaus auch wörtlich zu verstehen: Das Zusammenleben der entworfenen Figuren gestaltet sich trostlos und unkommunikativ. Die Eltern verbringen „ihre Nachmittage meist einsam und schweigen" (DGT 95). Die Beziehung zwischen den Eltern und

---

[76] Vgl. das zweite Kapitel in Bachmanns *Malina*-Roman (Ingeborg Bachmann: *Malina*. Mit einem Kommentar von Monika Albrecht und Dirk Göttsche. Frankfurt a. M. 2004. S. 173–235).

der Großmutter begrenzt sich auf seltene, hörbare Lebenszeichen: „Meine Eltern hören sie nur, wenn sie abends aufs Klo geht oder ihre einzige Mahlzeit des Tages aus dem Kühlschrank holt. Sie sehen sie nicht." (DGT 95) Die Abwesenheit des Erzählers wird besonders von der Mutter andächtig betrauert: „Es wird für vier Personen gedeckt, auch wenn mein Vater leise protestiert." (DGT 96) Dass es sich um eine Vorstellung handelt, wie das letzte Weihnachten bei den Eltern in Belgrad ablief, erschließt sich durch die Gedankenrede des Erzählers nach der kursivierten Aufzeichnung. Er schildert darin seine „Gedanken an vergangene Weihnachten" (DGT 96) und berichtet, dass die zahlreichen Anrufe der Mutter ihm „ein schlechtes Gewissen" (DGT 96) bereitet hätten, das er damals im Keim erstickte. Die Anrufe der Mutter („Dreizehn Anrufe insgesamt.", DGT 96) sind das Bindeglied zwischen der Aufzeichnung und der Gedankenrede und rücken als faktisch markierter Ausgangspunkt des imaginierten Familienbilds in den Vordergrund. Es findet gewissermaßen eine emotionale Annäherung an das zerrüttete Familienbild statt, in der sich die Erzählerstimme der Aufzeichnungen in die triste Szenerie des Elternhauses aus einer auktorialen Perspektive hineinversetzt. Die ausgelagerte Aufzeichnung bewirkt, dass der Erzähler sich in seiner Gedankenrede an das „vergangene Weihnachten" in Wien erinnert und weitere Reflexionsprozesse ausgelöst werden, in denen der Rückkehrer sich selbst die Schuld für das einsame Leben der Großmutter gibt, was er vor allem an die Tatsache rückbindet, dass die Großmutter erst zwei Tage nach ihrem Tod in ihrem Zimmer gefunden wurde.

Dass die kursivierte Aufzeichnung auch als Impuls für die Auseinandersetzung mit einer transgenerationalen Familiengeschichte zu verstehen ist, verdeutlicht der vierseitige Monolog, den der Erzähler nun aus eigener Initiative danach an den Sitznachbarn richtet. In diesem werden vor allem die Familienverhältnisse der verehrten Großmutter verhandelt („Großmutter trug aber keine Schuld an der Verkommenheit ihrer Sippschaft.", DGT 98) und eine schuldbelade männliche Genealogie als Antwort auf die wiederholte Frage des Sitznachbarn präsentiert: der „feige" Urgroßvater, der sich während des Zweiten Weltkriegs in einem Schuppen versteckte und der „hartherzige" Großvater, den „verhassten Nachbarsjungen" der Großmutter, der patriarchale Strukturen schuf, die aus der Perspektive des Erzählers immer noch vorherrschen („Mittelalterliche Zustände, bis heute!", DGT 98). Der Großvater habe wiederum seine vier Söhne zu „hartherzigen Idioten" (DGT 100) erzogen, die ebenso wie die Familie des Großvaters „auf die eine oder andere Art in unsere Kriege involviert" (DGT 98) waren. Innerhalb der generationenübergreifenden Familiengeschichte stehen sich die kriegsscheue Seite der Großmutter und das kriegsaffirmative Lager des Großvaters gegenüber, als dessen „edle[] Nachfahren" (DGT 98) sich der Vater des Erzählers und seine Brüder verstehen. Die erste Aufzeichnung und die unmittelbar danach präsentierte Gedankenrede stellen zusammengefasst ein zerrüttetes Familienbild dar, das aus den Verhaltensweisen des

Vaters („Wut dominiert das Zusammenleben seit jeher. Vater ist derjenige der wütend ist, [...].", DGT 95) resultiert, deren familiäre Ursprünge aus transgenerationaler Perspektive erörtert werden. Nach dem Monolog befindet sich der Erzähler in Einklang mit seinem mentalen Dialogpartner, was auf einen positiven Effekt der ‚Erzähltherapie' schließen lässt: „Sie sind ein Klugscheißer – aber es ist keine langweilige Fahrt mit Ihnen! Wir sollten öfter gemeinsame reisen." (DGT 101) Damit ist auch die Verzweiflung des Erzählers, als sich der Sitznachbar vor der Grenze von ihm verabschiedet, nachvollziehbar. Als Reflexionsmedium fördert die fiktive Dopplung die Auseinandersetzung der Erzählfigur mit seiner Vergangenheit und erweist sich somit als unbequemes, aber geeignetes Mittel, die beschwerliche Vergangenheit aufzuarbeiten: „Ich wollte nicht, dass er geht – er war der Einzige, der all das hier verstand." (DGT 128)

5.2.3.3 Ursachenforschung: Wahrnehmungsstörungen auf der Vergangenheitsebene

Auf der Vergangenheitsebene werden Erinnerungen des Erzählers an seinen letzten Schultag in Belgrad dargelegt und damit einen Einblick in den „Ausnahmezustand" der serbischen Nachkriegszeit gewährleistet, der das erzählte Ich 2006 zur „Flucht" nach Wien bewegte.[77] Diese Erzählebene steigert in den vier Teilen die Entschlossenheit des Erzählers von einführenden Fluchtgedanken („Wenn das mit der Aufnahmeprüfung klappt, bin ich hoffentlich bald weg.", DGT 39) und der erzählerisch retrospektiv dargelegten Aufforderung der Großmutter im ersten Teil („Hau ab, werde ein normaler Mensch, solange du kannst, sonst wirst du wütend wie dein Vater und seine Brüder", DGT 41) über konkrete Andeutungen gegenüber seinem besten Freund Milos im zweiten Teil („Ich glaube, ich verschwinde wirklich. Meine Großmutter würde mir das Geld geben!", DGT 79), den Münzwurf im Geschichtsunterricht („Kopf ist Wien, Zahl Berlin. Jetzt muss nur noch das Geld her.", DGT 106) bis zum als Moment der Befreiung dargestellten Ausruf der Entscheidung im Gespräch mit der Großmutter, das sich im letzten Teil der Binnenerzählung befindet:

> „Ich gehe, Nana!", brülle ich fast triumphierend in den Raum, falsche Tränen von der Wange wischend. „Ich habe heute wieder lange darüber nachgedacht. Ich will endlich weg aus diesem Loch, ich will nach Wien, zumindest für ein Jahr oder so, vielleicht zwei. Ich brauche wirklich nicht viel, ich nehme nur das Nötigste mit, morgen fahre ich in die Stadt, da hole ich mir alle Informationen fürs Visum." (DGT 151)

---

77 Zum Leben im „Ausnahmezustand" aus geschichtswissenschaftlicher Perspektive vgl. Elisa Satjukow: *Die andere Seite der Intervention. Eine serbische Erfahrungsgeschichte der NATO-Bombardierung 1999*. Bielefeld 2020.

Die für den Erzähler unerträglich gewordenen Lebensverhältnisse werden auf der Vergangenheitsebene mit körperlichen Symptomen in Verbindung gebracht, die das Verlassen des Herkunftsraums in seiner Dringlichkeit verstärken: „Die Verbitterung über so viel Betrug und Wahnsinn lässt mich nicht los. Jeder meiner Atemzüge wird zu einer Rechtfertigung, einem Luftholen unter Wasser. Ich muss weg." (DGT 137) Der Erzähler fühlt sich „ausgelaugt" (DGT 103), seine Glieder sind „taub" (DGT 136), „alles ist stumpf" (DGT 138). Als Konsequenz beschreibt er eine zunehmende Abspaltung der Innenwelt von einer verachteten Außenwelt: „Ich sehe diese ganze Scheiße an, doch nichts dringt mehr zu mir durch. Mir stößt die Kotze sauer auf, und kalter Schweiß legt sich über die Fingerkuppen." (DGT 140) Die Außenwelt – als Hauptschauplätze die Wohnung und die Schule – wird vor allem von den „falschen Vätern" (DGT 39) dominiert. Allen voran richtet sich die Wut des Erzählers auf den eigenen Vater, dessen Namensnennung auf der Ebene der erzählten Vergangenheit durchweg von einem beleidigenden Ausdruck begleitet wird. Am häufigsten verwendet der Erzähler den Begriff des „falschen Stachelschweins", dessen lexikalische Nähe zu dem mit dem Merkmal eines „Schweinegesicht[s]" (DGT 33) eingeführten ehemaligen jugoslawischen Präsidenten Slobodan Milošević offensichtlich ist. Auch eine ideologische Hörigkeit gegenüber Milošević wird in weiteren Beschimpfungen als „kadavergehorsamer Wurm" oder „devoter Hund" (DGT 40) angeklagt, wodurch dieser als oberster Repräsentant einer Vätergeneration dargestellt wird, der in der heranwachsenden Generation mithilfe seines medialen Einflusses Feindbilder etablierte und sie lehrte, „wie man abgrundtief hasst" (DGT 37): „Amerika, Deutschland, die NATO, Tony Blair, Bill Clinton und all die anderen Namen, die während dieser Zeit ununterbrochen im Fernsehen und Radio wiederholt wurden." (DGT 37)

Als eine Art innerer Fluchtpunkt, um den Auseinandersetzungen mit den Eltern zeitweilig zu entkommen, stellt sich die Musik heraus: „In meiner Hosentasche drücke ich ein Lied nach dem anderen weg. Zumindest für einige Minuten die Gedanken an meine Eltern abstellen." (DGT 40) Auf der vierteiligen Vergangenheitsebene finden sich in der ersten und letzten Episode, in denen der äußere Bewegungsraum des Erzählers jeweils das Verlassen und das Zurückkommen in die Wohnung der Eltern darstellt, auf Deutsch übersetzte Liedzeilen jugoslawischer Rockbands der 1980er Jahre[78]. Die „raue[] Stimme" (DGT 41) von Johnny Štulić, dem Sänger der

---

[78] Zur Geschichte der Rockmusik im ehemaligen Jugoslawien und insbesondere ihrer gemeinschaftsstiftenden und subversiven Dimension vgl. überblicksartig Rüdiger Rossig: YU-Rock: A brief history. URL: http://www.balkanrock.ruediger-rossig.de/YURock.htm (zuletzt abgerufen: 09.03.2021). Der Journalist Rüdiger Rossig (*taz*) gilt als Vermittler in Bezug auf die Bekanntmachung südosteuropäischer Rockmusik in Deutschland (vgl. Alenka Barber-Kersovan: Rock den Balkan! Die musikali-

Band Azra,[79] wirkt auf das erzählende Ich beruhigend, indem sie den vorigen Gedankengängen vorübergehend „ein Ende bereitet" (DGT 41). Gleichzeitig spiegelt sich im Liedtext des im ersten Teil kursiviert eingeschobenen Songs „Balkan" auch die Grundstimmung des Erzählers und das zuvor thematisierte Ausbrechen aus den gegenwärtigen Lebensverhältnissen wider: „*Eines Tages bin ich weg, komme auch nicht mehr zurück. / Freunde, die ich einst kannte, erkenne ich nicht wieder. / Als hätte es mich auf dieser Erde nie gegeben. / Als hätte mich ihr Körper nie gewollt.*" Unter Berücksichtigung der Interferenzen zwischen der 2006 verorteten Vergangenheitsebene und der auf einer Gegenwartsebene situierten Rückkehr in den Herkunftsraum wird die Bedeutung der Musik und besonders der Bands „EKV, Azra oder Haustor", was die Selbstbespiegelung und eine temporäre Befreiung von repressiv wahrgenommenen familiären Verhältnissen betrifft, noch deutlicher: „Zumindest waren sie öfter für mich da gewesen als mein Vater. Nichts drückte die Situation, in der meine Freunde und ich uns damals befanden, besser aus, als diese schlichten, aber schlagkräftigen Songs." (DGT 23) Die vom Erzähler genannten Bands sind eng mit der Entwicklung des Punks in Jugoslawien Ende der 1970er Jahre verknüpft.[80] Eine besonderes Merkmal in der Entwicklung dieses subkulturellen Musikgenres im ehemaligen Jugoslawien stellt die Akzentuierung der Liedtexte dar:

> Before Punk came along, lyrics hadn't been paid very much attention in SFRJ Rock music. Though there had always been an indirect pressure on musicians to write about Socialist and patriotic topics, most Yugoslav Rock lyrics were love songs. Suddenly there was a whole new movement of vital, young musicians communicating a very new kind of sensibility that was characterised by ground breaking frankness.[81]

Größtenteils in den 1980er Jahren geschrieben haben die Liedtexte auch in der Jugend des Erzählers Mitte der 2000er Jahre noch eine emanzipatorische Wirkungskraft, um sowohl auf familiärer Ebene als auch in Bezug auf staatliche Institutionen, wie beispielsweise die Schule, zumindest innerlich zu rebellieren.[82]

---

sche Rekonstruktion des Balkans als emotionales Territorium. In: *Cut and paste. Schnittmuster populärer Musik der Gegenwart*. Hrsg. v. Dietrich Helms und Thomas Phleps. Bielefeld 2006. S. 89.).
79 Branimir „Johnny" Štulić wird von Rossig in seinem rockgeschichtlichen Überblick als Wegbereiter für gesellschaftskritischer Songtexte besonders hervorgehoben: „Branimir Štulić alias "Johny", the lead singer/songwriter and guitarist in the band Azra, probably had the most universal opus related to politically orientated songs. He was the first to write songs with a critical stand on Tito's absolutism, state police methods and the helplessness of the individual in the Socialist system." (Rossig, YU-Rock: A brief history.)
80 Vgl. Rossig, YU-Rock: A brief history.
81 Rossig, YU-Rock: A brief history.
82 Vor der Entwicklung des Punks in Jugoslawien hatten Rockbands vor allem eine gemeinschaftsstiftende Funktion im ehemaligen Jugoslawien, was für ein sozialistisches Regime eine Besonderheit darstellte (vgl. Barber-Kersovan, Rock den Balkan!, S. 75). Signifikantes Beispiel dafür ist

Neben der räumlichen Flucht aus den aktuellen Lebensverhältnissen, die sich in den vier Episoden in den Gedankengängen des Erzählers festigt, ist nach der Musik als auditiver Fluchtpunkt am erzählerischen Schauplatz der Schule ein weiterer innerer Fluchtmechanismus zu erkennen, der wiederum für das Auftauchen einer fiktiven Dopplung auf der Gegenwartsebene Relevanz besitzt. Auf dem Weg von der Stammkneipe zum Klassenraum kommen Milos und die Erzählfigur an einem Spielplatz vorbei und harren dort aus, bis der Unterricht beginnt. Der Erzähler liefert zunächst in penibler Genauigkeit die Umrisse der einzelnen Spielplatzelement: „An der Rutsche, deren Oberfläche immer noch glatt und makellos aussieht, fehlen die zweite und die vierte Sprosse. Das Klettergerüst hat die Form eines Quadrats, aufgeteilt in sechzehn kleinere Quadrate." (DGT 84) Kurz darauf schildert er eine Veränderung in der visuellen Wahrnehmung, die er als „Verformung" (DGT 84) bezeichnet, was an die Darstellungsweisen von Träumen erinnert. Wie in einem Tagtraum legen sich innere Bilder über die zuvor geschilderte Spielplatzfläche:

> Und drüben am Bogenreck scheitert gerade wieder jemand an den zwei Metern ... Die Leute werden unruhig, schmeißen zuerst mit Steinen und wehren sich gegen ein schweinsgesichtiges Etwas, das mit Schlagstöcken und Tränengas und Panzern und Armee antritt. Ungleiches Spiel: Während der eine sich kurz umdreht, sticht der andere zu, hackt ihm von hinten den Kopf ab, das Blut sickert in den Boden und dringt ins Grundwasser ... (DGT 84 f.)

Die assoziativ aneinandergereihten Traumbilder sind auf symbolischer Ebene mit den Erinnerungen an den „Ausnahmezustand" des Bombardements in Verbindung zu bringen, die den Erzähler in der ersten Vergangenheitsepisode auf dem Weg zur Schule beschäftigten. Im Gegensatz zur Verherrlichung des „schweinsgesichtigen Mann[es]" (DGT 37) lehnen sich die Leute allerdings gegen ein bis an die Zähne bewaffnetes, entpersonalisiertes Etwas auf. In dem darauffolgenden „ungleichen Spiel" scheinen die Leute dann aber untereinander Gewalt auszuüben, und zwar unbemerkt aus dem Hinterhalt, wenn eine Person in ihrer Körperstellung von einer anderen kurzzeitig abweicht. Auf einer abstrakten Ebene kann dieser Tagtraum als allegorisches Bild für den grundlegenden Verlauf der kriegerischen Auseinandersetzungen im ehemaligen Jugoslawien gedeutet werden: Das Zur-Wehr-Setzen gegen eine militärisch aufgerüstete Kraft, die durch das Attribut „schweinsgesichtig" auf

---

die Band „Bijelo dugme" um Gitarrist Goran Bregović, die im ehemaligen Jugoslawien eine beispiellose Popularität genoss (Medien erfanden für den Hype um die Gruppe den Begriff „Dugemanija"). In Die guten Tage aktiviert „Bijelo dugme" – die jugoslawische Variante der Beatles, Deep Purple und The Clash in einem (vgl. Rossig, YU-Rock: A brief history) – unter der Diaspora-Busgesellschaft in Abgrenzung zum Turbofolk eine gewisse Jugonostalgie: „Stunden voll quälenden Turbofolk-Geplärres ergänzten den Saufbetrieb in den ersten Reihen. Hie und da – wenn es einem der Fahrer mal selbst zu viel wurde – spielten sie einige Lieder von Bijelo Dugme, bei denen die wallenden Gemüter verdächtig still wurden und eine nahezu nostalgische Andacht herrschte." (DGT 11)

Slobodan Milošević abhebt, führt nicht etwa zu einem Zusammenhalt der Menschen, sondern schürt die Gewalt untereinander. Die kurzzeitige Loslösung des Erzählers von der ihn umgebenden Außenwelt wird durch Milos' Reaktion veranschaulicht. Um ihn aus der mentalen Versenkung zu entreißen, tritt dieser dem Erzähler gegen das Schienbein: „Was ist denn los mit dir, Alter? Scheiße, du hast mir einen Schrecken eingejagt!" (DGT 85) Signifikant für die Zuverlässigkeit der erzählerischen Wahrnehmungsinstanz ist, dass das erzählende Ich scheinbar unfreiwillig und unkontrolliert in diesen traumartigen Zustand versetzt wird: „Zu einem bestimmten Zeitpunkt setzte dann die Veränderung ein, die Verformung." (DGT 84) Im Anschluss an diese traumartige Wirklichkeitswahrnehmung erblickt der Erzähler eine „Gestalt" (DGT 85) auf eine Parkbank, die nicht das erste Mal an diesem Tag plötzlich im eigenen Wahrnehmungsfeld auftaucht. Am Ende der ersten Schultag-Episode meint der Erzähler, kurz nachdem er trotz eines Sprints den Bus verpasste, eine aus dem Wald heraustretende Gestalt zu erkennen. Bemerkenswert ist, dass diese Gestalt ihm ohne optisches Hilfsmittel erscheint: „Ich nehme die Brille ab und reibe mir die Augen. Immer noch wabert das Bild, und ich meine, eine Gestalt zu erkennen, die aus dem Wald tritt." (DGT 44) Als er seine Sehilfe wieder platziert, ist die ihn verwirrende Gestalt wieder verschwunden: „Ich setze die Brille wieder auf. Niemand da." (DGT 44) Auf der Vergangenheitsebene manifestieren sich Symptome eines Verfolgungswahns, aus der eine Störung der Wirklichkeitswahrnehmung resultiert. Kurz vor dem Tagtraum auf dem Spielplatz wird der Erzähler in der zweiten Schultag-Episode von einem Gefühl heimgesucht, heimlich beobachtet zu werden: „Wieder beschleicht mich das Gefühl, jemand würde hinter mir stehen. Ich drehe mich um und erkenne in der Ferne einen Mann, reglos sitzt er auf einer Parkbank und beobachtet uns." (DGT 83) Es ist der Mann, den er nachdem er von Milos aus der eigenen Versenkung gerissen wird, wieder erblickt. Ob es sich um eine halluzinatorische Erscheinung handelt oder tatsächlich in der Ferne ein Mann auf einer Parkbank sitzt, bleibt ungewiss, da Milos nicht auf die Frage des Erzählers („Siehst du den Typen da?", DGT 85) eingeht. Ein drittes Mal erscheint dem Erzähler eine Gestalt in der letzten Schultag-Episode, bevor er sich auf den Weg nach Hause macht. Im Gespräch mit Milos erwähnt der Erzähler die erdrückende Hitze, die ihnen noch „die restlichen Gehirnzellen" (DGT 138) wegbrennt. Er versichert, dass außer ihm und Milos „kein Mensch zu sehen" (DGT 138) sei. Plötzlich erscheint hinter Milos, sodass dieser ihn nicht wahrnehmen kann, wiederum ein Mann, der nun aber mit weiteren Details konkretisiert wird:

> Dann taucht hinter Milos plötzlich ein Mann auf, das schüttere Haar zu einem Seitenscheitel gekämmt, und dazu trägt der Typ noch einen grünen Parka. Er sieht uns, bleibt kurz stehen, grinst, verschwindet wieder. (DGT 138)

Wie in den vorangegangenen Beispielen ist nicht endgültig nachprüfbar, ob diese Erscheinung lediglich als Wahnvorstellung in der Wahrnehmung des Erzählers existiert. Hinweise, dass kurz danach (Gestalt, die aus dem Wald kommt) – oder wie im angeführten Beispiel kurz davor – niemand zu sehen ist, bekräftigen jedoch die Hypothese, dass es sich um eine Wahrnehmungsstörung handelt, die dem Erzähler die Gestalten als Sinnestäuschung präsentiert. Zudem werden in der Erzählerrede die äußeren Umstände als potenzielle Auslöser dieser Trugbilder angeführt und Misstrauen der eigenen Wahrnehmung gegenüber geäußert: „Und wer trägt an so einem heißen Tag, an dem die Hitze einem so vieles vorgaukelt, einen Parka?" (DGT 153) Geschlecht, Frisur („das schüttere Haar zu einem Seitenscheitel gekämmt") und Kleidung (der grüne Parka) bringen die auf der Vergangenheitsebene erblickte Gestalt mit dem Sitznachbarn auf der Gegenwartsebene in Verbindung und deuten darauf, dass die „Persönlichkeitsstörung", die die fiktive Dopplung hervorbringt, bereits vor der Migration nach Österreich in der Nachkriegswirklichkeit in Belgrad ihren Ursprung fand.

Nicht nur das familiäre Umfeld, sondern auch die Institution Schule wird auf der Vergangenheitsebene als Umweltfaktor dargestellt, der eine psychische Instabilität begründet. Der Schauplatz des XVI. Belgrader Gymnasium wird als Gefängnis inszeniert: „Ein langgezogener grauer Klotz mit einer breiten, vergitterten Fensterfront und zwei brückenförmigen Aufgängen." (DFG 81) Von außen stehe das Gebäude „wie aus Albträumen zusammengetragen" (DFG 81) auf einer Anhöhe, das Übermaß an Schüler:innen kann nur in einem Zwei-Schichten-Modell in „zellengleichen Innenräume" (DGT 81) bewältigt werden. Das von der Stadtverwaltung bereitgestellte Geld für eine Sanierung des Dachstocks verschwand in den Kanälen des Schuldirektoriums, weshalb sich die Schule seit mehreren Jahren in einem heruntergekommenen Zustand befindet: „Das XVI. Belgrader Gymnasium ist auch ein Abbild dessen, wie die Korruption in diesem Land funktioniert." (DGT 82) Der im dritten Teil geschilderte Geschichtsunterricht bei „Professor Marko" zeigt, dass neben der Familie auch die Schule von „Indoktrinationsstunden" geprägt ist. Der kriegsverherrlichende Unterricht des allseits beliebten Lehrers Marko, der im Bezug auf den Ersten Weltkrieg Feindbilder aufrechterhält („Potiorek heißt die Ratte, der Verbrecher!", DGT 110) und insbesondere die serbischen Helden des Ersten Weltkriegs glorifiziert („Aber unsere Jungs wussten schon, was sie ihm entgegenzusetzen hatten", DGT 110), geht mit einer spöttischen Verachtung der Klasse und Bloßstellung einzelner Schüler:innen einher, die den Klassenraum wieder in den in Bezug auf das Bombardement 1999 erinnerten „Ausnahmezustand" (DGT 114) verwandelt. Der Erzähler schlussfolgert: „Wir sind hier in keiner Schule. Wir waren nie in einer. Vier Jahre Geschichtsunterricht bei Marko fühlt sich heute, an diesem vorletzten Schultag, wie der Abschluss eines Ausbildungslagers für Verrückte und Zwangsgestörte an." (DGT 112) Die vom Erzähler als „faschistische Melancholie"

(DGT 113) bezeichnete antiimperialistische Propaganda des Lehrers[83] offenbart das Narrativ einer Selbstviktimisierung, die im Roman grundsätzlich der verhassten Vätergeneration zugeschrieben und gemeinhin als gängiges Merkmal der „nationalen Erzählungen" postjugoslawischer Republiken gilt[84]:

> Und doch dürft ihr die Namen unserer Feinde nie und niemals vergessen. Das ist es, was am Ende übrig bleibt: Unsere Feinde haben uns erst zu dem gemacht, was wir heute sind! Im Ausland werden sie nicht müde, die Namen unserer Helden durch den Dreck zu ziehen, also werdet auch ihr nicht müde, dasselbe mit ihren Verbrechern zu tun. (DGT 112)

Die Wirksamkeit dieser politisch motivierte Erziehungsform deckt sich aus der Perspektive des Erzählers mit den „Indoktrinationsstunden" der Väter. Die meisten seiner Mitschüler:innen hätten „kapiert, was für einen Schwachsinn er von sich gibt" (DGT 112), leisteten allerdings keinen Widerstand, da sie alle „zum Schweigen" (DGT 112) erzogen wurden und bestehende Machtmechanismen (z. B. die finanzielle Abhängigkeit zu Hause oder die Notengebung in der Schule) es nicht zulassen. Die Ansätze einer analytischen Schärfe in der Kritik des Schulsystems bleiben allerdings ambivalent, da der Erzähler auch Gefallen an dieser „Brutstätte der Faulheit" (DGT 82) findet und die Schule aus Angst vor „strikten Arbeitsplänen" (DGT 82) keinesfalls wechseln möchte. Auch der „Ausnahmezustand" des Klassenraums wirkt auf den Erzähler nicht nur abstoßend, sondern auch anziehend: „Auch ich stimme diesmal mit ein, nun habe ich ja meine Note und will zumindest einem kleinen Teil meiner Verwirrung Raum geben." (DGT 118) Es überwiegt jedoch die Frustration über diesen ausweglosen Zustand und die Angst davor, einmal selbst in die Fußstapfen der Väter zu treten: „Eine ganze Generation für den Arsch! Und weit und breit ist niemand da, der uns sagen könnte, dass unsere eigenen Kinder nicht genauso debil werden wie wir." (DGT 118) In ihrer Stammkneipe Vidik, die sich in unmittel-

---

[83] Ein Beispiel: „Noch gehen wir vor die Hunde, sind die ewigen Verlierer, trotz aller Verbrechen, die an unserem Volk begangen wurden! Und warum? Weil es der Hegemon so will! Sie wollen uns klein halten. Denkt ja nicht, ihr könntet daran etwas ändern. Dafür müsstet ihr schon einen weiteren Bürgerkrieg anzetteln." (DGT 111).

[84] Vgl. Todor Kuljić: *Umkämpfte Vergangenheiten. Die Kultur der Erinnerung im postjugoslawischen Raum*. Mit einem Vorwort von Ulf Brunnbauer. Ins Deutsche übertragen von Margit Jugo unter Mitarbeit von Sonja Vogel. Berlin 2010. S. 153: „Die nationale Identität in den postjugoslawischen Staaten gründet auf einem Opferbewusstsein." In Bezug auf den Umgang mit den ‚Helden' der Nationalgeschichte in der Erinnerungskultur konstatiert Kuljić ferner: „Diese neuen Narrationen der Vergangenheit sind wiederum einseitig ereignisgeschichtlich orientiert und gespickt von triumphalistisch eingefärbten Geschichtsdaten: von glorreichen Siegen, konfessionellen Missionen, gewonnenen ‚Heimatkriegen', ‚erfolgreichen Säuberungen' und ‚Rückeroberungen'. Bei den Gründungsdaten überwiegen positive Geschichtsdaten wie Aufstände und Befreiungskämpfe." (S. 168).

barer Nähe der Schule befindet und dem Erzähler und seinen Freunden durch ihre Schäbigkeit als heimlicher Zufluchtsort dient, kommt im Gespräch mit Milos in einem kurzen Moment der Gedanke auf, für eine Veränderung der Elterngeneration und sich selbst einzustehen, was aber mit einer Bierflasche und einem Schnaps vor der Nase sofort wieder verworfen wird: „Wir sind ein faules Pack, und das sind wir gerne!" (DGT 78) Die einzige Möglichkeit, sich diesem aus Erzählerperspektive als kaum auszuhalten dargestellten Umfeld zu entziehen, ist, das Land zu verlassen: „Ich glaube, ich verschwinde wirklich. Meine Großmutter würde mir das Geld geben!" (DGT 79) Als kontinuitätsstiftende Erlebens- und Verhaltensmuster sind die Wahrnehmungsstörungen des 18-jährigen jedoch auch zehn Jahre nach dieser Flucht weiter vorhanden, was sich in Gestalt des Doppelgängers nicht nur während der Busfahrt, sondern auch im Laufe des Aufenthalts in Belgrad offenbart.

5.3 „This is not what you expected to see" – Rückkehr nach Belgrad

Der Darstellung der Busfahrt auf der Gegenwartsebene des ersten Romanteils („I") folgt im zweiten Teil („II", ab DGT 155) die Rückkehr in den Herkunftsraum Belgrad. Die Inaugenscheinnahme dieses Erinnerungsortes der Kindheit und Jugend lässt sich wiederum in zwei zentrale Wahrnehmungsfelder des Ich-Erzählers einteilen: familiär geprägte Schauplätze wie das elterliche Wohnhaus und das Familiengrab auf der einen Seite sowie ein Streifzug durch die einst vertraute Großstadt Belgrad. Das gewählte Zitat im Titel dieses Unterkapitels entstammt einem Song von Pink Floyd und ziert als Graffiti auch nach zehn Jahren Abwesenheit noch das Jugendzimmer des Protagonisten: „Tell, me, is something elduing you, sunshine? Is this not what you expected to see?" (DGT 96) Die Liedzeile veranschaulicht den Wahrnehmungsmodus der Rückkehr: Der Protagonist setzt sich im Herkunftsraum mit den eigenen Erwartungen und Erinnerungen auseinander. Die Vorstellung, die der Ich-Erzähler in seiner zehnjährigen Abwesenheit von seinem Herkunftsraum entwickelte, wird mit der Wirklichkeit vor Ort abgeglichen. Wie in den Romanen von Saša Stanišić und Jagoda Marinić ist durch die Rückkehr eine identitätsstiftende Bestandsaufnahme intendiert, die in *Die guten Tage* insbesondere in ihrer pathologischen Dimension problematisiert wird. Als spezifisches erzählerisches Mittel hat sich im ersten Romanteil die erzählerische Unzuverlässigkeit des Rückkehrers erwiesen, die sich an den Entwurf einer fiktiven Dopplung rückbinden lässt. Die Existenz des Sitznachbarn kann als Fakt der erzählten Welt in Zweifel gezogen werden („faktuelle Unzuverlässigkeit"). In der Analyse des zweiten Romanteils soll nun mit der „epistemologischen Unzuverlässigkeit" eine weitere Art des unzuverlässigen Erzählens herausgearbeitet werden.[85] Charakteristisch für diese Form von erzählerischer Unzuverlässigkeit ist ein auffälliger Mangel an erzählerischer Objektivität, der sich in *Die guten Tage* in einer überhöhten Ich-Bezogenheit der Erzählfigur äußert. Die Textanalyse soll herausstellen, dass ein außergewöhnliches Maß an Subjektivität die Rückkehr in den Herkunftsraum kennzeichnet. Dadurch wird mit der erzählerischen Unzuverlässigkeit das zentrale Darstellungsmittel der Rückkehrergeschichte weiter ausdifferenziert. Für die Entwicklung der Hauptfigur ist darüber hinaus das Wiedersehen mit seinem Doppelgänger auf dem Belgrader Messegelände ein folgenschwerer Einschnitt. In diesem Kapitel soll einerseits die Inszenierung des Wiedersehens analysiert werden. Andererseits sind auf einer inhaltlichen Ebene die Auswirkungen zu untersuchen, die der plötzliche Tod des Sitznachbarn als innere Stimme der Aufarbeitung für den Protagonisten hat. Die Textanalyse soll die These bekräftigen, dass der Tod des Sitznachbarn zu einer Öffnung gegenüber der verhassten Vaterfigur beiträgt, die sich in einem gemeinschaftsstiftenden Opfermythos manifestiert und das Reisemotive einer Aufarbeitung der Familiengeschichte konterkariert.

Als Grundkonflikt steht das Verhältnis des Ich-Erzählers zu der im Text heraufbeschworenen Vaterfigur im Zentrum des Romans. In der auflösenden Rückwendung, die zu Beginn des zweiten Großkapitels („II") das Reisemotiv thematisiert, sind die Handlungsabsichten, die eine persönliche Inaugenscheinnahme des Herkunftsraums antreiben, vor allem auf ihn ausgerichtet: „Ich wollte meinem Vater in die Augen blicken und das Monster erkennen, das mich nachts nicht schlafen ließ" (DGT 167). Mit dem „Monster" wird in dieser Aussage ein Angstbild aufgerufen, das den Erzähler auch in der Nacht heimsucht. Inwiefern der Vater als herrischer Befehlshaber ihn in Albträumen peinigt, wird in der letzten Busfahrt-Episode, die zwischen Traum und Wirklichkeit oszilliert, in einer Traumsequenz am ungarisch-serbischen Grenzübergang dargestellt.[86] Die in der Nostalgie-Attacke in Wien abhanden gekommenen Gründe für die ‚Flucht' von Belgrad nach Wien werden auf der Vergangenheitsebene des Schultags durch die Erzählstimme des 18-jährigen Vergangenheits-Ichs eingänglich im ersten Großkapitel („I") geschildert. Nicht nur durch das pausenlose Fluchen auf den Vater wird deutlich, dass das zerrüttete Verhältnis aus der Perspektive des Erzählers als einer der zentralen Gründe für sein plötzliches

---

85 Zu den beiden genannten Begriffen vgl. Fludernik, *Unreliability vs. Discordance*, S. 52. Die Unterscheidung zwischen faktueller und epistemologischer Unzuverlässigkeit stellt lediglich eine Hilfskonstruktion für eine differenzierte Annäherung an das Textphänomen der erzählerischen Unzuverlässigkeit dar. Wie Fludernik in ihrem Beitrag näher ausführt, sind die genannten Kategorien interdependent. Die Grenzen sind fließend, so vereinen „einzelne Texte mit unzuverlässigem Erzähler [...] meist faktuelle, ideologische und epistemologische Unzuverlässigkeit." (S. 52).
86 Vgl. den Abschnitt (2) „Vermischung von Traum- und Wirklichkeitsebene" im Unterkapitel 5.2.2.

Verschwinden angesehen wird. Diese Fluchtursache wird auch auf der Gegenwartsebene während der Busfahrt bestätigt: „Ich habe Serbien verlassen, weil ich irgendwann verstanden hatte, dass mein Vater ein Verbrecher war! Nein, nicht war – er ist immer noch einer!" (DGT 56) Neben der Beihilfe zu Kriegsverbrechen klagt der Erzähler vor allem an, dass sein Vater als obrigkeitshöriger Staatsdiener seiner Familie gegenüber einen autoritären Umgang pflegte: „Er hat ja nicht nur die großen Verbrechen des Staates unterstützt, sondern dieselben Verbrechen in seiner eigenen Familie fortgesetzt, er war kalt, lieblos, brutal!" (DGT 56) Der Erzähler weist einerseits auf Fälle von physischer häuslicher Gewalt hin („Es wird getreten, geschlagen, geflucht.", DGT 40), deutet aber vor allem psychische Gewalthandlungen an: „Zwar hat auch er mich und meine Mutter geschlagen, aber anders: Er macht alle Leute um sich herum auf eine ganz bestimmte Art und Weise fertig, dagegen sind seine Schläge harmlos." (DGT 55) Die Nachwirkungen dieser „subtilen Aggressionen" (DGT 50) zeigen sich durchweg innerhalb der Gedankenrede des Erzählers, in den darin verhandelten Dialogen mit dem Sitznachbarn, in der Binnenerzählung des Schultags und ganz besonders auf der Traumebene. Sie konstruieren das Angstbild, mit dem sich der Erzähler auf die Rückkehr in den Herkunftsraum begibt und dessen fortwährender Existenz er sich in persönlicher Inaugenscheinnahme des „Monsters" rückversichern möchte. Die Gedanken an ein Wiedersehen des Vaters führen allerdings in erster Linie zu einer schwer zu kontrollierenden Emotionalisierung: die Tage vor der Reise verspürt er eine „innere Unruhe" (DGT 27), während der Busfahrt hört er „die leisen Flüche" (DGT 31) des Vaters, vor denen er sich fürchtet. Er empfindet „Ekel" (DGT 51), der sich in körperlichen Reaktionen manifestiert: „bei dem Gedanken an eine Begegnung mit meinem Vater stieß es mir sauer auf." (DGT 122) Einem ganzen Spektrum an plötzlich auftretenden, negativ konnotierten Gefühlsregungen stehen vereinzelte selbstreflexive Momente gegenüber, die im geschilderten Reisemotiv, dem Vater in die Augen zu schauen und sich mit dem „Monster" auseinanderzusetzen, bereits anklingen. Neben den überbordenden Beschimpfungen, die vor allem auf der Vergangenheitsebene eingesetzt werden, finden sich wie beiläufig geäußerte Textpassagen, die hinter der Wut des Erzählers eine selbstanalytische Reflexionsebene zum Vorschein bringen:

> Das beamtische Stachelschweingesicht meines Vaters konnte ich jedoch nicht ertragen. Meine Enttäuschung, die ich in meiner Jugend ihm gegenüber entwickelt hatte, war inzwischen zu sehr in Pathos ausgeartet. Sie hatte mein Denken verformt und war zu einer Selbstverständlichkeit geworden – zu Ekel. (DGT 51)

Die heftigen Gefühlsregungen, die in Verbindung mit dem Vater hervortreten, werden als Gefühlsüberschwang eingeordnet, der sich, wie aus den Aussagen hervorgeht, als Konsequenz der eigenen „Enttäuschung" nach der Migration unverhältnismäßig und unkontrollierbar vergrößert hat. Aufgrund einer mangelnden

Emotionsregulation in Bezug auf den Vater liege nun eine kognitive Verzerrung vor („Denken verformt"), die eine als irreversible wahrgenommene Aversion zur Folge habe („zu einer Selbstverständlichkeit geworden"). Neben einer analytischen Betrachtung der eigenen Affekte zeigt sich die reflexive Seite des Erzählers auch im Hinblick auf das Vorhaben, dem Vater als wandelndes Angstbild gegenüberzutreten. Das ambivalente Verhältnis zu diesem Reisemotiv lässt sich wiederum in einem die Gedankengänge des Erzählers dominierenden Widerwillen, sich mit dem Vater auseinanderzusetzen, erkennen: „Ich wollte nicht mit ihm reden, worüber auch? Ich wollte ihm nicht einmal die Hand schütteln – er hatte nur Urteile für mich parat, absolute und unumstößliche Antworten." (DGT 122) Gleichzeitig besitzt der Erzähler das Reflexionsvermögen, diese starke Abneigung als Angst vor einer emotionalen Annäherung einzuordnen: „Insgeheim aber überwog in mir die Angst, etwas, das allein mir gehörte, bei ihm wiederzufinden. In seinen Gesten, in seinem Sprechen, in seiner ganzen Art." (DGT 122) Beide Selbstbeobachtungen – die kognitiven Verzerrungen in der Beurteilung des Vaters und die Angst vor Zugehörigkeitsgefühlen – spielen während des Aufenthalts in Belgrad eine zentrale Rolle. Ein besonderes Augenmerk ist dabei auf das „verformt[e] Denken" zu richten, das nicht nur einen Einblick in die Figurenpsychologie gewährleistet, sondern aus narratologischer Sicht auch erneut einen Unzuverlässigkeitsverdacht der Erzählinstanz auf den Plan ruft.

Um weitere Indizien einer erzählerischen Unzuverlässigkeit herauszuarbeiten, gilt es, im Hinblick auf die im Text präsentierte Familienkonstellation noch einleitend zu beleuchten, wie die Mutter des Erzählers als Komplementärfigur des Vaters dargestellt wird. Ihren Bemühungen, den ‚verlorenen' Sohn nach dessen Verschwinden in Wien ausfindig zu machen, begegnet der Erzähler zunächst mit Gleichgültigkeit: „Sie tat mir nicht sonderlich leid, damals wie heute." (DGT 14) In den Vergangenheitsepisoden wird dennoch deutlich, dass er sie gleichermaßen als Leidtragende der väterlichen Agitation wahrnimmt: „Und Mutter frisst die Scheiße auch schon seit Jahrzehnten." (DGT 39) Auch sie litt dem Erzähler zufolge unter den „subtilen Aggressionen" (DGT 51) des Vaters. Im Gegensatz zum starren Angstbild des Vaters geht der Erzähler, was seine Mutter betrifft, in der Gedankenrede der Busreise auf Veränderungen ein, die positiv bewertet werden: „Meine Mutter konnte ich aushalten. Mit den Jahren wurde sie immer stiller und feinfühliger. Eine fast filigrane Aura umgab sie mittlerweile, und sie schien endlich kapiert zu haben, worauf sie sich in der Ehe mit meinem Vater eingelassen hatte." (DGT 51) Abgesehen von der kontrastiven Darstellung von Mutter und Vater („still[]", „feinfühlig[]", „filigran[]" vs. „kalt, lieblos, brutal", DGT 56) ist es in Bezug auf eine vorgefertigte Wahrnehmung der Eltern von Relevanz, dass der Erzähler in seiner Nostalgie-Attacke vor dem Tod der Großmutter den Kontakt zu seiner Mutter intensivierte: „Ich telefonierte nun öfter mit meiner Mutter, ohne dass mein Vater davon

Wind bekam, [...]." (DGT 162) Während der Erzähler sich im kommunikativen Austausch mit seiner Mutter vor der Reise – wenn auch nur aus selbstzerstörerischem Eigennutz („[...] um mich in meiner eigenen Geschichte zu suhlen, meinen Erinnerungen, [...].", DGT 162) – ein gegenwärtiges Bild machen kann, ist die Beziehung zu seinem Vater weiterhin vom Kontaktabbruch und einer zehnjährigen Schweigephase geprägt, wodurch die gegenüber dem Vater gehegte Aversion aufrechterhalten und vergrößert werden kann. Diese Voraussetzungen gilt es zu berücksichtigen, wenn es in diesem abschließenden Unterkapitel um die Konfrontation mit dem „persönlichen Monster" vor Ort geht.

5.3.1 Ich-Bezogenheit als dominanter Wahrnehmungsmodus

Unter den verschiedenen Aufzeichnungen, die auf der diegetischen Ebene der Reise in den Herkunftsraums eingegliedert sind, gewährt der erste kursivierte Textteil einen Einblick, wie sich der Erzähler das Familienleben in seiner Abwesenheit vorstellt: *„Wie meine Eltern in unserer kleinen Belgrader Wohnung seit Jahren versauern, ihre Nachmittage meist einsam und schweigend verbringen."* (DGT 95) Die Wohnung der Eltern wird in der „Tristesse eines Stilllebens" (DGT 95) imaginiert, die Beziehung zwischen den Eltern als beklemmend und fortwährend destruktiv dargestellt: *„Man arrangiert sich, mehr nicht. Doch die Ruhe ist trügerisch: Wut dominiert das Zusammenleben seit jeher. Vater ist derjenige, der wütend ist, Mutter betrachtet lediglich die alten Fotos ihrer längst verstorbenen Eltern."* (DGT 95) Nach der Ankunft in Belgrad auf der Gegenwartsebene bietet die Inaugenscheinnahme der Wohnung die erste Gelegenheit, das vorgefertigten Bild mit der Wirklichkeit vor Ort abzugleichen. Im Rahmen dieser Bestandsaufnahme, die der Erzähler in Abwesenheit der Eltern vornimmt, sind besonders zwei Räume hervorzuheben: das Jugendzimmer des Erzählers und das Wohnzimmer, das bis kurz vor der ‚Flucht' des Erzählers durch eine vom Vater vertretene, nationale Ideologie gekennzeichnet war: „Die Beretta meines Vaters jedenfalls steht demonstrativ in der Glasvitrine unter der kleinen, stehenden Serbien-Fahne." (DGT 56) Bereits auf der Vergangenheitsebene sorgt die Großmutter dafür, dass diese kriegsverherrlichenden Gegenstände aus der Wohnung verschwinden, was der 18-jährige Erzähler als „einschneidende Veränderung" (DGT 147) wahrnimmt. Zehn Jahre später stellt der Erzähler bei der Begutachtung des Wohnzimmers fest, dass die „Devotionalien" (DGT 175) des Vaters in der Glasvitrine gänzlich verschwunden sind und der Schaukasten sich zu einem Familienschrein gewandelt hat, in dem „Fotos der Großeltern, der Onkel und Tanten mit erhobenen Gläsern in den Händen auf irgendwelchen Familienfeiern" (DGT 175) ausgestellt werden. Auch ein altes Foto des Erzählers steht in der Glasvitrine, was die fortwährende familiäre Zugehörigkeit des Abtrünnigen aus der Perspektive der Eltern erkennen lässt. Grundsätzlich nimmt der Erzähler das Wohnzimmer von der politischen Indoktrination bereinigt wahr, die er mit seinem Vater verbindet: „Und an der Wand über der massiven Eichenholzkommode erinnerte nur mehr ein vergilbter Abdruck an die stets schlicht gerahmten Porträts früherer Präsidenten: Keine Ideologie erdrückte diesen Raum mehr." (DGT 175) Die räumlichen Veränderungen im ‚Hoheitsgebiet' des Vaters stimmen den Erzähler nicht etwa optimistisch, was die bevorstehende Begegnung mit den Eltern betrifft, sondern dämpfen vielmehr die Hoffnung, das heraufbeschworene „Monster" vor Ort überhaupt vorzufinden. Missmutig nimmt er zur Kenntnis: „Da hatten sich Teile eines Bildes über die Jahre neu zusammengesetzt, ein Bild, das in meiner Vorstellung längst festgefahren war." (DGT 175 f.) Auch in seinem Jugendzimmer nimmt der Erzähler Veränderungen wahr, die nicht seinen Erwartungen entsprechen. Wie im Wohnzimmer („Auch hier schien sich nur wenig verändert zu haben", DGT 175) sieht der Erzähler sich allerdings in seinen Vorstellungen zunächst bestätigt: „Nichts hatte sich verändert. Zwar beteuerte meine Mutter in unseren Gesprächen immer wieder, mein Zimmer nicht angerührt zu haben, doch die Konsequenz, mit der sie diese Sperre auch für meinen Vater betrieb, erstaunte mich." (DGT 172) Bei genauerer Inspektion bemerkt der Erzähler allerdings Spuren, die darauf hindeuten, dass der Raum nicht „unberührt" (DGT 172) geblieben ist, sondern in seiner Abwesenheit genutzt wurde. Die „drei geschmolzene[n] Duftkerzen" (DGT 173), ein Bilderrahmen mit einem Foto von Mutter und Sohn sowie weitere kleine Elemente (Bettwäsche, eine CD, ...) lassen den Erzähler vermuten, dass der Raum nun als „Rückzugsort" (DGT 173) der Mutter fungiert. Auch die sich im Zimmer türmenden Bücher bringt er mit seiner Mutter in Verbindung und führt später auf der Beerdigung „ihr selbstbewusstes Auftreten" (DGT 178) auf die vorgefundenen Lektüren zurück: „Vielleicht hatten ihr all die Bücher, die sich nun in meinem alten Zimmer stapelten, gutgetan." (DGT 178) In der Reaktion auf die Gebrauchsspuren zeigt sich einerseits eine auffällige Ich-Bezogenheit („Dieses Zimmer war doch nicht das Museum, das allein mir huldigte", DGT 173) und andererseits eine klare Abgrenzung zum Vater, dessen Spuren er in diesem Raum nicht wiederzufinden sind „Nichts verwies hier auf meinen Vater. Sie hatte es geschafft, ihn zu verbannen." (DGT 173 f.) Das in der Vorstellung des Erzählers entwickelte Machtgefälle zwischen Vater und Mutter bleibt durch diese Deutung weiter bestehen. Der Mutter wird ein geschützter Raum zugewiesen, in den sie vor dem „Monster" flüchten kann. Es kommt auch hier eine starke Ich-Bezogenheit zum Vorschein, die das individuelle Angstbild in eine allgemeine Furcht vor dem Vater verwandelt: „Konnte es sein, dass alle Welt nur vor ihm floh?" (DGT 173 f.) Sowohl das Wohnzimmer als auch das alte Jugendzimmer brechen in der Raumdarstellung mit der „Tristesse eines Stilllebens", die der Erzähler in seinen Aufzeichnungen imaginierte. Die Veränderungen im Herkunftsraum werden jedoch weiterhin der Vorstellung des Vaters als Peiniger untergeordnet, was den Protagonisten daran hindert, neue Erkenntnisse über den Herkunftsraum zu generieren.

Den Eltern begegnet der Erzähler das erste Mal auf der Beerdigung. In der Beschreibung des äußeren Erscheinungsbildes führt sich die kontrastive Beurteilung fort. Wie ein Gemälde benennt der Erzähler das Figurenpaar und deutet damit – ohne ein Wort mit seinen Eltern gewechselt zu haben – auf eine gegenteilige Entwicklung der beiden hin: „*die Erhabene und die Rosine*" (DGT 178). Die erwartete „Verbitterung" (DGT 178) der Mutter sei in Bezug auf ihr äußeres Erscheinungsbild „wie weggefegt" (DGT 178), sie strahle eine „Zuversicht aus, die ihrer Umgebung offenbar zeigen sollte, dass sie alles unter Kontrolle hatte." (DGT 177) Mit einer seltenen Anwandlung von Begeisterung bezeichnet er sie als „anderer Mensch" (DGT 177), „eine in Würde gealterte Dame" (DGT 177). Auch bei seinem Vater stellt der Erzähler während der ersten Inaugenscheinnahme aus der Ferne Veränderungen fest, die nicht mehr mit der eigenen Vorstellung eines „Despoten" (DGT 177) korrelieren. Das auch im dargestellten Traum vorherrschende Bild eines gebieterischen Beamten, das in der Erwartungshaltung des Erzählers erneut aufgegriffen wird („strenggeschorener Schnauzer", „kerzengerade Haltung", DGT 177), wird durch verschiedene Altersanzeichen gebrochen, die eine bemitleidenswerte „Laxheit" (DGT 177) ausstrahlen. Dass die visuelle Wahrnehmung des Vaters im Gegensatz zur Mutter weiterhin von einem persönlichen Angstbild dominiert ist, zeigt das Misstrauen des Erzählers gegenüber dem veränderten Aussehen: „Aber ich ließ mich von seiner Jämmerlichkeit nicht täuschen: Die wahren Abgründe lauerten nach wie vor hinter der bröckelnden Fassade!" (DGT 177) Auch ohne konkrete Auseinandersetzung ist sich der Erzähler sicher, dass dessen „alte[s] Gift" (DGT 179) einer egozentrischen Manipulation „weiterhin auf heißer Flamme" (DGT 179) koche. Anzeichen, die nicht dem vorgefertigten Bild des „persönliche[n] Monster[s]" (DGT 181) entsprechen, werden seitens des Erzählers reflexartig entkräftet. So beobachtet er den Vater während der Trauerzeremonie am Grab und nimmt dessen Emotionalität wahr, die nicht seiner Erwartungshaltung entspricht: „Meistens war er nur desinteressiert, arrogant, abwesend, jetzt aber senkte er langsam sein Glatzenhaupt und wirkte wie ein Junges, dass gerade seine Mutter verloren hatte ..." (DGT 195) Ähnlich wie bei der ersten Begegnung in der Leichenhalle will der Erzähler diese Beobachtung nicht wahrhaben und sieht sich selbst weiterhin als Zielscheibe der väterlichen Manipulation: „... und fast hätte er mich mit dieser falschen Andacht auch getäuscht, wäre da nicht plötzlich die Gewissheit gewesen, dass all das ein Vergnüge für diesen Beamten sein muss" (DGT 195). An Glaubwürdigkeit verlieren die Einschätzungen des Erzählers während der Trauerzeremonie wiederum durch eine anhaltende Ich-Bezogenheit, die sämtliche Verhaltensweisen der anwesenden Familienmitglieder als Feindseligkeiten ihm gegenüber interpretieren. Wie im Falle des Vaters hebt der Erzähler hervor, die übelwollende Innensicht der Trauergäste zu kennen: „[...] – alle rochen die

Gelegenheit auf Genugtuung für die Schmach, die ich meinem Vater damals zugefügt hatte, und auch diejenigen, die nichts von allem wussten, ließen sich nun von dieser Stimmung mittragen. Ich war ihre heimliche Phantasie gewesen, an der sie sich jahrelang aufgegeilt haben." (DGT 184) Die ihm drohende „Lynchpartie" (DGT 184) lässt den Erzähler den Anlass der Zusammenkunft, die Trauer um die verstorbene Großmutter, gänzlich vergessen. Als die Familienmitglieder sichtlich mit der eigenen Trauer beschäftigt sind und ihm keine Aufmerksamkeit mehr widmen, zeigt sich der Erzähler enttäuscht ob der ausbleibenden Eskalation in Bezug auf seine Rückkehr: „Statt der für mich so notwendigen Krise verkam das Ganze zu einer x-beliebigen Trauerfeier!" (DGT 189) Statt einer Neuauflage der Familienkonflikte, mit denen sich der Erzähler seiner Rolle als „Parasit" (DGT 188) versichern wollte, nimmt der Rückkehrer auf dem Grabstein ein Zeichen der familiären Zugehörigkeit wahr, das ihn in seinen Reflexionen über die realisierten Veränderungen während seines Streifzugs durch Belgrad weiter beschäftigen wird: „sie [die Inschrift] gab mich neben den vier Söhnen und meinen Cousins als Stifter des dunkelgrauen Marmorblocks an." (DGT 196 f.) Die damit vollzogene Einordnung des Abtrünnigen in die männliche Genealogie der Familie fasst der Erzähler als unerwartete „Nachgiebigkeit" (DGT 208) des Vaters auf, die sich aus seiner Perspektive ausschließlich als „Verdienst der Mutter" (DGT 208) bewerten ließe.[87] Die auch auf der Beerdigung wahrgenommene Verbundenheit der Eltern steht im Widerspruch zu der rein funktionalen Beziehung, die der Erzähler in seinen Aufzeichnungen imaginierte („Man arrangiert sich, mehr nicht.", DGT 95): „Irgendetwas an ihnen hatte sich verändert. Die Jahre dieser Nicht-Ehe hatten sie augenscheinlich aneinandergekettet – zum Kotzen!" (DGT 208) In diesen Überlegungen wird noch einmal deutlich, dass die Reise vor allem als Bestätigung eines verabscheuten Familienbilds intendiert war: „Und letztendlich war ich doch nicht der Veränderungen wegen nach Belgrad zurückgekehrt – ich verlangte nach der Starre, der ewig gleichen Krise!" (DGT 208) Im Wunsch, sich des „persönlichen Monsters" als Teil der eigenen Identität rückzuversichern, manifestiert sich letztlich als Figurenmerkmal die Angst vor der Auseinandersetzung und damit vor einer familiären Aufarbeitung der Vergangenheit, die eine Veränderung der Vater-Sohn-Beziehung mit sich bringen könnte.

---

87 Die Ambivalenz der Figur bzgl. der Einreihung in eine männliche Genealogie, wie sie sich an der Inschrift des Grabsteins offenbart, zeigt sich im Umgang mit dem Ring des Großvaters, den Miranda Jakiša im Gespräch mit Dinić als Symbol einer männlichen Linie interpretiert (vgl. Slawistik Wien: Schwerpunkt Transnationale Literatur, Abschnitt 53:00–53:40). Dadurch, dass der Erzähler der Großmutter den Ring in den Hals schiebt, breche er in einer symbolischen Handlung mit der männlichen Ahnenlinie, die er im Gespräch mit dem Sitznachbarn während der Busfahrt skizziert (vgl. DGT 97–100).

5.3.2 Das Wiedersehen mit dem Sitznachbarn in Belgrad – Verlust der kritischen Aufarbeitungsinstanz

Auf der Beerdigung der Großmutter ist es wie auf der Vergangenheitsebene des ersten Kapitels das optische Hilfsmittel, das die Wahrnehmungsstörung einleitet: „Ich versuchte meine Brille abzuwischen, doch es gelang mir nicht. Dicke Tropfen hatten meine Brillengläser beschlagen, und ich konnte kaum erkennen, wer mir plötzlich dieses schwere, mit Großmutters Namen versehen Kreuz in die Hände drückte" (DGT 191) Der Erzähler erblickt lediglich „ein[en] breit[en] Rücken in einem abgewetzten Parka" (DGT 191), den er seinem Sitznachbarn aus dem Bus zuordnet: „Dieser Trottel verfolgte mich an den unmöglichsten Orten." (DGT 191) Im Unterschied zu den Erscheinungen auf der Vergangenheitsebene, bei denen nicht endgültig feststellbar ist, ob sie Teil der erzählten Wirklichkeit sind, handelt es sich hier nicht um eine unerklärbare Sinnestäuschung, sondern um eine Fehlinterpretation einer konkreten Handlung. Die Person, die ihm das Kreuz übergibt, ist schon allein aufgrund der nicht funktionstüchtigen Sehhilfe schwer einzuordnen. Die eingeschränkte Fähigkeit, das Umfeld visuell wahrzunehmen, wird durch die „vielen verschwommenen Gesichter" (DGT 191), die der Erzähler gleichzeitig erblickt, bestätigt. Trotz der anfänglich geäußerten Verwunderung („Ich traute meinen Augen nicht", DGT 191) scheint sich der Erzähler sicher zu sein, dass es sich um den Sitznachbar handelt. Die Funktionsweise dieser eingebildeten Wahrnehmung kann an einem weiteren Beispiel auf dem Friedhof verdeutlicht werden. Am Grab der Großmutter erblickt der Erzähler eine „ältere Frau im Rollstuhl" (DGT 194), die zum Freundinnenkreis der Großmutter gehörte. Die gehbeeinträchtige Freundin wird während der allgemeinen Aufbruchstimmung nach der Trauerzeremonie plötzlich von einer Person weggeschoben, in der der Erzähler wiederum den Sitznachbarn erkennt:

> Und wie aus dem Nichts war da wieder dieser Wahnsinnige: Er griff ihren Rollstuhl und schob sie langsam weg Richtung Ausgang. Auch jetzt trug er diesen verschlissenen roten Pullover, mit seinem grünen Parka deckte er der Alten den Schoß zu. Ein schauriges Gefühl überfiel mich, ich konnte ihnen nur starr vor Angst hinterherschauen. Schnell schüttelte ich ihn wieder ab: Er konnte es nicht sein. Ich wandte mich wieder dem Grab zu. (DGT 195)

Die mutmaßlich identifizierten Kleidungsstücke verleiten auch hier den Erzähler dazu, die für den Rollstuhl verantwortliche Person als den ihm vertrauten Sitznachbarn zu identifizieren. Die vorschnellen Rückschlüsse werden im zweiten Beispiel allerdings als unwahrscheinlich („Er konnte es nicht sein.") verworfen. Der Erzähler erlangt dadurch wieder die Kontrolle über den halluzinatorischen Schub. Wer tatsächlich für die Freundin der Großmutter während der Trauerzeremonie auf dem Friedhof verantwortlich war, wird auch hier im Gegensatz zur

Vergangenheitsebene unmittelbar danach aufgelöst: Der Erzähler erblickt einen Krankenpfleger mit einem Rollstuhl, der ihn darauf aufmerksam macht, dass er sich wie erstarrt ganz allein auf dem Friedhof befindet. Durch das in den Text integrierte Korrektiv werden die Irrtümer der Erzählfigur entlarvt. Die Wahrnehmungsstörung kommt dadurch deutlich zum Vorschein.

Der porträthafte Streifzug durch Belgrad nach der Beisetzung der Großmutter ruft in den Gedankengängen des Erzählers zunächst Erinnerungen aus dem episodischen Gedächtnis hervor: „Jede Ecke dieses Viertels war gespickt mit Erinnerungen an meine Schulzeit" (201) Die emotionale Bindung zu diesem Herkunftsraum bleibt jedoch ambivalent: Auf der einen Seite deutet der Erzähler auf „ein wohliges Gefühl von Geborgenheit, vielleicht sogar eines der Zugehörigkeit", das durch die Autopsie entfacht wird. Auf der anderen Seite lauert in einer sinnlichen Rückschau die Gefahr, durch das Herumirren in der Stadt „die ganze Scheiße wieder an die Oberfläche zu schwemmen" (DGT 202). Im ziellosen Bewegen durch eine personifizierte, molochartige Großstadt („Belgrad kettete mich langsam wieder an sich [...].", DGT 202) zeigen sich in der Darstellung Züge eines literarischen Flaneurs, der das Spazierengehen jedoch weniger genießt, sondern sich vielmehr körperlich erschöpft und ausgehungert durch den fremdgewordenen Herkunftsraum schleppt. Zur erwarteten psychischen Destabilisierung, die den Protagonisten in seinen Handlungen paralysiert, kommt es auf dem Gelände der Alten Messe. Als *trigger* erweisen sich die Porträts der Kriegsverbrecher Radovan Karadžić, Ratko Mladić, Slobodan Milošević und Arkan, die in einem Souvenirladen wie selbstverständlich als Heldenfigur in allen möglichen Varianten („T-Shirts, Jacken, Hosen, Tassen, Teller[] oder Schlüsselanhänger[]", DGT 209) angepriesen werden. Im Schaufenster sieht der Erzähler sein eigenes Spiegelbild als Reflexion neben den „aufgedunsenen Tyrannengesichtern" (DGT 209), was durch heftige körperliche Reaktionen beinahe einen totalen Kontrollverlust herbeiführt („schwarze Pünktchen blitzten vor meinen Augen auf, meine Füße gehorchten mir nicht mehr", DGT 209). Wie auf der Vergangenheitsebene stellt wiederum die Musik einen inneren Fluchtpunkt dar. Plötzlich taucht ein nur in Unterwäsche bekleideter Mann auf, der ihm spontan ein „kleines Privatkonzert" gibt, das in seiner absurden Darstellungsweise den Verdacht auf sich zieht, nur ein Produkt der Imagination des Ich-Erzählers zu sein. Der spontan performte Song erinnert an die vom Erzähler verehrten jugoslawischen Rockbands und spiegelt auf Textebene den inneren, hilflosen Zustand des Erzählers wider: *„Paralysierter, ausgelöschter Bürger, das bin ich!"* (DGT 211) Durch den Song erlangt der Erzähler wieder die Kontrolle über sein Handeln und entgeht dem völligen Zusammenbruch. Der Verdacht, dass es sich auch hier um eine Wahrnehmungsstörung handelt, wird neben den passgenauen Liedzeilen auch durch den Ausruf „Halluzination" genährt. In einer asyndetischen Aufzählung endet der performte Song mit Symptomen, die von einer indoktrinierte nationalistische Ideologie der

„falschen Väter" ausgelöst wurden: Starre („*Hibernation*"), Wahrnehmungstörungen („*Halluzination*") und unkontrollierte Gefühlsausbrüche („*Detonation*").

Als Folgeerscheinung der in der Nähe des Souvenirshops erlittenen Panikattacke machen sich Fluchtgedanken in der Erzählerrede bemerkbar („Ich wollte weg – wie immer wollte ich weg!", DGT 214), die das Bewegungsprofil der pathologischen Flanerie anschließend beherrschen. Das planlose Davonlaufen des Protagonisten steigert sich auf dem Gelände der Alten Messe in einen Zustand existentieller Verlorenheit: „Ich war allein. [...] Ich aber hatte niemanden, ich war erneut in dieser sogenannten Heimat gestrandet, die sich nach zehn Jahren wie der gottverlassene Mars anfühlte!" (DGT 219) In diesen ausweglosen Gedankengängen kehrt die Stimme des Sitznachbarn zurück. Er reagiert auf eine Frage, die in doppelter Form im Text auftaucht: „Wo um alles in der Welt war ich gelandet?" Diese Frage wird zunächst auf der kursivierten extradiegetischen Erzählebene gestellt (vgl. DGT 217) und kurz darauf von der Erzählfigur wieder aufgegriffen (vgl. DGT 219). Wie der erste Auftritt im Reisebus wird das Erscheinen des Sitznachbarn von einem subtilen Dopplungsprinzip begleitet, das sich anschließend auch in den Bewegungen der beiden Figuren manifestiert. In seinem äußeren Erscheinungsbild bildet der Sitznachbar einen augenscheinlichen Kontrast zur inneren Verfassung Erzählerfigur: Während sich der Erzähler ausgehungert, „müde und vollkommen taub" (DGT 219) auf einer Wiese niederlässt und wehleidig seine Einsamkeit beklagt, präsentiert sich der Sitznachbar rundum erneuert: „Sein Haar wirkte voller und stand nicht mehr so komisch ab wie im Bus [...]. Er roch gut und trug neue, sommerliche Kleider [...]." (DGT 219) Dem ausweglosen, mentalen Tiefpunkt, den der Erzähler beklagt, steht das gestärkte Selbstwertgefühl des Sitznachbarn gegenüber: „[...] sein verschmitztes Lächeln deutete auf ein Selbstbewusstsein hin, dass keine verfaulten Zahnreihe kannte." (DGT 219) Der Sitznachbar bestimmt das Gesprächsthema und drängt den Ich-Erzähler als impulsgebendes Reflexionsmedium zu weiteren Gedanken über die aktuelle räumliche Verortung. Einleitend liefert er einen Kurzvortrag über die Stadtgeschichte Belgrads als „ewig brennende Stadt", was den Gesprächsinhalt auf die Aufarbeitung von Zeitgeschichte in einem kollektiven Gedächtnis lenkt. Auf die körperliche Verfassung des Erzählers hat der recherchierte, makrogeschichtliche Kontext der Stadt und die ausgestellte Selbstkontrolle der Schriftstellerfigur eine zuträgliche Wirkung: „Mein Sitznachbar offenbarte mir jetzt doch Einzelheiten seiner jahrelangen Arbeit – was mich ungemein beruhigte! War dieser Wahnsinnige nur aufgetaucht, um meine innere Unruhe schon wieder herauszufordern?" (DGT 221) Der Verlorenheit und „innere[n] Unruhe" des Ich-Erzählers wirkt der Sitznachbar durch eine räumliche Verortung entgegen, die von einem globalen Blick auf die allgemeine Stadtgeschichte zur Raumgeschichte des gegenwärtigen Standpunkts übergeht: „Ich gebe Ihnen einen Tipp: Dort unterm Turm befand sich die *Kommandozentrale*." (DGT 223) Nun erkennt der Erzähler, dass er sich auf dem Gelände eines ehemaligen Konzentrationslagers befindet, das gegenwärtig nicht etwa als Gedenkstätte fungiert, sondern durch Künstlerateliers und Wohnanlagen ersetzt wurde und als Treffpunkt für Obdachlose gilt.[88] Mit der Raumgeschichte dieses „Unorts" (DGT 223) verändern sich die Wesenszüge des Sitznachbarn und erinnern den Erzähler an die Gespräche während der Busfahrt: „In der Dämmerung hatte sein Gesicht wieder die feisten Züge angenommen, wie ich sie von unserer Busfahrt kannte." (DGT 223) In den Gesichtszügen des Sitznachbarn erkennt der Ich-Erzähler das Vorhaben einer „knallharte[n] Aufklärung" wieder, das sich auch auf den Erzähler und dessen Familiengeschichte richtete. Beiläufig erwähnt der Sitznachbar den aktuellen Stand seines Buchprojekts, dessen letzte Projektskizze die Lebensgeschichte des Ich-Erzählers umfasste: „Sie wollten doch wissen, ob ich genug Material für mein Buch gesammelt habe. Nicht einmal einen Tag hat es gebraucht, schon hatte ich alles beisammen! Wenn Sie wollen, können wir morgen schon wieder zurück nach Wien." (DGT 224) Die Recherche für das Buchprojekt wirkt in dieser Aussage abgeschlossen. Das dafür aufgebrachte Zeitmaß von einem Tag korreliert mit dem Zeitraum der erzählten Zeit des Romans, was darauf hindeutet, dass das gesammelte Material für den Roman tatsächlich wie in der letzten im Bus geäußerten Buchidee an die Reise des Erzählers rückgebunden ist. Die Entscheidung, die Rückreise nach Wien anzutreten, überträgt der Sitznachbar allerdings dem Erzähler, was seinen Status als komplementäre Doppelgängerfigur, die sich in einem Abhängigkeitsverhältnis zum Erzähler befindet, erneut verdeutlicht. Den Aussagen einer abgeschlossenen Materialsuche widersprechen jedoch die Pläne des Sitznachbarn, als die beiden am Gebäude ankommen. Er offen-

---

[88] Es handelt sich um das KZ Sajmište auf dem alten Messegelände, das „mit Abstand bekannteste Lager in Serbien" (Holm Sundhaussen: Serbien. In: *Der Ort des Terrors. Geschichte der nationalistischen Konzentrationslager. Band 9*. Hrsg. v. Wolfgang Benz und Barbara Diestel. München 2009. S. 346). Sundhaussen weist darauf hin, dass den Konzentrationslagern als „Orte des Terrors" in der Erinnerungskultur der sozialistischen Republik trotz des antifaschistischen Gründungsmythos nur eine geringe Aufmerksamkeit eingeräumt wurde: „Die Lager in Serbien spielten in der öffentlichen Erinnerungskultur nach dem Zweiten Weltkrieg fast keine oder allenfalls eine marginale Rolle. Das ist insofern bemerkenswert, als der Zweite Weltkrieg als Gründungsmythos für das zweite Jugoslawien fungierte. [...] Angesichts der Allgegenwart des Krieges ist das Desinteresse für die Lager in Serbien umso auffallender. Dies hängt wohl in erster Linie damit zusammen, dass sich die Ereignisse in den Lagern nur bedingt zur Heroisierung eignen, dass Überlebende einem grundsätzlichen Kollaborationsverdacht ausgesetzt waren und dass die Geschichte der Lager (keineswegs ausschließlich, aber in hohem Maße) mit dem Holocaust verbunden ist, der Holocaust im ehemaligen Jugoslawien (ähnlich wie in anderen vormals sozialistischen Ländern) aber keinen spezifischen Erinnerungsort darstellte." (S. 349) Ein Beitrag des *Deutschlandfunk Kultur* (25.01.2021) anlässlich des Internationalen Tag des Gedenkens an die Opfer des Holocaust liefert mit Stimmen von Überlebenden und Historiker:innen aus Belgrad eine gegenwärtige Perspektive auf den Umgang mit dem traumatischen Ort auf dem Messegelände. Vgl. https://www.deutschlandfunkkultur.de/juden-in-serbien-wir-leben.979.de.html?dram:article_id=491382, abgerufen am 10.03.2021.

bart, dass er an diesem Ort, genauer gesagt in der vormaligen Leichenhalle des Konzentrationslagers, in der sich mittlerweile ein Restaurant befindet, weiteres Material für sein Buch sammeln möchte: „[...] dort oben ist meine Zukunft, dort oben befindet sich alles, was ich für mein Buch brauche!" (DGT 224) Während sich im Restaurant Material für ein zukünftiges Projekt befindet,[89] bezeichnet der Sitznachbar den am Gebäude summenden Stromkasten als seine „Vergangenheit" (DGT 224). Steht der Stromkasten symbolisch für sein bisheriges Berufsleben als Elektriker, sieht der Sitznachbar im neuen Erzählmaterial eine Zukunft als Schriftsteller. Mit der Intention, dem Erzähler das Restaurant als Inspirationsquelle für das zukünftige Projekt zu präsentieren, nutzt er den Stromkasten, um in waghalsiger Manier die Wand hochzuklettern. Es ist seine letzte Handlung, denn er stürzt während dieser Kletteraktion auf den Stromkasten und schlägt mit dem Kopf auf einen Stein. Der im Gegensatz zum Abschied im Bus überraschenderweise ganz unsentimental vom Erzähler wahrgenommene ‚Tod des Autors' unterstützt die These einer „fiktiven Dopplung" bzw. kann in einer ersten Lektüre gar zum ersten Mal den Leseeindruck hervorrufen, dass es sich um eine imaginierte Figur handelt. Der Tod der Schriftstellerfigur hat dabei mindestens zwei Bedeutungsebenen. Einerseits wird der Materialbeschaffung ein Ende gesetzt: Bevor der Sitznachbar neuen Erzählstoff entdeckt, wird er durch einen schnellen Tod verabschiedet. Somit bleibt die Lebensgeschichte des Ich-Erzählers der recherchierte Erzählgegenstand. Andererseits verliert der Erzähler dadurch die innere Stimme, die als herausforderndes Reflexionsmedium einer Aufarbeitung der Familiengeschichte Vorschub leistete. Gerade angesichts der unbequemen Fragen und Themen, die der Sitznachbar aufwarf, verspürt der Erzähler im ersten Moment Erleichterung durch den Tod des „Großmauls" (DGT 225): „Niemand würde ihn vermissen, nicht in Wien, nicht anderswo." (DGT 225) Insbesondere für das Ende des Romans – die ‚Versöhnung' zwischen Vater und Sohn – ist der Verlust dieser kritischen Stimme als Mittel der Aufarbeitung richtungsweisend.

5.3.3 Ein gemeinschaftsstiftender Opfermythos als versöhnliches Ende?

Eingeleitet wird das abschließende Aufeinandertreffen zwischen Vater und Sohn mit einer weiteren Aufzeichnungen der Erzählstimme, die von der Gegenwartsebene der Belgrad-Reise durch eine kursivierte Schriftauszeichnung getrennt wird.

---

[89] Interessant ist in diesem Zusammenhang die Idee für seinen zweiten Roman, die Marko Dinić im Gespräch mit Miranda Jakiša präsentiert. Thematisch werde er sich mit jüdischem Leben in Belgrad während des ersten Jugoslawiens (1918–1941) bis zur Shoah beschäftigen. Vgl. Slawistik Wien: Schwerpunkt Transnationaler Literatur, Abschnitt 54:40–56:03.

Darin findet sich das erste Mal im gesamten Roman eine positiv besetzte Erinnerung an den Vater – ein Streich des erinnerten Kindheits-Ichs, der den Vater amüsiert, statt zu einem der auf der Vergangenheitsebene des Schultags immer wieder hervorgehobenen Wutausbrüche führt. Auf der Gegenwartsebene des Belgrad-Aufenthalts endet der wirre Streifzug durch den Herkunftsraum in der Wohnung der Eltern. Aus dem brennenden Licht in seinem alten Jugendzimmer schließt der Erzähler, dass seine Mutter noch wach ist. In der ersten Begutachtung des Zimmers vor der Beerdigung wurde sein jugendlicher Rückzugsort als geschützter Raum der Mutter erfasst. Stattdessen trifft er unerwarteterweise auf den Vater, der seine Lektüre kurz vor dem Eintreffen des Erzählers unterbricht. Die Schlussfolgerungen des Erzählers, dass der Vater aus diesem Zimmer erfolgreich verbannt wurde, wird durch die erste visuelle Wahrnehmung, die darauf hindeutet, dass der Vater das Zimmer als Rückzugsort nutzt, widerlegt. Auch die Einschätzung, dass die vielen Bücher, die dem Erzähler bei der ersten Inaugenscheinnahme des Zimmers auffallen, der Mutter „gutgetan" (DGT 178) haben, kann in ihrem dezidierten Bezug auf die Mutter eingeschränkt werden. Der Vater liest nicht nur Protokolle wie im tristen Familienbild ohne Sohn vor der Reise imaginiert, sondern berichtet von weltliterarisch geprägten Lesestunden, in denen sich „die Russen" (DGT 234) als Lieblingslektüre herauskristallisierten: „[...] bei denen weiß ich, was sie mir sagen wollen. Ich habe Maupassant probiert, aber mit dem komme ich nicht zurecht ..." (DGT 234) Dass sein „persönliches Monster" die eigene Weltwahrnehmung an Werken der Weltliteratur schult, steht dem zuvor entwickelten Bild des dogmatischen Beamten diametral entgegen. Wie während der ersten Begegnung im Rahmen der Beerdigung weist der Erzähler die Aussagen des Vaters in einer Innensicht von sich und wittert wiederum die „Indoktrinationsmaschine" (DGT 233), die ihn nun auch im Gespräch versucht zu manipulieren: „Er sollte mich nicht mehr täuschen, [...]. Alles Übel meines Lebens ging von dieser ekelhaften Gestalt aus – dieser Schinder und Lügner, Verbrecher, Aas, unorthodoxer Patriot, feiges Arschloch!" (DGT 234) Die mantraartige Beschwörung des „Monsters" aus der Innensicht wird von der finalen Einlösung des Reisemotivs unterbrochen: der Erzähler blickt dem Vater in die Augen. Darin erkennt er allerdings nicht, wie vor der Reise erwartet, „das Monster [...], das mich nachts nicht schlafen ließ" (DGT 167), sondern ein herkunftsbedingtes Zugehörigkeitsmerkmal: „Ein dumpfes Geräusch ging durch den Raum, und ich zuckte zusammen – als blickte ich mir selbst in die Augen: jene Augen, die Großmutter all ihren Söhnen und Enkeln vererbt hatte!" (DGT 234) Auch die unmittelbar danach dargelegte Geschichte des Vaters, in der er sich als Beamter im Rekrutierungsbüro empathisch einem Befehl widersetzt, bricht mit dem vorgefertigten Angstbild, das den Erzähler in Albträumen heimsuchte. Von einer selbstreflexiven Perspektive einer Aufarbeitung der Kriegsgeschichte der 1990er Jahre kann hier allerdings nicht die Rede sein: Die Erinnerung des Vaters geht zurück in die Zeit, in der er „zwanzig oder einundzwanzig" (DGT 235) war und kann eher als nostalgische Anwandlung eingeordnet werden: „Wir hatte dort viel mehr Arbeit als im Innenministerium: Das Land war groß – Gott, was das Land damals groß! –, und wir mussten die ganzen Leute irgendwie gerecht auf die Kasernen verteilen." (DGT 235) Die „guten Tage" (DGT 236) des Vaters, wie der Erzähler die Erinnerung bezeichnet, sind zunächst kein Hinweis darauf, dass die wahrgenommenen Veränderungen des Vaters mit einer Aufarbeitung der eigenen Funktion während der Jugoslawienkriege und des Kosovo-Kriegs einhergehen. Die Geschichte des „slowenische[n] Pärchens" (DGT 235), das der Beamte vor einer aufgrund des Militärdienst des werdenden Vaters drohenden, räumlichen Trennung bewahrte, scheint vordergründig ein Beleg der Jugonostalgie[90] zu sein, die der Erzähler auf der Vergangenheitsebene des Schultags bereits thematisiert: „Die gute alte Zeit wird beschworen, das viele Geld, das er hatte, die vielen Reisen, die er mit meiner Mutter unternehmen konnte, die Gesetze,

---

[90] Der Begriff „Jugonostalgie" befindet sich seit dem Zerfall des ehemaligen Jugoslawiens im Wandel. Die Schriftstellerin Dubravka Ugrešić verwendete den Begriff zunächst zur Erinnerung an ein gemeinsames jugoslawisches Erbe und damit gegen eine nationalgeschichtliche Vereinnahmung Jugoslawiens durch die einzelnen Republiken (vgl. Previšić/Vidulić: Einleitung. In: *Traumata der Transition. Erfahrungen und Reflexion des jugoslawischen Zerfalls*. Hrsg. v. Boris Previšić und Svetlan Lacko Vidulić. Tübingen 2015. S. 8). Auch Todor Kuljić rekurriert auf diese subversive Bedeutungsebene: „Da die Nationalisten die nostalgische Erinnerung an das multiethnische Jugoslawien nicht in den Griff bekamen, versuchten sie, deren Schlüsselbegriff zu stigmatisieren. Der Terminus Jugo-Nostalgiker dient der politischen und moralischen Disqualifizierung. Ein Jugo-Nostalgiker ist verdächtig, ein ‚Volksfeind' oder ein ‚Verräter' zu sein, jemand, der dem Untergang Jugoslawiens nachtrauert – und also auch dem Untergang des kommunistischen Zwangssystems, wobei Kommunismus in Kroatien als ‚Serbo-Bolschewismus' gilt und in Serbien als Verschwörung antiserbischer, titoistischer Kräfte. Kurz: Der Jugo-Nostalgiker ist der Feind der neuen Ordnung. Die Jugo-Nostalgie stört die Harmonie der neuen gesellschaftlich-integrativen Erinnerungsordnung." (Kuljić, *Umkämpfte Vergangenheiten*, 136 f.) Boris Previšić und Svetlan Lacko Vidulić weisen darauf hin, dass sich Dubravka Urgresic „als die Jugonostalgie-Spezialistin der ersten Stunde" mittlerweile von der subversiven Dimension des Begriffs distanzierte: „Die Jugosnostalgie hat indes ihre subversive Kraft verloren, sie ist keine persönliche Widerstandbewegung mehr, sondern ein Produkt des Marktes." (Zitat von Ugrešić, S. 8) Eine kritischen Perspektive auf das „Selbstbild des jugonostalgischen Milieus" wirft auch Armina Galijaš. Sie verhandelt in ihrem Artikel Gemeinsamkeiten zwischen den nationalistischen und jugonostalgischen „Erinnerungsmilieus" und sieht deren Gefahr vor allem in einem undifferenzierten, monoperspektivischen Umgang mit der Vergangenheit: „In beiden Diskursen verläuft die Erinnerung zunehmend nach vorgegebenen Mustern, wird auf wenige, mythologisierte und kaum hinterfragte Elemente reduziert. Beide Diskurse beruhen auf einer polaren Vorstellung von Gut und Böse, beide sind oft realitätsfern." (Armina Galijaš: Nationalisten und Jugonostalgiker. Zerstörung der Erinnerungen, Umformung der Identitäten. In: *Traumata der Transition. Erfahrungen und Reflexion des jugoslawischen Zerfalls*. Hrsg. v. Boris Previšić und Svetlan Lacko Vidulić. Tübingen 2015. S. 190). Ich übernehme in meiner Verwendung das Begriffsverständnis von Galijaš, die das Phänomen der Jugonostalgie als „tendenziell unkritisch-positive Vorstellungen und Erinnerungen an das Leben im sozialistischen Jugoslawien" (S. 184) beschreibt.

an die sich jeder hielt." (DGT 235) Ein Signal der Selbstreflexion zeigt sich allerdings am Ende der Geschichte, das andeutet, dass der Vater sich nicht mehr wie auf der Vergangenheitsebene des Schultags „in Nostalgie suhl[t]" (DGT 41), sondern mit einem ‚Früher-war-alles-besser-Topos' bricht: „Das war ein guter Tag, und von denen gab es nicht viele." (DGT 235) Der Erzähler nimmt vor allem auch eine veränderte Erzählhaltung des Vaters wahr, die nicht auf inhaltlicher Ebene, sondern in der Art, wie der Vater die Vergangenheit rekonstruiert, mit einem Sündenbekenntnis in Verbindung gebracht wird: „als hätte er gerade gebeichtet – als hätte der Beamte in ihm kurz das Fenster geöffnet, um richtige Luft reinzulassen" (DGT 235). Diese veränderte Perspektive auf die Vergangenheit bewegt den Erzähler zu einer verhaltenen Annäherung an den Vater. Der zuvor mit allerhand Feindseligkeiten imaginierten Innenperspektive des Vaters nähert sich der Erzähler nach dem Gespräch das erste Mal mit Verständnis:

> Ich wusste jedoch, dass es nicht Belgrad gewesen war, das ihn so roh gemacht hatte – es waren die Verhältnisse gewesen, die Umstände. Genau wie ich war auch er verwahrlost, seine Generation wie ein in die Ecke gedrängte, zum Kehlenschnitt freigegebenes Lamm, zu Stimmvieh modelliert für das schöne neue gerechte Land. Geiseln waren wir in den eigenen vier Wänden, mehr nicht. (DGT 236 f.)

Die im gesamten Roman strikt vorgenommene Trennung zwischen einer zum Schweigen erzogenen jungen Nachkriegsgeneration und der grobschlächtigen „falschen Väter" (DGT 39) wird am Ende aufgelöst und mündet in einem gemeinsamen Opfermythos („Geiseln waren wir in den eigenen vier Wänden"), der zwar die Annäherung von Vater und Sohn ermöglicht, aber in Bezug auf die „knallharte Aufarbeitung" der Kriege, die der tote Sitznachbar zwischenzeitlich einforderte, wenig konstruktiv erscheint. Diese Überlegungen stehen mehr im Zeichen des Präsidenten, dessen Stimme der Erzähler aus dem Fernsehen vernimmt: „Er sprach von der Zukunft des Landes, von dessen Gegenwart, der Vergangenheit – dass nur derjenige, der die Vergangenheit hinter sich lässt, in die Zukunft blicken kann, um so eine bessere Gegenwart für seine Kinder aufzubauen" (DGT 236).[91] Die emotionale Verbindung zum Vater bleibt trotz der vermeintlichen Annäherung ambivalent. Zwar scheint sich der Erzähler von seinem vorgefertigten Angstbild zu lösen, was sich in einer affirmativen Einordnung in die eigene Familiengenealogie zeigt: „Und beide

---

[91] Die Ansprache des Präsidenten erinnert an die Forderung nach einem „Schlussstrich", die Todor Kuljić in seinem Essay den „‚demokratischen' und ‚gemäßigten' Nationalisten aller Seiten" (Kuljić, *Umkämpfte Vergangenheit*, S. 156) zuschreibt. Kuljić sieht in dieser Haltung eine große Gefahr: „Die Schlussstrich-Forderung ist jedoch nichts anderes als der Versuch, das Schweigen über die eigene Vergangenheit zu legitimieren. In der deutschen Debatte um den Holocaust wurde diese Tendenz als ‚kommunikatives Beschweigen' charakterisiert, ein Schweigen also, das auf dem Konsens beruht, die Verbrechen seien nicht weiter der Rede wert." (ebd.).

hatten wir dieselben Augen, Großmutters Augen, ich und mein ganz persönliches Monster, von Generation zu Generation weitergegeben, diese verhängnisvollen Augen, die mich immer und überall an ihn erinnerten" (DGT 237). Nichtsdestotrotz sieht der Erzähler den Vater weiterhin als Symbol für einen „widerwärtig marodierende[n] Zustand der Welt" (DGT 237), dem er sich nicht entziehen kann. Am Ende bleibt ein weiterer Moment der Selbstreflexion, der den leibhaftigen Vater als vermeintliche Verkörperung des „persönlichen Monsters" von den „eigenen, hausgemachten Ängsten" (DGT 37) loslöst und dadurch eine Annäherung an den Vater zumindest in der Schwebe lässt: „Vielleicht aber war es auch anders, und ich war das Monster, dem ich heimlich huldigte." (DGT 237) Einer Aufarbeitung der Familiengeschichte kommt dies aber nicht gleich. Der Roman endet in einem Gefühl der Orientierungslosigkeit des Protagonisten, das die letztlich ausbleibende Figurenentwicklung auf den Punkt bringt: „War nirgends angekommen." (DGT 237)

6 Resümee

> Heimkehr ist der größtmögliche Kulturschock. Es wäre für alle Beteiligten besser, die Rückreise würde Fremdkehr genannt werden.[1]
> Ilija Trojanow, *Nach der Flucht* (2017)

Alle in dieser Studie untersuchten postjugoslawischen Reisedarstellungen kennzeichnet ganz allgemein der Modus einer „Fremdkehr", den Ilija Trojanow in seinem essayistischen Werk *Nach der Flucht* beschreibt. Die Erzählfiguren finden sich in einer ‚eigenen Fremde' wieder, die einerseits als Spiegel für die persönliche Entwicklung der Figuren fungiert und andererseits die räumliche Ordnung des vertrauten Reiseziels in ihren dynamischen Veränderungsprozessen freilegt. In Form von Erinnerungsreisen setzen sich die Protagonist:innen dieser Rückkehrerzählungen mit individuellen und kollektiven Gedächtnisbeständen in ihrem Herkunftsraum auseinander. Dies wird in den literarischen Werken jeweils als inventarisierende Innenschau inszeniert und bietet damit einen erkenntnisreichen Einblick in Bewusstseinsprozesse von Erzählfiguren, die ihren Herkunftsraum verlassen haben und nach einer langen Phase der Abwesenheit in diesen zurückkehren. In den hier analysierten Reisedarstellungen umfasst dieser Zeitabschnitt im Einzelnen immer etwa zehn Jahre – ein Zeitraum, der zu einer Distanz gegenüber einst vertrauten Erinnerungsorten führt, wie sie analog auch Trojanow im Kontext einer „Fremdkehr" beschreibt: Die Reisenden sind „in eine Ausstellung [ihrer] Vergangenheit hineingeraten, die andere kuratiert haben."[2] Aus diesem beschwerlichen Zugang zu Vergangenheitselementen, die eine als fremd empfundene Gruppe („andere") verwaltet und organisiert, resultiert das Spannungsverhältnis zwischen individueller Erinnerungsarbeit und kollektiven Gedächtnisbeständen, das den in der vorliegenden Studie untersuchten Erzählwerken inhärent ist.

Mehr als dreißig Jahre nach dem Zerfall der Sozialistischen Förderativen Republik Jugoslawien hat sich der Erzählgegenstand Jugoslawien als interkultureller Reflexionsraum in der deutschsprachigen Literatur etabliert. Dies ist auf signifikante Transformationen im literarischen Feld zurückzuführen, deren Ursache eng mit den jeweiligen Migrationsgeschichten in Deutschland, Österreich und der Schweiz verzahnt ist.[3] Seit der Veröffentlichung von Saša Stanišićs *Wie der Soldat*

---

[1] Ilja Trojanow: *Nach der Flucht*. Frankfurt a. M. 2017. S. 80.
[2] Trojanow, *Nach der Flucht*, S. 82.
[3] Das Statistischen Bundesamt in Deutschland listet folgende Nationen des ehemaligen Jugoslawien unter der Rubrik „Bevölkerung in Privathaushalten nach Migrationshintergrund im weitesten Sinne" auf: Kosovo (594 000), Bosnien und Herzegowina (556 000), Kroatien (400 000), Serbien (387 000) und Nordmazedonien (253 000). Im Erhebungsjahr 2020 haben folglich mehr

das Grammofon repariert (2006), dem bereits Ende der 2000er Jahre eine bahnbrechende Wirkung im Hinblick auf einen sogenannten „Balkan turn" (Previšić) in der deutschsprachigen Literatur attestiert wurde, erscheinen vermehrt literarische Werke von Schriftsteller:innen, die einer zweiten Einwanderergeneration angehören oder – ähnlich wie Stanišić – von ihren Kriegserfahrungen und/oder der Flucht vor den Jugoslawienkriegen der 1990er Jahre erzählen. Die vorliegende Studie beschäftigte sich mit diesen Veränderungen und ging aus einem literaturgeschichtlichen Blickwinkel folgender Leitthese nach: Zwischen der Veröffentlichung von Peter Handkes *Winterlicher Reise* im Jahr 1996 und Saša Stanišićs Erzählwerk *Herkunft* im Jahr 2019 ist eine diskursive Verschiebung von ‚fremden', externen Beobachtungen einer literarischen *out-group* zu autobiographischen Perspektiven und Schreibweisen einer *in-group* zu beobachten. Quantitativer Beleg für die Transformation dieses literarischen Feldes sind mehr als zwanzig Erzählwerke einer *in-group*, die seit Stanišićs Debütroman erschienen sind.[4] Viele dieser Werke waren für renommierte Literaturpreise nominiert und wurden schließlich auch prämiert.[5] Die leitende Aufgabe der vorliegenden Studie bestand darin, post-

---

als zwei Millionen Menschen in Deutschland eine Migrationsgeschichte, die mit Ländern des ehemaligen Jugoslawien in Verbindung steht (vgl. https://www.destatis.de/DE/Themen/Gesellschaft-Umwelt/Bevoelkerung/Migration-Integration/Tabellen/migrationshintergrund-staatsangehoerigkeit-staaten.html, letzter Zugriff: 24.05.2024). Zur Unterscheidung des Begriffs Migrationshintergrund im „engeren" und „weiteren" Sinne vgl. https://www.destatis.de/DE/Themen/Gesellschaft-Umwelt/Bevoelkerung/Migration-Integration/Methoden/Erlaeuterungen/migrationshintergrund.html (letzter Zugriff: 24.05.2024).

4 Vgl. etwa Saša Stanišić – *Wie der Soldat das Grammofon repariert* (2006), Nicol Ljubić – *Heimatroman oder Wie mein Vater ein Deutscher wurde* (2006), Marica Bodrožić – *Sterne erben, Sterne färben. Meine Ankunft in Worten* (2007), Melinda Nadj Abonji – *Tauben fliegen auf* (2010), Nicol Ljubić – *Meeresstille* (2010), Alida Bremer – *Olivas Garten* (2011), Adriana Altaras – *Titos Brille. Die Geschichte meiner strapaziösen Familie* (2011), Maja Haderlap – *Engel des Vergessens* (2011), Ana Tajder – *Titoland. Eine gleichere Kindheit* (2012), Jagoda Marinić – *Restaurant Dalmatia* (2013), Meral Kureyshi – *Elefanten im Garten* (2015), Anna Baar – *Die Farbe des Granatapfels* (2015), Marina Achenbach – *Ein Krokodil für Zagreb* (2017), Tijan Sila – *Tierchen unlimited* (2017), Sead Husic – *Gegen die Träume* (2018), Marko Dinić – *Die guten Tage* (2019), Saša Stanišić – *Herkunft* (2019), Ivna Žic – *Die Nachkommende* (2019), Sandra Gugić – *Zorn und Stille* (2020), Alem Grabovac – *Das achte Kind* (2021), Tijan Sila – *Radio Sarajevo* (2023), Alem Grabovac – *Die Gemeinheit der Diebe* (2023), Ivna Žic – *Wahrscheinliche Herkünfte* (2023).
5 Saša Stanišić – *Wie der Soldat das Grammofon repariert* (2006): Ingeborg-Bachmann-Preis 2005 (Publikumspreis), Shortlist des Deutschen Buchpreises 2006, Adelbert-von-Chamisso-Preis 2008; Melinda Nadj Abonji – *Tauben fliegen auf* (2010): Deutscher Buchpreis 2010, Schweizer Buchpreis 2010; Nicol Ljubić – *Meeresstille* (2010): Adelbert-von-Chamisso-Preis 2011, Longlist des Deutschen Buchpreises; Maja Haderlap – *Engel des Vergessens* (2011): Ingeborg-Bachmann-Preis 2011; Meral Kureyshi – *Elefanten im Garten* (2015): Nominierung für den Schweizer Buchpreis 2015; Anna Baar – *Die Farbe des Granatapfels* (2015): Nominierung für den Ingeborg-Bachmann-Preis 2015;

jugoslawische Reisedarstellungen repräsentativer Erzählwerke dieses weiten Textkorpus zu untersuchen. Ein zentrales Auswahlkriterium war hierbei, dass die Reisedarstellungen als strukturbildendes narratives Verfahren der Texte fungieren. Die Untersuchung zielte darauf, das innovative Potential zu erschließen, das postjugoslawische Reiseerzählungen von Autor:innen einer *in-group* in der Darstellung und Vermittlung von interkulturellem Wissen bergen. Der methodische Ansatz orientierte sich dabei an strukturanalytischen Verfahrensweisen der Reiseliteraturforschung, die Reisedarstellungen allgemein in die thematischen Bedeutungseinheiten Aufbruch, Unterwegssein und retrospektive Reflexion unterteilen. Da die mobile Erinnerungsarbeit und die damit einhergehende Aushandlung von Zugehörigkeit einen zentralen Bestandteil der postjugoslawischen Reisen einer *in-group* darstellen, wurde dieser methodische Ansatz durch narratologische Konzepte der Gedächtnisforschung erweitert. Die Vielfalt an postjugoslawischen Reisen sollte entlang leitender Fragestellungen erschlossen werden, die ein *close reading* signifikanter Romanzusammenhänge implizierten: Welche Themen und Motive kennzeichnen die Erzählwerke und welche spezifischen Erzählverfahren finden in den Reisedarstellungen Anwendung? Die wichtigsten Ergebnisse dieser Analysen werden im Folgenden in einem abschließenden Resümee zusammengeführt.

Die soziologisch geprägte Bezeichnung *in-group* fungierte im Zusammenhang der Untersuchung als Hilfskonstruktion, um die Transformationen innerhalb des literarischen Feldes zum Erzählgegenstand Jugoslawien freizulegen. Sie schafft einen begrifflichen Rahmen, der ein biographisch bedingtes, interkulturelles Erfahrungswissen der Autor:innen als Zugehörigkeitsmerkmal zu einem in den Werken thematisierten Herkunftsraum etabliert. Inwiefern dieses Erfahrungswissen produktionsästhetisch in die literarischen Werke einfließt, ist in Fiktionalisierungsprozessen grundsätzlich schwer zu bestimmen. Ein Indikator, der eine Annäherung an die autobiographische Textur der Werke ermöglicht, ist das von Gérard Genette etablierte Konzept des Paratextes. Der paratextuelle Umgang mit einem autobiographischen Stoff stellt eine allgemeine Sortierungskategorie im erweiterten Textkorpus einer *in-group* zum Erzählgegenstand Jugoslawien dar. Zwei Textgruppen lassen sich diesbezüglich unterscheiden: Einerseits wird in einem Teil der Erzählwerke in Paratexten kenntlich gemacht, dass es sich um eine literarische Auseinandersetzung mit der eigenen Familiengeschichte handelt, sei es in biographischen Erzählungen über Familienmitglieder, autobiographischen Essays oder autobiographischen Ro-

---

Saša Stanišić – *Herkunft* (2019): Deutscher Buchpreis 2019; Ivna Žic – *Die Nachkommende* (2019): Longlist Österreichischer Buchpreis 2019, Nominierung für den Schweizer Buchpreis 2019: Tijan Sila – *Radio Sarajevo* (2023): Ingeborg-Bachmann-Preis 2024.

manen.⁶ Andererseits ist eine ebenso große Gruppe an Werken vorhanden, die eine autobiographische Lesart nicht anzeigt bzw. in Paratexten sogar negiert.⁷ Auch wenn autobiographische Sujets in den Roman einfließen, wehren sich die Autor:innen gegen einen insbesondere im Bereich der Literaturkritik weiterhin vorhandenen Reflex, die fiktive Figurenkonstellation mit ihrer eigenen Lebensgeschichte gleichzusetzen. Daraus resultiert in Rezensionen zu den Erzählwerken nicht selten das vage Klassifikationsmerkmal autobiographisch „grundiert", „geprägt" oder „gefärbt". Erst durch eine sorgfältige Analyse des Paratextes kann das den jeweiligen Werken zugrunde liegende Spannungsverhältnis zwischen Fiktionalisierungs- und Authentifizierungsstrategien identifiziert werden. Gemein ist den beiden angeführten Textgruppen, dass die Geschehnisse der Erzähltexte aus der Perspektive einer Erzählfigur geschildert werden, deren transgenerationaler Herkunftsraum sich im ehemaligen Jugoslawien befindet, sei es in der überwiegend verwendeten Ich-Perspektive oder einer personalen Erzählperspektive. Um die Herkunftsgeschichte der Autor:innen für eine literaturwissenschaftliche Untersuchung zu operationalisieren, erwies es sich als produktiv, Paratexte zu analysieren und in deren Zusammenspiel mit dem Basistext die autobiographische Dimension der Werke herauszuarbeiten. Dabei zeigte sich die Ambivalenz einer autobiographischen Lesart: Einerseits entziehen sich die Werke durch Fiktionalisierungsstrategien einer Gleichsetzung der erzählten Welt mit der Lebensgeschichte der jeweiligen Autor:innen, andererseits kommen wiederum Authentizitätsstrategien zum Einsatz, die die Referenzialität der Werke beglaubigen und damit auch zur Aufarbeitung der Migrations- und (Nach-)Kriegsgeschichte beitragen. Es handelt sich um Reiseerzählungen, die zwar autobiographische Elemente aufweisen, aber eine bewusst gewählte, offene (*Herkunft*) oder eindeutig fiktional markierte Rahmung (*Wie der Soldat das Grammofon repariert, Restaurant Dalmatia, Die guten Tage*) besitzen. Die literarischen Werke stellen so eine individuelle Auseinandersetzung dar, die durch ihre Fiktionalität

---

6 Zu dieser Textgruppe können folgende Werke gezählt werden: Nicol Ljubić – *Heimatroman oder Wie mein Vater ein Deutscher wurde* (2006), Marica Bodrožić – *Sterne erben, Sterne färben. Meine Ankunft in Worten* (2007), Adriana Altaras – *Titos Brille. Die Geschichte meiner strapaziösen Familie* (2011), Ana Tajder – *Titoland. Eine gleichere Kindheit* (2012), Marina Achenbach – *Ein Krokodil für Zagreb* (2017), Saša Stanišić – *Herkunft* (2019), Alem Grabovac – *Das achte Kind* (2021), Tijan Sila – *Radio Sarajevo* (2023), Alem Grabovac – *Die Gemeinheit der Diebe* (2023), Ivna Žic – *Wahrscheinliche Herkünfte* (2023).

7 Zu dieser Textgruppe gehören: Saša Stanišić – *Wie der Soldat das Grammofon repariert* (2006), Melinda Nadj Abonji – *Tauben fliegen auf* (2010), Nicol Ljubić – *Meeresstille* (2010), Maja Haderlap – *Engel des Vergessens* (2011), Alida Bremer – *Olivas Garten* (2011), Jagoda Marinić – *Restaurant Dalmatia* (2013), Meral Kureyshi – *Elefanten im Garten* (2015), Anna Baar – *Die Farbe des Granatapfels* (2015), Tijan Sila – *Tierchen unlimited* (2017), Sead Husic – *Gegen die Träume* (2018), Marko Dinić – *Die guten Tage* (2019), Ivna Žic – *Die Nachkommende* (2019), Sandra Gugić – *Zorn und Stille* (2020).

eines referentiellen Einzelschicksals enthoben werden. Sie bieten in der Inszenierung des Figurentableaus eine Stimmenvielfalt, die auf die Darstellung einer gesellschaftlichen Lebenswelt zielt und nicht (nur) die individuelle literarische Aufarbeitung der eigenen Lebensgeschichte der Autor:innen verhandelt. Gemeinsam ist allen erzählerischen Werken des Textkorpus zudem eine über die autobiographische Dimension hinausgehende selbstreferentielle Ebene, die das Erzählen – ob in mündlicher oder schriftlicher Form – als Aufarbeitungsmedium von individueller und familiärer Vergangenheit thematisiert. Die eigene Geschichte zu erzählen erscheint hier positiv konnotiert, insofern diesem narrativen Prozess in den jeweiligen Darstellungen geradezu therapeutische Effekte zukommen, insbesondere die einer identitätsstiftenden Bewahrung von Erinnerungen und/oder einer beschwerlichen Auseinandersetzung mit Katastrophenerfahrungen.

Nicht nur in den in dieser Studie repräsentativ untersuchten Erzählwerken, sondern in nahezu allen Texten einer *in-group* zum Erzählgegenstand Jugoslawien bildet die Familie eine Kerneinheit im Figurentableau und liefert als Keimzelle sowie Spiegel gesellschaftlicher Entwicklungen einen Einblick in die Auswirkungen der Kriege und der damit in Verbindung stehenden Transformationsprozesse. Im sozialen Bezugsrahmen verwandter Personen, der sich teilweise auf die Kernfamilie beschränkt, aber auch transgenerational bis zur Ursprungsgeschichte der ‚Sippe' ausgeweitet wird, ist die literarische Aufarbeitung (post-)jugoslawischer Zeitgeschichte angesiedelt. Dabei werden nicht nur Erfahrungen der Jugoslawienkriege verhandelt, vielmehr wird ein breites Spektrum an Stationen jugoslawischer Zeitgeschichte thematisiert, die sich zumeist in den erzählerisch aufbereiteten Lebensläufen von Familienmitgliedern widerspiegeln. Alida Bremer befasst sich in ihrem autobiographischen Roman *Olivas Garten* beispielsweise auch mit den politischen Auseinandersetzungen im Ersten Jugoslawien (1918–1941) und den Fluchtbewegungen im Rahmen des kroatischen Faschismus (NDH, 1941–1945). In vielen anderen Erzählwerken wird die Geschichte des jugoslawischen Partisanenkampfes verhandelt (*Engel des Vergessens, Titos Brille, Die Farbe des Granatapfels*), aber auch eine mögliche Zugehörigkeit zur faschistischen kroatische Ustaša ergründet (*Wahrscheinliche Herkünfte*). Ein dominantes interkulturelles Thema bildet ferner die Geschichte der Migration aus der Perspektive einer ersten und zweiten Einwanderergeneration in Deutschland (vgl. insbesondere *Heimatroman, Restaurant Dalmatia, Gegen die Träume, Das achte Kind*), Österreich (*Zorn und Stille*) und der Schweiz (*Tauben fliegen auf, Elefanten im Garten*).

Neben der Verhandlung von Zeitgeschichte im familiären Erzählrahmen bildet die intertextuelle Verortung in einem postjugoslawischen Kulturraum ein weiteres gemeinsames Merkmal von Autor:innen, die aus einer *in-group*-Perspektive über den Erzählgegenstand Jugoslawien schreiben. Im vorliegenden engen Textkorpus spiegelt sich dies vor allem in zahlreichen impliziten wie expliziten Referenzen auf

Kunstwerke aus den Bereichen Literatur (z. B. Ivo Andrićs *Brief aus dem Jahr 1920* in *Wie der Soldat das Grammofon repariert*), Musik (z. B. jugoslawische Punkbands in *Die guten Tage*) oder Bildende Kunst (z. B. der kroatische Bildhauer Ivan Meštrović in *Restaurant Dalmatia*) wider.

Ähnlichkeiten weisen die Reisedarstellungen in den Romanen von Stanišić, Marinić und Dinić ferner in Bezug auf das in ihnen jeweils inszenierte ursprüngliche Reisemotiv auf. Zentraler Beweggrund für die Reise ist hier eine identitätsstiftende individuelle Erinnerungsarbeit, die mit dem Bedürfnis nach Aufarbeitung einer verdrängten Vergangenheit (Kindheit/Jugend) einhergeht. Erinnerungen sind in der gegenwärtigen Lebenswelt für die Figuren nicht rekonstruierbar oder unterliegen einem Unzuverlässigkeitsverdacht, dem durch eine Spurensuche im Herkunftsraum entgegengewirkt werden soll. In den Reisedarstellungen manifestiert sich so eine migrantische Außenperspektive, aus der individuelle und kollektive Gedächtnisbestände inventarisiert werden. Dabei offenbart sich in den Erzählwerken eine Diskrepanz zwischen der institutionalisierten Erinnerungskultur der jeweiligen Reiseziele und dem interkulturellen Individualgedächtnis der Erzählfiguren, die persönliche Aufarbeitungsprozesse beeinträchtigt oder gar verhindert. Die in den Texten narrativ gestalteten Reisen weisen zwar ein gemeinsames Ziel auf, das verbindend mit dem abstrakten Begriff *Herkunftsraum* bezeichnet werden kann. Dieses Reiseziel ist in den einzelnen Texten jedoch sehr unterschiedlich gestaltet. Das Prinzip, eine interkulturelle postjugoslawische Autor:innengruppe im Hinblick auf grundsätzliche Gemeinsamkeiten zusammenzudenken, gerät dadurch an seine Grenzen.[8] Postjugoslawische Herkunftsräume eröffnen verschiedene Erinnerungs-

---

[8] Als Beispiel, inwiefern eine forcierte Homogenisierung den Einzeldarstellungen der *in-group* nicht gerecht wird, sei an dieser Stelle auf den NZZ-Artikel „Stell dich nicht auf Urlaub ein' – die Kinder jugoslawischer Kriegsflüchtlinge erobern in ihren Romanen eine Heimat zurück, die nie die ihre war" (2021) des Literaturkritikers Jörg Plath verwiesen. In einem Überblickstext beschäftigt sich Plath mit postjugoslawischen „Reiseromanen", die das Schreiben zum Thema Jugoslawien sowohl in der deutschsprachigen Literatur als auch in anderen europäischen Literatursprachen neu perspektivieren. Seinem Textkorpus, das u. a. auch *Wie der Soldat das Grammophon repariert*, *Herkunft* und *Die guten Tage* enthält, attestiert er die Neuentdeckung einer „unheimlichen Urheimat" als gemeinsame „Formel". Dadurch entsteht der Eindruck, dass die reisenden Erzählfiguren mit der Wahl ihres Reiseziels grundsätzlich Ahnenforschung betreiben. Dies trifft in Bezug auf die drei genannten Werke lediglich auf das Reiseziel Oskoruša (*Herkunft*) zu. Plaths Artikel, dessen Vorstoß, eine neue interkulturelle Autor:innengruppe sichtbar zu machen, prinzipiell zu begrüßen ist, überträgt spezielle Merkmale einzelner Autor:innen und ihrer Werke undifferenziert auf die gesamte Autor:innengruppe. So homogenisiert er beispielsweise die von ihm ausgewählte Gruppe von Autor:innen über das außerliterarische Identitätsmerkmal „Kinder jugoslawischer Kriegsflüchtlinge", was lediglich auf zwei der acht Autor:innen zutrifft: Saša Stanišić und Elvira Mujčić. Plaths Artikel ist nicht frei von Balkanklischees, was sich schon an der Markierung des gemeinsamen Reiseziels als „unheimliche Urheimat" zeigt. Damit wird der Herkunftsraum als Reiseziel der Erzählfi-

perspektiven, die ein breites Spektrum an raumspezifischen Themen und kulturellen Codes verhandeln. Das erweiterte Textkorpus einer *in-group* lässt sich daher im Hinblick auf eine Auseinandersetzung mit Erinnerungskulturen der Nationalstaaten differenzieren, die aus dem Zerfall Jugoslawiens hervorgingen und in denen sich die Herkunftsräume der Erzählfiguren befinden. Auch diese Erinnerungskulturen sind wiederum in sich nicht homogen, sondern unterscheiden sich durch eine Vielfalt an Bevölkerungsgruppen. So finden sich innerhalb der Teilgruppe, die sich mit einer postjugoslawisch-kroatischen Erinnerungskultur auseinandersetzt,[9] auch Werke, die sich mit jüdischem Leben in Kroatien (und Deutschland) befassen (*Titos Brille. Die Geschichte meiner strapaziösen Familie*). In Bosnien und Herzegowina sind an sich divergierende offizielle Erinnerungskulturen vorhanden (vor allem hinsichtlich der Entität *Republika Srpska*), was sich insbesondere in den Werken von Saša Stanišić manifestiert.[10] Serbische Herkunftsräume im erweiterten Textkorpus[11] sind auch geprägt von Minderheitsgruppen wie beispielsweise den ungarischen Serb:innen in der Vojvodina (*Tauben fliegen auf*). Der Herkunftsraum der Ich-Erzählerin in Meral Kureyshis Roman *Elefanten im Garten* befindet sich in Kosovo. In ihrer Herkunftsstadt Prizren gehört die Erzählfigur der türkischsprachigen Bevölkerungsgruppe an. Maja Haderlap setzt sich in *Engel des Vergessens* mit der Geschichte der Kärntner Slowen:innen auseinander. In den ausgewählten Texten dieser Studie wurde beispielhaft die Auseinandersetzung mit einer kroatischen, bosnischen und serbischen Erinnerungskultur dargelegt. Daraus resultieren bei

---

guren bereits in der Unterüberschrift des Artikels mystifiziert. Als Bild, das die Reisen illustrieren soll, wurde mit Lukomir eine ländliche Gegend in der Nähe von Sarajevo ausgewählt, die beispielsweise dem molochartigen Großstadtporträt Belgrads in Marko Dinićs *Die guten Tage* diametral entgegensteht. Stattdessen vermittelt das Bild einen vormodernen Kulturraum, der in einigen der Texte (z. B. die Dörfer Veletovo und Oskoruša in Stanišićs Romanen) auch evoziert wird, jedoch nicht als grundlegend repräsentativ für die Reiseziele der Erzählfiguren angesehen werden kann und vielmehr bekannte Balkanstereotype bedient. Vgl. Jörg Plath: „Stell dich nicht auf Urlaub ein" – die Kinder jugoslawischer Kriegsflüchtlinge erobern in ihren Romanen eine Heimat zurück, die nie die ihre war. In: *NZZ* 27.09.2021. URL: https://www.nzz.ch/feuilleton/die-kinder-jugoslawischer-kriegsfluechtlinge-und-ihre-heimat-ld.1642021 (zuletzt aufgerufen: 25.08.2022).

9 Nicol Ljubić – *Heimatroman oder Wie mein Vater ein Deutscher wurde* (2006), Marica Bodrožić – *Sterne erben, Sterne färben. Meine Ankunft in Worten* (2007), Alida Bremer – *Olivas Garten* (2011), Ana Tajder – *Titoland. Eine gleichere Kindheit* (2012), Jagoda Marinić – *Restaurant Dalmatia* (2013), Anna Baar – *Die Farbe des Granatapfels* (2015), Marina Achenbach – *Ein Krokodil für Zagreb* (2017), Ivna Žic – *Die Nachkommende* (2019), Alem Grabovac – *Das achte Kind* (2021), Alem Grabovac – *Die Gemeinheit der Diebe* (2023), Ivna Žic – *Wahrscheinliche Herkünfte* (2023).
10 Saša Stanišić – *Wie der Soldat das Grammofon repariert* (2006) und *Herkunft* (2019), Tijan Sila – *Tierchen unlimited* (2017) und *Radio Sarajevo* (2019), Sead Husic – *Gegen die Träume* (2018).
11 Melinda Nadj Abonji – *Tauben fliegen auf* (2010), Marko Dinić – *Die guten Tage* (2019), Sandra Gugić – *Zorn und Stille* (2020).

ähnlich gestalteten Reisemotiven deutlich unterschiedliche Erinnerungsinhalte, die nachfolgend konzis zusammengetragen werden. Beträchtliche Unterschiede innerhalb eines erweiterten Textkorpus der *in-group* finden sich naturgemäß auch in den jeweiligen Erzählverfahren der Werke. Von dokumentarisch-essayistischen Schreibformen (*Heimatroman, Ein Krokodil für Zagreb, Wahrscheinliche Herkünfte*) bis zu lyrischen Annäherungen an das Thema Herkunft (*Sterne erben, Sterne färben; Die Farbe des Granatapfels, Die Nachkommende*) entwickeln die Autor:innen ganz eigene Ausdrucksformen. Erzählerische Besonderheiten wie die Adressierung an ein erzählerisches Du (*Elefanten im Garten*), die Ausweitung der Ich-Perspektive zu einem kollektiven Wir (*Tauben fliegen auf*), eine variable interne Fokalisierung verschiedener Familienmitglieder (*Olivas Garten, Restaurant Dalmatia, Zorn und Stille*) oder der Einsatz einer kindlichen Erzählperspektive (*Wie der Soldat das Grammofon repariert, Engel des Vergessens, Das achte Kind*) verdeutlichen annäherungsweise die Vielfalt, die sich innerhalb der Gruppe in Bezug auf die Erzählperspektive zeigt. Die Reisedarstellungen der im vorliegenden Zusammenhang fokussierten Erzählwerke bringen jeweils spezifische Erzählverfahren hervor, die im Kontext mobiler Erinnerungsarbeit ein eigenes poetologisches Programm der Autor:innen erkennen lassen. Diesem widmet sich ein weiterer Sinnabschnitt des Resümees.

Die Erinnerungsperspektive der Erzählfiguren in Saša Stanišićs Romanen ist an eine Bevölkerungsgruppe des ehemaligen Vielvölkerstaats der Sozialistische Föderative Republik Jugoslawien rückzubinden, die keiner nationalen Gruppe zugehörte, sondern deren Angehörige sich als Jugoslawen verstanden. Ausgehend von einem Identitätsverlust durch den Zusammenbruch des politischen Systems („Ich bin ein Gemisch. Ich bin ein Halbhalb. Ich bin Jugoslawe – ich zerfalle also.", S 53) wird sowohl in *Wie der Soldat das Grammofon repariert* als auch in *Herkunft* die Aufrechterhaltung dieser Gruppenzugehörigkeit problematisiert. Der Herkunftsraum der Rückkehrer erfuhr eine gewaltsame Transformation hin zu einer monoethnischen gesellschaftlichen Ordnung, mit der Stanišićs Erzählfiguren in allen Reisedarstellungen konfrontiert werden. Innerhalb kleiner gesellschaftlicher Einheiten wie der Familie oder einer Dorfgemeinschaft werden zentrale Probleme der Aufarbeitung von Kriegsgeschichte verhandelt: das kollektive Schweigen über die Geschehnisse vor Ort, die nach dem Krieg anhaltende Macht von Kriegsverbrechern, die diskriminierende Behandlung von ethnischen Fremdgruppen, das Nichteingestehen von Täterschuld. In den Reisedarstellungen bildet die Suche der Erzählfiguren nach einer fortbestehenden Gruppenzugehörigkeit ein zentrales Thema – divergierende Kriegserfahrungen zwischen Geflüchteten einerseits und Zurückgebliebenen in Višegrad andererseits führen zu einer Entfremdung gegenüber der ortsansässigen Erinnerungsgemeinschaft, die Nähe von Verwandten zu Kriegsverbrechen schafft Distanz zur nun von Nationalismen geprägten transgenerationalen Familiengeschichte. In der persönlichen Inaugenscheinnahme durch die Erzählfiguren zeigt sich, dass die polyethnische jugoslawische Raumgeschichte vor Ort nicht mehr sichtbar ist, da sie von einer serbischen Erinnerungskultur überlagert wird. Der geschlossenen Raumstruktur, die sich an mehreren Identitätsprüfungen zeigt, steht nach den auf eine serbische Ethnizität verweisenden ‚Codenamen' Krsmanović/Stanišić eine identitätsstiftende Vereinnahmung gegenüber, der sich die Erzählfiguren aus einer Innensicht entziehen. Grundlegende Bestandteile eines institutionell geprägten serbischen Kollektivgedächtnisses werden dabei in ihrem Einfluss auf die ortsansässigen Vertreter:innen der eigenen Verwandtschaft kritisch beleuchtet: die Heroisierung von Kriegsverbrechern als Beschützer der ‚Heimat' vor ethnischen Fremdgruppen, die Ignoranz gegenüber bosniakischen Opfergruppen und das Wiederaufleben von nationalen Mythen. Stanišić entwickelt in seinen Erzählwerken ein literarisches Gegengedächtnis, das eine vor Ort dominierende einseitige Erinnerungsperspektive unterläuft, die jugoslawische Familienidentität zu bewahren sucht und als literarisches Zeugnis zur Aufarbeitung von Kriegsverbrechen beiträgt. Der eigene polyethnische Familienmythos steht so dem national konnotierten, monoethnischen Mythos der Stanišić-Sippe, wie er in Oskoruša von Gavrilo erzählt wird, gegenüber. Neben der Distanznahme innerhalb der eigenen Abstammungsgemeinschaft finden sich in den literarischen Reisen auch identitätsstiftende Erinnerungssituationen als Motiv: Die Identifikation mit anderen Figuren, die Fluchterfahrungen ausgesetzt waren und sind, ruft Erinnerungen an die eigene Katastrophenerfahrung und Fluchtgeschichte hervor, die mittels spezieller Erzählverfahren versprachlicht werden können – diese narrativen Ausdrucksformen weisen so unverkennbar eine signifikante therapeutische Dimension auf. Die Erinnerung an Grenzerfahrungen wird im Bewusstsein präsent gehalten, im narrativen Prozess geordnet und damit kontrolliert.

Jagoda Marinićs Protagonistin Mia wiederum ist nicht im ehemaligen Jugoslawien, sondern in einer Einwandererfamilie in Berlin aufgewachsen. Die Rückkehr aus ihrem neuen multikulturellen Lebensmittelpunkt Toronto führt sie in die deutsche Hauptstadt. In diesem Zusammenhang der erzählten Handlung wird ein monokulturelles nationales Gedächtnis problematisiert, das Einwanderungsgeschichten marginalisiert. Mia wird von Marinić als fiktive Zeitzeugin einer Mauergeschichte inszeniert, die der Erinnerungsperspektive von Einwanderinnen und Einwandern im deutschen kulturellen Gedächtnis keinen Raum bietet. In der touristischen Außenperspektive der Rückkehrerin wird die Migrationsgeschichte Deutschlands im 20. Jahrhundert als blinder Fleck in nationalgeschichtlich fixierten Gedächtnisbeständen markiert. Marinićs Roman unterscheidet sich von den übrigen behandelten Erzählwerken dadurch, dass hier Konfliktfälle zwischen einer ersten und einer zweiten Einwanderungsgeneration verhandelt werden – diese Konflikte bringen unterschiedliche Konstellationen von Zugehörigkeit hervor. Der ersten Einwanderungsgeneration in Mias Familie bleiben gesellschaftliche Partizipationsangebote verwehrt, was zu divergierenden Verhaltensmustern bei Mutter (unterwürfiger Assimilierungsdrang) und Vater (nostalgische Rückbesinnung auf den Herkunftsraum) führt. Mia entfremdet sich von der Idee einer dominant kroatischen Familienidentität, findet jedoch als Ausländerin auch in einer monokulturell fixierten Mehrheitsgesellschaft keine Identifikationsangebote. Während der Rückreise reflektiert die Protagonistin ihre Marginalisierung in einem interkulturellen ‚Dazwischen' und erschließt sich verloren geglaubte familiäre Gedächtnisbestände, die (post-)jugoslawische Geschichte aus einer kroatischen Perspektive fokussieren – die Erinnerung an den Kroatienkrieg Anfang der 1990er Jahre und das Kriegstrauma der dalmatinischen Großmutter nach dem Zweiten Weltkrieg. In Bezug auf den Kroatienkrieg werden die Auswirkungen einer nationalistischen Kriegsrhetorik auf eine typisierte Einwandererfamilie in Deutschland dargestellt. Inkompatible Kriegshaltungen innerhalb der Familie führen zu einer Destabilisierung dieser Wir-Gruppe, die im Roman aus Mias Perspektive erzählerisch aufgearbeitet wird. Das Kriegstrauma der Großmutter steht mit einem blinden Fleck in der jugoslawischen Erinnerungskultur in Verbindung: den gewaltsamen Vergeltungsaktionen der Partisanen nach dem Zweiten Weltkrieg. Dabei bedient der Roman keinen nationalistischen Opfermythos (Bleiburg), der in der ersten Phase der Unabhängigkeit Kroatiens für die institutionell konstituierte Erinnerungskultur in den 1990er Jahren eine Rolle spielte. Das Kriegstrauma der Großmutter führt ganz allgemein das ‚Verlorengehen' bzw. die Tabuisierung von einzelnen Erinnerungsperspektiven in einseitigen kollektiven Großerzählungen vor und ähnelt dabei in ihren Exklusionsmechanismen der Marginalisierung von migrantischen Erinnerungsbeständen im nationalgeschichtlichen Gedächtnis Deutschlands.

Marko Dinićs namenloser Ich-Erzähler schließlich ist im „Ausnahmezustand" des Kosovo-Kriegs im Jahr 1999 aufgewachsen und erzählt die anhaltenden Auswirkungen einer familiär und institutionell bedingten ideologischen Vereinnahmung insbesondere durch Vaterfiguren der vorangehenden Generation. Im Mittelpunkt stehen die Folgen autoritärer Erziehungsmethoden in der serbischen (Nach-)Kriegszeit, die eine patriarchale Familien- und Gesellschaftsordnung verfestigten, ‚Fremdgruppen' zu Feindbildern doktrinär aufluden und die nationale Befreiungsgeschichte glorifizierten. Der Erzähler flüchtet vor einer repressiven postjugoslawischen Lebenswelt nach Wien, wo ihn nach zehn Jahren die verdrängte Vergangenheit einholt: Gegenwärtige Fluchtgeschichten Mitte der 2010er Jahre lösen nostalgische Erinnerungen aus, die den „Ausnahmezustand" (DGT 34) des Kosovo-Kriegs nachträglich verklären und Symptome einer Persönlichkeitsstörung zum Vorschein bringen. Im Rahmen der Rückkehr nach Belgrad verhandelt der Roman die psychische Instabilität des Ich-Erzählers, die aus einer Konfrontation mit den eigenen Angstbildern resultiert. Das Zentrum der Bewusstseinserzählung bildet ein Generationenkonflikt zwischen väterlichen Kriegsbefürwortern und den zum Schweigen erzogenen Kindern. Während der Rückkehr deuten Ehrbezeugungen gegenüber verurteilten

Kriegsverbrechern und eine fehlende Gedenkkultur auf erwartbar nicht vorhandene institutionelle Aufarbeitung, was den Protagonisten in seinem eigenen Aufarbeitungsdrang lähmt und seinen ohnehin kritischen psychischen Zustand weiter destabilisiert. In der raumsemantischen Betrachtung der elterlichen Wohnung erkennt der Erzähler dagegen eine Entpolitisierung, die seinen Erwartungen nicht entspricht: Die zuvor demonstrativ ausgestellte nationale Gesinnung ist einer bürgerlich-familiären, frommen Erinnerungskultur gewichen. Ein imaginärer Reisegefährte fungiert im Roman als nach außen projiziertes Reflexionsmedium, das die Auseinandersetzung mit verdrängten, wutbeladenen Vergangenheitsepisoden fördert. Durch den schlagartigen Tod dieses imaginierten Dialogpartners werden kritische Aufarbeitungsimpulse aufgehoben: Der Ich-Erzähler schafft in der abschließenden Begegnung mit seinem Vater ein generationenübergreifendes Opfernarrativ und verfällt der Schlussstrich-Rhetorik des serbischen Präsidenten.

Ein zentrales formalästhetisches Merkmal in den untersuchten Erzählwerken von Saša Stanišić sind enumerative Erinnerungsverfahren, die sowohl im *Soldaten* als auch in *Herkunft* das Prinzip einer dynamischen Bestandsaufnahme kennzeichnen. Listen werden in den Texten als Gedächtnishilfe verwendet, um die Erinnerungen vor der Reise mit einer Inaugenscheinnahme vor Ort abzugleichen. Darüber hinaus verweisen enumerative Erzählverfahren auf die Konstruktivität von Erinnerungen und schaffen den Leseeindruck eines ‚Work in Progress' – das Erzählmaterial wird assoziativ evoziert und anschließend zu einer kohärenten Geschichte geformt. Für die Darstellung von eigenen Kriegserfahrungen (Kriegsausbruch im Luftschutzkeller im *Soldaten*), Angstbildern (*poskok* in *Herkunft*) und schmerzlichem Verlust (Tod der Großmutter in *Herkunft*) verwendet der Autor spielerische Methoden der Versprachlichung: Grenzerfahrungen werden in einem strukturierten Rahmen mit klaren Regeln eingehegt. So behält der Ich-Erzähler im *Soldaten* durch ein Erinnerungsspiel, das mit den deiktischen Angaben *hier* und *dort* operiert, die erzählerische Kontrolle – den Katastrophenerfahrungen im Luftschutzkeller wird so ein festgelegter, beherrschbarer Raum im erzählerischen Bewusstsein zugewiesen. In *Herkunft* wird das Erzählprinzip von Spielbüchern (*Choose your own adventure*) verwendet, um sich eines angstbehafteten Vergangenheitsbilds (*poskok*) erzählerisch zu bemächtigen. Der Tod der Großmutter ist in ein dem Haupttext nachgestelltes interaktives *Choose-your-own-adventure*-Erzählspiel eingebettet („Der Drachenhort"), wodurch die Protagonistin aus der erzählten Wirklichkeit in eine überzeitliche Erinnerungswelt überführt wird. Ein weiteres spezifisches Erzählverfahren betrifft die Rekonstruktion von Vergangenheitselementen, die in der Gemeinschaft der Ortsansässigen tabuisiert sind. Uneingestandene Täterschuld im Herkunftsraum, über die Kriegsbeteiligte im Beisein der Erzählfiguren schweigen, werden dadurch subtil offengelegt, dass eine verbale Sprach- und eine non-verbale Zeichenebene einander konterkarierend auseinandertreten und so auf Unausgesprochenes hinweisen. Im *Soldaten* ermöglichen die gewählten Schauplätze in Mikis Runde im Hintergrund die Erinnerungen an Kriegsverbrechen in Višegrad. In *Herkunft* deutet die Parallelisierung von Handlungsverläufen bei der Erzählung der Rückkehr nach Oskoruša (Kaffeekochen der Mutter während Sretojes Kriegsgeschichten) auf das Nichteingestehen von Täterschuld und damit auch auf eine Unvereinbarkeit von bosniakischen und serbischen Erinnerungsperspektiven im Herkunftsraum des Protagonisten hin.

Jagoda Marinićs Roman *Restaurant Dalmatia* hat eine diaristische Grundstruktur, die allerdings mit der gattungstypisch erwartbaren Intimität einer autodiegetischen Erzählperspektive bricht: Durch eine personale Erzählsituation wird einerseits erzählerische Distanz zur Lebensgeschichte der Protagonistin erzeugt, während andererseits erzählerische Mittel wie erlebte Rede oder der Wechsel von einer hetero- zu einer homodiegetischen Erzählperspektive nichtsdestotrotz eine intime Nähe schaffen. Die komplexe Perspektivenstruktur des Romans bildet ein zentrales formalästhetisches Merkmal: Auf der Gegenwartsebene einer zweiwöchigen Berlinreise dominiert die an Mia gebundene figurale Perspektive, die Erzählstimme fungiert in dieser personalen Erzählsituation als Reflektor. Auf der Vergangenheitsebene weitet sich die figurale jedoch zu einer auktorialen Erzählperspektive aus: Aus Mias Perspektive werden weitere Familienmitglieder intern fokalisiert. Dabei konnten drei verschiedene Funktionen dieser Textstrategie identifiziert werden: der Fokalisierungswechsel gewährt der Protagonistin eine Außenperspektive auf ihr Vergangenheits-Ich; Handlungsmotivationen anderer Familienmitglieder werden dadurch ergründet, dass Mia sich in sie hineinversetzt; und schließlich ermöglicht es die auktoriale Perspektive der Protagonistin, sich transgenerationale Familiengeschichte, die sie selbst nicht miterlebt hat, in Form einer internen Fokalisierung, z. B. der Großmutter, zu ‚erschreiben'. Dieser spezifischen Perspektivenstruktur sind Elemente intermedialen Erzählens als weiteres erzähltechnisches Merkmal hinzuzufügen. In Marinićs Erzählwerk werden, ähnlich wie in den „neuen deutschen Familienromanen", die um die Jahrtausendwende als Textgruppe markiert wurden, in der mobilen Erinnerungsarbeit Foto-Text-Verbindungen eingesetzt: Ein altes, nicht identifizierbares Polaroidbild dient hier als Erinnerungsanlass, prägt die Spurensuche im Herkunftsraum Berlin und veranschaulicht auf einer metaphorischen Ebene den Gedächtnisverlust der Protagonistin.

Marko Dinićs Roman *Die guten Tage* ist ein einschlägiges Beispiel für unzuverlässiges Erzählen. Die Unzuverlässigkeit des Ich-Erzählers betrifft sowohl fiktionale ‚Fakten' (ontologischer Status des Sitznachbarn) als auch die Deutung von Ereignissen und die Beurteilung anderer Figuren (Beerdigung der Großmutter, Wiedersehen mit den Eltern). Insbesondere in der Darstellung der Busreise sind Indizien gestaltet, die einen Unzuverlässigkeitsverdacht begründen, wie z. B. widersprüchliche Aussagen über das eigene Erfahrungswissen, Missverständnisse mit dem Sitznachbarn, die desaströse körperliche Verfassung des Erzählers und die Fremdwahrnehmung durch andere Figuren. Ungereimtheiten in der Erzählerrede deuten darauf hin, dass der Sitznachbar als Reisegefährte ein „mentales Ereignis" (Schmid) darstellt. Ihn kennzeichnet eine Aura der ‚Seltsamkeit', zudem offenbart sich in der kontinuierlichen Nähe zum Fenster als physikalisches Reflexionsmedium ein unbewusster Vorgang der Selbstbespiegelung. Die Doppelgängerfigur fungiert hier vor allem als erzählerisches Reflexionsmedium, das die Aufarbeitungsversuche der reisenden Erzählfigur hinsichtlich der eigenen Familiengeschichte im Kontext der (Nach-)Kriegswirklichkeit in Serbien bedingt und formt. Neben dem Ich-Erzähler und seinem imaginierten Dialogpartner erzeugen weitere, als eigenständig konzipierte Erzählstimmen auf der Vergangenheitsebene und auf einer extradiegetischen Erzählebene eine dissonante, innere Vielstimmigkeit. Diese Stimmen sind durch ein Montageprinzip lose verbunden, sodass sich die in Dinićs Rückkehrergeschichte verhandelte Persönlichkeitsstörung auch in einem polyphonen Ich-Zerfall manifestiert. In *Die guten Tage* fließen, wie in Marinićs *Restaurant Dalmatia* überdies andere mediale Ausdrucksformen explizit in den Erzählprozess mit ein: Sowohl auf der Gegenwarts- als auch auf der Vergangenheitsebene gewähren übersetzte oder von ihnen inspirierte Liedtexte jugoslawischer Punkbands einen Einblick in das Innenleben des Protagonisten.

Neben der Analyse einschlägiger Erzählwerke einer postjugoslawischen *in-group* zielte dieses Forschungsprojekt auch auf eine Kontextualisierung des außerliterarischen Engagements dieser Autor:innengruppe. In der Debatte um die Nobelpreisverleihung an Peter Handke im Jahr 2019 wird im literarischen Feld zum Erzählgegenstand Jugoslawien eine bedeutende Veränderung manifest: Schriftsteller:innen mit jugoslawischer Migrationsgeschichte prägen die Kontroverse mit ihren Beiträgen maßgeblich. In dieser Studie wurden Handkes Reiseberichte aus dem Jahr 1996 vor dem Hintergrund dieser Debatte und der diskursiven Positionierung der ausgewählten Autor:innen wiederaufgegriffen. Insbesondere durch den Blick auf den im Forschungsdiskurs vernachlässigten *Sommerlichen Nachtrag* konnten hier weitere Erkenntnisse über die Reiseberichte gewonnen werden. Dabei standen in Form von Reisemotiven und narrativen Authentizitätsstrategien Analysebegriffe aus dem Bereich der Reiseliteraturforschung im Zentrum. Der Motivation von Handkes Ich-Erzähler, kurz nach Kriegsende in die damalige Bundesrepublik Jugoslawien (Serbien und Montenegro) und im zweiten Teil auch nach Bosnien zu reisen, ist ein Widerspruch inhärent, der gegenläufige Lesarten bedingt: Der Ich-Erzähler versteht seine Reise einerseits als Korrektiv zu einer vorgeblich wirklichkeitsverfälschenden Kriegsberichterstattung. In Form einer „Augenzeugenschaft" (WR 39) insistiert er darauf, einen glaubwürdigeren Einblick in die Nachkriegswirklichkeit zu geben. Andererseits ist in der narrativ inszenierten Wahrnehmungsweise der Reiseziele eine Ästhetisierung der Wirklichkeit zu erkennen, die einer vermeintlich objektiven Beschreibung der vorgefundenen Lebenswelt zuwiderläuft: In einer Harmonisierung von Innen- und Außenwelt werden die Reiseziele des Autor-Erzählers zu einer poetisierten Projektionsfläche, die nicht zur literarischen Aufarbeitung der militärischen Auseinandersetzungen beiträgt, sondern dieser im Sinne einer einseitigen poetisch-politischen Positionierung vielmehr entgegensteht. Dass sich Handkes Reiseberichte einer serbischen Erinnerungsperspektive verschreiben, konnte insbesondere anhand der im *Sommerlichen Nachtrag* gestalteten Figurenrede einer ortsansässigen ‚Volksstimme' in Višegrad deutlich gemacht werden. Handkes in seinem Essay *Abschied des Träumers vom neunten Land* entworfenes Opfernarrativ wird so mit einer lokalen Kollektivstimme synchronisiert und ostentativ beglaubigt: Schuld am Zerfall Jugoslawiens sei der Imperialismus einer ‚westlichen Welt', der die Region von außen destabilisiert habe.

Den Diskursbeiträgen von Saša Stanišić, Jagoda Marinić und Marko Dinić ist gemein, dass sie über die Anschlussfähigkeit und Instrumentalisierung der Autorfigur Peter Handke und seiner Texte innerhalb der serbischen Erinnerungspolitik informieren. Eine Analyse dieser Debattenbeiträge im Kontext gewichtiger Gegenstimmen (Eugen Ruge) und einflussreicher Vertreter:innen der Handkeforschung hat ergeben, dass Handkes Reiseberichte einen interkulturellen Rezeptionsraum eröffnen, innerhalb dessen sich verschiedene Lesarten entwickeln, die jedoch nicht losgelöst voneinander betrachtet werden können. Die von Handke-Verteidigern ins Feld geführte priorisierte Medienkritik und Verortung der Texte in einem deutschsprachigen Diskurs über die eigene Rolle in den Jugoslawienkriegen stellt dabei eine Lesart dar. Auf der anderen Seite stehen Handke-Kritiker, die die Reiseberichte im Kontext der Aufarbeitung lesen und in deren poetisierter Wirklichkeit einen Geschichtsrevisionismus sehen, der Täterschuld relativiere und auf historische Fakten rekurrierenden Aufarbeitungsprozessen entgegenlaufe. Die Beiträge der Autor:innen des vorliegenden Textkorpus sind weniger im Diskurs um die außenpolitische Rolle von Deutschland und Österreich in den 1990er Jahren zu verorten als vielmehr im Kontext der anhaltenden Erinnerungskonkurrenz zwischen postjugoslawischen Erinnerungskulturen. Die Autor:innen setzen in ihren diskursiven Positionierungen jeweils eigene Akzente. Aus einer Perspektive der persönlichen Betroffenheit verurteilt Saša Stanišić in seiner Buchpreisrede die Relativierung von Kriegsverbrechen in Handkes Texten, die durch die Auszeichnung des Gesamtwerks mit dem prestigeträchtigsten Literaturpreis gewürdigt werde. Stanišić verknüpft Handkes Jugoslawientexte mit dessen allgemeinem Literaturverständnis und wirkt so der üblichen Absonderung dieser über zehn Jahre hinweg publizierten Textsammlung aus dem Gesamtwerk entgegen, wie sie auch im feuilletonistischen Diskurs kurz nach Bekanntgabe des Preisträgers vorherrschend ist. Jagoda Marinić weist in ihren Kolumnen auf die Nicht-Sichtbarkeit von Opfergruppen in Handkes Texten hin, die eine interkulturelle Wissensvermittlung verfälsche, auch insofern eine kontextualisierende kommentierte Ausgabe weiterhin fehle. Die deutsch-kroatische Autorin kritisiert ebenso wie Stanišić die Verharmlosung von Handkes „Jugoslawien-Komplex" im deutschsprachigen Feuilleton, das im Sinne von Handkes eigener Autorinszenierung das Bild eines unpolitischen Schriftstellers aufrechterhalte. Marko Dinić verweist in seinen Beiträgen auf eine grundsätzliche Amoralität von Schriftsteller:innen, die – wie auch im Fall Handke – beeindruckende Werke verfassten, sich jedoch nicht als moralisches Vorbild eigneten. Dinić lieferte einen Einblick in das serbische Netzwerk von Peter Handke, das wiederum dessen Nähe zu einem geschichtsrevisionistischen Nationalismus bekräftigt, die sich auch an der ‚Krönungsreise' des Nobelpreisträgers nach Bosnien und Serbien im Jahr 2021 erkennen lässt. Die Interventionen von Vertreter:innen einer postjugoslawischen *in-group* stellen damit sowohl in ihren literarischen Werken als auch in ihren außerliterarischen Positionierungen ein interkulturelles Erfahrungswissen bereit, das wesentlich zur Aufklärung über (post-)jugoslawische Geschichte im deutschsprachigen Raum beiträgt und darüber hinaus eine migrantische Perspektive auf die Erinnerungskultur in deutschsprachigen Ländern artikuliert.

7 Literaturverzeichnis

7.1 Primärquellen

Andrić, Ivo: *Die Männer von Veletovo. Ausgewählte Erzählungen*. Berlin und Weimar 1968.
Andrić, Ivo: *Die verschlossene Tür. Erzählungen*. Herausgegeben und mit einem Nachwort von Karl-Markus Gauß. Wien 2003.
Bachmann, Ingeborg: *Malina*. Mit einem Kommentar von Monika Albrecht und Dirk Göttsche. Frankfurt a. M. 2004.
Biller, Maxim: *Liebe heute: short stories*. Köln 2007.
Buchhandlung Dialogues: „Dialogues, 5 questions à Saša Stanišić". URL: https://www.youtube.com/watch?v=BggHFYy4hFc, (zuletzt aufgerufen: 15.04.2022).
Dinić, Marko im Literaturpodcast Blaubart & Ginster, Folge 27.11.2019:. URL: https://www.youtube.com/watch?v=p1N_O0fbuy0 (letzter Zugriff: 08.10.2021).
Dinić, Marko/Hartmann, Tobias: Jugoslawien-Kriege, Migration & „Die guten Tage": Marko Dinić im Gespräch. In: *Ostraum* (10.02.2021). URL: https://ostraum.com/2021/02/10/jugoslawien-kriege-migration-die-guten-tage-marko-Dinić-im-gesprach/ (letzter Zugriff: 08.10.2021).
Dinić, Marko/Huber, Wolfgang: Marko Dinić über Handke: „Mit dieser Ambivalenz müssen wir jetzt alle leben". In: *Kleine Zeitung* (18.10.2019): https://www.kleinezeitung.at/kultur/5708153/Literaturnobelpreis_Marko-Dinić-ueber-Handke_Mit-dieser (letzter Zugriff: 08.10.2021).
Dinić, Marko: *Die guten Tage*. Wien 2019.
Dinić, Marko: Handkes erzählerische Kreuzzüge. In: *Der Standard* (12.10.2019): https://www.derstandard.de/story/2000109788324/handkes-erzaehlerische-kreuzzuege (letzter Zugriff: 08.10.2021).
Flüchtlingsrat Niedersachsen: Lesung Dinić und Elona Beqiraj, 17.12.2020. URL: https://www.youtube.com/watch?v=mquRxHIChUw (letzter Zugriff: 03.08.2022). 25:30–26:13.
Handke, Peter: *Abschied des Träumers vom Neunten Land – Eine winterliche Reise zu den Flüssen Donau, Save, Morawa und Drina – Sommerlicher Nachtrag zu einer winterlichen Reise*. 7. Auflage. Frankfurt a. M. 2020 (1998).
Handke, Peter: Seelenheimat Sprache. Für welche Hoffnung meine serbische Reise steht – eine Erwiderung. In: *FAZ*, 18.05.2021. URL: https://www.faz.net/aktuell/feuilleton/buecher/autoren/peter-handke-fuer-welche-hoffnung-meine-reise-nach-serbien-steht-17350439.html (letzter Zugriff: 08.10.2021).
Hanser Literaturverlage: 5 Fragen an ... Marko Dinić. URL: https://www.hanser-literaturverlage.de/buch/die-guten-tage/978-3-552-05911-5/ (letzter Zugriff: 10.02.2021).
Hoffmann, E.T.A.: Der Sandmann. In: *Sämtliche Werke: in sechs Bänden*. Bd. 3: Nachtstücke, Klein Zaches, Prinzessin Brambilla: Werke 1816–1820. Hrsg. v. Hartmut Steinecke und Gerhard Allroggen. Frankfurt a. M. 1985. S. 11–49.
Jergović, Miljenko: *Sarajevo Marlboro. Erzählungen*. Aus dem Kroatischen von Brigitte Döbert. Mit einem Nachwort von Daniela Strigl. Frankfurt a. M. 2009.
Marinić, Jagoda/Teetz, Kristian: Nobelpreis für Peter Handke: „Eine verstörende Entscheidung". In: *RedaktionsNetzwerk Deutschland*, 10.12.2019. URL: https://www.rnd.de/kultur/heute-nobelpreis-fur-peter-handke-eine-verstorende-entscheidung-CKBO7QJ45FHODLORZL66RGQ7UU.html (letzter Zugriff: 08.10.2021).

Marinić, Jagoda: „Ein deutsches Ellis Island". In: *Süddeutsche Zeitung*, 26.12.2019. URL: https://www.sueddeutsche.de/politik/Marinić-kolumne-einwanderung-koeln-ellis-island-1.4736104 (letzter Zugriff: 22.06.2021).

Marinić, Jagoda: *Die Namenlose*. München 2007.

Marinić, Jagoda: *Eigentlich ein Heiratsantrag*. Frankfurt a. M. 2001.

Marinić, Jagoda: Eine unzivilisierte Wahl. In: *taz*, 13.10.2019. URL: https://taz.de/Literaturnobelpreis-fuer-Peter-Handke/!5629204/ (letzter Zugriff: 08.10.2019).

Marinić, Jagoda: *Made in Germany. Was ist deutsch in Deutschland*. Hamburg 2016.

Marinić, Jagoda: Nationalistische Lügen sind keine Literatur. In: *Süddeutsche Zeitung*, 31.10.2019: https://www.sueddeutsche.de/kultur/handke-1.4661842 (letzter Zugriff: 08.10.2021).

Marinić, Jagoda: *Restaurant Dalmatia*. Hamburg 2013.

Marinić, Jagoda: *Russische Bücher*. Frankfurt a. M. 2005.

Marinić, Jagoda: Vergastarbeitert, verschaukelt. In: *Frankfurter Rundschau*, 06.04.2014. URL: https://www.fr.de/kultur/vergastarbeitert-verschaukelt-11212325.html (letzter Zugriff: 09.04.2021).

Penguin Random House Verlagsgruppe GmbH: Saša Stanišić spricht über sein Buch „Herkunft". URL: https://www.youtube.com/watch?v=dwocYKZhDqY (letzter Zugriff: 15.04.2022).

Rilke, Rainer Maria: *Werke*. Bd. 2: *Gedichte von 1910 bis 1926*. Hrsg. v. Manfred Engel und Ulrich Fülleborn. Darmstadt 1996.

Ruge, Eugen: Die Hybris des Westens. In: *DER SPIEGEL*, 50/2014. S. 138–139.

Ruge, Eugen: Lest ihn doch einfach mal. In: *FAZ*, 22.10.2019. URL: https://www.faz.net/aktuell/feuilleton/debatten/autor-peter-handke-schwierige-texte-eines-zweifelnden-16445901.html (letzter Zugriff: 05.10.2021).

Sachs, Nelly: *Werke*. Bd. 2: *Gedichte 1951–1970*. Hrsg. v. Ariane Huml und Matthias Weichelt. Berlin 2010.

Stadt Heidelberg: Saša Stanišić: Lesung „Herkunft". URL: https://www.youtube.com/watch?v=Nhzo3Lvmyi0 (letzter Zugriff: 08.07.2022).

Stanišić, Saša/Janker, Karin: Saša Stanišić über Erinnerung. In: *Süddeutsche Zeitung*, 137, 15./16.06.2019. S. 56.

Stanišić, Saša/Scherf, Martina: Großvaters Stimme. Saša Stanišić präsentiert seinen Debütroman „Wie der Soldat das Grammofon repariert". In: *Süddeutsche Zeitung*, 267, 20.11.2006. S. 63.

Stanišić, Saša: „Ich sehe immer Sommer". Foto-Essay. Beitrag auf *Zeit online*, 19.11.2009. URL: https://www.zeit.de/kultur/literatur/2009-11/bg-Oskoruša (letzter Zugriff: 15.04.2022).

Stanišić, Sasa: Dort, während ich erzähle. In: *NZZ*, 23.11.2017. URL: https://www.nzz.ch/feuilleton/dort-waehrend-ich-erzaehle-ld.1330554 (letzter Zugriff: 09.12.2022).

Stanišić, Saša: Gegen die Verrohung. In: *DIE ZEIT*, 27.07.2017. URL: https://www.zeit.de/2017/31/unerhoehrte-geschichte-meiner-familie-miljenko-jergovićs (letzter Zugriff: 15.08.2022).

Stanišić, Saša: *Herkunft*. München 2019.

Stanišić, Saša: How you see us: Three myths about migrant writing. In: *91st Meridian* 7(1). International Writing Program at the University of Iowa 2010. URL: https://iwp.uiowa.edu/91st/vol7-num1/how-you-see-us-three-myths-about-migrant-writing (letzter Zugriff: 15.04.2022).

Stanišić, Saša: In der Recherche. In: *Peter Handkes Jugoslawienkomplex. Eine kritische Bestandsaufnahme nach dem Nobelpreis*. Hrsg. v. Vahidin Preljević und Clemens Ruthner. Würzburg 2022. S. 291–304.

Stanišić, Saša: Rede zur Verleihung des Deutschen Buchpreises 2019: „Erschüttert, dass sowas prämiert wird". Beitrag auf *orf.at*, 14.10.2019. URL: https://orf.at/stories/3140837 (letzter Zugriff: 05.10.2021).

Stanišić, Saša: *Wie der Soldat das Grammofon repariert*. München 2006.
Stanišić, Saša: Wunderlosland. In: *DIE ZEIT*, 14.03.2021. URL: https://www.zeit.de/kultur/literatur/2021-03/lana-bastasic-fang-den-hasen-Saša-Stanišić-rezension/komplettansicht (letzter Zugriff: 15.08.2022).

7.2 Sekundärquellen

Ackermann, Irmgard: Die Osterweiterung in der deutschsprachigen ‚Migrantenliteratur' vor und nach der Wende. In: *Eine Sprache – viele Horizonte. Die Osterweiterung der deutschsprachigen Literatur: Porträts einer neuen europäischen Generation*. Hrsg. v. Michaela Bürger-Koftis. Wien 2008. S. 13–22.

Adelson, Leslie A.: Against between – ein Manifest gegen das Dazwischen. In: *Transkulturalität: klassische Texte*. Hrsg. v. Andreas Langenohl et al. Bielefeld 2015. S. 125–138.

Adelson, Leslie A.: *The Turkish Turn in contemporary German literature. Toward a new critical grammar of migration*. New York 2005.

Ahmetašević, Nidžara: Right to remember: Fighting manipulations. URL: https://dwp-balkan.org/right-to-remember-fighting-manipulations/ (letzter Zugriff: 04.01.2023).

Akrap, Doris: Streit um jugoslawischen Autor: Alle wollen Ivo. In: *taz*, 31.10.2011. URL: https://taz.de/Streit-um-jugoslawischen-Autor/!5108659/ (letzter Zugriff: 30.11.2020).

Altmayer, Claus/Maltzan, Carlotta von/Zabel, Rebecca: Vorwort. In: *Zugehörigkeiten. Ansätze und Perspektiven in Germanistik und Deutsch als Fremd- und Zweitsprache*. Hrsg. v. Claus Altmayer et al. Tübingen 2020. S. 7–12.

Altmayer, Claus: ‚Zugehörigkeiten': Perspektiven eines internationalen germanistischen Forschungsnetzwerks. In: *Zugehörigkeiten. Ansätze und Perspektiven in Germanistik und Deutsch als Fremd- und Zweitsprache*. Hrsg. v. Claus Altmayer et al. Tübingen 2020. S. 13–33.

Arnaudova, Svetlana: Versprachlichung von Flucht und Ausgrenzung im Roman *Wie der Soldat das Grammofon repariert* von Saša Stanišić. In: *Niemandsbuchten und Schutzbefohlene. Flucht-Räume und Flüchtlingsfiguren in der deutschsprachigen Gegenwartsliteratur*. Hrsg. v. Thomas Hardtke et al. Göttingen 2017. S. 157–175.

Assmann, Aleida: *Das neue Unbehagen an der Erinnerungskultur. Eine Intervention*. München 2013.

Assmann, Jan: *Das kulturelle Gedächtnis. Schrift, Erinnerung und politische Identität in frühen Hochkulturen*. München 1992.

Assmann, Jan: Kollektives Gedächtnis und kulturelle Identität. In: *Kultur und Gedächtnis*. Hrsg. v. Jan Assmann. Frankfurt 1988. 9–19.

Aumüller, Matthias/Willms, Weertje: Einführung. In: *Migration und Gegenwartsliteratur*. Hrsg. v. Matthias Aumüller und Weertje Willms. Paderborn 2020. S. VII–XX.

Aumüller, Matthias: Migration und Gegenwartsliteratur. Überlegungen zum motiv- und gattungsbildenden Potenzial des Migrationsbegriffs als Bestandteil des Kompositums „Migrationsliteratur". In: *Migration und Gegenwartsliteratur. Der Beitrag von Autorinnen und Autoren osteuropäischer Herkunft zur literarischen Kultur im deutschsprachigen Raum*. Hrsg. v. Matthias Aumüller und Weertje Willms. Paderborn 2020. S. 3–24.

Aydemir, Fatma/Yaghoobifarah, Hengameh: Vorwort. In: *Eure Heimat ist unser Albtraum*. Hrsg. v. Fatma Aydemir und Hengameh Yaghoobifarah. Berlin 2019. S. 9–12.

Aylett, Ruth/Louchart, Sandy: Towards a narrative theory of virtual reality. In: *Virtual Reality* 7:2–9 (2003). S. 2–9.

Bachmann-Medick, Doris: *Cultural Turns: Neuorientierung in den Kulturwissenschaften.* Reinbek bei Hamburg 2006.
Bandeili, Andrea: Rolf Dieter Brinkmann und Peter Handke um '68. Der Skandal als Akt der Revolte? In: *Skandalautoren. Zu repräsentativen Mustern literarischer Provokation und Aufsehen erregender Autorinszenierung.* Band 2. Hrsg. v. Andrea Bartl und Martin Kraus. Würzburg 2014. S. 53–68.
Bannasch, Bettina/Rupp, Michael (Hrsg.): *Rückkehrererzählungen. Über die (Un-)Möglichkeit nach 1945 als Jude in Deutschland zu leben.* Göttingen 2018.
Barber-Kersovan, Alenka: Rock den Balkan! Die musikalische Rekonstruktion des Balkans als emotionales Territorium. In: *Cut and paste. Schnittmuster populärer Musik der Gegenwart.* Hrsg. v. Dietrich Helms und Thomas Phleps. Bielefeld 2006. S. 75–96.
Barbić, Vesna/Jura, Martina: Dokumentation zu Leben und Werk. In: *Ivan Meštrović. Skulpturen.* Hrsg. v. Dieter Honisch et al. Berlin 1987. S. 31–51.
Bartels, Gerrit: Wider die politische Korrektheit. In: *Tagesspiegel*, 10.10.2019. URL: https://www.tagesspiegel.de/kultur/literaturnobelpreis-wider-die-politische-korrektheit/25103812.html (letzter Zugriff: 30.11.2021).
Bartl, Andrea/Kraus, Martin: *Skandalautoren. Zu repräsentativen Mustern literarischer Provokation und Aufsehen erregender Autorisnzenierung.* 2 Bde. Würzburg 2014.
Bauder, Harald/Lenard, Patti Tamara/Straehle, Christine: Lessons from Canada and Germany. Immigration and Integration Experiences Compared. In: *Comparative Migration Studies 2014 2(1).* S. 1–7.
Bauder, Harald: Re-Imagining the Nation. Lessons from the Debates of Immigration in a Settler Society and an Ethnic Nation. In: *Comparative Migration Studies 2014 2(1).* S. 9–27.
Baur, Joachim: *Musealisierung der Migration. Einwanderungsmuseen und die Inszenierung der multikulturellen Nation.* Bielefeld 2009.
Beer, Andrea: Wir leben! Juden in Serbien. URL: https://www.deutschlandfunkkultur.de/juden-in-serbien-wir-leben.979.de.html?dram:article_id=491382, abgerufen am 10.03.2021.
Benz, Maximilian/Dennerlein, Katrin (Hrsg.): *Literarische Räume der Herkunft.* Berlin 2016.
Berking, Sabine: Einmal Balkanteller für Hartgesottene, bitte. In: *FAZ*, 23.09.2013. S. 32.
Bernstorff, Wiebke von: Reisen ins jugoslawische Kriegsgebiet. In: *Literatur und Reise.* Hrsg. v. Burkhard Moenninghoff. Hildesheim 2013. S. 194–227.
Beronja, Vlad/Vervaet, Stijn: Introduction: After Yugoslavia – memory on the ruins of history. In: *Post-Yugoslav constellations: archive, memory, and trauma in contemporary Bosnian, Croatian and Serbian literature and culture.* Hrsg. v. Vlad Beronja und Vervaet Stijn. Berlin 2016. S. 1–22.
Bickenbach, Matthias: Dichter reden. Über Marcel Beyers Preisreden. In: *Text + Kritik: Marcel Beyer* (218/219). München 2018. S. 71–81.
Biller, Maxim: Letzte Ausfahrt Uckermark. In: *DIE ZEIT* 9/2014. URL: https://www.zeit.de/2014/09/deutsche-gegenwartsliteratur-maxim-biller (letzter Zugriff: 20.07.2021).
Biondi, Franco/Schami, Rafik: „Literatur der Betroffenheit. Bemerkung zur Gastarbeiterliteratur". In: *Zu Hause in der Fremde.* Hrsg. v. Christian Schaffernicht. Fischerhude 1981. S. 123–136.
Birrer, Sibylle: Im Niemandsland. *NZZ*, 13.02.2014. URL: https://www.nzz.ch/feuilleton/buecher/im-niemandsland-1.18241899 (letzter Zugriff: 27.07.2021).
Bloemraad, Irene/Kortweg, Anna/Yurdakul, Gökce: Staatsbürgerschaft und Einwanderung: Assimilation, Multikulturalismus und der Nationalstaat. In: *Staatsbürgerschaft, Migration und Minderheiten. Inklusion und Ausgrenzungsstrategien im Vergleich.* Hrsg. v. Gökce Yurdakul und Y. Michal Bodemann. Wiesbaden 2010. S. 13–46.
Blum, Daniel: *Sprache und Politik. Sprachpolitik und Sprachnationalismus in der Republik Indien und dem sozialistischen Jugoslawien (1945–1991).* Südasieninstitut der Universität Heidelberg 2002.

Bock, Andreas: Geschichten am Rande des Absurden. Der junge Schriftsteller Saša Stanišić zeigt beim Festival „Wortspiele" eine Fußball-Literaturperformance. In: *Süddeutsche Zeitung*, 57, 09.03.2006. S. 47.

Bohne, Kerstin/Grüttemeier, Ralf: Die Nominierungen deutschsprachiger Autoren für den Literaturnobelpreis 1901–1966. In: *Literaturpreise. Geschichte und Kontexte*. Hrsg. v. Christoph Jürgensen und Antonius Weixler. S. 119–138.

Borčak, Melina: „Die Vergangenheit ist nie vergangen". In: *taz*, 20.04.2021. URL: https://taz.de/Gedenken-an-Genozide-in-Bosnien/!5762165/ (letzter Zugriff:: 04.08.2021).

Born, Arne: *Literaturgeschichte der deutschen Einheit. Fremdheit zwischen Ost und West*. Hannover 2019.

Böttiger, Helmut: „Die Erfindung des Lebens". Beitrag vom 20.03.2019. URL: https://www.deutschlandfunkkultur.de/Saša-Stanišić-herkunft-die-erfindung-des-lebens.1270.de.html?dram:article_id=444138 (letzter Zugriff: 10.11.2020).

Böttiger, Helmut: Als alles gut war. In: *Süddeutsche Zeitung*, 224, 28.09.2006. S. 18.

Böttiger, Helmut: *Die Gruppe 47. Als die deutsche Literatur Geschichte schrieb*. München 2012.

Bremer, Alida: Die Spur eines Irrläufers. In: *Perlentaucher. Das Kulturmagazin* (25.10.2019). URL: https://www.perlentaucher.de/essay/peter-handke-und-seine-relativierung-von-srebrenica-in-einer-extremistischen-postille.html (zuletzt aufgerufen: 30.12.2022).

Brenner, Peter J.: *Der Reisebericht in der deutschen Literatur: ein Forschungsüberblick als Vorstudie einer Gattungsgeschichte*. Tübingen 1990.

Brenner, Peter J.: *Der Reisebericht. Entwicklung einer Gattung in der deutschen Literatur*. Frankfurt a. M. 1989.

Haines, Brigid: Saša Stanišić, *Wie der Soldat das Grammofon repariert*: reinscribing Bosnia, or: sad thing, positively. In: *Emerging German-language novelists of the twenty-first century*. Hrsg. v. Lyn Marven. New York 2011. S. 105–118.

Brittnacher, Hans Richard/May, Markus: Revenant/Doppelgänger. In: *Phantastik. Ein interdisziplinäres Handbuch*. Hrsg. v. Hans Richard Brittnacher und Markus May. Stuttgart/Weimar 2013. S. 466–472.

Broich, Ulrich: Bezugsfelder der Intertextualität: Zur Einzeltextreferenz. In: *Intertextualität. Formen, Funktionen, anglistische Fallstudien*. Hrsg. v. Ulrich Broich und Manfred Pfister. Tübingen 1985. S. 48–77.

Brokoff, Jürgen: „Ich sehe was, was ihr nicht fasst". In: *FAZ*, 15.07.2010. URL: https://www.faz.net/aktuell/feuilleton/buecher/autoren/peter-handke-als-serbischer-nationalist-ich-sehe-was-was-ihr-nicht-fasst-1597025.html (letzter Zugriff: 29.12.2022).

Brokoff, Jürgen: „Ich wäre gern noch viel skandalöser". Peter Handkes Texte zum Jugoslawienkrieg im Spannungsfeld von Medien, Politik und Poesie. In: *Peter Handke: Stationen, Positionen, Orte*. Hrsg. v. Anna Kinder. Berlin 2014. S. 17–37.

Brokoff, Jürgen: „Nichts als Schmerz" oder mediale „Leidenspose"? Visuelle und textuelle Darstellung von Kriegsopfern im Bosnienkrieg (Handke, Suljagić, Drakulić). In: *Repräsentationen des Krieges. Emotionalisierungsstrategien in der Literatur und in den audiovisuellen Medien vom 18. bis zum 20. Jahrhundert*. Hrsg. v. Jan Süselbeck et al. Göttingen 2012. S. 163–180.

Brokoff, Jürgen: „Srebrenica – was für ein klangvolles Wort". Zur Problematik der poetischen Sprache in Peter Handkes Texten zum Jugoslawien-Krieg. In: *Störungen. Kriegsdiskurse in Literatur und Medien von 1989 bis zum Beginn des 21. Jahrhunderts*. Hrsg. v. Carsten Gansel und Heinrich Kaulen. Göttingen 2011. S. 61–88.

Brokoff, Jürgen: Narrative Identität und ästhetisches Darstellungsverfahren in Juli Zehs Bosnientext *Die Stille ist ein Geräusch*. In: *Zagreber germanistische Beiträge* 23 (2014). S. 19–33.

Brokoff, Jürgen: Übergänge. Literarisch-juridische Interferenzen bei Peter Handke und die Medialität von Rechtsprechung und Tribunal. In: *Tribunale. Literarische Darstellung und juridische Aufarbeitung von Kriegsverbrechen im globalen Kontext*. Hrsg. v. Werner Gephart et al. Frankfurt a. M. 2014. S. 157–171.

Brückner, Leslie/Meid, Christopher/Rühling, Christine: Einleitung der Herausgeber. In: *Literarische Deutschlandreisen nach 1989*. Berlin/Boston 2014. S. 1–11.

Brunnbauer, Ulf/Buchenau, Klaus: *Geschichte Südosteuropas*. Mit 7 Karten. Stuttgart 2018.

Busch, Dagmar: Unreliable narration aus narratologischer Sicht. Bausteine für ein erzähltheoretisches Analyseraster. In: *Unreliable narration. Studien zur Theorie und Praxis unglaubwürdigen Erzählens in der englischsprachigen Erzählliteratur*. Hrsg. v. Ansgar Nünning. Trier 1998. S. 41–58.

Calic, Marie-Janine: *Geschichte Jugoslawiens im 20. Jahrhundert*. München 2010.

Calic, Marie-Janine: Kleine Geschichte Jugoslawiens. In: *Aus Politik und Zeitgeschichte* 40–41 (2017). S. 16–23.

Calic, Marie-Janine: *Krieg und Frieden in Bosnien Herzegowina*. Frankfurt a. M. 1995.

Chiellino, Carmine: Einleitung: Eine Literatur des Konsens und der Autonomie – Für eine Topographie der Stimmen. In: *Interkulturelle Literatur in Deutschland. Ein Handbuch*. Hrsg. v. Carmine Chiellino. Stuttgart 2007. S. 51–62.

Chiellino, Carmine: Interkulturalität und Literaturwissenschaft. In: *Interkulturelle Literatur in Deutschland. Ein Handbuch*. Hrsg. v. Carmine Chiellino. Stuttgart 2007. S. 387–398

Codina Solà, Núria: Schreiben als ‚Auseinandersetzung mit der […] immer neuen Sprache": Literarische Sprachen im Werk von Saša Stanišić. In: *Literarische (Mehr)Sprachreflexionen*. Hrsg. v. Barbara Siller und Sandra Vlasta. Wien 2020. S. 349–370.

Ćosić, Bora: „Nachbar, Euer Fläschchen. Gespräch über den abwesenden Herrn Handke". In: *Die Angst des Dichters vor der Wirklichkeit*. Hrsg. v. Tilman Zülch. Göttingen 1996. S. 55–60.

Costalgi, Simone/Galli, Matteo: Chronotopoi. Vom Familienroman zum Generationenroman: In: *Deutsche Familienromane: literarische Genealogien und internationaler Kontext*. Hrsg. v. Simone Costalgi und Matteo Galli. München 2010. S. 7–20.

D'Amato, Gianni: Die politisch-rechtlichen Bedingungen. In: *Interkulturelle Literatur in Deutschland. Ein Handbuch*. Hrsg. v. Carmine Chiellino. Stuttgart 2007. S. 30–33.

Danow, David K.: The Enigmatic Faces of the Doppelgänger. In: *Canadian Review of Comparative Literature* 23 (1996). S. 457–474.

Deichmann, Thomas (Hrsg.) *Noch einmal für Jugoslawien: Peter Handke*. Frankfurt a. M. 1999.

Delp, Esther: „Ich habe ein Portrait von Višegrad in dreißig Listen geschrieben." Enumerative Erinnerungsstrategien in Saša Stanišićs *Wie der Soldat das Grammofon repariert*. In: *Exil interdisziplinär 2*. Hrsg . v. Julia Maria Mönig und Anna Orlikowski. Würzburg 2018. S. 135–151.

Deupmann, Christoph: *Ereignisgeschichten. Zeitgeschichte in literarischen Texten von 1968 bis zum 11. September 2001*. Göttingen 2013.

Diekmannshenke, Hajo: Man sieht nur, was im *Baedeker* steht. Reiseführer zwischen Normierung und Denormierung. In: *(Off) the beaten track. Normierung und Kanonisierung des Reisens*. Hrsg. v. Uta Schaffers et al. Würzburg 2018. S. 31–50.

Dizdar, Gorčin: Invisibility and Presence in the stećak Stones of Medieval Bosnia: Sacred Meanings of Tombstone Carvings. In: *Zeichentragende Artefakte im sakralen Raum. Zwischen Präsenz und UnSichtbarkeit*. Hrsg. v. Wilfried E. Keil et al. Berlin 2018. S. 139–166.

Dollmann, Lydia/Wichmann, Manfred (Hrsg.): *Fotografieren verboten! Die Berliner Mauer von Osten gesehen*. Mit Aufnahmen und Erinnerungen von Gerd Rücker. Berlin 2015.

Drakulić, Slavenka: *Keiner war dabei. Kriegsverbrechen auf dem Balkan vor Gericht*. Deutsch von Barbara Antkowiak. Wien 2004.

Dronske, Ulrich: Das Jugoslawienbild in den Texten Peter Handkes. Politische und ästhetische Dimensionen einer Mystifikation. In: *Zagreber Germanistische Beiträge* 6 (1997). S. 69–81.

Drosihn, Yvonne/Jandl, Ingeborg/Kowollik, Eva (Hrsg.): *Trauma – Generationen – Erzählen: transgenerationale Narrative in der Gegenwartsliteratur zum ost-, ostmittel- und südosteuropäischen Raum*. Berlin 2020.

Düwell, Susanne: Der Skandal um Peter Handkes ästhetische Inszenierung von Serbien. In: *Literatur als Skandal. Fälle – Funktionen – Folgen*. Hrsg. v. Stefan Neuhaus und Johann Holzner. Göttingen 2007. S. 577–587.

Düwell, Susanne: Peter Handkes Kriegs-Reise-Berichte aus Jugoslawien. In: *Imaginäre Welten im Widerstreit. Krieg und Geschichte in der deutschsprachigen Literatur seit 1900*. Hrsg. v. Lars Koch und Marianne Vogel. Würzburg 2007. S. 235–248.

Eigler, Friederike: *Gedächtnis und Geschichte in Generationenromanen seit der Wende*. Berlin 2005.

Eismann, Wolfgang: Andrićs Dissertation im Kontext österreichischer Bosnienbilder. In: *Ivo Andrić: Graz – Österreich – Europa*. Hrsg. v. Branko Tošović. Graz 2009. S. 59–75.

El Hissy, Maha: ‚Die Abschweifung ist Modus meines Schreibens'. Narrative und politische Abenteuer in Saša Stanišićs *Herkunft* (2019). In: *ZfK – Zeitschrift für Kulturwissenschaften* 2 (2020). S. 143–154.

Emmerich, Wolfgang: *Kleine Geschichte der DDR-Literatur*. Erweiterte Neuausgabe. Leipzig 2009.

Erll, Astrid: *Kollektives Gedächtnis und Erinnerungskulturen. Eine Einführung*. Stuttgart 2017.

Esselborn, Karl: Von der Gastarbeiterliteratur zur Literatur der Interkulturalität. Zum Wandel des Blicks auf die Literatur kultureller Minderheiten in Deutschland. In: *Jahrbuch Deutsch als Fremdsprache* 23 (1997). S. 47–75.

Finzi, Daniela: *Unterwegs zum Anderen? Literarische Er-Fahrungen der kriegerischen Auflösung Jugoslawiens aus deutschsprachiger Perspektive*. Tübingen 2013.

Finzi, Daniela: Wie der Krieg erzählt wird, wie der Krieg gelesen wird. *Wie der Soldat das Grammofon repariert* von Saša Stanišić. In: *Gedächtnis – Identität – Differenz. Zur kulturellen Konstruktion des südosteuropäischen Raumes und ihrem deutschsprachigen Kontext*. Hrsg. v. Marijan Bobinac und Wolfgang Müller-Funk. Tübingen 2008. S. 245–254.

Fludernik, Monika: *Unreliability vs. Discordance*. Kritische Betrachtungen zum literaturwissenschaftlichen Konzept der erzählerischen Unzuverlässigkeit. In: *Was stimmt denn jetzt? Unzuverlässiges Erzählen in Literatur und Film*. Hrsg. v. Fabienne Liptay und Yvonne Wolf. München 2005. S. 39–59.

Foderer, Christof: *Ich-Eklipsen. Doppelgänger in der Literatur seit 1800*. Stuttgart 1999.

Foroutan, Naika: *Die postmigrantische Gesellschaft*. Berlin 2019.

Franzen, Johannes: Die Fiktion der gesichtslosen Meute. In: *ÜberMedien* (10.11.2020). URL: https://uebermedien.de/54754/die-fiktion-der-gesichtslosen-meute/ (letzter Zugriff: 05.10.2021).

Franzen, Johannes: Indiskrete Fiktionen. Schlüsselroman-Skandale und die Rolle des Autors. In: *Skandalautoren. Zu repräsentativen Mustern literarischer Provokation und Aufsehen erregender Autorinszenierung*. Band 1. Hrsg. v. Andrea Bartl und Martin Kraus. Würzburg 2014. S. 67–91.

Frenzel, Elisabeth: *Motive der Weltliteratur: e. Lexikon dichtungsgeschichtl. Längsschnitt*. 4. überarb. u. ergänzte Aufl. Stuttgart 1992.

Fröhler, Birgit: *Seelenspiegel und Schatten-Ich. Doppelgängermotiv und Anthropologie in der Literatur der deutschen Romantik*. Marburg 2004.

Fuchs, Anne: Der touristische Blick. Elias Canetti in Marrakesch. Ansätze zu einer Semiotik des Tourismus. In: *Reisen im Diskurs. Modelle der literarischen Fremderfahrung von den Pilgerberichten bis zur Moderne*. Hrsg. v. Anne Fuchs und Theo Harden. Heidelberg 1995. S. 71–86.

Fulda, Daniel: Am Ende des photographischen Zeitalters? Zum gewachsenen Interesse gegenwärtiger Literatur an ihrem Konkurrenzmedium. In: *Literatur intermedial*.

Paradigmenbildung zwischen 1918 und 1968. Hrsg. v. Wolf Gerhard Schmidt und Thorsten Valk. Berlin/New York 2009. S. 401–433.

Galijaš, Armina: Nationalisten und Jugonostalgiker. Zerstörung der Erinnerungen, Umformung der Identitäten. In: *Traumata der Transition. Erfahrung und Reflexion des jugoslawischen Zerfalls*. Hrsg. v. Boris Previšić und Svetlan Lacko Vidulić. Tübingen 2015. S. 183–200.

Galli, Matteo: „Wirklichkeit abbilden heißt vor ihr kapitulieren": Saša Stanišić. In: *Eine Sprache – viele Horizonte ... Ein Beitrag zur Literaturgeographie*. Hrsg. v. Michaela Bürger-Koftis. Wien 2008. S. 53–63.

Geißler, Cornelia: „Das Abenteuer-Buch". In: *Frankfurter Rundschau*, 02.04.2019. URL: https://www.fr.de/kultur/literatur/abenteuer-buch-12049744.html (letzter Zugriff: 10.11.2020).

Geißler, Cornelia: Die halbierte Deutsche. In: *Frankfurter Rundschau*, 12.06.2014. URL: https://www.fr.de/kultur/halbierten-deutschen-11051416.html (Letzter Zugriff: 09.04.2021).

Geissler, Cornelia: Keine Zeit für eine Heimat. In: *Frankfurter Rundschau*, 16.10.2013. URL: https://www.fr.de/kultur/literatur/keine-zeit-eine-heimat-11296109.html (letzter Zugriff: 27.07.2021).

Geißler, Rainer: Multikulturalismus – das kanadische Modell des Umgangs mit Diversität. In: *Neue Vielfalt der urbanen Stadtgesellschaft*. Hrsg. v. Wolfdietrich Bukow et al. Wiesbaden 2011. S. 161–174

Geitner, Ursula: Stand der Dinge: Engagement-Semantik und Gegenwartsliteratur-Forschung. In: *Engagement. Konzepte von Gegenwart und Gegenwartsliteratur*. Hrsg. v. Jürgen Brokoff, Ursula Geitner und Kerstin Stüssel. Göttingen 2016. S. 19–58.

Genette, Gérard: *Paratext*. Mit einem Vorwort von Harald Weinrich. Aus dem Französischen von Dieter Hornig. Frankfurt a. M. 1992. S. 209–211.

Gladić, Mladen: Handke reiste mit Luhmann im Gepäck. In: *Der Freitag* (Ausgabe 44, überarbeitete Version: 01.11.2019. URL: https://www.freitag.de/autoren/mladen-gladic/im-offenen (letzter Zugriff: 05.10.2021).

Glanz, Berit: Memes als Wertungen von Literatur in den sozialen Medien. In: *Unterstellte Leserschaften* (Kulturwissenschaftliches Institut Essen, 9/2020). URL: https://duepublico2.uni-due.de/receive/duepublico_mods_00074183 (letzter Zugriff: 09.11.2021).

Goldstein, Slavko/Graovac, Igor: Der Zweite Weltkrieg. In: *Der Jugoslawien-Krieg: Handbuch zu Vorgeschichte, Verlauf und Konsequenz*. Hrsg. v. Dunja Melčić. 2. aktualisierte und erweiterte Auflage. Wiesbaden 2007. S. 170–191.

Gottwald, Herwig/Freinschlag, Andreas: *Peter Handke*. Wien [u. a.]. 2009.

Govedarica, Srdjan: Die „Mütter von Srebrenica" gegen Handke. Beitrag auf *Tagesschau.de* 10.12.2019. URL: https://www.tagesschau.de/ausland/peter-handke-srebrenica-101.html (zuletzt aufgerufen 25.10.2022).

Gritsch, Kurt: *Peter Handke und ‚Gerechtigkeit für Serbien'. Eine Rezeptionsgeschichte*. Innsbruck [u.a.]. 2009.

Gruber, Paul: Verräter in den eigenen Reihen: Die Darstellung der serbischen Gesellschaft in Beiträgen zur Handke-Kontroverse 1996 in serbischen Printmedien. In: *Folia Linguistica et Litteraria* 18/1 (2017). S. 193–211.

Grujičić, Milica: *Autoren südosteuropäischer Herkunft im transkulturellen Kontext*. Berlin [u. a.] 2019.

Grüne, Hardy: Kleine Geschichte des jugoslawischen Fußballs. In: *Fußball, Nation und Identität im postjugoslawischen Raum*. Hrsg. v. Anne Hahn und Frank Willmann in Zusammenarbeit mit der Bundeszentrale für politische Bildung. S. 12–17.

Hahn, Anne/Willmann, Frank: Interview mit Alexandar Mennicke. In: *Fussball, Nation und Identität im postjugoslawischen Raum*. Hrsg. v. Anne Hahn und Frank Willmann in Zusammenarbeit mit der Bundeszentrale für politische Bildung. Bonn 2021. S. 32–45.

Haibach, Philipp: Wenn man Handkes Rede auf Miloševićs Beerdigung ignoriert, ist es wunderbar. In: *Die Welt*, 10.10.2019. URL: https://www.welt.de/kultur/literarischewelt/article201716700/Peter-Handke-der-Literaturnobelpreistraeger-im-Wandel-der-Zeit.html (letzter Zugriff: 30.11.2021).

Haines, Brigid: Introduction: The Eastern European Turn in Contemporary German-Language Literature. In: *German Life and Letters* 68:2 (April 2015). S. 145–153.

Haines, Brigid: Sport, identity and war in Saša Stanišić's „Wie der Soldat das Grammofon repariert". In: *Aesthetics and politics in modern German culture*. Hrsg. v. Brigid Haines. Oxford [u. a.] 2010. S. 153–164.

Haines, Brigid: The Eastern Turn in Contemporary German, Swiss and Austrian Literature. In: *Debatte: Journal of Contemporary Central and Eastern Europe* 16:2 (2008). S. 135–149.

Halbwachs, Maurice: *Das Gedächtnis und seine sozialen Bedingungen*. Frankfurt a. M. 2016 (erste Auflage 1985).

Hanewinkel, Vera/Oltmer, Jochen: Staatsbürgerschaft und Entwicklung der Einbürgerungszahlen in Deutschland. URL: https://www.bpb.de/gesellschaft/migration/laenderprofile/256274/staatsbuergerschaft-und-einbuergerungszahlen (letzter Zugriff: 09.04.2021).

Hassel, Florian: „Ein weiterer, eskalierender Schritt". In: *Süddeutsche Zeitung*, 12.12.2021. URL: https://www.sueddeutsche.de/politik/bosnien-balkan-russland-krieg-1.5486229 (letzter Zugriff: 25.10.2022).

Haug, Corinna: Bitte nicht füttern! Zur Kritik am Deutschen Buchpreis. In: *Spiel, Satz und Sieg. 10 Jahre Deutscher Buchpreis*. Hrsg. v. Ingo Irsigler und Gerrit Lembke. Berlin 2014. S. 83–96.

Hauk, Matthias: Instabile Kontinuitäten: Jagoda Marinićs Tagebuchroman *Restaurant Dalmatia*. In: *Trauma – Generationen – Erzählen. Transgenerationale Narrative in der Gegenwartsliteratur zum ost-, ostmittel- und südosteuropäischen Raum*. Hrsg. v. Yvonne Drosihn et al. Berlin 2020. S. 99–113.

Heckmann, Herbert (Hrsg.): *Büchner-Preis-Reden 1984–1994*. Stuttgart 1994.

Helbig, Holger: Wandel statt Wende. Wie man den Wenderoman liest/schreibt, während man auf ihn wartet. In: *Weiter/schreiben. Zur DDR-Literatur nach dem Ende der DDR*. Hrsg. v. Holger Helbig et al. Berlin 2007. S. 75–88.

Hendel, Steffen: *Den Krieg erzählen. Positionen und Poetiken der Darstellung des Jugoslawienkrieges in der deutschen Literatur*. Göttingen 2018.

Herbert, Ulrich: *Geschichte der Ausländerpolitik in Deutschland. Saisonarbeiter, Zwangsarbeiter, Gastarbeiter, Flüchtlinge*. München 2001.

Hermann, Leonard/Horstkotte, Silke: *Gegenwartsliteratur: eine Einführung*. Stuttgart 2016.

Herwig, Malte/Michaelsen, Sven: ‚Ich bin geächtet'. Ein Gespräch mit dem Schriftsteller Peter Handke. In: *Süddeutsche Zeitung Magazin*, 38/2021. S. 18–26.

Hildebrandt, Regine: *Erinnern tut gut: Ein Familienalbum*. Hrsg. v. Jörg Hildebrandt. Berlin 2008.

Hildenbrock, Aglaja: *Das andere Ich. Künstlicher Mensch und Doppelgänger in der deutsch- und englischsprachigen Literatur*. Tübingen 1986.

Hillebrandt, Claudia: Figur. In: *Grundthemen der Literaturwissenschaft: Erzählen*. Hrsg. v. Martin Huber und Wolf Schmid. Berlin/Boston 2018. S. 161–173.

Hintz, Peter: Flaneur am rechten Rand. In: *54books*, 29.10.2019. URL: https://www.54books.de/flaneur-am-rechten-rand/ (letzter Zugriff: 16.11.2021).

Hirsch, Marianne: *The Generation of Postmemory*. New York [u. a.] 2012.

Hitzke, Diana/Payne, Charlton: Verbalizing Silence and Sorting Garbage: Archiving Experiences of Displacement in Recent Post-Yugoslav Fictions of Migration by Saša Stanišić and Adriana Altaras.

In: *Archive and memory in German literature and visual culture*. Hrsg. v. Dora Osborne. New York 2015. S. 195–212.

Hitzke, Diana: Einleitung: Slavische Literatur der Gegenwart als Weltliteratr – hybride Konstellationen. In: *Slavische Literatur der Gegenwart als Weltliteratur – hybride Konstellationen*. Hrsg. v. Diana Hitzke und Miriam Finkelstein. Innsbruck 2018. S. 9–28.

Holdenried, Michaela/Honold, Alexander/Hermes, Stefan (Hrsg.): *Reiseliteratur der Moderne und Postmoderne*. Berlin 2017.

Holdenried, Michaela: *Autobiographie*. Stuttgart 2000.

Holdenried, Michaela: Eine Position des Dritten? Der interkulturelle Familienroman *Selam Berlin* von Yadé Kara. In: *Die interkulturelle Familie. Literatur- und sozialwissenschaftliche Perspektiven*. Hrsg. v. Michaela Holdenried und Weertje Willms. Bielefeld 2012. S. 89–106.

Holdenried, Michaela: *Einführung in die interkulturelle Literaturwissenschaft: eine Einführung*. Unter redaktioneller Mitarbeit von Anna-Maria Post. Berlin 2022.

Höller, Hans: *Peter Handke*. Reinbek bei Hamburg 2007.

Honisch, Dieter: Zur Frage von Gegenstand und Form bei Meštrović. In: *Ivan Meštrović. Skulpturen*. Hrsg. v. Dieter Honisch et al. Berlin 1987. S. 15–20.

Höpken, Wolfgang: Erinnerungskulturen: Im Zeitalter der Nationalstaatlichkeit bis zum Post-Sozialismus. In: *Handbuch Balkan*. Hrsg. v. Uwe Hinrichs et al. Wiesbaden 2014. S. 177–240.

Höpken, Wolfgang: Jasenovac – Bleiburg – Kocevski rog: Erinnerungsorte als Identitätssymbole in (Post-)Jugoslavien. In: *Geschichte (ge-)brauchen. Literatur und Geschichtskultur im Staatssozialismus: Jugoslavien und Bulgarien*. Hrsg. v. Angela Richter und Barbara Beyer. Berlin 2006. S. 401–432.

Höpken, Wolfgang: Post-sozialistische Erinnerungskulturen im ehemaligen Jugoslawien. In: *Südosteuropa. Traditionen als Macht*. Hrsg. v. Emil Brix et al. Wie 2007. S. 13–50.

Horstkotte, Silke: *Nachbilder. Fotografie und Gedächtnis in der deutschen Gegenwartsliteratur*. Köln [u. a.] 2009.

Hübner, Klaus: Nirgends ankommen. In: *Spiegelungen. Zeitschrift für deutsche Kultur und Geschichte Südosteuropas* 15/1 (69). S. 271–273.

Hudges, Chris: From One Serbian Militia Chief. A Trail of Plunder and Slaughter. In: *New York Times*, 25.03.1996. URL: https://www.nytimes.com/1996/03/25/world/from-one-serbian-militia-chief-a-trail-of-plunder-and-slaughter.html (letzter Zugriff: 06.10.2021).

Isterheld, Nora: *„In der Zugluft Europas": zur deutschsprachigen Literatur russischstämmiger AutorInnen*. Bamberg 2017.

Jacke, Janina: *Systematik unzuverlässigen Erzählens*. Berlin [u. a.] 2020.

Jäger, Stefan: „Variablen der Sehnsucht." Erschienen am 22.04.2019. URL: https://literaturkritik.de/stanisic-herkunft-erinnerung-erinnerungsverlust,25618.html (letzter Zugriff: 10.11.2020).

Jakiša, Miranda: *Bosnientexte: Ivo Andrić, Meša Selimović, Dževad Karahasan*. Wien 2009.

Jakiša, Miranda: Der Balkan ist klein, unsere Diaspora aber groß. URL: https://www.novinki.de/der-balkan-ist-klein-unsere-diaspora-aber-ist-gross-gastkuenstler-literatur-zwischen-wien-und-belgrad (zuletzt abgerufen: 04.01.2023).

Jakiša, Miranda: Es braucht eine Kommentierung seiner Jugoslawientexte. In: *Der Tagesspiegel*, 27.12.2019. URL: https://www.tagesspiegel.de/kultur/wie-laesst-sich-handke-in-zukunft-lesen-es-braucht-eine-kommentierung-seiner-jugoslawientexte/25370432.html (letzter Zugriff: 08.10.2021).

Jan.ka: Dem Schreiben gehören die Nächte. URL: https://www.jagodaMarinić.de/about/ (letzter Zugriff: 09.04.2021).

Johann, Ernst (Hrsg.): *Büchner-Preis-Reden 1951–1971*. Stuttgart 1972.

Jörg Hildebrandt: „Niemand hat die Absicht, die Menschenwürde anzutasten". Ein Denkanstoß zum Thema Mauerbau – gestern und heute. URL: https://www.bpb.de/geschichte/zeitgeschichte/deutschlandarchiv/295325/niemand-hat-die-absicht-die-menschenwuerde-anzutasten (letzter Zugriff: 22.06.2021)

Joskowski, Anna/Schrader, Irmhild: Mauerfall mit Migrationshintergrund. In: *Deutschland Archiv*, 20.03.2015. URL: http://www.bpb.de/202636 (letzter Zugriff: 22.06.2021).

Jürgensen, Christoph/Weixler, Antonius: Literaturpreise: Geschichten – Geschichte – Funktionen. In: *Literaturpreise. Geschichte und Kontexte*. Hrsg. v. Christoph Jürgensen und Antonius Weixler. Berlin 2021. S. 1–28.

Kabić, Slavija: ‚Namenlos, gesichtslos, austauschbar'. Menschlichkeit und Bestialität im Roman *Als gäbe es mich nicht* von Slavenka Drakulić. In: *Opfer – Beute – Boten der Humanisierung? Zur künstlerischen Rezeption der Überlebensstrategien von Frauen im Bosnienkrieg und im Zweiten Weltkrieg*. Hrsg. v. Marijana Erstić et al. Bielefeld 2012. S. 87–114.

Kabić, Slavija: Das Ministerium der Schmerzen in der Endmoränenlandschaft: vom Verlust der Heimat in der Prosa von Dubravka Ugrešić und Monika Maron. In: *Gedächtnis – Identität – Differenz. Zur kulturellen Konstruktion des südosteuropäischen Raumes und ihrem deutschsprachigen Kontext*. Hrsg. v. Marijan Bobinac und Wolfgang Müller-Funk. Tübingen 2008. S. 267–278.

Kaldor, Mary: *Neue und alte Kriege: organisierte Gewalt im Zeitalter der Globalisierung*. Aus dem Engl. übersetzt von Michael Adrian. Frankfurt a. M. 2000.

Kämmerling, Richard: Als die Fische Schnurrbart trugen. In: *Frankfurter Allgemeine Zeitung*, 230, 04. Oktober 2006. S. L 4.

Kaputanoğlu, Anıl: *Hinfahren und Zurückdenken: zur Konstruktion kultureller Zwischenräume in der türkisch-deutschen Gegenwartsliteratur*. Würzburg 2010.

Karahasan, Dževad: „Bürger Handke, Serbenvolk". In: *Die Angst des Dichters vor der Wirklichkeit*. Hrsg. v. Tilman Zülch. Göttingen 1996. S. 41–54.

Kehlmann, Daniel: Schön wär's. Den Buchpreis abschaffen. In: *FAS* 38, 21.09.2008. S. 23.

Keller, Andreas/Siebers, Winfried: *Einführung in die Reiseliteratur*. Darmstadt 2017.

Keller, Hiltgart L.: *Reclams Lexikon der Heiligen und der biblischen Gestalten. Legenden und Darstellung in der bildenden Kunst*. 5. durchges. und ergänz. Auflage. Stuttgart 1984.

Kellner, Renate: *Der Tagebuchroman als literarische Gattung*. Berlin 2015.

Kelter, Jochen: Bosnische Stimmen aus dem Krieg im ehemaligen Jugoslawien: ein Essay über Izet Sarajlić, Abdullah Sidran, Dževad Karahasan, Nenad Veličković und andere. In: *Krieg sichten. Zur medialen Darstellung der Kriege in Jugoslawien*. Hrsg. v. Davor Beganović. Paderborn 2007. S. 21–31.

Keskin, Hilal: *Bewegte Räume: Reisen in der deutsch-türkischen Literatur*. Würzburg 2022.

Keupp, Heiner et al. (Hrsg.): *Identitätskonstruktionen. Das Patchwork der Identitäten in der Spätmoderne*. Hamburg 1999.

Kiyak, Mely: Die Wahrheit, die wir kennen. Beitrag auf *Zeit online*, 16.10.2019. URL: https://www.zeit.de/kultur/2019-10/deutscher-buchpreis-Saša-Stanišić-peter-handke-literatur-debatte (letzter Zugriff: 19.11.2021).

Klauk, Tobias/Köppe, Tilmann: 1. Bausteine einer Theorie der Fiktionalität. In: *Fiktionalität: ein interdisziplinäres Handbuch*. Hrsg. v. Tobias Klauk und Tilmann Köppe. Berlin [u. a.] 2014. S. 3–34.

Klein, Christian: Analyse biographischer Erzählungen – ‚Histoire': Bestandteile der Handlung. In: *Handbuch Biographie. Methoden, Traditionen, Theorien*. Hrsg. v. Christian Klein. S. 204–212.

Kobolt, Katja: *Frauen schreiben Geschichte(n): Krieg, Geschlecht und Erinnern im ehemaligen Jugoslawien*. Klagenfurt 2009.

Kobolt, Katja: Wie schreiben, wenn sich die Geschichte wiederholt? Das europäische literarische Erbe als Erinnerungsmodell für die postjugoslawischen Kriege. In: *Literatur der Jahrtausendwende. Themen, Schreibverfahren und Buchmarkt um 2000*. Hrsg. v. Evi Zemanek und Susanne Krones. Bielefeld 2008. S. 107–122.

Köppe, Tilmann: 2. Die Institution Fiktionalität. In: *Fiktionalität: ein interdisziplinäres Handbuch*. Hrsg. v. Tobias Klauk und Tilmann Köppe. Berlin [u. a.] 2014. S. 35–49.

Korte, Barbara: *Der englische Reisebericht. Von der Pilgerfahrt bis zur Moderne*. Darmstadt 1996.

Kramer, Anke/Pelz, Annegret: Einleitung. In: *Album. Organisationsform narrativer Kohärenz*. Hrsg. v. Anke Kramer und Annegret Pelz. Göttingen 2013. S. 7–22.

Kranzfelder, Ivo: *Edward Hopper (1882–1967). Vision der Wirklichkeit*. Köln 2006.

Kraus, Martin: Zur Untersuchung von Skandalautoren. Eine Einführung. In: *Skandalautoren. Zu repräsentativen Mustern literarischer Provokation und Aufsehen erregender Autorinszenierung*. Hrsg. v. Andrea Bartl und Martin Kraus. Würzburg 2014. S. 11–26.

Krauss, Hannes: Die Wiederkehr des Erzählens. Neue Beispiele der Wendeliteratur. In: *Deutschsprachige Gegenwartsliteratur seit 1989. Zwischenbilanzen – Analysen – Vermittlungsperspektiven*. Hrsg. v. Clemens Kammler und Torsten Pflugmacher. Heidelberg 2004. S. 97–108.

Kristian Teetz/Jagoda Marinić: Nobelpreis für Peter Handke: „Eine verstörende Entscheidung". In: RedaktionsNetzwerk Deutschland, 10.12.2019: https://www.rnd.de/kultur/heute-nobelpreis-fur-peter-handke-eine-verstorende-entscheidung-CKBO7QJ45FHODLORZL66RGQ7UU.html (letzter Zugriff: 08.10.2021).

Kühnel, Sina/Markowitsch, Hans J.: *Falsche Erinnerungen. Die Sünden des Gedächtnisses*. Heidelberg 2013.

Kuljić, Todor: *Umkämpfte Vergangenheiten. Die Kultur der Erinnerung im postjugoslawischen Raum*. Mit einem Vorwort von Ulf Brunnbauer. Ins Deutsche übertragen von Margit Jugo unter Mitarbeit von Sonja Vogel. Berlin 2010.

Küppers, Bernhard: Fluchthilfe von den Fahndern. In: *Süddeutsche Zeitung*, 08.11.2004. S. 2.

Kuschel, Karl-Josef: *Im Spiegel der Dichter. Mensch, Gott und Jesus in der Literatur des 20. Jahrhundert*. Düsseldorf 1997.

Kuschel, Karl-Josef: *Jesus im Spiegel der Weltliteratur. Eine Jahrhundertbilanz in Texten und Einführungen*. Düsseldorf 1999.

Lahn, Silke/Meister, Jan Christoph: *Einführung in die Erzähltextanalyse*. 3. Auflage. Stuttgart 2016.

Lamp, Christina: *Unser Körper ist euer Schlachtfeld. Frauen, Krieg und Gewalt*. Aus dem Englischen von Maria Zettner [u. a.]. München 2020.

Lauer, Reinhard: Das Wüten der Mythen. Kritische Anmerkungen zur serbischen heroischen Dichtung. In: *Das jugoslawische Desaster*. Hrsg. v. Reinhard Lauer und Werner Lehfeldt. Wiesbaden 1995. S. 107–148.

Lejeune, Philippe: Der autobiographische Pakt (1973/1975). In: *Die Autobiographie. Zu Form und Geschichte einer literarischen Gattung*. Hrsg. v. Günter Niggl. Darmstadt 1989. S. 214–258.

Leskovec, Andrea: Grenzziehung und Grenzüberschreitung: Zugehörigkeit als Thema literarischer Texte. In: *Acta Germanica* 46 (2018). S. 136–150.

Lindhof, Matthias: *Internationale Gemeinschaft. Zur politischen Bedeutung eines wirkmächtigen Begriffs*. Baden Baden 2019.

Ljubić, Nicol (Hrsg.): *Schluss mit der Deutschenfeindlichkeit. Geschichten aus der Heimat*. Hamburg 2012.

Löhr, Julia: „Alle mal herschauen". In: *FAZ*, 30.08.2017. URL: https://www.faz.net/aktuell/wirtschaft/wohnen/bauen/zuhause-bei-jean-remy-von-matt-des-werbers-pompoeses-penthouse-15175004.html (letzter Zugriff: 22.05.2021).

Lovrić, Goran: Literarische Reisen im Nachkriegsbosnien. Reisebericht oder Selbsterkennungstrip? In: *Mobilität und Kontakt. Deutsche Sprache, Literatur und Kultur in ihrer Beziehung zum südosteuropäischen Raum*. Hrsg. v. Slavija Kabić. Zadar 2009. S. 369–378.

Magenau, Jörg: Krieg am langen, ruhigen Fluss. In: *taz am Wochenende*, 23.09.2006. URL: https://taz.de/Krieg-am-langen-ruhigen-Fluss/!373892/ (letzter Zugriff: 15.04.2006).

Maldonado-Alemán, Manuel: Fotografie als Erinnerungsmedium in der deutschen Gegenwartsliteratur: Monika Maron und Tanja Dückers. In: *Literarische Inszenierungen von Geschichte. Formen der Erinnerung in der deutschsprachigen Literatur nach 1945 und 1989*. Hrsg. v. Manuel Maldonado Alemán und Carsten Gansel. Wiesbaden 2018. S. 45–58.

Malottke, Letizia: Die Brandung im Kopf eines Anderen. Eine Untersuchung der literarischen Demenzdarstellungen in Ulrike Draesners Erzählung ‚Ichs Heimweg macht alles allein'. In: *Social Turn? Das Soziale in der gegenwärtigen Literatur(-wissenschaft)*. Hrsg. v. Haimo Stiemer, Dominic Büker und Esteban Sanchino Martinez. Weilerswist 2017. S. 219–240.

Mangold, Ijoma: „Die Deutschen überholen". In: *DIE ZEIT*, 12/2019. URL: https://www.zeit.de/2019/12/herkunft-Saša-Stanišić-roman-autobiografie (letzter Zugriff: 10.11.2020).

Mare, Raffaela: *„Ich bin Jugoslawe – ich zerfalle also". Chronotopoi der Angst – Kriegstraumata in der deutschsprachigen Gegenwartsliteratur*. Marburg 2015.

Marković, Barbi: „Handke und Serbien. Bei aller Respektlosigkeit. Vom unrühmlichen Kult um einen (un)heiligen Autor". In: *Der Standard* (18.10.2019). URL: https://www.derstandard.at/story/2000110060901/handke-und-serbien-bei-aller-respektlosigkeit (letzter Zugriff: 08.07.2019).

Martens, Michael: Die Geschichte einer Überrumpelung. In: *FAZ*, 22.05.2021. URL: https://www.faz.net/aktuell/feuilleton/debatten/debatte-um-handke-reise-die-geschichte-einer-ueberrumpelung-17353240.html (letzter Zugriff: 22.11.2021).

Martens, Michael: Eine Legende und ihre Varianten. Beitrag auf *FAZ.NET*, 27.02.2022. URL: https://www.faz.net/aktuell/politik/die-gegenwart/jugoslawiens-zerfall-eine-legende-und-ihre-varianten-17838303.html (letzter Zugriff: 25.10.2022).

Martens, Michael: Im Boden versinken wollen – und nicht können. In: *Frankfurter Allgemeine Zeitung*, 26.11.2005, Nr. 276. S. 3.

Martens, Michael: *Im Brand der Welten*. Wien 2019.

Martens, Michael: Immerhin kein Friedensnobelpreis. Beitrag auf *FAZ.NET*, 11.10.2019: https://www.faz.net/aktuell/feuilleton/buecher/themen/kritik-an-peter-handke-der-den-genozid-in-bosnien-leugnet-16428762.html (letzter Zugriff: 30.11.2021).

Martens, Michael: Lukić stellt sich dem Haager Tribunal. In: *Frankfurter Allgemeine Zeitung*, 15.09.2005, Nr. 215. S. 7.

Martens, Michael: Noch nicht gefaßt. In: *Frankfurter Allgemeine Zeitung*, 13.06.2005, Nr. 134. S. 6.

Martens, Michael: Peter Handke, überlebensgroß. In: *FAZ*, 11.05.2021. URL: https://www.faz.net/aktuell/feuilleton/buecher/autoren/peter-handke-nobelpreistraeger-laesst-sich-in-serbien-feiern-17335363.html (letzter Zugriff: 08.10.2021).

Martínez, Matías/Scheffel, Michael: *Einführung in die Erzähltheorie*. 9. erweiterte und aktualisierte Auflage. München 1999 (2012).

Martínez, Matías: Warum Fußball? Eine Einführung. In: *Warum Fußball? Kulturwissenschaftliche Beschreibungen eines Sports*. Hrsg. v. Matías Martínez. Bielefeld 2002. S. 7–36.

Martínez, Matías: Zur Einführung. Authentizität und Medialität in künstlerischen Darstellungen des Holocaust. In: *Der Holocaust und die Künster. Medialität und Authentizität von Holocaust-Darstellungen in Literatur, Film, Video, Malerei, Denkmälern, Comic und Musik*. Hrsg. v. Matías Martínez. Bielefeld 2004. S. 7–21.

Meid, Christopher: *Griechenland-Imaginationen. Reiseberichte im 20. Jahrhundert von Gerhart Hauptmann bis Wolfang Koeppen.* Berlin/Boston 2012.

Meifert-Menhard, Felicitas: *Playing the Text, Performing the Future: Future Narratives in Print and Digiture.* Berlin/Boston 2013.

Meixner, Andrea: *Von neuen Ufern – Mobile Selbst- und Weltbilder in ausgewählten Texten der neueren deutschen Migrationsliteratur.* Göttingen 2016.

Melčić, Dunja (Hrsg.): *Jugoslawien-Krieg. Handbuch zu Vorgeschichte, Verlauf und Konsequenzen.* Wiesbaden 1999.

Melčić, Dunja: Abrechnung mit den politischen Gegnern und die kommunistischen Nachkriegsverbrechen. In: *Der Jugoslawien-Krieg: Handbuch zu Vorgeschichte, Verlauf und Konsequenzen.* 2. aktualisierte und erweiterte Auflage. Hrsg. v. Dunja Melčić. Wiesbaden 2007. S. 198–200.

Melle, Thomas: Clowns auf Hetzjagd. In: *FAZ*, 20.10.2019. URL: https://www.faz.net/aktuell/feuilleton/debatten/clowns-auf-hetzjagd-twitter-schauprozess-gegen-peter-handke-16441099.html (letzter Zugriff: 05.10.2021).

Messner, Elena: „Literarische Interventionen" deutschsprachiger Autoren und Autorinnen im Kontext der Jugoslawienkriege der 1990er. In: *Kriegsdiskurse in Literatur und Medien nach 1989.* Hrsg. v. Carsten Gansel. Göttingen 2011. S. 107–118.

Messner, Elena: Übersetzungen als Beitrag zu einem transnationalen literarischen Feld? Bosnische, kroatische und serbische Gegenwartsprosa am deutschen Buchmarkt (1991 bis 2012). In: *Slavische Literatur der Gegenwart als Weltliteratur – hybride Konstellationen.* Hrsg. v. Diana Hitzke und Miriam Finkelstein. Innsbruck 2018. S. 63–91.

Meyer-Gosau, Frauke: Kinderland ist abgebrannt. Vom Krieg der Bilder in Peter Handkes Schriften zum jugoslawischen Krieg. In: *Text + Kritik: Peter Handke* 24 (1999). S. 3–20.

Migoué, Jean Bertrand: *Peter Handke und das zerfallende Jugoslawien. Ästhetische und diskursive Dimensionen einer Literarisierung der Wirklichkeit.* Innsbruck 2012.

Mijić, Ana: Das ‚Wir' im ‚Ich'. Zum Problem der Identitätskonstruktion im Bosnien-Herzegowina der Gegenwart. In: *Bosnien-Herzegowina und Österreich-Ungarn, 1878–1918.* Hrsg. v. Clemens Ruthner und Tamara Scheer. Tübingen 2018. S. 475–493.

Milosavljević, Olivera: Der Mißbrauch der Autorität der Wissenschaft. In: *Serbiens Weg in den Krieg.* Hrsg. v. Thomas Bremer et al. Berlin 1998. S. 159–182.

Moraldo, Sandro M.: *Wandlungen des Doppelgängers.* Frankfurt a. M. 1996.

Motte, Jan/Ohliger, Rainer: Einwanderung – Geschichte – Anerkennung. Auf den Spuren geteilter Erinnerungen. In: *Geschichte und Gedächtnis in der Einwanderungsgesellschaft. Migration zwischen historischer Rekonstruktion und Erinnerungspolitik.* Hrsg. v. Jan Motte und Rainer Ohliger im Auftrag des Landeszentrums für Zuwanderung NRW. Essen 2004. S. 17–52.

Müller, Burkhard: Verfahrenslehre der Kälte. In: *Süddeutsche Zeitung*, 02.04.2019. URL: https://www.sueddeutsche.de/kultur/oesterreichische-literatur-verfahrenslehren-der-kaelte-1.4391955 (letzter Zugriff: 09.02.2021).

Müller, Ralph: Narrativität vs. Interaktivität. Zur Gattungsdifferenzierung von Hyperfiction und Computergames. In: *DIEGESIS. Interdisziplinäres E-Journal für Erzählforschung/Interdisciplinary E-Journal for Narrative Research* 3.1 (2014). S. 24–39.

Müller-Lobeck, Christiane: Im Monstrum nach Serbien. In: *taz*, 07.08.2019. URL: https://taz.de/Roman-von-Marko-Dinić/!5610726/ (letzter Zugriff: 09.02.2021).

Münkler, Herfried: *Die neuen Kriege.* Reinbek bei Hamburg 2002.

Muzur, Lina: Serbisches Disneyland auf blutigem Boden. Beitrag auf *FAZ.NET*, 22.08.2014: https://blogs.faz.net/10vor8/2014/08/22/xx-4-2385/ (letzter Zugriff: 07.12.2019).

Neuhaus, Stefan/Holzner, Johann (Hrsg.): *Literatur als Skandal. Fälle – Funktionen – Folgen*. Göttingen 2007.

Neumann, Birgit: *Erinnerung – Identität – Narration: Gattungstypologie und Funktionen kanadischer „Fictions of Memory"*. Berlin 2005.

Neumann, Birgit: Literatur, Erinnerung, Identität. In: *Gedächtniskonzepte der Literaturwissenschaft: Theoretische Grundlagen und Anwendungsbeispiele*. Hrsg. v. Astrid Erll und Ansgar Nünning. Berlin 2005. S. 149–178.

Nilges, Yvonne: Einleitung. In: *Jesus in der Literatur. Tradition, Transformation, Tendenzen. Vom Mittelalter bis zur Gegenwart*. Hrsg. v. Yvonne Nilges. Heidelberg 2016. S. VII–XI.

Nünning, Ansgar: Metanarration als Lakune der Erzähltheorie: Definition, Typologie und Grundriss einer Funktionsgeschichte metanarrativer Erzähleräußerungen. In: *AAA – Arbeiten aus Anglistik und Amerikanistik* 26 (2001). S. 125–164.

Nünning, Ansgar: Unreliable narration zur Einführung. Grundzüge einer kognitiv-narratologischen Theorie und Analyse unglaubwürdigen Erzählens. In: *Unreliable narration. Studien zur Theorie und Praxis unglaubwürdigen Erzählens in der englischsprachigen Erzählliteratur*. Hrsg. v. Ansgar Nünning. Trier 1998. S. 3–40.

Oschlies, Wolf: Ein Stück Unabhängigkeit von Belgrad. Die Rolle der D-Mark auf dem Balkan. Ein Beitrag für den *Deutschlandfunk*, 17.01.2000. URL: https://www.deutschlandfunk.de/ein-stueck-unabhaengigkeit-von-belgrad.724.de.html?dram:article_id=97146 (letzter Zugriff: 30.11.2020).

Ostheimer, Michael: *Ungebetene Hinterlassenschaften: zur literarischen Imagination über das familiäre Nachleben des Nationalsozialismus*. Göttingen 2013.

Pabis, Eszter: Nach und jenseits der ‚Chamisso-Literatur'. Herausforderungen und Perspektiven der Erforschung deutschsprachiger Gegenwartsliteraturen im Kontext aktueller Migrationsphänomene. In: *Zeitschrift für interkulturelle Germanistik* 9 (2018), Heft 2. S. 191–210.

Packard, Edward: *The Cave of Time*. Illustrated by Paul Granger. New York 1979.

Pagenstecher, Cord: *Der bundesdeutsche Tourismus. Ansätze zu einer Visual History: Urlaubsprospekte, Reiseführer, Fotoalben 1950–1990*. Hamburg 2003.

Pajić, Ivana/Zobenica, Nikolina: Versteckter Dialog und Dialog-Replik in Saša Stanišićs Roman *Wie der Soldat das Grammofon repariert* (2006). In: *Neophilologus* 105 (2021). S. 91–107.

Petersen, Henrik: Stellungnahme von Henrik Petersen, Mitglied des Nobelpreiskomitees. Beitrag auf *Spiegel online*, 17.10.2019. URL: https://www.spiegel.de/kultur/literatur/peter-handke-stellungnahme-akademie-mitglied-petersen-a-1292062.html (letzter Zugriff: 04.10.2021).

Pfaff-Czarnecka, Joanna: *Zugehörigkeit in der mobilen Welt: Politiken der Verortung*. Göttingen 2012.

Pfister, Manfred: Autopsie und intertextuelle Spurensuche. Der Reisebericht und seine Vor-Schriften. In: *In Spuren Reisen. Vor-Bilder und Vor-Schriften in der Reiseliteratur*. Hrsg. v. Gisela Ecker und Susanne Röhl. Berlin 2006. S. 11–30.

Plassmann, Alheydis: *Origo gentis. Identitäts- und Legitimationsstiftung in früh- und hochmittelalterlichen Herkunftserzählungen*. Berlin 2006.

Platen, Edgar: Vorwort: Mauerfall, Mauerfälle. In: *Mauerfall und andere Grenzfälle. Zur Darstellung von Zeitgeschichte in deutschsprachiger Gegenwartsliteratur*. Hrsg. v. Linda Karlsson Hammarfelt et al. München 2020. S. 7–13.

Plath, Jörg: „Stell dich nicht auf Urlaub ein" – die Kinder jugoslawischer Kriegsflüchtlinge erobern in ihren Romanen eine Heimat zurück, die nie die ihre war. In: *NZZ*, 27.09.2021. URL: https://www.nzz.ch/feuilleton/die-kinder-jugoslawischer-kriegsfluechtlinge-und-ihre-heimat-ld.1642021 (letzter Zugriff: 25.08.2022).

Platthaus, Andreas: Doppelt gutgemacht. In: *FAZ* 236, 11.10.2019. S. 1.

Platthaus, Andreas: Neues Vertrauen in die Urteilskraft. Beitrag auf *FAZ.NET*, 10.10.2019. URL: https://www.faz.net/aktuell/feuilleton/buecher/literaturnobelpreise-an-olga-tokarczuk-und-peter-handke-16426469.html (letzter Zugriff: 30.11.2021).

Poppe, Sandra/Schüller, Thorsten/Seiler, Sascha (Hrsg.): *9/11 als kulturelle Zäsur: Repräsentationen des 11. September 2001 in kulturellen Diskursen, Literatur und visuellen Medien*. Bielefeld 2009.

Pornschlegel, Clemens: Wie kommt die Nation an den Ball? Bemerkungen zur identifikatorischen Funktion des Fußballs. In: *Warum Fußball? Kulturwissenschaftliche Beschreibungen eines Sports*. Hrsg. v. Matías Martínez. Bielefeld 2002. S. 103–111.

Pottbeckers, Jörg: *Der Autor als Held. Autofiktionale Inszenierungsstrategien in der deutschsprachigen Gegenwartsliteratur*. Würzburg 2017.

Preljevic, Vahidin: Handkes Serbien. In: *Perlentaucher. Das Kulturmagazin*, 07.11.2019. URL: https://www.perlentaucher.de/essay/handkes-serbien.html (letzter Zugriff: 08.10.2021).

Preljević, Vahidin: Von der ästhetischen Obsession zum politischen Mythos. Zu Peter Handkes Balkankomplex. In: *Peter Handkes Jugoslawienkomplex. Eine kritische Bestandsaufnahme nach dem Nobelpreis*. Hrsg. v. Vahidin Preljević und Clemens Ruthner. Würzburg 2022. S. 19–42.

Previšić, Boris/Vidulić, Svjetlan Lacko: Einleitung. In: *Traumata der Transition. Erfahrungen und Reflexion des jugoslawischen Zerfalls*. Hrsg. v. Boris Previšić und Svetlan Lacko Vidulic. Tübingen 2015. S. 7–20.

Previšić, Boris: Eine Frage der Perspektive: Der Balkan in der jüngsten deutschen Literatur. In: *Literatur der Jahrtausendwende. Themen, Schreibverfahren und Buchmarkt um 2000*. Hrsg. v. Evi Zemanek und Susanne Krones. Bielefeld 2008. S. 95–106.

Previšić, Boris: *Literatur topographiert: Der Balkan und die postjugoslawischen Kriege im Fadekreuz des Erzählens*. Berlin 2014.

Previšić, Boris: Poetik der Marginalität: Balkan Turn gefällig? In: *Von der nationalen zur internationalen Literatur. Transkulturelle deutschsprachige Literatur und Kultur im Zeitalter globaler Migration*. Hrsg. v. Helmut Schmitz. Amsterdam [u. a.] 2009. S. 189–203.

Previšić, Boris: Zwischen Diskursivität und Faktualität. Interkulturalität und literarische Imagination auf dem balkanischen Prüfstand des jugoslawischen Zerfalls. In: *Zwischen Provokation und Usurpation. Interkulturalität als (un-)vollendetes Projekt der Literatur- und Sprachwissenschaften*. Hrsg. v. Dieter Heimböckel. München 2010. S. 191–203.

Pütz, Peter: Peter Handkes Elfenbeinturm. In: *Peter Handke (Text + Kritik)*. Hrsg. v. Heinz Ludwig Arnold. München 1989. S. 21–29.

Radisch, Iris: Der Krieg trägt Kittelkürze. In: *DIE ZEIT*, 05.10.2006. URL: https://www.zeit.de/2006/41/L-Stanišić (letzter Zugriff: 15.04.2022).

Radonić, Ljiljana: *Krieg um die Erinnerung. Kroatische Vergangenheitspolitik zwischen Revisionismus und europäischen Standards*. Mit einem Vorwort von Aleida Assmann. Wien 2009.

Radulescu, Răduluca: *Die Fremde als Ort der Begegnung: Untersuchungen zu deutschsprachigen südosteuropäischen Autoren mit Migrationshintergrund. Eine narratologische und kulturwissenschaftliche Untersuchung*. Konstanz 2013.

Raether, Till: Eine Liebeserklärung an die „Politische Korrektheit". In: *SZ-Magazin*, 24.05.2019. URL: https://sz-magazin.sueddeutsche.de/leben-und-gesellschaft/politische-korrektheit-87318 (letzter Zugriff: 25.10.2022).

Rehder, Peter (Hrsg.): *Einführung in die slavischen Sprachen. Mit einer Einführung in die Balkanphilologie*. Darmstadt 2012.

Reichwein, Marc: Der Mann, der alles über Handke weiß. In: *Die Welt*, 02.09.2010. URL: https://www.welt.de/kultur/article9345792/Der-Mann-der-alles-ueber-Handke-weiss.html (letzter Zugriff: 04.10.2021).

Reinhäckel, Heide: *Traumatische Texturen: der 11. September in der deutschen Gegenwartsliteratur*. Gießen 2011.

Renner, Rolf Günter: *Peter Handke*. Stuttgart 1985.

Renner, Rolf Günter: *Peter Handke: Erzählwelten – Bilderordnungen*. Berlin 2020.

Renner, Rolf Günter: Wie der Freiburger Germanist Renner die Handke-Debatte einordnet [Gastbeitrag]. In: *Badische Zeitung*, 20.11.2019.URL: https://www.badische-zeitung.de/wie-der-freiburger-germanist-renner-die-handke-debatte-einordnet–179670098.html (letzter Zugriff: 04.10.2021).

Ristić, Vera: Meštrović und der Mythos. In: *Ivan Meštrović. Skulpturen*. Hrsg. v. Dieter Honisch et al. Berlin 1987. S. 21–25.

Rock, Lene: Überflüssige Anführungsstriche. Grenzen der Sprache in Terézia Moras *Alle Tage* und Saša Stanišićs *Wie der Soldat das Grammofon repariert*. In: *La littérature interculturelle de langue allemande*. Hrsg. v. Bernard Bach. Univ. Charles-de-Gaulle – Lille 3 2012. S. 47–62.

Roll, Evelyn: Wort für Wort ankommen. In: *Süddeutsche Zeitung*, 49, 27.02.2008. S. 3.

Rossig, Rüdiger/Zuljko, Boris: Singen für en Kriegsverbrecher. In: *DIE ZEIT*, 21.10.2010. URL: https://www.zeit.de/2010/43/Kusturica (letzter Zugriff: 28.12.2022).

Rossig, Rüdiger: YU-Rock: A brief history. URL: http://www.balkanrock.ruediger-rossig.de/YURock.htm (letzter Zugriff: 09.03.2021).

Ryan, Marie-Laure: Interactive Narrative. In: *The Johns Hopkins guide to digital media*. Hrsg. v. Marie-Laure Ryan et al. Baltimore 2013. S. 292–298.

Sanyal, Mithu: Zuhause. In: *Eure Heimat ist unser Albtraum*. Hrsg. v. Fatma Aydemir und Hengameh Yaghoobifarah. Berlin 2019. S. 101–121.

Saße, Günter: Der Sandmann. Kommunikative Isolation und narzisstische Selbstverfallenheit. In: *E.T.A. Hoffmann. Romane und Erzählungen*. Hrsg. v. Günter Saße. Stuttgart 2004. S. 96–116.

Satjukow, Elisa: *Die andere Seite der Intervention. Eine serbische Erfahrungsgeschichte der NATO-Bombardierung 1999*. Bielefeld 2020.

Schaad, Sonja: Kroatisch und Serbisch/Serbokroatisch/Kroatoserbisch – eine oder zwei Sprachen? In: *Sprache und Politik: Die Balkansprachen in Vergangenheit und Gegenwart*. Hrsg. v. Herlmut Schaller. München 1996. S. 127–136.

Schaefers, Stefanie: *Unterwegs in der eigenen Fremde. Deutschlandreisen in der deutschsprachigen Gegenwartsliteratur*. Münster 2010.

Schaffers, Uta: Einführung. Normierung und Kanonisierung des Reisens. In *Off the beaten track. Normierung und Kanonisierung des Reisens*. Hrsg. v. Uta Schaffers. Würzburg 2018. S. 19–27.

Schaper, Rüdiger: Der sture Naturbursche Peter Handke. In: *Tagesspiegel*, 10.10.2019. URL: https://www.tagesspiegel.de/kultur/literaturnobelpreis-2019-der-sture-naturbursche-peter-handke/25103786.html (letzter Zugriff: 30.11.2021).

Scharnowski, Susanne: *Heimat. Geschichte eines Missverständnisses*. Darmstadt 2019.

Scheck, Denis: „Literaturpreis für ‚Sprachmagier' Handke". Beitrag auf *Zdf.de*, 10.10.2019. URL: https://www.zdf.de/nachrichten/heute-sendungen/videos/literaturnobelpreis-fuer-sprachmagier-handke-102.html (letzter Zugriff: 30.11.2021).

Schleichl, Sigurd Paul: Polemik. In: *Reallexikon der deutschen Literaturwissenschaft*. Hrsg. v. Harald Fricke et al. Band 3: P–Z. Hrsg. v. Jan-Dirk Müller. Berlin 2007. S. 117–120.

Schmid, Wolf: *Elemente der Narratologie*. Berlin 2015.

Schmid, Wolf: *Mentale Ereignisse. Bewusstseinsveränderungen in europäischen Erzählwerken vom Mittelalter bis zur Moderne*. Berlin/Boston 2019.

Schmitz-Emans, Monika: Das visuelle Gedächtnis der Literatur. Allgemeine Überlegungen zur Beziehung zwischen Texten und Bildern. In: *Das visuelle Gedächtnis der Literatur.* Hrsg. v. Manfred Schmeling und Monika Schmitz-Emans. Würzburg 1999. S. 17–34.

Schneider, Johannes: Dieser Preis war nie politischer. Beitrag auf *Zeit online*, 15.10.2019. URL: https://www.zeit.de/kultur/literatur/2019-10/Saša-Stanišić-deutscher-buchpreis-rede-kritik-peter-handke (letzter Zugriff: 02.11.2021).

Schönborn, Sibylle: Tagebuch. In: *Reallexikon der deutschen Literaturwissenschaft.* Band 3: P-Z. Hrsg. v. Jan-Dirk Müller. S. 574.

Schubert, Gabriella: Der Heilige Georg und der Georgstag auf dem Balkan. In: *Zeitschrift für Balkanologie* 1985. S. 80–105.

Schulte-Peevers, Andrea: *Lonely Planet Berlin.* Footscray, Victoria 2017.

Schütte, Andrea: Ballistik. Grenzverhältnisse in Saša Stanišićs „Wie der Soldat das Grammofon repariert". In: *Grenzen im Raum – Grenzen in der Literatur.* Hrsg. v. Eva Geulen. Berlin 2010. S. 221–235.

Schütte, Andrea: Imaginäres Interview mit der kroatischen Autorin Dubravka Ugrešić. In: *Tribunale: literarische Darstellung und juridische Aufarbeitung von Kriegsverbrechen im globalen Kontext.* Hrsg. v. Werner Gephart. Frankfurt a. M. 2014. S. 215–222.

Schwarcz, Chava Eva: Doppelgänger in der Literatur. Spiegelung, Gegensatz, Ergänzung. In: *Doppelgänger. Von endlosen Spielarten eines Phänomens.* Hrsg. v. Ingrid Fichtner. Bern [u. a.] 1999. S. 1–14.

Sila, Tijan: Kunst dient den Nackten. In: *taz*, 19.10.2019. URL: https://taz.de/Kritik-an-Nobelpreis-fuer-Peter-Handke/!5631663/ (letzter Zugriff: 19.11.2021).

Sina, Kai: Die Stimmen. In: *Im Kopf von Maxim Biller.* Hrsg. v. Kai Sina und Tanita Kraaz. Köln 2020. S. 13–26.

Sommer, Gert: Menschenrechtsverletzungen als Legitimationsgrundlage des Jugoslawien-Kosovo-Krieges? In: *Der Jugoslawienkrieg – Eine Zwischenbilanz. Analysen über eine Republik im raschen Wandel.* Hrsg. v. Johannes M. Becker und Gertrud Brücher. Münster 2001. S. 82–93.

Spiegel, Hubert: Popstar, Prophet, Provokateur. In: *FAZ* 236, 11.10.2019. S. 9.

Spode, Hasso: Der Tourist. In: *Der Mensch des 20. Jahrhunderts.* Hrsg. v. Ute Frevert und Heinz-Gerhard Haupt. Frankfurt a. M. [u. a.] 1999. S. 113–137.

Stajić, Olivera: „Die halbe Wahrheit von Bleiburg." In: *Der Standard*, 06.06.2017. URL: https://www.derstandard.at/story/2000058500399/die-halbe-wahrheit-von-bleiburg (letzter Zugriff: 21.06.2017).

Stanzel, Franz Karl: *Theorie des Erzählens.* 8. Auflage. Göttingen 2008.

Steinfeld, Thomas: Der Einzelgänger. In: *Süddeutsche Zeitung* (10.10.2019). URL: https://www.sueddeutsche.de/kultur/peter-handke-literaturnobelpreis-2019-1.4635396?reduced=true (letzter Zugriff: 30.11.2021).

Steinfeld, Thomas: Der schweigende Geheimrat. In: *Süddeutsche Zeitung*, 10.12.2019. URL: https://www.sueddeutsche.de/kultur/literaturnobelpreis-handke-1.4718772 (letzter Zugriff: 07.12.2021).

Steinfeld, Thomas: Im Schatten der Krise. In: *Süddeutsche Zeitung*, 10.10.2019: https://www.sueddeutsche.de/kultur/kommentar-zum-nobelpreis-im-schatten-der-krise-1.4635398 (letzter Zugriff: 30.11.2021).

Steltz, Christian: Migrantenliteratur. In: *Wendejahr 1995. Transformationen der deutschsprachigen Literatur.* Hrsg. v. Heribert Tommek et al. Berlin/Boston 2015. S. 156–171.

Stephens, Anthony: Duineser Elegien. In: *Rilke-Handbuch: Leben – Werk – Wirkung.* Hrsg . v. Manfred Engel. Stuttgart 2013. S. 365–384.

Stokowski, Margarete: Perfide Mülltrennung. Beitrag auf *Spiegel online*, 15.10.2019. URL: https://www.spiegel.de/kultur/gesellschaft/peter-handke-und-der-nobelpreis-perfide-muelltrennung-a-1291617.html (letzter Zugriff: 19.11.2021).

Straňáková, Monika: *Literarische Grenzüberschreitungen: Fremdheits- und Europa-Diskurs in den Werken von Barbara Frischmuth, Dževad Karahasan und Zafer Şenocak*. Tübingen 2009.

Struck, Lothar: „Der mit seinem Jugoslawien" Peter Handke im Spannungsfeld zwischen Literatur, Medien und Politik. Leipzig 2013.

Sundhaussen, Holm: Der Zerfall Jugoslawiens und dessen Folgen. In: *Aus Politik und Zeotgeschichte* 24.07.2008. URL: https://www.bpb.de/shop/zeitschriften/apuz/31042/der-zerfall-jugoslawiens-und-dessen-folgen/ (letzter Zugriff: 09.12.2022).

Sundhaussen, Holm: Ethnonationalismus in Aktion: Bemerkungen zum Ende Jugoslawiens. In: *Geschichte und Gesellschaft* 20 (3), 1994. S. 402–423.

Sundhaussen, Holm: *Jugoslawien und seine Nachfolgestaaten 1943–2011: eine ungewöhnliche Geschichte des Gewöhnlichen*. Wien [u. a.] 2012.

Sundhaussen, Holm: Konstruktion, Dekonstruktion und Neukonstruktion von „Erinnerungen" und Mythen. In: *Mythen der Nationen. 1945 – Arena der Erinnerungen*. Hrsg. v. Monika Flacke. Berlin 2004. S. 373–426.

Sundhaussen, Holm: *Sarajevo. Die Geschichte einer Stadt*. Wien [u.a] 2014.

Sundhaussen, Holm: Serbien. In: *Der Ort des Terrors. Geschichte der nationalistischen Konzentrationslager. Band 9*. Hrsg . v. Wolfgang Benz und Barbara Diestel. München 2009. S. 337–353.

Süselbeck, Jan (Hrsg.): *Familiengefühle. Generationengeschichte und NS-Erinnerung in den Medien*. Berlin 2014.

Tajić, Olivera: „Bleiburg: ‚Ein faschistischer Aufmarsch hat in einer Demokratie nichts zu suche'". In: *Der Standard*, 19.05.2019. URL: https://www.derstandard.de/story/2000103409863/bleiburg-ein-faschistischer-aufmarsch-hat-in-einer-demokratie-nichts-zu (letzter Zugriff: 21.06.2017).

Thede, Karl: Ethnische, sprachliche und konfessionelle Struktur der Balkanhalbinsel. In: *Handbuch Balkan*. Hrsg. v. Uwe Hinrichs et al. Wiesbaden 2014. S. 87–134.

Todorova, Maria: *Die Erfindung des Balkans. Europas bequemes Vorurteil*. Aus dem Engl. von Uli Twelker. Darmstadt 1999.

Trojanow, Ilja: *Nach der Flucht*. Frankfurt a. M. 2017.

Urry, John: *The tourist gaze. Leisure and Travel in Contemporary Societies*. London 1990.

Vidulić, Svjetlan Lacko: ‚Out of nation'. Konstruktionen des (post)jugoslawischen literarischen Feldes bei Dubrava Ugrešić. In: *Slavische Literatur der Gegenwart als Weltliteratur – hybride Konstellationen*. Hrsg. v. Diana Hitzke und Miriam Finkelstein. Innsbruck 2018. S. 147–166.

Vidulić, Svjetlan Lacko: Imaginierte Gemeinschaft. Peter Handkes jugoslawische ‚Befriedungsschriften' und ihre Rezeption in Kroatien. In: *Germanistentreffen Deutschland – Süd-Ost-Europa 02.-06.10.2006. Dokumentation der Tagungsbeiträge*. Bonn 2007. S. 127–151. URL: http://www.kakanien-revisited.at/beitr/fallstudie/SVidulić2.pdf (letzter Zugriff: 05.10.2021).

Vidulić, Svjetlan Lacko: Jugoslawien von oben. 25 Jahre Handke-Kontroverse – Versuch einer Bilanz. In: *Austriaca* 90 (2020). Online erschienen am 1. Juni 2020: http://journals.openedition.org/austriaca/1503 (letzter Zugriff: 19.10.2021).

Von der Lühe, Irmela/Krohn, Claus-Dieter: *Fremdes Heimatland. Remigration und literarisches Leben nach 1945*. Göttingen 2005.

Von Lacadou, Julia: *Mediale Erinnerungen: Ästhetisch-dramaturgische Entwicklung im Kino von Atom Egoyan*. Baden-Baden 2017.

Von Oppen, Karoline: „(Un)sägliche Vergleich". What Germans remembered (and forgot) in the former Yugoslavia in the 1990s. In: *German culture, politics, and literature into the thwenty-first century. Beyond normalisation*. Hrsg. v. Stuart Taberner. Rochester 2006. S. 167–180.

Von Oppen, Karoline: Imagining the Balkans, imagining Germany: intellectual journeys to former Yugoslavia in the 1990s. In: *The German quarterly. A journal oft he American Association of Teachers of German* (79) 2006. S. 192–210.

Von Oppen, Karoline: Justice for Peter Handke? In: *German text crimes. Writers accused, from the 1950s to the 2000s*. Hrsg. v. Tom Cheesman. Amsterdam 2013. S. 175–192.

Von Oppen, Karoline: Nostalgia for Orient(ation): travelling through the former Yugoslavia with Juli Zeh, Peter Schneider, and Peter Handke. In: *Seminar. A journal for Germanic studies* (41) 2005. S. 246–260.

Wagner, Karl: Handkes Endspiel: Literatur gegen Journalismus. In: *Mediale Erregungen? Autonomie und Aufmerksamkeit im Literatur- und Kulturbetrieb der Gegenwart*. Hrsg. v. Markus Joch et al. Tübingen 2009. S. 65–76.

Wegemann, Thomas: Epitexte als ritualisiertes Ereignis: Überlegungen zu Dankesreden im Rahmen von Literaturpreisverleihungen. In: *Literaturpreise. Geschichte und Kontexte*. Hrsg. v. Christoph Jürgensen und Antonius Weixler. Berlin 2021. S. 105–116.

Weigel, Sigrid: Malina. In: *Werke von Ingeborg Bachmann*. Hrsg. v. Mathias Mayer. Stuttgart 2002. S. 220–246.

Weixler, Antonius: Authentisches Erzählen – authentisches Erzählen. Über Authentizität als Zuschreibungsphänomen und Pakt. In: *Authentisches Erzählen: Produktion, Narration, Rezeption*. Hrsg. v. Antonius Weixler. Berlin 2012. S. 1–32.

Wiele, Jan: Heimkunft. In: *FAZ*, 13.01.2020. URL: https://www.faz.net/aktuell/feuilleton/buecher/themen/sa-a-stani-i-wird-in-heidelberg-als-popstar-empfangen-16577654.html (letzter Zugriff: 08.07.2022).

Willms, Weertje: „Wenn ich die Wahl zwischen zwei Stühlen habe, nehme ich das Nagelbrett". Die Familie in literarischen Texten russischer MigrantInnen und ihrer Nachfahren. In: *Die interkulturelle Familie. Literatur- und sozialwissenschaftliche Perspektiven*. Hrsg. v. Michaela Holdenried und Weertje Willms. Bielefeld 2012. S. 121–142.

Willms, Weertje: Interkulturelle Familienkonstellationen aus literatur- und sozialwissenschaftlicher Perspektive. Zusammenfassung der Diskussion. In: *Die interkulturelle Familie. Literatur- und sozialwissenschaftliche Perspektiven*. Hrsg. v. Michaela Holdenried und Weertje Willms. Bielefeld 2012. S. 257–270.

Winter, Elke: Traditions of Nationhood or Political Conjuncture? Debating Citizenship in Canada and Germany. In: *Comparative Migration Studies 2014 2(1)*. S. 29–56.

Wölfl, Adelheid: Handke-Nobelpreis: Aufwind für Nationalisten. In: *Der Standard*, 13.12.2019: https://www.derstandard.de/story/2000112212853/aufwind-fuer-nationalisten (letzter Zugriff: 08.10.2021).

Worbs, Susanne: Doppelte Staatsangehörigkeit in Deutschland: Zahlen und Fakten. URL: https://www.bpb.de/gesellschaft/migration/laenderprofile/254191/doppelte-staatsangehoerigkeit-zahlen-und-fakten?p=all (letzter Zugriff: 09.04.2021).

Yacobi, Tamar: *Fictional Reliability as a Communicative Problem*. In: *Poetics Today* 2.2 (Winter 1981). S. 113–126.

Yildiz, Erol/Hill, Marc (Hrsg.): *Nach der Migration. Postmigrantische Perspektiven jenseits der Parallelgesellschaft*. Bielefeld 2014.

Zeltner, Anja: *Wem gehört die Geschichte des Krieges? Die Darstellung der postjugoslawischen Kriege in deutsch- und schwedischsprachiger Literatur*. Erlangen 2017.

Zemanek, Evi/Krones, Susanne: Eine Topographie der Literatur um 2000. Einleitung. In: Literatur der Jahrtausendwende. Hrsg. v. Evi Zemanek und Susanne Krones. Bielefeld 2008. S. 11–24.

Zimmermann, Yvonne: „Woher kommst Du?; Antwortversuche in Saša Stanišićs Roman *Herkunft* (2019). In: *Feminist Circulations between East and West*. Hrsg. v. Annette Bühler-Dietrich. Berlin 2019. S. 239–258.

Zink, Dominik: Herkunft – Ähnlichkeit – Tod. Saša Stanišić' Herkunft und Sigmund Freuds Signorelli-Geschichte. In: *Zeitschrift für interkulturelle Germanistik* 12 (2021). S. 171–185.

Zink, Dominik: *Interkulturelles Gedächtnis. Ost-westliche Transfers bei Saša Stanišić, Nino Haratischwili, Julya Rabinowich, Richard Wagner, Aglaja Veteranyi und Herta Müller*. Würzburg 2017.

Zipfel, Frank: „Autofiktion. Zwischen Grenzen von Faktualität, Fiktionalität und Literarität?" In: *Grenzen der Literatur. Zu Begriff und Phänomen des Literarischen*. Hrsg. v. Simone Winko. Berlin 2009. S. 285–314.

Zipfel, Frank: 5. Fiktionssignale. In: *Fiktionalität: ein interdisziplinäres Handbuch*. Hrsg. v. Tobias Klauk und Tilmann Köppe. Berlin [u. a.] 2014. S. 97–124.

Zirojević, Olga: Das Amselfeld im kollektiven Gedächtnis. In: *Serbiens Weg in den Krieg*. Hrsg. v. Thomas Bremer et al. Berlin 1998. S. 45–61.

Zülch, Tilman (Hrsg.): *Die Angst des Dichters vor der Wirklichkeit: 16 Antworten auf Peter Handkes Winterreise nach Serbien*. Göttingen 1996.

8 Anhang

Der Twitter-Account des Autors Saša Stanišić existiert seit der Übernahme des Mikroblogging-Dienstes durch den Unternehmer Elon Musk (28.10.2022) nicht mehr. Die folgenden Abbildungen der Tweets (Screenshots), die vor der Abmeldung erstellt wurden, dienen als Quellennachweis. Sie sind in der jeweiligen Fußnote ausgewiesen.

Abbildung 1
Tweet von Saša Stanišić am 10. Oktober 2019, das Bild zeigt Peter Handke als Redner im Rahmen der Beisetzung von Slobodan Milošević:

Abbildung 1: 10. Oktober 2019, Handke als Redner bei der Beisetzung von Milošević [FN 63, S. 48].

Abbildungen 2–7
Tweet von Saša Stanišić:

Antwort an @florianklenk @dorabinovici und 2 weitere Personen

Es geht nicht um das wie sondern un das was.

4:36 nachm. · 12. Okt. 2019 · Twitter for iPhone

9 „Gefällt mir"-Angaben

Abbildung 2: 12. Oktober 2019, Text: „Es geht nicht um das wie sondern un das was." [FN 119, S. 64].

Bei den Screenshots, die Stanišić mit diesem Tweet veröffentlichte, handelt es sich um Textausschnitte aus Jürgen Brokoffs FAZ-Artikel „Ich sehe was, was ihr nicht fasst" (FAZ, 15. Juli 2010):

ⓘ   m.faz.net   ⎋

Verbrechen vor den Augen aller

Entgegen einer verbreiteten Meinung hat Handke in seinen Jugoslawien-Texten die von bosnischen Serben verübten Kriegsverbrechen keineswegs ausgeklammert. Sie werden in den erzählerischen Passagen seiner Reiseberichte thematisiert, in kleinen Details und in aperçuhaften Bemerkungen. Das aufschlussreichste Beispiel hierfür findet sich im „Sommerlichen Nachtrag zu einer winterlichen Reise" an der Stelle, wo Handke auf die Massaker von Visegrad zu sprechen kommt, bei denen nach Schätzungen des Research and Documentation Center in Sarajevo und des Haager Kriegsverbrechertribunals während des Bosnien-Krieges etwa 1500 bis dreitausend muslimische Zivilisten ermordet wurden.

Abbildung 3: 12. Oktober 2019, Textausschnitt Brokoff 1 [FN 119, S. 64].

Handkes zu nächtlicher Stunde am Fenster seines Hotelzimmers stehender Erzähler schaut auf die von Menschen verlassene Brücke über die Drina und wird vom „Bedenken der Berichte über die Tötungen in der hiesigen Muslimgemeinde" getragen. In bekannter Manier kritisiert er einen diesbezüglichen „Artikel aus der New York Times" und wirft den „über die Meere angereisten, eingeflogenen Aussagensammlern" vor, sich auf die ewig gleichen Formeln - „witnesses said, survivors said" - zu berufen. Die Kritik an der journalistischen Berichterstattung geht dabei in ein Bezweifeln der Sache selbst über. Der Erzähler mag nicht glauben, dass die von einem barfuß laufenden „serbischen Milizenführer" und seinen Schergen angeblich begangenen Verbrechen sich tatsächlich vor den Augen aller ereignet haben: „Die ganze Stadt ein Spielraum für nichts als die paar Barfüßler im Katz- und-Maus mit ihren Hunderten von Opfern?"

Abbildung 4: 12. Oktober 2019, Textausschnitt Brokoff 2 [FN 119, S. 64].

Bei dem in Handkes Text erwähnten barfüßigen Milizenführer handelt es sich um den bosnischen Serben Milan Lukic, der 2005 in Argentinien gefasst und am 20. Juli 2009 vom Haager Kriegsverbrechertribunal wegen Massenmordes und Verbrechens gegen die Menschlichkeit zu einer lebenslänglichen Freiheitsstrafe verurteilt wurde. Die Taten von Lukic und seiner paramilitärischen Einheit wurden nicht erst durch die Ermittlungen des Haager Kriegsverbrechertribunals bekannt. Sie sind, basierend auf Zeugenaussagen, bereits der Gegenstand des von Handke kritisierten Artikels gewesen. Es handelt sich um eine Reportage des Journalisten Chris Hedges, die am 25. März 1996 in der „New York Times" erschienen ist.

Abbildung 5: 12. Oktober 2019, Textausschnitt Brokoff 3 [FN 119, S. 64].

Handkes Erzähler leugnet das Massaker von Visegrad

Im Gegensatz zu Handkes Unterstellung nennt Hedges den vollen Namen, die Herkunft und den Aufenthaltsort der meisten seiner Gesprächspartner, und er nennt auch den Namen von Milan Lukic. Zu den von Hedges befragten Personen gehört eine traumatisierte Frau, die mitansehen musste, wie Lukic und seine Männer ihre Mutter und ihre Schwester erschossen und lachend in den Fluss warfen. Handkes Erzähler will von alledem nicht wissen und spottet über den „Schlussabsatz des nach Visegrad hinter die bosnischen Berge geheuerten Manhattan-Journalisten, worin er eine aus ihrer Stadt geflüchtete Zeugin, nächtens dabeigewesen beim Hinabgestoßenwerden von Mutter und Schwester von der Brücke, Tennessee-Williams-haft sagen lässt: The bridge. The bridge. The bridge."

Abbildung 6: 12. Oktober 2019, Textausschnitt Brokoff 4 [FN 119, S. 64].

Handkes Erzähler, der die Tatsache leugnet, dass es die Massaker von Visegrad gegeben hat, trifft mit seiner Invektive nicht nur den Journalisten, der aufgrund seiner Recherchen zu einem anderen Ergebnis als Handke kommt. Seine Aussage über die „Tennessee-Williams-hafte" Sprache trifft durch den Journalisten hindurch auch das Opfer, dem nicht nur Mutter und Schwester genommen wurden, sondern auch - durch Handke - die Möglichkeit, das real erfahrene Leid zu artikulieren.

Doch das ist nicht alles. Handkes Erzählung ist noch nicht zu Ende. Am nächsten Morgen taucht der Erzähler - es ist ein schwüler Tag - in den Fluten der Drina unter und kommentiert diesen Vorgang wie folgt: „Kein Wasser, siehe die Wasserleichengeschichten, in den Mund kommen lassen!" Handke macht sich über die Opfer lustig, er verhöhnt sie. Und das ist wohl das Schlimmste, was man über einen Autor sagen kann, der ausgezogen ist, um mit den Mitteln der literarischen und poetischen Sprache Frieden zu stiften und zur Versöhnung der Völker beizutragen.

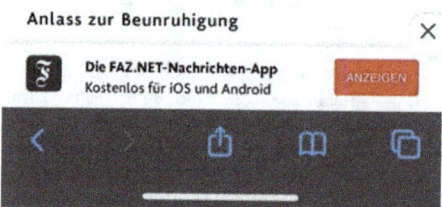

Abbildung 7: 12. Oktober 2019, Textausschnitt Brokoff 5 [FN 119, S. 64].

Abbildung 8/9

Abbildung 8: 12. Oktober 2019, Text: „Da ich nicht wissen kann, ob der Großteil der Handke-Handküsser bloß schnell nen nett gemeinten Nachruf umgeschrieben hat, schlicht ahnungslos ist, oder nur nicht begreift, dass Literatur – zumal politisch – NIE nur im Vakuum existiert, Dzevad Karahasan" [FN 119, S. 64].

Abbildung 9: 13. Oktober 2019, Text: „Und hier nun der bisher beste Text zu Handke. Der Text eines wahrlich großen Schriftstellers, Bora Ćosić, der all das, was ich in meiner ohnmächtigen Wut seit Tagen hier sagen will, so klar, so richtig sagt." [FN 119, S. 64].

Abbildungen 10–17
Bildauswahl aus dem Thread zur Reise nach Oskoruša im April 2018:

Abbildung 10: 25. April 2018, Text: „Guten Morgen aus Višegrad". [FN 155, S. 177].

Abbildung 11: 15. April 2018, Text: „B A K A". [FN 155, S. 177].

Abbildung 12: 25. April 2018, Text: „D R I N A". [FN 155, S. 177].

Abbildung 13: 25. April 2018, Text: „„H E L D!"". [FN 155, S. 177].

8 Anhang — 441

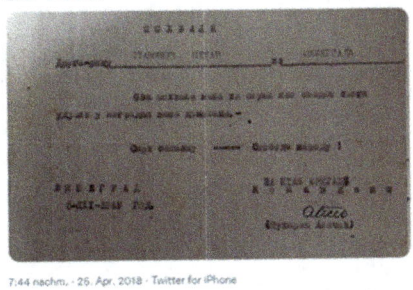

Abbildung 14: 25. April 2018, Text: „Großvaters Wehrdienstausweis, Jugoslawische Volksarmee". [FN 155, S. 177].

Abbildung 15: 25. April 2018, Text: „T O D D E M F A S C H I S M U S – F R E I H E I T D E M V O L K". [FN 155, S. 177].

Abbildung 16: 27. April 2018, Text: „D A O B E N W U R D E D E I N U R G R O S S V A T E R G E B O R E N". [FN 155, S. 177].

Abbildung 17: 27. April 2018, Text: „U R G R O S S V A T E R". [FN 155, S. 177].

Abbildung 18

Abbildung 18: 19. November 2021, Text: „Hinter der Cognacflasche, so versteckt, dass man es finden soll: ein Foto von Großvater. Er sitzt auf einem Holzzaun, eine Lehne aus Bergen im Rücken. Großvater ist entspannt, ein schöner Mann. Eine gespielte Strenge im Ausdruck, man ahnt: Gleich lächelt er, gleich." [FN 155, S. 177].

Abbildungen 19/20

Abbildung 19: 17. August 2018, Text: „In der Nacht, in der ich geboren wurde, stürmte es derart heftig, dass alle dachten, aha soso, jetzt also kommt der Teufel auf die Welt, und so unrecht war mir das nicht, ist doch ganz gut, wenn Leute so ein bisschen Angst vor dir haben." [FN 156, S. 177].

Abbildung 20: 26. Juli 2018: „Ich habe mir vorgenommen, eine Woche lang nichts als Eichendorff und Focus online zu lesen. Am Montag bin ich aufgestanden und habe drei Wanderlieder im Bett gelesen. Ich habe Frühstück gemacht, Körner für Müsli mit unserer Kornquetsche gemahlen, und gelesen, während ich mahlte:" [FN 156, S. 177].

Abbildung 21

Abbildung 21: 19. November 2021, Text: „„Die Quelle hat dein Urgroßvater entdeckt und den Brunnen dein Urgroßvater ausgehoben und das letzte, was dein Urgroßvater wollte, bevor er starb, war, dass ihm seine Frau, deine Urgroßmutter, noch einen Schluck von diesem Wasser holt. Worauf die sagte: Geh doch selber."" [FN 159, S. 178].

8 Anhang — 445

Abbildung 22

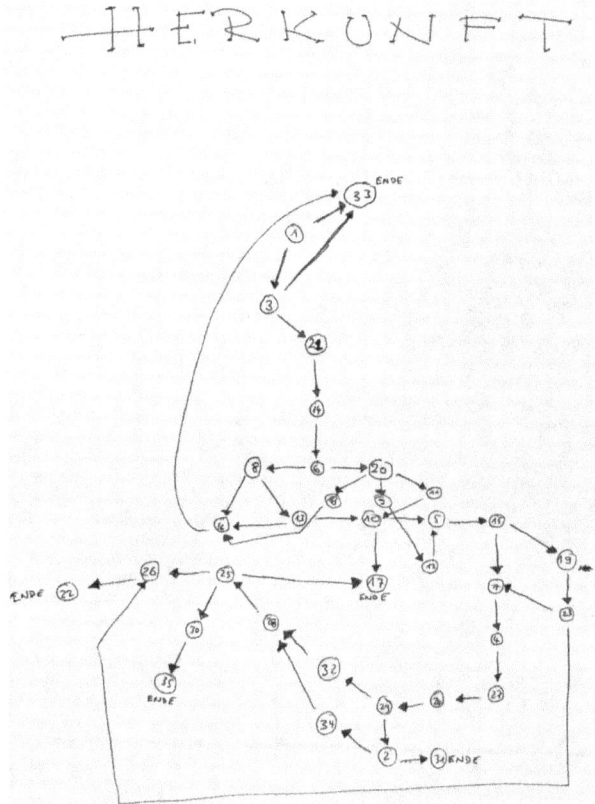

Abbildung 22: Tweet vom 27. Dezember 2019, Bauplan des Lesespiels *Der Drachenhort* [FN 281, S. 240].

Register

Abonji, Melinda Nadj 14, 398, 400, 403
Achenbach, Marina 398, 400, 403
Adelson, Leslie A. 26, 167
Altaras, Adriana 14, 398, 400
Andrić, Ivo 25, 63–65, 78, 82f., 137–139, 147, 226f., 402
Assmann, Aleida 9, 197
Assmann, Jan 9, 200, 202, 204
Aydemir, Fatma 198

Baar, Anne 398, 400, 403
Bachmann, Ingeborg 353f., 370
Bastašić, Lana 25, 330
Biller, Maxim 274–278
Bodrožić, Marica 14, 25, 27, 398, 400, 403
Bremer, Alida 10, 14, 25, 52, 77, 398, 400f., 403

Ćosić, Bora 10, 23, 25, 64

Dinić, Marko 2, 5, 10, 13, 32, 77–84, 95f., 329–395, 398–411
Dostojewski, Fjodor 338, 363, 367, 369
Drakulić, Slavenka 13, 22–24, 111

Egoyan, Atom 267–269

Genette, Gérard 174, 336, 339, 399
Gogol, Nikolai 338, 357, 369
Grabovac, Alem 398, 400, 403
Gstrein, Norbert 11, 13, 16, 22
Gugić, Sandra 25, 398, 400, 403

Haderlap, Maja 398, 400, 403
Halbwachs, Maurice 8, 214, 231
Handke, Peter 10f., 16f., 20, 26, 31–96, 112, 187, 329, 409–411
Hildebrandt, Regine 290f.
Hirsch, Marianne 221
Hoffmann, E.T.A 359, 361, 363, 367
Hopper, Edward 288f.
Husic, Sead 398, 400, 403

Izetbegović, Alija 34, 102, 137, 202, 226

Jergović, Miljenko 20, 25, 126

Karahasan, Dževad 10, 13, 20, 23f., 55, 64, 68, 76
Karadžić, Radovan 81, 90, 102, 113, 138, 178, 200f., 388
Kraljević, Marko 157
Kureyshi, Meral 2, 398, 400, 403
Kusturica, Emir 81f.

Lejeune, Philippe 176
Ljubić, Nicol 27, 115, 198, 398, 400, 403
Lukić, Milan 50, 63, 111, 114, 136f., 148–152, 155, 165
Lukić, Sredoje 114, 136, 148–152, 155, 165

Marinić, Jagoda 2, 5, 10, 13, 27, 32, 53, 55, 77–79, 84–96, 251–328, 330, 333, 379, 398–411
Marković, Barbi 10, 25
Melle, Thomas 45, 51
Meštrović, Ivan 320, 326–328, 402
Milošević, Slobodan 33f., 45, 48, 82, 90f., 94, 102, 111f., 115f., 151, 202, 212, 226, 329, 334, 346, 373, 376, 388
Mladić, Ratko 81, 86, 113, 137, 178, 200f., 388

Packard, Edward 238f.

Rávik Strubel, Antje 47
Rilke, Rainer Maria 338f.
Ruge, Eugen 45, 47, 51–58, 65, 70, 75f., 410

Sachs, Nelly 338
Sanyal, Mithu 184
Sebald, W.G. 16, 256
Stanišić, Saša 44–64, 72, 75f., 84, 94–250, 334f., 379, 398–411
Štulić, Branimir („Johnny") 373f.

Tajder, Ana 398, 400, 403
Sila, Tijan 10, 25, 45, 330, 398, 400, 403

Tito, Josip Broz 127, 202, 213, 230, 315, 337
Todorova, Maria 16
Tolstoi, Lew 95, 338, 357, 369
Trojanow, Ilja 397
Tuđman, Franjo 34, 102, 202, 226, 315, 321

Ugrešić, Dubravka 13, 23f., 393

Yaghoobifrarah, Hengameh 198

Zeh, Juli 11, 13, 16–20, 26
Žic, Ivna 398, 400, 403

www.ingramcontent.com/pod-product-compliance
Lightning Source LLC
Chambersburg PA
CBHW061703300426
44115CB00014B/2538